献给我们的家人

Dedicated to Our Family

丛书编委会

跨流域空气动力学丛书

高超声速飞行器烧蚀防热理论与应用

MECHANISM OF ABLATIVE THERMAL PROTECTION APPLIED TO HYPERSONIC VEHICLES

国义军　石卫波　曾　磊　杜百合　著

科学出版社

北　京

内 容 简 介

气动加热和热防护问题，是高超声速飞行器研制首先要解决的关键技术问题，而烧蚀防热的理论和应用是其核心内容。本书较为全面地介绍了高超声速飞行器烧蚀防热所涉及的相关理论知识和技术问题，包括硅基、碳基、炭化和陶瓷基等各种类型烧蚀防热材料的烧蚀机理、机械剥蚀和粒子云侵蚀原理、防热结构内部热响应、烧蚀外形变化和质量引射及粗糙度对热环境和结构温度的影响规律、气动热/烧蚀/传热相互作用等领域的技术进展和成果应用，以及相关的工程计算方法和地面试验技术。对与烧蚀相关的边界层传热、组元扩散以及化学反应的相关基础知识也进行了简单介绍。本书的内容主要来源于作者及其所在团队长期的研究工作，少部分内容取材于参考文献和国内其他单位同行的论文和报告。

本书主要面向飞行器防热设计的航天领域，可作为高等院校和科研单位相关专业的研究生、科研人员及工程技术人员的参考用书，对从事空气动力学、材料科学、工程热物理等相关领域研究的读者亦有一定的参考价值。

图书在版编目(CIP)数据

高超声速飞行器烧蚀防热理论与应用/国义军等著. —北京：科学出版社，2019.12

（跨流域空气动力学丛书）

ISBN 978-7-03- 062043-9

Ⅰ.①高… Ⅱ.①国… Ⅲ. ①高超音速飞行器-烧蚀材料-研究 Ⅳ. ①TB35

中国版本图书馆 CIP 数据核字(2019) 第 168424 号

责任编辑：刘信力 崔慧娴／责任校对：彭珍珍
责任印制：赵 博／封面设计：无极书装

科学出版社 出版
北京东黄城根北街 16 号
邮政编码：100717
http://www.sciencep.com
北京中科印刷有限公司印刷
科学出版社发行 各地新华书店经销
*
2019 年 12 月第 一 版 开本：720 × 1000 1/16
2024 年 12 月第五次印刷 印张：34 1/4
字数：690 000

定价：298.00 元
(如有印装质量问题，我社负责调换)

丛 书 序

航空航天的工业经济、推进技术是创新驱动发展起来的，空气动力学作为伴随航空航天一起成长起来的一门学科，其在揭示飞行器同气体作相对运动情况下的力/热特性、流动规律和伴随发生物理化学变化过程中展现了巨大生命力，集聚了数理化的知识建模并综合应用科技解决难题。如载人航天工程空间返回任务对飞船返回舱气动外形的需求，不仅要考虑返回性能，还要考虑发射阶段火箭、运行阶段航天器的约束条件，载人、运物等任务要求的设计准则；以及低地球轨道 300~1000 km 运行的板舱式桁架结构大型航天器在轨服役与离轨再入安全寿命评估，空气动力学是决定成败设计关键基础。

空气动力学不仅在航空航天飞行器本身研制过程，包括概念研究和预先研究，初样设计、正样设计及试飞阶段起先行支撑作用，而且在航天器天地往返飞行动力学与定轨预报，尤其对连接地面与外层空间跨流域高超声速气动力/热绕流环境和结构非线性力学行为的准确预测，是关键因素。为加快航天再入跨流域空气动力学前沿基础研究对接解决国家需求问题应用的步伐，基于国家杰出青年科学基金项目“跨流域空气动力学研究”(批准号 11325212)、国家重点基础研究发展计划 (973 计划)“航天飞行器跨流域空气动力学与飞行控制关键基础问题研究”(批准号 2014CB744100)、国家自然基金重大研究计划“高性能科学计算的基础算法与可计算建模”集成项目 (批准号 91530319)、载人航天工程 2017 年度计划“天宫一号目标飞行器无控陨落预报及危害性分析”(装航 [2018]3 号) 等支持，围绕我国回收类航天器如载人飞船返回舱、月地高速再入返回器，与非回收类航天器如“天舟一号”货运飞船、“天宫一号”目标飞行器、“天宫二号”空间实验室服役期满离轨再入坠毁两类典型科学问题，我们有针对性开展了返回舱 (器) 再入跨流域非平衡气动力/热绕流与姿态配平模拟、服役期满大型航天器离轨陨落跨流域气动环境一体化模拟/金属 (合金) 桁架结构响应变形熔融/复合材料热解烧蚀/解体飞行航迹落区数值预报分析等系统研究工作，在载人航天领域两个核心系统研究方向上，拓展了前沿基础验证平台对接工程需求集约化发展的应用前景。

本套丛书结合载人航天工程近三十年返回再入空气动力学发展历程，翔实阐述了 Boltzmann(玻尔兹曼) 方程碰撞积分物理分析与可计算建模跨流域复杂高超声速绕流问题气体动理论统一算法理论与再入气动分析应用、高超声速再入热化学电离辐射通讯中断非平衡真实气体效应 DSMC 方法、(滑移)N-S 方程解算器及 N-S/DSMC 耦合算法、高超声速低密度风洞稀薄过渡流区复杂气动力/热、流场诊断实验方法、跨流域多物理场复杂流动机理与气动力热高性能大规模并行计算、航天飞行器再入气动辨识与跨流域空气动力设计、非常规再入气动环境致结构热力响应非线性力学行为有限元算法、结构热传导弹塑性失效、烧蚀、解体分离与跨流域再入预报关键技术等研究中取得的系列原创性突破成果、理论方法和新的模拟手段，进一步夯实了航天再入跨流域空气动力学前沿领域研究基础，有助于丰富和推动载人航天空气动力学基础理论、预测方法、模拟手段与结构、飞行动力学融合轨道计算飞行航迹数值预报研究发展。丛书内容涉及 Boltzmann 方程可计算建模气体动理论统一算法与应用、跨流域空气动力学模拟方法与返回舱 (器) 再入应用、服役期满航天器离轨再入解体落区数值预报理论与应用、高超声速飞行器烧蚀防热理论与应用、GPU 并行算法与 N-S 方程高性能计算应用、空间返回与跨流域空气动力设计、多体分离数值方法与应用、航天飞行器再入气动辨识方法与应用等。以一套丛书，将航天再入跨流域空气动力学基础研究、工程应用近三十年所取得系列阶段性成果和宝贵经验记录下来，希望为广大研究人员和工程技术人员提供一套科学、系统、全面的跨流域空气动力学研究的专业参考书。

丛书得到国家科学技术部综合交叉科学领域 973 计划项目专家组张涵信院士、李家春院士、包为民院士、崔俊芝院士、李伯虎院士、李椿萱院士、张晓林教授、马晖扬教授、张柏楠研究员、毛国良研究员、徐翔研究员与课题负责人梁杰研究员、唐志共研究员、吴锤结教授、唐歌实研究员等的技术把关和顾问指导，重点突出了航天再入跨流域空气动力学特色，同时体现了学科交叉，尤其是气动、结构、弹道飞行力学融合发展，确保了丛书的系统性、前瞻性、原创性、专业性、学术性、实用性和创新性。既可为相关专业人员提供学习和参考，又可作为研究指导与从事航空航天飞行器研制设计参考及研究生教材。期望本套丛书能够为航天再入空气动力学领域的人才培养、工程研制和基础研究提供有益补充，更期望本套丛书能够吸引更多的新生力量关注投身于这一领域发展，为我国航天再入空气动力学事业，尤其是我国空间站建设赖以依靠的两个重要系统跨流域气动设计做出力所能及的贡献。

特此为序！

李志辉

2019.12.26

序

20 世纪五六十年代，为了实现远程打击和载人航天目标，世界大国纷纷开启了高超声速飞行器研制计划。与此同时，我国也启动了“两弹一星”工程。受钱学森先生的委托，我有幸带领课题组参加了再入飞行器烧蚀攻关的“淮海大战”，开辟了我国烧蚀研究的先河。

高超声速飞行器研制遇到的首要问题是“热障”，需要抵御高马赫数飞行带来的严酷气动加热并确保飞行器不被烧毁。在经历了一些错误理念和失败煎熬之后，人们受陨石坠落过程中烧去外层、保护了内层安全到达地球表面这一现象的启发，提出了烧蚀防热概念，发明了烧蚀防热的设计方法，被成功应用于战术导弹、远程战略核威慑武器、返回式卫星、载人飞船和航天飞机的热防护，并由此带动了防隔热材料研制、防热系统设计技术、地面烧蚀试验设备和测试技术、传热传质学科的发展。时至今日，烧蚀防热仍然是高超声速飞行器最为重要的热防护手段。

国义军博士 20 世纪 80 年代末期开始从事烧蚀防热研究，独立提出了热解炭化材料烧蚀的连续模型，并应用于我国载人飞船返回舱的防热设计。90 年代初期开始跟随我从事计算流体力学（CFD）方面的博士论文研究工作，提出了垂直于物面的截面流态拓扑分析方法。毕业后又传承了我和潘梅林、何芳赏、黄振中、杨茂昭等同事在气动热数值模拟与工程计算、烧蚀理论分析、粒子云侵蚀计算，以及气动热/烧蚀/结构传热耦合计算方面的研究工作，建立了各种局部干扰区热环境计算方法，解决了长期以来关于碳基材料烧蚀的“快/慢反应”和“单/双平台”模型争议问题，创立了超高温陶瓷惰性烧蚀的新理论，将我在 CFD 研究中提出的无波动、无自由参数的耗散差分 (NND) 格式用于烧蚀外形计算，有效消除了非物理波动并显著提高了计算精度。此外，他还承担了大量型号计算任务，解决了诸多关键技术问题，积累了丰富的理论知识和工程实践经验。

国义军博士的这部著作有自己的风格。虽然已有一些介绍烧蚀防热知识的书籍，但是大都是作为气动热和热防护的一部分而写的，内容基本上都是 20 世纪 80 年代以前的研究成果，写得也较为简略，理论深度和广度距离当前学术研究和工程设计需求都有很大差距。而且还有一些争议问题至今没有解决，有的计算模型过于简单，预测误差较大，设计人员不得不加大防热层安全余量来确保飞行的可靠性，从而导致飞行器防热系统重量占比偏大，整体性能偏低，尤其缺乏当前飞速发展的超高温陶瓷新材料体系的烧蚀理论和多场耦合计算方面内容。因此，迫切需要一部能够专门地、系统地介绍烧蚀防热原理和最新研究进展的新书。国义军博士的这部著作恰好可以弥补这方面不足。该书既是国内同行研究工作的总结，也是他本人多年研究成果的集中展现。这部著作内容丰富、系统严谨、图文并茂，相信能为从事高超声速飞行器气动热和热防护研究与应用的工作者提供很好的参考。

我认为烧蚀理论和应用研究经过几十年的发展已取得巨大成就，但随着高超声速飞行器向性能更高、速度更快、外形更加复杂多样方向的发展，对防热设计精确化的要求也越来越高，新型防热材料不断涌现，仍需围绕多组分匹配烧蚀、细观和微观传热、多场耦合等方面开展持续研究，我们期待国义军博士及其带领的研究团队能在今后的研究工作中取得更多的研究成果并呈现给读者，为飞行器热防护学科发展和工程应用做出更大的贡献。

張涵信

2018 年 9 月于北京

前言

载人飞船、航天飞机、返回式卫星、战略弹头和中高程机动战术导弹等再入飞行器，以高超声速再入大气层时，在相当长的一段时间内，经历着高速、高压、高温的飞行热环境。为防止飞行器被烧毁，必须采取有效的防热措施，最常采用的是烧蚀防热方案，即利用高速再入飞行器受热时间短的特点，牺牲部分热防护材料，达到吸收大部分气动加热，以使飞行器的内壁保持允许的温度，从而达到热防护的目的。还有一类飞行器，如空间站等大型航天器，在生命末期会逐渐偏离轨道并陨落，当它们进入大气层时会与空气发生剧烈摩擦，出现烧蚀并逐渐解体的现象，有些部件会被烧毁，而一些尺寸较大的残存部件/碎片会落到地面，造成巨大破坏甚至严重威胁到地面生命安全，必须对此做出准确预报。以上两类飞行器都需要研究烧蚀问题，而烧蚀引起的飞行器外形变化、烧蚀产物进入边界层，以及烧蚀表面的粗糙度效应，会给飞行器的气动特性和飞行状态带来很大影响，因此，有烧蚀的高超声速飞行器在再入大气层的过程中，其弹道/气动力/热/烧蚀/侵蚀/内部温度等相互影响、紧密耦合，问题极为复杂。

近年来，随着人们进入太空、快速旅行等商业需求，以及动能毁伤、高超巡航、快速机动等军事需求的发展，出现了许多新概念飞行器，如临近空间飞行器、轨道转移飞行器、高超声速巡航飞行器，以及多任务军事平台等，一个全新的高超声速飞行时代即将到来。新一代高超飞行器复杂构型、复杂流动、复杂效应、低/非烧蚀，以及大空域、长航时、高精度、轻质化的设计新需求，对防热设计提出了越来越高的要求，多物理场耦合的气动、防热一体化并行设计方法取代了传统的单学科独立、分割的串行设计方法，多机制、多效应相结合以及细观与宏观相结合的新型耐高温抗氧化材料体系应运而生，如 Si_3N_4，BN，C/SiC，C/ZrC，C/C-ZrB_2-SiC，C/C-HfB_2-SiC 等“低/非烧蚀”型陶瓷基复合材料百花齐放，大有取代传统防热材料之势。但所谓“低烧蚀”和“非烧蚀”都是相对的，超过一定的条件，“低烧蚀”材料可以表现出“高烧蚀”；而“非烧蚀”材料也可表现为“低烧蚀”，甚至“高烧蚀”。因而，需对相应材料的烧蚀机理进行研究，建立烧蚀计算分析方法。

本书立足于总结我国在研制再入飞行器过程中，解决烧蚀防热问题时，对物理现象、烧蚀机理进行分析和提供实用的工程计算方法，特别是以作者及所在研究团队在高超声速飞行器领域多年研究所取得的系列成果为基础，兼顾传统，突出创新，较为全面地论述了高超声速飞行器烧蚀防热所涉及的相关理论及技术问题，包括不同类型材料的烧蚀机理、粒子云侵蚀原理、防热结构热响应及热环境/烧蚀/传热耦合问题等领域的技术进展和成果应用，可作为从事相关专业的研究人员及工程技术人员的参考用书。

全书共 13 章。其中，第 1 章为概论，简明介绍了烧蚀的基本概念、基本现象、烧蚀材料的分类、影响烧蚀的主要因素，以及新一代高超声速再入飞行器的新特点及烧蚀研究的新问题；第 2 章介绍烧蚀计算所需要的高温边界层传热的基本理论，包括多组元反应气体混合物的守恒方程、边界层简化、方程求解和热流公式相关知识；第 3 章介绍边界层扩散与烧蚀表面化学动力学相互作用，包括异相化学反应动力学理论、表面质量和能量相容性条件及守恒方程；第 4 章介绍以碳石英和高硅氧为代表的用于第一代战略弹头的硅基材料烧蚀机理，主要考虑液态层流动问题；第 5 章介绍石墨、C/C 等碳基材料烧蚀机理，特别是作者近年来建立的双平台理论，以及在解决快/慢反应、单/双平台，CO_2 能不能忽略等争议问题方面所做的创新性研究成果；第 6 章介绍适用于载人飞船和弹身大面积区域的硅橡胶、酚醛玻璃、碳–酚醛等炭化材料烧蚀机理，重点介绍作者从 20 世纪 80 年代末以来，致力于材料内部热解炭化连续模型的研究工作，详细给出炭化材料多孔介质内部一维、二维、三维和多层结构传热、传质计算方法，包括热解气体在多孔的热解区和炭化层内横向流动的数值方法；第 7 章介绍作者在国内率先研究的新型耐高温抗氧化陶瓷基复合材料的烧蚀机理，提出了惰性烧蚀的新概念，阐述了液态氧化膜、固体氧化膜和孔洞的形成、演化及破坏机制，以及复合材料协同烧蚀问题；第 8 章介绍粒子云侵蚀原理，包括天气剖面、粒子在激波层内的速度衰减和质量损失、粒子与材料的撞击等过程和工程计算方法，还介绍了粒子云侵蚀的相似率及地面和飞行试验方法；第 9 章介绍烧蚀外形方程的求解方法和弹头质量特性变化关系式，包括早期普遍采用的人工黏性项方法和作者采用的新型 NND 格式；第 10 章介绍复杂防热结构传热三维计算分析方法、辐射和对流混合传热、细观结构多尺度混合传热；第 11 章介绍气动热、烧蚀和结构热响应耦合计算方法，包括常规耦合和小不对称随机烧蚀外形耦合两种模型；第 12 章为烧蚀风洞试验和飞行试验简介，包括设备、测试技术和典型试验技术的最新情况；第 13 章为总结与展望，全面总结了本书的主要成果，并提出了烧蚀研究下一步的发展方向，包括细观和微观烧蚀以及复合材料微纳米尺度传热等；附录介绍集成以上内容形成的计算软件。

本书的主要内容是作者将近三十年研究工作的总结。为了保持全书内容的系统完整性，部分内容取自课题组内其他同事的研究成果，还有一少部分内容借鉴了现有的著作和参考文献。课题组共有十多名研究人员及博士和硕士参与了本书的编著工作。国义军完成了概论、展望、气动热和烧蚀基础理论、硅基、碳基、炭化、超高温陶瓷烧蚀理论、耦合计算等章节的编写；石卫波负责素材加工、整理、校对、图表编辑、文献总结等具体工作，参与了部分章节的编写，并协助主编对全书进行统稿；曾磊负责复杂防热结构混合传热内容的编写；杜百合负责烧蚀试验和测量技术相关内容的编写。参与编写的还有作者的学生兼同事：代光月负责公式校对、图表编辑及审稿和出版事宜，周述光提供了随机烧蚀外形计算的相关内容，石友安提供了穿刺材料多尺度传热计算结果，刘骁提供了三维有限元温度场计算相关内容，马强提供了一部分烧蚀和复杂温度场传热相关内容，邱波参与气动热内容编写。

在本书编著过程中，作者得到了早年读博士时的导师张涵信院士的热情鼓励和细心指导，他一直期待着作者能将先辈的工作继承下来并发扬光大。多年来，作者始终牢记恩师的教导，从气动热边界层理论、飞行器局部干扰区热环境工程计算、NS 方程数值模拟、分离流动及拓扑分析，到各种材料烧蚀理论、粒子云侵蚀、防热结构数值传热，再到弹道/气动力/气动热/烧蚀/侵蚀/结构传热多物理场耦合计算，在这样一个多学科交叉领域，摸爬滚打了将近三十年，终于有了写一本书的愿望。在长期的研究过程中，作者成长的每一步，无不凝聚着张老师的心血，他不仅教给作者丰富的科学知识，而且教给作者受用一生的科研方法，并培养了作者作为一名科研工作者所应具备的道德品质。在本书的编写过程中，张老师也给予了细心的指导，并亲自为本书作序。其中烧蚀耦合计算内容就是张老师于 20 世纪 70 年代带领课题组率先在国内开展研究的，为后来的发展奠定了重要基础；粒子云侵蚀的相似理论，也是张老师于 20 世纪 80 年代在国际上率先提出的，成为该领域指导理论研究和开展地面试验等工作的基础；作者还将张老师在 CFD 领域蜚声国际的著名 NND 格式引入到烧蚀外形计算中，取得了令人惊喜的效果。作者在此谨向张老师表示崇高的敬意，并致以深深的祝福！

在长期的研究过程中，作者有幸得到了许多前辈的指导和帮助，书中不少内容就是传承了与作者一起工作多年的老一代科技工作者，如张志成、潘梅林、黄志澄、黄振中、杨茂昭、何芳赏、刘志民和中国航天空气动力技术研究院的姜贵庆、欧阳水吾等老师的研究工作。正是在这些前辈的指导和鼓励下，作者才能坚守这一研究领域，并取得了可喜的进展。

在三十年的工作过程中，作者亦得到诸多学长和同事的帮助，得到了中国空气动力研究与发展中心各级领导的关怀与支持。作者所在的热科学团队总负责人桂业伟研究员，对本书的编写提出了许多宝贵意见。中国空气动力研究与发展中心的唐志共总工程师、计算空气动力学研究所刘刚所长和陈坚强总师，对本书的编写给予了热情鼓励和大力支持。作者所在单位的同事，如张来平、石义雷、肖涵山、钱炜祺、唐伟、耿湘人、贺立新、王安龄、杜雁霞、刘磊、魏东、张昊元、杨肖峰、肖光明、朱言旦等为本书提供了多方面技术支持。在写作过程中，我们还引用了大量文献中的应用实例和国内同行单位相关研究人员的论文和报告。在此一并表示诚挚的感谢！

特别感谢科技部综合交叉科学领域 973 计划“航天飞行器跨流域空气动力学

与飞行控制关键基础问题研究”（项目编号 2014CB744100）项目暨首席科学家李志辉研究员对本书编著的支持和资助。感谢科学出版社同仁的帮助，他们卓有成效的编辑工作使得本书能够顺利出版。

由于作者水平有限，书中不妥之处在所难免，敬请读者批评指正。

国义军

2018 年 8 月于绵阳

目　录

丛书序

序

前言

第 1 章　概论 ········ 1

1.1　引言 ········ 1

1.2　高超声速流动和气动加热概念 ········ 8

1.2.1　气动加热与飞行速度的关系 ········ 9

1.2.2　飞行器表面辐射平衡温度 ········ 13

1.3　高超声速飞行器的热防护概念 ········ 14

1.3.1　被动防热方案 ········ 15

1.3.2　半被动防热方案 ········ 16

1.3.3　主动防热方案 ········ 16

1.4　烧蚀基本概念 ········ 17

1.4.1　烧蚀的定义 ········ 17

1.4.2　有效烧蚀热 (焓) ········ 17

1.4.3　烧蚀量的简单估算 ········ 18

1.5　烧蚀材料及分类 ········ 21

1.5.1　烧蚀材料的构成及类型 ········ 21

1.5.2　典型烧蚀材料及用途 ········ 23

1.5.3　烧蚀材料在不同任务类型飞行器中使用情况 ········ 24

1.6　材料烧蚀机理和相关物理问题 ········ 25

1.6.1　烧蚀表面质量平衡 ········ 26

1.6.2　烧蚀表面能量平衡方程 ········ 30

1.7　烧蚀对飞行器气动特性的影响 ········ 31

1.8　影响烧蚀的主要因素 ········ 32

1.9　烧蚀的新问题与新概念 ········ 35

参考文献 ········ 36

第 2 章　高温边界层传热基础知识 ········ 40

2.1　引言 ········ 40

2.2　气动加热的一些基本知识 ········ 40

2.2.1 传热的基本形式 ……41
2.2.2 传热系数 ……44
2.2.3 恢复温度和恢复焓 ……45
2.2.4 参考温度和参考焓 ……47
2.2.5 边界层转捩 ……49
2.2.6 不同流态的气动加热 ……50
2.2.7 高温气体热力学和热化学基本知识 ……52
2.3 多组元反应气体流动的基本方程 ……56
2.4 边界层方程 ……60
2.5 流动的化学状态 ……66
2.6 壁面催化反应 ……67
2.7 边界层的近似比拟关系 ……69
2.7.1 边界层质量扩散与传热的比拟关系 ……69
2.7.2 边界层扩散与速度的雷诺比拟关系 ……70
2.8 可压缩边界层方程的相似解 ……71
2.8.1 可压缩边界层方程的相似变换 ……71
2.8.2 离解空气的二组元简化 ……73
2.8.3 平衡边界层方程的驻点解 ……75
2.8.4 零攻角层流边界层热流 ……82
2.8.5 零攻角湍流边界层热流 ……83
2.8.6 转捩区热流 ……84
2.8.7 有攻角表面热流 ……84
参考文献 ……85
第 3 章 烧蚀表面化学动力学和相容关系 ……87
3.1 引言 ……87
3.2 烧蚀表面异相化学反应动力学理论 ……87
3.2.1 异相反应的基本原理 ……88
3.2.2 表面反应动力学 ……88
3.2.3 表面蒸发动力学 ……90
3.2.4 表面反应的通用表达式 ……91
3.3 表面质量相容性条件 ……92
3.3.1 表面烧蚀的质量相容关系 ……92
3.3.2 带有表面烧蚀和内部热解一般情况的质量相容关系 ……94
3.4 表面能量相容性条件 ……94
3.4.1 质量引射系数 ……96

3.4.2 粗糙度热增量 …… 98
参考文献 …… 99
第 4 章 硅基复合材料烧蚀理论 …… 100
4.1 引言 …… 100
4.2 硅基复合材料烧蚀机理 …… 101
4.2.1 树脂热分解 …… 101
4.2.2 液态层问题 …… 102
4.2.3 表面反应问题 …… 103
4.3 液态层流动方程及解析分析 …… 103
4.4 硅基复合材料烧蚀的工程计算方法 …… 106
参考文献 …… 111
第 5 章 碳基材料烧蚀理论 …… 112
5.1 引言 …… 112
5.2 碳基材料的烧蚀机理 …… 113
5.2.1 碳与空气的表面化学反应 …… 113
5.2.2 碳的升华特性 …… 117
5.2.3 碳基材料的力学剥蚀特性 …… 118
5.3 碳基材料的氧化动力学模型 …… 119
5.3.1 各种经典氧化动力学模型 …… 120
5.3.2 各种经典烧蚀模型比较 …… 128
5.4 碳基材料氧化烧蚀的“快/慢”反应和“单/双”平台问题 …… 131
5.4.1 CO_2 在烧蚀计算中的作用及快、慢反应的关系 …… 133
5.4.2 碳氧反应的双平台理论和控制区划分 …… 134
5.5 碳基材料的全温区烧蚀计算方法 …… 139
5.5.1 全温区烧蚀计算模型 …… 139
5.5.2 碳/碳烧蚀计算结果与试验结果的比较 …… 146
5.5.3 焓值和压力对碳基材料烧蚀的影响 …… 147
参考文献 …… 149
第 6 章 热解炭化材料的烧蚀热响应理论 …… 151
6.1 引言 …… 151
6.2 炭化材料的分类和热解特性 …… 153
6.2.1 炭化材料的种类及热物理特性 …… 153
6.2.2 炭化材料的热解特性 …… 154
6.3 炭化材料的烧蚀和内部热响应特性 …… 157
6.3.1 炭化材料烧蚀热响应 …… 157

6.3.2 炭化层表面的热化学烧蚀 ······ 158
6.3.3 热解气体注入边界层效应 ······ 159
6.3.4 热解气体对炭化层温度的影响 ······ 160
6.4 炭化材料烧蚀热响应计算的分层模型 ······ 161
6.4.1 热解面分层模型 ······ 161
6.4.2 热解区分层模型 ······ 162
6.4.3 一维分层模型计算与试验结果的比较 ······ 163
6.5 炭化材料烧蚀热响应的一维连续模型 ······ 167
6.5.1 连续热解动力学模型 ······ 167
6.5.2 一维连续模型的数值求解方法 ······ 169
6.5.3 表面有熔化的连续模型 ······ 182
6.6 炭化材料二维烧蚀热响应计算方法 ······ 189
6.6.1 二维连续模型计算方法 ······ 189
6.6.2 热解气体横向流动的影响 ······ 193
6.6.3 蜂窝夹层对结构温度的影响 ······ 195
6.7 炭化材料三维烧蚀热响应计算方法 ······ 198
6.7.1 三维热响应的连续模型 ······ 198
6.7.2 动网格策略 ······ 201
6.7.3 三维烧蚀热响应控制方程的有限元离散 ······ 203
6.7.4 算例 ······ 209
参考文献 ······ 213
第 7 章 陶瓷基复合材料烧蚀理论 ······ 215
7.1 引言 ······ 215
7.2 形成液态抗氧化膜的烧蚀模型 ······ 216
7.2.1 C/SiC 复合材料的氧化特性分析 ······ 216
7.2.2 C/SiC 活性氧化计算模型 ······ 218
7.2.3 活性氧化 → 惰性氧化的转化条件 ······ 222
7.2.4 惰性氧化计算模型 ······ 225
7.2.5 惰性氧化 → 活性氧化的转化条件 ······ 231
7.2.6 C/SiC 材料烧蚀计算结果 ······ 232
7.3 形成固态抗氧化膜的烧蚀模型 ······ 233
7.3.1 材料的成分和结构 ······ 233
7.3.2 烧蚀机理分析 ······ 234
7.3.3 基体 ZrC 的惰性氧化烧蚀 ······ 236
7.3.4 表面剥蚀计算方法 ······ 238

7.3.5 基体材料热传导计算方法 ······ 240
7.3.6 C/ZrC 材料烧蚀计算结果 ······ 247
7.4 孔洞和微裂缝烧蚀模型 ······ 251
7.4.1 化学反应 ······ 252
7.4.2 孔洞氧化烧蚀的计算模型 ······ 253
7.4.3 边界条件 ······ 255
7.4.4 方程求解方法 ······ 256
7.4.5 讨论 ······ 257
7.4.6 典型计算结果 ······ 258
7.5 复合材料分段协同烧蚀模型 ······ 262
7.5.1 ZrB_2 材料的烧蚀机理 ······ 262
7.5.2 碳纤维增强 SiC 和 ZrB_2 复合材料协同烧蚀机理 ······ 269
参考文献 ······ 278
第 8 章　大气中云粒子对飞行器的侵蚀 ······ 282
8.1 引言 ······ 282
8.2 大气云粒子环境 ······ 283
8.2.1 大气云粒子环境描述方法和天气严重等级 ······ 283
8.2.2 云粒子的微观结构 ······ 284
8.2.3 典型地区天气剖面 ······ 289
8.3 云粒子在激波层中的质量损失和速度衰减 ······ 294
8.3.1 天气粒子在激层中的质量损失 ······ 294
8.3.2 天气粒子在激波层内的速度衰减 ······ 296
8.3.3 激波层中粒子的阻力系数 ······ 297
8.4 粒子侵蚀机制和质量损失 ······ 300
8.4.1 粒子与靶材的撞击特性 ······ 300
8.4.2 抗侵蚀系数 C_N 和质量侵蚀比 G 的确定 ······ 307
8.4.3 粒子侵蚀产生的热增量 ······ 313
8.5 粒子侵蚀的相似律及试验模拟问题 ······ 316
8.5.1 粒子云环境模型简化 ······ 317
8.5.2 粒子云侵蚀的相似律 ······ 317
8.5.3 粒子侵蚀试验模拟准则 ······ 319
8.5.4 地面试验的相关性分析 ······ 322
8.6 粒子云侵蚀数值仿真和算例分析 ······ 323
8.7 自由飞弹道靶侵蚀试验技术 ······ 329
8.7.1 试验系统 ······ 330

8.7.2 试验模型 ·····331
8.7.3 数据采集与处理 ·····332
8.7.4 典型的试验结果 ·····335
8.8 电弧加热器侵蚀/烧蚀耦合试验技术 ·····336
8.8.1 试验设备 ·····336
8.8.2 参数测试技术 ·····338
8.8.3 应用 ·····341
8.9 模型自由飞粒子云侵蚀试验技术 ·····342
参考文献 ·····344
第 9 章 烧蚀/侵蚀外形变化和质量特性 ·····345
9.1 引言 ·····345
9.2 烧蚀/侵蚀外形的描述方法 ·····345
9.2.1 瞬时坐标系 ·····346
9.2.2 非对称烧蚀/侵蚀外形的数值逼近 ·····348
9.3 烧蚀/侵蚀外形微分方程的性质 ·····353
9.3.1 烧蚀/侵蚀外形方程 ·····353
9.3.2 烧蚀/侵蚀外形方程的性质 ·····355
9.3.3 形变方程的拟线性化 ·····355
9.4 烧蚀/侵蚀外形方程的求解方法 ·····356
9.4.1 附加人工耗散项的隐式差分求解方法 ·····356
9.4.2 求解烧蚀/侵蚀外形方程的 NND 格式 ·····360
9.4.3 烧蚀/侵蚀外形计算结果分析 ·····361
9.5 飞行器烧蚀/侵蚀外形的质量、重心和惯量计算 ·····367
参考文献 ·····371
第 10 章 复杂防热结构传热分析 ·····373
10.1 引言 ·····373
10.2 三维热响应的非结构网格计算方法 ·····373
10.2.1 三维各向同性材料热响应有限体积计算方法 ·····373
10.2.2 正交各向异性材料热响应有限体积计算方法 ·····376
10.2.3 考核算例 ·····378
10.3 辐射/导热混合传热问题 ·····383
10.3.1 透明介质一维辐射导热耦合传热 ·····383
10.3.2 气凝胶和纤维类隔热材料的隔热性能计算 ·····385
10.4 细编穿刺复合材料多尺度传热特性 ·····390
10.4.1 介观/细观结构模型 ·····391

10.4.2　编织结构传热特性计算分析……393
参考文献……399
第 11 章　多场耦合烧蚀计算方法……401
11.1　引言……401
11.2　烧蚀耦合计算方法的发展历程……401
11.3　六自由度弹道计算方法简介……405
11.3.1　坐标系的定义及变换关系……405
11.3.2　质心动力学和运动学方程……407
11.3.3　地球自转及扁率的影响……408
11.3.4　补充关系式及弹道方程的求解……409
11.4　气动力工程预测方法……410
11.4.1　部件叠加法……410
11.4.2　推广内伏牛顿流理论……412
11.4.3　气动力在弹道方程中的引入……413
11.5　常规烧蚀耦合计算……413
11.5.1　烧蚀耦合计算过程……413
11.5.2　烧蚀外形计算结果……414
11.5.3　落点精度计算结果……415
11.6　小不对称随机烧蚀外形耦合计算……416
11.6.1　粗糙度概念……417
11.6.2　小不对称随机烧蚀外形计算结果……423
参考文献……427
第 12 章　烧蚀的风洞试验和飞行试验简介……430
12.1　引言……430
12.2　电弧加热烧蚀试验设备概况……433
12.2.1　电弧加热设备的发展及应用情况……433
12.2.2　电弧加热原理和设备类型……435
12.2.3　国内外主要电弧加热设备及其试验能力……437
12.3　电弧加热设备试验测量方法和仪器……443
12.3.1　气流总焓测量……443
12.3.2　压力测量……445
12.3.3　热流密度测量……445
12.3.4　温度测量……451
12.3.5　有效烧蚀热测量……455
12.3.6　模型表面粗糙度测量……456

12.4 电弧加热烧蚀试验技术 457
12.4.1 电弧自由射流烧蚀试验技术 457
12.4.2 电弧加热器湍流平板烧蚀试验技术 464
12.4.3 亚声速包罩烧蚀试验技术 466
12.4.4 钝楔试验技术 468
12.4.5 台阶和缝隙大平板试验技术 470
12.4.6 微波热透射试验技术 473
12.4.7 电弧加热试验的数值仿真技术 475
12.5 模型飞行试验技术简介 476
12.5.1 HIFiRE 模型飞行试验计划 478
12.5.2 HTV2 飞行试验结果分析 480
12.5.3 中国航天模型飞行试验情况与测量技术 486
参考文献 496
第 13 章 总结与展望 500
参考文献 506
附录 烧蚀计算分析软件简介 508
1 引言 508
2 软件功能和性能指标 508
2.1 软件功能 508
2.2 软件性能指标 509
2.3 软件运行环境 509
3 系统框架结构 510
3.1 软件总体设计思路和系统结构 510
3.2 软件运行框图 511
3.3 程序模块和数据库 512
3.4 软件管理系统和可视化操作界面 513
4 软件运行 513
4.1 安装及卸载 513
4.2 界面操作 514
4.3 程序运行 522
4.4 输出显示 524
参考文献 526

第1章 概　　论

1.1 引　　言

朋友，你见过流星吗？相信大家都见过。在晴朗的夜晚，人们常常会看到一道闪亮的光划破夜空，飞向地面。可你知道它们是怎样形成的吗？估计知道的人就不多了。它们是散布在太空中的物体以每秒几千米的速度飞进地球大气层，与空气发生剧烈摩擦，产生高温高热，进而烧蚀发光，这就是气动加热的结果。尺寸较小的流星体在空中就烧光了，只留下一道昙花一现的亮光。而如果流星体的尺寸较大，会带着一团火，拖着明亮的、长长的尾巴，轰然撞击到地面，给我们的地球家园造成巨大破坏。这些来自太空、坠落到地面的物体被称为陨石。除陨石外，还有人造航天器也会从太空中陨落。当今科技发达时代，我们在环地球轨道上布置了很多各种用途的卫星和空间站等大型航天器，它们都是有使用年限的，当生命末期来临时，它们会失去控制并开始陨落，一旦以很高的速度进入到高度 120km 以下的地球大气层后，由于受到气动力和气动热的作用，会从脆弱的连接处解体成大小不一的部件/碎片，并像流星雨一样飞向地面，其中大部分会在下降过程中烧毁，但一些尺寸较大、不能完全烧毁的残存部件/碎片会落到地面，散布区域达上千平方公里，严重威胁到地面生命安全。对于陨石和航天器陨落，人们总是希望它们能够在空中落地前烧毁，尽量避免造成灾害事故。如果不能烧毁，也希望能够做出预报，提前进行疏散。

人类航空和太空飞行的发展，从它的最初实际应用开始，就始终被一个最基本的需求驱动着，即飞得更高、更快。随着高速飞行在军事和民用方面的重要性日益突出，各种类型的高超声速飞行器无论是数量、类型和速度都呈指数型爆发增长。飞行器在大气层里高速飞行时会遇到类似的气动加热和烧蚀问题。对于高速飞行器，人们总是希望其能够克服气动加热，安全返回地面。那么，多快速度的飞行器需要考虑气动加热和烧蚀问题呢？科学家对此做了潜心研究。人们研究发现，当飞行器在大气层中的飞行速度超过马赫数 5 时 (一定程度上还与飞行高度有关)，就会与周围空气发生剧烈相互作用 (图 1.1)。一方面，飞行器的前方会出现一道强激波，将迎面而来的气流急剧压缩，使其迅速减速，并加热到很高的温度，从而把高速气流的动能转化成空气分子的内能，并分配给各个自由度：平动、转动、振动和电子等，空气分子的振动被激发，还有可能产生离解甚至电离；另一方面，在物体表面附近，会形成一层很薄的边界层，气流的速度由边界层外缘处近似等于激波后速度，迅速降低到物体表面上的速度为零。因此，在边界层内，气流的层与层之间将产生剧烈摩擦，流体动能的降低以及摩擦造成的耗散导致了边界层内温度进一步上升，并在物面上方形成很大的温度梯度，由此产生了对物体表面的对流加热。由于飞行器被高温空气所包围，除对流加热外，还会受到高温气体辐射加热，两者共同作用，统称气动加热。气动加热会导致表面温度大幅上升，一旦壁温超过材料耐受极限，就会出现烧蚀，严重时会将飞行器烧毁。这就是所谓的热障问题。

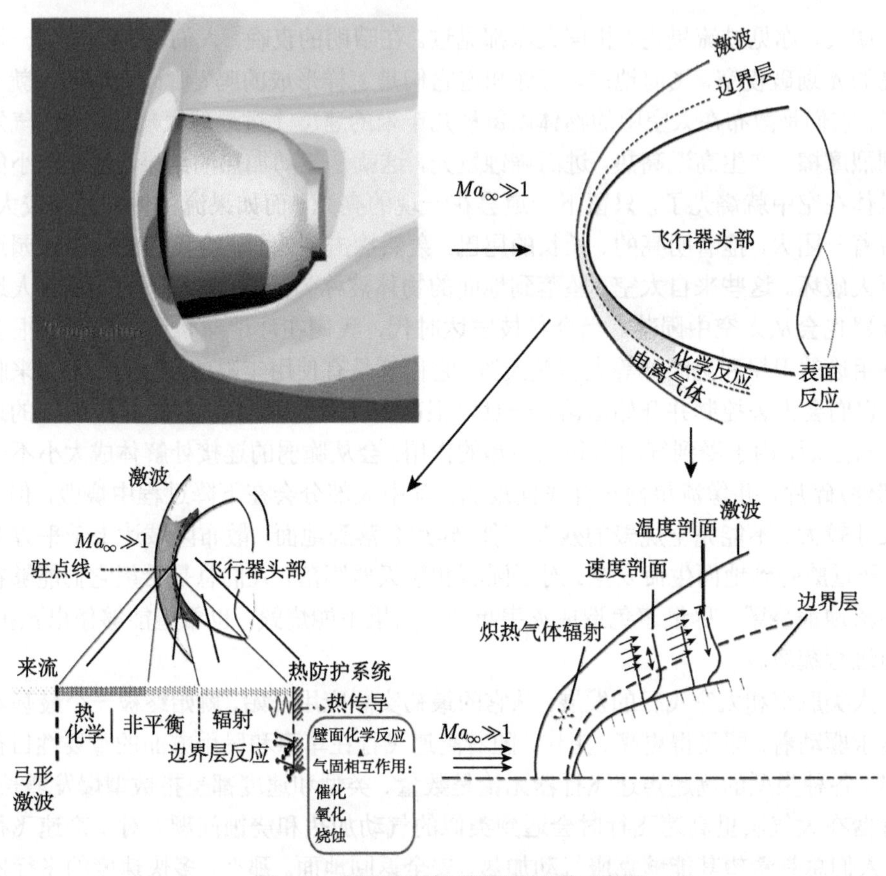

图 1.1 高超声速钝体绕流问题示意图

为了解决热障问题，从 20 世纪 50 年代开始，人们围绕以下两个方面开展了大量研究工作：一方面是准确预估飞行器所受到的气动加热量，并设法减轻热环境，促成了高温边界层传热理论研究的突破 [1]、钝头体概念的提出 [2−5]、局部复杂干扰加热机制逐渐被认识 [6,7]，以及气动热数值模拟 [8] 和地面试验技术 [9,10] 的快速发展，形成了气体动力学的一个重要分支 —— 气动热与高温气体动力学；另一方面是采取一定的热防护措施，通过有效的表面防护系统和附加质量，设法消减气动加热的影响，从而保护飞行器内部人员，并使各种功能部件和仪器设备等处于允许的温度范围之内，由此提出了各式各样的热防护方案，包括发汗冷却 [11]、热沉吸热 [12]、表面辐射散热 [13]、烧蚀防热 [14−16] 等，其中发展最完善、应用最广的是烧蚀热防护系统。人们发现，陨石表层虽然留下了很多烧蚀的痕迹，但其内部却保持完好无损。防热专家受此启发，提出了烧蚀防热概念，有意让其烧去外层，保护内层安全到达地球表面。从 20 世纪 50 年代开始，烧蚀防热概念一经推出，就被广泛应用于战术导弹、远程战略核威慑武器、返回式卫星、载人飞船和航天飞机的热防护 [10,17]，并由此带动了防/隔热材料研制、防热系统设计技术、地面烧蚀试验设备和测试技术、传热传质学科的发展，时至今日，烧蚀防热仍然是高超声速飞行器最为重要的热防护手段 [18]。

克服热障被称为高超声速飞行器发展史上的一个里程碑 [10]。自 20 世纪 50 年代以来，伴随着热障问题的突破，高超声速飞行器如雨后春笋般发展起来，并于 20 世纪 50~60 年代和 80 年代，以战略核威慑和载人航天再入返回为目的，形成了高超声速飞行器发展的两次高潮。1949 年 2 月 24 日，美国用 V-2 火箭 (图 1.2) 的改进型首次实现了马赫数超过 5 的高超声速飞行。20 世纪 50 年代美国和苏联都拥有了马赫数可达 25 的洲际弹道导弹。1957 年 10 月，苏联成功发射第一颗人造地球卫星。1961 年 4 月 12 日，苏联宇航员尤里 · 加加林少校乘坐 “东方” 1 号宇宙飞船进入太空，绕地球轨道飞行后安全返回，首次实现了人类 “飞天” 的梦想。继 “东方” 号之后，苏联又研制了 “上升” 号和 “联盟” 号载人飞船 (图 1.3)，后者的改进型至今仍在担负天地往返运输重任。与此同时，美国也在 20 世纪 60 年代发展了三代载人飞船：“水星” 号、“双子星” 号和 “阿波罗” 号 (图 1.4)。1969 年美国宇航员乘坐 “阿波罗” 10 号飞船实现了人类往返月球的伟大创举，它的再入速度

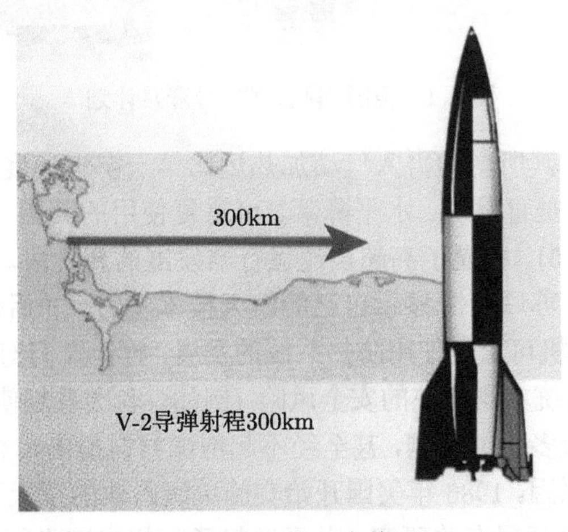

图 1.2 V-2 火箭

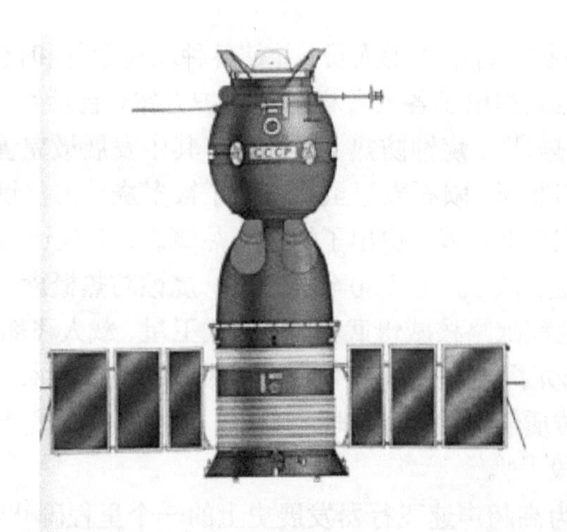

图 1.3　苏联“联盟”号载人飞船

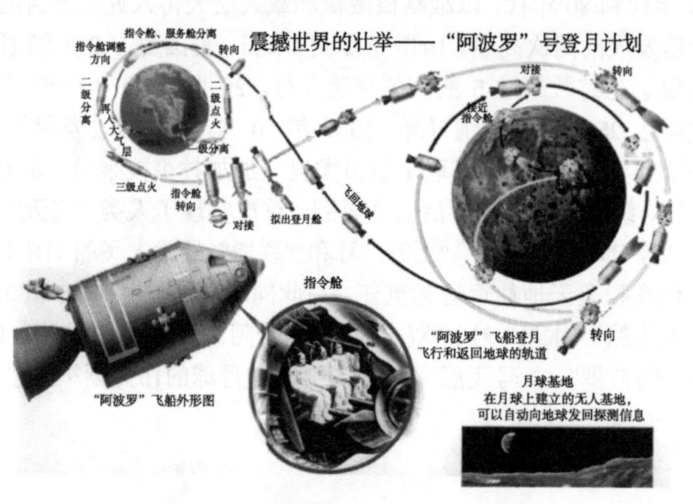

图 1.4　美国“阿波罗”号登月计划

达到第二宇宙速度，其所受的再入气动加热远比第一宇宙速度再入时大。1981 年 4 月，世界上第一架垂直发射、水平降落、可重复使用的美国“哥伦比亚”号航天飞机试飞成功 (图 1.5)，彰显了高超声速飞行器发展的新阶段。在冷战时期，两个超级大国竞争加剧，苏联为了显示自己的航天技术实力，随后也发射了“暴风雪”号航天飞机。航天飞机可重复使用防热系统的发展，曾让人们幻想能够避开烧蚀带来的系列问题，但系统本身存在的安全风险 (例如，多次重复使用后，防热瓦表面微裂缝内部会出现众多烧蚀孔洞，甚至经不起泡沫材料撞击)、低效率及高昂成本，成为其退役的主要原因。1986 年美国开始实施单级入轨的空天飞机 (NASP) 计划，其他发达国家也纷纷开展有关研究，世界掀起了高超声速飞行器计划热。经过 10

年密集的研究和发展，20 世纪 90 年代中期，由于设计要求超出了当时的科技水平，这些计划相继做了调整，NASP 计划也于 1994 年宣布终止，可是有关的研究工作仍在继续，只是转变为更审慎和更为集中的研究和推动技术进步的不懈努力。这一阶段的高超声速技术为今天的航天器、空间进入系统、导弹/弹药/再入弹头，以及星际探测器奠定了技术和概念基础。

图 1.5　美国 “哥伦比亚” 号航天飞机

进入 21 世纪以来，美国在一系列新计划的引领下 [18]，按照《国防部高超声速计划路线图》，以 “快速到达、全球打击、强突防、高精度” 等为特征的新一代高超声速飞行器喷薄而出，形成了第三次浪潮，主要集中在以下两种类型的高超声速飞行器方面。一类是在通用航空器飞行高度上限与地球低轨道下限之间空域较长时间飞行的临近空间飞行器，包括有动力巡航和无动力滑翔两种模式，前者有以吸气式发动机或其组合发动机为主要动力的高超声速巡航导弹和高超声速飞机等多种飞行器，如美国的 X-43A 和 X-51A (图 1.6(a))；后者以远程滑翔和高机动为主要技术特征，包括长航时滑翔式战略机动弹头、高超声速跳跃式巡航导弹、高超声速高空反导拦截导弹等，如美国的 “猎鹰” (FALCON) 计划下的 HTV-2 (图 1.6(b)) 和 SR-72。另一类是弹道式或半弹道式再入返回式飞行器，在中间大气层中以 “过客” 形象出现，包括再入弹头、返回式卫星、飞船返回舱、航天飞机、跨大气层飞行器，如美国的 X-37B (图 1.6(c)) 和 XS-1 等。尽管高超声速飞行器的类型众多，功能和性能各异，但为了保证飞行安全，都需要进行有效的防热设计，而且大都离不开烧蚀热防护，包括当前正在研制的需要长时间保持外形不变而采用低/非烧蚀防热方案的临近空间飞行器，也需要研究烧蚀问题。

从关于烧蚀的定义和内涵可以看出，烧蚀不单单是一个表面化学反应问题，它与边界层的流动状态 (层流、湍流、温度和压力分布)、化学组分的扩散 (氧化剂供应和烧蚀产物扩散进入边界层)、化学反应 (组元变化、吸热、放热、表面催化) 和气动加热量等密切相关，同时还与防热材料表面状况 (粗糙度、动边界) 和防

热结构内部传热 (壁温)、传质 (质量引射) 过程紧密相连，是一个沿轨道飞行时气动力、气动热、烧蚀、结构传热紧密耦合、相互影响的复杂过程 (图 1.7)。因此，

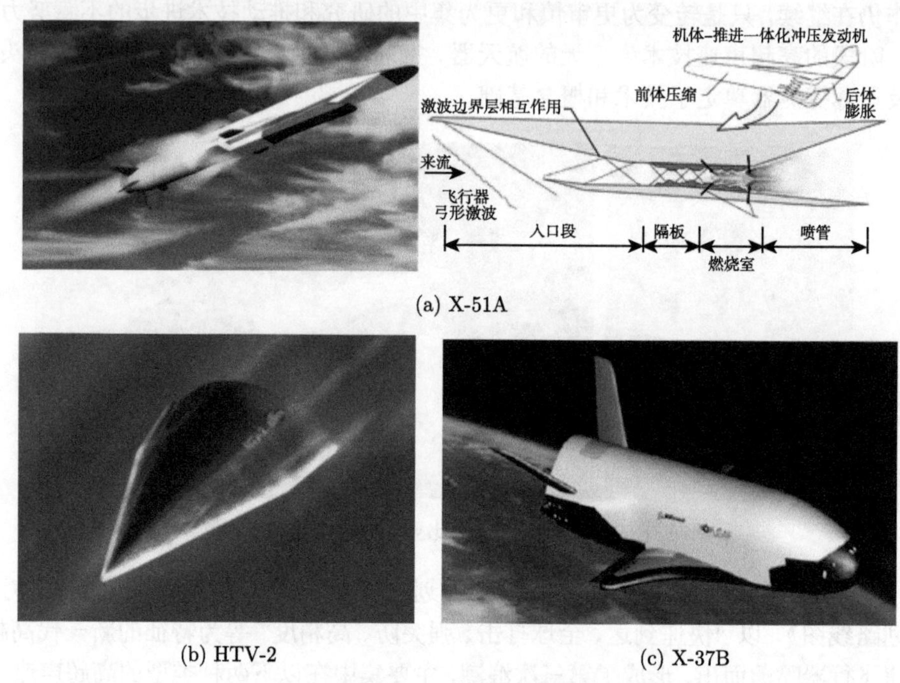

(a) X-51A

(b) HTV-2　　(c) X-37B

图 1.6　美国近期研究的高超声速飞行器

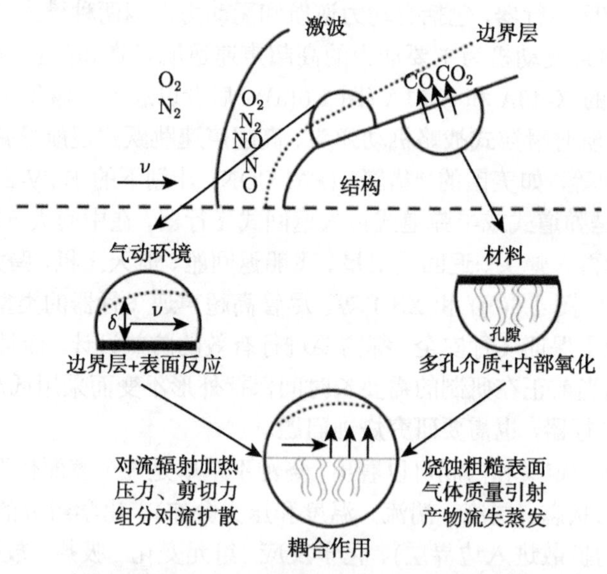

图 1.7　气动热与防热结构耦合作用

烧蚀的理论分析工作必须考虑材料与热环境的相互作用，可以分为三部分：气体边界层分析、材料内部的受热过程，以及烧蚀表面上的相容关系。

气体边界层分析目前已经有不少介绍这方面研究内容和进展的专著[9,10,19,20]，这部分内容已经比较成熟，因此本书不把它作为主要内容，只是介绍一些相关的基本知识。

对于材料内部的受热过程，如果不考虑几何形状的影响，普通烧蚀材料内部的固体传热也很简单。由于烧蚀会引起外形变化，因此内部热响应是一个动边界传热问题。对于熔融材料 (如高硅氧、碳石英玻璃等) 在受热后形成液态层，或者某些炭化材料在受热后发生热解并形成多孔固体层，被熔融的液体或被热解的气体或者两者兼而有之的二相流体在其中流动，甚至这些异相介质在高温下还会发生化学反应。这些烧蚀材料内部的传热传质过程是一个复杂的现象。此外，对于复合材料，还涉及细观和微观结构传热 (图 1.8)，本书对此将作一些选择性介绍。

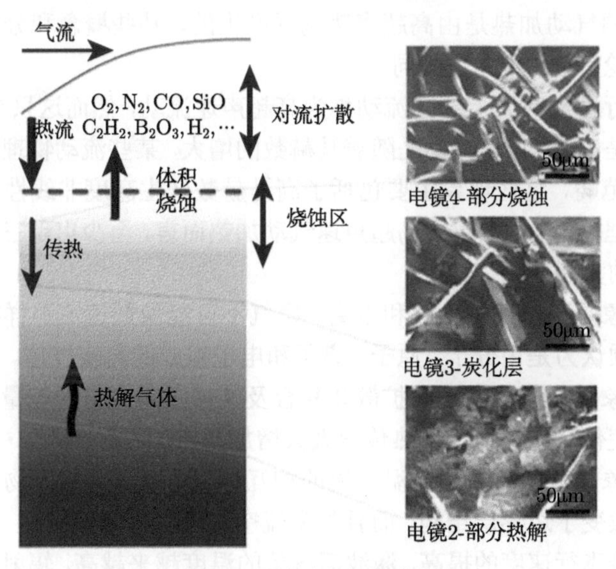

图 1.8 材料内部热响应

烧蚀表面上的相容关系是联系气体边界层与烧蚀材料受热分析的桥梁，互为对方提供边界条件。烧蚀表面上的各物理量之间存在一定的依赖关系，由材料的组分构成和化学反应过程所决定，是解决烧蚀问题的关键，将是本书要重点介绍的内容。

到目前为止，国内外已经出版了一些介绍烧蚀防热知识的书籍，但大都将其列在详细的气动加热内容之后，写得较为简略，内容基本上都是 20 世纪 80 年代以前的研究成果，而且还有一些争议问题至今没有解决 (如碳基材料烧蚀到底该用快反应还是慢反应模型等)，有的计算模型过于简单 (对于气动力/热/烧蚀/结构传热和飞行弹道耦合过程往往分开考虑)，预测误差较大，设计人员不得不加大防热层安全余量来确保飞行的可靠性，从而导致飞行器防热系统重量占比偏大，整体性能偏低，尤其缺少当前飞速发展的新材料体系 (陶瓷基复合材料) 的烧蚀理论和多场耦合计算方面内容。因此，迫切需要一本能够专门地、系统地介绍烧蚀防热原理和最新研究进展的新书，这正是作者下决心写这本书的初衷。

作为概论，本章首先对飞行器再入地球大气层的气动加热和烧蚀量进行一些简单分析和描述，使读者从一开始就对高超声速飞行器的气动加热和烧蚀有一个数量概念，了解它们与飞行速度和在大气层内飞行高度的关系；然后，给出烧蚀的定义、内涵、分类、基本现象、影响烧蚀的主要因素，以及烧蚀对飞行器气动特性的影响。至于烧蚀理论的发展历史，将根据材料类型放到后面相关章节中介绍。

1.2　高超声速流动和气动加热概念

本书涉及的气动加热是由高超声速飞行产生的，某些概念和分析方法来源于低速边界层理论，但又不完全相同。

一般将飞行马赫数大于 5 的流动称为高超声速流动，然而这只是大致的判断，更确切的内涵是：高超声速流动是随着马赫数的增大，某些流动物理现象变得越来越重要的流动范畴，这些现象主要包括了高马赫数产生高度非线性的流体动力学特性和高温物理化学特性。对于高超声速气动加热而言，至少出现三种新的物理现象，较之低速的大为复杂。

第一种现象是空气发生离解和电离。空气不可能像低速流那样被假定为完全气体，而是必须认为是由分子、原子、离子和电子组成的真实气体。

第二种现象是原子和离子的扩散和复合及其伴随着大量的能量释放。这种传热机制，可以使传热量比纯分子热传导大大增加。

第三种现象是表面材料与高温气流的相互作用，以及烧蚀产物进入气体边界层，后者不仅改变了边界层结构，而且与来流空气发生化学反应。

当然，随着飞行速度的提高，激波后气体的温度越来越高，辐射加热也逐渐变得重要起来，不过除了以第二宇宙速度再入大气层的星际飞行器外，一般从环地球轨道再入的高超声速飞行器辐射加热占总加热量的比例不到 10%，因此通常所说的气动加热主要还是指对流加热。

为了解决高温气体边界层传热问题，概括地说，需要研究两个方面的内容：一是确定高温气体的热物理化学特性；二是求解耦合的非线性偏微分方程组的数学方法。因此，气动加热是空气动力学与热力学和热化学相结合的产物，构成了气动热力学的主要内容。

气动热力学是近代空气动力学的一个分支，它是空气动力学与经典热力学 (热力学三大定律)、化学热力学、统计物理和量子物理相结合形成的，主要研究高超声速流体或高温流体的运动规律及其与固体的相互作用。

传热是气动热力学研究的中心问题。一般教材和工程实践中都把它分成两大部分：一部分是高超声速飞行器外部流体的传热研究，最终获得它们对飞行器表面的加热情况，也就是气动热环境问题；另一部分是这些热量在飞行器防热层内怎样转移及其控制技术的研究，也就是防热问题。从传热观点来说，前者主要是高温气流的传热问题，后者主要是固体材料的传热。当然，这两者是难以截然分开的，例如，热环境与飞行器的表面特性有关。特别是采用烧蚀防热技术时，烧蚀过程中防热材料的表面特性在改变，烧蚀产物进入高温气流边界层而改变热环境，这时需要把两者耦合在一起进行研究。

1.2.1 气动加热与飞行速度的关系

对物体表面的气动加热源于物体周围流场中的高温气体，这种高温是由高速气流经过物体前方的强激波压缩、减速，以及在边界层黏性作用下摩擦、减速，导致动能的耗散，并 (部分) 转化为气体的内能而产生的。

显然，高温气体的温度与飞行速度密切相关，钝头体正激波后的气体温度随来流速度增加快速升高。图 1.9 给出了在海拔 52km 处飞行的飞行器正激波后温度随再入大气层飞行速度的变化情况 [9]，图中画出了两条曲线，左面的曲线假设气体为比热比 $\gamma = 1.4$ 的量热完全气体，这导致了不切实际的极高温度值 (以“阿波罗”号

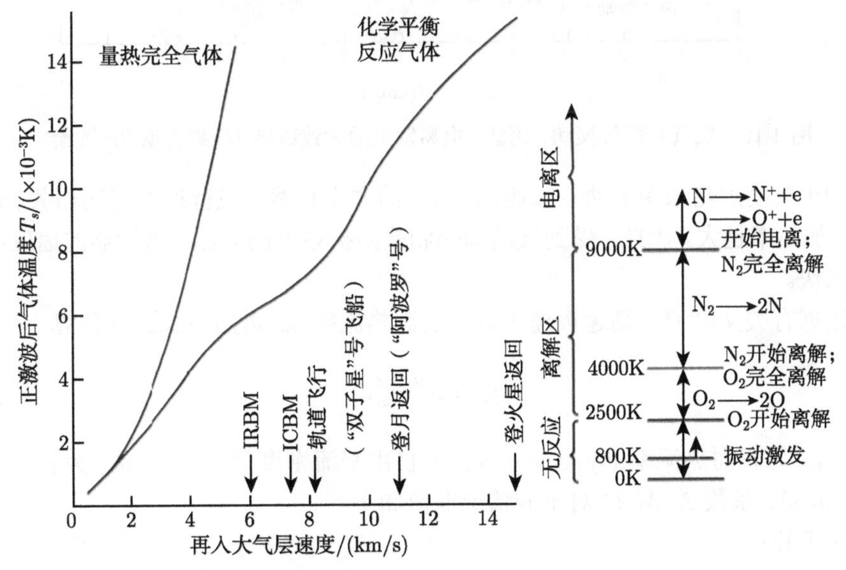

图 1.9 正激波后气体温度随飞行速度的变化情况 (根据文献 [9] 改绘)

飞船以 36 马赫返回大气层为例，激波后温度按此计算为 50000K，这显然是不可能的，实际只有 11000K)；下面的曲线假设气体处于化学平衡状态，这个温度曲线与真实情况是比较接近的。

实际上，在大气中速度超过 3km/s 或 9 马赫的飞行速度下，空气中氧分子开始离解 (图 1.9)；速度再增加时，氧分子和氮分子进一步离解发生化学反应 (生成 NO 等新组分)，最终发生电离。平衡气流滞止区的这些特征边界如图 1.10 所示。当速度超过 4km/s，高度低于 40km 时，由于气体密度较高因而是化学平衡的。在较高的高度上，离解和电离需要的时间相对较长，在这段时间内气流流过的路程与飞行器特征尺度相当，因此流动不再处于平衡状态。当高度超过 90km 时，由于空气过于稀薄，连续性假设不再成立。

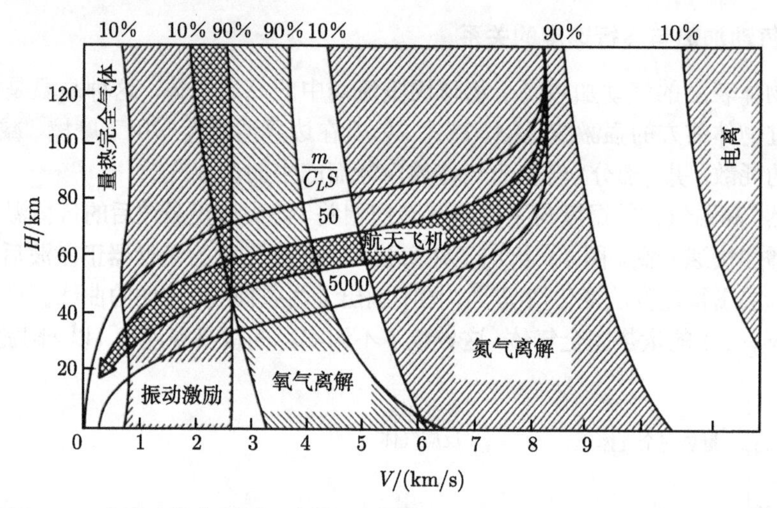

图 1.10　氧气和氮气振动、离解、电离发生的大致边界 (根据文献 [9] 改绘)

由于气动加热来源于动能减速，加热率的大小必然与飞行速度密切相关。速度越快，加热率越大。因此，受到气动加热和热防护系统的限制，飞行器的速度不可能无限快。

根据有关文献 [9]，高超声速飞行器表面热流率 q_w 可用下式进行估算

$$q_w = \rho_\infty^N v_\infty^M C \tag{1.1}$$

式中，q_w 为表面热流率 (W/cm^2)；ρ_∞ 为自由来流密度 (kg/m^3)；v_∞ 为自由来流速度 (m/s)。系数 N, M, C 对不同情况取值如下

对于驻点

$$M = 3, \quad N = 0.5, \quad C = 1.83 \times 10^{-8} R^{-1/2} \left(1 - \frac{h_w}{h_0}\right) \tag{1.2}$$

式中，R 为飞行器头部半径 (m)；h 为焓 (J/kg)；下标 w，0 分别表示壁焓和总焓。

对于平板层流

$$M = 3.2, \quad N = 0.5, \quad C = 2.53 \times 10^{-9} (\cos\phi)^{1/2} (\sin\phi) X^{-1/2} \left(1 - \frac{h_{\mathrm{w}}}{h_0}\right) \tag{1.3}$$

式中，ϕ 为当地物面相对于自由来流的夹角 (°)；X 为沿物面的距离 (m)。

对于平板湍流

$$N = 0.8$$

当 $v_\infty \leqslant 3962\mathrm{m/s}$ 时，有

$$M = 3.37$$

$$C = 3.89 \times 10^{-8} (\cos\phi)^{1.78} (\sin\phi)^{1.6} X_{\mathrm{T}}^{-1/5} \left(\frac{T_{\mathrm{w}}}{556}\right)^{-1/4} \left(1 - 1.11\frac{h_{\mathrm{w}}}{h_0}\right) \tag{1.4}$$

当 $v_\infty > 3962\mathrm{m/s}$ 时，有

$$M = 3.7$$

$$C = 2.2 \times 10^{-9} (\cos\phi)^{2.08} (\sin\phi)^{1.6} X_{\mathrm{T}}^{-1/5} \left(1 - 1.11\frac{h_{\mathrm{w}}}{h_0}\right) \tag{1.5}$$

式中，X_{T} 为湍流边界层中沿物面的距离 (m)。

从式 (1.1)~式 (1.5) 和有关研究中，我们可以得到以下定性知识：

(1) 飞行器表面热流近似随飞行速度的 3 次方快速增长，可见飞行速度对气动热的影响有多严重。研究表明，气动阻力与速度的平方约成正比，因此高超声速飞行器设计中，气动加热问题比气动力问题显得更为突出。

(2) 热流随周围大气密度增加而增加，正比于密度的 0.5~0.8 次方。这意味着，以同样的速度飞行时，飞行高度越高，气动热越小；飞行高度越低，气动热越大。例如地地导弹，由地面垂直发射，上升段虽然速度越来越大，但空气密度越来越小，因此整个上升段热流不大，甚至可以忽略不计；而再入返回时，速度一直很大，热环境非常严酷。图 1.11 给出了飞行速度 (马赫数) 和大气密度 (飞行高度) 对热流的影响。

(3) 飞行器的驻点热流与头部半径的 1/2 次方成反比，头部半径越大，热流越小。因此，早期的导弹、航天飞机等都采用较大的头部半径，以减小表面热流。

(4) 飞行器再入返回过程中，在高空时热流沿物面分布为单调下降曲线，当进入低空大气层时，表面流态将从层流转变为湍流，同一位置的表面热流密度将增加数倍，呈现双峰值的非单调下降曲线 (图 1.12)。

(5) 飞行器再入过程中，随着飞行高度下降，大气密度逐渐增加，而飞行速度受到气动阻力而逐渐降低。当密度增加量大于速度降低量时，气动加热率是上升

的，以后密度的增加被速度的降低所抵消，得出一个最大热流值，在这以后，速度降低量大于密度增加量，气动加热率也将下降。一般而言，当速度 V 降低到初始速度 V_{E} 值的 80%~85%时 (无论弹道式再入还是升力式再入大都一致)，出现最大加热率 $q_{\mathrm{ws,max}}$ (图 1.13)。对防热设计而言，最大加热率是一个重要参数，由它决定壁温大小，从而决定防热材料的选择。另一个重要参数是总加热量，即热流沿弹道的积分，由它决定热流向材料内部的传递过程和内表面的温升，从而决定防热层厚度的选取。根据地球大气参数随高度变化情况 [21]，弹道分析表明 [19]，最大加热率 $q_{\mathrm{ws,max}}$ 和总加热量 Q_{ts} 直接随飞行器的重阻比 $W/C_{\mathrm{D}}A$ 增加而增加，即

$$q_{\mathrm{ws,max}}, Q_{\mathrm{ts}} \sim \sqrt{\frac{W}{C_{\mathrm{D}}A}}$$

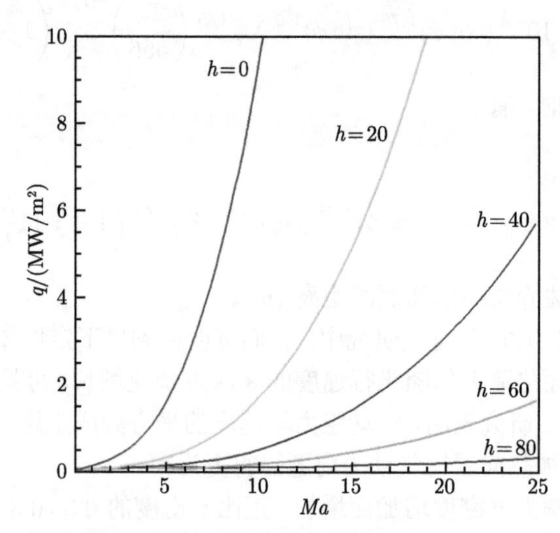

图 1.11　不同高度时热流随马赫数的变化情况 (R = 1m，h 单位为 km)

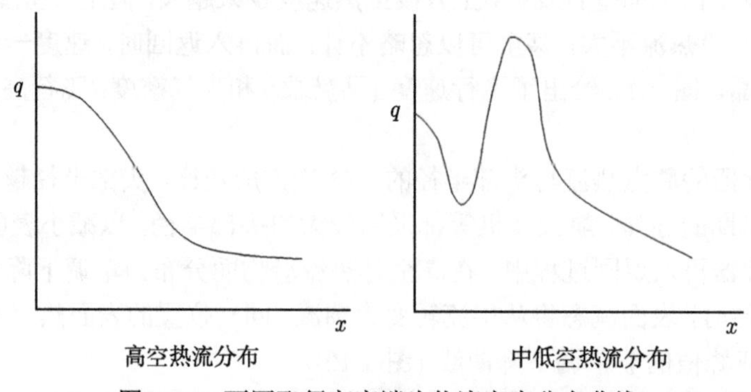

图 1.12　不同飞行高度端头热流密度分布曲线

其中，W 为飞行器的重量；$C_{\rm D}$ 为飞行器的阻力系数；A 为阻力和升力的参考面积。而对于某一给定 $W/C_{\rm D}A$ 的飞行器，当再入角减小或升阻比 L/D 增大时，最大热流下降和总加热量增加，即

$$q_{\rm ws,max} \sim \sqrt{\sin\phi_{\rm E}}, 1\Big/\sqrt{L/D}$$

$$Q_{\rm s} \sim 1\Big/\sqrt{\sin\phi_{\rm E}}, \sqrt{L/D}$$

其中，$\phi_{\rm E}$ 为初始再入角；L 和 D 分别为升力和阻力。

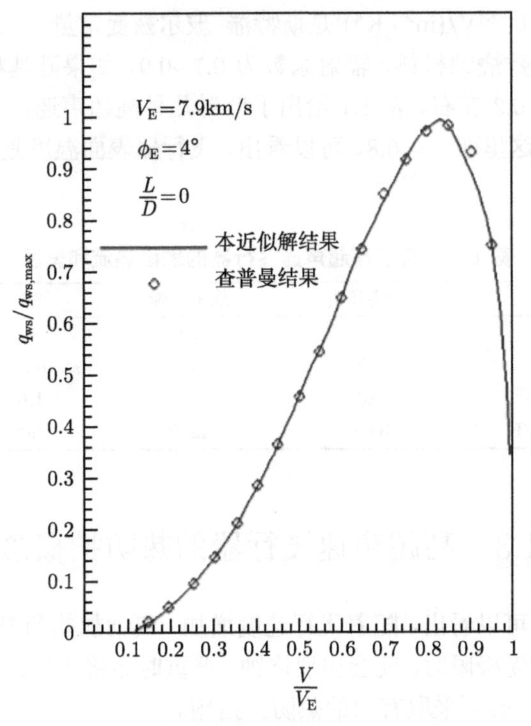

图 1.13 热流随速度的变化 (取自文献 [19])

对于弹道式再入飞行器，利用高阻形状 (钝体) 物体，可以降低气动加热。对于升力飞行器再入情况，升阻比 L/D 和阻力系数 $C_{\rm D}$ 是两个不相容的空气动力学特性，不能同时大幅提高 $C_{\rm D}$ 和 L/D 值来达到减少气动加热的目的。因为升阻比的增加，必然会造成阻力系数 $C_{\rm D}$ 的减少，反而增加气动加热。在实际设计中，利用 $C_{\rm D}$ 和 L/D 的最佳配合，可使最大热流大大降低。当然，这只是从气动热角度来看此问题，事实上，升力再入比无升力再入在技术上复杂得多。

1.2.2 飞行器表面辐射平衡温度

飞行器受到气动加热后，表面温度必然升高。先来看一下飞行器表面能够达到

的最高温度 —— 表面辐射平衡温度。它相当于一个具有小热容 (如薄片) 结构的飞行器，再入时不发生烧蚀，也无其他冷却方式，唯一的冷却效应是表面辐射。这个温度对于设计来说是一个重要的参考温度，可以从边界层对流热流与固体表面辐射热流之间的平衡关系求得。

对于驻点情况，近似有

$$\varepsilon\sigma\left(T_{\mathrm{w}}^{4}-T_{\infty}^{4}\right)=q_{\mathrm{ws}} \tag{1.6}$$

其中，$\sigma=5.67\times10^{-8}\mathrm{W}/(\mathrm{m}^2\cdot\mathrm{K}^4)$ 是斯特藩–玻尔兹曼常量，ε 是材料的表面辐射系数，对于绝大多数烧蚀材料，辐射系数为 0.7~0.9，如果硅基材料表面形成液态层，辐射系数降至 0.2 左右。表 1.1 给出了针对几种高超声速再入飞行器计算的表面辐射平衡温度，这里取 $\varepsilon=0.8$。可以看出，飞行器表面温度是如此之高，为一般材料所不能承受。

表 1.1　典型高超声速飞行器的表面热流和壁温

	战略弹头	战术导弹	飞船	航天飞机
再入马赫数	25	14	36	27
再入时间/s	30	100	600	1800
驻点热流/(MW/m^2)	80	14	1.6	0.7
表面辐射平衡温度/K	6480	4200	2500	2000

1.3　高超声速飞行器的热防护概念

从前面的论述可以看出，随着飞行速度增加，气动加热和表面温度越来越高。当温度超过材料耐受极限时，就会出现烧蚀，严重时会将飞行器烧毁。为了确保它安全、正确地飞行，必须采取有效的热防护措施。

热防护系统设计必须 “恰当”，既不能一味追求安全而设计得过于保守，也不能随随便便对付了事。因为过于保守的防热系统设计会降低有效载荷和飞行器的性能，而不足的防热设计则会导致飞行器因过热而毁坏。

防热系统和结构类型的选择主要取决于飞行器表面热载荷的大小和持续时间，即使在同一个飞行器上，由于表面加热不同也可能采用几种不同类型的防热系统及结构布局。工程上采用的防热系统方案大致可分为三种类型：被动、半被动和主动，各类防热方案又包括若干种防热结构形式 (图 1.14)。在飞行器热防护系统研制过程中，曾提出过四种热防护结构形式 [17]，即热沉式、辐射式、发汗冷却式和烧蚀式。

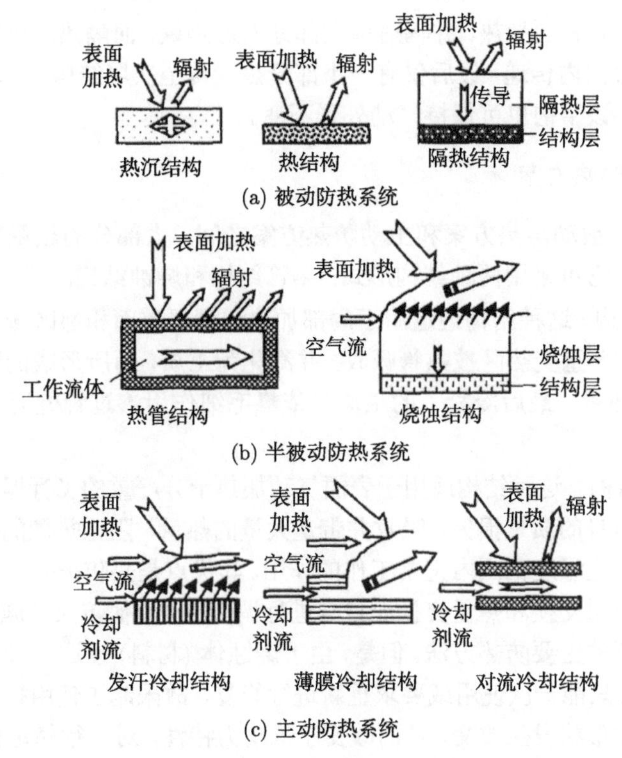

图 1.14 航天飞行器防热系统的主要类型和结构

1.3.1 被动防热方案

这是一种热量由表面辐射出去或被吸收，而不需要工作流体 (工质) 来排除热量的防热方案。可采用三种防热结构：热沉结构、辐射结构和隔热结构。

(1) 热沉结构。这种结构几乎吸收了全部入射热量，并将其储存在结构中，又称为热汇防热。它是一种最简单的吸收式热防护系统，工作机制是快速导热，并依靠自身的热容吸收热量，因此需要更多的热质量来提高存储热量的能力。该结构仅限用于短时热脉冲状态。其特点是结构较简单可靠，能保持气动外形不变，但防热效率太低。

(2) 辐射结构。这种结构主要依靠辐射方式散热，其外蒙皮用耐高温材料制成，表面有高辐射率的涂层，以提高防热层表面的辐射散热能力。在受热的同时，它以辐射的形式向周围发散出大量热能。它允许结构温度持续上升到由表面辐射出去的热量与入射热量相等的温度 (即辐射平衡温度) 为止。该结构的特点是不受热脉冲持续时间的限制，但有一个可承受总热量的限制值。此外，该结构可保持气动外形不变。

(3) 隔热结构。这种结构兼有热沉结构和辐射结构二者的特征，一般可认为是表面隔热结构。其表面受热，并辐射掉大部分入射热量，而隔热层则阻止剩余入射热量中的大部分向内传递，最后仅有一小部分热量传至次层结构，并以热沉方式存储在此结构中。该结构也可保持气动外形不变。

1.3.2　半被动防热方案

该方案介于被动防热方案和主动防热方案之间，大部分的热量靠工作流体或 (空) 气流带走。它可采用两种结构形式：热管结构和烧蚀结构。

(1) 热管结构。这种结构最适用于局部加热程度严重而相邻区域加热程度较轻的部位。热量在严重受热区被热管吸收，并汽化为工质，而所形成的蒸汽流向较冷端冷凝并排出热量，最后冷凝了的工质又依靠毛细作用渗过管壁返回严重受热区循环使用。

(2) 烧蚀结构。这种结构适用于表面气动加热十分严重的飞行器部位。该结构通过烧蚀引起自身的质量损失，吸收并带走大量的热量，阻止热量的传递，起到保护内部结构在一定温度范围内正常工作的作用。其优点是热防护效率高，适应性强，而且能够通过质量交换和热量交换而自身进行调节，比其他防热措施简单方便，是目前再入飞行器的主要防热方法。但是，由于烧蚀体 (材料) 在这一过程中有一部分被消耗掉，因而只能一次使用或要求重新进行修复，故限制了使用持续时间。由于烧蚀过程中表面形状发生改变，从而改变了气动力特性，对飞行稳定性不利。

1.3.3　主动防热方案

在该方案中，热量全部或绝大部分由工质或冷却流带走 (可能有很小一部分被反射掉)，所以不会传至次层结构。它可采用三种冷却方式：发汗冷却、薄膜冷却和对流冷却。

(1) 发汗冷却和薄膜冷却。这两种冷却方式所依据的原理与烧蚀方式类似，由表面喷出的冷却剂吸收大部分由于严重气动加热产生的热量，使其不能传至次层结构。这两种冷却方式均利用泵压系统来汲取远处槽 (箱) 中的冷却剂，但表面喷出方式不同。发汗冷却通过多孔表面喷出，薄膜冷却则从不连续的缝隙中喷出。这两种方式的特点是可以保持多孔结构表面的完整性，对气动力特性基本没有影响，但难以保证多孔壁一直畅通。

(2) 对流冷却。这种冷却方式的原理是使冷却剂通过位于冷却结构中的通道或管路进行循环，将所吸收的较严重气动加热带来的绝大部分热量排出，仅有极少部分热量被辐射掉，而且几乎全部的入射热量都是通过外蒙皮传入结构中的冷却剂的。此外，如果冷却剂就是燃料本身，热量并不消耗掉，而用于预热燃料，所以这种系统实质上是一种再生冷却系统。它可分为直接冷却和间接冷却两种 (图 1.15)。直接冷却系统由氢燃料直接流经冷却面板带走热量，然后进入发动机燃烧；间接冷却系统则由二级冷却剂依次通过冷却面板和热交换器循环使用，再由热交换器将热量传递给氢燃料。显然，这种对流冷却热防护系统非常适合于以低温氢燃料为推进剂的防热–推进一体化结构。

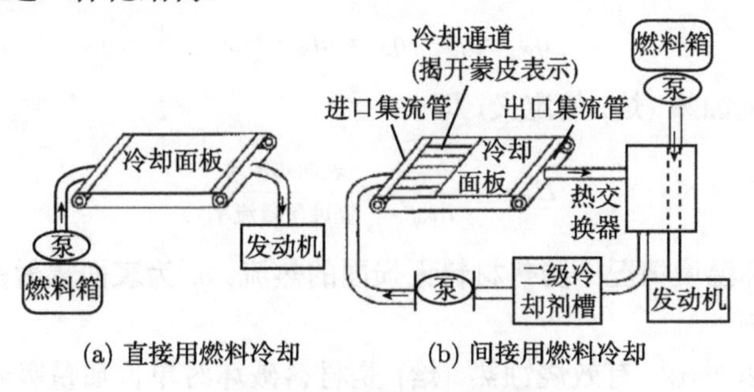

(a) 直接用燃料冷却 (b) 间接用燃料冷却

图 1.15 对流冷却系统

在各类防热系统、结构中，除烧蚀防热结构和高温合金热屏蔽式隔热结构适合于一次性使用的战略导弹和飞船外，其余结构均适用于可重复使用飞行器。主动防热系统的结构和技术较为复杂，检查、维护、维修不便，而被动和半被动防热系统结构简单、技术可靠、易于实现，被各国广泛采用。在实际使用上，大都采用烧蚀热防护或烧蚀与其他的组合形式，如烧蚀辐射热防护、烧蚀热沉热防护。本书主要介绍烧蚀热防护。

1.4 烧蚀基本概念

1.4.1 烧蚀的定义

人们把在炽热气体作用下表面材料的销蚀及变形现象统称为烧蚀。烧蚀热防护就是根据高速再入飞行器受热时间短的特点，利用防热材料的热解、熔化、蒸发或升华以及各种化学反应，牺牲部分防热材料，达到吸收大部分气动加热，以此来减少进入材料内部的热量，使飞行器的内壁保持允许的温度，从而达到热防护的目的。

由烧蚀的内涵可以看出，采用烧蚀防热，需要在飞行时间长短、热流大小和烧蚀速率三方面取得平衡。对于热流较高 ($q > 10\text{MW/m}^2$) 的情况，烧蚀速率大，飞行时间就必须很短 ($< 60\text{s}$)，以确保防热层不被烧光；对于中等热流 ($10\text{MW/m}^2 \geqslant q \geqslant 0.5\text{MW/m}^2$) 环境，烧蚀速度较小，飞行时间可适当增加 ($< 500\text{s}$)，但必须在烧蚀量和隔热方面进行协调；对于较低热流 ($q < 0.5\text{MW/m}^2$) 或飞行时间较长 ($> 1000\text{s}$) 的情况，则一般不采用烧蚀防热方案，保持长时间外形不变和隔热是最重要的。

1.4.2 有效烧蚀热 (焓)

烧蚀特性是由气体边界层和材料特性共同控制的。在工程应用上，常用有效烧

蚀热 (焓) H_{eff} 来表示这两种因素共同作用，用以显示材料的抗烧蚀性能。一般情况下，H_{eff} 由被破坏材料表面的能量平衡确定，最简单的固定材料烧蚀时的能量平衡形式为

$$q_{\mathrm{w}}=q_0-q_{\mathrm{r}}=\dot{m}_{\mathrm{w}}\cdot H_{\mathrm{eff}}$$

该式也是有效烧蚀热 (焓) 的定义，即

$$H_{\mathrm{eff}}=\frac{q_{\mathrm{w}}}{\dot{m}_{\mathrm{w}}}=\frac{\text{表面热流率}}{\text{烧蚀质量流率}} \tag{1.7}$$

其中，q_0 为破坏温度情况下防热材料无损面的热流；q_{r} 为表面辐射热流；$\dot{m}_{\mathrm{w}}$ 为材料烧蚀质量流率。

从以上可以看出，有效烧蚀热 (焓) 是材料破坏时单位质量吸收的能量数量，它包括材料在破坏温度情况下的热容量、材料表面和内部物理–化学过程的热效应及这些过程的气态产物吹入边界层的影响。H_{eff} 可以根据理论计算，也可由试验确定。对于大部分防热材料，有效烧蚀热 (焓) 可写成

$$q_{\mathrm{w}}=q_0-q_{\mathrm{r}}=\dot{m}_{\mathrm{w}}\cdot H_{\mathrm{eff}}=H_{\mathrm{t}}+\psi\eta\left(h_{\mathrm{r}}-h_{\mathrm{w}}\right) \tag{1.8}$$

式中，H_{t} 为包括材料表面和内部热效应的表面温度情况下材料的热焓；η 为材料的气化程度；ψ 为吹入系数。

用 H_{eff} 表示的烧蚀层厚度可按下式估算

$$\delta_{\mathrm{y}}=\int_{t_0}^{t_{\mathrm{e}}}\frac{q_{\mathrm{w}}}{\rho H_{\mathrm{eff}}}\mathrm{d}t \tag{1.9}$$

式中，t_0 和 t_{e} 为烧蚀开始和结束时间。

加热到允许温度 T_{n} 的层厚度 δ_{n} 可近似地按下式确定

$$\delta_{\mathrm{n}}\approx\frac{a}{V_{\mathrm{w}}}\ln\frac{T_{\mathrm{w}}-T_0}{T_{\mathrm{n}}-T_0} \tag{1.10}$$

式中，$a=k/\rho c_p$，k 和 c_p 分别为导热系数和比热；T_0 为初始温度。这个公式从 V_{w} 为常数时材料中温度的指数剖面图很容易得出。

显然，H_{eff} 越高，δ_{y} 就越小。然而，高 H_{eff} 不一定会变为最佳材料，因为当 H_{eff} 很高时，δ_{n} 很大，使防热层的总厚度 $\delta_{\sum}=\delta_{\mathrm{y}}+\delta_{\mathrm{n}}$ 有可能很大。

据上所述，由两种材料组成的防热层可能会更好一些。这时，上面一种材料为可烧蚀材料，而下面一种材料为隔热材料。

1.4.3　烧蚀量的简单估算

下面对再入地球大气层的烧蚀状况进行简要分析，以便对烧蚀量有一个基本认识。

假定尖锥体发生烧蚀后头部始终呈半球形，如图 1.16 所示。其中，x 为顶端后退距离；R_0 为锥面在无烧蚀情况下的头部半径；R_{b} 为锥面有烧蚀情况下的头部半径；$(R_0 - R_{\mathrm{b}})$ 为锥面后退距离；θ 为锥体半锥角。

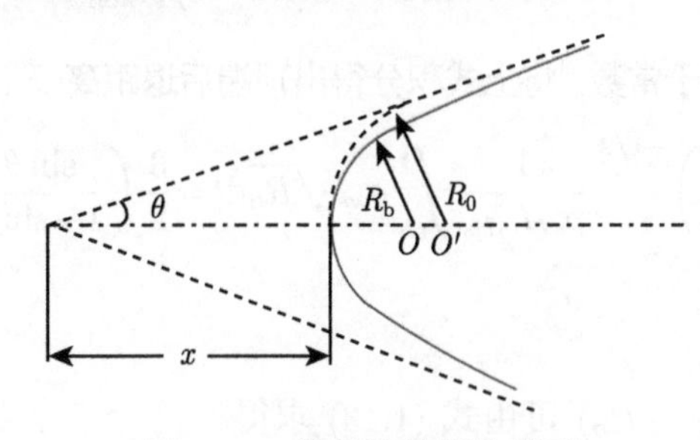

图 1.16 锥体烧蚀简化模型

根据式 (1.7)，驻点处和锥面上的有效烧蚀热可分别写成

$$H_{\mathrm{eff,s}} = \frac{q_{\mathrm{ws}}}{\rho_{\mathrm{s}}\dfrac{\mathrm{d}x}{\mathrm{d}t}} \tag{1.11}$$

$$H_{\mathrm{eff,c}} = \frac{q_{\mathrm{wc}}}{\rho_{\mathrm{s}}\dfrac{\mathrm{d}\left(R_0 - R_{\mathrm{b}}\right)}{\mathrm{d}t}} \tag{1.12}$$

其中，q_{ws} 为驻点热流；q_{wc} 为锥面热流；ρ_{s} 为材料密度。

假定驻点和锥面的有效烧蚀热相同，则驻点烧蚀率与锥面烧蚀率之比等于驻点热流与锥面热流之比，即

$$\frac{\mathrm{d}\left(R_0 - R_{\mathrm{b}}\right)/\mathrm{d}t}{\mathrm{d}x/\mathrm{d}t} = \frac{q_{\mathrm{wc}}}{q_{\mathrm{ws}}} = F_{\mathrm{c}} \tag{1.13}$$

其中，F_{c} 是锥面热流与驻点热流之比，可由气动加热理论给出。对于尖锥烧成钝锥，头部半径 R_{b} 与顶端后退距离 x 之间的关系可利用图 1.16 中所表示的几何关系

$$R_0 = x\frac{\sin\theta}{1 - \sin\theta} \tag{1.14}$$

及式 (1.13) 得

$$\left(\frac{\sin\theta}{1 - \sin\theta} - F_{\mathrm{c}}\right)\mathrm{d}x = \mathrm{d}R_{\mathrm{b}} \tag{1.15}$$

经积分后得出

$$R_{\mathrm{b}} = \left(\frac{\sin\theta}{1 - \sin\theta} - F_{\mathrm{c}}\right)x \tag{1.16}$$

这里，将式 (1.11) 改写为

$$\rho_{\mathrm{s}}\frac{\mathrm{d}x}{\mathrm{d}t}\sqrt{R_{\mathrm{b}}} = \frac{q_{\mathrm{ws}}\sqrt{R_{\mathrm{b}}}}{H_{\mathrm{eff,s}}}$$

并把式 (1.16) 代入上式给出

$$\sqrt{x}\mathrm{d}x=\left(\frac{\sin\theta}{1-\sin\theta}-F_{\mathrm{c}}\right)^{-1/2}\frac{q_{\mathrm{ws}}\sqrt{R_{\mathrm{b}}}}{\rho_{\mathrm{s}}H_{\mathrm{eff,s}}}\mathrm{d}t$$

假定有效烧蚀热等于常数，将上式积分得出顶端后退距离 x (在 t_{E} 处，$x_{\mathrm{E}}=0$) 为

$$x^{3/2}=\frac{3}{2}\left(\frac{\sin\theta}{1-\sin\theta}-F_{\mathrm{c}}\right)^{-1/2}\frac{1}{\rho_{\mathrm{s}}H_{\mathrm{eff,s}}}\int_{t_{\mathrm{E}}}^{t}q_{\mathrm{ws}}\sqrt{R_{\mathrm{b}}}\mathrm{d}t=\frac{3}{2}\left(\frac{\sin\theta}{1-\sin\theta}-F_{\mathrm{c}}\right)^{-1/2}\frac{Q_{\mathrm{s}}\sqrt{R_{\mathrm{b}}}}{\rho_{\mathrm{s}}H_{\mathrm{eff,s}}} \tag{1.17}$$

其中，Q_{s} 为热流积分。

锥面后退距离 (R_0-R_{b}) 可由式 (1.13) 求得。

举一个实例，对导弹再入情况进行计算。假定初始再入速度 $V_{\mathrm{E}}=7.9\mathrm{km/s}$，初始再入角 $\varPhi_{\mathrm{E}}=20°$，导弹参数 $W/C_{\mathrm{D}}A=5000\mathrm{kg/m^2}$，锥体半锥角 $\theta=10°$。锥面与驻点热流之比可根据文献 [19] 的局部相似解得到 $F_{\mathrm{c}}=0.06$。取有效烧蚀热 $\rho_{\mathrm{s}}H_{\mathrm{eff,s}}=4.38\times10^{6}\mathrm{kcal/m^3}$。计算结果参见图 1.17。当这种材料以这种方式再入地球

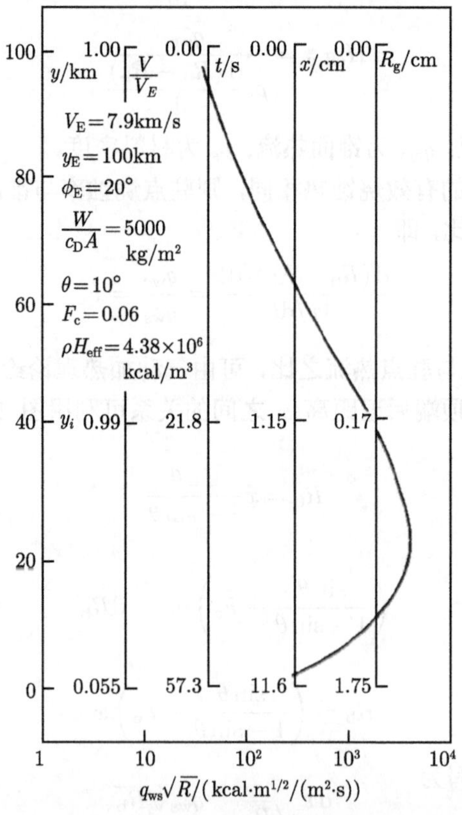

图 1.17　导弹再入时的一些典型结果 (取自文献 [19])

大气层时，尖点最终被烧蚀成头部半径为 $R_{\mathrm{b}} = 1.75\mathrm{cm}$ 的钝锥，顶点被烧去 $x = 11.6\mathrm{cm}$，锥面被烧去 $R_0 - R_{\mathrm{b}} = 0.7\mathrm{cm}$。

1.5 烧蚀材料及分类

1.5.1 烧蚀材料的构成及类型

前面提到的高超声速飞行器表面温度限制了防热材料的选择范围，因为它们必须要有较高的熔化或升华或热解温度以及较高的化学潜热。这就要求材料具有较强的固态化学共价键 (如硅、碳、硼等) 或金属共价键 (如 d 族元素：钛、钨、钽、铼等，见图 1.18)，另外，较轻的质量也是一个重要方面，可以减少推力火箭的能量消耗。因此，在实际应用中，选择被限制在用硅、碳、硼及其碳化物、氮化物或耐熔氧化物 (SiC，B_4C，Si_3N_4，Al_2O_3，SiO_2 等)。

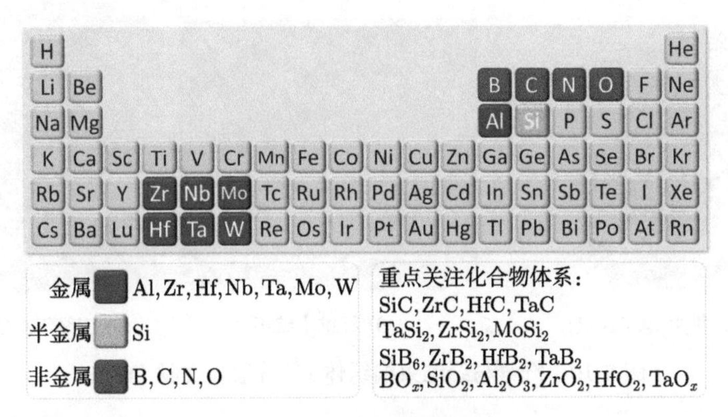

图 1.18 主要候选元素分布

飞行器防热用的烧蚀材料，除了要有良好的抗烧蚀性能和隔热性能，以保证外形的变化和结构温度在容许的范围之内外，还要有一定的力学强度，能够抵抗气动剪力和应力破坏。因此，通常不用单质的材料，如纯碳 (石墨)、纯 SiO_2、纯 SiC 等，而是采用一些特殊的工艺将其制成复合材料，其中大多数都是由纤维增强基体构成，先由纤维束编织成一定的结构，再通过液态浸渍或气相沉积等工艺渗入其他组分作为基体，基体–纤维共同构成复合材料，以满足不同的任务需求。关于复合材料的知识可参见文献 [22, 39]。

常用的纤维包括：

• 玻璃纤维 SiO_2 (Silica)；

• 碳纤维 C (Carbon)，通过合成纤维炭化获得，如丝织物植物纤维、复合丙稀酸系纤维、树脂纤维等；

• 硼纤维、铝纤维 (成本高，制作困难)、碳化硅纤维等；

• 尼龙纤维 (最早用于烧蚀材料)。

这些纤维可以是短纤维，任意混杂排列；也可以是长纤维，由几十根至上千根按规则组合排列，每根纤维的尺寸大约 10μm 量级，如图 1.19 所示。

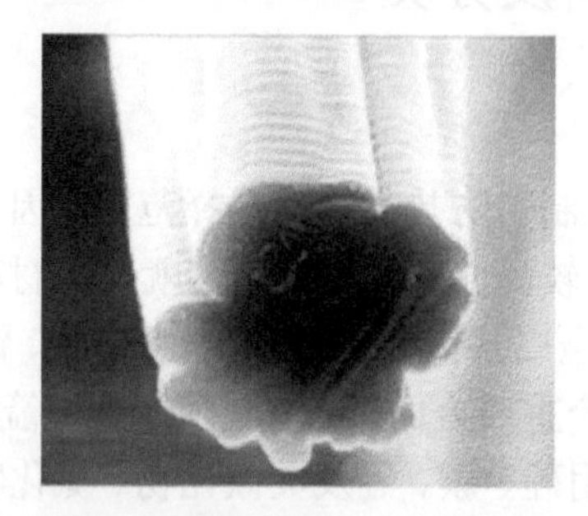

(a) 单根纤维(直径7～10μm)

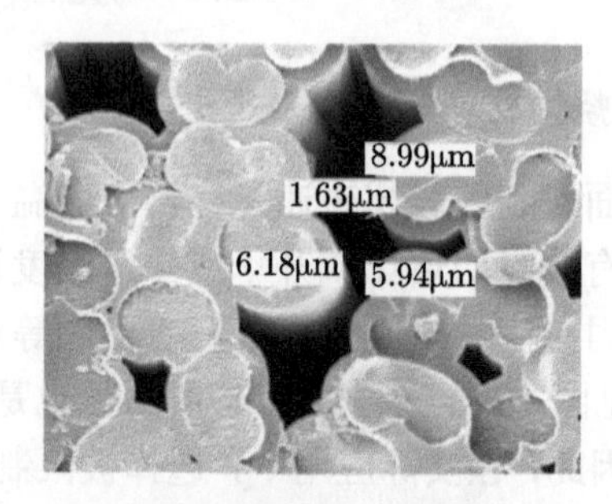

(b) 纤维束截面(局部放大)

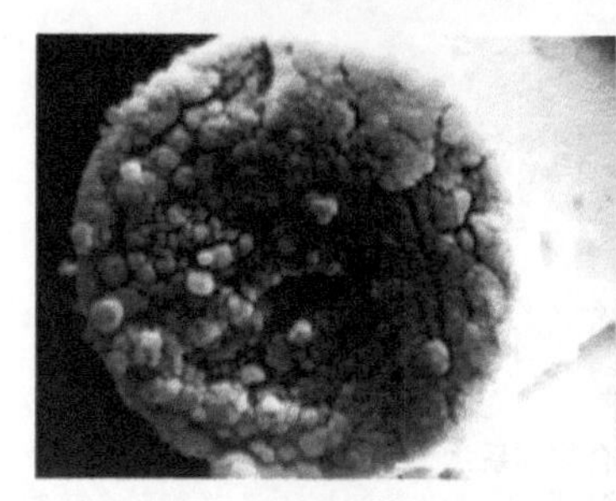

(c) 纤维束(毫米尺度)

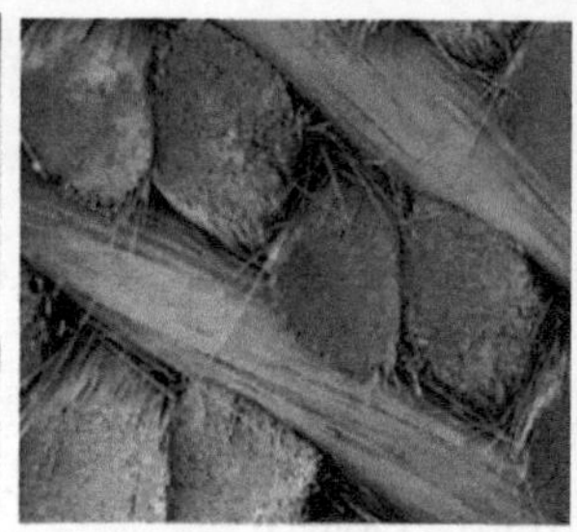

(d) 纤维束编织

(e) 三维编织C/C模型

图 1.19　纤维与纤维束编织体 (部分取自文献 [47])

将纤维束编织成一定结构 (图 1.20)，可以使其具有良好的力学性能和热性能。根据需要，编织可以是二维结构，平面展向的导热系数是平面间的 2 倍量级；也可以是三维结构，通过穿刺增强层间力学性能。将纤维编织体放入某种液体或气态环境中，通过某种工艺渗入其他组分作为基体，制成烧蚀复合材料 (图 1.19(e))。

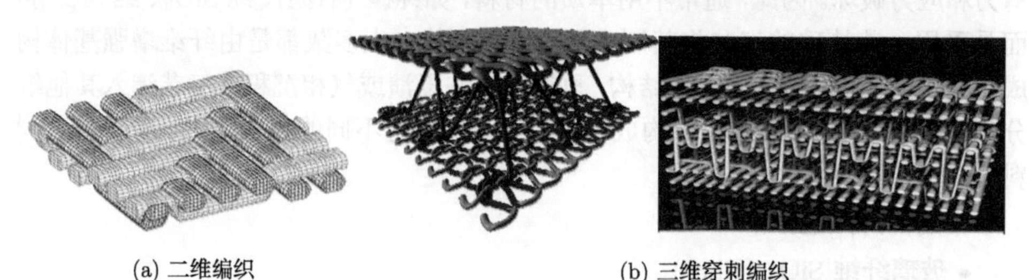

(a) 二维编织　　(b) 三维穿刺编织

图 1.20　纤维束编织方式 (毫米尺度)

作为基体的材料有：

• SiO_2，主要是通过高温变成液态，经过渗入或浸渍工艺形成基体材料，统称为硅基材料，如高硅氧、碳石英等；

• 碳 (C)，以沉积碳和碳纤维形式存在，统称为碳基材料，如二维碳布、三向编织 C/C；

• 树脂，包括环氧树脂、酚醛树脂、硅酮树脂等，烧蚀时通常出现热解和炭化层，统称为热解炭化材料，如玻璃钢、尼龙酚醛、环氧酚醛、硅橡胶等；

• 陶瓷，通过浸渍、烧结或化学蒸汽沉积等工艺，制成 Si_3N_4，SiC/C，ZrB/SiC/C，BN 等陶瓷材料，统称为陶瓷基复合材料。

此外，在基体中还添加一些其他成分用于改善材料性能，例如：在树脂中添加碳粉、玻璃微珠、细丝等，用以改善材料力学性能；添加纤细纤维以改善纤维–基体接触面；添加硼基物使形成液态 B_2O_3，缝合碳基材料微裂缝。最后是纤维–基体材料交界面设计，其黏结特性起到实现纤维和基体的物理化学性良好过渡的桥梁作用，使得纤维的存在能够显著改善基体材料性能。

由于烧蚀过程中，基体材料的化学反应占主导地位，因此通常根据基体材料的成分，将烧蚀材料区分为硅基材料、碳基材料、树脂基炭化材料和陶瓷基复合材料等四种类型。由于以前对陶瓷复合材料的烧蚀问题认识不足，通常认为不烧蚀，因此以往的烧蚀研究主要针对前三类材料。

1.5.2 典型烧蚀材料及用途

在再入弹头热防护设计的演变过程中，硅基复合材料和碳基复合材料起着举足轻重的作用。硅基复合材料为熔融型烧蚀材料，碳基复合材料为氧化和升华型烧蚀材料。

硅基复合材料是以 SiO_2 为主要成分的复合材料，早期被称为玻璃类增强塑料，包括石英、玻璃钢、高硅氧和碳石英。最先成功应用于弹头的热防护材料为玻璃酚醛硅基复合材料，它是由玻璃纤维或玻璃布与酚醛树脂复合而成。由于 SiO_2 是熔融和蒸发材料，故硅基复合材料又被称为熔融–蒸发型烧蚀材料。玻璃纤维与树脂复合材料有多种形式：长纤维与酚醛树脂用于弹道再入，短纤维增强环氧树脂和酚醛微球树脂用于“阿波罗”号 [23]，短纤维和酚醛树脂用于“惠更斯”(Huygens) 号 (材料 AQ60) 或先进再入验证器 (ARD) (材料 Aleastrasil)[24]。硅基复合材料是早期再入弹头的热防护材料，它的优点是取材容易，工艺简单，成本低，加工周期短，材料导热系数低，具有良好的抗烧蚀性能和隔热性能；缺点是 SiO_2 的蒸发潜热仅为 C 的平均升华热的 1/3。随着弹头战术、战略性能的进一步提高，特别是弹头的小型化，玻璃–酚醛复合材料的抗烧蚀性能难以胜任更为苛刻的再入弹头的热环境，而被抗烧蚀性能更为优越的各种工艺碳/碳复合材料所取代。

碳基复合材料包括三向碳/碳、细编穿刺碳/碳、碳毡/碳、碳酚醛 (phenolic impregnated carbon ablator，PICA) 和石墨，在现阶段是比较理想的一种高级热防护材料。优点是有较高的化学潜热，在高温下能保持较高的强度和较高的化学稳定性。单个 C 原子的升华潜热约为 59450kJ/kg，SiO_2 蒸发潜热约为 12700kJ/kg，约差 4 倍，由于碳基复合材料的烧蚀性能提高的潜力很大，早在 20 世纪 60 年代末，美国空军就提出要研制碳纤维增强的碳/碳复合材料，以满足高性能战略再入弹头的热防护要求。经多年的努力，先后由 AVCO 公司研制了 Mod-3 碳/碳弹头材料，由纤维公司研制了 2-2-3 结构的三向细编弹头材料，以及由 AVCO 公司研制了细编穿刺织物的弹头材料。“民兵III” 的 MK-12A 弹头是美国最早采用碳基材料的弹头，端头用碳/碳材料，大面积采用碳酚醛复合材料。1970 年美国桑迪亚国家实验室制成了两种全尺寸的碳/碳复合材料，在再入条件下成功完成了飞行试验。由于碳/碳复合材料具有优良的力学性能和高温性能，也常用于固体火箭喷管喉道烧蚀防热、航天飞机翼前缘等热环境严酷的部位。

对于中低热流长时间再入的载人飞船返回舱、返回式卫星等，通常采用质量较轻的树脂基材料，如我国 “神舟” 号飞船返回舱大面积区域采用蜂窝夹层低密度硅橡胶材料，美国和俄罗斯的飞船早期采用过尼龙酚醛，“阿波罗” 号飞船采用涤纶酚醛 [25]，目前火星再入飞行器 (Viking，Pathfinder)[26] 的背风区采用由软木粉、硅树脂和酚醛树脂微球制成的轻质烧蚀材料。这类材料在烧蚀过程中会出现树脂的热解和炭化，热解气体引射到表面上，能够进一步降低进入防热层的有效热流。

近年来，临近空间飞行器的发展对防热设计提出了更高的要求，传统的烧蚀材料无法满足型号设计要求，具有耐高温、抗烧蚀的陶瓷基复合材料逐渐从实验室走向工程应用。如 SiC/C 复合材料，在高温情况下会在表面形成一层抗氧化膜，有效阻止了材料的烧蚀破坏。目前陶瓷基复合材料已部分取代 C/C 材料，开始应用于热流较高的飞行器端头、翼舵前缘、发动机喷管喉道等部位，取得了较好的防热效果。

1.5.3　烧蚀材料在不同任务类型飞行器中使用情况

表 1.2 汇集了不同材料在相应任务中的应用情况，这是由各种严酷程度参数最终决定的，当然包括形状、质量、大气及其他参数。

最大压力是一个严酷程度指标，因为它决定了边界层厚度，关系到层流–湍流的转捩，以及粗糙度效应对湍流的影响。

最大冷壁热流不仅取决于压力，还与总焓相关。它是显示材料所经历的热力约束从而限制其应用的指标。相对于材料内热应力而言，边界层剪切应力可以忽略，但对于表面形成液态层的烧蚀起重要作用。

表 1.2 材料及其任务严酷程度参数 (取自文献 [24], [27]~[33])

材料	ρ/(kg/m^3)	飞行器	最大压力 /Pa	最大热流 /(MW/m^2)	辐射部分 /%	总加热量 /(MJ/m^2)
碳酚醛 (PICA)	$\simeq 250$	Stardust	3×10^4	11	11	360
		MSL	3.7×10^4	1.97	$\simeq 0$	54.8
超轻烧蚀体 SLA-561-V	260	Viking	5×10^3	30.21	$\simeq 0$	11
		Pathfinder	2×10^4	1.1	5	—
		MER B	1×10^4	0.5	$\simeq 0$	45
		Phoenix	—	0.44	$\simeq 0$	—
AQ60	280	Huygens	1×10^4	1.0	80	30
Prosial 1000	540~600	Huygens	—	0.025	$\simeq 0$	—
Avcoat 5026-39G	530	Apollo4	8×10^4	5.3	$\simeq 35$	300
缠绕碳酚醛 (TWCP)	1450	Pioneer	7×10^5	72	47	117
		Galileo	7×10^5	350	$\simeq 50$	2000
		Hayabusa	0.53×10^5	11.1	$\simeq 17$	212
Aleastrasil	1650	ARD	0.22×10^6	1.2	—	—
C/SiC	3200	MiRKa	1.8×10^4	1.2	$\simeq 0$	120
C/C	1800	Genesis	1×10^5	7	4	170

烧蚀厚度与总加热量大致成正比，当然还与温升历程有关。

辐射热流在总热流中的占比与飞行任务密切相关，速度较低时，辐射热流很小，随着速度增加，辐射热流快速增加。

烧蚀材料可以根据其密度来分类。密度是一个很好的分类参数，因为烧蚀通常与密度成反比，它能很好地反映复合材料的均质性，进而反映表面烧蚀状态，以及热化学特性等。但它们之间的关系是非常复杂的，材料的品质不单单与密度有关。

有些材料通常属于一类材料，只是它们在制作时组分略有不同。例如，用于“阿波罗”号的材料是 Avcoat 5026-39G，几个 SLA 探测器用的 SLA-561-V 属于同一类。

1.6 材料烧蚀机理和相关物理问题

烧蚀是外部流场与防热材料之间相互作用的结果。烧蚀是由外部加热引起的，外部加热使得材料温度升高。当表面温度达到一定值时，就出现表面烧蚀化学反应，反应所需的氧化剂来自于外部气流的边界层扩散，反应产物则通过边界层向外扩散，烧蚀速度取决于表面化学反应动力学和边界层扩散的共同作用。表面化学反应会吸收掉一部分热量，减少向材料内部的热传导。烧蚀产物向边界层外扩散会产生热阻塞效应。复合材料表面的非均匀烧蚀会产生粗糙度，促使边界层提前转捩并引起热流增加。烧蚀表面在气动力作用下可能会出现机械剥蚀，也可能受到外部雨滴、冰晶、雪花等云粒子侵蚀，引起烧蚀量增加。对于硅基材料，材料表面可能出现熔化，形成液态层，并在气动剪力作用下沿表面流动和蒸发。

外部的气动加热除了材料表面向外辐射掉一部分、烧蚀反应吸收一部分外，绝大部分会向材料内部传导。对于内部不发生热解的硅基和碳基材料，主要是导热，引起材料内部温度上升。对于树脂基材料，内部温度升高可能会导致材料发生热解 [40]，吸收部分热量，并产生热解气体，材料热解后会出现多孔的炭化层，热解气体在炭化层内流动，会出现气固热交换，热解气体组元之间以及热解气体与炭化层之间会出现进一步化学反应，热解气体引射到表面上会产生热阻塞效应。对于液态层和多孔介质，还需要考虑内部辐射传热。

烧蚀产生的表面向后退缩、表面粗糙度及烧蚀产物进入边界层，会改变气动外形，引起气动力、热发生变化，并进而影响飞行弹道，弹道改变会带来力、热变化，进而影响烧蚀和内部热传导，这种相互作用贯穿整个烧蚀过程。因此，烧蚀过程是一个外部流场-表面烧蚀-内部传热相互作用的耦合过程，问题非常复杂。

烧蚀材料在加热过程中的烧蚀机理主要是弄清材料通过何种方式损失质量和其质量损失中的吸热机制，据此建立烧蚀流动模型。需遵循的两个基本原理是质量守恒和能量守恒。前者主要确定材料质量损失率同环境参数、材料性能参数之间的关系，后者主要是确定环境给予材料的气动加热、辐射加热和各种吸热量之间的关系。本节先介绍这些一般性关系式中涉及的相关物理量及其计算方法，至于它们如何应用到各种具体的烧蚀材料上，将在后面相关章节中详细阐述。

1.6.1 烧蚀表面质量平衡

在高热流条件下，材料的质量损失可以由物理化学因素和力学因素引起。

物理化学因素包括：

(1) 相变反应：材料的熔化、蒸发和升华。

(2) 同相反应：材料各组元之间的反应，空气组元、材料热解气体组元和材料升华组元间的反应。

(3) 异相反应：材料组元和气体组元间的反应 (如燃烧反应)。

力学因素包括：

(1) 材料的熔化、流失；

(2) 材料的微粒剥蚀或块状剥蚀；

(3) 材料的热应力破坏；

(4) 粒子云侵蚀。

材料由不同因素引起的质量损失时的吸热量有较大差异。例如：

- SiO_2 液层流失的吸热量为 3359kJ/kg；
- 树脂热解吸热为 419kJ/kg；

- 碳氮反应 (生成 CN) 吸热为 53600kJ/kg;
- 碳氮反应 (生成 C_2N) 吸热为 45600kJ/kg;
- C 和 H_2O 反应的吸热量为 10928kJ/kg;
- C 和 CO_2 反应的吸热量为 14403kJ/kg。

一种烧蚀性能良好的材料，应有较高的质量损失吸热量。由于化学反应吸热比材料热容吸热大得多，因此要求烧蚀材料尽可能避免由各种力学因素引起的质量损失。以下简单讨论由化学因素和力学因素引起的质量损失。

1. 化学因素的质量损失

在平衡封闭的系统中，某种组元的化学因素质量损失，完全可由化学平衡方程来确定。假设在封闭系统中，有 f 个气相化学组元 n_f 和 l 个凝聚相组元 n_l，反应式如下：

气相反应

$$\sum_{p=1}^{k} a_{pi} n_p = n_i, \quad i = 1, 2, 3, \cdots, f \tag{1.18}$$

凝聚相反应

$$\sum_{p=1}^{k} a_{pj} n_p = n_j, \quad j = 1, 2, 3, \cdots, l \tag{1.19}$$

其中，a_{pi} 和 a_{pj} 是化学计量系数。

在以上两个反应式中，可以令 k 等于 $q = f + l$，共计 k 个组元，k 个方程，方程组是封闭的；也可以认为系统中有 k 种元素 (k 不等于 $f + l$)，这时可选取 k 种基本组元，则方程 (1.18) 和 (1.19) 中，只有 $(f + l - k)$ 个反应是独立的，对于系统处于平衡状态的情况，它们由平衡常数关系式确定，即

$$K_{pi}(T) = p_i \prod_{m=1}^{k} p_m^{-a_{mi}}, \quad i = 1, 2, 3, \cdots, f + l \tag{1.20}$$

气体组元满足道尔顿分压定律，即

$$p = \sum_i p_i \tag{1.21}$$

同时，需要补充元素当量浓度关系式

$$\tilde{C}_k = \frac{M_k}{p\bar{M}} \sum_{i=1}^{f+l} x_{ki} p_i \tag{1.22}$$

以及平均分子量的关系式

$$\bar{M} = \frac{1}{p} \sum_{i=1}^{f+l} M_i p_i \tag{1.23}$$

式中，p 为混合气体总的压力；p_i 为 i 组元的分压；M_i 为 i 组元的分子量；$\bar{M}$ 为平均分子量；x_{ki} 为 i 组元中元素 k 的原子数目。

对于封闭的热化学平衡系统，上述关系式在已知元素分数的情况下是完备可解的。

但是，烧蚀问题是开放系统，组元个数大于化学反应方程的个数，为使方程封闭，需考虑组元在边界层内的扩散。

引入元素当量质量浓度 $\tilde{C}_{k_\mathrm{w}}$ 和元素当量扩散流率 $\tilde{J}_{k_\mathrm{w}}$ [10]

$$\tilde{C}_{k_\mathrm{w}} = \sum_{i=1}^{q} m_{ki} C_{i_\mathrm{w}} \tag{1.24}$$

$$\tilde{J}_{k_\mathrm{w}} = \sum_{i=1}^{q} m_{ki} J_{i_\mathrm{w}} \tag{1.25}$$

式中，$q = f + l$；m_{ki} 为元素 k 在 i 组元中的质量分数；C_{i_w} 为 i 组元在壁面的质量浓度；J_{i_w} 为 i 组元在壁面的扩散流率，有

$$J_{i_\mathrm{w}} = \rho_i D_{ij} \frac{\partial C_i}{\partial y} \tag{1.26}$$

其中，ρ_i 为 i 组元密度；D_{ij} 为 i 组元和 j 组元的双组元扩散系数。

图 1.21 给出了化学元素 k 在壁面的质量守恒，即 [34,35]

$$\tilde{J}_{k_\mathrm{w}} + (\rho v)_\mathrm{w} \tilde{C}_{k_\mathrm{w}} = \dot{m}_\mathrm{s} \tilde{C}_{k_\mathrm{s}} \tag{1.27}$$

其中，ρ_w 为壁面气体的密度；v_w 为壁面引射气体的速度；$\tilde{C}_{k_\mathrm{w}}$ 为元素 k 在壁面的质量浓度；$\tilde{C}_{k_\mathrm{s}}$ 为壁面固体质量损失中 k 元素的质量浓度，如果壁面材料仅为 C 元素，且没有机械剥蚀，则有

$$(\rho v)_\mathrm{w} = \dot{m}_\mathrm{w} = \dot{m}_\mathrm{s} \tag{1.28}$$

对于 $k = C$，式 (1.27) 变为

$$\tilde{J}_{C_\mathrm{w}} + \dot{m}_\mathrm{w} \tilde{C}_{C_\mathrm{w}} = \dot{m}_\mathrm{w} \tag{1.29}$$

对于 $k \neq C$，式 (1.27) 变为

$$\tilde{J}_{k_\mathrm{w}} + \dot{m}_\mathrm{w} \tilde{C}_{k_\mathrm{w}} = 0 \tag{1.30}$$

计算 k 元素质量流率，需要解边界层组元连续方程。在不影响工程计算精度要求的前提下，可以假定普朗特数 Pr 和路易斯数 Le 皆等于 1，此时元素连续方

程和能量方程有相似关系，元素无因次质量交换系数 C_M 与热交换系数 C_H 相等。由 C_M 定义

$$\tilde{J}_{k_{\mathrm{w}}}=\rho_{\mathrm{e}}u_{\mathrm{e}}C_M(\tilde{C}_{k_{\mathrm{w}}}-\tilde{C}_{k_{\mathrm{e}}}) \tag{1.31}$$

将式 (1.31) 代入式 (1.27) 得到

$$\rho_{\mathrm{e}}u_{\mathrm{e}}C_M(\tilde{C}_{k_{\mathrm{w}}}-\tilde{C}_{k_{\mathrm{e}}})+(\rho v)_{\mathrm{w}}\tilde{C}_{k_{\mathrm{w}}}=\dot{m}_{\mathrm{s}}\tilde{C}_{k_{\mathrm{s}}} \tag{1.32}$$

式中，下标 e 表示边界层外缘。

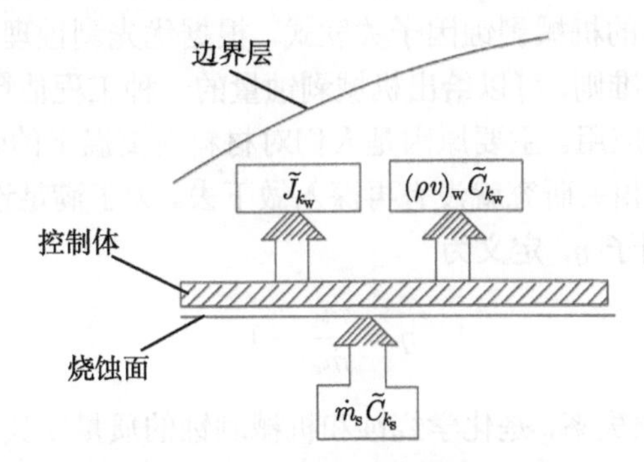

图 1.21 化学元素在壁面质量守恒

引入无因次质量损失率系数 B_{w}，B'_{w}：

$$\begin{aligned}B_{\mathrm{w}}&=\frac{(\rho v)_{\mathrm{w}}}{\rho_{\mathrm{e}}u_{\mathrm{e}}C_H}\\B'_{\mathrm{w}}&=\frac{(\rho v)_{\mathrm{w}}}{\rho_{\mathrm{e}}u_{\mathrm{e}}C_M}\end{aligned} \tag{1.33}$$

利用

$$\begin{aligned}\tilde{C}_{k_{\mathrm{s}}}&=\tilde{C}_{k_{\mathrm{w}}}\\C_M&=C_H\\\dot{m}_{\mathrm{s}}&=\dot{m}_{\mathrm{w}}\end{aligned} \tag{1.34}$$

式 (1.32) 可化为

$$\tilde{C}_{k_{\mathrm{w}}}=\frac{B_{\mathrm{w}}\tilde{C}_{k_{\mathrm{w}}}+\tilde{C}_{k_{\mathrm{e}}}}{1+B_{\mathrm{w}}} \tag{1.35}$$

上式为化学元素 k 在壁面的质量守恒方程，可取代式 (1.22)，作为开放系统的补充方程。若有 k 个元素，即有 k 个方程。若系统有 q 个组元，则化学平衡方程能提供 $(q-k)$ 个方程，方程组是封闭的。利用边界层的组元扩散连续方程和化学反应平衡方程，热防护材料的热化学烧蚀是唯一确定的。

这里给出的是通用表达式，对于具体材料的反应过程和烧蚀计算模型将在后面章节详细阐述。

2. 力学因素的质量损失

力学因素包括: 材料的熔化和流失、材料的微粒剥蚀或块状剥蚀、材料的热应力破坏、粒子云侵蚀等。

液层流失是指材料表面在高热作用下发生熔化,形成液态层,在气动压力和剪切力的作用下,液态层沿气流流动方向流失。根据边界层方程的简化假定,液层流失的质量损失率可从理论上给予确定 (详见第 4 章)。

机械剥蚀的质量损失的确定比较困难,到目前为止还未有一个妥当解决的办法,大多数采用经验的机械剥蚀因子关联式。根据优先剥蚀理论,从纯现象出发,依据材料的强度破坏准则,可以给出机械剥蚀量的一种工程估算。但这种估算同实际差距很大,未得到应用。主要原因是人们对材料在高温下的强度性能了解很少,而且测试也很困难,相关研究就没有再深入做下去。为了满足设计计算的需要,可引进一个机械剥蚀因子 η,定义为

$$\eta = \frac{\dot{m}_{\mathrm{t}}}{\dot{m}_{\mathrm{c}}} - 1 \tag{1.36}$$

式中,$\dot{m}_{\mathrm{t}}$ 为总质量损失率,是化学烧蚀和机械剥蚀的质量损失率之和;$\dot{m}_{\mathrm{c}}$ 为化学烧蚀质量损失率。当 $\eta = 0$ 时,$\dot{m}_{\mathrm{t}} = \dot{m}_{\mathrm{c}}$,没有机械剥蚀。$\eta$ 与状态参数压力和总焓的关系,因烧蚀材料类型不同而不一样,因此由地面试验确定的 η 关系式是针对特定材料而言的。

粒子云侵蚀引起的质量损失,涉及天气状况、粒子的种类、尺寸和形状、粒子穿过激波层的方向偏转、速度衰减和质量损失、粒子撞击靶材产生的靶材质量损失等问题,将在第 8 章专门论述。

1.6.2 烧蚀表面能量平衡方程

以第 4 章中硅基材料的表面反应为例,考虑树脂分解热效应,有以下能量平衡方程:

$$k_{\mathrm{r}}\psi\dot{q}_{\infty} - \varepsilon\sigma T_{\mathrm{w}}^4 = \dot{m}_{-\infty}\bar{c}_p(T_{\mathrm{w}} - T_0) + \dot{m}_{\mathrm{p}}\Delta H_{\mathrm{p}} + \dot{m}_{\mathrm{v}}\Delta H_{\mathrm{v}} \tag{1.37}$$

式中,$\varepsilon\sigma T_{\mathrm{w}}^4$ 为表面向环境的热辐射;$\dot{m}_{-\infty}\bar{c}_p(T_{\mathrm{w}} - T_0)$ 为总质量烧蚀率的热容吸热;$\dot{m}_{\mathrm{p}}\Delta H_{\mathrm{p}}$ 为树脂分解吸热;$\dot{m}_{\mathrm{v}}\Delta H_{\mathrm{v}}$ 为二氧化硅蒸发吸热;$k_{\mathrm{r}}\psi\dot{q}_{\infty}$ 为考虑粗糙度热增量和烧蚀气体引射效应的气动加热,其中

$$\dot{q}_{\infty} = \dot{q}_{0\mathrm{r}}\left(1 - \frac{h_{\mathrm{w}}}{h_{\mathrm{s}}} + B_{\mathrm{C}}\frac{\Delta H_{\mathrm{C}}}{h_{\mathrm{s}}}\right) \tag{1.38}$$

这里,$\dot{q}_{0\mathrm{r}}$ 为冷壁热流密度;ΔH_{C} 为碳燃烧热;B_{C} 为无因次碳质量损失率,即

$$B_{\mathrm{C}} = \frac{\dot{m}_{\mathrm{C}}h_{\mathrm{s}}}{\psi\dot{q}_{0\mathrm{r}}} \tag{1.39}$$

从以上质量和能量平衡方程可以看出，烧蚀计算涉及的物理量有

(1) 混合气体边界层参数：热流、边界层外缘恢复焓、壁面气体焓、表面压力、组分浓度、组元扩散系数、质量引射系数、粗糙度热增量等；

(2) 化学动力学参数：异相和同相反应方程、反应热、平衡常数、反应速率系数、蒸发速率；

(3) 材料物性：密度、比热、导热系数、辐射系数、热解动力学数据、孔隙度、复合材料组分含量。

热流计算问题属于外部边界层流动，其内容已形成专门的理论，感兴趣的读者可参阅相关专著[10,19]。为了便于读者准确把握物理概念，加深对烧蚀问题的理解，本书将在第 2 章介绍一些相关的基础知识。本书重点介绍其他参数的理论和计算方法。材料热传导对于某些材料的烧蚀计算是必不可少的内容，将放在相关章节中介绍。

1.7 烧蚀对飞行器气动特性的影响

烧蚀起到热防护作用的同时，对飞行器的气动特性带来很大影响，主要体现在以下三个方面。

(1) 烧蚀外形的变化，特别是端头形状的剧烈变化，使绕飞行器头部流动的流场特性尤其是激波形状和表面压力分布发生显著变化[46]。通常情况下，烧蚀端头外形使飞行器的波阻增大。层流烧蚀外形由于端头变钝而使阻力增大。对于转捩烧蚀外形，当头部出现凹陷时，由于在凹陷区可能出现第二亚声速区域，表面压力升高，从而使头部波阻有较大的增加。烧蚀导致压心变化，将影响飞行器的静稳定裕度，严重时可能使飞行器在再入过程中出现不稳定飞行而导致解体破坏。

(2) 外壳防热层在烧蚀过程中产生大量的气体及其他烧蚀产物引射到边界层内，使得表面摩擦减小。但另一方面，质量引射使边界层厚度增加，这将改变飞行器的有效外形，造成飞行器表面压力分布的变化，从而影响飞行器所受的阻力。烧蚀产物的质量引射对飞行器的底部压力也有较大的影响。质量引射使边界层变厚，从而使底部尾流的颈部后移，气流从机体到底部的膨胀角减小，造成底部压力升高，底部轴向力系数下降。慢旋弹头由于烧蚀滞后产生的非对称吹气引起有效外形的不对称，有可能导致边界层出现非对称转捩，严重影响飞行器受力情况。

(3) 弹头锥身表面形成菱形花纹、鱼鳞坑、沟槽、凹陷坑等各种烧蚀图像，这些表面粗糙度的随机分布强烈影响边界层转捩，并使气动加热大幅上升。尤其重要的是，防热层工艺和表面烧蚀决定着弹头的滚转特性，有可能使弹头发生滚转共振、

滚速过零等现象，从而导致弹头再入散布急剧加大，甚至使弹头飞行攻角发散，因横向过载增大而破坏。

1.8 影响烧蚀的主要因素

以弹头的烧蚀防热为例，烧蚀对弹头气动特性的影响，特别是弹头在特定热环境下烧蚀外形的变化，以及影响烧蚀外形变化的各种因素的研究，一直是人们关心的问题。历年来，通过电弧加热设备、高超声速风洞以及燃气流设备，做了大量有关烧蚀外形变化规律的试验研究工作，结合对弹头飞行残骸的分析和理论研究，对弹头烧蚀外形有了基本认识。研究表明，弹头烧蚀外形与边界层的流动状态密切相关。对初始外形为球锥的三向编织碳/碳端头，根据弹头再入飞行过程中边界层流动状态的变化，可出现以下三类六种烧蚀外形 [36] (图 1.22)：层流烧蚀外形 (A, B)、转捩烧蚀外形 (C, D)、湍流烧蚀外形 (E, F)。

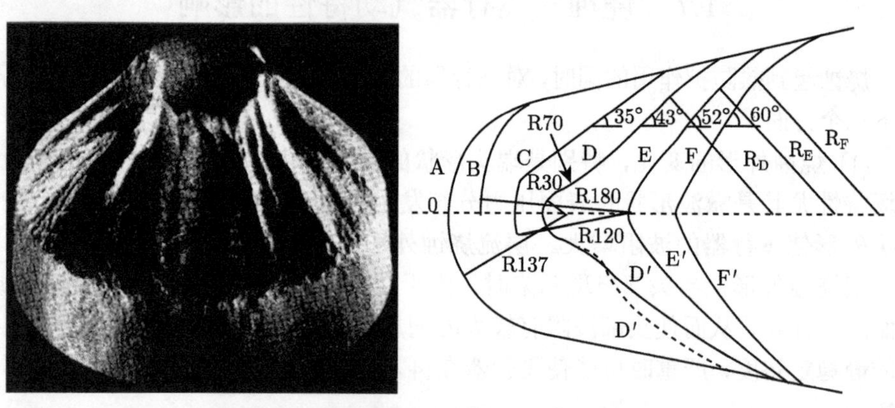

图 1.22 弹头典型烧蚀外形 (取自文献 [36])

弹头在 30km 以上高空再入飞行时，端头边界层一直保持为层流状态，驻点区域热流最大，因而该处烧蚀后退量也最大，端头变得越来越钝，形成层流烧蚀外形。随着弹头飞行高度降低，在 30~15 km 高度上，边界层转捩移到端头上面。同时由于烧蚀，物面粗糙度增大，促使边界层转捩迅速移到音速点附近，使转捩后热流迅速增大，烧蚀量也随之增大，出现端头的转捩烧蚀外形。在转捩点前保持层流烧蚀外形，在转捩点后呈锥形。随着边界层的发展，转捩位置不断向驻点方向移动，转捩区逐渐变窄，使得端头大部分区域处于湍流加热状态，热流大幅度增加，烧蚀量骤增，端头出现凹陷烧蚀外形。在驻点附近保持一个小的层流帽，层流帽后外形凹陷，类似于奶头状。随着压力进一步增高，边界层转捩移到驻点附近，层流帽变小直至消失，整个端头几乎全部由湍流边界层所覆盖，端头呈现出双锥形烧蚀外形，即所谓的湍流烧蚀外形。

由此得出影响端头烧蚀外形变化的主要因素是：材料组分和工艺、边界层转捩、材料表面粗糙度、质量引射、激波形状和位置、边界层干扰及壁温比等。其中尤以边界层转捩和表面粗糙度两个因素最为重要。研究表明 [37,38]，边界层转捩特性是引起端头烧蚀外形变化的最主要因素。影响边界层转捩的因素很多，如来流马赫数、雷诺数、钝度比、壁温比、质量引射、物面粗糙度等。这些因素对边界层转捩的综合影响到目前为止仍然不是很清楚。对有烧蚀情况下的边界层转捩而言，表面粗糙度是一个主要影响因素。即使在风洞实验条件下，存在有风洞边界层噪声和来流湍流度，表面粗糙元的扰动对边界层的转捩也同样起着支配作用。从端头地面实验烧蚀模型可看到，端头的表面是很粗糙的，不仅有流向的纵向沟漕，而且还可观察到菱形花纹和鱼鳞坑。显然，端头表面的转捩特性将由这些粗糙元的扰动所控制。其次，表面粗糙度对热环境有很大影响。碳基材料无论是石墨还是碳/碳材料，都是由不同形态的碳组成的，例如碳/碳材料是由树脂碳、纤维碳和浸渍碳组成，它们之间密度不同，烧蚀速度也不同，这种烧蚀不同步造成表面粗糙。此外，材料在制作过程中，压制时在局部地方会出现不均匀。例如，三向编织碳/碳防热材料碳纤维间存在空隙。当材料在烧蚀过程中受热膨胀，稠密区和稀疏区烧蚀量将不完全相同，逐步引起表面粗糙。由于存在微观粗糙粒子，粗糙表面将使当地热流密度增加，严重时可高于光滑壁热流密度值数倍 (层流粗糙壁热增量机制主要是加热表面积效应，而湍流是激波效应、分离旋涡效应和加热表面积效应三种效应的综合 [46])。热流密度增加后又将引起微观粒子增多或增大，增加表面粗糙度。因此，表面粗糙度在端头烧蚀外形计算中扮演着相当重要的角色，它不仅影响边界层转捩，也影响表面热流，从而使端头的烧蚀外形和端头表面的烧蚀量与粗糙度息息相关。用理论计算方法研究表面粗糙度对边界层转捩和气动加热增量，对烧蚀外形的影响是非常必要的。

弹头向小型化、高可靠、强突防、全天候和机动飞方面发展，对烧蚀防热提出了新的更高的要求。由于热环境变得更加严酷，端头的烧蚀量非常大，无论是第一代的硅基材料还是第二代的碳基材料都无法满足设计要求。为此有人提出了匹配烧蚀概念，即利用不同材料之间烧蚀速度的差异，通过改善端头设计，人为控制驻点区烧蚀量和边界层转捩位置，获得理想的烧蚀外形。本书作者曾研究了在碳/碳端头体轴附近加装了一根由另一种烧蚀速度较快的材料 (如碳化钨) 制成的圆柱形芯子 (图 1.23) 的匹配烧蚀问题 [37,38]，研究了芯子尺寸和烧蚀速度对整个烧蚀外形的影响规律 (图 1.24)，发现芯子的粗细应控制在一定范围内，才能得到理想的烧蚀外形。图 1.25 给出了纯碳/碳端头和带芯端头烧蚀外形的情况比较，可以看出，增加芯子能有效改善烧蚀外形，并使烧蚀量减少。

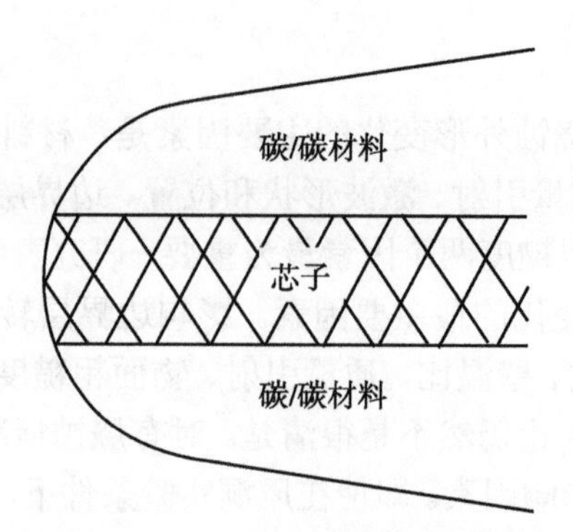

图 1.23　带芯子的端头示意图

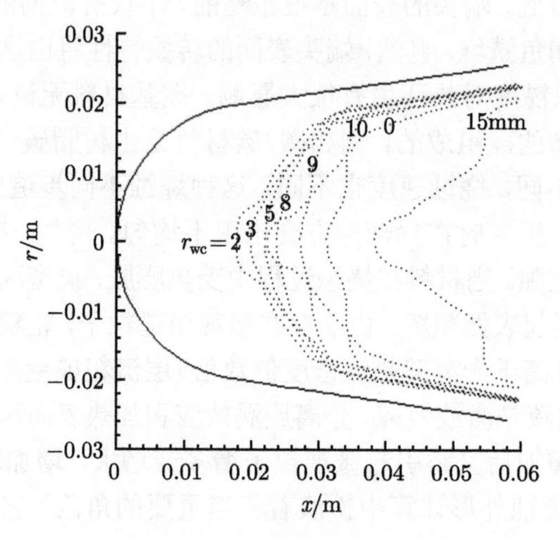

图 1.24　不同芯子半径下端头的烧蚀外形

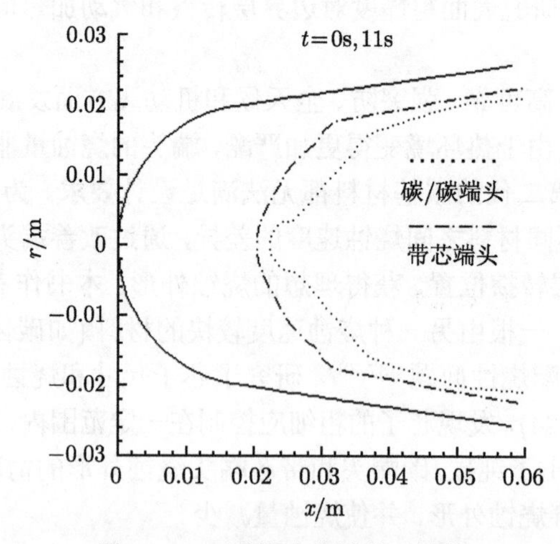

图 1.25　两种端头烧蚀外形比较

1.9 烧蚀的新问题与新概念

传统烧蚀机理还存在一些问题没有解决 [43]，例如，碳基材料中的碳与空气的反应，看似简单，其实是很复杂的。虽然人们对碳的氧化研究已有一百多年的历史，但仍有许多问题至今没有完全搞清楚，例如，氧原子在碳表面的吸附 (adsorption)、反应 (reaction) 和解附 (desorption) 的动力学过程及影响因素；碳纤维氧化的方向性问题；不同种类碳结构氧化的差异性；宏观烧蚀与编织体结构之间的关系等。

在不同的热环境下，同一种材料可能表现出不同的烧蚀机理。如硅基材料，在战略弹头的短时间、高热流环境下，所有的反应几乎都发生在表面上，包括热解、烧蚀和液态层的形成，材料内部几乎没有变化。当用于战术导弹的中低热流和长时间再入环境时，表面几乎不会形成明显的液态层流动，材料热解已深入材料内部，内部热传导起重要作用。

很多新型防热材料是在传统材料基础上通过改变工艺结构、添加某些组分、改变烧蚀的主控因素，从而达到减缓或加快烧蚀的目的。例如，往碳/碳材料中添加 SiC、ZrC、ZrB、HfC 等组分，使得烧蚀过程中在表面形成 SiO_2、B_2O_3、ZiO_2 氧化膜，阻止基体材料与氧气的直接接触，达到减少烧蚀量的目的 [44,45]。这就需要将材料研制与机理分析相结合，共同探索最佳配方组合。

陶瓷基复合材料作为一种耐高温、抗氧化、非烧蚀材料，在型号研制中崭露头角。但研究表明，所谓"低烧蚀"和"非烧蚀"都是相对的，超过一定的条件，"低烧蚀"材料可以表现出"高烧蚀"，而"非烧蚀"材料也可表现为"低烧蚀"(甚至"高烧蚀")。目前，新材料体系刚刚由实验室走向工程应用，对其烧蚀理论还没有进行系统研究。

宏观、介观和微观烧蚀传热研究：从宏观角度考虑，包含了烧蚀、材料热解、相变、热传导、热辐射等多种传热方式 [48−50]；介观层面涉及与材料制备相关的晶体和纤维级的传热，包括纤维的烧蚀、吸附-解附动力学、单胞与多胞传热、毛细现象、晶体结构的形成和各向异性传热等；微观层面主要指纳米微尺度传热，包括分子动力学、晶格振动、声子-光子耦合、分子吸附与聚集形成微热桥等。如何建立微观与宏观参数之间的关系，并以此为基础探索通过改善材料的微观结构和工艺，提高或降低等效传热系数，目前仍然是比较困难的。因此，发展包含多种导热方式在内的结构温度场预测方法 [51−56]、构建纳米级微尺度传热模型、建立宏观参数与微观结构模型之间的关系，并开展材料热物性参数的不确定性影响分析，是当前研究的热点问题。

参 考 文 献

[1] Hartnett J P, Ecert E R G, Mickley H S, Pigford R L. Recent Advences in Heat Transfer. New York: McGraw-Hill Book Company, 1961.

[2] Allen H J, Neice S E. Problems of performance and heating of hypersonic vehicles. NACA RM A55L15, 1956.

[3] Love E S, Woods W C. Some topics in hypersonic body shaping. AIAA Paper 69–181, 1969.

[4] Hallion R P. The path to the space shuttle: The evolution of lifting reentry technology. AFFTC Historical Monograph. Air Force Flight Test Center, Edwards Air Force Base, California, November 1983.

[5] 陆海波. 从头部外形的变迁看高超声速飞行器热防护系统的发展. 飞航导弹, 2012, (4): 88–92.

[6] Armstrong J G. Flight planning and conduct of the X-15A-2 envelope expansion program. Air Force Flight Test Center, FTCTD-69-4, July 1969.

[7] Keyes J W, Hains F D. Analytical and experimental studies of shock interference heating in hypersonic flows. NASA TND-7139, 1973.

[8] Pletcher R, Tannehill J C, Anderson D. Computational Fluid Mechanics and Heat Transfer, Third Edition. Boca Raton: CRC Press, Taylor & Francis Group, 2013.

[9] Anderson J D Jr. Hypersonic and High Temperature Gas Dynamics. New York: Mc Graw-Hill Book Company, 1989.

[10] 张志成. 高超声速气动热和热防护. 北京: 国防工业出版社, 2003.

[11] 洪长青, 张幸红, 韩杰才, 张贺新. 热防护用发汗冷却技术的研究进展. 宇航材料工艺, 2005, (6): 7–12.

[12] 闫长海, 孟松鹤, 陈贵清, 杜善义. 金属热防护系统隔热材料的发展与现状. 导弹与航天运载技术, 2006, (4): 48–52.

[13] 史丽萍, 赫晓东. 可重复使用航天器的热防护系统概述. 航空制造技术, 2004, (7): 80–88.

[14] Walberg G D, Sullivan E M. Ablative heat shields for planetary entry, a technology review. ASTM/IES/AIAA Space Simulation Conference, Sept. 1970.

[15] Hurwicz H, Kratsch K M, Rogan J E. Ablation. AD740720, AGARDograph, No. 161, Edited by Wilson R E, March 1972.

[16] Tutorial on Ablative TPS. NASA Ames Conference Center, Moffett Field, CA, Aug. 2004.

[17] 飞行器气动热和防热计算手册. 科技简报, 1978, (1).

[18] 李建林. 临近空间高超声速飞行器发展研究. 北京: 中国宇航出版社, 2012.

[19] 卞荫贵, 钟家康. 高温边界层传热. 北京: 科学出版社, 1986.

[20] Bertin J J. Hypersonic Aerothermodynamics. Education Series. Washington, D C: American Institute of Aeronautics and Astronautics, Inc., 1994.

[21] Justus C G, Johnson D L. The NASA/MSFC global reference atmospheric model-1999 Version(GRAM-99). NASA TM-1999-209630, 1999.

[22] Matthews F L, Rawlings R D. Composite Materials: Engineering and Science. London: Chapman & Hall, 1999.

[23] Pavlovsky J E, Leger L G. Apollo experience report, thermal protection subsystem. NASA TN D-7564, 1974.

[24] Bouilly J M, Dariol L, Leleu F. Ablative thermal protections for atmospheric entry, an overview of past missions and needs for future programmes. ESA SP-631, 5th European Workshop on Thermal Protection Systems and Hot Structures, edited by Fletcher K. ESTEC, Noordwijk, The Netherlands, 2006.

[25] Graves R A Jr, Walton T E Jr. Free-flight test results on the performance of cork as a thermal protection material. NASA TND-2438, 1964.

[26] Willcockson W H. Mars pathfinder heatshield design and flight experience. Journal of Spacecraft and Rockets, 1999, 36(3): 374–379.

[27] Laub B, Curry D. Tutorial on ablative TPS. NASA Ames Conference Center, Second International Planetary Probe Workshop, Moffett Field, CA, August 2004.

[28] Braun R D, Manning R M. Mars exploration entry, descent and landing challenges. IEEE Transactions on Automatic Control Conference, Paper No.0076, Toronto, Canada, Aug. 2005.

[29] Davies C, Arcadi M. Planetary mission entry vehicles, quick reference guide, version 3.0. NASA SP 2006-3401, 2006.

[30] Laub B, Venkatapathy E. Thermal protection systems technology and facility needs for demanding future planetary missions. Second International Workshop on Planetary Probe Atmospheric Entry and Descent Trajectory Analysis andScience, Lisbon, Portugal, Oct. 2003.

[31] Muller-Eigner R, Koppenwallner G, Fritsche B. Pressure and heat flux measurement with RAFLEX II during MIRKA reentry. Proceedings of the Third European Symposium on Aerothermodynamics for Space Vehicles, ESTEC, Noordwijk, The Netherlands, Nov. 1998.

[32] Tran H K, Johnson C E, Rasky D J, et al. Phenolic impregnated carbon ablators (PICA) as thermal protection systems for discovery missions. NASA TM-110440, 1997.

[33] Bouilly J M. Thermal protection system of the Huygens Probe during Titan entry: flight preparation and lessons learned. ESA SP-631, 4th International Symposium on Atmospheric Reentry Vehicles and Systems, Arcachon, France, May 2005, European Space Agency, Paris, 2006.

[34] Milos F S, Chen Y K. Comprehensive model for multicomponent ablation thermochemistry. AIAA Paper 97-0141, 1997.

[35] 俞继军. 烧蚀条件下氮化硼材料表面的产物分析. 宇航材料工艺, 2008, (4): 18–21.

[36] 李素循. 烧蚀形状的地面实验模拟. 战略弹头气动攻关论文集, 1990: 379–384.
[37] 国义军, 石卫波. 带芯子的碳–碳端头烧蚀外形计算. 空气动力学学报, 2001, 19(1): 24–29.
[38] 国义军, 石卫波. 电弧加热器试验条件下端头烧蚀外形计算. 空气动力学学报, 2002, 20(1): 115–119.
[39] 益小苏, 杜善义, 张立同. 复合材料手册. 北京: 化学工业出版社, 2009.
[40] 国义军. 炭化材料烧蚀防热的理论分析与工程应用. 空气动力学学报, 1994, 12(1): 94-99.
[41] 国义军, 童福林, 桂业伟. 烧蚀外形方程差分计算方法研究. 空气动力学学报, 2009, 27(4): 480–484.
[42] 国义军, 童福林, 桂业伟. 烧蚀外形方程差分计算方法研究 (II) 耦合计算. 空气动力学学报, 2010, 28(4): 441–445.
[43] 国义军, 代光月, 桂业伟, 等. 碳基材料氧化烧蚀的双平台理论和反应控制机理. 空气动力学学报, 2014, 32(6): 755–760.
[44] 国义军, 桂业伟, 童福林, 代光月, 曾磊. C/SiC 复合材料烧蚀机理和通用计算模型研究. 空气动力学学报, 2012, 30(1): 34–38.
[45] 国义军, 桂业伟, 童福林, 代光月. 碳/碳化锆复合材料烧蚀机理和计算方法研究. 空气动力学学报, 2013, 31(1): 22–26.
[46] 黄志澄. 航天空气动力学. 北京: 中国宇航出版社, 1994.
[47] 李东风, 王浩静, 贺福, 等. T300 和 T700 炭纤维的结构与性能. 新型炭材料, 2007, 22(1): 59–64.
[48] Shi Y A, Zeng L, Qian W Q, Gui Y W. A data processing method in the experiment of heat flux testing using inverse methods. Aerospace Science and Technology, 2013, (29): 74-80.
[49] Dai G Y, Zeng L, Jia H Y, Liu L, Qiu B, Gui Y W. Study on the influence of aerothermoelasticity deformation on 2-D hypersonic inlet. AIAA Paper 2017–2403, 2017.
[50] Zeng L, Dai G Y, He L X, Wang A L, Gui Y W. Study on the application of the hot-wall modified method in fluid-thermal-structure multi fields coupling strategy. AIAA Paper 2017–2396, 2017.
[51] Ma Q, Yang Z H, Cui J Z, Huang Z Q, Li Z H, Nie Y F. Multiscale computation for dynamic thermo-mechanical problem of composite materials with quasi-periodic structures. Applied Mathematics and Mechanics, 2017, (38): 1–21.
[52] Li Z H, Ma Q, Cui J Z. Second-order two-scale finite element algorithm for dynamic thermo-mechanical coupling problem in symmetric structure. Journal of Computational Physics, 2016, (314): 712–748.
[53] Ma Q, Li Z H, Yang Z H, Cui J Z. Asymptotic computation for transient conduction performance of periodic porous materials in curvilinear coordinates by the second-order two-scale method. Mathematical Methods in the Applied Sciences, 2017, (40): 5109–5130.

[54] Li Z H, Ma Q, Cui J Z. Finite element algorithm for dynamic thermoelasticity coupling problems and application to transient response of structure with strong aerothermodynamic environment. Communications in Computational Physics, 2016, 20(3): 773–810.

[55] Ma Q, Cui J Z, Li Z H. The second-order two-scale method of the elastic problem for axisymmetric and spherical symmetric structure with small periodic configurations. International Journal of Solids and Structures, 2016, (78–79): 77–100.

[56] Ma Q, Cui J Z, Li Z H, Wang Z Q. Second-order asymptotic algorithm for heat conduction problems of periodic composite materials in curvilinear coordinates. Journal of Computational and Applied Mathematics, 2016, (306): 87–115.

第2章 高温边界层传热基础知识

2.1 引 言

通过第 1 章的简要分析可以看出，材料的烧蚀问题涉及多组元反应气体边界层理论 (热流、压力和组元扩散)、表面烧蚀化学动力学和带有烧蚀动边界的材料内部热传导相关知识，而且它们之间是相互关联、紧密耦合在一起的。由于高温气体边界层方程组 (或 Navier-Stokes 方程组) 的求解本身就十分困难 [1-3]，在实际应用中，往往将边界层理论与烧蚀和热传导分开处理 [4-7]，这对于烧蚀量不大的情况 (烧蚀量小于头部半径的 1/4) 是一种很好的近似分析方法，由此带来的误差不超过 20%，可以通过附加一定安全余量的方法考虑其影响。对于烧蚀量较大的情况，如战略弹头弹道式再入，或战术导弹在恶劣天气情况下考虑粒子云侵蚀，由于外形变化较大，必须进行气动力、气动热、烧蚀、内部传热与弹道的全耦合计算 [8-11]，这部分内容将在第 11 章中介绍。

为了获得烧蚀计算所需要的气动加热，以及壁面处参与烧蚀反应的气体组元浓度数据，在求解边界层方程时，通常先不考虑表面烧蚀 (化学反应、外形变化、质量引射、粗糙度) 和内部热传导的影响 (先假设壁温等于某一固定值)，仅考虑边界层内的气相化学反应和表面催化作用，获得冷壁 (或固定壁温) 热流，然后经过质量引射系数、粗糙度效应和热壁修正后，用于表面烧蚀和热传导计算，这样就大大简化了分析过程 [12,13]。

自 20 世纪 50 年代以来，边界层理论在计算高速、高温气体绕流物体的气动加热方面获得了巨大成功 [1,2]，为高超声速飞行器热障问题的解决奠定了重要基础。虽然现在计算机和数值计算方法的飞速发展，使得人们可以很方便地求解 Navier-Stokes 方程组，边界层方程的求解已基本退出历史舞台，但高速边界层理论对理解和掌握气动加热的物理概念仍然是很重要的，而且人们在 20 世纪基于边界层理论发展的许多工程设计软件仍然在型号研制中发挥重要作用 [20,31]，本章将简要介绍这方面的基础知识。

2.2 气动加热的一些基本知识

高超声速气动加热研究涉及空气动力学 (气体流动的守恒方程)、经典热力学 (热力学三大定律)、化学热力学 (多组元混合气体的化学反应及伴随的吸热或放热效应)、统计物理和量子力学 (气体分子的碰撞及输运特性) 等相关知识，考虑到已有不少介绍这方面知识的专著 [1−3,13,18]，本书只介绍一些相关的基本知识，以便读者较容易地理解烧蚀理论有关内容。

2.2.1 传热的基本形式

传热现象的本质，是由温度差引起的热能从温度高的地方转移到温度低的地方，热转移可以分子为载体，也可以电磁波或光子为载体。传热有四种基本形式：热传导、对流换热、扩散传热和辐射传热。

1. 热传导

热传导或称导热，可发生在固体、液体和气体中。固体中热传导是由于分子的振动和电子的运动，将温度高的地方的能量传递给温度低的地方；液体和气体热传导是由于分子的运动，高速运动分子的动能通过碰撞传给低速运动的分子。热传导的能量通量 $\boldsymbol{q}_k$，由著名的傅里叶定律表示

$$\boldsymbol{q}_k = -k\nabla T \tag{2.1}$$

式中, ∇T 为温度梯度；k 为气体分子的热传导系数，或称为导热系数，是介质传热的性能参数。根据分子运动理论，对于单原子分子，k 的一级近似公式为

$$k = \frac{15}{4}\cdot\frac{R_0}{M}\mu$$

对于双原子分子则有

$$k = \frac{15}{4}\cdot\frac{R_0}{M}\mu\left(\frac{4}{15}\cdot\frac{c_V}{R_0}+\frac{3}{5}\right)$$

其中, R_0 为通用气体常数 [8314J/(kmol·K)]；M 为摩尔质量，对于常温空气，$M=29\text{kg/kmol}$；c_V 为定容比热，对于双原子气体 $c_V=\frac{5}{2}R_0$；μ 为气体黏性系数 (Pa·s)。

2. 对流换热

对流换热是指在运动流体中，由于质量的移动所产生的能量交换。在高超声速气动加热中，它是重要传热形式，在工程上常常采用牛顿冷却公式来描述

$$\dot{q}_{\mathrm{w}} = \alpha_T\Delta T = \alpha_h\Delta h \tag{2.2}$$

其中，α_T 和 α_h 分别表示用温差或焓差表示的传热系数，也叫热交换系数，这里的温差是指恢复温度与表面温度之差；$\dot{q}_{\mathrm{w}}$ 为热流密度，也叫传热率。式 (2.2) 只是一种定义形式。

3. 扩散传热

多组元混合气体中，由于各处组元浓度不均匀，会出现扩散流动现象。当某一组元从一个位置扩散到另一位置时，这种质量扩散现象伴随着热量的转移，称为扩散传热。如果用焓来表示，则有如下形式

$$\boldsymbol{q}_D = -\rho \sum D_{i\alpha} h_i \cdot \nabla C_i \tag{2.3}$$

其中，C_i 为 i 组元的质量浓度；$D_{i\alpha}$ 为 i 组元的扩散系数；h_i 为 i 组元的焓，它包括热焓和化学焓 (或生成焓)

$$h_i = \int_0^T c_{pi} \mathrm{d}t + h_i^0$$

这里，h_i^0 为 i 组元的生成焓，对氧分子和氮分子 $h_{\mathrm{O_2}}^0 = h_{\mathrm{N_2}}^0 = 0$，而对于氧原子和氮原子则有

$$h_{\mathrm{O}}^0 = -15435.94\mathrm{kJ/kg}$$

$$h_{\mathrm{N}}^0 = -33625.89\mathrm{kJ/kg}$$

4. 辐射传热

对于高温流体，除了向壁面的常规对流换热外，还出现一个新的分量 q_{r}，称为辐射传热。物体表面也会向周围流体辐射出能量 q_{rs}。

辐射传热与前几种传热形式不同，它不是借助介质，而是借助电磁波或光子传递能量，因此也可在真空中传递。它所转移的能量不是与温度梯度或温度差成比例，而是与辐射体的绝对温度有关 (大致与绝对温度的 4 次方成正比)。

黑体的单色谱辐射强度遵从普朗克定律，由下式描述

$$B(\lambda, T) = C_1 \lambda^{-5} \left[\exp\left(C_2/\lambda T\right) - 1\right]^{-1} \tag{2.4}$$

式中，λ 为辐射波长 (m)；C_1 和 C_2 为第一和第二辐射常数，分别为

$$C_1 = 3.7413 \times 10^{-16} \mathrm{W \cdot m^2} \tag{2.5a}$$

$$C_2 = h_c/k = 1.4388 \times 10^{-2} \mathrm{m \cdot K} \tag{2.5b}$$

把式 (2.4) 对波长积分，得到总辐射强度公式，称为斯特藩–玻尔兹曼定律

$$E = \sigma T^4 \tag{2.6}$$

式中，$\sigma = 5.670 \times 10^{-8} \mathrm{W/(m^2 \cdot K^4)}$，为斯特藩–玻尔兹曼常量。

假设钝体驻点区的激波层为只放射而不吸收辐射能的透明气体，那么驻点受到的辐射加热近似为

$$(q_r)_{\text{stag}} = \frac{1}{2} E R_{\text{b}} \left(\frac{\rho_\infty}{\rho_{\text{s}}} \right) \tag{2.7}$$

由上式可得出一个重要结论：对透明辐射激波层而言，辐射传热与物体头部半径 R_{b} 成正比，而第 1 章式 (1.2) 表明，驻点边界层传热与头部半径的平方根成反比。由此可见，要减小气动加热，应增加 R_{b}；但要减小辐射加热，应减小 R_{b}，两者是矛盾的。因此，对高超声速飞行器而言，其头部半径的选取应在气动加热和辐射加热之间进行适当权衡。

从传热观点来说，在一般的空气动力学问题中，由于温度较低 ($T \leqslant 8000\text{K}$)，无须考虑热辐射的影响，但在温度比较高时 (如达上万摄氏度)，辐射传热就变得重要了，例如，“阿波罗”号返回舱再入过程中，观察到再入体前面强烈发光，研究认为它是由驻点区的高温气体的辐射所引起的，辐射加热约占总加热量的 30%。工程上常采用下式来预测钝头前驻点的辐射加热率 [38]

$$q_{\text{rs}} = C R_{\text{b}}^a \rho_\infty^b f(V_\infty) \tag{2.8}$$

其中，C 为常数，取决于大气类型；R_{b} 为球头半径 (m)；ρ_∞ 为自由来流密度 (kg/m^3)；V_∞ 为来流速度 (m/s)；$f(V_\infty)$ 是速度 V_∞ 的函数，与大气成分有关 (表 2.1)；幂指数 a 和 b 可为常数，或者是 ρ_∞ 和 V_∞ 的函数；q_{rs} 为驻点辐射加热率 (kW/m^2)。对于空气，上式中各物理量的具体数值为

$$\begin{aligned}
&C = 4.736 \times 10^5 \\
&a = 1.072 \times 10^6 V^{-1.88} \rho^{-0.325} \\
&\qquad \text{如果 } 1 \leqslant r_n \leqslant 2, \quad \text{则 } a \leqslant 0.6; \\
&\qquad \text{如果 } 2 < r_n \leqslant 3, \quad \text{则 } a \leqslant 0.5 \\
&b = 1.22
\end{aligned}$$

对于火星大气，则有

$$\begin{aligned}
C &= 2.35 \times 10^5 \\
a &= 0.526 \\
b &= 1.19
\end{aligned}$$

把式 (2.4) 对波长微分，并取

$$\left(\frac{\partial B(\lambda, T)}{\partial \lambda} \right)_T = 0 \tag{2.9}$$

则得到在一定温度下，最大辐射波长与温度的关系式

$$\lambda_{\max} T = 2.898 \times 10^3 \, (\mu\mathrm{m} \cdot \mathrm{K}) \tag{2.10}$$

这就是维恩位移定律。

表 2.1　对于地球和火星大气的辐射热流速度函数

$V_\infty/(\mathrm{m/s})$	$f_\mathrm{E}(V_\infty)$	$V_\infty/(\mathrm{m/s})$	$f_\mathrm{M}(V_\infty)$
9000	1.5	6000	0.2
9250	4.3	6150	1.0
9500	9.7	6300	1.95
9750	19.5	6500	342
10000	35	6700	5.1
10250	55	6900	7.1
10500	81	7000	8.1
10750	115	7200	10.2
11000	151	7400	12.5
11500	238	7600	14.8
12000	359	7800	17.1
12500	495	8000	19.2
13000	660	8200	214
13500	850	8400	24.1
14000	1065	8600	26.0
14500	1313	8800	28.9
15000	1550	9000	32.8
15500	1780	—	—
16000	2040	—	—

一般来说，固体表面辐射与黑体辐射成比例，它的辐射系数 $\varepsilon = \varepsilon(\lambda)$，是固体材料特性。高温气体的辐射，情况比较复杂，它是由原子、分子的能级跃迁和自由电子辐射产生。某些化学反应也产生光辐射，即所谓化学发光。

2.2.2　传热系数

从工程应用观点来看，我们主要对在固体表面上气体中的剪应力、传热和传质的大小感兴趣，为了方便计算和试验应用，通常采用一些无量纲参数。

前面已介绍过，在高温边界层中，传热有四种基本形式：热传导、对流换热、扩散传热和辐射传热。工程实践中，通常不去严格区分各种传热形式，而是用统一的传热系数来表示，其定义如下

$$\dot{q}_\mathrm{w} = \alpha_T \left(T_\mathrm{r} - T_\mathrm{w}\right) = \alpha_T \cdot \Delta T \tag{2.11}$$

其中，T_w 是壁面温度，T_r 是恢复 (绝热壁) 温度。在很高的温度下，真实气体效应

变得重要起来，这时焓是比温度更好的表示能位的特征参数。为此把传热系数的定义改变一下，以焓差为基准来计算，有

$$\dot{q}_{\mathrm{w}} = \alpha_h (h_{\mathrm{r}} - h_{\mathrm{w}}) = \alpha_h \cdot \Delta h \tag{2.12}$$

在高速气流的传热中，应用较多的两个无量纲传热系数是斯坦顿 (Stanton) 数 St 和努塞尔 (Nusselt) 数 Nu，它们的定义为

局部斯坦顿数

$$St = \frac{\dot{q}_{\mathrm{w}}}{\rho_1 u_1 c_p \Delta T} = \frac{\dot{q}_{\mathrm{w}}}{\rho_1 u_1 \Delta h} \tag{2.13}$$

努塞尔数

$$Nu = \frac{\dot{q}_{\mathrm{w}} L}{k \Delta \mathrm{T}} = \frac{\dot{q}_{\mathrm{w}} c_p L}{k \Delta h} \tag{2.14}$$

其中，ρ_1 和 u_1 分别表示参考状态的气体密度和速度，一般选用边界层外缘值；k 为空气的导热系数；c_p 为定压比热；L 代表特征长度。两个无量纲参数的关系为

$$St = \frac{Nu}{Pr \cdot Re} \tag{2.15}$$

其中，$Pr = c_p \mu / k$，$Re = \rho_1 u_1 L / \mu$ 分别为普朗特 (Prandtl) 数和雷诺 (Reynolds) 数；μ 为黏性系数。

2.2.3 恢复温度和恢复焓

在传热系数计算中，用到恢复温度和恢复焓的概念。恢复温度和恢复焓也称为绝热壁温和绝热壁焓，可以通过 Couette 流问题的传热分析来了解其具体物理含义。

Couette 流问题描述的是两个距离为 δ 的平板之间的黏性流动问题。这里，我们可以把距离 δ 比拟为边界层厚度，设两个平板的相对速度为 u_{e}，可以当作边界层外缘速度，并假设输运特性与温度无关，只研究定常流动问题。这个简单模型，有助于我们理解热流表达式 (2.2) 等的由来。这时，动量守恒方程为

$$\frac{\mathrm{d}}{\mathrm{d}y}\left(\mu \frac{\mathrm{d}u}{\mathrm{d}y}\right) = 0 \tag{2.16}$$

该方程有如下解

$$\frac{u}{u_{\mathrm{e}}} = \frac{y}{\delta} \tag{2.17}$$

能量方程为

$$\frac{\mathrm{d}}{\mathrm{d}y}\left(k \frac{\mathrm{d}T}{\mathrm{d}y} - \mu u \frac{\mathrm{d}u}{\mathrm{d}y}\right) = 0 \tag{2.18}$$

其解是一个 y 的二阶多项式形式

$$T = -r\frac{u_{\mathrm{e}}^2}{2c_p}\left(\frac{y}{\delta}\right)^2 + \left(T_{\mathrm{e}} + r\frac{u_{\mathrm{e}}^2}{2c_p} - T_{\mathrm{w}}\right)\frac{y}{\delta} + T_{\mathrm{w}} \tag{2.19}$$

其中，r 等于普朗特数

$$r = Pr = \frac{\mu c_p}{k} \tag{2.20}$$

因此，表面热流为

$$\dot{q}_{\mathrm{w}} = -k\frac{\mathrm{d}T}{\partial y}\bigg|_{y=0} = -\frac{k}{\delta}\left(T_{\mathrm{e}} + r\frac{u_{\mathrm{e}}^2}{2c_p} - T_{\mathrm{w}}\right) \tag{2.21}$$

引入焓 $h = c_pT$，则

$$\dot{q}_{\mathrm{w}} = -\frac{k}{\delta c_p}\left(h_{\mathrm{e}} + r\frac{u_{\mathrm{e}}^2}{2} - h_{\mathrm{w}}\right) \tag{2.22}$$

定义

$$h_{\mathrm{r}} = h_{\mathrm{e}} + r\frac{u_{\mathrm{e}}^2}{2} \tag{2.23}$$

为恢复焓，来取代边界层外缘的焓 h_{e}，r 为恢复系数，则热流公式变为

$$\dot{q}_{\mathrm{w}} = -\frac{k}{\delta c_p}(h_{\mathrm{r}} - h_{\mathrm{w}}) \tag{2.24}$$

从该式可以看出：如果 $h_{\mathrm{w}} = h_{\mathrm{r}}$，热流为零。因此，$h_{\mathrm{r}}$ 又称为绝热壁焓。

根据总焓的定义，可以看出，恢复系数为

$$r = \frac{T_{\mathrm{r}} - T_{\mathrm{e}}}{T_{\mathrm{se}} - T_{\mathrm{e}}} = \frac{h_{\mathrm{r}} - h_{\mathrm{e}}}{h_{\mathrm{se}} - h_{\mathrm{e}}} \tag{2.25}$$

其中，T_{se} 和 h_{se} 为边界层外缘总温和总焓。

从式 (2.23) 和式 (2.25) 容易理解恢复焓的物理含义：它表示流体在热力学不可逆过程中静止时，其中一部分动能转变为热能，另一部分作为黏性功耗散掉了。

不难将式 (2.23) 推广到边界层情况，只是改变一下恢复系数即可。根据试验数据关联，对空气的层流和湍流边界层，一般取恢复系数为

$$r \cong Pr^{1/2} \quad (= 0.8426, \text{对于层流}) \tag{2.26a}$$

$$r \cong Pr^{1/3} \quad (= 0.8921, \text{对于湍流}) \tag{2.26b}$$

对边界层流动，一般取 $Pr = 0.71$，如果取 $Pr = 1$，则 $h_{\mathrm{r}} = h_{\mathrm{se}}$。

我们来进一步考察 Couette 流的质量守恒方程，可得到如下解

$$j_i = \frac{\rho \mathcal{D}}{\delta}(C_{i\mathrm{w}} - C_{i\mathrm{e}}) \tag{2.27}$$

由下式定义传质系数

$$j_i = -\rho_{\mathrm{e}} u_{\mathrm{e}} C_{\mathrm{M}} \left(C_{i\mathrm{e}} - C_{i\mathrm{w}}\right) \tag{2.28}$$

比较 Couette 问题的解，立刻可以得到

$$\frac{C_{\mathrm{M}}}{St} = \frac{\rho \mathcal{D} c_p}{k} = Le \tag{2.29a}$$

显然，与后面 2.7 节的比拟关系 (当 $Le = 1$ 时) 相一致。有些作者对这种比拟关系进行了改进，认为

$$\frac{C_{\mathrm{M}}}{St} = Le^{\alpha} \tag{2.29b}$$

其中，$\alpha \cong \dfrac{2}{3}$。

当不考虑质量引射效应时，这个系数值还是很准确的；对于有质量引射的情况，取 $\alpha \cong 1$ 更符合实际情况。

2.2.4 参考温度和参考焓

我们知道，对于平板不可压缩流，局部摩擦系数有著名的布拉修斯 (Blasius) 解

$$C_f = \frac{0.664}{\sqrt{Re_x}} \quad (\text{层流，平板}) \tag{2.30a}$$

$$C_f = \frac{0.0296}{Re_x^{0.2}} \quad (\text{湍流，平板}) \tag{2.30b}$$

可以看出，无论层流还是湍流，C_f 仅是当地雷诺数的函数。局部雷诺数的定义为 $Re_x = \rho u_\infty x/\mu$。

对于高速流情况，表面摩擦系数除了与雷诺数有关外，还是当地马赫数以及壁温 (焓) 与来流静温 (焓) 比值的函数。若定义一个合适的参考温度 (焓)，按它来计算气流的物性参数，则可消除表面摩擦系数随马赫数和温度比变化的依赖性。Eckert[17] 用了这个温度 (焓) 后，使得不可压缩流的表面摩擦关系式可以用到高速可压缩流。对于层流，参考焓 h^* 的定义为

$$h_{\mathrm{L}}^* = 0.19 h_{\mathrm{rL}} + 0.23 h_{\mathrm{e}} + 0.58 h_{\mathrm{w}} \tag{2.31}$$

对于湍流，则有

$$h_{\mathrm{T}}^* = 0.22 h_{\mathrm{rT}} + 0.28 h_{\mathrm{e}} + 0.5 h_{\mathrm{w}} \tag{2.32}$$

利用参考焓方法，对于层流情况，摩擦系数为

$$C_f^* = \frac{\tau_{\mathrm{w}}}{\dfrac{1}{2}\rho^* u_{\mathrm{e}}^2} = \frac{0.664}{\sqrt{Re_x^*}} \tag{2.33}$$

$$Re_x^* = \frac{\rho^* u_e x}{\mu^*}$$

如果用边界层外缘条件来定义摩擦系数，则有

$$C_f = \frac{\tau_w}{\frac{1}{2}\rho_e u_e^2} = C_f^* \frac{\rho^*}{\rho_e} = \frac{0.664}{\sqrt{Re_x}}\left(\frac{\rho^*\mu^*}{\rho_e\mu_e}\right)^{1/2} = \varepsilon_l \frac{0.664}{\sqrt{Re_x}} \tag{2.34}$$

上式与式 (2.30a) 相比多了一项 ε_l，称为层流压缩因子

$$\varepsilon_l = \left(\frac{\rho^*\mu^*}{\rho_e\mu_e}\right)^{1/2}$$

利用 2.7 节的雷诺比拟关系，高温层流平板边界层所对应的斯坦顿数 St 和努塞尔数 Nu 可以表示为

$$St = \frac{1}{2}C_f Pr^{-2/3} = \frac{0.332}{\sqrt{Re_x}} Pr^{-2/3}\left(\frac{\rho^*\mu^*}{\rho_e\mu_e}\right)^{1/2} \tag{2.35}$$

$$\frac{Nu}{\sqrt{Re_x}} = 0.332 Pr^{1/3}\left(\frac{\rho^*\mu^*}{\rho_e\mu_e}\right)^{1/2} \tag{2.36}$$

对可压缩湍流边界层，仿照层流边界层的做法，引入 Eckert 参考焓的概念，在 $10^5 < Re_x < 10^7$ 范围内，定义的摩擦系数为

$$\frac{C_{f,B}^*}{2} = \frac{\tau_w}{\rho^* u_e^2} = \frac{0.0296}{\left(\dfrac{\rho^* u_e x}{\mu_e^*}\right)^{0.2}} \tag{2.37}$$

用边界层外缘条件定义的摩擦系数为

$$\frac{C_{f,B}}{2} = \frac{\tau_w}{\rho_e u_e^2} = \frac{\rho^*}{\rho_e}\frac{\tau_w}{\rho^* u_e^2} = \frac{\rho^*}{\rho_e}\frac{0.0296}{\left(\dfrac{\rho^* u_e x}{\mu^*}\right)^{0.2}} = \varepsilon_t \frac{0.0296}{Re_x^{0.2}} \tag{2.38}$$

式中，ε_t 为湍流压缩因子，表示为

$$\varepsilon_t = \left(\frac{\rho^*}{\rho_e}\right)^{0.8}\left(\frac{\mu^*}{\mu_e}\right)^{0.2} \tag{2.39a}$$

对于高雷诺数不可压情况，如 $10^7 < Re_x < 10^{10}$ 时，Schultz 和 Grunow 对布拉修斯解进行了改进 [18–20]，得到如下表达式

$$\frac{C_{f,SG}}{2} = \frac{0.370/2}{(\log_{10} Re_x)^{2.584}} \tag{2.40a}$$

可用下式来近似表示

$$\left(\frac{C_{f,\mathrm{SG}}}{2}\right)_i = \frac{0.00974}{Re_x^{0.131}} \tag{2.40b}$$

在可压缩情况下，Schultz-Grunow 公式变为

$$\frac{C_{f,\mathrm{SG}}}{2} = \frac{0.370/2}{(\log_{10}\varepsilon_{\mathrm{t}}' \cdot Re_x)^{2.584}} \tag{2.41}$$

这里

$$\varepsilon_{\mathrm{t}}' = \frac{\rho^*/\rho_{\mathrm{e}}}{\mu^*/\mu_{\mathrm{e}}} \tag{2.39b}$$

利用雷诺比拟关系，可获得高温湍流平板边界层所对应的斯坦顿数 St 和努塞尔数 Nu。

应该指出的是，在分析湍流问题时，绝大多数场合都采用布拉修斯的平板表面摩阻系数的修正形式，这一方面是因为形式简单，另一方面是雷诺数在 $10^5 \sim 10^7$ 范围内，布拉修斯公式有相当好的精度，但在雷诺数大于 10^7 之后，布拉修斯公式给出的结果偏低，而 Schultz-Grunow 公式在整个雷诺数范围内与实验数据符合得更好。

2.2.5 边界层转捩

再入飞行器表面受到的气动加热与边界层流动状态密切相关，如果边界层从层流转捩成湍流，热流将大幅度上升，因此转捩位置的确定，对于热流分布是非常重要的。转捩位置取决于来流情况、外形、表面粗糙度、表面气体质量引射率、表面温度等因素，目前虽然有很多确定转捩位置的准则，但都带有很大的经验性和限制条件，要找到一个适用于任意条件下的统一的转捩准则几乎是不可能的。

对于硅基和碳基烧蚀端头，一般采用粗糙壁转捩准则，其中有代表性的是 Dirling 准则 [21] 、PANT(Passive Nosetip Technology, 被动端头技术) 准则 [22] 和 Batt 准则 [23]。对于低烧蚀和非烧蚀的战术导弹、航天飞机、临近空间飞行器等，由于烧蚀表面的平均粗糙高度通常较小，粗糙高度对边界层转捩的影响不大，此时影响边界层转捩的主要因素是局部雷诺数和马赫数。常用的一些转捩准则有

$$\text{(1)}\quad (Re_x)_{\mathrm{tri}} = \left(\frac{\rho_{\mathrm{e}} u_{\mathrm{e}} x}{\mu_{\mathrm{e}}}\right)_{\mathrm{tri}} = 10^{[5.37+(0.2325-0.004015Ma)Ma]} \tag{2.42}$$

$$\text{(2)}\quad (Re_\theta)_{\mathrm{tri}} = \left(\frac{\rho_{\mathrm{e}} u_{\mathrm{e}} \delta_{\mathrm{L}}^{**}}{\mu_{\mathrm{e}}}\right)_{\mathrm{tri}} = 275\mathrm{e}^{0.134Ma} \tag{2.43}$$

$$\text{(3)}\quad (Re_\theta)_{\mathrm{tri}} = \left(\frac{\rho_{\mathrm{e}} u_{\mathrm{e}} \delta_{\mathrm{L}}^{**}}{\mu_{\mathrm{e}}}\right)_{\mathrm{tri}} = A\mathrm{e}^{0.197Ma} \tag{2.44}$$

$$\text{(4)}\quad (Re_x)_{\mathrm{tri}} = \left(\frac{\rho_{\mathrm{e}} u_{\mathrm{e}} x}{\mu_{\mathrm{e}}}\right)_{\mathrm{tri}} = 9\times 10^4\mathrm{e}^{0.394Ma} \tag{2.45}$$

应当指出，公式 (2.42) 完全是根据光滑表面数据整理出来的，工程应用上称为 70-826 准则 (因取自 AIAA Paper 70-826，或称 Timmer 准则)[34]；公式 (2.43) 是 PANT 计划中小粗糙度时使用的准则 [22]，即它适用于 $f(k)=(\rho_e u_e k/\mu_e)(x/\delta_L^*)^{1/3} < 2300$ 时的情况，这里 k 为粗糙度高度，当 $f(k) > 2300$ 时，使用 PANT 糙面转捩准则；公式 (2.44) 是 Thyson 等 [11] 给出的动量厚度雷诺数判别转捩准则，与俄罗斯在 “联盟” 号飞船返回舱热环境预估 [36] 时采用的转捩准则具有同一形式，系数 A 为常数，与来流条件和表面状况有关，范围为 100~350。对于光滑的不透气壁，文献 [36] 取 $A = 300$，对于 “联盟” 号飞船返回舱的玻璃钢烧蚀取 $A = 250$，对于端头烧蚀情况，文献 [35] 取 $A = 100$，内含了质量引射和小粗糙度的影响；公式 (2.45) 是把公式 (2.44) 中的 δ_L^{**} 换成 x，并取 $A = 100$ 近似得来的，国内早期用于硅基端头烧蚀计算，称为 72-90 准则 (因取自 AIAA Paper 72-90)[35]。

上述公式涉及边界层的厚度，根据定义不同分为三种：名义厚度 (通常所说的边界层厚度是指名义厚度) δ、位移厚度 δ^* 和动量厚度 δ^{**}。对不同的流态，它们的计算公式是有差别的。以层流边界层为例 [13]

$$\delta_L^{**} = \frac{0.664}{\rho_e V_e r}\left(\int_0^s \rho_e^* \mu_e^* V_e r^2 \mathrm{d}s\right)^{1/2} \tag{2.46a}$$

$$\frac{\delta_L}{\delta_L^{**}} = \frac{h_r}{h_e} + 2.5916\frac{h_w}{h_e} + 3.9385 \tag{2.46b}$$

$$\frac{\delta_L^*}{\delta_L^{**}} = \frac{h_r}{h_e} + 2.5916\frac{h_w}{h_e} - 1 \tag{2.46c}$$

转捩区长度可由下式确定

$$\frac{\Delta s_{tr}}{s_{tri}} = \left[60 + 4.68\left(Ma\right)_{tri}^{1.92}\right]\left(Re\right)_{tri}^{-1/3} \tag{2.47}$$

式中，$(Ma)_{tri}$ 为转捩起始点的马赫数；δ_L^{**} 为边界层动量厚度；s_{tri} 为转捩起始点的位置，转捩结束点为

$$s_{tre} = s_{tri} + \Delta s_{tr} \tag{2.48}$$

2.2.6 不同流态的气动加热

地球大气层中空气的密度，从地面往高空是逐渐降低的，高超声速飞行器从太空再入大气层时，会依次经历自由分子流、稀薄过渡流和连续流不同的流动区域，在连续流区，边界层流动还会从层流转变为湍流，而不同流动区域或不同流态的气动加热机制和理论计算方法有很大差别。通常以克努森 (Knudsen) 数 $Kn = \lambda/L$ 来划分流动区域，其中 λ 和 L 分别为流体分子平均自由程和飞行器特征尺度。钱学森 [32] 最先给出了如下流态划分准则：

$$\begin{aligned} &Kn \leqslant 0.01, && \text{连续流区} \\ &0.01 < Kn \leqslant 0.1, && \text{滑移流区} \\ &0.1 < Kn < 10, && \text{稀薄过渡流区} \\ &Kn \geqslant 10, && \text{自由分子流区} \end{aligned} \tag{2.49}$$

在进行气动热工程计算时，使用分子自由程进行流态划分不是很方便。美国 NASA 的 MINIVER 程序 [20] 选用如下准则划分流态

$$Kn = \frac{Ma_\infty}{Z_\mathrm{e}\left(Re_{\infty L}\right)^{0.5}} \tag{2.50}$$

当

$$\begin{aligned} &Kn \geqslant 3.0, && \text{自由分子流区 (120 km 以上)} \\ &0.05 < Kn < 3.0, && \text{稀薄过渡流区 (60\sim120 km)} \\ &Kn \leqslant 0.05, && \text{连续流区 (60 km 以下)} \end{aligned} \tag{2.51}$$

其中，Kn 为修正的 Cheng[33] 参数，相当于克努森数；Ma_∞ 为来流马赫数；$Re_{\infty L}$ 为基于特征长度的来流雷诺数；Z_e 为正激波后气体的压缩因子。

研究表明，各类高超声速飞行器再入大气层时，严重的气动加热几乎都出现在连续介质流动范围内，因此本书主要介绍连续流区的气动热理论。关于自由分子流区和稀薄过渡流区间的气动加热理论，感兴趣的读者可参阅文献 [13] 。

图 2.1 定性表示飞行器从高空再入下降过程中动能损失转换成热能的分数。从图中可以看出，自由分子流区转换分数最大，随着层流边界层的建立和发展，转换分数减小，当层流转变成湍流时，转换分数又明显增大。

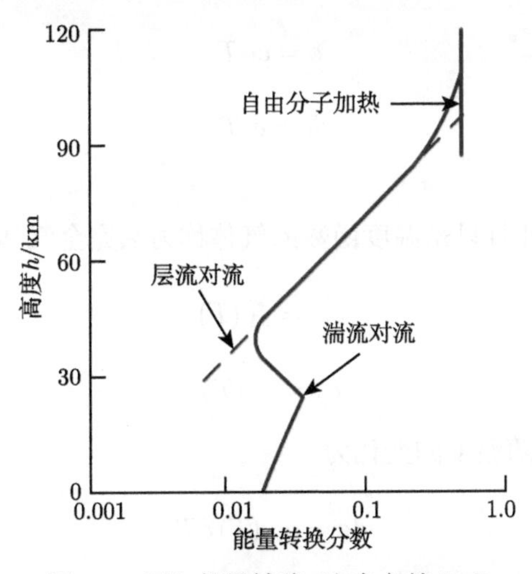

图 2.1 再入能量转移 (取自文献 [27])

2.2.7 高温气体热力学和热化学基本知识

1. 高温气体的类型和状态

高温是高超声速流的基本物理特征，随着温度升高，空气分子内部自由度被激发，分子出现离解和其他一系列化学反应，气体的热力学特征与一般概念的理想气体不同，出现了所谓的高温气体效应。

所谓理想气体 (ideal gas) 或完全气体 (perfect gas) 都是指不必考虑分子间的相互作用力和分子本身所占体积的一类气体，如常温空气。它们的状态方程就是人们非常熟悉的

$$p = \rho RT = \frac{\hat{R}}{\bar{M}}\rho T \tag{2.52}$$

式中，p, ρ, T 分别为气体的压力、密度和温度；R 为该种气体常数；$\hat{R}$ 为通用气体常数；$\bar{M}$ 为该气体的平均相对分子质量。

描述气体的热力学状态参数，有定压比热 c_p、定容比热 c_V、内能 E (或 e，单位质量的量)、焓 H (或 h)、熵 S 等，其中 H 为

$$H = E + pV \text{ 或 } h = e + pv \tag{2.53}$$

经典热力学把完全气体分成如下三类: 量热完全气体、热完全气体和化学反应完全气体混合物。

1) 量热完全气体

c_p 和 c_V 为常数的气体称为量热完全气体。由于 c_p 和 c_V 为常数，量热完全气体的内能和焓都只是温度的函数，即

$$e = c_V T \tag{2.54}$$

$$h = c_p T \tag{2.55}$$

2) 热完全气体

c_p 和 c_V 可变，并且只是温度函数的气体称为热完全气体，即

$$c_V = f_1(T) \tag{2.56}$$

$$c_p = f_2(T) \tag{2.57}$$

气体的内能和焓随温度的变化为

$$\mathrm{d}e = c_V(T)\,\mathrm{d}T \tag{2.58}$$

$$\mathrm{d}h = c_p(T)\,\mathrm{d}T \tag{2.59}$$

因此，e 和 h 也只是温度的函数，但需通过积分获得。这种气体的比热随温度而改变，气体的性质也随之改变，这是由气体分子内部能态激发，如振动能激发或电子能激发所造成的。

3) 化学反应完全气体混合物

多组分的化学反应气体，其中每一组分都遵从完全气体状态方程，称这种气体为化学反应完全气体混合物。在前面我们已经讨论过高温空气化学平衡和非平衡，一个化学反应系统，当系统达到平衡时，组分只依赖于平衡时的压力和温度；而当系统处于非平衡时，组分不仅依赖于压力和温度，还与所经历的时间有关。因此，化学反应气体混合物，可能处于平衡态，也可能处于非平衡态。化学反应气体混合物的状态方程仍然可以表示为

$$p = R\rho T \tag{2.60}$$

只是这里的 R 是个变数，因为化学反应混合物中，组分的粒子数在变化，因而平均分子量在变化着。

现在可以结合 1.2.1 小节的叙述 (图 1.9)，从空气随温度升高而变化的过程来看这种分类的实际应用意义。在常温下，空气是量热完全气体，这已为大家所熟知。当温度升高到 800K 左右时，分子内部振动能开始激发，定比热假定开始失效，空气应看作热完全气体。随着温度继续升高，约 2500K，空气中分子开始发生离解等化学反应，这时的空气应作为化学反应完全气体混合物处理。

2. 高温气体的热力学特性

1) 热力学第一定律

热力学第一定律是能量守恒定律。假设一个系统的内能为 E，它是系统内所有分子的内能之总和。若外界对一封闭系统所做的功为 W，通过边界传给系统的热量为 Q，由此引起系统内能的变化为 ΔE，则热力学第一定律的数学表达式为

$$\Delta E = W + Q \tag{2.61a}$$

设过程无限小，可用其微分形式表示

$$\mathrm{d}E = \delta W + \delta Q \tag{2.61b}$$

这里功和热不是系统的特征，所以 δW 和 δQ 不是全微分。当过程进行得无限缓慢，以至每一步都处于平衡态时，外界对系统的作用力可以用描述系统平衡态的状态变量来表示。

从热力学第一定律可以得到各种基本热力学关系式，读者可以参考相关文献 [1]，此处不再赘述。

2) 热力学第二定律

热力学第二定律描述热力学变化不可逆过程，用熵的变化来表示。熵是一个热力学状态参数，一个系统熵的变化可由两部分引起：一部分是外界供给系统的熵流 d_eS，可正可负；另一部分是系统内不可逆过程产生的熵增 d_iS。则

$$dS = d_eS + d_iS \tag{2.62}$$

如果是封闭系统，那么 d_eS 是外界传给系统的热量 δQ 和系统本身温度 T 的函数，为

$$d_eS = \frac{\delta Q}{T} \tag{2.63}$$

如果是开放系统，则 d_eS 还应加上因物质输运带给系统的熵流。

系统内部的熵增，当系统内部是不可逆过程时，它为正；当系统内部是可逆过程时，它为零。即

$$d_iS > 0 \quad (\text{不可逆过程}) \tag{2.64a}$$

$$d_iS = 0 \quad (\text{可逆过程}) \tag{2.64b}$$

以上就是热力学第二定律的不可逆过程热力学理论的表述。

3) 分子的能量模式

根据统计热力学，对于单一气体，系统的内能可分解为：平动能 E_{trans}、转动能 E_{rot}、振动能 E_{vib} 和电子激发能 E_{el} 四部分，即

$$E = E_{\text{trans}} + E_{\text{rot}} + E_{\text{vib}} + E_{\text{el}} \tag{2.65}$$

单原子分子没有转动和振动模式，而双原子分子四个模式都有，多原子分子的情况比这更复杂。

分子的平动运动有三个自由度，根据能量均分原理，每一个自由度对能量的贡献都为 $\frac{1}{2}NkT$，其中，N 为分子总数，k 为玻尔兹曼常量，T 为绝对温度。双原子分子绕轴线的转动能相比其他两个方向要小得多，可以忽略不计，因此只有两个自由度。双原子分子的振动能也有两个自由度：线性振动的动能和原子间相互作用力产生的势能。电子的运动比较复杂，一般不再用自由度这个概念。

根据分子运动论，对于热完全气体及其混合物，内能和所有热力学特性都可从它的配分函数计算出来 [1]。

3. 高温气体的热化学特性

1) 振动松弛

从 1.2.1 小节图 1.9 我们知道，当气体温度超过 800K 时，就会出现振动激发，偏离平衡态。对于偏离平衡态较小的情形，可用振动松弛方程来描述振动从非平衡

逼近平衡的过程

$$\frac{\mathrm{d}E_{\mathrm{vib}}}{\mathrm{d}t}=\frac{E_{\mathrm{vib}}^{*}-E_{\mathrm{vib}}}{\tau_{\mathrm{vib}}} \tag{2.66}$$

其中

$$\tau_{\mathrm{vib}}=\left[k_{\mathrm{vib}}\left(1-\mathrm{e}^{-\Theta_{\mathrm{vib}}/kT}\right)\right]^{-1} \tag{2.67}$$

称为振动松弛时间。这里，k_{vib} 为振动速率常数；上标 * 表示平衡态。

在研究非平衡过程中，通常对每个运动方式分别引进一个温度，如平动温度 T、转动温度 T_{rot} 和振动温度 T_{vib} 等，并假定各个自由度在其对应温度下都处于平衡态，这就是所谓的多温度模型。利用振动温度的定义及其配分函数方程，可得非平衡振动能的表达式

$$E_{\mathrm{vib}}=\frac{Nk\Theta_{\mathrm{vib}}}{\mathrm{e}^{\Theta_{\mathrm{vib}}/T_{\mathrm{vib}}}-1} \tag{2.68}$$

这里，振动温度 T_{vib} 不一定等于平动温度 (即绝对温度)T，只有当振子与平动自由度处于平衡时，两者才相等。图 2.2 给出了空气中以马赫数为 13.35 飞行的钝头体前方激波层温度分布情况，紧贴激波后的非平衡振动温度与平动温度有很大差别，但走过一段距离后，通过能量转换，两者会达到一个平衡结果。

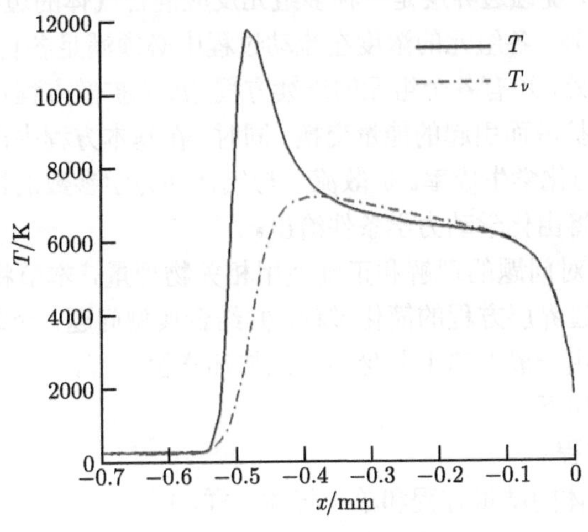

图 2.2 激波后温度分布

2) 化学动力学

化学动力学是研究化学反应过程的速率的，一般用单位时间内反应物的浓度变化来衡量这个速率的大小。描述反应速率与反应物浓度之间的关系，称作质量作用定律：反应速率正比于各反应物的浓度的乘积。例如，A 和 B 是反应物组元，反应式为

$$\mathrm{A}+\mathrm{B}\longrightarrow \text{产物} \tag{2.69}$$

则按照质量作用定律，控制化学反应的速率方程可表示为

$$\frac{\mathrm{d}\,[\mathrm{A}]}{\mathrm{d}t} = -k\,[\mathrm{A}]\,[\mathrm{B}] = \frac{\mathrm{d}\,[\mathrm{B}]}{\mathrm{d}t} \tag{2.70}$$

其中，[A] 和 [B] 表示反应物浓度；比例常数 k 为反应速率常数。反应速率常数与反应物浓度无关，但与温度有关，通常可以表示成 Arrhenius 形式

$$k = A\mathrm{e}^{-E/\hat{R}T} \tag{2.71}$$

其中，A 为频率因子；E 为反应活化能。

化学反应有平衡和非平衡之分，后面还要详述。

2.3 多组元反应气体流动的基本方程

对再入飞行器而言，烧蚀通常发生在 70km 以下的连续流区，连续流区气体流动的出发方程，就是基于熟知的 Navier-Stokes 方程组简化而来的边界层方程组，包括动量守恒方程、质量守恒方程、能量守恒方程和气体状态方程。与传统低速边界层理论不同的是，烧蚀边界层是一种多组元反应混合气体的边界层，除了要满足总的质量守恒关系外，各组元的浓度在流动过程中必须满足各自的质量守恒关系，因此除了上述方程外，还有各个组元的连续方程 (或称扩散方程)，并且在能量方程中也应包括由组元扩散而引起的能量交换。同时，在基本方程中出现了两个新的物理量，即扩散流量与化学生成率。扩散流量与气体动力学参数的梯度和组元浓度有关，而化学生成率将由化学动力学条件给出。

为了便于读者对问题的理解和正确使用相关物理量，本节将从一般的通用守恒方程出发，给出边界层方程的简化过程，并结合典型问题，介绍边界层方程组的求解方法。这里采用一般的笛卡儿坐标系来描述守恒方程，坐标用 x_α 或 x_β 来表示，则基本方程组如下。

1) 动量守恒方程

多组元反应气体的动量方程和单一气体一样，即

$$\rho\frac{\mathrm{D}v_\alpha}{\mathrm{D}t} = -\frac{\partial p}{\partial x_\alpha} + \frac{\partial \tau_{\beta\alpha}}{\partial x_\beta} + \sum_i \rho_i F_{i\alpha} \tag{2.72}$$

其中，t 为时间；ρ 为流体平均密度；$\sum\limits_i \rho_i F_{i\alpha}$ 为体积力矢量；p 为静压；v_α 为流体速度矢量，它有三个分量，下标 α 表示三个分量的方向；x_α 为独立坐标分量；流体速度矢量随体导数

$$\frac{\mathrm{D}}{\mathrm{D}t} = \frac{\partial}{\partial t} + v_\alpha\frac{\partial}{\partial x_\alpha} \tag{2.73}$$

遵从张量约定法则；$\tau_{\beta\alpha}$ 为黏性应力张量，对于牛顿流体，有以下联系剪应力与应变率的本构关系

$$\tau_{\alpha\beta}=\mu\left(\frac{\partial v_\alpha}{\partial x_\beta}+\frac{\partial v_\beta}{\partial x_\alpha}\right)-\frac{2}{3}\mu\frac{\partial v_\alpha}{\partial x_\alpha}\delta_{\alpha\beta} \tag{2.74}$$

其中，μ 是剪切黏性系数；$\delta_{\alpha\beta}$ 是单位张量，当 $\alpha=\beta$ 时，$\delta_{\alpha\beta}=1$；$\alpha\neq\beta$ 时，$\delta_{\alpha\beta}=0$。

2) 质量守恒方程

i 组元的连续方程或扩散方程为

$$\frac{\partial\rho_i}{\partial t}+\frac{\partial}{\partial x_\alpha}(\rho_i\bar{v}_{i\alpha})=\dot{w}_i \tag{2.75}$$

其中，ρ_i 是组元 i 的密度，且有 $\sum\rho_i=\rho$。在混合物中，各成分的数量用浓度来表示，组元 i 的质量浓度 C_i 定义为

$$C_i=\frac{\rho_i}{\rho} \tag{2.76}$$

显然，各浓度之和为 1，即

$$\sum_{i=1}^{J}C_i=1 \tag{2.77}$$

其中，J 表示混合物中组元的总数。

气体中当有扩散发生时，各组元的速度是不相同的，可以用扩散速度来描述这种现象。组元 i 的扩散速度 $\bar{V}_{i\alpha}$ 定义为

$$\bar{V}_{i\alpha}=\bar{v}_{i\alpha}-v_\alpha \tag{2.78}$$

其中，$\bar{v}_{i\alpha}$ 是组元 i 的速度；v_α 是质量平均速度，在气体动力学中 v_α 就是流动速度。

i 组元在单位时间内通过单位面积扩散的质量，称为 i 组元的扩散质量流，可用 $J_{i\alpha}$ 表示，即

$$J_{i\alpha}=\rho_i\bar{V}_{i\alpha} \tag{2.79}$$

显然，根据方程 (2.76) 和 (2.78)，扩散质量流的总和应为零

$$\sum J_{i\alpha}=0 \tag{2.80}$$

从分子运动论可知，i 组元的扩散流矢由下式确定

$$J_{i\alpha}=\frac{\rho}{\bar{M}^2}\sum_j M_iM_jD_{ij}d_{j\alpha}-D_i^T\frac{\partial\ln T}{\partial x_\alpha} \tag{2.81}$$

其中

$$d_{j\alpha}=\frac{\partial}{\partial x_\alpha}\left(\bar{M}\frac{C_j}{M_j}\right)+\left(\bar{M}\frac{C_j}{M_j}-C_j\right)\frac{\partial \ln p}{\partial x_\alpha}-\frac{1}{p}\left(\rho_j F_{j\alpha}-C_j\sum_k \rho_k F_{k\alpha}\right) \tag{2.82}$$

这里，D_{ij} 是多成分扩散系数，表示组元 i 在所有其他组元存在的情况下通过组元 j 的扩散；D_i^T 是混合物中组元 i 的多成分热扩散系数；$F_{k\alpha}$ 是作用在单位质量组元 k 上的外力；T 是气体温度；M_i 和 $\bar{M}$ 分别表示组元 i 的分子量和混合物的平均分子量，并且

$$\bar{M}=\left(\sum\frac{C_i}{M_i}\right)^{-1} \tag{2.83}$$

方程 (2.81) 表明，扩散质量流可以由以下四种原因引起：①浓度梯度，因浓度梯度引起的扩散称为 Fick 扩散；②压力梯度；③温度梯度，因温度梯度引起的扩散称为热扩散，热扩散效应称为 Soret 效应；④外力场，在电离气体中当存在电场时，这个外力亦可由电场引起。对于高超声速气体流动 (低电离)，外力场可以不计。此外，在边界层问题中，压力通过边界层时为常数。因此我们可以不考虑②和④两种效应。

对于在空气流中烧蚀的离解气体边界层，可以简化成二元扩散形式。但即使如此，扩散系数的计算也是非常复杂的。若用 1 和 2 分别表示两种组元，从方程 (2.81) 可得

$$J_{1\alpha}=-\rho\mathcal{D}_{12}\frac{\partial C_1}{\partial x_\alpha}-D_1^T\frac{\partial \ln T}{\partial x_\alpha} \tag{2.84}$$

式 (2.75) 中的 $\dot{w}_i$ 是 i 组元的单位体积化学生成率。这个方程在单一气体中是不出现的，它表明，在混合物中，每个组元的质量输运不仅取决于平均速度，而且与组元扩散和化学反应有关。对于一个封闭系统的混合气体，尽管由于化学反应，各个组元之间的质量互有增减，但总的质量并没有改变，这时

$$\sum_i \dot{w}_i=0 \tag{2.85}$$

因此，方程 (2.75) 对所有组元求和，并利用式 (2.80) 和式 (2.85)，即得到整体连续方程

$$\frac{\partial \rho}{\partial t}+\frac{\partial}{\partial x_\alpha}(\rho v_\alpha)=0 \tag{2.86}$$

利用式 (2.75)、式 (2.76) 和连续方程 (2.86)，扩散方程 (2.75) 可用浓度形式写出

$$\rho\frac{\mathrm{D}C_i}{\mathrm{D}t}=-\frac{\partial J_{i\alpha}}{\partial x_\alpha}+\dot{w}_i \tag{2.87}$$

3) 能量守恒方程

流体微团运动的能量方程可写作

$$\rho\frac{\mathrm{D}e}{\mathrm{D}t}=-\frac{\partial q_\alpha}{\partial x_\alpha}-p\frac{\partial v_\alpha}{\partial x_\alpha}+\tau_{\beta\alpha}\frac{\partial v_\alpha}{\partial x_\beta} \tag{2.88}$$

方程左边代表流体微团的内能变化，右边各项表示引起这种变化的原因。第一项表示由普通热传导和流体通过微团边界的扩散所改变的内能，第二项和第三项分别表示由压力功、黏性力功所引起的内能改变。第三项的黏性效应项一般称为耗散项。其中

$$e=\sum_i C_i e_i \tag{2.89}$$

是混合物的内能，e_i 是 i 组元的比内能 (单位质量的内能)。在一般情况下，若不计辐射传热，当气体中包含不只一种化学组元时，热流 q_α 由热传导及由带着化学焓的质量扩散所组成，可表示为

$$q_\alpha=-k_\mathrm{f}\frac{\partial T}{\partial x_\alpha}+\sum_i h_i J_{i\alpha}+\frac{\hat{R}T}{\rho}\sum_i\sum_{j\neq i}\frac{\bar{M}}{M_iM_j}\frac{D_i^T}{\mathcal{D}_{ij}}C_j\left(\frac{J_{i\alpha}}{C_i}-\frac{J_{j\alpha}}{C_j}\right) \tag{2.90}$$

其中，k_f 为热传导系数，在反应气体混合物中，常指“冻结”热传导系数，即由平动、转动、振动和电子的能量输运所提供的热传导系数；$\hat{R}$ 是通用气体常数；h_i 是化学组元 i 的比焓 (单位质量焓)，它包括热焓和化学焓两部分

$$h_i=\int_0^T c_{pi}\mathrm{d}T+h_i^0 \tag{2.91}$$

其中，c_{pi} 和 h_i^0 分别表示 i 组元的等压比热和化学生成焓。

方程 (2.90) 右边第一项代表因温度梯度而引起的能量传递，即熟知的傅里叶热传导；第二项代表扩散引起的能量传递；第三项代表因热扩散与质量扩散的相互作用而引起的能量传递，称为 Dufour 效应。研究表明，对于二元混合物，除极高温度的情形外，Dufour 效应完全可以不计。

在高超声速流动分析中，热流 q_α 有时用混合物的静焓 h 而不用温度 T 表示。静焓 h 的定义是

$$h=\sum_i C_i h_i \tag{2.92}$$

因此，混合物静焓 h 的微分为

$$\mathrm{d}h=c_{p\mathrm{f}}\mathrm{d}T+\sum_i h_i\mathrm{d}C_i \tag{2.93}$$

其中

$$c_{p\mathrm{f}}=\sum_i C_i c_{pi} \tag{2.94}$$

称为混合物的冻结等压比热。

根据热力学关系式，内能与焓存在如下关系：

$$h_i = e_i + R_i T \tag{2.95}$$

其中，R_i 是组元 i 的气体常数，而热完全气体混合物的内能与焓之间的关系是

$$h = e + \frac{p}{\rho} \tag{2.96}$$

因此利用连续方程，我们将能量方程 (2.88) 变换成以下用静焓 h 表示的形式

$$\rho\frac{\mathrm{D}h}{\mathrm{D}t} - \frac{\mathrm{D}p}{\mathrm{D}t} = -\frac{\partial q_\alpha}{\partial x_\alpha} + \tau_{\beta\alpha}\frac{\partial v_\alpha}{\partial x_\beta} \tag{2.97}$$

以上守恒方程涉及高温气体的输运特性，如黏性系数、导热系数和扩散系数等，可由统计力学和分子运动论的方法获得，这方面的知识可参阅文献 [1] 和 [2] 等。

2.4　边界层方程

边界层概念是普朗特 [14] 早在 1904 年提出来的，他把流场分成边界层外的无黏流区和物体表面附近的边界层区两部分来处理，认为黏性只在物体表面附近的这一薄层 (边界层) 内才是重要的。这样，使得难于求解的一般流体力学守恒方程得到大大简化。

边界层理论假设：当雷诺数足够大时，在边界层流动中，各因变量在垂直于表面方向上的变化比其他方向上的变化大得多，而垂直于表面的速度分量比其他速度分量小得多。不失一般性，我们以不可压缩二维平板和轴对称定常流动为例，讨论边界层属性。

假设 x 是沿着物体表面顺着流动方向的坐标，y 坐标垂直于物体表面指向边界层内，(x, y) 构成正交坐标系，u 和 v 分别是速度矢量在坐标 x 和 y 方向上的分量，则有：$y = 0$ 时，$u = 0$；$y = \delta(x)$ 时，$u = u_\mathrm{e}$。这里 $\delta(x)$ 为边界层厚度，下标 e 表示边界层外缘值。边界层有以下属性：

(1) 边界层内垂直于物面的法向速度 v 比流向速度 u 小一个数量级，即

$$\frac{u}{u_\mathrm{e}} \sim o(1) \tag{2.98}$$

$$\frac{v}{u_\mathrm{e}} \sim o(\varepsilon) \tag{2.99}$$

式中，$o(1)$ 表示同一量级；$o(\varepsilon)$ 表示小一个量级。

(2) 边界层内法向压力梯度为一小量，即

$$\frac{\partial p}{\partial y} \sim o(\varepsilon) \tag{2.100}$$

(3) 边界层厚度为一小量，即

$$\frac{\delta}{L} \sim o(\varepsilon) \tag{2.101}$$

式中，δ 为边界层厚度；L 为物体特征长度。

边界层概念最早是在低速黏性流动动量方程的量级分析中引进的，以后随着流动速度增加，由不可压缩流变成可压缩流。在可压缩流能量方程的量级分析中，与速度边界层相似，人们引进了温度边界层的概念 [37]，在处理多组元化学反应边界层组元连续方程时，人们还引进了浓度边界层的概念 [2]。对于二维边界层，边界层厚度与当地雷诺数有如下关系式

$$\frac{\delta(x)}{x} \sim \frac{1}{\sqrt{Re_x}} \tag{2.102}$$

$$\frac{\delta_T(x)}{x} \sim \frac{1}{\sqrt{Re_x Pr}} \tag{2.103}$$

$$\frac{\delta_c(x)}{x} \sim \frac{1}{\sqrt{Re_x Sc}} \tag{2.104}$$

其中，δ_T 和 δ_c 分别为温度和浓度边界层厚度；当地雷诺数 $Re_x = \rho_e u_e x/\mu_e$；普朗特数 $Pr = \mu_e c_p/k$；施密特 (Schmidt) 数 $Sc = \mu_e c_p/\rho D_{12}$。这里，$c_p$ 为空气定压比热，k 为导热系数，D_{12} 为双组元扩散系数。另外，引进路易斯 (Lewis) 数 $Le = k/\rho D_{12} c_p = Sc/Pr$，由式 (2.102)~式 (2.104) 可得如下关系式

$$\frac{\delta_T}{\delta} \sim \frac{1}{\sqrt{Pr}} \tag{2.105}$$

$$\frac{\delta_c}{\delta} \sim \frac{1}{\sqrt{Sc}} \tag{2.106}$$

$$\frac{\delta_c}{\delta_T} \sim \sqrt{\frac{Pr}{Sc}} = \frac{1}{\sqrt{Le}} \tag{2.107}$$

由以上关系式可知，Pr 是温度边界层和速度边界层厚度的比例常数，当 $Pr < 1$ 时，$\delta_T > \delta$；Sc 是浓度和速度边界层的比例常数，当 $Sc < 1$ 时，$\delta_c > \delta$；Le 是温度和浓度边界层的比例常数，当 $Le < 1$ 时，$\delta_c > \delta_T$。

利用上述边界层属性，对前面的基本守恒方程进行量级分析，并略去二阶小量和体积力，可得二维平面和轴对称定常流动的多组元反应气体边界层方程如下

1) 动量方程

$$\rho u\frac{\partial u}{\partial x}+\rho v\frac{\partial u}{\partial y}=-\frac{\mathrm{d}p}{\mathrm{d}x}+\frac{\partial}{\partial y}\left(\mu\frac{\partial u}{\partial y}\right) \tag{2.108}$$

$$\frac{\partial p}{\partial y}=0 \tag{2.109}$$

2) 连续方程

$$\frac{\partial}{\partial x}\left(\rho u r^{j}\right)+\frac{\partial}{\partial y}\left(\rho v r^{j}\right)=0 \tag{2.110}$$

其中，上标 $j=0$ 为平面流，$j=1$ 为轴对称流；r 为到体轴的垂直距离，如果边界层厚度与物体回转半径 r_0 相比小得多，也即物体不是细长体的话，则取 $r=r_0$。

3) 扩散方程

$$\rho u\frac{\partial C_i}{\partial x}+\rho v\frac{\partial C_i}{\partial y}=-\frac{\partial}{\partial y}\left(J_{iy}\right)+\dot{w}_i \tag{2.111}$$

4) 能量方程

$$\rho u\frac{\partial h}{\partial x}+\rho v\frac{\partial h}{\partial y}=u\frac{\mathrm{d}p}{\mathrm{d}x}-\frac{\partial}{\partial y}\left(q_y\right)+\mu\left(\frac{\partial u}{\partial y}\right)^2 \tag{2.112}$$

其中，热流 q_y 为

$$q_y=-k_{\mathrm{f}}\frac{\partial T}{\partial y}+\sum_i h_i J_{iy}+\frac{\hat{R}T}{\rho}\sum_i\sum_{j\neq i}\frac{\bar{M}}{M_iM_j}\frac{D_i^T}{\mathcal{D}_{ij}}C_j\left(\frac{J_{iy}}{C_i}-\frac{J_{jy}}{C_j}\right) \tag{2.113}$$

或

$$q_y=-\frac{k_{\mathrm{f}}}{c_{\mathrm{pf}}}\left(\frac{\partial h}{\partial y}-\sum_i h_i\frac{\partial C_i}{\partial y}\right)+\sum_i h_i J_{iy}+\frac{\hat{R}T}{\rho}\sum_i\sum_{j\neq i}\frac{\bar{M}}{M_iM_j}\frac{D_i^T}{\mathcal{D}_{ij}}C_j\left(\frac{J_{iy}}{C_i}-\frac{J_{jy}}{C_j}\right) \tag{2.114}$$

对于等扩散系数或二组元的气体混合物

$$q_y=-\left(k_{\mathrm{f}}\frac{\partial T}{\partial y}+\rho\mathcal{D}_i\sum_i h_i\frac{\partial C_i}{\partial y}+\sum_i\frac{D_i^T}{T}h_i\frac{\partial T}{\partial y}\right) \tag{2.115a}$$

或

$$q_y=-\left[\frac{k_{\mathrm{f}}}{c_{\mathrm{pf}}}\frac{\partial \mathrm{h}}{\partial y}+\frac{k_{\mathrm{f}}}{c_{\mathrm{pf}}}\sum_i\left(Le-1\right)h_i\frac{\partial C_i}{\partial y}+\sum_i\frac{D_i^T}{T}h_i\frac{\partial T}{\partial y}\right] \tag{2.115b}$$

对于平衡气体，在能量方程中用总焓作因变量更方便，总焓 h_{s} 的定义是静焓和动能之和，即

$$h_{\mathrm{s}}=h+\frac{1}{2}u^2 \tag{2.116}$$

总焓能量方程为

$$\rho u\frac{\partial h_{\mathrm{s}}}{\partial x}+\rho v\frac{\partial h_{\mathrm{s}}}{\partial y}=\frac{\partial}{\partial y}\left(\frac{k_{\mathrm{f}}}{c_{\mathrm{pf}}}\frac{\partial h_{\mathrm{s}}}{\partial y}\right)+\frac{\partial}{\partial y}\left[\mu\left(1-\frac{1}{Pr_{\mathrm{f}}}\right)\frac{\partial}{\partial y}\left(\frac{u^2}{2}\right)\right]+\frac{\partial}{\partial y}\left[\sum_i h_i\left(J_{iy}+\frac{k_{\mathrm{f}}}{c_{\mathrm{pf}}}\frac{\partial C_i}{\partial y}\right)\right]\quad\text{(多组分一般形式)}\tag{2.117a}$$

$$\begin{aligned}&\rho u\frac{\partial h_{\mathrm{s}}}{\partial x}+\rho v\frac{\partial h_{\mathrm{s}}}{\partial y}\\=&\frac{\partial}{\partial y}\left(\frac{\mu}{Pr_{\mathrm{f}}}\frac{\partial h_{\mathrm{s}}}{\partial y}\right)+\frac{\partial}{\partial y}\left[\mu\left(1-\frac{1}{Pr_{\mathrm{f}}}\right)\frac{\partial}{\partial y}\left(\frac{u^2}{2}\right)\right]\\&+\frac{\partial}{\partial y}\left\{\sum_i h_i\left[\frac{\mu}{Pr_{\mathrm{f}}}\left(Le_{\mathrm{f}}-1\right)\frac{\partial C_i}{\partial y}+\frac{\mu}{Pr_{\mathrm{f}}}\frac{Le_i^T}{T}\frac{\partial T}{\partial y}\right]\right\}\quad\text{(等扩散系数)}\end{aligned}\tag{2.117b}$$

式 (2.108)~式 (2.112) 为多组元反应气体的守恒方程组。为了使方程组有解，还必须补充描述气体特性的两个方程：状态方程和化学速率方程。

5) 状态方程

假定气体是热完全气体的混合物，对于其中每个组元 i，状态方程是

$$p_i=\rho_i R_i T=\rho_i\frac{\hat{R}}{M_i}T\tag{2.118}$$

混合气体的状态方程为

$$p=\sum_i p_i=\rho\frac{\hat{R}}{\bar{M}}T\tag{2.119}$$

6) 化学速率方程

化学生成率 $\dot{w}_i$ 由化学动力学速率方程给出。设在气体中有 s 个反应，体系中存在的反应总数为 r，则一般化学反应式可表示为

$$\sum_{i=1}^{J}\nu_i^{\prime(s)}X_i\underset{k_-^{(s)}}{\overset{k_+^{(s)}}{\rightleftharpoons}}\sum_{i=1}^{J}\nu_i^{\prime\prime(s)}X_i\tag{2.120}$$

其中，$\nu_i^{\prime(s)}$ 和 $\nu_i^{\prime\prime(s)}$ 分别表示在反应式 s 中左边和右边的计量系数；X_i 表示任意化学组元；$k_+^{(s)}$ 和 $k_-^{(s)}$ 分别表示反应式 s 中的正向 (从左至右) 和逆向 (从右至左) 的反应速率系数。根据质量作用定律，i 组元的化学生成率 $\dot{w}_i$ 可写作

$$\dot{w}_i=M_i\sum_{s=1}^{r}\left(\nu_i^{\prime\prime(s)}-\nu_i^{\prime(s)}\right)\left\{k_+^{(s)}\prod_{i=1}^{J}[X_i]^{\nu_i^{\prime(s)}}-k_-^{(s)}\prod_{i=1}^{J}[X_i]^{\nu_i^{\prime\prime(s)}}\right\}_i\tag{2.121}$$

其中，$[X_i]=\mathcal{N}_i/V$ 是组元 i 的摩尔密度 (单位体积摩尔数)，$\mathcal{N}_i$ 为组元 i 的摩尔数，V 是体积。在气体动力学中，组元浓度一般不用摩尔密度表示，而采用质量浓度 C_i，C_i 与 $[X_i]$ 的关系是

$$C_i = \frac{\rho_i}{\rho} = \frac{M_i}{\rho}[X_i] = \frac{M_i}{\bar{M}} x_i = \frac{p_i M_i}{p \bar{M}} \tag{2.122}$$

其中，$x_i = \mathcal{N}_i / \sum \mathcal{N}_i$ 是 i 组元的摩尔比数浓度。

正向和逆向反应速率系数与该反应的摩尔密度平衡常数 $K_c^{(s)}$ 之间有如下关系

$$K_c^{(s)} = k_+^{(s)} / k_-^{(s)} \tag{2.123}$$

根据热力学定律，当化学反应达到平衡时，各组元的数量之间具有一定的关系，这个关系可用平衡常数来表示

$$K_c = \frac{\prod_{i=1}^{J} [X_i^*]^{\nu_i''}}{\prod_{i=1}^{J} [X_i^*]^{\nu_i'}} = \frac{\prod_{i=1}^{J} p_i^{*\nu_i''}}{\prod_{i=1}^{J} p_i^{*\nu_i'}} \cdot \left(\hat{R}T\right)^{\sum_i (\nu_i' - \nu_i'')} = K_p \cdot \left(\hat{R}T\right)^{\sum_i (\nu_i' - \nu_i'')} \tag{2.124}$$

式中，上标 * 表示平衡条件；K_p 为用组元分压表示的平衡常数。平衡常数与组元的单位摩尔吉布斯 (Gibbs) 自由焓和温度有关，通常采用 Arrhenius 形式的表达式 [15]

$$K_p = \exp\left(-\frac{\Delta \hat{G}^0}{\hat{R}T}\right) \tag{2.125}$$

这里，p 为大气压单位，$\Delta \hat{G}^0$ 定义为

$$\Delta \hat{G}^0 = \sum_i \left(\nu_i'' - \nu_i'\right) \hat{\mu}_i^0 \tag{2.126}$$

其中，$\hat{\mu}_i^0$ 为组元 i 在参考状态下的标准化学势，上标 ^ 表示单位摩尔数，参考状态 “0” 取在 $P_0 = 1\text{atm}$。当各组元的热力学特性 (或 $\Delta \hat{G}^0$) 已知时，任何反应的平衡常数据 (2.125) 也可确定。在一些热化学表中 [15]，平衡常数以标准形式列表给出，即对于每个组元定义一个 “组元平衡常数” $K_\mathrm{f}(X_i)$，并假定选定的 “自然组元” 的 K_f 等于零，其他化学组元的 K_f 定义为从自然组元生成 1 摩尔该组元时的平衡常数 K_p。例如

$$\frac{1}{2}\mathrm{O_2} \rightleftharpoons \mathrm{O} \tag{2.127}$$

$$\mathrm{C(s)} + \frac{1}{2}\mathrm{O_2} \rightleftharpoons \mathrm{CO} \tag{2.128}$$

$$\mathrm{C(s)} + \mathrm{O_2} \rightleftharpoons \mathrm{CO_2} \tag{2.129}$$

反应式左边为自然组元，它们的 $K_\mathrm{f}(X_i) = 0$，右边为其他组元，它们的 $K_\mathrm{f}(X_i)$ 是

$$K_\mathrm{f}(\mathrm{O}) = K_{p,\mathrm{O}} = \frac{p_\mathrm{O}}{p_{\mathrm{O_2}}^{1/2}} \tag{2.130}$$

$$K_{\mathrm{f}}(\mathrm{CO}) = K_{p,\mathrm{CO}} = \frac{p_{\mathrm{CO}}}{p_{\mathrm{O_2}}^{1/2}} \tag{2.131}$$

$$K_{\mathrm{f}}(\mathrm{CO_2}) = K_{p,\mathrm{CO_2}} = \frac{p_{\mathrm{CO_2}}}{p_{\mathrm{O_2}}} \tag{2.132}$$

许多反应的平衡常数 K_p 都可以利用这些 “组元平衡常数” $K_{\mathrm{f}}(X_i)$ 的配合来确定，例如，反应

$$\mathrm{CO} + \frac{1}{2}\mathrm{O_2} \rightleftharpoons \mathrm{CO_2} \tag{2.133}$$

的平衡常数为

$$K_p = \frac{p_{\mathrm{CO_2}}}{p_{\mathrm{O_2}}^{1/2} \cdot p_{\mathrm{CO}}} = \frac{K_{p,\mathrm{CO_2}}}{K_{p,\mathrm{CO}}} \tag{2.134}$$

至此，我们已经导出了多组元反应气体的边界层方程组，共计由 $(2J+4)$ 个方程组成，它们对应 $(2J+4)$ 个未知量，即质量密度 ρ、焓 h (或温度 T)、速度分量 u 和 v、J 个组元的质量浓度 C_i 和 J 个组元的化学生成率 $\dot{w}_i$，方程组是封闭的。在方程中出现的扩散流 J_{iy} 与浓度梯度和温度梯度有关，压力通过边界层为常数，等于边界层外缘处压力，是一已知量。

7) 边界条件

由于方程中含有导数项，方程组积分求解，还需要补充物体表面上和边界层外缘处的边界条件。

在壁面上，假定切向速度为零，法向速度要根据有无质量引射而定，给定温度或热流，组元与壁面为催化或非催化有关。因此，壁面处的边界条件可表示如下

$y=0$:

$$u = 0 \tag{2.135}$$

$$v = \begin{cases} 0, & \text{表面无质量引射} \\ v_{\mathrm{w}}, & \text{表面有质量引射} \end{cases} \tag{2.136}$$

$$T = T_{\mathrm{w}}\ (\text{或}\ h = h_{\mathrm{w}}),\ \text{或}\ -k_s\frac{\partial T}{\partial y} = q_{\mathrm{b}} \tag{2.137}$$

$$\begin{cases} C_i = C_{i\mathrm{w}}, & \text{任意催化壁} \\ C_{\mathrm{A,I}} = 0, & \text{完全催化壁} \\ \dfrac{\partial C_{\mathrm{A,I}}}{\partial y} = 0, & \text{非催化壁} \end{cases} \tag{2.138}$$

边界层外缘处的流动，可以从无黏流计算确定。在外缘处的边界条件是

$y \to \infty$:

$$u = u_{\mathrm{e}},\quad T = T_{\mathrm{e}}\ (\text{或}\ h = h_{\mathrm{e}}),\quad C_i = C_{i\mathrm{e}} \tag{2.139}$$

这里，下标 w 和 e 分别表示固壁表面和边界层外缘处的条件；q_{b} 为从边界层实际传入材料内部的热流；$C_{\mathrm{A,I}}$ 表示原子和离子的质量浓度。关于壁面催化效应概念将在 2.6 节讨论。

对于壁面有质量引射的情况，表面上组元浓度 $C_{i\mathrm{w}}$ 与质量流 $(\rho_i v_i)_{\mathrm{w}}$ 存在相互制约的关系

$$(\rho_i v_i)_{\mathrm{w}} = C_{i\mathrm{w}} (\rho v)_{\mathrm{w}} + J_{i\mathrm{w}} \tag{2.140}$$

这里，$J_{i\mathrm{w}}$ 表示在表面上垂直于表面的扩散流。表面上组元质量流与表面材料及在气体壁面交界面上发生的现象有关。表面总的质量流显然是

$$(\rho v)_{\mathrm{w}} = \sum_i (\rho_i v_i)_{\mathrm{w}} \tag{2.141}$$

这也是连续方程所用的边界条件。

2.5 流动的化学状态

为了确定流场的化学特征，需要将气体组元的输运特征时间与此组元从非平衡态到达平衡态所经历的化学特征时间进行比较。判断这种现象，一般采用达姆科勒 (Damköhler) 数

$$D_m = \frac{\tau_{\mathrm{d}}}{\tau_{\mathrm{c}}} \tag{2.142}$$

其中，τ_{d} 是输运特征时间，从流体力学参数作粗略估计，$\tau_{\mathrm{d}} \approx L/V_\infty$，这里，$L$ 是特征尺度，V_∞ 是流速；τ_{c} 是化学反应特征时间，由化学动力学数据确定。例如，氧分子通过三体复合形成，其复合时间 τ_{c} 可由下式表示 [16]：

$$\tau_{\mathrm{c}}^{-1} = 2k_R \left(\frac{p}{\hat{R}T}\right)^2 \tag{2.143}$$

其中，k_R 是复合速率常数。这时，流动特征时间与反应特征时间之比可表示为

$$D_m = 2k_R \left(\frac{p}{\hat{R}T}\right)^2 \frac{L}{V_\infty} \tag{2.144}$$

流动的化学状态可以根据 D_m 数大小划分为以下三种状态 (图 2.3)：

(1) 当 $D_m \gg 1$ 的极限情形时，输运时间足够长，化学反应足够快，气体的浓度很快达到局部热力平衡值。这种情形称为平衡流。在平衡流中，组元浓度可以通过平衡常数来确定，它是状态参数压力 p 和焓 h (或温度 T) 的函数；对于边界层流动，压力通过边界层不变，它只是 h 的函数。因此不需扩散方程。

(2) 当 $D_m \ll 1$ 的极限情形时，化学反应速度与沿流线的流动速度或通过流线的扩散速度相比非常慢，气体组元几乎来不及参加反应就被流走。这种情形为冻结

流。在冻结流中，组元 i 的化学生成率 $\dot{w}_i = 0$，组元浓度由扩散方程确定，与在热力学平衡条件下的局部温度无关。

(3) 流体的实际化学状态总是在上述两种极限情况之间，即非平衡状态。在非平衡流中，化学反应在有限速率下进行，在整个流场中，不一定都达到热力学平衡状态。这里化学动力学因素是重要的。

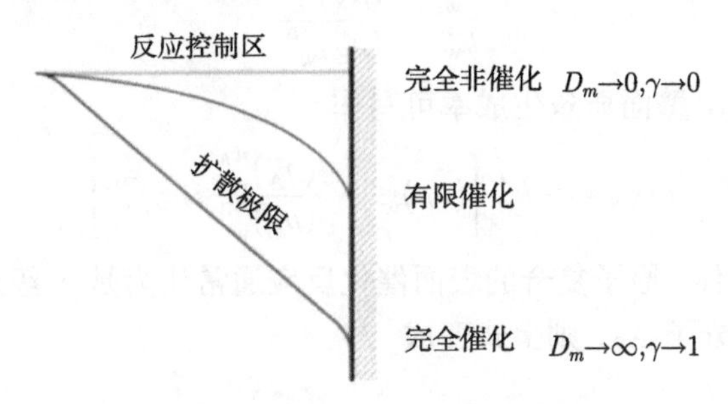

图 2.3　流动的化学状态示意图

准确地确定平衡流、冻结流和非平衡流的 D_m 数，需要根据守恒方程进行具体计算。当 D_m 大到某个值，组元浓度已接近局部平衡值时，我们可取该 D_m 值作为非平衡流与平衡流的界限。同时，当 D_m 小到某个值，组元浓度接近化学冻结时，我们可取该 D_m 值作为冻结流与非平衡流的界限。

对于再入地球大气层的飞行器，用飞行条件表示 D_m 数，可以确定冻结流、非平衡流和平衡流的高度和速度范围。

2.6　壁面催化反应

固体表面催化反应，指的是固体表面对气体反应起催化作用的那种表面反应，它通过表面边界条件的形式，与边界层发生联系。这里讨论的固体表面，其本身并没有发生化学变化，而是作为气相反应的催化剂，它是表面异相反应动力学的一种特殊情形。本书 3.2 节将对表面材料直接参加反应 (如表面材料发生氧化烧蚀等) 的一般情况，即表面异相反应动力学，进行专门介绍，它是比气相反应动力学更复杂的一个课题。这里我们只是从求解边界层方程的观点来作一简单的讨论。

考虑以下表面反应

$$\mathrm{A} + 壁 \underset{k_{\mathrm{w}}^{-}}{\overset{k_{\mathrm{w}}^{+}}{\rightleftharpoons}} \mathrm{B} + 壁 \tag{2.145}$$

其中，k_{w}^{+} 和 k_{w}^{-} 分别为表面反应的正向和逆向速率系数。气体成分 A 的单位时间

单位面积质量生成率 $\dot{m}_{\mathrm{Aw}}$ 可表示为

$$\dot{m}_{\mathrm{Aw}} = -k_{\mathrm{w}}^{+}\left(\rho_{\mathrm{A}}\right)_{\mathrm{w}}^{n_{\mathrm{A}}} + k_{\mathrm{w}}^{-}\left(\rho_{\mathrm{B}}\right)_{\mathrm{w}}^{n_{\mathrm{B}}} \tag{2.146}$$

其中，ρ_i 是气体组元 $(i = \mathrm{A}, \mathrm{B})$ 的质量密度；n_{A} 和 n_{B} 分别是壁面正向反应和逆向反应的反应级数。对于平衡反应，$\dot{m}_{\mathrm{Aw}} = 0$，有以下关系式

$$\frac{k_{\mathrm{w}}^{-}}{k_{\mathrm{w}}^{+}} = \frac{\left(\rho_{\mathrm{A}}^{*}\right)_{\mathrm{w}}^{n_{\mathrm{A}}}}{\left(\rho_{\mathrm{B}}^{*}\right)_{\mathrm{w}}^{n_{\mathrm{B}}}} \tag{2.147}$$

把它代入式 (2.146)，壁面质量生成率可写作

$$\dot{m}_{\mathrm{Aw}} = -k_{\mathrm{w}}^{+}\left[\left(\rho_{\mathrm{A}}\right)_{\mathrm{w}}^{n_{\mathrm{A}}} - \frac{\left(\rho_{\mathrm{A}}^{*}\right)_{\mathrm{w}}^{n_{\mathrm{A}}}}{\left(\rho_{\mathrm{B}}^{*}\right)_{\mathrm{w}}^{n_{\mathrm{B}}}}\left(\rho_{\mathrm{B}}\right)_{\mathrm{w}}^{n_{\mathrm{B}}}\right] \tag{2.148}$$

对于双原子气体，原子复合的表面催化反应通常认为是 1 级反应。若用 A 代表原子 A，B 代表分子 A_2，则上式变成

$$\dot{m}_{\mathrm{Aw}} = -k_{\mathrm{w}}\left[\left(\rho_{\mathrm{A}}\right)_{\mathrm{w}} - \frac{\left(\rho_{\mathrm{A}}^{*}\right)_{\mathrm{w}}}{\left(\rho_{\mathrm{A}_2}^{*}\right)_{\mathrm{w}}}\left(\rho_{\mathrm{A}_2}\right)_{\mathrm{w}}\right] \tag{2.149}$$

其中，$k_{\mathrm{w}} = k_{\mathrm{w}}^{+}$，对于氧原子和氮原子在表面的催化复合反应，当表面温度在 2000K 以下时，平衡比 $\rho_{\mathrm{A}}^{*}/\rho_{\mathrm{A}_2}^{*} \approx 0$，因此由表面催化反应引起的单位时间单位面积的原子质量复合率为

$$\dot{m}_{\mathrm{Aw}} = -k_{\mathrm{w}}\rho_{\mathrm{w}}C_{\mathrm{Aw}} \tag{2.150}$$

其中，C_{A} 是原子质量浓度。

另一方面，由方程 (2.84) 不难知道，当忽略扩散效应时，原子向表面扩散的净质量流为

$$\left(J_{\mathrm{A}\alpha}\right)_{\mathrm{w}} = -\rho_{\mathrm{w}}\mathcal{D}_{\mathrm{Aw}}\left(\frac{\partial C_{\mathrm{A}}}{\partial y}\right)_{\mathrm{w}} \tag{2.151}$$

因此根据表面质量守恒原理，在定常情形下当壁面没有质量引射时，扩散到表面的原子净质量流等于单位面积的原子质量复合率，可得到如下关系式

$$\rho_{\mathrm{w}}\mathcal{D}_{\mathrm{Aw}}\left(\frac{\partial C_{\mathrm{A}}}{\partial y}\right)_{\mathrm{w}} = k_{\mathrm{w}}C_{\mathrm{Aw}}\rho_{\mathrm{w}} \tag{2.152}$$

它可作为扩散方程在双原子气体情形下的壁面边界条件。显然，若表面催化反应无限快 $(k_{\mathrm{w}} \to \infty)$，则因方程 (2.152) 左边是有限值，故 $C_{\mathrm{Aw}} = 0$，原子在壁面完全复合。这个极限情形称为完全催化壁。若壁面催化是无限慢 $(k_{\mathrm{w}} \to 0)$，则 $\left(\dfrac{\partial C_{\mathrm{A}}}{\partial y}\right)_{\mathrm{w}} = 0$，表面反应冻结，称为完全非催化壁。

对冻结边界层来说，壁面催化效应是一个十分重要的因素，因为在壁面所释放的复合能完全取决于壁面的催化特性。对防热而言，选择低催化效率的壁面材料，可以使对壁面的传热量大大降低。

2.7 边界层的近似比拟关系

2.7.1 边界层质量扩散与传热的比拟关系

对二组元情况，如果忽略比较小的热扩散，将式 (2.84) 代入式 (2.111)，则组元 i 的扩散方程可简化为

$$\rho u \frac{\partial C_i}{\partial x} + \rho v \frac{\partial C_i}{\partial y} = \frac{\partial}{\partial y}\left(\rho \mathcal{D}_{12} \frac{\partial C_i}{\partial y}\right) + \dot{w}_i \tag{2.153}$$

由于 $\dot{w}_i$ 中含有组元浓度 C_i，不能用式 (2.121) 直接确定 $\dot{w}_i$，因此需要引进元素守恒方程。利用 Shvab-Zeldovich 转换关系

$$\bar{C}_k = M_k \sum_i n_{ki} \frac{C_i}{M_i}, \quad k = 1, \cdots, n_{\mathrm{A}} \tag{2.154}$$

其中，n_{ki} 是组分 i 中元素 k 的个数；n_{A} 是系统中的元素总数。该系统包括 $(n_{\mathrm{A}}-1)$ 个独立关系式。

因为

$$\sum_k \bar{C}_k = \sum_i C_i = 1 \tag{2.155}$$

元素生成率可表示为

$$\dot{w}_k = M_k \sum_j \frac{n_{kj}}{M_j} = 0 \tag{2.156}$$

用 $\dfrac{M_k}{M_j} n_{kj}$ 乘以式 (2.153)，并且对 j 求和，考虑总的连续方程 (2.110)，则有

$$\rho u \frac{\partial \bar{C}_k}{\partial x} + \rho v \frac{\partial \bar{C}_k}{\partial y} = \frac{\partial}{\partial y}\left(\rho \mathcal{D}_{12} \frac{\partial \bar{C}_k}{\partial y}\right) \tag{2.157}$$

对于空气，路易斯数接近于 1，范围为 0.8~1.4；对于我们感兴趣的温度范围，普朗特数也接近于 1，范围为 0.5~0.71。假定 $Le = Pr = 1$，那么能量方程 (2.117) 可简化为

$$\rho u \frac{\partial h_{\mathrm{s}}}{\partial x} + \rho v \frac{\partial h_{\mathrm{s}}}{\partial y} = \frac{\partial}{\partial y}\left(\mu \frac{\partial h_{\mathrm{s}}}{\partial y}\right) \tag{2.158}$$

因为 $Sc = Le \cdot Pr = 1$，所以 $\mu = \rho \mathcal{D}_{12}$，因此元素浓度方程 (2.153) 和总焓方程 (2.158) 具有相同的形式，这两个量之间具有相似关系，即

$$\frac{\bar{C}_k - \bar{C}_{k\mathrm{w}}}{\bar{C}_{k\mathrm{e}} - \bar{C}_{k\mathrm{w}}} = \frac{h_{\mathrm{s}} - h_{\mathrm{sw}}}{h_{\mathrm{se}} - h_{\mathrm{sw}}} \tag{2.159}$$

这个方程称为路易斯关系式，其中，下标 e 和 w 分别表示边界层外缘和壁面条件，se 代表总值。

2.7.2　边界层扩散与速度的雷诺比拟关系

根据动量方程 (2.108)，如果沿流向压力变化远小于黏性耗散，则可得到一个新的比拟关系

$$\frac{\bar{C}_k - \bar{C}_{k\mathrm{w}}}{\bar{C}_{k\mathrm{e}} - \bar{C}_{k\mathrm{w}}} = \frac{h_\mathrm{s} - h_\mathrm{sw}}{h_\mathrm{se} - h_\mathrm{sw}} = \frac{u}{u_\mathrm{e}} \tag{2.160}$$

对上式微分，得

$$\frac{u\left.\dfrac{\partial u}{\partial y}\right|_\mathrm{w}}{u_\mathrm{e}} = \frac{\left.\dfrac{\partial h}{\partial y}\right|_\mathrm{w}}{h_\mathrm{se} - h_\mathrm{sw}} \tag{2.161}$$

对于等扩散系数或二组元的气体混合物，根据式 (2.113)，壁面热流为

$$q_\mathrm{w} = -\left(k_\mathrm{f}\frac{\partial T}{\partial y} + \rho\mathcal{D}_i\sum_i h_i\frac{\partial C_i}{\partial y} + \sum_i\frac{D_i^T}{T}h_i\frac{\partial T}{\partial y}\right)_\mathrm{w} \tag{2.162a}$$

或

$$q_\mathrm{w} = -\left(\frac{\mu}{Pr}\frac{\partial h}{\partial y}\right)_\mathrm{w} + \left\{\frac{\mu}{Pr}\left[(Le_\mathrm{f}-1)\sum_i h_i\frac{\partial C_i}{\partial y} + Le^T\sum_i\frac{h_i}{T}\frac{\partial T}{\partial y}\right]\right\}_\mathrm{w} \tag{2.162b}$$

壁面剪切力为

$$\tau_\mathrm{w} = \mu_\mathrm{w}\left(\frac{\partial u}{\partial y}\right)_\mathrm{w} \tag{2.163}$$

定义局部斯坦顿数

$$St = \frac{q_\mathrm{w}}{\rho_\mathrm{e}u_\mathrm{e}\left(h_\mathrm{se} - h_\mathrm{w}\right)} \tag{2.164}$$

和局部摩擦系数

$$C_f = \frac{\tau_\mathrm{w}}{\dfrac{1}{2}\rho_\mathrm{e}u_\mathrm{e}^2} \tag{2.165}$$

根据热流的定义式 (2.162b) 和剪切力公式 (2.163)，可得

$$Pr\cdot St = \frac{1}{2}C_f \tag{2.166}$$

对于近似 $Pr = 1$ 的情形，$St = C_f/2$，这一关系式称为雷诺比拟。需要说明的是，该关系式并不适用于有质量引射和粗糙度情形。

在气动加热工程计算中，雷诺比拟特别重要，它建立了传热和表面摩擦之间的联系。这种传热和表面摩擦之间的相似性，首先是由 Reynolds (雷诺) 发现的，后来 Colburn 和 von Karmann (冯 · 卡门)[12] 做了进一步的工作，将雷诺比拟关系式修正为

$$St = \frac{1}{2}C_f Pr^{-2/3} \tag{2.167}$$

我们知道，对于不可压流平板，局部摩擦系数有著名的布拉修斯解

$$C_f = \frac{0.664}{\sqrt{Re_x}} \quad (\text{层流，平板}) \tag{2.168a}$$

$$C_f = \frac{0.0296}{Re_x^{0.2}} \quad (\text{湍流，平板}) \tag{2.168b}$$

C_f 仅是当地雷诺数的函数，局部雷诺数的定义为 $Re_x = \rho u_\infty x/\mu$。据此不用求解边界层方程，就可获得表面热流。对于可压缩流，可用参考焓概念进行推广。

2.8 可压缩边界层方程的相似解

2.4 节介绍的多组元反应气体的边界层方程组，是一个非线性偏微分方程组，虽然由于计算机的迅速发展与计算方法的进步，用数值模拟方法求解边界层方程组，甚至 Navier-Stokes 方程组，已不是一个困难问题，但为了提高对物理现象的理解和掌握物理概念，介绍一下早期的边界层理论求解方法是有益的。

早期的边界层理论分析方法主要是相似性解法，即利用不同物面坐标上的边界层流动具有相似性的特点，通过适当的坐标变换，将偏微分方程组简化为常微分方程组，使问题大大简化，可以获得精确解或近似解。此法始于布拉修斯对不可压缩流动的平板解 [14]，后来被推广到可压缩流 [37]。

2.8.1 可压缩边界层方程的相似变换

对边界层方程组，引进可压缩相似变换，用相似变量 ξ 和 η 来取代坐标变量 x 和 y，即

$$\xi = \int_0^x \rho_{\mathrm{w}}\mu_{\mathrm{w}}u_{\mathrm{e}}r^{2j}\mathrm{d}x \tag{2.169}$$

$$\eta = \frac{u_{\mathrm{e}}r^j}{\sqrt{2\xi}}\int_0^y \rho\mathrm{d}y \tag{2.170}$$

定义无因次变量

$$f_\eta = \frac{u}{u_{\mathrm{e}}}, \quad \theta = \frac{T}{T_{\mathrm{e}}}$$

$$g = \frac{h+u^2/2}{h_{\mathrm{se}}}, \quad S_i = \frac{C_i}{C_{i\mathrm{e}}} \tag{2.171}$$

其中，下标 e 表示边界层外缘条件。

若引进流函数，使满足连续方程，即

$$\rho u r^j = \frac{\partial\psi}{\partial y} \tag{2.172}$$

$$\rho v r^j = -\frac{\partial \psi}{\partial x} \tag{2.173}$$

并设

$$\psi(\xi,\eta) = \sqrt{2\xi} f(\xi,\eta) \tag{2.174}$$

于是，从物理坐标 x 和 y 变到相似坐标 ξ 和 η，存在有如下关系

$$\rho v r^j = -\left(\frac{f}{\sqrt{2\xi}}\frac{\partial \xi}{\partial x} + \sqrt{2\xi}\frac{\partial f}{\partial \xi}\frac{\partial \xi}{\partial x} + \sqrt{2\xi}\frac{\partial f}{\partial \eta}\frac{\partial \eta}{\partial x}\right) \tag{2.175}$$

$$\frac{\partial \xi}{\partial x} = \rho_{\mathrm{w}}\mu_{\mathrm{w}}u_{\mathrm{e}}r^{2j}, \quad \frac{\partial \xi}{\partial y} = 0 \tag{2.176}$$

$$\frac{\partial}{\partial x} = \rho_{\mathrm{w}}\mu_{\mathrm{w}}u_{\mathrm{e}}r^{2j}\frac{\partial}{\partial \xi} + \frac{\partial \eta}{\partial x}\frac{\partial}{\partial \eta} \tag{2.177}$$

$$\frac{\partial}{\partial y} = \frac{\rho u_{\mathrm{e}} r^j}{\sqrt{2\xi}}\frac{\partial}{\partial \eta} \tag{2.178}$$

$$\rho u\frac{\partial}{\partial x} + \rho v\frac{\partial}{\partial y} = \rho u_{\mathrm{e}}^2 r^{2j}\rho_{\mathrm{w}}\mu_{\mathrm{w}}\left(\frac{\partial f}{\partial \eta}\frac{\partial}{\partial \xi} - \frac{f}{2\xi}\frac{\partial}{\partial \eta} - \frac{\partial f}{\partial \xi}\frac{\partial}{\partial \eta}\right) \tag{2.179}$$

利用上述关系，并注意到

$$\frac{\mathrm{d}p}{\mathrm{d}x} = -\rho_{\mathrm{e}}u_{\mathrm{e}}\frac{\mathrm{d}u_{\mathrm{e}}}{\mathrm{d}x} \tag{2.180}$$

则变换后的边界层方程为如下：

动量方程

$$(lf_{\eta\eta})_\eta + ff_{\eta\eta} + \beta\left[(\rho_{\mathrm{e}}/\rho) - f_\eta^2\right] = 2\xi\left(f_\eta f_{\eta\xi} - f_\xi f_{\eta\eta}\right) \tag{2.181}$$

用总焓表示的能量方程

$$\begin{aligned}&[(l/Pr)g_\eta]_\eta + fg_\eta + \left(u_{\mathrm{e}}^2/h_{\mathrm{se}}\right)\left[(1-Pr^{-1})lf_\eta f_{\eta\eta}\right]_\eta \\ &+ \left[l(Le-1)Pr^{-1}\sum_i C_{i\mathrm{e}}h_i h_{\mathrm{se}}S_{i\eta}\right]_\eta = 2\xi\left(f_\eta g_\xi - f_\xi g_\eta\right)\end{aligned} \tag{2.182}$$

组元连续方程

$$\begin{aligned}&[(l/Pr)LeS_{i\eta}]_\eta + fS_{i\eta} + 2\xi\dot{\omega}_i/[\rho u_{\mathrm{e}}C_{i\mathrm{e}}(\mathrm{d}\xi/\mathrm{d}x)] \\ &= 2\xi\left(f_\eta S_{i\xi} - f_\xi S_{i\eta}\right) + 2f_\eta S_i\left[\mathrm{d}(\ln C_{i\mathrm{e}})/(\mathrm{d}\ln\xi)\right]\end{aligned} \tag{2.183}$$

这里，f_η 中的下标代表对坐标 η 的偏导数，1 个下标代表一阶偏导，2 个并列下标代表二阶偏导，以此类推。式 (2.181)~式 (2.183) 中

$$l = \frac{\rho\mu}{\rho_{\mathrm{w}}\mu_{\mathrm{w}}}, \quad \beta = \frac{2\mathrm{d}\ln u_{\mathrm{e}}}{\mathrm{d}\ln\xi}$$

相应的变换后的边界条件为

在壁面处 ($\eta=0$):

$$f=0,\quad f_\eta=0,\quad S_i=S_{i\mathrm{w}},\quad g=g_\mathrm{w} \tag{2.184}$$

在边界层外缘处 ($\eta\to\infty$):

$$f_\eta\to 1,\quad S_i\to 1,\quad g\to 1 \tag{2.185}$$

从方程 (2.181)~方程 (2.183) 可以看出，要使这组边界层方程存在相似解，则必须要求未知变量 f, S_i 和 g 以及方程中的一些系数 $l, Le, Pr, u_\mathrm{e}, \rho_\mathrm{e}/\rho$ 等，只是 η 的函数，与 ξ 无关。这就要求：

(1) 热力学状态参数和输运参数，只沿物面法线方向变化，沿流向是不变的，这个条件在钝体驻点、平板和超声速圆锥绕流都能满足；

(2) 组元连续方程中包含生成率 $\dot\omega_i$ 的项，也只是 η 的函数，因 $\dot\omega$ 是局部热力学参数 ρ, T 及组元浓度 C_i 的函数，因此，这一条件可以通过下面三个条件中的任一个达到：① $\dot\omega_i=0$，这是冻结边界层流动；② $u_\mathrm{e}\mathrm{d}\ln\xi/\mathrm{d}x=$ 常数，而 $\dot\omega_i$ 可以为任意值，这一条件为驻点流所满足，但绕平板和圆锥流动则不满足，因对于驻点流动，$u_\mathrm{e}\mathrm{d}\ln\xi/\mathrm{d}x=4(\mathrm{d}u_\mathrm{e}/\mathrm{d}x)=$ 常数，而对于平板绕流，则 $u_\mathrm{e}\mathrm{d}\ln\xi/\mathrm{d}x=u_\mathrm{e}/x\neq$ 常数，它依赖于 x；③ 反应速率足够快 (即 $\pm\dot\omega_i$ 都很大)，以致流动接近于局部热力学平衡，此时组元浓度 C_i 可由平衡常数确定，它是物面压力和焓的函数，不需要求解组元扩散方程。这个条件显然对任何物体绕流都能满足。显然，对于驻点流动，在任何情况下都能得到精确相似解。

2.8.2 离解空气的二组元简化

在离解空气非平衡边界层中，一般情形下包含 $\mathrm{O_2}$、O、$\mathrm{N_2}$、N、NO、$\mathrm{NO^+}$ 和 $\mathrm{e^-}$ 等 7 个主要组元，或进一步增加 $\mathrm{O_2^+}$、$\mathrm{O^+}$、$\mathrm{N_2^+}$、$\mathrm{N^+}$ 到 11 组元，并且需要考虑相应的化学反应。然而，在速度不是非常高的一般高超声速飞行器传热问题中，包含 NO 的反应是不重要的，这是因为 NO 的浓度以及生成 NO 的反应相关的能量都可以忽略不计。我们可以只考虑氧和氮的离解/复合反应。由于氧和氮的输运特性几乎相同，因此进一步可以假设离解空气是一种具有氧和氮的平均特性的 “空气分子 $\mathrm{A_2}$” 和 “空气原子 A” 所组成的双组元气体，这就是所谓的离解空气的二元模型。二组元混合物的热力学特性和输运特性如下所述。

1) 热力学特性

根据统计力学，对于某组元，其内能由平动能、转动能、振动能和电子激发能四部分组成。根据热力学定义，原子和双原子分子的单位质量等压比热分别是 (忽略电子激发)

$$c_{p\mathrm{A}}=\frac{5}{2}\frac{\hat R}{M_\mathrm{A}} \tag{2.186}$$

$$c_{p\mathrm{A}_2}=\frac{\hat{R}}{2M_{\mathrm{A}}}\left[\frac{7}{2}+\left(\frac{h\nu}{kT}\right)^2\frac{\mathrm{e}^{\frac{h\nu}{kT}}}{\left(\mathrm{e}^{\frac{h\nu}{kT}}-1\right)^2}\right]\approx\frac{\hat{R}}{2M_{\mathrm{A}}}\left[\frac{7}{2}+\mathrm{e}^{-\left(\frac{h\nu}{kT}\right)^2}\right]\tag{2.187}$$

因此，二组元混合气体的冻结等压比热为

$$c_{p\mathrm{f}}=\sum_i C_i c_{p\mathrm{A}}=c_{p\mathrm{A}}\left[(1-C_{\mathrm{A}})\left(\frac{7}{10}+\frac{1}{5}\mathrm{e}^{-\left(\frac{h\nu}{kT}\right)^2}\right)+C_{\mathrm{A}}\right]\tag{2.188}$$

而原子和双原子分子的单位质量焓分别是

$$h_{\mathrm{A}}=c_{p\mathrm{A}}T+h_{\mathrm{A}}^0\tag{2.189}$$

$$h_{\mathrm{A}_2}=h_{\mathrm{A}}\left(\frac{7}{10}+\frac{1}{5}\mathrm{e}^{-\left(\frac{h\nu}{kT}\right)^2}\right)\tag{2.190}$$

其中，“空气原子” 的离解能 h_{A}^0 可取作外缘流动中的平均值

$$h_{\mathrm{A}}^0=\frac{\sum\limits_{i=\mathrm{O,N}}C_{i\mathrm{e}}h_i^0}{\sum\limits_{i=\mathrm{O,N}}C_{i\mathrm{e}}}\tag{2.191}$$

2) 输运特性

根据分子运动论和统计力学，氧和氮的输运特性基本相同。在 1000K 以上，黏性系数

$$\mu_{\mathrm{A}_2}\doteq 0.82\mu_{\mathrm{A}}$$

根据经验混合规则 [1]

$$\mu=\sum_{i=\mathrm{A,A}_2}\frac{x_i\mu_i}{x_i+\sum\limits_j x_j G_{ij}}\tag{2.192}$$

其中，对于中性组元混合物

$$G_{ij}=\frac{1}{2\sqrt{2}}\frac{\left[1+\left(\frac{\mu_i}{\mu_j}\right)^{1/2}\left(\frac{M_j}{M_i}\right)^{1/4}\right]^2}{\left(1+\frac{M_i}{M_j}\right)^{1/2}}\tag{2.193}$$

得

$$\mu_{\mathrm{A-A}_2}=\frac{1+1.44C_{\mathrm{A}}}{1+C_{\mathrm{A}}}\mu_{\mathrm{A}_2}\tag{2.194}$$

$$\mu_{\mathrm{A}_2}=2.14\times10^{-6}T^{3/4}\ \mathrm{g/(cm\cdot s)}\tag{2.195}$$

这个公式推广到冷壁时，由于在 1000K 以下，$\mu_{\mathrm{A}_2}\doteq\mu_{\mathrm{A}}$，所以需乘以 1.22 因子加以修正，即 $\mu_{冷壁}=1.22\mu_{\mathrm{w}}$。对低温空气，有 Sutherland 公式

$$\mu_0 = 1.46 \times 10^{-5} \frac{1 + \sqrt{T\,(\mathrm{K})}}{1 + 112/T\,(\mathrm{K})}\ \mathrm{g/(cm \cdot s)} \tag{2.196}$$

根据文献 [1]，氮原子和氮分子之间的扩散系数可近似写作

$$\mathcal{D}_{\mathrm{A-A_2}} = \frac{1.35 \times 10^{-5} T^{3/4}}{p\,(\mathrm{atm})}\ \mathrm{cm \cdot atm/s} \tag{2.197}$$

根据分子运动论和统计力学，空气分子和原子的热传导系数有如下关系

$$k_{\mathrm{A_2}} \approx 0.72 k_{\mathrm{A}} \tag{2.198}$$

混合气体的冻结热传导系数 k_{f} 有类似于黏性系数的近似公式和混合规则 [1]

$$k_{\mathrm{f}} = \sum_i \frac{x_i k_i}{x_i + \sum\limits_{j \neq i} x_j G_{ij}} \tag{2.199}$$

其中，对于中性组元混合物

$$G_{ij} = \frac{1.065}{2\sqrt{2}} \frac{\left[1 + \left(\dfrac{k_i}{k_j}\right)^{1/2} \left(\dfrac{M_j}{M_i}\right)^{1/4}\right]^2}{\left(1 + \dfrac{M_i}{M_j}\right)^{1/2}} \tag{2.200}$$

得

$$(k_{\mathrm{f}})_{\mathrm{A-A_2}} = \frac{1 + 1.78 C_{\mathrm{A}}}{1 + C_{\mathrm{A}}} k_{\mathrm{A_2}} \tag{2.201}$$

$$k_{\mathrm{A_2}} = 1 \times 10^{-6} T^{3/4}\ \mathrm{cal/(cm \cdot K \cdot s)} \tag{2.202}$$

对低温空气

$$k_0 = 4.76 \times 10^{-6} \frac{\sqrt{T\,(\mathrm{K})}}{1 + 112/T\,(\mathrm{K})}\ \mathrm{cal/(cm \cdot K \cdot s)} \tag{2.203}$$

根据文献 [1]，冷壁情况下的无量纲参数

$$Pr_{\mathrm{f}} = 0.71 - 0.043 C_{\mathrm{A}} \tag{2.204}$$

$$Le_{\mathrm{f}} = 1.4 - 0.8 C_{\mathrm{A}} \tag{2.205}$$

2.8.3 平衡边界层方程的驻点解

对于钝头体，在驻点附近有

$$r \approx x, \quad u_{\mathrm{e}} = \left(\frac{\mathrm{d}u_{\mathrm{e}}}{\mathrm{d}x}\right)_{\mathrm{s}} x \tag{2.206}$$

式中，下标 s 表示驻点条件下；$(\mathrm{d}u_\mathrm{e}/\mathrm{d}x)_\mathrm{s}$ 是驻点外缘速度梯度，在高超声速流动情况下，可用修正牛顿流动公式计算

$$\left(\frac{\mathrm{d}u_\mathrm{e}}{\mathrm{d}x}\right)_\mathrm{s}=\frac{1}{R_\mathrm{N}}\sqrt{\frac{2(p_\mathrm{s}-p_\infty)}{\rho_\mathrm{s}}} \tag{2.207}$$

其中，R_N 是头部半径。

把式 (2.206) 代入相似变换式 (2.169)，可得到驻点关系式

$$\xi\approx\rho_\mathrm{w}\mu_\mathrm{w}\left(\frac{\mathrm{d}u_\mathrm{e}}{\mathrm{d}x}\right)_\mathrm{s}\frac{x^4}{4},\quad \beta=2\frac{\mathrm{d}\ln u_\mathrm{e}}{\mathrm{d}\ln\xi}=\frac{1}{1+j} \tag{2.208}$$

显然，在驻点处，存在精确相似解。边界层方程 (2.181) 和 (2.183) 右边项都等于零，为一组常微分方程。对于平衡边界层，组元浓度 C_i 可以通过平衡常数来确定，不需要组元扩散方程。因此，在钝体驻点处，方程 (2.181) 和方程 (2.183) 可简化为

$$(lf_{\eta\eta})_\eta+f\cdot f_{\eta\eta}+\beta(\rho_\mathrm{s}/\rho-f_\eta^2)=0 \tag{2.209}$$

$$\left[\frac{l}{Pr}(1+d)g_\eta\right]_\eta+fg_\eta=0 \tag{2.210}$$

式中

$$d=\sum_i\frac{C_{i\mathrm{s}}h_i}{h_\mathrm{s}}(Le-1)\frac{\partial S_i}{\partial g}=(Le-1)\sum_i h_i\left(\frac{\partial C_i}{\partial h}\right)_P \tag{2.211}$$

为了对方程 (2.209) 和方程 (2.210) 进行数值求解，必须预先给出作为局部压力、温度和浓度函数的热力学特性和输运特性，它们的表达式已在前面给出。早先 Fay 和 Riddell[4] 进行计算时，考虑到当 $T<9000\mathrm{K}$ 时，平衡空气的普朗特数 (Pr) 和路易斯数 (Le) 随温度变化不大，$Pr\approx0.71$，$Le\approx1\sim2$，后者约为 1.4。平衡空气的黏性系数，采用萨特兰 (Sutherland) 公式

$$\mu=1.4595\times10^{-6}\frac{T^{3/2}}{T+113.0} \tag{2.212}$$

这里，μ 的单位为 Pa·s。在 $T<9000\mathrm{K}$ 时，该公式与多组元混合气体黏性系数计算结果比较，误差不超过 10%。根据状态方程和萨特兰黏性律，则有

$$\frac{\rho_\mathrm{s}}{\rho}=\frac{T}{T_\mathrm{s}}\frac{\bar{M}_\mathrm{s}}{\bar{M}} \tag{2.213}$$

$$l=\frac{\rho\mu}{\rho_\mathrm{w}\mu_\mathrm{w}}=\frac{(T_\mathrm{w}+113)\bar{M}}{(T+113)\bar{M}_\mathrm{w}}\left(\frac{T}{T_\mathrm{w}}\right)^{1/2} \tag{2.214}$$

式中，$\bar{M}_{\rm s}$、$\bar{M}$ 和 $\bar{M}_{\rm w}$ 分别是温度为 $T_{\rm s}$、T 和 $T_{\rm w}$ 时的混合气体平均分子量。根据平衡空气特性，对某个飞行条件和壁面条件，$\rho_{\rm s}/\rho$ 和 l 通过驻点边界层随 g 的变化见图 2.4，用最小二乘法拟合，可以得到简单的解析表达式。例如，在飞行速度 $V_\infty = 6000{\rm m/s}$，$T_{\rm w} = 300{\rm K}$ 时，可得到

$$\frac{\rho_{\rm s}}{\rho} = 1 - 0.831(1-g) - 0.150(1-g)^4 \tag{2.215}$$

$$l = \frac{0.216}{\sqrt{g}} - 0.01657/g \tag{2.216}$$

在相同来流速度和壁温条件下，并假定 $Le = 1.4$ 和原子浓度 $C_{\rm A} = 0.499$ 时，有

$$d = 0.4586{\rm e}^{-0.5676/g} \tag{2.217}$$

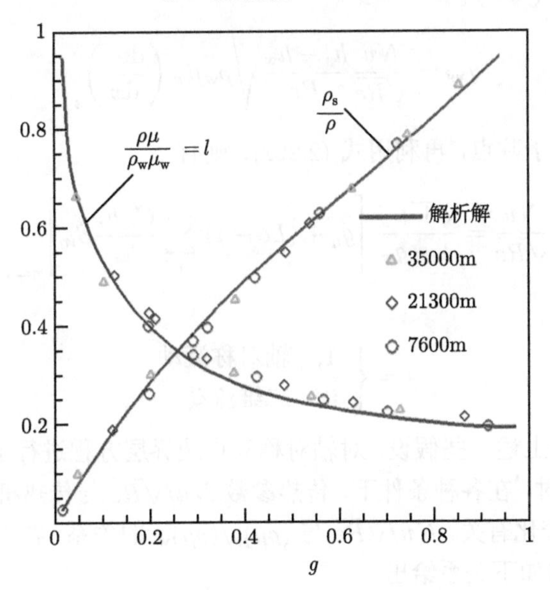

图 2.4 $\rho_{\rm s}/\rho$ 和 l 通过驻点边界层的变化

$V_\infty = 6000{\rm m/s}$, $T_{\rm w} = 300{\rm K}$

有了这些关系式，便可对驻点常微分方程求解了。因为我们感兴趣的是驻点热流，根据定义，表面热流可写为

$$q_{\rm ws} = \left(\frac{k}{c_p}\frac{\partial h}{\partial y}\right)_{\rm w} + \left[\sum_i \frac{k}{c_p} h_i (Le-1)\frac{\partial C_i}{\partial y}\right] \tag{2.218}$$

可以看出，$q_{\rm ws}$ 由气体热传导和扩散两部分组成。在变换坐标系内，表面热流可以写为

$$q_{\rm ws} = \frac{\rho_{\rm w}\mu_{\rm w}u_{\rm e}r^j h_{\rm s}}{Pr\sqrt{2\xi}}\left[g_\eta + (Le-1)\sum_i \frac{C_{i\rm e}h_i}{h_{\rm s}} S_{i\eta}\right]_{\eta=0} \tag{2.219}$$

引入无因次相似参数，努塞尔数

$$Nu = \frac{q_{\rm w} c_p x}{k(h_{\rm s} - h_{\rm w})} \tag{2.220}$$

和雷诺数

$$Re = \frac{\rho_{\rm e} u_{\rm e} x}{\mu_{\rm e}}$$

则

$$q_{\rm ws} = \frac{Nu}{\sqrt{Re}} \frac{(h_{\rm s} - h_{\rm w})}{Pr} \sqrt{\frac{\rho_{\rm w} \mu_{\rm w} u_{\rm e}}{x}} \tag{2.221}$$

在驻点 $u_{\rm e} = \left(\frac{{\rm d}u_{\rm e}}{{\rm d}x}\right)_{\rm s} \cdot x$，所以有

$$q_{\rm ws} = \frac{Nu}{\sqrt{Re}} \frac{h_{\rm s} - h_{\rm w}}{Pr} \sqrt{\rho_{\rm w} \mu_{\rm w} \left(\frac{{\rm d}u_{\rm e}}{{\rm d}x}\right)_{\rm s}} \tag{2.222}$$

将式 (2.209) 应用于驻点，再利用式 (2.222)，则有

$$\frac{Nu}{\sqrt{Re}} = \frac{\sqrt{1+j}}{1-g_{\rm w}} \left[g_\eta + (Le - 1) \sum_i \frac{C_{is} h_i}{h_{\rm s}} S_{i\eta} \right]_{\eta=0} \tag{2.223}$$

式中

$$j = \begin{cases} 1, & \text{轴对称流动} \\ 0, & \text{二维流动} \end{cases}$$

文献 [4] 根据上述一些假设，对轴对称驻点边界层方程进行了数值计算，结果表明，当 $Le = 1$ 时，在各种条件下，传热参数 $Nu/\sqrt{Re}$ 与传热机制无关，只与 $\rho\mu$ 通过边界层的总变化有关，$Nu/\sqrt{Re}$ 与 $(\rho\mu)_{\rm s}/(\rho\mu)_{\rm w}$ 的关系，在对数坐标系内呈线性关系，可近似用如下关系给出

$$\left(\frac{Nu}{\sqrt{Re}}\right)_{Le=1} = 0.67 \left(\frac{\rho_{\rm s} \mu_{\rm s}}{\rho_{\rm w} \mu_{\rm w}}\right)^{0.4} \tag{2.224}$$

当 $Le \neq 1$，而等于 1.0~2.0 的一系列常数时，Le 对传热参数的影响，可用下式给出

$$\frac{Nu/\sqrt{Re}}{\left(Nu/\sqrt{Re}\right)_{Le=1}} = 1 + \left(Le^{0.52} - 1\right) \frac{h_{\rm D}}{h_{\rm s}} \tag{2.225}$$

式中，$h_{\rm D}$ 为空气平均离解焓，定义为

$$h_{\rm D} = -\sum C_{is} \cdot h_i^0, \quad i = {\rm O, N} \tag{2.226}$$

$$h_0^0 = -15419.984 \ {\rm kJ/kg}$$

$$h_{\mathrm{N}}^{0} = -33867.025\ \mathrm{kJ/kg}$$

将它们代入式 (2.222)，最终得到

$$q_{\mathrm{ws}} = 0.763 Pr^{-0.6} \left(\frac{\rho_{\mathrm{w}}\mu_{\mathrm{w}}}{\rho_{\mathrm{s}}\mu_{\mathrm{s}}}\right)^{0.1} \sqrt{\rho_{\mathrm{s}}\mu_{\mathrm{s}}\left(\frac{\mathrm{d}u_{\mathrm{e}}}{\mathrm{d}x}\right)_{\mathrm{s}}} \cdot \left[1 + (Le^{0.52} - 1)\frac{h_{\mathrm{D}}}{h_{\mathrm{s}}}\right](h_{\mathrm{s}} - h_{\mathrm{w}}) \tag{2.227}$$

这就是著名的 Fay 和 Riddell 驻点热流公式 [4]，它是在平衡边界层条件下得到的，该方法所给结果与实验数据比较于图 2.5，可以看出，在相当广泛的速度与高度范围内，计算结果与实验数据能很好地吻合。

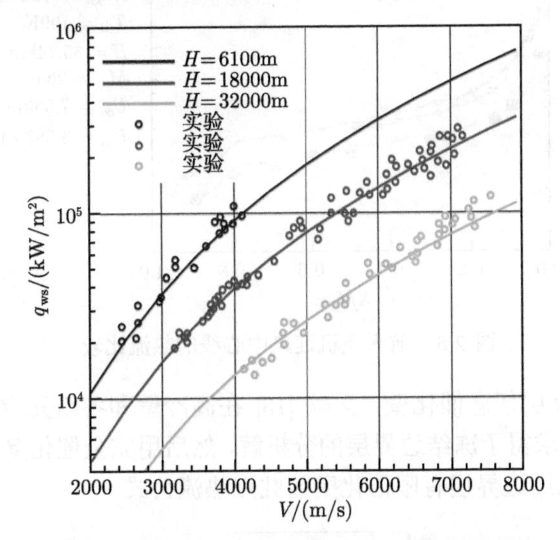

图 2.5　离散空气驻点传热理论与实验的比较

文献 [1] 对离解空气冻结边界层也进行了详细的研究，根据有关计算结果，在完全催化壁和完全非催化壁条件下，分别给出了在形式上与平衡边界层驻点热流公式相类似的驻点热流计算公式。

完全催化壁

$$q_{\mathrm{ws}} = 0.763 Pr^{-0.6} \left(\frac{\rho_{\mathrm{w}}\mu_{\mathrm{w}}}{\rho_{\mathrm{s}}\mu_{\mathrm{s}}}\right)^{0.1} \sqrt{\rho_{\mathrm{s}}\mu_{\mathrm{s}}\left(\frac{\mathrm{d}u_{\mathrm{e}}}{\mathrm{d}x}\right)_{\mathrm{s}}} \cdot \left[1 + \left(Le^{0.63} - 1\right)\frac{h_{\mathrm{D}}}{h_{\mathrm{s}}}\right](h_{\mathrm{s}} - h_{\mathrm{w}}) \tag{2.228}$$

完全非催化壁

$$q_{\mathrm{ws}} = 0.763 Pr^{-0.6} \left(\frac{\rho_{\mathrm{w}}\mu_{\mathrm{w}}}{\rho_{\mathrm{s}}\mu_{\mathrm{s}}}\right)^{0.1} \sqrt{\rho_{\mathrm{s}}\mu_{\mathrm{s}}\left(\frac{\mathrm{d}u_{\mathrm{e}}}{\mathrm{d}x}\right)_{\mathrm{s}}} \left(\frac{h_{\mathrm{s}} - h_{\mathrm{D}}}{h_{\mathrm{s}}}\right)(h_{\mathrm{s}} - h_{\mathrm{w}}) \tag{2.229}$$

比较式 (2.227) 和式 (2.228) 可以看出，两个公式的唯一差别在 Le 的方次略有不同，因为 Le 本身接近于 1，从而可以得出：平衡边界层驻点热流与离解空气冻结边界层完全催化壁驻点热流是很接近的，这个结论为后来的大量计算所证实。图 2.6 为美国航天飞机机身迎风中心线上的热流分布，可以看出，平衡边界层和冻结边界层完全催化壁的热流比较一致，结果最高，理想气体边界层的热流居中，冻结边界层非催化壁的热流同飞行试验数据相一致，结果最低。

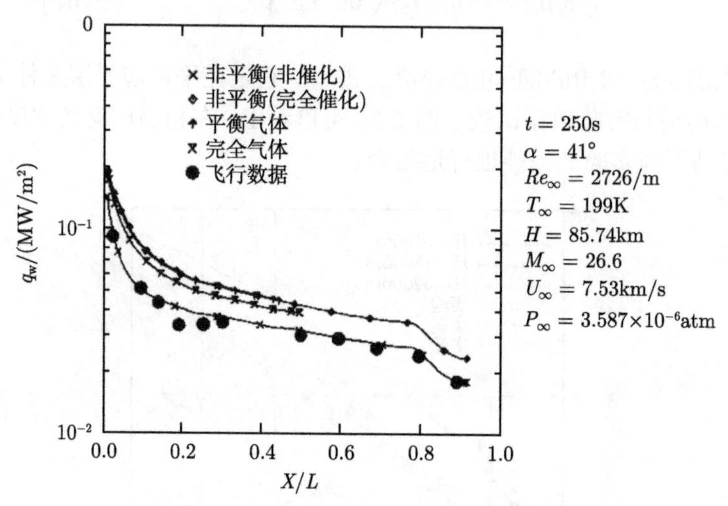

图 2.6 航天飞机迎风中心线的热流比较

对于冻结边界层任意催化壁，文献 [13] 在高冷壁和各组元定压比热 c_{pi} 都相等的合理近似下，求得了冻结边界层的分析解，然后用完全催化壁的精确解来修正其结果，得到了冻结边界层有限催化壁的驻点热流公式

$$q_{\text{ws}} = 0.763 Pr^{-0.6}\left(\frac{\rho_{\text{w}}\mu_{\text{w}}}{\rho_{\text{s}}\mu_{\text{s}}}\right)^{0.1}\sqrt{\rho_{\text{s}}\mu_{\text{s}}\left(\frac{\mathrm{d}u_{\text{e}}}{\mathrm{d}x}\right)_{\text{s}}}\cdot\left[1+\left(Le^{0.63}\phi-1\right)\frac{h_{\text{D}}}{h_{\text{s}}}\right](h_{\text{s}}-h_{\text{w}}) \tag{2.230}$$

其中，ϕ 为驻点处壁面催化因子，由下式给出

$$\phi = \frac{1}{1+\dfrac{0.664 Sc^{-2/3}\sqrt{\rho_{\text{w}}\mu_{\text{w}}\left(\dfrac{\mathrm{d}u_{\text{e}}}{\mathrm{d}x}\right)_{\text{s}}}}{\rho_{\text{w}}K_{\text{w}}}} \tag{2.231}$$

式中，Sc 为施密特数 $(= Pr/Le)$；K_{w} 为壁面催化速率常数 (m/s)，当 $K_{\text{w}}\to\infty$ 时，$\phi\to1$，相当于完全催化壁，当 $K_{\text{w}}\to0$ 时，$\phi\to0$，相当于非催化壁。K_{w} 的值与表面防热材料性能有关，由实验确定。

壁面催化对热流的影响示于图 2.7，可以看出，选择低催化速率的防热材料，可以使表面热流明显降低。

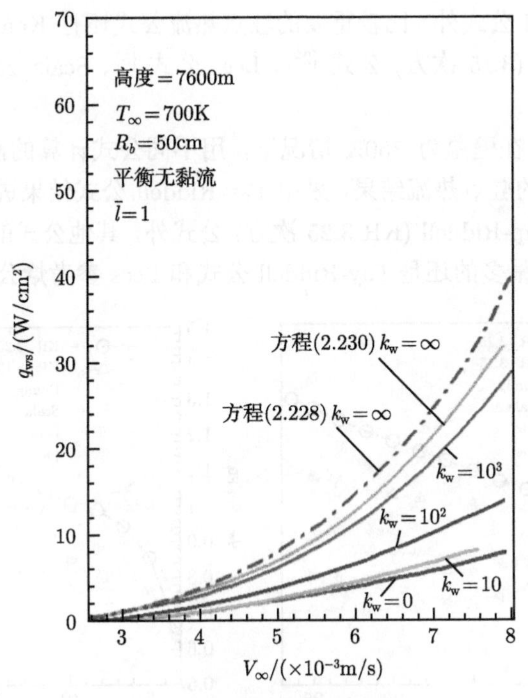

图 2.7 壁面催化对热流的影响

对于非平衡流动，实际上边界层内化学反应不可能是完全冻结的，文献 [6]，[26] 建立了同时考虑边界层内非平衡反应和表面催化特性的非平衡边界层气动加热工程计算新方法

$$\frac{q_{\text{noneq}}}{q_{\text{eq}}} = \frac{q_{\text{f}}}{q_{\text{eq}}} + (1 - Z)\left(1 - \frac{q_{\text{f}}}{q_{\text{eq}}}\right) \tag{2.232}$$

$$Z = \frac{\left[\varGamma_{\text{w}}^2 + 4\left(1 + \varGamma_{\text{w}} + \hat{K}_{\text{g}}\right)\right]^{1/2} - \varGamma_{\text{w}}}{2\left(1 + \varGamma_{\text{w}} + \hat{K}_{\text{g}}\right)}$$

$$\hat{K}_{\text{g}} = \frac{Sc^{2/3}}{0.47\left[(1+\varepsilon)\left(\rho_{\text{e}}\mu_{\text{e}}\right)_{\text{s}}\beta C\right]^{1/2}} K_{\text{g}}$$

$$\varGamma_{\text{w}} = \frac{\left(\rho_{\text{w}} K_{\text{w}}\right) Sc^{2/3}}{0.47\left[(1+\varepsilon)\left(\rho_{\text{e}}\mu_{\text{e}}\right)_{\text{s}}\beta C\right]^{1/2}}$$

其中，$\hat{K}_{\text{g}}$ 和 $\varGamma_{\text{w}}$ 是非平衡边界层的 Damkhöler 数，分别代表气相和表面反应的扩散特征时间与化学反应特征时间之比；q_{f} 和 q_{eq} 分别采用 Fay-Riddell 冻结边界层完全非催化壁和平衡边界层热流公式计算。

除 Fay-Riddell 公式外，比较重要的驻点热流公式还有 Kemp-Riddell 的 (3.25 次方) 公式 [27] 和 (3.15 次方) 公式 [28]、Lees 公式 [5]、Scala 公式 [29]、Romig 公式 [30] 等。

图 2.8 给出了在壁温为 750K 情况下，用不同公式计算的高度 H = 10km、30km 和 60km 时的驻点热流结果，采用 Fay-Riddell 公式结果进行无量纲化处理。可以看出，除 Kemp-Riddell (KR_3.25 次方) 公式外，其他公式的散布度都在 30% 以内。工程上应用最多的还是 Fay-Riddell 公式和 Lees 参考焓公式 (曲线 Lees*)。

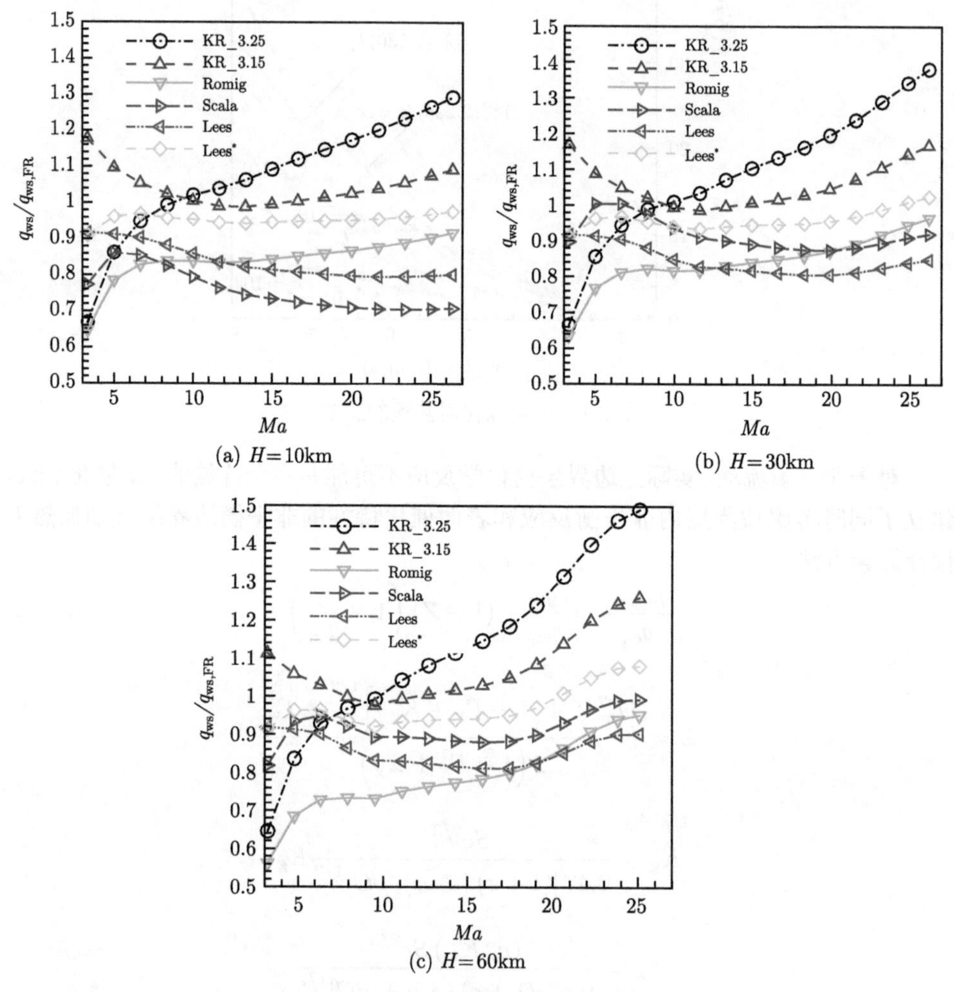

图 2.8　多种方法计算的驻点热流比较

2.8.4　零攻角层流边界层热流

高超声速飞行器一般采用钝头体外形，由于球面驻点速度为零，所以不管在什么飞行条件下，驻点后一段区域内，总是为层流边界层所覆盖。

人们发展了许多层流边界层热流计算方法，其中应用比较方便，且有足够准确度的要属参考焓方法 [17]。考虑壁温影响的修正 Lees 层流热流分布公式 [5] 为

$$q_{x\mathrm{w}} = q_x\left(\frac{h_{\mathrm{re}} - h_{\mathrm{w}}}{h_{\mathrm{s}} - h_{\mathrm{ws}}}\right) \tag{2.233}$$

其中

$$\frac{q_x}{q_{\mathrm{s}}} = \frac{1}{\sqrt{2\left(j+1\right)\rho_{\mathrm{s}}^*\mu_{\mathrm{s}}^*}}\frac{1}{\sqrt{\left(\dfrac{\mathrm{d}V_{\mathrm{e}}}{\mathrm{d}s}\right)_{\mathrm{s}=0}}}\frac{\rho^*\mu^*V_{\mathrm{e}}r^j}{\left(\displaystyle\int_0^s \rho^*\mu^*V_{\mathrm{e}}r^{2j}\mathrm{d}s\right)^{1/2}} \tag{2.234}$$

其中，$j=1$ 表示轴对称流动，$j=0$ 表示二维流动；ρ^*，μ^* 和 ρ_{s}^*，μ_{s}^* 分别由当地和驻点处物面压力和相应参考焓确定。

对于半球表面，Lees[5] 利用修正牛顿压力分布和等熵外流条件，获得了仅与来流条件和几何参数有关的半球表面热流密度计算公式

$$\frac{q_x}{q_{\mathrm{s}}} = \frac{2\theta\sin\theta\left\{\left[1-\left(\dfrac{1}{\gamma_\infty M_{a\infty}^2}\right)\right]\cos^2\theta + \dfrac{1}{\gamma_\infty M_{a\infty}^2}\right\}}{\left[D\left(\theta\right)\right]^{1/2}} \tag{2.235}$$

这里

$$\begin{aligned} D(\theta) = &\left(1-\frac{1}{\gamma_\infty M_{a\infty}^2}\right)\left(\theta^2 - \frac{\theta\sin 4\theta}{2} + \frac{1-\cos 4\theta}{8}\right) \\ &+ \frac{4}{\gamma_\infty M_{a\infty}^2}\left(\theta^2 - \theta\sin 2\theta + \frac{1-\cos 2\theta}{2}\right) \end{aligned}$$

其中，θ 为球心角。该式不涉及气体的热力学特性和输运特性，很便于应用。上式还可简化为更简洁的形式

$$\frac{q_x}{q_{\mathrm{s}}} = 0.55 + 0.45\cos 2\theta \tag{2.236}$$

2.8.5 零攻角湍流边界层热流

计算钝头体高超声速湍流热流的最简单的方法是平板参考焓法，借助 Blasius 平板表面摩阻公式及修正的雷诺比拟，可导出如下关系式

$$q_{x\mathrm{w}} = q_x\left(\frac{h_{\mathrm{re}} - h_{\mathrm{w}}}{h_{\mathrm{s}} - h_{\mathrm{ws}}}\right) \tag{2.237}$$

当 $Re < 10^7$ 时，采用 Vaglio-Laurin 公式 [24]

$$q_x = 0.0296Pr^{-2/3}\rho_{\mathrm{e}}u_{\mathrm{e}}Re_x^{-0.2}h_{\mathrm{re}}\cdot\varepsilon\cdot F \tag{2.238}$$

其中，ε 为压缩性因子；F 为形状因子，定义为

$$\varepsilon=\left(\frac{\rho^*}{\rho_{\mathrm{e}}}\right)^{0.8}\left(\frac{\mu^*}{\mu_{\mathrm{e}}}\right)^{0.2} \tag{2.239a}$$

$$F=\left(\frac{\rho_{\mathrm{e}}u_{\mathrm{e}}\mu_{\mathrm{e}}r^{1.25j}x}{\displaystyle\int_0^x\rho_{\mathrm{e}}u_{\mathrm{e}}\mu_{\mathrm{e}}r^{1.25j}\mathrm{d}x}\right)^{0.2} \tag{2.239b}$$

当 $Re\geqslant 10^7$ 时

$$q_x=0.0131Pr^{-2/3}\rho_{\mathrm{e}}u_{\mathrm{e}}Re_x^{-1/7}h_{\mathrm{re}}\cdot\varepsilon_2\cdot F_2 \tag{2.240}$$

其中，压缩性因子和形状因子修正为

$$\varepsilon_2=\left(\frac{\rho^*}{\rho_{\mathrm{e}}}\right)^{6/7}\left(\frac{\mu^*}{\mu_{\mathrm{e}}}\right)^{1/7} \tag{2.241a}$$

$$F_2=\left(\frac{\rho_{\mathrm{e}}u_{\mathrm{e}}\mu_{\mathrm{e}}r^{1.25j}x}{\displaystyle\int_0^x\rho_{\mathrm{e}}u_{\mathrm{e}}\mu_{\mathrm{e}}r^{1.25j}\mathrm{d}x}\right)^{1/7} \tag{2.241b}$$

式中，ρ^*，μ^* 分别由当地物面压力和相应湍流参考焓确定。

2.8.6 转捩区热流

通常采用间歇因子方法计算转捩区热流

$$q_{xtr}=(1-\varGamma)\,q_{xL}+\varGamma q_{xT} \tag{2.242}$$

这里，$\varGamma$ 为权函数，定义为

$$\varGamma=1-\exp\left\{-0.412\left[2.917\,(S-S_{\mathrm{tri}})/\Delta S_{\mathrm{tr}}\right]^2\right\} \tag{2.243}$$

2.8.7 有攻角表面热流

高超声速飞行器在大气层中飞行时，为了实现机动飞行，常常要有攻角飞行。研究表明，当飞行器有攻角飞行时，其迎风面的气动加热会比零攻角情况高很多，成倍或几倍增加；而且攻角对边界层转捩也有很大影响，在迎风面，攻角促使转捩点前移，使其热环境进一步恶化。因此，掌握有攻角热流分布计算方法对型号设计是非常重要的。目前，计算有攻角情况下弹体的气动加热工程方法中，应用最广的是等价锥法 [6,13,20] 和轴对称比拟法 [19,25]。此外，从前面的热流基本关系式可以看出，为了计算弹体表面的热环境，首先需要确定弹体周围边界层外缘的流动参数，包括压力、焓值、密度、速度、熵和气体的物性参数等，它们的计算涉及头激波形状、表面压力分布、高温气体的热力学和输运特性、边界层厚度以及边界层转捩等诸多内容。目前已有不少文献 [12,13,18] 专门介绍这方面的内容，此处不再赘述。

参考文献

[1] 卞荫贵, 钟家康. 高温边界层传热. 北京: 科学出版社, 1986.

[2] Anderson J D Jr. Hypersonic and High Temperature Gas Dynamics. New York: Mc Graw-Hill Book Company, 1989.

[3] Bertin J J. Hypersonic Aerothermodynamics. Education Series. Washington, D C: American Institute of Aeronautics and Astronautics Inc., 1994.

[4] Fay J A, Riddell F R. Theory of stagnation point heat transfer in dissociated Air. J. Aero. Sci., 1958, 25(2): 73–85.

[5] Lees L. Laminar heat transfer over blunt nosed bodies at hypersonic flight speed. Jet Propulsion, 1996, 26(4): 259-269.

[6] 国义军, 代光月, 桂业伟, 童福林, 邱波, 刘骁. 再入飞行器非平衡气动加热工程计算方法研究. 空气动力学学报, 2015, 33(5): 581–587.

[7] Holden M B. A Review of aerothermal problem associated with hypersonic flight. AIAA Paper 86–0267, 1986.

[8] 国义军, 童福林, 桂业伟. 烧蚀外形方程差分计算方法研究. 空气动力学学报, 2009, 27(4): 480–484.

[9] 国义军, 童福林, 桂业伟. 烧蚀外形方程差分计算方法研究 (II) 耦合计算. 空气动力学学报, 2010, 28(4): 441–445.

[10] 国义军, 石卫波. 带芯子的碳–碳端头烧蚀外形计算. 空气动力学学报, 2001, 19(1): 24–29.

[11] Thyson N, Neuringer J, Pallone A, Chen K K. Nose tip shape change predictions during atmosphere reentry. AIAA Paper 70–827, 1970.

[12] 飞行器气动热和防热计算手册. 科技简报, 1978, (1).

[13] 张志成. 高超声速气动热和热防护. 北京: 国防工业出版社, 2003.

[14] Prandtl L, Oswatitsch K, Wieghardt K. 流体力学概论. 郭永怀, 陆士嘉译. 北京: 科学出版社, 1981.

[15] Anon. JANAF Thermo Chemical Tables. The Dow Chemical Co Midland MI, 1971.

[16] Vincenti W G, Kruger C H Jr. Introduction to Physical Gas Dynamics. John Wiley, 1965.

[17] Eckert E R G. Engineering relations for heat transfer and friction in high-velocity laminar and turbulent boundary-layer flow over surfaces with constant pressure and temperature. ASME Paper 55-A-31, 1955.

[18] 黄志澄. 航天空气动力学. 北京: 中国宇航出版社, 1994.

[19] DeJarnette F R. Calculation of inviscid surface streamlines and heat transfer on shuttle type configurations. NASA CR-111921, 1971.

[20] Engel C D. MINIVER upgrade for the AVID system, Vol.1: LANMIN user's manual. NASA CR-172212, 1983.

[21] Dirling R B Jr, Swain C E, Stokes T R. The effect of transition and boundary layer development on hypersonic reentry shape change. AIAA Paper 76–673, 1976.
[22] Wool M R. Final summary report passive nonstop technology(PANT) program. SAMSO-TR-75-250(ADA019186), 1975.
[23] Batt R G, Legner H H. A review of roughness-induced nosetip transition. AIAA J., 1983, 21(1): 7–22.
[24] Vaglio-Laurin R. Laminar heat transfer on three-dimensional blunt nosed bodies in hypersonic flow. ARS Journal, 1959, (29): 123–129.
[25] Wang K C. An axisymmetric analog two-layer convective heating procedure with application to the evaluation of space shuttle orbiter wing leading edge and windward surface heating. NASA CR-188343, 1994.
[26] Inger G R. Recombination-dominated nonequilibrium heattransfer to arbitrarily-catalytic hypersonic vehicles. AIAA Paper 89–1859, 1989.
[27] Kemp N H, Riddell F R. Heat transfer to satellite vehicles reenters the atmosphere. Jet Propulsion, 1957, 27(2): 132-137.
[28] Rose P H, Stark W I. Stagnation point heat transfer measurement in dissociated air. J. A. S, 1958, 25(2): 86-97.
[29] Scala S M, Baulknight C W. Transport and thermodynamic properties in a hypersonic laminar boundary layer, Part Ⅱ, Applications. ARS Journal, 1960, 30(4): 329-336.
[30] Romig M F. Stagnation point heat transfer for hypersonic flow. Jet Propulsion, 1956, 26(12): 1098-1101.
[31] 中国空气动力研究与发展中心计算空气动力研究所. 高超声速飞行器热环境及烧蚀/侵蚀综合分析软件系统 [简称 AEROHEATS]V1.0 版: 中华人民共和国计算机软件著作权登记证书 (登记号: 2013SR132872, 证书号: 0638634 号), 2013.
[32] Tsien H S. Superaerodynamics, mechanics of rarefied gases. J. Aero. Sci., 1946, 13(12): 653–664.
[33] Cheng H K. The blunt-body problem in hypersonic flow at low Reynolds number. Cornell Aeronautical Laboratory, CAL Report No. AF-1285-A-10, 1963.
[34] Timmer H G, Arne C L, Stokes T R, Tang H H. Aerothermodynamic characteristics of slender ablating re-entry vehicles. AIAA Paper 70–826, 1970.
[35] Baker R L. Low temperature ablator nosetip shape change at angle of attack. AIAA Paper 72–90, 1972.
[36] 赵梦熊. “联盟” 号返回舱空气动力专集. 北京: 航天工业总公司第七一 O 所, 1995.
[37] Schlichting H. Boundary Layer Theory, 7th Edition. McGraw-Hill Book Company, 1979.
[38] Tauber M E, Suttont K. Stagnation-point radiative heating relations for earth and mars entries. J Spacecraft, 1991, 28(1): 40–42.

第 3 章　烧蚀表面化学动力学和相容关系

3.1　引　　言

材料的热化学烧蚀是一种异相化学反应过程，是由参与反应的组分的供应速度和反应产物的扩散速度以及表面反应动力学共同控制的，前两者涉及多组元反应气体边界层扩散和压力分布，后者与表面反应过程 (吸附—反应—解附) 和材料内部热传导 (壁温) 有关。

在第 2 章中，我们结合边界层流动、传热和扩散问题，简要介绍了多组元混合气体的化学反应，是一种气体组元之间的同相化学反应，虽然也包括了与壁面的碰撞甚至壁面对气体反应的催化效应，但壁面本身并没有发生任何变化。而异相反应是指气体与固体或液体之间的反应，壁面不但参与了化学反应，还发生了质量损失，并向反应系统贡献了新的元素参与反应，当然也包括异相反应生成物之间的进一步反应。

异相反应过程和同相反应有许多共同之处，但也有很大差别。首先是反应动力学过程不同。同相反应主要靠气体分子 (或原子、离子) 之间的相互碰撞 (碰撞速度与气体温度有关)，可用分子动力学模型和统计力学来描述，反应速度和扩散速度的相对大小决定了混合物可能处于平衡、冻结和非平衡状态；异相反应是气体分子 (或原子、离子) 单纯对壁面的碰撞或吸附，碰撞速度虽然与气体温度有关，但主要还是取决于壁面温度，因而基本不用分子动力学模型来描述。对固体壁面而言，壁面温度决定了晶格振动的快慢和幅度，以及是否能够释放壁面组元参与反应。此外，反应过程在很大程度上还取决于参与反应的气体组元的扩散速度，根据反应物的供应速度和化学反应速度的相对大小，会呈现不同的反应控制过程：反应速率控制、扩散控制和速率-扩散共同控制。其次是系统性质不同。同相反应没有额外元素添加，可以当作封闭体系；而异相反应由于壁面元素源源不断地添加到系统中，是一种开放体系。因而对异相反应的描述有其独特之处。

本章主要介绍烧蚀表面异相反应动力学理论和烧蚀表面相容性条件，作为后面各种材料的烧蚀理论分析的基础。

3.2　烧蚀表面异相化学反应动力学理论

异相反应的描述方法与同相反应不同，下面作一简要介绍。

3.2.1 异相反应的基本原理

气体分子与固壁之间的化学反应发生在特定的晶格位置，用 Site 表示。材料由单位面积的位置数 N_s 来刻画，组分 A 的占位比为 θ_A，未被占位的部分为 θ。已知有很多种相互作用方式，主要的类型有

• 吸附 (将 A 束缚在某个位置)

$$\text{Site} + \text{A} \longrightarrow \text{Site} - \text{A} \tag{3.1}$$

• 解附 (将 A 从某个位置释放)

$$\text{Site} - \text{A} \longrightarrow \text{Site} + \text{A} \tag{3.2}$$

• Eley-Rideal 机制 (ER 机制)

$$\text{Site} - \text{A} + \text{B} \rightleftharpoons \text{Site} + \text{AB} \tag{3.3}$$

• Langmuir-Hinshelwood 机制 (LH 机制)，包含两个相邻位置

$$\text{Site} - \text{A} + \text{Site} - \text{B} \rightleftharpoons 2\text{Site} + \text{AB} \tag{3.4}$$

我们注意到，分子或原子是通过扩散接近表面的，这里假设这个扩散过程不会改变表面占位情况，表面占位也不会影响扩散过程，图 3.1 给出了示意图。

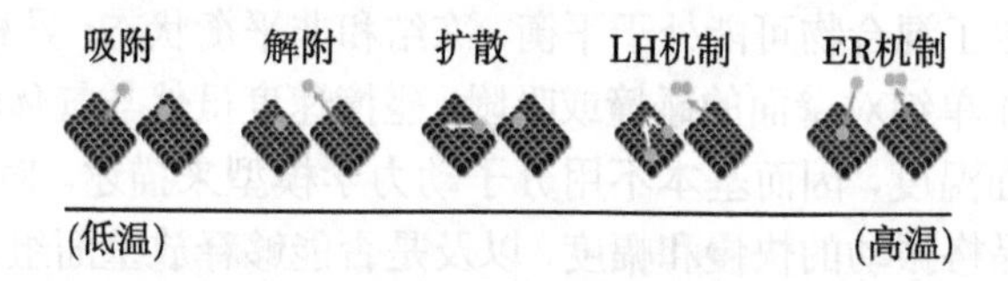

图 3.1 异相之间相互作用示意图

3.2.2 表面反应动力学

反应动力学是从微观分析导出的，表示单位时间、单位面积有效反应过程的速率。可以从以下几个部分来分析这些机制。

1. 吸附

对于气体分子与壁面碰撞情况，根据微观分析，有

$$\frac{\mathrm{d}}{\mathrm{d}t}(N_s\theta) = -\frac{\mathrm{d}}{\mathrm{d}t}(N_s\theta_A) = -\varPhi_A\gamma_A\theta \tag{3.5}$$

该方程表示单位时间单位面积“黏附”到表面上的分子数正比于以下参数：

(1) $\varPhi_\mathrm{A}$，单位时间单位面积上分子 A 与壁面的碰撞数。假设遵从麦克斯韦速度分布，则

$$\varPhi_\mathrm{A}=\frac{Np_\mathrm{A}}{(2\pi M_\mathrm{A}RT)^{1/2}} \tag{3.6}$$

对于连续流，麦克斯韦分布是精确分布 (Chapman-Enskog 分布 [1,2]) 的一个良好近似，这里忽略了 Knudsen 层效应。

(2) 拥有自由位置的概率 θ。实际上，黏附概率要高于 θ，这很可能与被占位置吸引位势有关，在低温时尤其如此，这里忽略了这种效应。

(3) 碰撞的有效性 γ_A，或黏附概率，取常数或用 Arrhenius 型公式，表示平均气体分子与表面材料碰撞障碍势垒效应 [3]：

$$\gamma_\mathrm{A}=\alpha f(T)\exp\left(-\frac{E_\mathrm{A}}{RT}\right) \tag{3.7}$$

这时反应速率系数定义为

$$k_\mathrm{f}=\frac{\varPhi_\mathrm{A}\gamma_\mathrm{A}}{p_\mathrm{A}} \tag{3.8}$$

方程 (3.5) 变为

$$\frac{\mathrm{d}}{\mathrm{d}t}(N_\mathrm{s}\theta)=-k_\mathrm{f}p_\mathrm{A}\theta \tag{3.9}$$

以这个形式的表达式中，反应系数是个数据，例如来源于实验。

2. 解附

对于解附情况 (Eyring 定律)，热搅动带来足够的能量来打破表面束缚的概率为 [4]

$$\frac{\mathrm{d}}{\mathrm{d}t}(N_\mathrm{s}\theta)=-\frac{\mathrm{d}}{\mathrm{d}t}(N_\mathrm{s}\theta_\mathrm{A})=N_\mathrm{s}\frac{RT}{h\mathcal{N}}\gamma_\mathrm{A}\theta_\mathrm{A}=k_\mathrm{f}\theta_\mathrm{A} \tag{3.10}$$

其中，$(RT/h\mathcal{N})\gamma_\mathrm{A}$ 表示某个位置上热解附的频率；$N_\mathrm{s}\theta_\mathrm{A}$ 为我们感兴趣的元素的占位数。反应速率系数为

$$k_\mathrm{f}=N_\mathrm{s}\frac{RT}{h\mathcal{N}}\gamma_\mathrm{A} \tag{3.11}$$

γ_A 由 Arrhenius 定律表示。

3. Eley-Rideal 机制

对于气相中包含原子和分子的情形，有

$$\begin{aligned}\frac{1}{2}\frac{\mathrm{d}}{\mathrm{d}t}(N_\mathrm{s}\theta)&=-\frac{\mathrm{d}}{\mathrm{d}t}(N_\mathrm{s}\theta_\mathrm{A})=-\frac{\mathrm{d}}{\mathrm{d}t}(N_\mathrm{s}\theta_\mathrm{B})\\&=N_\mathrm{s}\varPhi_\mathrm{AB}^s\theta_\mathrm{A}\theta_\mathrm{B}-\theta^2\gamma_\mathrm{b}\varPhi_\mathrm{AB}=k_\mathrm{f}\theta_\mathrm{A}\theta_\mathrm{B}-k_\mathrm{b}\theta^2p_\mathrm{AB}\end{aligned} \tag{3.12}$$

其中，$\varPhi_\mathrm{AB}^s$ 为一个分子从两个相邻位置的原子 (或分子) 的生成频率。

4. Langmuir-Hinshelwood 机制

分子 B 与一个被占的位置相互作用，形成一个分子并被带走 (相反的现象，例如，氧分子 O_2 的吸附离解)，有

$$\frac{1}{2}\frac{\mathrm{d}}{\mathrm{d}t}(N_\mathrm{s}\theta) = -\frac{\mathrm{d}}{\mathrm{d}t}(N_\mathrm{s}\theta_\mathrm{A}) = \theta_\mathrm{A}\gamma_\mathrm{f}\varPhi_\mathrm{B} - \theta\gamma_\mathrm{B}\varPhi_\mathrm{AB} = k_\mathrm{f}\theta_\mathrm{A}p_\mathrm{B} - k_\mathrm{B}\theta p_\mathrm{AB} \tag{3.13}$$

其中，γ_f 是直接相互作用的反应概率。这类相互作用必须克服一个潜在障碍势垒：Arrhenius 型的项。对于逆向反应，概率 γ_B 也包括一个潜在障碍势垒。

5. 其他机制

考虑一个分子被束缚在两个相邻位置上的情况。当一个反应的中间过程能够合理解释试验观察结果时，这是一种更高层次的机制 [5]。这种机制也许可以解释涉及具有不同性质的位置情形 [6]。

此外，试图分配已被占领的位置的表面扩散，能够根据 Langmuir-Hinshelwood 机制，通过减少相邻位置被占领的概率，来改变反应速率。

3.2.3 表面蒸发动力学

材料相变过程可用 Knudsen-Langmuir 机制 [7] 来表述，即

$$\dot{m}_i = \alpha_i\left(\frac{M_i}{2\pi RT}\right)^{1/2}(p_{\mathrm{eq}i} - p_i) \tag{3.14}$$

蒸发的动力学方法，是基于在平衡蒸汽压下用气体取代固体的概念而建立的。因为 $(M_i/2\pi RT)^{1/2}p_i$ 项是入射质量流，当达到热力学平衡时，$\dot{m}_i = 0$，意味着由表面发射的流量等于 $(M_i/2\pi RT)^{1/2}p_{\mathrm{eq}i}$。穿透系数 α_i 可以通过半量子力学方法获得，有 $\alpha_i \cong (\theta_\mathrm{R}/T)^{1/2}$，其中 θ_R 是分子的转动常数，α_i 显然小于 1。

从另外一个角度来看这一问题，可以认为这些机制类似于考虑活性位置的情形。假设这些反应不改变自由位置的数目 $N_\mathrm{s}\theta$，相变需要相邻的位置来产生分子 C_n。质量流可由下式给出

$$\dot{m}_i = \frac{M_i\theta^i}{\mathcal{N}}(k_{\mathrm{f}_i} - k_{\mathrm{b}_i}p_i) \tag{3.15}$$

其中

$$k_{\mathrm{f}_i} = k_{\mathrm{b}_i}p_{\mathrm{eq}i} \tag{3.16}$$

$$k_{\mathrm{b}_i} = \frac{\mathcal{N}\alpha_i}{(2\pi M_iRT)^{1/2}} \tag{3.17}$$

$$p_{\mathrm{eq}i} = K_{\mathrm{p}i} = k_{\mathrm{f}_i}/k_{\mathrm{b}_i} \tag{3.18}$$

注意，这两种方法只有当 $\theta = 1$ 时才是等价的。当 $\theta \neq 1$ 时，可以想象成被原子占领位置的出现，扰动了蒸发过程，蒸发不会在这些位置上发生，或者至少我们不知道能否把这一过程表述为相变过程。后面我们将会看到，这种情形是不会出现的。

3.2.4 表面反应的通用表达式

对于异相反应，比较通用的表述方法可参见文献 [8]。我们把位置作为基本元素，自由的或被占的位置作为一种组分。无论对于同相或异相反应，都可以写出如下形式：

对于 $k = 1, 2, \cdots, n_r$ 的反应

$$\sum_{i=1}^{n_{\mathrm{e}}} \nu'_{ik} A_i + \sum_{j=1}^{n_{\mathrm{s}}} \mu'_{jk} \mathrm{Site}_j \underset{k_{\mathrm{b}_k}}{\overset{k_{\mathrm{f}_k}}{\rightleftharpoons}} \sum_{i=1}^{n_{\mathrm{e}}} \nu''_{ik} A_i + \sum_{j=1}^{n_{\mathrm{s}}} \mu''_{jk} \mathrm{Site}_j \tag{3.19}$$

位置守恒

$$\frac{\mathrm{d}}{\mathrm{d}t}(N_{\mathrm{s}}\theta_j) = \frac{\mathcal{N}\dot{\omega}_j}{M_j} \tag{3.20}$$

以及

$$\begin{cases} \sum\limits_j \theta_j = 1 \\ \sum\limits_j \dot{\omega}_j = 0 \end{cases} \tag{3.21}$$

生成速率由下式给出

$$\dot{\omega}_j = -M_j \sum_{k=1}^{n_r} \dot{\omega}_{jk} \tau_k \tag{3.22}$$

$$\mathcal{N}\tau_k = k_{\mathrm{f}_k} \prod_{i=1}^{n_{\mathrm{e}}} p_i^{\nu'_{ik}} \prod_{l=1}^{n_{\mathrm{s}}} \theta_l^{\mu'_{jk}} - k_{\mathrm{b}_k} \prod_{i=1}^{n_{\mathrm{e}}} p_i^{\nu''_{ik}} \prod_{l=1}^{n_{\mathrm{s}}} \theta_l^{\mu''_{jk}} \tag{3.23}$$

其中，τ_k 为反应 k 在单位时间单位体积生成的总摩尔数；$\dot{\omega}_j$ 为单位时间单位体积生成组元 j 的质量。

烧蚀质量流率由下式给出

$$\dot{m}_{\mathrm{c}} = M_{\mathrm{c}} \sum_{j=1}^{n_{\mathrm{s}}} \frac{\tau_j}{M_j} \tag{3.24}$$

表 3.1 总结了表面基本反应过程。

表 3.1 表面基本反应过程

序号	反应形式	方程	参数
1	Arrhenius 形式	$k_\mathrm{f}=\mathrm{A}T'^{\beta}\exp\left(-\dfrac{E_\mathrm{a}}{RT}\right)$	一般反应形式
2	吸附	$k_\mathrm{f}=\left[\dfrac{\bar{v}}{4\phi_\mathrm{s}^{v_\mathrm{s}}}\right]S_0T'^{\beta}\exp\left(-\dfrac{E_\mathrm{ad}}{RT}\right)$	S_0：动力学黏附系数 E_ad：吸附活化能
3	Eley-Rideal (E-R)	$k_\mathrm{f}=\left[\dfrac{\bar{v}}{4\phi_\mathrm{s}^{v_\mathrm{s}}}\right]\gamma_0T'^{\beta}\exp\left(-\dfrac{E_\mathrm{er}}{RT}\right)$	γ_0：E-R 反应频率因子 E_er：复合能量势垒
4	Langmuir-Hinshelwood (L-H)	$k_\mathrm{f}=\left[\bar{v}_\mathrm{2D}\phi_\mathrm{s}^{(1.5-v_\mathrm{s})}\sqrt{A_v}\right]C_\mathrm{lh}T'^{\beta}\exp\left(-\dfrac{E_\mathrm{lh}}{RT}\right)$	C_lh：尺度系数 E_lh：表面扩散活化能
5	升华	$k_\mathrm{f}=\left[\dfrac{\bar{v}}{4\phi_\mathrm{s}^{v_\mathrm{s}}RT}\right]\gamma_\mathrm{sub}T'^{\beta}\exp\left(-\dfrac{E_\mathrm{sub}}{RT}\right)$	γ_sub：气化系数 E_sub：升华能量势垒
6	解附 (热力学)	$k_\mathrm{b,des}=A_\mathrm{des}vT'^{\beta}\exp\left(-\dfrac{E_\mathrm{des}}{RT}\right)$	A_des：解附系数 v：频率因子 E_des：解附能

3.3 表面质量相容性条件

3.3.1 表面烧蚀的质量相容关系

对于有质量引射的情形，表面组元质量守恒方程为

$$\rho_\mathrm{w}v_\mathrm{w}C_{i_\mathrm{w}}+J_{i_\mathrm{w}}=\dot{m}C_{i_\mathrm{s}}+\dot{w}_i \tag{3.25}$$

其中，$\dot{w}_i$ 是由材料烧蚀而来的组元 i 表面质量生成率；该组元在材料中的分数为 C_{i_s}；J_{i_w} 是扩散质量流，有

$$J_{i_\mathrm{w}}=\rho_iD_{ij}\frac{\partial C_i}{\partial y} \tag{3.26}$$

其中，ρ_i 为 i 组元密度；D_{ij} 为 i 组元和 j 组元的双组元扩散系数；$\dot{m}$ 为烧蚀质量流。在坐标原点随着烧蚀表面移动的坐标系中，流–固交界面的质量守恒为

$$\dot{m}=\rho_\mathrm{w}v_\mathrm{w} \tag{3.27}$$

如同 1.6 节，引进元素质量浓度，根据 Shvab-Zeldovich 转换关系

$$\tilde{C}_k=M_k\sum_i n_{ki}\frac{C_i}{M_i},\quad k=1,\cdots,n_\mathrm{A} \tag{3.28}$$

$$\tilde{J}_{k_\mathrm{w}}=\sum_{i=1}^{p}m_{ki}J_{i_\mathrm{w}} \tag{3.29}$$

其中，n_{ki} 是组分 i 中元素 k 的个数；n_{A} 是系统中的元素数。该系统包括 $(n_{\mathrm{A}}-1)$ 个独立关系式，因为 $\sum\limits_k \tilde{C}_k=\sum\limits_i C_i=1$。$m_{ki}$ 为元素 k 在 i 组元中的质量分数。元素生成率可表示为

$$\dot{w}_k = M_k \sum_j \frac{n_{kj}}{M_j} = 0 \tag{3.30}$$

对式 (3.25) 进行质量加权求和，获得元素质量流 (图 3.2)

$$\tilde{J}_k = -\dot{m}\left(\tilde{C}_k - \tilde{C}_{k_{\mathrm{w}}}\right) \tag{3.31}$$

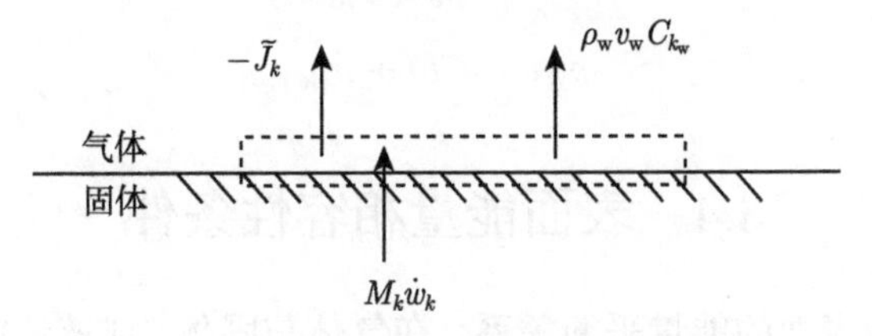

图 3.2　烧蚀条件下壁面元素的质量守恒

引进组元 i 的无量纲传质系数

$$C_{M_i} = \frac{-J_{i_{\mathrm{w}}}}{\rho_{\mathrm{e}} u_{\mathrm{e}} \left(C_{i_{\mathrm{e}}} - C_{i_{\mathrm{w}}}\right)} \tag{3.32}$$

和元素 k 的无量纲传质系数

$$C_{M_k} = \frac{-\tilde{J}_k}{\rho_{\mathrm{e}} u_{\mathrm{e}} \left(\tilde{C}_{k_{\mathrm{e}}} - \tilde{C}_{k_{\mathrm{w}}}\right)} \tag{3.33}$$

以及代表表面质量引射的无量纲参数

$$B' = \frac{\dot{m}}{\rho_{\mathrm{e}} u_{\mathrm{e}} C_M} \tag{3.34}$$

代入式 (3.31)，则

$$\left(B'+1\right)\tilde{C}_{k_{\mathrm{w}}} = B'\tilde{C}_{k_{\mathrm{s}}} + \tilde{C}_{k_{\mathrm{e}}} \tag{3.35}$$

方程中的物理量可以从后面介绍的烧蚀计算给出，包括表面化学反应和相变。该方程建立了壁面和边界层外缘质量分数的关系，它们通过 B' 联系起来。边界层外缘的参数是已知的，据此可以确定壁面处的值。例如，表面碳在空气中的燃烧问题，$\tilde{C}_{\mathrm{O_e}} \cong 0.232$，$\tilde{C}_{\mathrm{N_e}} \cong 0.768$，$\tilde{C}_{\mathrm{C_s}} = 1$，则

$$\frac{\tilde{C}_{\mathrm{O_e}}}{\tilde{C}_{\mathrm{O_w}}} = \frac{\tilde{C}_{\mathrm{N_e}}}{\tilde{C}_{\mathrm{N_w}}} = B'+1 \tag{3.36}$$

$$\tilde{C}_{\mathrm{C_w}} = \frac{B'}{B'+1} \tag{3.37}$$

3.3.2　带有表面烧蚀和内部热解一般情况的质量相容关系

对于同时具有表面烧蚀质量流率 $\dot{m}$ 和材料内部热解产生的质量流率 $\dot{m}_{\rm g}$ 的情况，引射到边界层的总质量流率由它们叠加而成，由方程 (3.35) 不难推广到一般情形

$$\left(B'+B'_{\rm g}+1\right)\tilde{C}_{k_{\rm w}}=B'\tilde{C}_{k_{\rm s}}+B'_{\rm g}\tilde{C}_{k_{\rm g}}+\tilde{C}_{k_{\rm e}} \tag{3.38}$$

这里

$$B'_{\rm g}=\frac{\dot{m}_{\rm g}}{\rho_{\rm e}u_{\rm e}C_M} \tag{3.39}$$

$$\rho_{\rm w}v_{\rm w}=\dot{m}+\dot{m}_{\rm g} \tag{3.40}$$

3.4　表面能量相容性条件

现在考虑烧蚀表面的能量平衡关系。在气体与固体 (或液体) 的交界面处，存在如下能量交换 (图 3.3)

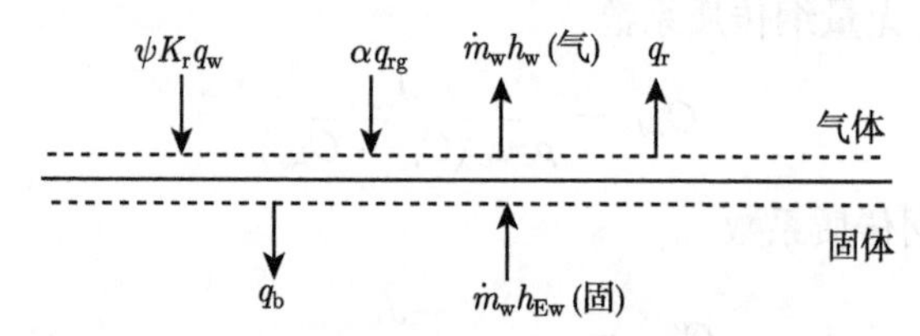

图 3.3　在气体与固体交界面处的能量平衡

从气体边界层传给固体 (或液体) 表面的热流是 (参见方程 (2.162)，并忽略热扩散)

$$q_{\rm w}=-\left[k_{\rm f}\frac{\partial T}{\partial y}+\rho\mathcal{D}_{12}\sum_i h_i\frac{\partial C_i}{\partial y}\right]_{\rm w} \tag{3.41}$$

工程上为了方便计算，一般先不考虑表面烧蚀质量引射和粗糙度的影响，通过求解边界层方程获得 $q_{\rm w}$，并且通常是先获得冷壁热流 $q_{\rm c}$ (假设壁温等于常数，如等于 300K)，再通过热壁修正，获得热壁热流 $q_{\rm w}=q_{\rm c}\left(h_{\rm r}-h_{\rm w}\right)/\left(h_{\rm r}-h_{\rm w,c}\right)$，其中，$h_{\rm w}$ 为实际壁温下表面处气体混合物的焓，$h_{\rm w,c}$ 为冷壁温度下气体混合物的焓，$h_{\rm r}$ 为边界层恢复焓。得到 $q_{\rm w}$ 后，再通过质量引射修正和粗糙度修正，最终获得边界层的实际气动加热量 $\psi K_{\rm r}q_{\rm w}$，其中，ψ 是质量引射系数，$K_{\rm r}$ 是粗糙度热增量。

气体离开交界面进入边界层时携带的能量为 $\dot{m}_{\rm w}h_{\rm w}$ (气)，同时固体烧蚀进入交界面携带的能量为 $\dot{m}_{\rm w}h_{\rm Ew}$ (固)，其中 $\dot{m}_{\rm w}$ 为表面烧蚀质量流率，$h_{\rm w}$ (气)$=\sum\limits_i\left(C_ih_i\right)_{\rm w}$ 是气体混合物的焓，$h_{\rm Ew}$ (固) 为固体焓。此外还有交界面向固体材料的热传导、交界

面吸收和发射的辐射热流等。因此，在气体–固体 (或液体) 交界面处的能量平衡关系式是

$$q_{\mathrm{b}}=\psi K_{\mathrm{r}}q_{\mathrm{w}}+\alpha q_{\mathrm{rg}}-\dot{m}_{\mathrm{w}}h_{\mathrm{w}}\,(\text{气})+\dot{m}_{\mathrm{w}}h_{\mathrm{Ew}}\,(\text{固})-q_{\mathrm{r}} \tag{3.42}$$

其中，q_{b} 是传入材料内部的净热流；αq_{rg} 是边界层气体辐射传递给表面的热流；$q_{\mathrm{r}}=\varepsilon\sigma T_{\mathrm{w}}^4$ 是交界面向边界层的辐射热流；α,ε 和 σ 分别是表面材料的吸收系数、辐射系数和斯特藩–玻尔兹曼常量。

根据斯坦顿数的定义

$$\psi K_{\mathrm{r}}q_{\mathrm{w}}=\rho_{\mathrm{e}}u_{\mathrm{e}}St\,(h_{\mathrm{r}}-h_{\mathrm{w}}) \tag{3.43}$$

代入式 (3.42)，则

$$q_{\mathrm{b}}=\rho_{\mathrm{e}}u_{\mathrm{e}}St\,(h_{\mathrm{r}}-h_{\mathrm{w}})+\dot{m}_{\mathrm{c}}\,(h_{\mathrm{Ew}}-h_{\mathrm{w}})+\dot{m}_{\mathrm{g}}\,(h_{\mathrm{gw}}-h_{\mathrm{w}})-q_{\mathrm{R}} \tag{3.44}$$

这里，$q_{\mathrm{R}}=q_{\mathrm{r}}-\alpha q_{\mathrm{rg}}$。将质量流率区分成表面烧蚀和内部热解，即 $\dot{m}_{\mathrm{w}}=\dot{m}_{\mathrm{c}}+\dot{m}_{\mathrm{g}}$。引入无烧蚀情况下纯空气的焓 h_{wA}，则

$$\begin{aligned}q_{\mathrm{b}}=&\rho_{\mathrm{e}}u_{\mathrm{e}}St\,(h_{\mathrm{r}}-h_{\mathrm{wA}})+\rho_{\mathrm{e}}u_{\mathrm{e}}St\,(h_{\mathrm{wA}}-h_{\mathrm{w}})+\dot{m}_{\mathrm{c}}\,(h_{\mathrm{Ew}}-h_{\mathrm{w}})\\&+\dot{m}_{\mathrm{g}}\,(h_{\mathrm{gw}}-h_{\mathrm{w}})-q_{\mathrm{R}}\end{aligned} \tag{3.45}$$

由此通过下式可以定义烧蚀显焓 Δh

$$-\dot{m}_{\mathrm{c}}\Delta h=\rho_{\mathrm{e}}u_{\mathrm{e}}St\,(h_{\mathrm{wA}}-h_{\mathrm{w}})+\dot{m}_{\mathrm{c}}\,(h_{\mathrm{Ew}}-h_{\mathrm{w}})+\dot{m}_{\mathrm{g}}\,(h_{\mathrm{gw}}-h_{\mathrm{w}}) \tag{3.46}$$

这个量完全是由烧蚀引起的。由此式 (3.44) 可进一步写成

$$q_{\mathrm{b}}=\rho_{\mathrm{e}}u_{\mathrm{e}}St\,(h_{\mathrm{r}}-h_{\mathrm{wA}})-q_{\mathrm{R}}-\dot{m}_{\mathrm{c}}\Delta h \tag{3.47}$$

该式相对于无烧蚀情况，只是附加了一个烧蚀项。

我们注意到，上式 St 中包含了质量引射的影响，如果将质量引射的影响写成如下形式

$$\rho_{\mathrm{e}}u_{\mathrm{e}}St=\rho_{\mathrm{e}}u_{\mathrm{e}}St_0-\eta\dot{m}_{\mathrm{c}} \tag{3.48}$$

其中，η 为线性质量引射系数，显然

$$\psi=1-\eta\frac{\dot{m}_{\mathrm{c}}}{\rho_{\mathrm{e}}u_{\mathrm{e}}St_0}=1-\eta B_0' \tag{3.49}$$

则式 (3.44) 最终可写为

$$q_{\mathrm{b}}=\rho_{\mathrm{e}}u_{\mathrm{e}}St_0\,(h_{\mathrm{r}}-h_{\mathrm{wA}})-q_{\mathrm{R}}-\dot{m}_{\mathrm{c}}\left[\Delta h+\eta\,(h_{\mathrm{r}}-h_{\mathrm{wA}})\right] \tag{3.50}$$

3.4.1　质量引射系数

烧蚀产物进入边界层时，阻挡了热流向表面传递，并使边界层增厚，降低了气动加热，这一现象称为热阻塞效应。如果在求解边界层方程组时就考虑质量引射效应，将使问题变得非常复杂，难以获得相似解。工程上通过引进质量引射系数的概念，将两者分开处理，使问题得到大大简化。所谓质量引射系数，其实就是有质量引射光滑壁热流与无质量引射光滑壁热流之比。质量引射显然与烧蚀速率有关，下面通过简单分析，建立质量引射系数与烧蚀速率的关系。

让我们回到 2.2.4 小节的 Couette 流问题。这时，组元浓度守恒方程 (2.153) 可以写成

$$\frac{\mathrm{d}}{\mathrm{d}y}\left(\rho v C_i - \rho D\frac{\mathrm{d}C_i}{\mathrm{d}y}\right) = \dot{\omega}_i \tag{3.51}$$

对 i 求和，得

$$\frac{\mathrm{d}}{\mathrm{d}y}(\rho v) = 0 \tag{3.52}$$

质量流率为常数：$\dot{m} = \rho v = \text{const}$ (假设 Couette 流上表面吸收了所有质量流)。对式 (3.51) 积分可得

$$\rho v C_i - \rho D\frac{\mathrm{d}C_i}{\mathrm{d}y} = S_i \tag{3.53}$$

这里的积分常数表示组分 i 的质量流率可以通过下表面来估算

$$S_i = \dot{m}C_{i_p} - \rho D\left.\frac{\mathrm{d}C_i}{\mathrm{d}y}\right|_p \tag{3.54}$$

改写式 (3.53) 为

$$\frac{\mathrm{d}C_i}{\dot{m}C_{i_p} - S_i} = \frac{\mathrm{d}y}{\rho D} \tag{3.55}$$

得到新的积分

$$\frac{C_i - S_i/\dot{m}}{C_{i_p} - S_i/\dot{m}} = \exp\left(\frac{\dot{m}y}{\rho D}\right) \tag{3.56}$$

当 $y = \delta$ 时，利用式 (3.32) 对无因次质量交换系数的定义，则

$$\frac{\dot{m} + \rho_{\mathrm{e}}u_{\mathrm{e}}C_M}{\rho_{\mathrm{e}}u_{\mathrm{e}}C_M} = \exp\left(\frac{\dot{m}\delta}{\rho D}\right) \tag{3.57}$$

进一步得

$$\dot{m} = \frac{\rho D}{\delta}\ln(1 + B') \tag{3.58}$$

在不考虑壁面质量引射情况下的简化分析表明，当 $\dot{m} = 0$ 时，$\dfrac{\rho D}{\delta}$ 的值就等于 $\rho_{\mathrm{e}}u_{\mathrm{e}}C_M$，用 $\rho_{\mathrm{e}}u_{\mathrm{e}}C_{M_0}$ 来表示。由此得到了我们期望的重要关系式

$$\psi = \frac{St}{St_0} = \frac{C_M}{C_{M_0}} = \frac{\ln(1 + B')}{B'} \tag{3.59}$$

如果定义

$$B_0' = \frac{\dot{m}}{\rho_e u_e C_{M_0}} \tag{3.60}$$

则式 (3.59) 可进一步表示为

$$\psi = \frac{C_M}{C_{M_0}} = \frac{B_0'}{\exp B_0' - 1} \tag{3.61}$$

式 (3.59) 和式 (3.61) 虽然是从简化 Couette 流模型导出的，但具有非常重要的定性和定量意义，稍加修正，就可以应用到其他问题。

国内外从理论和试验两方面对质量引射效应进行了大量研究，给出了众多的关联公式。

层流质量引射系数的相关公式有

$$\psi_L = \frac{\ln(1+1.28B)}{1.28B} \quad (\text{石墨烧蚀}) \tag{3.62}$$

$$\psi_L = \frac{\ln(1+1.4B)}{1.4B} \tag{3.63}$$

$$\psi_L = \frac{1}{1+\zeta B}, \quad \zeta = 0.72\left(\frac{M_j}{M_a}\right)^{1/3} \tag{3.64}$$

$$\psi_L = \frac{1}{1+\zeta B}, \quad \zeta = 0.62\left(\frac{M_j}{M_a}\right)^{0.26} \tag{3.65}$$

$$\psi_L = \frac{1}{1+0.69B} \tag{3.66}$$

$$\psi_L = 1 - 0.656B_0 + 0.0179B_0^2 + 0.0637B_0^3 - 0.0113B_0^4 \quad (\text{石墨烧蚀}) \tag{3.67}$$

$$\psi_L = 1 - 0.58(\dot{m}_c + \dot{m}_g)h_r/q_w \quad (\text{碳酚醛}) \tag{3.68}$$

其中

$$B = \frac{\dot{m}}{\rho_e u_e C_M}$$

$$B_0 = \frac{\dot{m}}{\rho_e u_e St_0}$$

St_0 为传热斯坦顿数

$C_M = St_0 Le^n$, $Le = 1.4$ 为路易斯数

式中，M_j 为引射气体分子量；M_a 为空气分子量；$\dot{m}_c$ 和 $\dot{m}_g$ 分别为单位面积、单位时间从物面引射到边界层的表面烧蚀产物和热解气体质量。

湍流质量引射系数的相关公式有

$$\psi_t = \frac{\ln(1+1.4B)}{1.4B} \tag{3.69}$$

$$\psi_{\mathrm{t}}=\frac{1}{1+\zeta B},\quad \zeta=0.2\left(\frac{M_{\mathrm{j}}}{M_{\mathrm{a}}}\right)^{0.23} \tag{3.70}$$

$$\psi_{\mathrm{t}}=\left[\frac{2}{B'}\left(\sqrt{1+B'}-1\right)\right]^{1.6}\left(1+B'^{0.2(\omega-1)}\right) \tag{3.71}$$

$$\psi_{\mathrm{t}}=\left(1-\frac{B}{b_{\mathrm{ct}}}\right)^{2.5\omega} \tag{3.72}$$

$$\psi_{\mathrm{t}}=1-0.2\left(\dot{m}_{\mathrm{c}}+\dot{m}_{\mathrm{g}}\right)h_{\mathrm{r}}/q_{\mathrm{w}}\quad(\text{碳酚醛}) \tag{3.73}$$

其中

$$B'=\frac{\dot{m}}{\rho_{\mathrm{e}}u_{\mathrm{e}}St_0}\frac{c_{p_{\mathrm{j}}}}{c_{p_{\mathrm{air}}}}$$

$$\omega=\left(\frac{T_{\mathrm{e}}}{T_{\mathrm{w}}}\right)^{1/8}+\frac{1}{8}M_{\mathrm{e}}$$

$$b_{\mathrm{ct}}=\exp\left[1.676\left(\omega+0.161\right)\right]$$

式中，$c_{p_{\mathrm{j}}}$ 为引射气体比热；$c_{p_{\mathrm{air}}}$ 为空气比热。

对于质量引射同时包含表面烧蚀质量流 $\dot{m}_{\mathrm{c}}$ 和内部热解产生的质量流 $\dot{m}_{\mathrm{g}}$ 的情形，质量引射系数的工程关联公式为 [9]

$$\psi=\begin{cases}1-0.58\left(\dot{m}_{\mathrm{c}}+\dot{m}_{\mathrm{g}}\right)h_{\mathrm{r}}/q_{\mathrm{c}}, & \text{层流}\\ 1-0.2\left(\dot{m}_{\mathrm{c}}+\dot{m}_{\mathrm{g}}\right)h_{\mathrm{r}}/q_{\mathrm{c}}, & \text{湍流}\end{cases} \tag{3.74}$$

以上给出的质量引射系数计算公式在实际应用时，需根据具体情况选取。

3.4.2　粗糙度热增量

试验观察表明，在同样来流条件下，粗糙表面的传热明显地比光滑表面的严重。粗糙表面热增量产生的机制一般归结为由粗糙元产生的分离涡效应和加热面积效应。试验结果还表明，随着粗糙元高度的增加，热增量也增加，而且随着雷诺数的增大，边界层变薄，粗糙元影响增大，显然，雷诺数对粗糙元的影响起着“放大势”的作用，正是基于这种试验观察和物理分析，通常总是用雷诺数和无因次粗糙元高度来关联粗糙壁热增量。

以上给出的热流计算公式是针对光滑壁面而言的，而烧蚀表面通常是粗糙壁，一般采用粗糙壁热流增长因子 K_{r} 的修正光壁热流，从而得到粗糙壁热流

$$q_{\mathrm{w}\text{粗}}=K_{\mathrm{r}}q_{\mathrm{w}\text{光}} \tag{3.75}$$

文献 [10] 中给出了 K_{r} 的计算公式，对层流区

$$K_{\mathrm{rL}}=\begin{cases}1, & N_{\mathrm{L}}<40\\ 1.3\ln N_{\mathrm{L}}+20.2N_{\mathrm{L}}^{-0.606}-6.0, & 40\leqslant N_{\mathrm{L}}\leqslant 254\\ 2, & 254<N_{\mathrm{L}}\end{cases} \tag{3.76}$$

其中

$$N_{\mathrm{L}} = (\rho_\infty u_\infty R_{\mathrm{N}}/\mu_{\mathrm{s}})^{0.2} (K_{\mathrm{L}}/\delta^{**})$$

这里，K_{L} 为表面层流固有粗糙度高度。

对湍流区，根据最终 PANT 关联 [9,10]

$$K_{\mathrm{rt}} = \begin{cases} 1, & K_{\mathrm{d}}/\delta^* \leqslant 0.1 \\ 1.3 + 0.3\log(K_{\mathrm{d}}/\delta^*), & 0.1 < K_{\mathrm{d}}/\delta^* \leqslant 1 \\ 1.3 + 0.5[\log(K_{\mathrm{d}}/\delta^*)]^2, & 1 < K_{\mathrm{d}}/\delta^* \end{cases} \tag{3.77}$$

文献指出，最终的 PANT 关联公式以 K_{d}/δ^* 作为相关参数，把试验数据压缩到一条曲线上，而原始的 PANT 关联公式是以等效粗糙元高度 n_{t} 作为相关参数，所得到的 K_{rt} 散布较大。显然，最终的 PANT 关联要好一些。等效砂粒粗糙度 K_{d} 的计算方法见后面第 11 章。

参 考 文 献

[1] Chapman S, Cowling T G. The Mathematical Theory of Non-Uniform Gases. New York: Cambridge University Press, 1991.

[2] Hirschfelder J O, Curtiss C F, Bird R B. Molecular Theory of Gases and Liquids. New York: John Wiley & Sons, 1966.

[3] Park C. Nonequilibrium Hypersonic Aerothermodynamics. New York: John Wiley & Sons, 1990.

[4] Atkins P W. Physical Chemistry, 6th ed. New York: W. H. Freeman & Co., 2000.

[5] Koenig P C, Squires R G, Laurendeau N M. Evidence for two-site model of char gasification by carbon dioxide. Carbon, 1985, 23(5): 531–536.

[6] Nagle J, Strickland-Constable R F. Oxydation of carbon between 1000–20008C. Proceedings of Fifth Conference on Carbon. Oxford UK: Pergamon Press, 1962: 154–164.

[7] Schrage R W. A Theoretical Study of Interphase Mass Transfer. New York: Columbia University Press, 1953.

[8] Dubroca B, Duffa G, Leroy B. High temperature mass and heat transfer fluid-solid coupling. AIAA Paper 2002–5180, 2002.

[9] 张志成, 潘梅林, 刘初平. 高超声速气动热和热防护. 北京: 国防工业出版社, 2003.

[10] Wool M R. Final summary report passive nonstop technology(PANT) program. SAMSO-TR-75-250(ADA019186), 1975.

第 4 章　硅基复合材料烧蚀理论

4.1　引　言

从本章开始，我们将大致按照材料的类型、烧蚀机理、用途，以及出现的时间顺序，专题介绍各种材料的烧蚀理论及其应用情况。

最早采用烧蚀防热的高超声速飞行器是战略导弹的再入弹头。在再入弹头热防护设计的演变过程中，硅基复合材料和碳基复合材料起着举足轻重的作用。硅基复合材料为熔化–蒸发型烧蚀材料，碳基复合材料为氧化–升华型烧蚀材料，它们是两类最典型的烧蚀型防热材料，主要用于热环境最为严酷的飞行器端头区域、翼(舵) 前缘区域等部位。还有一类防热材料统称为炭化烧蚀材料，包括玻璃酚醛、碳酚醛、硅橡胶等，主要用于热环境较为缓和的弹 (机) 身大面积区域，其表面烧蚀机理与前两类有相同之处，但更加注重材料内部的热解和炭化等复杂热响应过程。近年来，随着材料技术的发展，另一类具有惰性烧蚀特点的超高温陶瓷复合材料也走出了试验室，开始在工程上应用。本章主要介绍硅基材料的烧蚀理论，至于碳基材料、炭化材料和超高温陶瓷材料的烧蚀理论，将在后续章节中陆续介绍。

硅基复合材料是以 SiO_2 为主要成分的一种复合材料，在早期被称为玻璃类增强塑料，包括玻璃钢、高硅氧以及后来的碳石英等。由于 SiO_2 在表面温度超过 1696K 时会发生熔化，形成液态层，液态层表面还会发生蒸发反应，因此硅基材料是一种熔化–蒸发型烧蚀材料。

硅基材料曾是第一代再入弹头的主要热防护材料。最先成功应用于弹头的热防护材料为玻璃–酚醛复合材料，它是由玻璃纤维或玻璃布与酚醛树脂复合而成。硅基材料的优点是取材容易，工艺简单，成本低，具有良好的抗烧蚀性能和隔热性能，目前仍广泛应用于各类飞行器和固体发动机喷管的热防护系统中。

硅基复合材料烧蚀机理研究始于 20 世纪 50 年代末期。对于纯石英材料，Adams[1,2] 最早提出了液态层物理模型，给出了小雷诺数情况的液态层控制方程，并针对驻点情况，获得了烧蚀速率的解析解。文献 [3] 把 Adams 的模型推广到非驻点情况，建立了质量守恒常微分方程，利用液态 SiO_2 高黏性的物理特性，对常微分方程作了进一步简化，经过积分，获得了代数关系式。由于硅基复合材料烧蚀过程中存在树脂热解碳，并且在高压地面试验状态下，烧蚀模型表面没有明显的液态层存在，对其能否用液态层模型曾有过争议，但是大量地面试验结果和飞行试验残骸分析表明，硅基复合材料在再入过程中，其烧蚀表面确实存在着很薄的液态层。1963 年，Hidalgo[4] 发表了理论计算与飞行试验结果的比较文章，为液态层模型提供了飞行试验结果的可靠依据。这方面的代表性著作可见文献 [5, 6]。20 世纪 70 年底中期，我国研制的碳石英复合材料采用碳纤维补强陶瓷的工艺来改善硅基材料的烧蚀性能，取得了较好的效果。碳石英材料中的碳纤维与 SiO_2 有较多的接触面积，这无疑有利于碳硅反应的进行，文献 [7] 对几种碳硅反应和 SiO_2 的反应机制作了讨论。经过多年的努力，人们对硅基材料的烧蚀机理已研究得比较清楚了，建立了许多数学物理模型，并广泛用于工程设计。需要特别说明的是，我国科学家 (如张涵信、何芳赏、刘志民、黄振中、孙洪森、姜贵庆、欧阳水吾、杨希霓、曾庆存等) 于 20 世纪 60~70 年代，在硅基材料烧蚀理论研究方面做了许多出色的工作，但由于当时的保密原因，大都未公开发表，感兴趣的读者如果有机会，可以查阅相关单位的内部技术报告，其中部分计算方法已经集成在作者研制的软件中 [10]。

4.2 硅基复合材料烧蚀机理

硅基复合材料是由玻璃布或高硅氧布和酚醛树脂复合而成，玻璃布和高硅氧布的差别是 SiO_2 的含量不同，高硅氧布是纯 SiO_2，而玻璃布除主要成分 SiO_2 外，还有其他无机物，如 B_2O_3。在低热流密度的情况下，硅基复合材料仅有热沉吸热，而没有烧蚀现象。当表面温度升至 700K 左右时，酚醛树脂就会出现热裂解，释放出热解气体，留下碳的残渣。随着热流增加和表面温度升高，当玻璃纤维 (或高硅氧纤维) 达到足够高的温度 (超过 1696K) 时，就呈熔融状态，以玻璃“珠”或“液膜”的形式顺气流方向沿表面流动。在液态液层流失的同时，会出现一系列的吸热或放热现象，包括：

(1) 材料的热容吸热；

(2) 表面材料熔化吸热；

(3) 熔化的 SiO_2 蒸发和分解反应吸热；

(4) 有机树脂的热分解吸热；

(5) 树脂热解碳与空气反应放热；

(6) 热解和表面烧蚀产生的气体引射到空气边界层产生热阻塞效应；

(7) 烧蚀表面向周围环境的热辐射，等等。

其中最主要的是 SiO_2 熔化和蒸发分解吸热。下面就树脂热分解、液态层问题和碳与空气反应问题作详细讨论。

4.2.1 树脂热分解

树脂热分解过程又称为炭化过程。在炭化期间，材料表层物质的变化可根据对暴露于电弧等离子射流中的硅基材料进行有机分析后所得到的数据来确定。

表 4.1 给出炭化过程中挥发物质的百分率及组成。原材料中树脂含量按质量计为 25%。表中的 A，B，C 表示材料从表面到内部的层次顺序。表中数据表明：在分解反应中约有 12.5%的物质 (试样 A) 挥发，即相当于树脂含量的一半左右，这一结果同文献 [8] 中在真空中对酚醛树脂所作的热分解试验数据是一致的。

表 4.1　炭化过程中挥发物质的百分率及组成

试样	气化百分率/%	C/%	H/%	O/%
A	12.5	51.1	10.9	33.8
B	10.7	55.9	10.0	32.9
C	4.7	57.0	8.3	33.9

图 4.1 给出了几种常用树脂的气化率曲线，变化趋势是：气化率高的树脂达到平衡的热解温度较低。环氧的气化率约为 90%，平衡热解温度约为 873K；有机硅的气化率为 13%，平衡热解温度为 1173K；酚醛处于中间，气化率为 50%，平衡热解温度为 1073K。

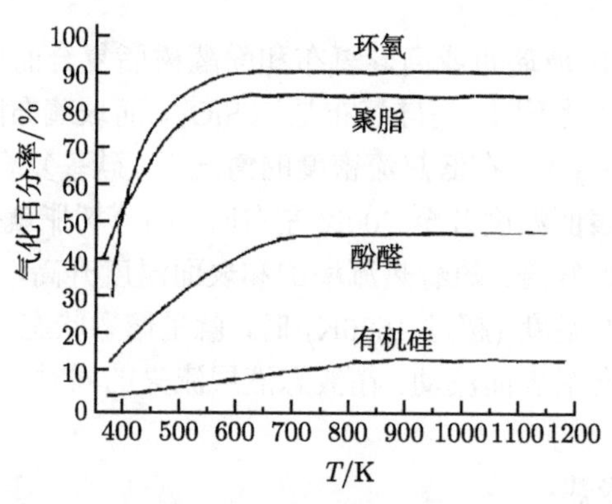

图 4.1　树脂的气化率曲线图 (取自文献 [7])

4.2.2　液态层问题

在发生烧蚀的情况下，绕过物体的高速、高温气流将产生非常高的剪切力和压力，这些机械力的冲刷作用会导致表面液态层沿表面的流失、高温分解遗留的剥蚀。试验表明，无机物和有机物的组成比例，以及增强材料的物理特性 (如玻璃、石英、石棉物理性能上的差别)，对烧蚀流动的物理过程有明显的影响。对于玻璃纤维含量低于 50%的玻璃增强塑料，文献 [9] 的试验结果证实，模型表面只形成炭化表面，没有液态层的痕迹。但是当玻璃纤维含量占主要成分时，无论是在火箭发动机排气流中，或在等离子射流中的试验表明，表面均被一层很薄的熔融物质所覆盖。

4.2.3 表面反应问题

酚醛树脂在 1273K 时已完成分解，由于热解气体的成分比较复杂，同时考虑到其本身含有氧因素，所以一般不再考虑热解气体与空气的二次反应，把热解气体当作惰性气体处理，只是考虑它们对边界层的热阻塞效应。热解产生的碳会与空气中的氧气发生化学反应，在更高的温度下，还会与氮气发生反应，甚至出现碳的升华。考虑到有液态层存在时，表面温度不会很高，而且碳在表面成分中所占比例较小，通常只考虑碳–氧反应就足够了。热解碳与熔融玻璃纤维的组成 SiO_2 之间可能发生化学反应，但通过对电弧加热器烧蚀后的残骸分析表明：材料表面并不含有 SiC 和 Si 的组元，这说明一般不会出现硅–碳反应。因此在烧蚀工程计算中，通常选用如下三个表面反应：

$$SiO_2(l) \longrightarrow SiO_2(g) \tag{4.1}$$

$$SiO_2(g) \longrightarrow SiO + \frac{1}{2}O_2 \tag{4.2}$$

$$C + \frac{1}{2}O_2 \longrightarrow CO \tag{4.3}$$

4.3 液态层流动方程及解析分析

硅基复合材料的烧蚀图像可以用图 4.2 来表示。在烧蚀过程中，材料的最外表面是一层熔融的物质，下面是一层被玻璃纤维所支撑的炭化层，再深一层是分解区和原材料。

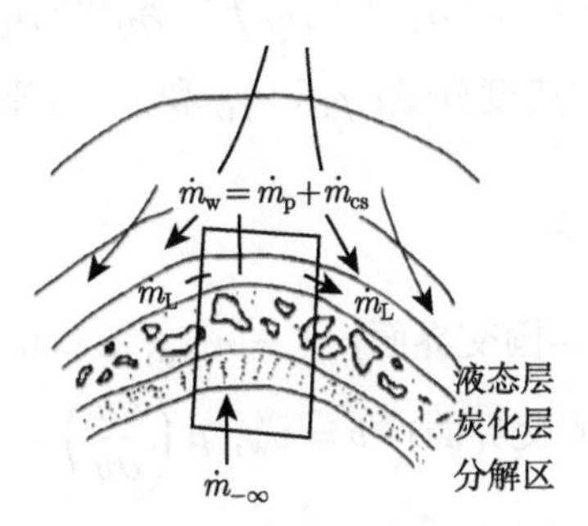

图 4.2 液态层烧蚀模型示意图

如果将坐标系 (图 4.3) 的原点固定在气体–液体交界面上，并随液面运动，相对于这个坐标系统而言，固体物质以流速 $v_{-\infty}$ 向这交界面流来。另一方面，热流流入该交界面，方向正好与物质流相反。从材料内部流来的质量流 $\dot{m}_{-\infty}$ 中，一部分以液体形式沿物面侧向流动，其质量流率为 $\dot{m}_L$，一部分沿物面法向以气体形式引射到边界层内，它们分别为分解气体质量流率 $\dot{m}_p$、SiO_2 蒸发流率 $\dot{m}_v$ 和碳–氧反应质量流率 $\dot{m}_{cs}$。

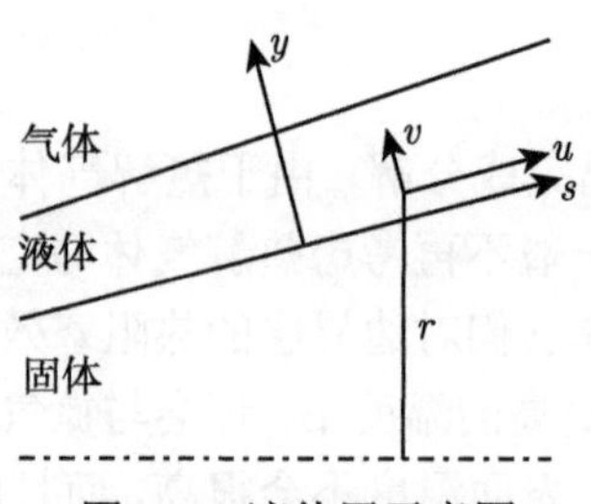

图 4.3　液体层示意图

液态层质量流失问题是硅基复合材料烧蚀计算的关键问题。Adams 基于边界层理论，最先建立了液态层流动模型 [1,2]，文献 [1] 针对驻点流动，给出了一个解析解。

假设液态层厚度变化很缓慢，并且比物体当地曲率半径小得多；液态层内没有质量和能量源项；相比法向值，纵向速度梯度和温度梯度可以忽略。则高黏度、不可压液态层的基本流动方程为：

连续方程

$$\frac{\partial(ru)}{\partial x}+\frac{\partial(rv)}{\partial y}=0 \tag{4.4}$$

动量方程

$$\frac{\partial}{\partial y}\left(\mu\frac{\partial u}{\partial y}\right)=\frac{\mathrm{d}p}{\mathrm{d}x} \tag{4.5}$$

能量方程

$$\rho_{\mathrm{L}}c_{p_{\mathrm{L}}}\left(u\frac{\partial T}{\partial x}+v\frac{\partial T}{\partial y}\right)=\frac{\partial}{\partial y}(k_{\mathrm{L}}\frac{\partial T}{\partial y}) \tag{4.6}$$

式中，u,v 为液态层坐标的速度分量；ρ_{L}，$c_{p_{\mathrm{L}}}$ 和 k_{L} 分别为液态层密度、比热和导热系数。

在 y 方向的边界条件为：

$$y=-\infty\ (\text{液}-\text{固交界面}): v=v_{-\infty},\ u=0,\ T=T_0 \tag{4.7}$$

$$y=0\ (\text{气}-\text{固交界面}): v=v_{\mathrm{w}},\ \mu\left(\frac{\partial u}{\partial y}\right)=\tau_{\mathrm{w}},\ T=T_{\mathrm{w}} \tag{4.8}$$

式中，$v_{-\infty}$ 为材料烧蚀速度；v_{w} 为液态层蒸发速度；τ_{w} 为液态层表面剪切力。

黏性系数与温度的关系为黏性率

$$\mu\propto\exp(AT^{-1}) \tag{4.9}$$

其中，A 为常数。黏性律在小温度变化范围内可写成

$$\mu=\mu_{\mathrm{w}}\left(\frac{T}{T_{\mathrm{w}}}\right)^{-n} \tag{4.10}$$

其中，指数

$$n = A/T_{\mathrm{w}} \tag{4.11}$$

驻点区能量方程存在解析解，对式 (4.6) 积分，得温度分布

$$\frac{T}{T_{\mathrm{w}}} = \exp(-ny/\delta) \tag{4.12}$$

由式 (4.6)~ 式 (4.12) 可导出

$$\delta = \frac{k_{\mathrm{L}} T_{\mathrm{w}}}{n \dot{q}_{\mathrm{w}}} \tag{4.13}$$

式中，$\dot{q}_{\mathrm{w}}$ 为进入材料内部的净热流密度。

对动量方程 (4.5) 进行积分，并利用式 (4.10) 可得到切向速度分布为

$$u(y) = \frac{\delta}{\mu_{\mathrm{w}}} \exp(y/\delta) \left[\tau_{\mathrm{w}} + p_x \delta \left(\frac{y}{\delta} - 1\right)\right] \tag{4.14}$$

利用边界条件式 (4.8) 和式 (4.9)，从连续方程 (4.4) 可得

$$\frac{v_{\mathrm{w}}}{v_{-\infty}} = 1 - \frac{1}{r v_{-\infty}} \frac{\mathrm{d}}{\mathrm{d}x} \left[r \frac{\delta^2}{\mu_{\mathrm{w}}} (\tau_{\mathrm{w}} - 2 p_x \delta)\right] \tag{4.15}$$

该式即为蒸发速度 v_{w} 与烧蚀速度 $v_{-\infty}$ 的比值关系，其物理含义为：烧蚀质量流率与蒸发质量流率之差，等于液态层内由压力和剪切力引起流失的质量流率。

对能量方程 (4.6) 进行积分，可得液态层表面能量平衡关系式

$$q_{\mathrm{s}} = (1 + \xi) \rho_{\mathrm{L}} c_{p\mathrm{L}} v_{-\infty} T_{\mathrm{w}} \tag{4.16}$$

其中

$$q_{\mathrm{s}} = \psi q_{\mathrm{c}} (1 - h_{\mathrm{w}}/h_{\mathrm{r}}) - \rho_{\mathrm{L}} v_{\mathrm{w}} \Delta H_v - \varepsilon \sigma T_{\mathrm{w}}^4 \tag{4.17}$$

式中，ψ 为质量引射系数；q_{c} 为冷壁热流；$v_{\mathrm{w}} \Delta H_v$ 为蒸发潜热；ξ 定义为

$$\xi = -\frac{1}{v_{-\infty}} \left\{ v_{\mathrm{w}} - v_{-\infty} + \frac{n}{n+1} \frac{1}{T_{\mathrm{w}} r} \frac{\mathrm{d}}{\mathrm{d}x} \left[T_{\mathrm{w}} r \frac{\delta^2}{\mu_{\mathrm{w}}} \left(\tau_{\mathrm{w}} - \frac{2n+1}{n+1} p_x \delta \right) \right] \right\} \tag{4.18a}$$

其物理含义为 u 方向液态层热焓吸热的百分率。上式可进一步写成

$$\xi = -\frac{1}{n+1} \left[-\left(1 - \frac{v_{\mathrm{w}}}{v_{-\infty}}\right) - \frac{n^2 \delta^2}{v_{-\infty} \mu_{\mathrm{w}}} (\tau_{\mathrm{w}} - 2 p_x \delta) - \frac{1}{n+1} \frac{1}{v_{-\infty} T_{\mathrm{w}} r} \frac{\mathrm{d}}{\mathrm{d}x} \left(T_{\mathrm{w}} r \frac{\delta^2}{\mu_{\mathrm{w}}} p_x \right) \right] \tag{4.18b}$$

假设压力梯度很小，表面温度沿表面变化缓慢，上式可简化为

$$\xi = -\frac{1}{n+1} \left(1 - \frac{v_{\mathrm{w}}}{v_{-\infty}}\right) \tag{4.19}$$

由于 $n \approx 1$，则 $\xi = O(\varepsilon)$，作为工程处理，可以认为 $\xi \approx 0$。

式 (4.15) 和式 (4.16) 是确定石英材料表面烧蚀速度和表面温度的两个控制方程，公式中 v_{w} 可由组元扩散方程来确定。

对于驻点，利用驻点条件

$$r = x, \quad \tau_{\mathrm{w}} = \tau_{\mathrm{w}x} x, \quad p_x = p_{xx} x, \quad \delta_x = T_{\mathrm{w}x} = \mu_{\mathrm{w}x} = 0 \tag{4.20}$$

代入式 (4.15)，可得到代数方程，即液态层流失的质量守恒方程

$$\frac{v_{\mathrm{w}}}{v_{-\infty}} = 1 - \frac{2\delta^2}{\mu_{\mathrm{w}} v_{-\infty}} (\tau_{\mathrm{w}x} - 2p_{xx}\delta) \tag{4.21}$$

对非驻点，对式 (4.15) 积分，有以下公式

$$\int_0^x \left(1 - \frac{v_{\mathrm{w}}}{v_{-\infty}}\right) r v_{-\infty} \mathrm{d}x = r\frac{\delta^2}{\mu_{\mathrm{w}}} (\tau_{\mathrm{w}} - 2p_x\delta) \tag{4.22}$$

注意到 $\mu_{\mathrm{w}} \sim T_{\mathrm{w}}^{-n}$，上式可简化为

$$v_{-\infty}(1 - f) = \left(\frac{r}{\displaystyle\int_0^x r\mathrm{d}x}\right) \frac{\delta^2}{\mu_{\mathrm{w}}} (\tau_{\mathrm{w}} - 2p_x\delta) \tag{4.23}$$

式中，$f = 1 - v_{\mathrm{w}}/v_{-\infty}$ 为蒸发分数。

假定 Le=1，由浓度剖面和总焓剖面的相似关系，可导出 $\mathrm{SiO_2}$ 浓度与蒸发速度 v_{w} 之间的关系式

$$\rho_{\mathrm{L}} v_{\mathrm{w}} = \left(\frac{C_{2\mathrm{w}}}{1 - C_{2\mathrm{w}}}\right) \frac{\psi q_{\mathrm{c}}}{h_{\mathrm{r}}} \tag{4.24}$$

式中，$C_{2\mathrm{w}}$ 为 $\mathrm{SiO_2}$ 在壁面的质量浓度，由下式确定

$$C_{2\mathrm{w}} = \left[1 + M_{\mathrm{av}}\left(\frac{p_{\mathrm{e}}}{p_{\mathrm{v}}} - 1\right)\right]^{-1} \tag{4.25}$$

式中，p_{v} 为蒸气压；M_{av} 为 $\mathrm{SiO_2}$ 和空气的平均分子量。式 (4.23) 中

$$\tau_{\mathrm{w}} = \frac{\psi q_{\mathrm{c}}}{h_{\mathrm{r}}} Pr^{2/3} u_{\mathrm{e}} \tag{4.26}$$

4.4 硅基复合材料烧蚀的工程计算方法

以下给出玻璃钢和高硅氧材料的烧蚀工程计算方法，若略去树脂热解的影响，也可适用于碳石英。

在推导烧蚀计算公式时，作以下几个假定：

(1) 表面有熔融液态层存在，液态层流动的控制方程为略去惯性项的边界层方程。

(2) 原材料中 SiO_2 的质量分数为 f_{SiO_2}，树脂的质量分数为 f_p，碳的质量分数为 f_C。对玻璃钢和高硅氧材料，树脂的气化分数为 α_p(事先给定，一般认为等于 0.5)，热解后剩余碳的分数 $f_C=(1-\alpha_p)f_p$；对碳石英材料，f_p=0，直接用 f_C 进行计算。

(3) 表面碳的燃烧是扩散控制的。

(4) 表面的化学反应有：

$$SiO_2(l) \longrightarrow SiO_2(g) \tag{4.27}$$

$$SiO_2(g) \longrightarrow SiO + \frac{1}{2}O_2 \tag{4.28}$$

$$C + \frac{1}{2}O_2 \longrightarrow CO \tag{4.29}$$

在一般情况下的烧蚀工程计算，需要同材料内部热传导方程耦合求解。对于时间短、烧蚀速度快的情况 (如第一代战略弹头再入情况)，考虑到硅基复合材料的导热系数较低，进入材料内部的净热流较小，可近似予以略去，这样可将烧蚀作为准定常问题处理。如此一来，描述烧蚀的两个物理量：烧蚀速度 $v_{-\infty}$ 和表面温度 T_w 可由下面的表面能量平衡方程和质量守恒方程来确定。

1) 表面能量平衡方程

考虑表面具有反应式 (4.27)~式 (4.29)，并考虑树脂分解热效应，有以下能量平衡方程

$$\psi\dot{q}_\infty - \varepsilon\sigma T_w^4 = \dot{m}_{-\infty}\bar{c}_p(T_w - T_0) + \dot{m}_p\Delta H_p + \dot{m}_v\Delta H_v \tag{4.30}$$

式中，$\varepsilon\sigma T_w^4$ 为表面向环境的热辐射；$\dot{m}_{-\infty}\bar{c}_p(T_w-T_0)$ 为总质量烧蚀率的热容吸热；$\dot{m}_p\Delta H_p$ 为树脂分解吸热；$\dot{m}_v\Delta H_v$ 为 SiO_2 蒸发吸热；$\psi\dot{q}_\infty$ 为考虑烧蚀气体引射效应的气动加热，其中

$$\dot{q}_\infty = \dot{q}_{0r}\left(1 - \frac{h_w}{h_s} + B_C\frac{\Delta H_C}{h_s}\right) \tag{4.31}$$

为无引射时热流密度；$\dot{q}_{0r}$ 为冷壁热流密度；ΔH_C 为碳燃烧热；B_C 为无因次碳质量损失率，即

$$B_C = \frac{\dot{m}_c h_s}{\psi\dot{q}_{0r}} \tag{4.32a}$$

若表面碳的燃烧是扩散控制的，则有

$$B_C = \frac{M_C}{M_O}\tilde{C}_{o_2e} \tag{4.32b}$$

式中，$\tilde{C}_{\mathrm{O_2e}}$ 为边界层外缘氧分子和氧原子总的质量浓度；M_{C}，M_{O} 分别为碳和氧原子的分子量。

质量引射系数 ψ，采用边界层数值计算的关联公式确定

对层流

$$\psi = 1 - 0.62 f \dot{m}_{-\infty} \frac{h_{\mathrm{s}}}{\dot{q}_{0\mathrm{r}}} \tag{4.33}$$

对湍流

$$\psi = 1 - 0.2 f \dot{m}_{-\infty} \frac{h_{\mathrm{s}}}{\dot{q}_{0\mathrm{r}}} \tag{4.34}$$

其中，f 为烧蚀产生气体的分数，有

$$f = \alpha_{\mathrm{p}} f_{\mathrm{p}} + \frac{B_{\mathrm{C}}}{B_{-\infty}} + \alpha_{\mathrm{SiO_2}} f_{\mathrm{SiO_2}} \tag{4.35}$$

总的烧蚀质量损失率 $\dot{m}_{-\infty}$ 由四部分组成，即树脂热解质量损失率 $\dot{m}_{\mathrm{p}}$、碳燃烧质量损失率 $\dot{m}_{\mathrm{C}}$、$\mathrm{SiO_2}$ 蒸发质量损失率 $\dot{m}_{\mathrm{v}}$ 和流失的液态层质量损失，有

$$\dot{m}_{\mathrm{w}} = f \dot{m}_{-\infty} = \dot{m}_{\mathrm{p}} + \dot{m}_{\mathrm{C}} + \dot{m}_{\mathrm{v}} \tag{4.36}$$

其中

$$\dot{m}_{\mathrm{p}} = \alpha_{\mathrm{p}} f_{\mathrm{p}} \dot{m}_{-\infty} \tag{4.37}$$

$$\dot{m}_{\mathrm{v}} = \frac{\dot{m}_{\mathrm{p}} + \dfrac{(1+B_{\mathrm{C}})\dot{q}_{0\mathrm{r}}}{h_{\mathrm{r}}}}{\bar{M}\dfrac{P_{\mathrm{e}}}{P_{\mathrm{v}}} - 1} \tag{4.38}$$

这里，$\bar{M}$ 为平均分子量；P_{v} 为 $\mathrm{SiO_2}$ 蒸气压；P_{e} 为气流静压。

已知 $\dot{m}_{-\infty}$，烧蚀速度 $V_{-\infty} = \dfrac{\dot{m}_{-\infty}}{\rho_{\mathrm{L}}}$，方程 (4.30) 有两个变量 T_{w} 和 $v_{-\infty}$，为了使解唯一确定，还需列出表面质量守恒方程。

2) 质量守恒方程

质量守恒方程为

$$v_{-\infty} - v_{\mathrm{w}} = \frac{2\delta^2}{\mu_{\mathrm{wL}}} \tau_{\mathrm{w}x} \left(1 - \frac{2p_{xx}\delta}{\tau_{\mathrm{w}x}}\right) \tag{4.39}$$

式中，v_{w} 为气化速度 $(=f v_{-\infty})$。以上各式中

$$B_{-\infty} = \dot{m}_{-\infty} \frac{h_{\mathrm{s}}}{\psi \dot{q}_{0\mathrm{r}}} \tag{4.40}$$

$$B_v = \frac{\dot{m}_{\mathrm{v}} h_{\mathrm{s}}}{\psi \dot{q}_{0\mathrm{r}}} = \alpha_{\mathrm{SiO_2}} f_{\mathrm{SiO_2}} B_{-\infty} \tag{4.41}$$

$$\tau_{wx}=\begin{cases}\dfrac{Pr^{2/3}\psi\dot{q}_{0r}}{gh_s}\left(\dfrac{du_e}{dx}\right), & \text{驻点}\\ \dfrac{Pr^{2/3}\psi\dot{q}_{0r}}{gh_s}\left(\dfrac{u_e r}{2s}\right), & \text{非驻点}\end{cases} \tag{4.42}$$

$$s=\int_0^r\frac{r\mathrm{d}r}{\sin\theta} \tag{4.43}$$

$$\delta=\frac{k_l(T_w-T_0)}{n(\psi\dot{q}_0-\dot{m}_r\Delta H_v)} \tag{4.44}$$

$$P_{xx}=\begin{cases}\dfrac{2(P_s-P_\infty)}{R_0^2}, & \text{驻点}\\ \dfrac{\sin\theta}{2s}r\dfrac{\mathrm{d}P}{\mathrm{d}x}, & \text{非驻点}\end{cases} \tag{4.45}$$

θ 为物面倾角；r 为物面到对称轴的距离。材料性能参数为

$$P_v=1.01325\times10^5\exp\left(18.48-\frac{57780}{T_w}\right)\quad \text{Pa}\quad(\text{石英}) \tag{4.46}$$

$$P_v=1.01325\times10^5\exp\left(14.5-\frac{46400}{T_w}\right)\quad \text{Pa}\quad(\text{Pyrex 玻璃}) \tag{4.47}$$

$$\mu_{wL}=0.01\times9.8\exp\left(\frac{31741}{T_w}-14.346\right)\quad \text{Pa}\cdot\text{s}\quad(\text{玻璃钢}) \tag{4.48}$$

$$\mu_{wL}=0.01\times9.8\exp\left(\frac{68890}{T_w}-20\right)\quad \text{Pa}\cdot\text{s}\quad(\text{高硅氧}) \tag{4.49}$$

$$\mu_{wL}=0.01\times9.8\exp\left(\frac{73364.2}{T_w}-18.702\right)\quad \text{Pa}\cdot\text{s}\quad(\text{石英纤维增强二氧化硅}) \tag{4.50}$$

$$\Delta H_P=4.1868\times10^2\ \text{kJ/kg}$$

$$\Delta H_c=9.580\times10^3\ \text{kJ/kg}$$

$$\Delta H_v=1.270\times10^4\ \text{kJ/kg}$$

$$\rho_L=1750\ \text{kg/m}^3$$

$$k_L=1\times10^{-4}\ \text{kcal/(m}\cdot\text{s}\cdot\text{K)}$$

由式 (4.30) 与式 (4.39) 及各种辅助方程构成封闭方程组，可迭代求解。如果把式 (4.30) 右边加上向材料内部的传热项，可以与内部热传导方程一起迭代求解，获得内部温度分布。

3) 工程计算与地面试验结果的比较

利用表 4.2 给出的材料参数，对九种试验工况的热环境条件计算了高硅氧的烧蚀性能，并与电弧加热器的测量结果作了比较 (表 4.3)。九种试验工况包括两种气体介质：空气和氮气。氮气主要用于检验燃烧效应，在氮气介质条件下，碳不出现燃烧反应；而在空气介质条件下，则会发生碳的燃烧。理论计算和试验结果皆表明，在相同的热环境条件下，在空气介质中的烧蚀速度高于氮气介质的烧蚀速度 (比较序号 1~2 和 3~4 的结果)。对于空气介质，低热流计算值稍高于试验值，高热流计算值则稍低于试验值，但两者差别都在工程允许的误差范围内。对氮气介质，低热流计算值与试验值接近程度要好于高热流情况，这是由于氮气对 SiO_2 蒸发是有影响的，而计算中没有考虑这个因素。表 4.4 给出了玻璃钢的工程计算与试验结果的比较，计算与试验结果的误差亦在允许的误差范围内。表 4.3 和表 4.4 的结果表明，工程计算是可靠的。

表 4.2　高硅氧酚醛和玻璃酚醛复合材料的物理化学性能参数

性能参数	高硅氧	玻璃钢
比热 $c_{\text{pL}}/(\text{kJ}/(\text{kg}\cdot\text{K}))$	1.047	1.172
密度 $\rho/\left(\text{kg}/\text{m}^3\right)$	1800	1750
气化热 $\Delta H_{\text{v}}/(\text{kJ/kg})$	12686	12686
分解热 $\Delta H_{\text{p}}/(\text{kJ/kg})$	418.7	418.6
黏性系数 $\mu_{\text{wL}}/((\text{kg}\cdot\text{s})/\text{m}^2)$	$0.01\exp[(68890/T_{\text{w}})-20]$	$0.01\exp[(31740/T_{\text{w}})-14.346]$
蒸气压 $P_{\text{v}}/(10^5\text{Pa})$	$\exp[18.48-(57780/T_{\text{w}})]$	$\exp[18.48-(57780/T_{\text{w}})]$

表 4.3　高硅氧烧蚀工程计算与试验结果的比较

序号	气流介质	P_{s} /(10^5Pa)	H_{s} /(kJ/kg)	q_∞ /(kW/m^2)	试验值		计算值	
					T_{w}/K	$v_{-\infty}$/(mm/s)	T_{w}/K	$v_{-\infty}$/(mm/s)
1	氮气	1.61	6741	7105	3134	0.24	2638	0.198
2	空气	1.61	6741	7105	3660	0.30	2751	0.375
3	空气	1.61	11050	11660	3120	0.477	2839	0.473
4	氮气	1.63	14240	15220	3150	0.516	2839	0.416
5	空气	1.65	14650	15860	2840	0.590	2884	0.593
6	氮气	1.60	19680	20660	3250	0.670	2890	0.502
7	空气	1.54	6950	8667	2723	0.32	2752	0.363
8	空气	1.54	9965	13080	2815	0.43	2810	0.432
9	空气	1.52	12060	14890	2815	0.50	2845	0.459

表 4.4 玻璃钢烧蚀工程计算与试验结果的比较

序号	气流介质	P_s /(10^5Pa)	H_s /(kJ/kg)	q_∞ /(kW/m^2)	试验值		计算值	
					T_w/K	$v_{-\infty}$/(mm/s)	T_w/K	$v_{-\infty}$/(mm/s)
1	氮气	1.61	6741	7105	2840	0.286	1887	0.370
2	空气	1.61	6741	7105	3200	0.525	1981	0.600
3	空气	1.63	11050	11660	2850	0.66	2089	0.743
4	氮气	1.63	14240	15220	2830	0.517	2103	0.687
5	空气	1.65	14650	15860	2740	0.785	2152	0.855
6	氮气	1.60	19680	20660	3060	0.675	2180	0.814

参 考 文 献

[1] Bethe H A, Adams M C A. Theory for ablation of glassy materials. Journal of the Aerospace Sciences, 1959, 26(6): 560–564.

[2] Adams M C. Recent advance in ablation. A. R. S. Journal, 1959, 29(9): 621–625.

[3] Hidalgo H. Ablation of glass material around blunt bodies of revolution. A. R. S. Journal, 1960, 30(9): 806–822.

[4] Hidalgo H, Kadanoff L P. Comparison between theroy and flight ablation data. AIAA Journal, 1963, 1(1): 41–44.

[5] Becher N, Rosensweig R E. Theory for the ablation of fiber glass-reinforced phenolic resin. AIAA Journal, 1963, 1(8): 1802–1804.

[6] Becher N, Rosensweig R E. Albation mechanism in plastics with inorganic reinforcement. A. R. S. Journal, 1961, 31(4): 523–539.

[7] 张志成，潘梅林，刘初平. 高超声速气动热和热防护. 北京：国防工业出版社，2003.

[8] Mcallister L, Bolger J. Behavior of pure and reinforced caring polymers during ablation under hypervelocity reentry conditions. Reinforced Plastic for Electronics and the Space Age Technical, June, 1962.

[9] Bude C L. Thermostructure test facilties for reentry vehicle nosetip materials. 8th Conference on Space Simulation, 1975: 161.

[10] 中国空气动力研究与发展中心. 高超声速飞行器热环境及烧蚀/侵蚀综合分析软件系统[简称 AEROHEATS]V1.0 版: 中华人民共和国计算机软件著作权登记证书 (登记号: 2013SR132872，证书号: 软著登字第 0638634 号)，2013.

第5章　碳基材料烧蚀理论

5.1　引　　言

碳基复合材料包括石墨、二向或多向编织碳/碳、细编穿刺碳/碳、碳毡/碳、碳酚醛等，具有烧蚀率低、高温强度好、质量轻，并能承受很高表面温度，因而可以通过表面辐射去掉大量能量等优点，是一种比较理想的高温烧蚀型热防护材料。

从 20 世纪 70 年代开始，随着第二代战略弹头向小型化、强突防和机动飞方向的发展，硅基复合材料的抗烧蚀性能已难以胜任更为苛刻的再入热环境，逐渐被抗烧蚀性能更为优越的各种工艺的碳基复合材料所取代。选取热防护材料的一个重要原则是组分材料有很高的化学潜热。硅基复合材料的主要成分是 SiO_2，它的蒸发潜热为 12690kJ/kg。碳/碳复合材料的主要成分为碳，单个碳原子的升华潜热为 59450kJ/kg，后者是前者的 4 倍，当温度大于 3000K 时 (即碳开始升华的温度)，碳–碳复合材料的抗烧蚀性能会明显优于硅基复合材料。

由于碳基复合材料的烧蚀性能提高的潜力很大，早在 20 世纪 60 年代末，美国空军就提出研制碳纤维增强的碳/碳复合材料 [1]，以满足高性能战略再入弹头的热防护要求。经几年的努力，AVCO 公司于 1968 年研制了 Mod-3 碳/碳弹头材料 [2]，1969 年又研制了细编穿刺织物的弹头材料 [2]，纤维公司也研制了 2-2-3 结构的三向细编弹头材料 [3]。“民兵III” 的 MK-12A 弹头是美国最早采用碳基材料的弹头，端头用碳/碳材料，大面积采用碳酚醛复合材料。1970 年，美国桑迪亚实验室制成了两种全尺寸的碳/碳弹头材料 [4]，在预定的再入条件下成功地完成了飞行试验。文献 [5] 报道了为研究高级再入弹头的边界层转捩和烧蚀特性，于 1973 年 8 月发射了装有 ATJ-S 石墨端头的 TATAR 火箭飞行器 (即 “黄铜骑士–小猎犬–新兵” 火箭飞行器)，飞行弹道最高驻点压力为 7.3MPa，最高驻点热流为 35170kW/m^2，最大湍流热流为 73690kW/m^2。文献 [6] 报道了通用电气公司将三向编织的碳–碳复合材料在美国空军材料实验室的 50MW 电弧加热器用 “滑行” 试验技术获得了有纵向沟的端头烧蚀外形。与此同时，人们对碳基材料的烧蚀机理问题也进行了大量研究 [7–11]。我国也于 20 世纪 70 年代末初开始了碳基材料烧蚀问题的研究 [12,13]，并在型号研制中得到广泛应用。时至今日，碳基复合材料仍然是高超声速飞行器抵御严酷热环境的首选烧蚀型防热材料。

5.2 碳基材料的烧蚀机理

材料在加热过程中的烧蚀机理研究，主要是弄清材料通过何种方式损失质量，根据质量守恒原理，确定材料质量损失率与环境参数、材料性能参数之间的关系，根据能量守恒原理确定环境给予材料的气动加热、辐射加热和各种吸热量之间的关系。

对碳基材料而言，除少量杂质外，包含的唯一元素是碳。它的烧蚀过程与很多因素有关，而且各种因素也并非是孤立的，相互之间存在复杂影响。大体上可以把烧蚀过程分为热化学烧蚀与机械剥蚀两部分。前者指碳的表面在高温气流环境下与空气组元之间的化学反应和碳的升华两个化学过程；后者指在气流压力和剪切力作用下，材料的基体和基质的密度不同造成烧蚀差异而引起的颗粒状剥蚀或因热应力破坏引起的片状剥落。一般来说，机械剥蚀机制不如热化学烧蚀成熟，目前还只能根据实验进行经验或半经验估计。

5.2.1 碳与空气的表面化学反应

碳与空气的反应，主要是碳的氧化和碳氮反应。关于反应方程和反应产物，文献 [12, 14] 对 JANAF 热化学表 [15] 包含的 15 种碳化合物进行了筛选，在弹道飞行条件下，计算了各气体组元的壁面浓度，比较表明，主要的生成物为 CO，C_2N，其次为 CN，C_2N_2，C_4N_2，再次为 C_2O 和 CN_2，最少为 CO_2 和 C_3O_2。为此，文献大都选择表 5.1 中反应 1、5、8、11 和 12 作为碳基材料壁面的化学反应。

碳与空气的反应，看似简单，其实是非常复杂的。从低温到高温，会依次出现碳的氧化、碳氮反应和碳的升华。其中碳的氧化又包括氧化速率控制区、扩散控制区和介于二者之间的过渡区等复杂过程。氧化过程开始是速率控制的，氧化率由表面反应动力学条件决定，与氧气向表面扩散过程无关。氧化动力学过程包括吸附 (adsorption)、反应 (reaction) 和解附 (desorption) 等过程 [16]。低温时解附起控制作用，温度高时吸附起控制作用。随着温度升高，氧化急剧加快，氧气供应逐渐不足，致使边界层内输送氧气的快慢程度对氧化率起控制作用，这时达到氧化扩散控制区。介于氧化速率控制区和氧化扩散控制区之间的区域，称为过渡区。在过渡区中，氧化率由表面动力学因素和边界层内对流–扩散因素共同决定。在更高温度下，碳氮反应以及碳的升华反应逐渐显著，升华过程也是由速率控制 (动力学升华) 过渡到扩散控制 (平衡升华) 的。如果温度和压力都极高 (例如表面温度约在 4300K 和压力在 100 个大气压以上) 时，碳可以超过三相点，碳的熔化和液碳的蒸发可以接着发生。

表 5.1　碳表面化学反应及其热效应

序号	反应式	3500K 的反应热/(kJ/(g·mol))
1	$C+\frac{1}{2}O_2 \longrightarrow CO$	130.6
2	$C+O_2 \longrightarrow CO_2$	401.1
3	$2C+\frac{1}{2}O_2 \longrightarrow C_2O$	−275.5
4	$3C+O_2 \longrightarrow C_3O_2$	102.6
5	$C+\frac{1}{2}N_2 \longrightarrow CN$	−425.4
6	$C+N_2 \longrightarrow CN_2(C–N–N)$	−583.2
7	$C+N_2 \longrightarrow CN_2(N–C–N)$	−436.3
8	$2C+\frac{1}{2}N_2 \longrightarrow C_2N$	−546.8
9	$2C+N_2 \longrightarrow C_2N_2$	−308.6
10	$4C+N_2 \longrightarrow C_4N_2$	−533.0
11	$\frac{1}{2}N_2 \longrightarrow N$	−484.0
12	$\frac{1}{2}O_2 \longrightarrow O$	−257.1

除上述动力学过程非常复杂外，碳的烧蚀还受到很多其他因素的影响。第一，碳的氧化特性随材料微观结构形式而变化。碳有多种结构形式：钻石、玻璃体、热解碳、石墨、纤维等，通常石墨化程度越高，与氧的反应越难。第二，孔隙结构能够影响碳的氧化特性，玻璃类碳氧化速率比石墨化热解碳低很多。第三，杂质对碳氧化特性有很大影响。还有许多因素对碳的氧化起催化作用，而有的因素能阻止碳的氧化。另外，碳的表面积和体积比也影响碳的氧化。对于 C/C 复合材料，影响因素更多，碳纤维和基体的氧化速率明显不同，更受到材料制备工艺、编织方式、热处理温度、杂质含量和石墨化程度等众多因素的影响。

飞行器防热用的碳/碳复合材料，主要是由三向编织的碳纤维束 (filber) 和基体材料 (matrix) 组成的。其制作工艺分两步，如图 5.1 所示，首先编织纤维预制体，然后在预制体的孔隙内填充基体碳。可以用作 C/C 复合材料预制体的材料主要有：两向碳布 (图 5.2)、单向碳纤维束 (图 5.3) 和各种碳纤维编织体等。将基体碳填充到预制体孔隙内的方法主要有两种：液相浸渍炭化法和化学气相渗积 (CVI) 法。图 5.4 为制成的穿刺 C/C 复合材料局部放大结构，图 5.5 为制成的 C/C 复合材料端头。

从以上 C/C 复合材料的制作工艺可以看出，C/C 复合材料的氧化过程除具有一般碳基材料的氧化动力学特性外，在很大程度上还受到纤维及基体类型、编织方式、热处理温度、杂质含量和石墨化程度的影响，不同的工艺制备出的 C/C 复合材料的氧化性能也不同。

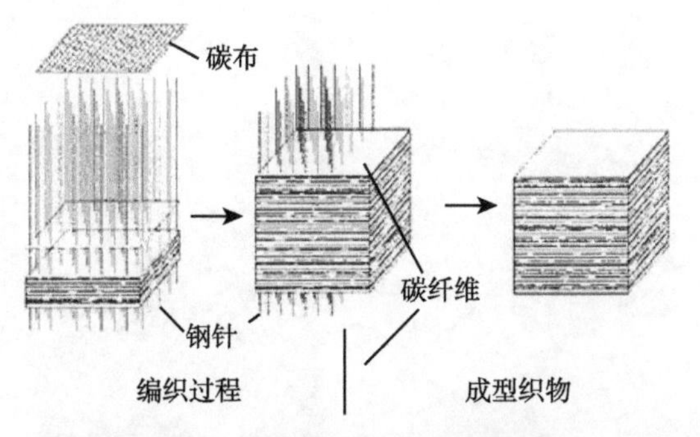

图 5.1 细编穿刺织物工艺流程

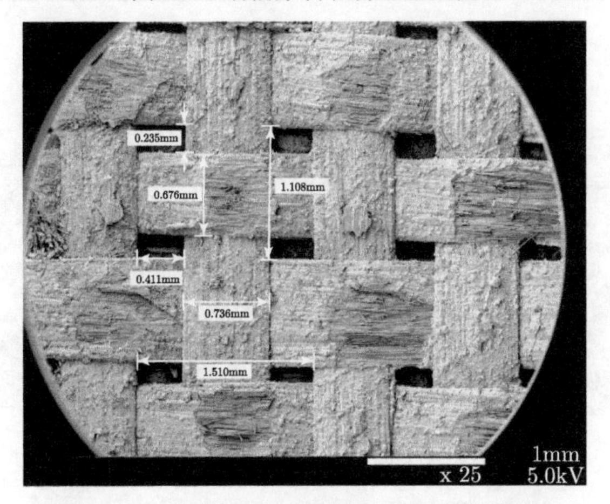

图 5.2 平面编织结构示意 (平面编织材料)

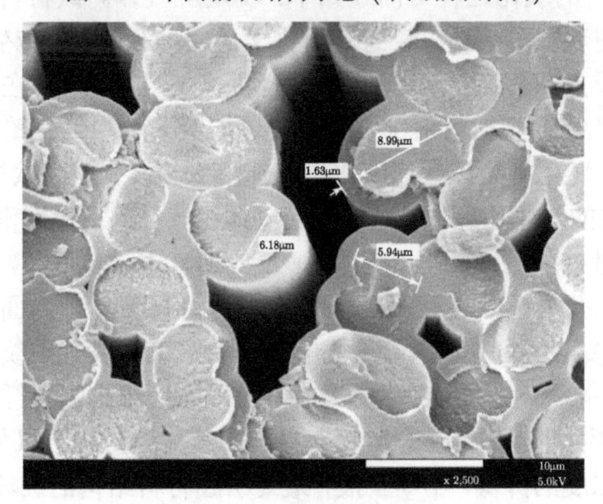

图 5.3 纤维束内结构

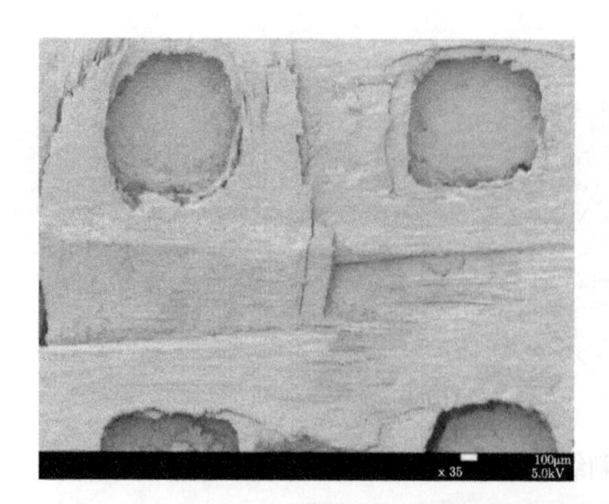

图 5.4　碳布叠层穿刺材料

图 5.5　细编穿刺 C/C 复合材料端头烧蚀前后

C/C 复合材料的氧化过程可简述如下：①反应气体向碳材料表面传递；②反应气体吸附在碳材料表面；③在表面进行化学反应；④氧化反应生成气体的脱附；⑤生成气体向相反方向传递。因为 C/C 复合材料是多孔材料，在外表面没有反应完的气体通过气孔扩散到材料内部，气体一边扩散一边和气孔壁上的碳原子发生反应。在低温下，气孔内的扩散速度比反应速度大得多，整个试样均匀地起反应；随着温度升高，碳的氧化速度加快，因反应气体在气孔入口附近消耗得多，从而使试样内部的反应量减少；温度进一步升高，反应速度进一步增大，则反应气体在表面就消耗完了，气孔内已经不能反应。也就是说，纤维/基体界面的高能和活性区域或孔洞是 C/C 复合材料中优先氧化的区域，所产生的烧蚀裂纹不断扩大并向材料内部延伸，随后的氧化部位依次为纤维轴向表面、纤维末端和纤维内芯层间各向异性碳基体、各向同性碳基体。C/C 复合材料的氧化失效缘于氧化对纤维/基体界面的破坏及纤维强度的降低，不断扩展，最终引起材料结构的破坏。

由于 C/C 复合材料种类繁多，材料氧化过程受其材料结构和基体杂质影响很大，不同的材料制备工艺、编织方式、热处理温度、杂质含量和石墨化程度会导致其氧化动力学数据有很大差异，而且碳纤维与基体的烧蚀往往是不同步的，没有普适的反应动力学数据，只能针对具体材料进行具体测量。文献 [29] 给出了一种 T300 碳纤维和酚醛树脂基碳的 C/C 复合材料基体和碳纤维的反应动力学数据 (表 5.2)，可以看出，基体和碳纤维的反应动力学数据有很大差别。

表 5.2 基体和碳纤维反应动力学数据

反应模型	V	基体反应动力学	碳纤维反应动力学
反应式 2	$k_1\cdot[O_2]\cdot[C]$	$k=65T\exp[-7876/T]$ $(m^3/(mol\cdot s))$	$k=1.35\times10^{10}\sqrt{T}\exp(-31570/T)$ $(m^3/(mol\cdot s))$
反应式 1	$k_2\cdot[O_2]^{1/2}\cdot[C]$	$k=12T\exp(-8175/T)$ $\left(m^{3/2}/mol^{1/2}\cdot s\right)$	$k=4.3\times10^8\sqrt{T}\exp(-29390/T)$ $\left(m^{3/2}/(mol^{1/2}\cdot s)\right)$
[C], 位置密度/ (mol/m^2)		1.1×10^{-6}	1.8×10^{-6}

总之，由于受到碳的微观结构形式和生产工艺差别以及外流条件的影响，虽然人们对碳的氧化反应研究已有 100 多年的历史，对碳基材料用于高超声速飞行器热防护的研究也有半个多世纪了，提出了各式各样的动力学模型 [16]，但仍有许多问题至今没有完全搞清楚。例如，碳表面燃烧应该采用快反应模型还是慢反应模型 [20]？两个模型之间有无内在联系？对于一般的烧蚀计算，CO_2 是否能忽略？无因次质量烧蚀率随温度变化的曲线是存在一个平台还是两个平台？这些问题长期没有明确答案。对于现代碳基材料，更由于原材料和生产工艺不同，它们的碳化程度、晶格方位、密度、孔度、编织方式和结构强度、导热的方向性、热力学和化学动力学特性等都不一样，即使在实验条件完全相同的情况下，也可能获得不同的氧化速率数据，那么如何建立碳/碳复合材料的烧蚀模型，也是工程上迫切需要解决的问题。

本书作者 [17] 针对高超声速飞行器所到达的表面温度和压力范围，在总结分析现有的烧蚀理论基础上，就碳基材料在氧化速率控制区、氧化速率控制–氧化扩散控制过渡区 (以下简称 "过渡区") 的烧蚀特性开展深入研究，建立了碳基材料氧化烧蚀的双平台理论，发现被广泛使用了 50 多年的 "慢反应" 根本不存在，而被弃置的 "快反应" 是真实存在的，并具有重要应用价值。

5.2.2 碳的升华特性

当表面温度超过 3300K 时，表面碳会发生升华反应，出现不同类型的高原子气体碳组元，并伴随着大量的吸热。因此确定碳的升华组元种类及其相应的热力学特性是估计碳升华性能的一个重要问题。曾经提出过三种模型分别考虑不同原子量的升华碳组元：

(a) JANAF 模型 [15]，考虑升华碳组元为 $C_1\sim C_5$；

(b) Dolton 模型 [8]，考虑升华碳组元为 $C_1\sim C_{16}$；

(c) Kratsch 模型 [7,18,19]，考虑升华碳组元为 $C_1\sim C_{30}$。

这三种模型计算的质量损失率差别很大。图 5.6 给出三种模型的碳蒸气压计算结果，三种差别是显著的。为了检验这三种模型的可靠性，曾做过大量的地面试验。图 5.7 给出三种模型与电弧加热器试验结果的比较，结果比较表明：文献[15]JANAF 模型最接近试验结果，其他两个模型远高于试验结果。另外，激光热辐射的烧蚀试验也证实了 JANAF 模型的合理性。为此，建议采用 JANAF 模型。

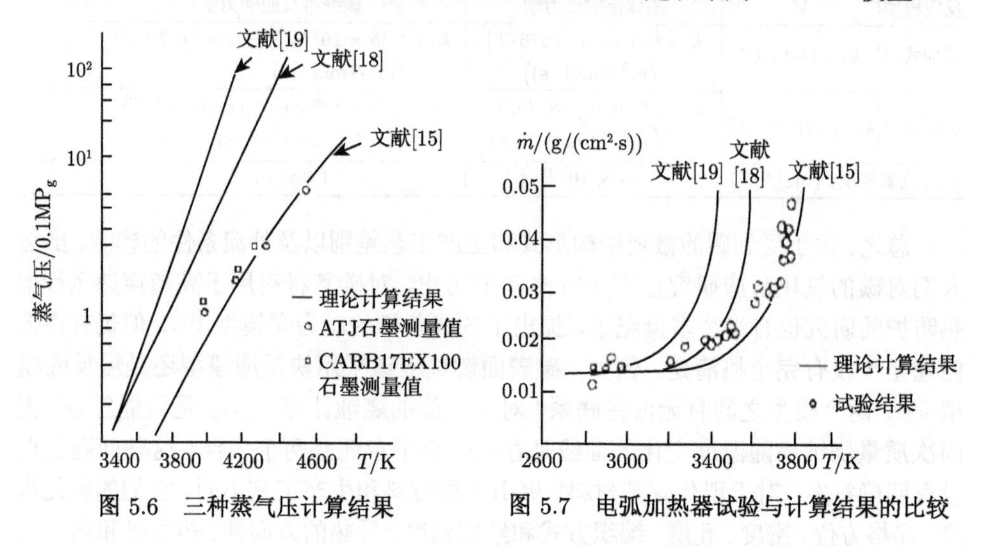

图 5.6 三种蒸气压计算结果　　图 5.7 电弧加热器试验与计算结果的比较

文献 [14] 对 JANAF 模型的升华反应 (表 5.3) 作了进一步筛选，认为前三个反应最为重要，因此烧蚀计算可以只选前三个反应。

表 5.3 碳表面升华反应及其热效应

序号	反应式	3500K 的反应热/(kJ/(g · mol))
1	$C \longrightarrow C(g)$	−710.1
2	$2C \longrightarrow C_2(g)$	−816.0
3	$3C \longrightarrow C_3(g)$	−758.2
4	$4C \longrightarrow C_4(g)$	−935.7
5	$5C \longrightarrow C_5(g)$	−942.9

5.2.3 碳基材料的力学剥蚀特性

引起碳基材料的力学剥蚀有两个原因。

1) 优先剥蚀

碳基材料用于飞行器防热时，由于表面剪切力的作用和材料本身的热应力破坏，会出现机械剥蚀，包括微粒剥蚀和块状剥蚀两种情况。现在通过工艺的改进，消除宏观的孔度，目前已可以避免块状剥蚀。但微粒剥蚀则难以避免，主要原因是复合材料的基体和基质的不同步烧蚀。碳基材料无论是石墨还是碳–碳，都是由不同形态的碳组成的，例如石墨，是由颗粒碳与黏合剂碳组成的，它们的密度不同，在烧蚀过程中相应的烧蚀速度也不同，出现了不同步烧蚀。黏合剂的烧蚀速度大于颗粒碳的烧蚀速度，造成表面粗糙、颗粒与黏合剂结合松弛。暴露在气流中的颗粒，在气动力作用下被吹走，这就是微粒剥蚀。碳/碳材料中的树脂碳、纤维碳和浸渍碳，它们之间的密度也不相同，也有烧蚀不同步的现象。烧蚀速度最慢的纤维碳，当它暴露在气流中时，也会出现微粒剥蚀。

从理论上确定机械剥蚀引起的质量损失是比较困难的，到目前为止，还未有一个妥当的解决办法，一般采用经验的机械剥蚀因子关联式来考虑剥蚀影响。所谓的优先剥蚀理论，是从纯现象出发，依据材料的强度破坏准则，给出了机械剥蚀量的一种工程估算。但这种估算同实际差距很大，未得到广泛应用。主要原因是材料在高温下的强度性能难以准确给定，而且测试也很困难。有关机械剥蚀的研究，后来没有再深入进行下去。为了满足设计计算的需要，可引进一个机械剥蚀因子 η，定义为

$$\eta = \frac{\dot{m}_{\mathrm{t}}}{\dot{m}_{\mathrm{c}}} - 1 \tag{5.1}$$

式中，$\dot{m}_{\mathrm{t}}$ 为总质量损失率，是化学烧蚀和机械剥蚀的质量损失率之和；$\dot{m}_{\mathrm{c}}$ 为化学烧蚀质量损失率。

当 $\eta=0$ 时，$\dot{m}_{\mathrm{t}} = \dot{m}_{\mathrm{c}}$，没有机械剥蚀。$\eta$ 与状态参数压力和总焓的关系，因烧蚀材料的类型不同都不一样。因此，由地面试验确定的 η 关系式是针对特定材料而言的。对于特定的三向编织碳–碳复合材料，机械剥蚀因子 η 可取为

$$\eta = \begin{cases} 0, & p_{\mathrm{e}} < p^* \\ 0.5, & p_{\mathrm{e}} \geqslant p^* \end{cases}$$

式中，p^* 为机械剥蚀阈值。

2) 烧蚀次表面结构的松弛

造成碳基材料机械剥蚀的另一个原因是烧蚀次表面结构的松弛。这一方面是烧蚀表面的氧化与升华使表面孔度增加与延伸，另一方面是极高的烧蚀次层表面温度，使材料内部的剩余有机物进一步裂解，次层内的蒸发效应也使内部孔度增加。

5.3 碳基材料的氧化动力学模型

自 20 世纪 60 年代以来，人们针对高超声速飞行器所到达的表面温度和压力范围，就碳基材料的烧蚀机理开展了大量研究 [20–29]，形成了一些普遍共识，但对有些问题也存在一些争议。

在高超声速飞行器表面所处的压力和温度范围内，人们关注最多的是碳的氧化过程。碳的氧化过程看似简单，其实是非常复杂的，随着温度的变化，氧化过程会出现一系列不同的过程：碳在较低温度下首先是氧化，生成 CO 和 CO_2 气体 (式 (5.2) 和式 (5.3))。氧化过程开始是速率控制的，氧化率由表面反应动力学条件决定，与氧气向表面扩散过程无关。氧化动力学过程包括吸附、反应和解附等过程。低温时解附起控制作用，温度高时吸附起控制作用。随着温度升高，氧化急剧增加，氧气供应逐渐不足，以致边界层内输送氧气的快慢程度对氧化率起控制作用，这时达到氧化扩散控制区。介于氧化速率控制区和氧化扩散控制区之间的区域，称为过渡区。在过渡区中，氧化率由表面动力学因素和边界层内对流–扩散因素共同决定。

$$\mathrm{C\,(s)} + \frac{1}{2}\mathrm{O_2} \longrightarrow \mathrm{CO} \tag{5.2}$$

$$\mathrm{CO} + \mathrm{O} \Longleftrightarrow \mathrm{CO_2} \tag{5.3}$$

从以上可以看出，碳的烧蚀过程是非常复杂的。受到碳的微观结构形式和生产工艺差别以及外流条件的影响，虽然人们对碳的氧化反应研究已久，但对不同材料和不同条件下反应步骤和反应级数仍没有完全搞清楚，许多问题仍存在很大争议。尽管如此，人们在长期的研究过程中还是取得了很多研究成果，建立了一些比较著名的计算模型。下面对这些模型作简要评述。

5.3.1　各种经典氧化动力学模型

文献中出现较多的主要有以下六个模型。

1) Scala 模型 [20]

当前被普遍认可的高温情况下碳氧反应控制理论，是由 Scala 于 20 世纪 60 年代初建立的。这一理论最重要的标志，是提出了反应过程受控于边界层的氧向表面的输运速率和表面碳与氧的反应速率，氧化过程的真正表面质量流应由这两个因素共同决定，即

$$\dot{m}_{\mathrm{w}} = \frac{1}{\dfrac{1}{\dot{m}_{\mathrm{w,Diff.}}} + \dfrac{1}{\dot{m}_{\mathrm{w,React.}}}} \tag{5.4}$$

其中，低壁温时反应项起主导作用，高壁温时扩散项起主导作用，在过渡区两者共同控制。

上式中的扩散项可由边界层扩散方程求得。对于化学反应项，问题十分复杂。虽然人们对碳和氧反应的研究已久，但对反应步骤和反应级数仍没有完全搞清楚。因为气–固反应，实际上包含一系列连续独立的、相互竞争的动力学步骤 (如反应物被表面吸附、反应物在表面移动到活性位置、在活性位置上与碳原子结合、反应产物从表面解附，等等)。随着表面温度和压力的变化，这些步骤中的每一个的重

要性都或增加或减小。除此之外，如果反应物发生离解 (例如，$O_2 \longleftrightarrow 2O$)，或者生成更多的生成物 (例如，同时生成 CO_2 和 CO)，或者起稀释作用的其他组元占据活性位置 (如 N_2)，或者不止有一种类型的活性位置，等等，可能会出现更复杂的反应步骤。研究表明，这些动力学步骤是与温度和压力相关的。为了定量描述碳和氧的气–固反应过程，通常采用 Arrhenius 表达式来关联异相反应动力学数据。

为了估算高温情况下碳的烧蚀速率，Scala 总结了前人给出的动力学数据，针对表面碳的如下氧化反应

$$\mathrm{C\,(s)} + \frac{1}{2}\mathrm{O_2} \longrightarrow \mathrm{CO} \tag{5.5}$$

提出了两种极限反应速率方程。

快反应：

$$\dot{m}_{\mathrm{w,React.}} = 3.29 \times 10^9 \mathrm{e}^{-22144/T} P_{\mathrm{O_2}}^{1/2} \tag{5.6}$$

慢反应：

$$\dot{m}_{\mathrm{w,React.}} = 2.18 \times 10^5 \mathrm{e}^{-21288/T} P_{\mathrm{O_2}}^{1/2} \tag{5.7}$$

其中，烧蚀质量流率 $\dot{m}_{\mathrm{w,React.}}$ 的单位为 $\mathrm{kg/(m^2 \cdot s)}$；温度 T 的单位为 K；压力 $P_{\mathrm{O_2}}$ 的单位为标准大气压 (atm)。可以看出，快反应和慢反应的速率系数相差 4 个数量级。Scala 认为，前者适用于热解石墨，后者适用于人工石墨。

我们注意到，Scala 的模型中的反应产物是 CO，没有考虑 CO_2。后来很多研究人员 [5–8] 认为，当温度大于 1000K 时，CO_2 的浓度很小，烧蚀计算只需考虑 CO，可以忽略 CO_2。并且普遍认为，绝大部分碳氧反应动力学数据都可归类到所谓“快反应”和“慢反应”两种情形。前者通常用于商业用天然石墨，后者用于人工热解石墨，动力学数据的差异是微观结构引起的。另外，Scala 的表达式是一种简单线性 Arrhenius 形式，是在温度低于 1373K 情况下获得的。

Swann 等 [21] 认为在温度小于 3300K (超过 3300K，则需要考虑碳的升华和碳氮反应) 情况下，可以分段给出动力学方程。当 $T_{\mathrm{w}} \leqslant 1700\mathrm{K}$ 时，碳的氧化为 1/2 级反应，可采用 Scala 反应模型；当 $T_{\mathrm{w}} > 1700\mathrm{K}$ 时，为 1 级反应，动力学方程为

$$\dot{m}_{\mathrm{C}} = 4.88 \times 10^{10} \mathrm{e}^{-42500/T} \cdot P_{\mathrm{O_2}} \quad \left(\mathrm{kg/(m^2 \cdot s)}\right) \tag{5.8}$$

以上式 (5.6)~ 式 (5.8) 可采用如下通式来表示

$$\dot{m}_{\mathrm{C}} = A_{\mathrm{s}} \mathrm{e}^{-B_{\mathrm{s}}/T} P_{\mathrm{O_2}}^{n} = \begin{cases} K_1 P_{\mathrm{O_2}}^{1/2} \\ K_2 P_{\mathrm{O_2}} \end{cases} \tag{5.9}$$

这里, n 为反应级数，可取 1/2 或 1，分别代表 1/2 级反应和 1 级反应。

通过边界层扩散到达壁面的氧的质量流率，可根据路易斯假设对边界层方程进行适当简化，有

$$\dot{m}_{O_2} = \frac{q_{c,net}Le^{0.6}}{h_r - h_w}\left(C_{O_2,e} - C_{O_2,w}\right) \quad (kg/(m^2 \cdot s)) \tag{5.10}$$

其中

$$q_{c,net} = \psi q_c \left(1 - \frac{h_w}{h_r}\right) \tag{5.11}$$

质量引射系数 ψ 为

$$\psi = \begin{cases} 1 - 0.724\eta + 0.13\eta^2, & \eta \leqslant 2.25 \\ 0.04, & \eta > 2.25 \end{cases}$$

这里

$$\eta = \frac{h_r}{q_c}\left(\alpha_c \dot{m}_C + \alpha_g \dot{m}_{gw}\right), \quad \alpha_c = \left(\frac{\bar{M}}{M_P}\right)^{0.26}, \quad \alpha_g = \left(\frac{\bar{M}}{M_g}\right)^{0.26}$$

由于热流公式中含 $\dot{m}_C$，而 $\dot{m}_C$ 公式中又含 $q_{c,net}$ 项，需进行迭代求解。采用牛顿迭代法，令

$$F\left(q_{c,net}\right) = q_{c,net} - \psi q_c \left(1 - \frac{h_w}{h_r}\right) = 0$$

则

$$\left(q_{c,net}\right)_{n+1} = \left(q_{c,net}\right)_n - \frac{F\left[\left(q_{c,net}\right)_n\right]}{\left(\partial F / \partial q_{c,net}\right)_n} \tag{5.12}$$

其中

$$\frac{\partial F}{\partial q_{c,net}} = 1 - q_c \left(1 - \frac{h_w}{h_r}\right) \frac{\partial \psi}{\partial \dot{m}_C} \cdot \frac{\partial \dot{m}_C}{\partial q_{c,net}}$$

这里，q_c 为表面冷壁热流；h_r 为表面恢复焓；h_w 为壁焓；Le 为路易斯数；ψ 为质量引射系数；$\bar{M}$，M_P，M_g 分别为表面所有气体、除热解气体组元外的表面混合气体和热解气体平均分子量；$\dot{m}_{gw}$ 为引射到表面的热解气体质量流率。

在材料表面，对于准稳态反应，存在如下关系式

$$\dot{m}_C = \lambda \dot{m}_{O_2} \tag{5.13}$$

其中，$\lambda = \dfrac{M_C}{M_O}$，为表面碳与边界层扩散而来的氧的质量损失比。

将式 (5.9)、式 (5.10) 和式 (5.13) 联立求解，对 1/2 级反应，最终可得

$$\dot{m}_C = \frac{1}{2}\left\{-\frac{\bar{M}\left(h_r - h_w\right)K_1^2 P_e}{\lambda M_{O_2} q_{c,net} Le^{0.6}} + \sqrt{\left[\frac{\bar{M}\left(h_r - h_w\right)K_1^2 P_e}{\lambda M_{O_2} q_{c,net} Le^{0.6}}\right]^2 + 4K_1 \frac{\bar{M}}{M_{O_2}} P_e C_{O_2,e}}\right\} \tag{5.14}$$

$$\frac{\partial \dot{m}_{\mathrm{C}}}{\partial q_{\mathrm{c,net}}}=\frac{1}{2}\frac{\bar{M}\left(h_{\mathrm{r}}-h_{\mathrm{w}}\right)K_1^2P_{\mathrm{e}}}{\lambda M_{\mathrm{O_2}}q_{\mathrm{c,net}}Le^{0.6}}\frac{1}{q_{\mathrm{c,net}}}+\frac{1}{2}\frac{\left[\dfrac{\bar{M}\left(h_{\mathrm{r}}-h_{\mathrm{w}}\right)K_1^2P_{\mathrm{e}}}{\lambda M_{\mathrm{O_2}}q_{\mathrm{c,net}}Le^{0.6}}\right]^2\dfrac{1}{q_{\mathrm{c,net}}}}{\sqrt{\left[\dfrac{\bar{M}\left(h_{\mathrm{r}}-h_{\mathrm{w}}\right)K_1^2P_{\mathrm{e}}}{\lambda M_{\mathrm{O_2}}q_{\mathrm{c,net}}Le^{0.6}}\right]^2+4K_1\dfrac{\bar{M}}{M_{\mathrm{O_2}}}P_{\mathrm{e}}C_{\mathrm{O_2,e}}}}$$

对 1 级反应，则有

$$\dot{m}_{\mathrm{C}}=\frac{K_2P_{\mathrm{e}}C_{\mathrm{O_2,e}}}{\dfrac{M_{\mathrm{O_2}}}{\bar{M}}+\dfrac{K_2P_{\mathrm{e}}\left(h_{\mathrm{r}}-h_{\mathrm{w}}\right)}{\lambda q_{\mathrm{c,net}}Le^{0.6}}} \tag{5.15}$$

$$\frac{\partial \dot{m}_{\mathrm{C}}}{\partial q_{\mathrm{c,net}}}=\frac{\dot{m}_{\mathrm{C}}^2}{C_{\mathrm{O_2,e}}}\frac{h_{\mathrm{r}}-h_{\mathrm{w}}}{\lambda q_{\mathrm{c,net}}Le^{0.6}}\frac{1}{q_{\mathrm{c,net}}}$$

无量纲烧蚀速率为

$$B=\frac{\dot{m}_{\mathrm{C}}}{\rho u_{\mathrm{e}}St}=\frac{\dot{m}_{\mathrm{C}}}{\psi q_{\mathrm{c}}/h_{\mathrm{r}}} \tag{5.16}$$

2) Strickland-Constable 模型 [22]

另一个比较著名的高温动力学表达式是由 Strickland-Constable 及其合作者针对热解石墨给出的，假设反应的主要生成物是 CO，有两类活性位置。动力学表达式为

$$\dot{m}_{\mathrm{C}}=\frac{12k_{\mathrm{A}}k_{\mathrm{B}}P_{\mathrm{O_2}}^2}{\left(1+k_{\mathrm{Z}}P_{\mathrm{O_2}}\right)\left(k_{\mathrm{T}}+k_{\mathrm{B}}P_{\mathrm{O_2}}\right)}+\frac{12k_{\mathrm{T}}k_{\mathrm{B}}P_{\mathrm{O_2}}}{k_{\mathrm{T}}+k_{\mathrm{B}}P_{\mathrm{O_2}}}\quad (\mathrm{kg/(m^2\cdot s)}) \tag{5.17}$$

其中

$$\begin{aligned}
k_{\mathrm{A}}&=200\mathrm{e}^{-30000/RT}\quad (\mathrm{kg/(m^2\cdot s\cdot atm)})\\
k_{\mathrm{B}}&=4.46\times10^{-2}\mathrm{e}^{-15200/RT}\quad (\mathrm{kg/(m^2\cdot s\cdot atm)})\\
k_{\mathrm{T}}&=1.51\times10^{6}\mathrm{e}^{-97000/RT}\quad (\mathrm{kg/(m^2\cdot s)})\\
k_{\mathrm{Z}}&=21.3\mathrm{e}^{4100/RT}\quad (1/\mathrm{atm})
\end{aligned}$$

令 $Q=\dfrac{\lambda q_{\mathrm{c,net}}Le^{0.6}}{h_{\mathrm{r}}-h_{\mathrm{w}}}$，将式 (5.17) 与式 (5.10)、式 (5.13) 联立得

$$aP_{\mathrm{O_2}}^3+bP_{\mathrm{O_2}}^2+cP_{\mathrm{O_2}}+d=0 \tag{5.18}$$

其中

$$a=k_{\mathrm{B}}k_{\mathrm{Z}}\frac{QM_{\mathrm{O_2}}}{\bar{M}P_{\mathrm{e}}}$$

$$b=12k_{\mathrm{A}}k_{\mathrm{B}}+12k_{\mathrm{T}}k_{\mathrm{B}}k_{\mathrm{Z}}-QC_{\mathrm{O_2,e}}k_{\mathrm{B}}k_{\mathrm{Z}}+\left(k_{\mathrm{B}}+k_{\mathrm{Z}}k_{\mathrm{T}}\right)\frac{QM_{\mathrm{O_2}}}{\bar{M}P_{\mathrm{e}}}$$

$$c = 12k_{\mathrm{T}}k_{\mathrm{B}} - QC_{\mathrm{O_2,e}}(k_{\mathrm{B}} + k_{\mathrm{Z}}k_{\mathrm{T}}) + k_{\mathrm{T}}\frac{QM_{\mathrm{O_2}}}{\bar{M}P_{\mathrm{e}}}$$
$$d = -k_{\mathrm{T}}QC_{\mathrm{O_2,e}}$$

通过解以上三次方程可得 $P_{\mathrm{O_2}}$，进而由式 (5.17) 得 $\dot{m}_{\mathrm{C}}$。

3) Ong 模型 [23]

Ong 通过理论分析，发展了另外一个适用于高温情况的动力学表达式。他利用状态转换理论分析动力学控制步骤，根据统计热力学计算所需的转换能量，给出了此前一些不定常数的估算值。Ong 模型的与 Strickland-Constable 模型的一个显著区别是假设碳表面只有一种活性位置，另外一个特点是考虑了两个碳反应产物，低温时为 CO_2，高温时为 CO。Ong 的速率表达式为

$$\begin{aligned}\dot{m}_{\mathrm{C}} =& F_{\mathrm{CO_2}}\mathrm{e}^{-22800/RT}\left[\frac{k_1P_{\mathrm{O_2}}}{1+(k_1k_3P_{\mathrm{O_2}})^{1/2}+k_1P_{\mathrm{O_2}}}\right]\\ &+2F_{\mathrm{CO}}\mathrm{e}^{-51400/RT}\left[\frac{(k_1k_3P_{\mathrm{O_2}})^{1/2}}{1+(k_1k_3P_{\mathrm{O_2}})^{1/2}+k_1P_{\mathrm{O_2}}}\right]\end{aligned} \tag{5.19}$$

其中

$$F_{\mathrm{CO_2}} = 295 \quad (\mathrm{kg/(m^2\cdot s)})$$
$$2F_{\mathrm{CO}} = 9.5\times10^5 \quad (\mathrm{kg/(m^2\cdot s)})$$
$$k_1 = \mathrm{e}^{-(-78410-\mu_1)/RT} \quad (\mathrm{atm^{-1}})$$
$$k_3 = \mathrm{e}^{-(-5760-\mu_3)/RT}$$
$$\mu_1 = RT\left\{-\ln\left[\left(\frac{2\pi mkT}{h^2}\right)^{3/2}kT\right]-\ln\left(\frac{T}{\sigma\theta_{\mathrm{r}}}\right)-\ln(\omega_{\mathrm{e}})\right\}$$
$$\mu_3 = RT\left[\frac{\theta_{\mathrm{V}}}{2T}+\ln\left(1-\mathrm{e}^{-\theta_{\mathrm{V}}/T}\right)\right]$$

这里，$m = M_{\mathrm{O_2}}/N_{\mathrm{A}}$ 为氧分子的质量，$M_{\mathrm{O_2}}$ 为氧的分子量，N_{A} 为 Avogadro 常数；k 为玻尔兹曼常量；h 为普朗克常量；σ=2，为对称数；θ_{r}=2.07K，为转动特征温度；ω_{e}=3，为电子态简并度；θ_{V}=2230K，为振动特征温度。

令 $k_{\mathrm{CO_2}} = F_{\mathrm{CO_2}}\mathrm{e}^{-22800/RT}$，$k_{\mathrm{CO}} = 2F_{\mathrm{CO}}\mathrm{e}^{-51400/RT}$，$\theta_{\mathrm{O_2}} = P_{\mathrm{O_2}}^{1/2}$，将式 (5.19) 与式 (5.10) 和式 (5.13) 联立得

$$\theta_{\mathrm{O_2}}^4 + b\theta_{\mathrm{O_2}}^3 + c\theta_{\mathrm{O_2}}^2 + d\theta_{\mathrm{O_2}} + e = 0 \tag{5.20}$$

其中

$$b = \left(\frac{k_3}{k_1}\right)^{1/2}$$

$$c = \frac{k_{\mathrm{CO_2}} P_{\mathrm{e}} \bar{M}}{Q M_{\mathrm{O_2}}} + \frac{1}{k_1} - \frac{C_{\mathrm{O_2,e}} P_{\mathrm{e}} \bar{M}}{M_{\mathrm{O_2}}}$$

$$d = \left(\frac{k_{\mathrm{CO}}}{Q} - C_{\mathrm{O_2,e}}\right) \frac{P_{\mathrm{e}} \bar{M}}{Q M_{\mathrm{O_2}}} \left(\frac{k_3}{k_1}\right)^{1/2}$$

$$e = -\frac{C_{\mathrm{O_2,e}} P_{\mathrm{e}} \bar{M}}{M_{\mathrm{O_2}} k_1}$$

通过解以上四次方程可得 $P_{\mathrm{O_2}}$，进而由式 (5.19) 得 $\dot{m}_{\mathrm{C}}$。

4) Essenhigh 模型 [24]

Essenhigh 在讨论 Golovina 和 Khaustovich[25] 给出的速率数据时，给出了一个动力学表达式。他认为速率数据可以基于简单的吸附-解附机制来表示，低温时解附起控制作用，高温时吸附起控制作用。解附的活化能为 40000 cal/mol 量级，吸附的活化能在 1000~5000 cal/mol。取吸附活化能为 2000 cal/mol，并根据 Golovina 和 Khaustovich 给出的速率数据估算速率常数，动力学表达式为

$$\dot{m}_{\mathrm{C}} = \frac{k_1 k_2 P_{\mathrm{O_2}}}{k_1 P_{\mathrm{O_2}} + k_2} \tag{5.21}$$

其中

$$k_1 = 5.48 \times 10^{-2} \mathrm{e}^{-2000/RT}$$

$$k_2 = 5.21 \times 10^{4} \mathrm{e}^{-40000/RT}$$

Essenhigh 模型有一个重要的特点，其速率表达式是非线性的，能够恰当描述异相反应动力学一些基本的特点，尽管它过于简化，更无法考虑随着温度升高反应产物从 $\mathrm{CO_2}$ 到 CO 的变化过程。

将式 (5.21) 与式 (5.10)、式 (5.13) 联立得

$$\begin{aligned}\dot{m}_{\mathrm{C}} =& \frac{1}{2}\left\{\left[k_2 + Q\left(C_{\mathrm{O_2,e}} + \frac{M_{\mathrm{O_2}}}{P_{\mathrm{e}}\bar{M}}\frac{k_2}{k_1}\right)\right]\right.\\ &\left. -\sqrt{\left[k_2 + Q\left(C_{\mathrm{O_2,e}} + \frac{M_{\mathrm{O_2}}}{P_{\mathrm{e}}\bar{M}}\frac{k_2}{k_1}\right)\right]^2 - 4k_2 Q C_{\mathrm{O_2,e}}}\right\}\end{aligned} \tag{5.22}$$

$$\begin{aligned}\frac{\partial \dot{m}_{\mathrm{C}}}{\partial q_{\mathrm{cnet}}} =& \frac{1}{2}\left(C_{\mathrm{O_2,e}} + \frac{M_{\mathrm{O_2}}}{P_{\mathrm{e}}\bar{M}}\frac{k_2}{k_1}\right)\frac{\partial Q}{\partial q_{\mathrm{cnet}}}\\ &+\frac{1}{4}\frac{2\left[k_2 + Q\left(C_{\mathrm{O_2,e}} + \frac{M_{\mathrm{O_2}}}{P_{\mathrm{e}}\bar{M}}\frac{k_2}{k_1}\right)\right]\left(C_{\mathrm{O_2,e}} + \frac{M_{\mathrm{O_2}}}{P_{\mathrm{e}}\bar{M}}\frac{k_2}{k_1}\right)\frac{\partial Q}{\partial q_{\mathrm{cnet}}} - 4k_2 C_{\mathrm{O_2,e}}\frac{\partial Q}{\partial q_{\mathrm{cnet}}}}{\sqrt{\left[k_2 + Q\left(C_{\mathrm{O_2,e}} + \frac{M_{\mathrm{O_2}}}{P_{\mathrm{e}}\bar{M}}\frac{k_2}{k_1}\right)\right]^2 - 4k_2 Q C_{\mathrm{O_2,e}}}}\end{aligned}$$

其中，

$$\frac{\partial Q}{\partial q_{\text{cnet}}} = \frac{\lambda Le^{0.6}}{(h_{\text{r}} - h_{\text{w}})}$$

5) Park 模型 [26]

Park 认为碳表面主要存在如下两个反应

$$\mathrm{C\,(s) + O_2 \longrightarrow CO + O} \tag{5.23}$$

$$\mathrm{C\,(s) + O \longrightarrow CO} \tag{5.24}$$

对应的碳烧蚀质量流率为

$$\dot{m}_2 = \rho C_{\mathrm{O_2}} \bar{\nu}_{\mathrm{O_2}} \beta_{\mathrm{O_2}} \frac{M_{\mathrm{C}}}{M_{\mathrm{O_2}}} = \beta_{\mathrm{O_2}} \frac{M_{\mathrm{C}}}{\sqrt{2\pi \hat{R} M_{\mathrm{O_2}}}} T_{\mathrm{w}}^{-0.5} P_{\mathrm{O_2}} \tag{5.25}$$

$$\dot{m}_3 = \rho C_{\mathrm{O}} \bar{\nu}_{O} \beta_{O} \frac{M_{\mathrm{C}}}{M_{\mathrm{O}}} = \beta_{\mathrm{O}} \frac{M_{\mathrm{C}}}{\sqrt{2\pi \hat{R} M_{\mathrm{O}}}} T_{\mathrm{w}}^{-0.5} P_{\mathrm{O}} \tag{5.26}$$

其中

$$\beta_{\mathrm{O_2}} = \frac{0.00143 + 0.01 \exp{(-1450/T_{\mathrm{w}})}}{1 + 0.0002 \exp{(13000/T_{\mathrm{w}})}} \tag{5.27}$$

$$\beta_{\mathrm{O}} = 0.63 \exp{(-1160/T_{\mathrm{w}})} \tag{5.28}$$

$$\bar{\nu}_i = \sqrt{\frac{kT_{\mathrm{w}}}{2\pi m_i}}, \quad i = \mathrm{O_2, O} \tag{5.29}$$

Molis[27] 根据试验结果关联速率常数，给出了如下速率公式

$$\dot{m}_2 = 0.025 \times 1000 M_{\mathrm{C}} T_{\mathrm{w}}^{-0.5} P_{\mathrm{O_2}} \beta_{\mathrm{O_2}} = \alpha_2 P_{\mathrm{O_2}} \tag{5.30}$$

$$\dot{m}_3 = 0.011 \times 1000 M_{\mathrm{C}} T_{\mathrm{w}}^{-0.5} P_{\mathrm{O}} \exp{(-1160/T_{\mathrm{w}})} = \alpha_3 P_{\mathrm{O}} \tag{5.31}$$

假设氧分子和氧原子通过如下平衡反应相联系

$$\frac{1}{2}\mathrm{O_2} \Longleftrightarrow \mathrm{O} \tag{5.32}$$

平衡常数关系式为

$$P_{\mathrm{O_2}} = P_{\mathrm{O}}^2 / k_{P_{\mathrm{O}}}^2 \tag{5.33}$$

根据质量作用定律，由式 (5.23) 和式 (5.24) 得氧原子和氧分子的质量流率分别为

$$\dot{m}_{\mathrm{O}} = \dot{m}_2 \frac{M_{\mathrm{O}}}{M_{\mathrm{C}}} - \dot{m}_3 \frac{M_{\mathrm{O}}}{M_{\mathrm{C}}} = \alpha_2 P_{\mathrm{O_2}} \frac{M_{\mathrm{O}}}{M_{\mathrm{C}}} - \alpha_3 P_{\mathrm{O}} \frac{M_{\mathrm{O}}}{M_{\mathrm{C}}}$$

$$= -\frac{q_{\mathrm{c,net}}Le^{0.6}}{h_{\mathrm{r}}-h_{\mathrm{w}}}\left(C_{\mathrm{O,e}}-C_{\mathrm{O,w}}\right) \tag{5.34}$$

$$\dot{m}_{\mathrm{O_2}} = -\dot{m}_2\frac{M_{\mathrm{O_2}}}{M_{\mathrm{C}}} = -\alpha_2 P_{\mathrm{O_2}}\frac{M_{\mathrm{O_2}}}{M_{\mathrm{C}}} = -\frac{q_{\mathrm{c,net}}Le^{0.6}}{h_{\mathrm{r}}-h_{\mathrm{w}}}\left(C_{\mathrm{O_2,e}}-C_{\mathrm{O_2,w}}\right) \tag{5.35}$$

碳的烧蚀速率为

$$-\dot{m}_{\mathrm{C}} = \frac{M_{\mathrm{C}}}{M_{\mathrm{O}}}\left(\dot{m}_{\mathrm{O}}+\dot{m}_{\mathrm{O_2}}\right) \tag{5.36}$$

即

$$\dot{m}_{\mathrm{C}} = \alpha_2 P_{\mathrm{O_2}} + \alpha_3 P_{\mathrm{O}} \tag{5.37}$$

$$\begin{aligned}\dot{m}_{\mathrm{C}} &= \frac{\lambda q_{\mathrm{c,net}}Le^{0.6}}{h_{\mathrm{r}}-h_{\mathrm{w}}}\left[\left(C_{\mathrm{O_2,e}}+C_{\mathrm{O,e}}\right)-\left(C_{\mathrm{O_2,w}}+C_{\mathrm{O,w}}\right)\right] \\ &= QC_{\mathrm{O_2,e}} - Q\frac{M_{\mathrm{O}}}{\bar{M}P_{\mathrm{e}}}\left(P_{\mathrm{O}}+2P_{\mathrm{O_2}}\right)\end{aligned} \tag{5.38}$$

以上两式联立，并根据式 (5.33) 得

$$P_{\mathrm{O}}^2 + \left(\frac{\alpha_3+\dfrac{QM_{\mathrm{O}}}{\bar{M}P_{\mathrm{e}}}}{\alpha_2+2\dfrac{QM_{\mathrm{O}}}{\bar{M}P_{\mathrm{e}}}}k_{\mathrm{PO}}^2\right)P_{\mathrm{O}} - \frac{QC_{\mathrm{O_2,e}}k_{\mathrm{PO}}^2}{\alpha_2+2\dfrac{QM_{\mathrm{O}}}{\bar{M}P_{\mathrm{e}}}} = 0 \tag{5.39}$$

通过解以上二次方程可得

$$\begin{aligned}P_{\mathrm{O}} =& \frac{1}{2}\left\{-\frac{\alpha_3+\dfrac{QM_{\mathrm{O}}}{\bar{M}P_{\mathrm{e}}}}{\alpha_2+2\dfrac{QM_{\mathrm{O}}}{\bar{M}P_{\mathrm{e}}}}k_{\mathrm{PO}}^2\right. \\ &\left.+\sqrt{\left(\frac{\alpha_3+\dfrac{QM_{\mathrm{O}}}{\bar{M}P_{\mathrm{e}}}}{\alpha_2+2\dfrac{QM_{\mathrm{O}}}{\bar{M}P_{\mathrm{e}}}}k_{\mathrm{PO}}^2\right)^2+4\frac{QC_{\mathrm{O_2,e}}k_{\mathrm{PO}}^2}{\alpha_2+2\dfrac{QM_{\mathrm{O}}}{\bar{M}P_{\mathrm{e}}}}}\right\}\end{aligned} \tag{5.40}$$

$$\dot{m}_{\mathrm{C}} = \left(D-\frac{\alpha_3 C-C^2}{2\alpha_2}k_{\mathrm{PO}}^2\right) - k_{\mathrm{PO}}\sqrt{\left(\frac{\alpha_3 C-C^2}{2\alpha_2}k_{\mathrm{PO}}\right)^2+\frac{C^2 D}{\alpha_2}} \tag{5.41}$$

$$\frac{\partial \dot{m}_{\mathrm{C}}}{\partial q_{\mathrm{cnet}}} = \left(2\frac{\alpha_2}{k_{\mathrm{PO}}^2}P_{\mathrm{O}}+\alpha_3\right)\frac{\partial P_{\mathrm{O}}}{\partial q_{\mathrm{cnet}}}$$

$$\frac{\partial P_{\mathrm{O}}}{\partial q_{\mathrm{cnet}}} = -\frac{k_{\mathrm{PO}}^2}{2\left(\alpha_2+2\dfrac{QM_{\mathrm{O}}}{\bar{M}P_{\mathrm{e}}}\right)^2}\left[\left(\alpha_2-2\alpha_3\right)\frac{M_{\mathrm{O}}}{\bar{M}P_{\mathrm{e}}}\right.$$

$$+\frac{\dfrac{\alpha_3+\dfrac{QM_{\mathrm{O}}}{\bar{M}P_{\mathrm{e}}}}{\alpha_2+2\dfrac{QM_{\mathrm{O}}}{\bar{M}P_{\mathrm{e}}}}k_{\mathrm{PO}}^2(\alpha_2-2\alpha_3)\dfrac{M_{\mathrm{O}}}{\bar{M}P_{\mathrm{e}}}+2C_{\mathrm{O_2,e}}\alpha_2}{2P_{\mathrm{O}}+\dfrac{\alpha_3+\dfrac{QM_{\mathrm{O}}}{\bar{M}P_{\mathrm{e}}}}{\alpha_2+2\dfrac{QM_{\mathrm{O}}}{\bar{M}P_{\mathrm{e}}}}k_{\mathrm{PO}}^2}\Bigg]\frac{\lambda Le^{0.6}}{h_{\mathrm{r}}-h_{\mathrm{w}}} \tag{5.42}$$

6) Williams 模型 [28]

Williams 专门针对 RCC 材料提出了另外一个模型，假设反应为 1/2 级，反应生成物为 CO，反应速率方程为

$$\dot{m}_{\mathrm{C}}=15.7251\mathrm{e}^{-8085.9/T}P_{\mathrm{O_2}}^{1/2}\quad\left(\mathrm{kg/(m^2\cdot s)}\right) \tag{5.43}$$

7) C/C 复合材料

在 C/C 复合材料氧化过程中，由于基体和碳纤维氧化不同步，它们之中总有一个起控制作用。假设起控制作用的碳的质量分数为 f_{C}，那么包括流失的碳和其他杂质部分的质量分数为 $(1-f_{\mathrm{C}})$。假设反应为 1/2 级，反应生成物为 CO。借鉴有关文献给出了一种 C/C 复合材料的氧化动力学数据，那么总的质量烧蚀率为

$$\dot{m}_{\mathrm{w}}=\dot{m}_{\mathrm{C}}/f_{\mathrm{C}} \tag{5.44}$$

5.3.2 各种经典烧蚀模型比较

以上给出了碳基材料的几种典型氧化烧蚀动力学模型，尽管有的模型考虑了吸附、活性位置反应和解附等更为深入的动力学过程，但由于碳基材料 (包括普通人造石墨、热解石墨、碳/碳复合材料等) 原材料和生产工艺不同，它们的碳化程度、晶格方位、密度、孔度、编织方式和结构强度、导热的方向性、热力学和化学动力学特性等都不一样，建立一个通用计算模型几乎是不可能的。有的模型虽然考虑的问题更全面一些，但应用效果并不理想。表 5.4 给出了支撑这些动力学模型数据的温度和压力范围。

表 5.4 反应动力学模型的温度和压力范围

作者	文献	方程	支撑数据范围/K
Scala(slow)	[20]	(5.7)	698~1373
Scala(fast)	[20]	(5.6)	698~1373
Strickland-Constable	[22]	(5.17)	1273~2673
Ong	[23]	(5.19)	973~2273
Essenhigh	[24]	(5.21)	1073~2773
Park	[26]	(5.25)、(5.26)	1256~2144

图 5.8 给出了 P=1atm 情况下，各种模型计算的烧蚀质量流率。为了便于比较，图中同时给出了理论上最大质量流率 (扩散控制)，其表达式为

$$\dot{m}_{\mathrm{D}} = 1.711 \times 10^{21} \left(\frac{P_{\mathrm{t},2}}{R_n}\right)^{1/2} \quad (\mathrm{g/(cm^2 \cdot s)}) \tag{5.45}$$

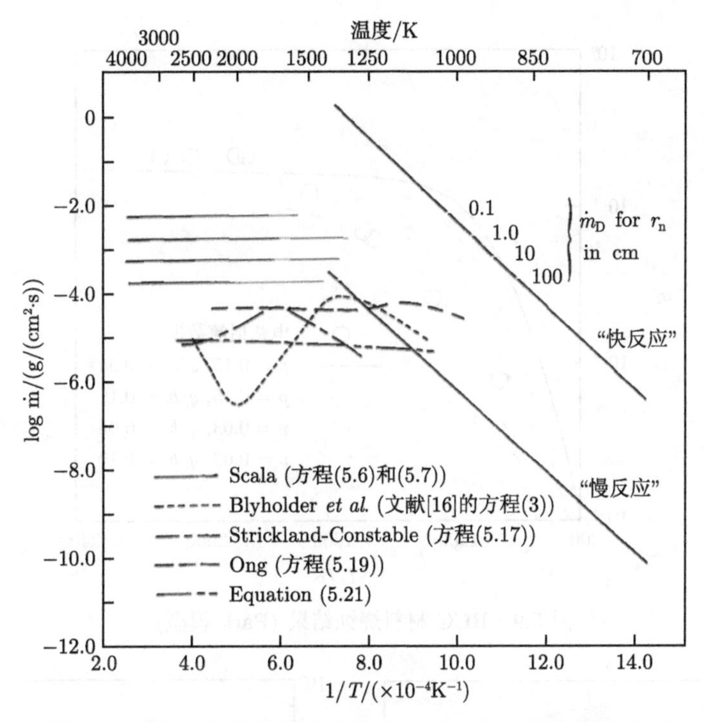

图 5.8 碳氧化速率表达式比较 (P=0.01atm，取自文献 [16])

从图中可以看出，当温度超过 1700K 时，Strickland-Constable, Ong, Essenhigh 三个速率方程预测的烧蚀质量流率比 Scala 慢反应低一个数量级，但比快反应模型低四个数量级以上。图中快反应结果显得比较突兀，乍一看会让人怀疑它有问题，其实是因为它忽略了 CO_2。在 P=0.01atm 压力下，这三个模型都没有达到输运控制边界。

下面再看 Park 模型。图 5.9 为我们针对 RCC 材料采用 Park 模型计算的无量纲烧蚀速率与试验结果的比较，当温度小于 1500K 时，与试验结果符合得比较好的，但 1500~2300 K 时 Park 模型预测结果偏低。图 5.10 给出了 Molis 等 [27] 采用 Scala 的 1/2 级慢反应模型并忽略 CO_2 时计算结果与试验结果的比较，发现 Molis 采用 Scala 公式时多乘了一个碳分子量，即将 Scala 模型放大了 12 倍，图 5.10(a) 为采用不正确模型计算的结果，与试验结果差异较大；图 5.10(b) 为采用原始 Scala

模型给出的结果，结果好了很多，但 Scala 曲线过于陡峭。

图 5.11 给出了采用 Williams 模型计算的无量纲烧蚀速率与试验结果的比较，可以看出，比 Scala 模型和 Park 模型符合得好。图 5.12 给出了生成物不考虑 CO_2 时的 Scala 快反应、慢反应模型、考虑 CO_2 时的快反应模型、Park 模型和 Williams 模型计算结果与试验结果的比较，可以看出，只有 Williams 模型符合得最好。

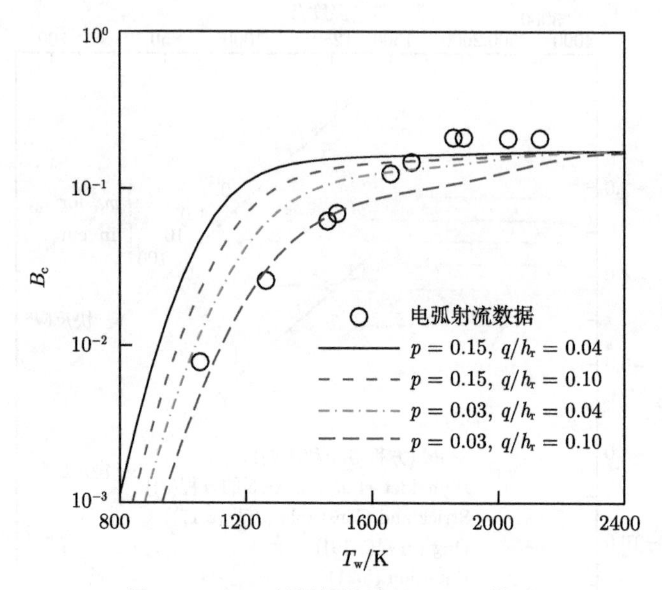

图 5.9　RCC 材料烧蚀结果 (Park 模型)

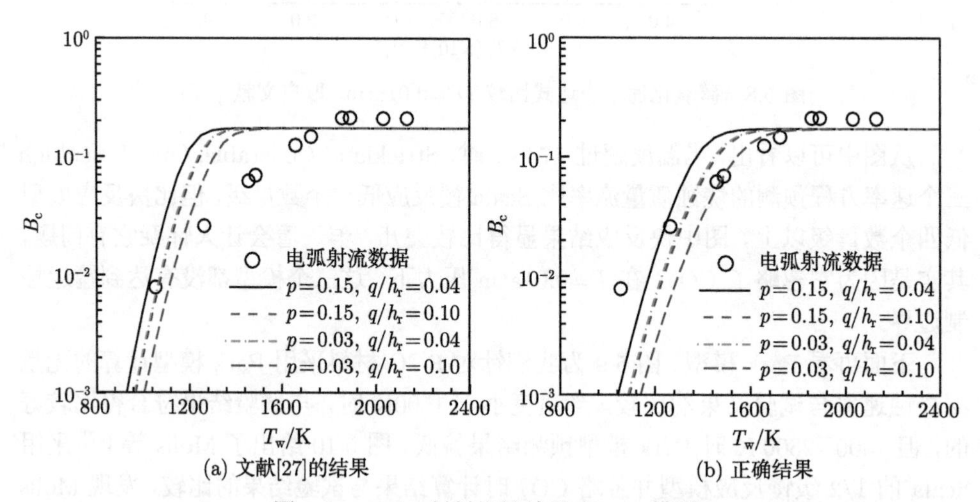

(a) 文献[27]的结果　　(b) 正确结果

图 5.10　RCC 材料烧蚀结果 (Scala 模型)

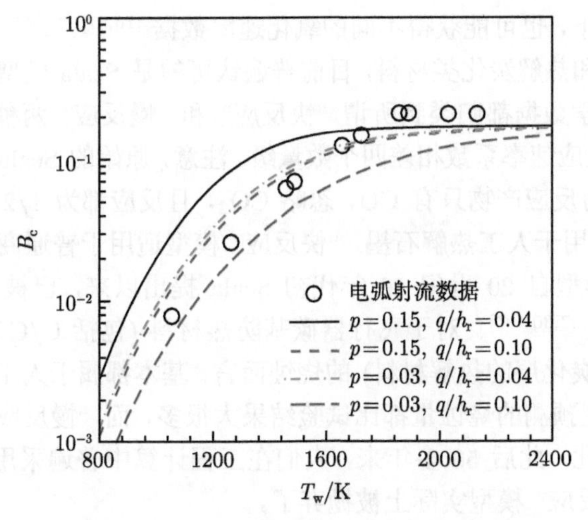

图 5.11 RCC 烧蚀结果 (Williams 模型)

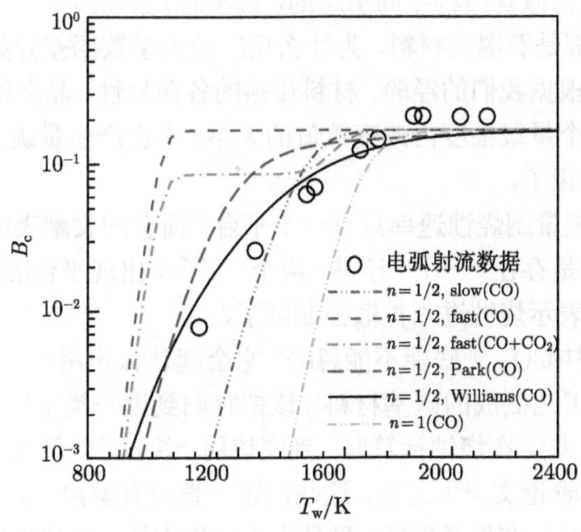

图 5.12 RCC 烧蚀模型比较

(P=0.15atm，Q/h_r=0.1)

5.4 碳基材料氧化烧蚀的“快/慢”反应和“单/双”平台问题

从前面的论述可以看出，尽管人们对碳和氧气的反应研究迄今已有 150 多年的历史了，但仍有许多问题至今没有完全搞清楚。对于近现代的石墨类和 C/C 复合材料，更由于原始材料和加工工艺的不同，它们的碳化程度、晶格方位、密度、孔度、结构强度、杂质含量、热力学和化学动力学特性等都不一样，即使在实验条件完全相同情况下，也可能获得不同的氧化速率数据 [16,37]。

对于石墨类和热解炭化类材料，目前普遍认可的是 Scala 模型。Scala 指出，绝大部分反应动力学数据都归类到所谓 “快反应” 和 “慢反应” 两种类型，“快反应” 和 “慢反应” 的反应速率系数相差四个数量级。注意，原始的 Scala“快反应” 和 “慢反应” 模型，认为反应产物只有 CO，忽略 CO_2，且反应都为 1/2 级反应，并认为 “慢反应” 模型适用于人工热解石墨，“快反应” 模型适用于普通商业用石墨。

快/慢反应模型自 20 世纪 60 年代初 Scala 提出以来，已被大家普遍接受并沿用至今 [12,16,21,27,30−35]。对于飞行器碳基防热材料 (包括 C/C 编织体材料和以热解碳为主形成炭化层的热解材料) 的烧蚀而言，基本都属于人工石墨类材料，采用 “快反应” 模型预测的烧蚀量都比试验结果大很多，而 “慢反应” 模型结果与试验较为接近。因此，此后 50 多年来，人们在工程计算中普遍采用 “慢反应” 模型 [21,27,39]，而 “快反应” 模型实际上被抛弃了。

我们发现，Scala 的两个模型之间好像没有内在联系，有的研究人员把它们之间的差异归结为材料微观结构不同引起的。这里有几点疑问：

(1) 既然它们都是石墨类材料，为什么反应动力学数据差异如此之大？它们之间有无内在联系？根据我们的经验，材料传热的各向异性、晶态结构和杂质等的影响，一般只会在一个量级幅度内改变数值的大小，不会产生量级上的显著差异，更别说相差四个数量级了。

(2) 有人认为无量纲烧蚀速率只有一个平台，而有的文献表明有两个平台，那么无量纲烧蚀速率是存在 “一个” 还是 “两个” 平台？出现平台的物理机制是什么？出现平台，是否就表示烧蚀进入扩散控制区了？

(3) 烧蚀产物中 CO_2 到底能不能忽略？它会起什么作用？

(4) 对一种新工艺制成的碳基材料，该把它归到哪一类 (人工热解石墨类，还是普通商业用石墨类)？在烧蚀计算时，到底该用 “快反应” 还是 “慢反应” 模型？

在本书作者发表论文 [17] 之前，这些问题一直没有解决。从 30 年前我开始接触这个工作起，就对此产生了怀疑，只是由于工作太忙，直到几年前，才弄清是怎么回事 [17]。我们通过研究发现，原本毫无关系的 “快反应” 和 “慢反应” 之间是有内在联系的，过去常被忽略的 CO_2 恰恰是实现由 “快反应” 曲线向 “慢反应” 曲线转化的桥梁和纽带。我们还发现，沿用了 50 多年的 “慢反应” 模型其实根本不存在，并没有实质的物理意义，而被抛弃的 “快反应” 模型却具有重要应用价值，只是以前没有正确应用罢了。在此基础上，我们建立了碳基材料氧化烧蚀的双平台理论 [17]，解决了长期存在的争议问题，并得到了试验证实。

5.4.1 CO_2 在烧蚀计算中的作用及快、慢反应的关系

在飞行器烧蚀量计算过程中，一般认为，当温度大于 1000K 时，CO_2 相比 CO 的浓度已很小，可以忽略。但也有文献表明 [13,17,30]，在壁温为 800~1700 K 范围内，CO_2 都是存在的，不应该被忽略。我们针对典型试验条件下碳氧反应组元进行了筛选计算，结果如图 5.13 所示。可以看到，1500K 以下，生成物主要是 CO_2，1700K 以上生成物才以 CO 为主。

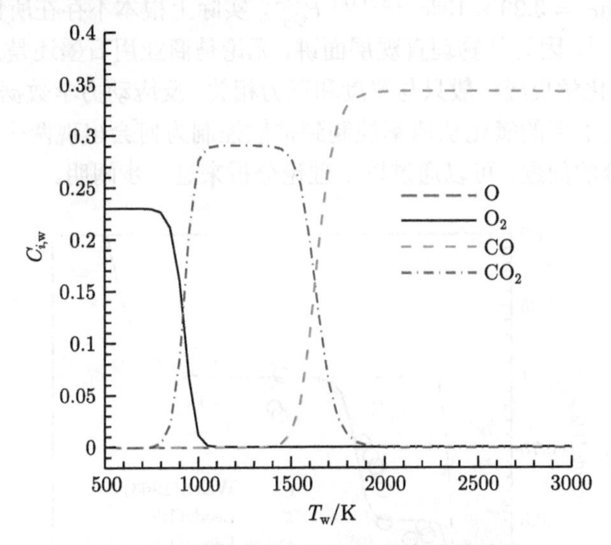

图 5.13 试验条件烧蚀组元浓度计算结果

一般认为，CO_2 通常是不稳定的，极易分解成 CO 和 O_2，可采用如下平衡反应

$$CO + \frac{1}{2}O_2 \Longleftrightarrow CO_2 \tag{5.46}$$

来考虑它们的相对含量。其中平衡常数定义为

$$Kp_{CO_2} = \frac{P_{CO_2}}{P_{CO} \cdot P_{O_2}^{1/2}} \tag{5.47}$$

我们发现一个有趣的现象，如果对固态碳的氧化反应

$$C\,(s) + \frac{1}{2}O_2 \longrightarrow CO \tag{5.48}$$

采用所谓的“快反应”动力学数据进行计算，同时考虑式 (5.46) 的平衡反应，那么在扩散控制平台 $\dot{m}_C/\dot{m}_d$=1 出现之前，会出现一个 $\dot{m}_C/\dot{m}_d$ =0.5 新的平台 (图 5.14)，两个平台的数值刚好差一倍。这里 $\dot{m}_C$ 由后面的式 (5.51) 计算获得，$\dot{m}_d = \rho_e u_e St\,(M_C/M_O)\,C_{O_2,e}$。而且我们发现，当 T_w <1100K 时，考虑 CO_2 影响的新模

型计算结果与忽略 CO_2 时的“快反应”结果一致；当温度大于 1500K 时，新模型与忽略 CO_2 时的“慢反应”结果基本一致；而在 1100K< T_w <1500K 时，则自动从所谓的“快反应”曲线过渡到“慢反应”曲线。那么这是否意味着，以前人为区分的“快反应”和“慢反应”，只是抓住了上下边界两种极端情况，并没有注意到它们之间的内在联系，而本书的新模型将它们统一起来了。图 5.14 给出新模型计算结果与试验结果 [27] 的一致性，应该能够证明这一观点，并且说明化学动力学数据只有一组，即 $\dot{m}_C = 3.29 \times 10^9 e^{-22144/T} P_{O_2}^{1/2}$，实际上根本不存在所谓的“快反应”和“慢反应”之说。因为从物理直观层面讲，无论是商业用石墨还是人工热解石墨，其元素都是碳，化学反应一般只与温度和压力相关，反应动力学数据应该不会有那么大的差别。关于碳的氧化从速率控制到扩散控制为何会出现两个平台以及氧化控制区如何划分的问题，可以通过以下理论分析来进一步阐明。

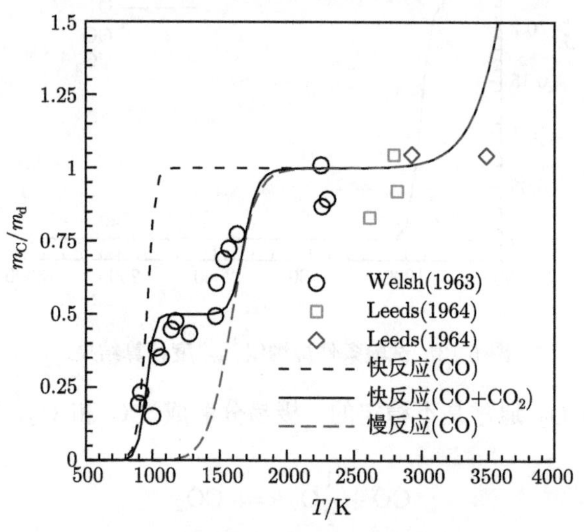

图 5.14　ATJ 石墨烧蚀计算与试验结果比较

5.4.2　碳氧反应的双平台理论和控制区划分

众所周知，碳的表面氧化由两个基本过程组成：一是固体表面上的化学动力学过程，二是反应物向表面输送的过程。在这两个基本过程中，速率较慢的过程起着主导控制作用。当其中一个过程的速率远远小于另一个过程的速率时，较小速率的过程就起着控制整个烧蚀过程的作用，此时烧蚀过程的真正速率实际上等于较小的过程的速率。如果表面化学反应速率比对流扩散速率小得多，则称之为速率控制；与此相反的极限情况，称为扩散控制；介于两者之间的区域称为过渡区。

不失一般性，可以采用如下化学计量方程来表示碳和氧的反应

$$n_c\mathrm{C}\,(\mathrm{s}) + n_1\mathrm{O}_2 \longrightarrow n_2\mathrm{CO}_2 + n_3\mathrm{CO} + n_4\mathrm{O} \tag{5.49}$$

该式实际上包含了固体碳的异相非平衡氧化反应式 (5.48)、两种烧蚀产物之间的平衡反应式 (5.46) 以及氧气的离解平衡反应。

令反应生成物 CO 与 CO_2 的分压比为 δ，O 与 CO_2 的分压比为 γ，则上式可表示为

$$(2+2\delta)\,\mathrm{C}\,(\mathrm{s}) + (2+\delta+\gamma)\,\mathrm{O}_2 \longrightarrow 2\mathrm{CO}_2 + 2\delta\mathrm{CO} + 2\gamma\mathrm{O} \tag{5.50}$$

对氧化反应，设碳氧异相反应级数为 n，由表面氧化动力学决定的质量流可由下式确定

$$\dot{m}_{\mathrm{C}} = A\mathrm{e}^{-B/T}P_{\mathrm{O}_2}^n = A\mathrm{e}^{-B/T}\left(\frac{\bar{M}P_{\mathrm{e}}}{M_{\mathrm{O}_2}}\right)^n C_{\mathrm{O}_2,\mathrm{w}}^n = \alpha_{\mathrm{ch}}C_{\mathrm{O}_2,\mathrm{w}} \tag{5.51}$$

这里令

$$\alpha_{\mathrm{ch}} = A\mathrm{e}^{-B/T}\left(\frac{\bar{M}P_{\mathrm{e}}}{M_{\mathrm{O}_2}}\right)^n C_{\mathrm{O}_2,\mathrm{w}}^{n-1} \tag{5.52}$$

是氧化速率系数，它表征表面在一定氧气浓度下进行氧化反应的快慢程度。

另一方面，由边界层内对流扩散因素决定的氧气的质量流率为

$$\dot{m}_{\mathrm{O}_2} = (1+B)\,\frac{\psi q_{\mathrm{c}}}{h_{\mathrm{r}}}\left(\frac{C_{\mathrm{O}_2,\mathrm{e}}}{1+B} - C_{\mathrm{O}_2,\mathrm{w}}\right) \tag{5.53}$$

其中，B 为无因次烧蚀质量流率，其定义为

$$B = \frac{\dot{m}_{\mathrm{C}}}{\rho_{\mathrm{e}}u_{\mathrm{e}}St} = \frac{\dot{m}_{\mathrm{C}}}{\psi q_{\mathrm{c}}/h_{\mathrm{r}}} \tag{5.54}$$

由边界层扩散到达壁面的氧气一部分用于离解–复合反应，另一部分用于碳的氧化反应，那么由边界层内对流扩散因素决定的碳消耗的潜在质量流率为

$$\begin{aligned}\dot{m}_{\mathrm{C}} &= \frac{2+2\delta}{2+\delta}\frac{M_{\mathrm{C}}}{M_{\mathrm{O}_2}}\dot{m}_{\mathrm{O}_2} = \frac{2+2\delta}{2+\delta}\frac{M_{\mathrm{C}}}{M_{\mathrm{O}_2}}(1+B)\,\frac{\psi q_{\mathrm{c}}}{h_{\mathrm{r}}}\left(\frac{C_{\mathrm{O}_2,\mathrm{e}}}{1+B} - C_{\mathrm{O}_2,\mathrm{w}}\right)\\ &= \alpha_{\mathrm{d}}\left(\frac{C_{\mathrm{O}_2,\mathrm{e}}}{1+B} - C_{\mathrm{O}_2,\mathrm{w}}\right)\end{aligned} \tag{5.55}$$

这里，令

$$\alpha_{\mathrm{d}} = \frac{2+2\delta}{2+\delta}\frac{M_{\mathrm{C}}}{M_{\mathrm{O}_2}}(1+B)\,\frac{\psi q_{\mathrm{c}}}{h_{\mathrm{r}}} \tag{5.56}$$

是当量扩散系数，它表征氧气向表面输送的快慢程度，是与边界层有关的复杂函数。

氧化过程的真正表面质量流应由这两个因素共同决定，则由式 (5.51) 和式 (5.55) 得

$$\dot{m}_{\rm C}=\frac{C_{\rm O_2,e}/(1+B)}{\dfrac{1}{\alpha_{\rm ch}}+\dfrac{1}{\alpha_{\rm d}}} \tag{5.57}$$

讨论:

(1) 当表面温度较低时，$\alpha_{\rm ch}\ll\alpha_{\rm d}$，则

$$\dot{m}_{\rm C}\approx\alpha_{\rm ch}C_{\rm O_2,e}/(1+B) \tag{5.58}$$

根据式 (5.51)，则

$$C_{\rm O_2,w}\approx C_{\rm O_2,e}/(1+B) \tag{5.59}$$

引入元素质量浓度概念，低温时可不考虑氧原子、碳氮反应和碳的升华，则不难得到

$$\tilde{C}_{\rm O,w}=C_{\rm O_2,w}+\frac{M_{\rm O}}{M_{\rm CO}}C_{\rm CO,w}+\frac{2M_{\rm O}}{M_{\rm CO_2}}C_{\rm CO_2,w}=\frac{C_{\rm O_2,e}}{1+B} \tag{5.60}$$

$$\tilde{C}_{\rm C,w}=\frac{M_{\rm C}}{M_{\rm CO}}C_{\rm CO,w}+\frac{M_{\rm C}}{M_{\rm CO_2}}C_{\rm CO_2,w}=\frac{B}{1+B} \tag{5.61}$$

由此可得

$$\begin{cases}B\approx 0\\ C_{\rm O_2,w}\approx C_{\rm O_2,e}\\ \dot{m}_{\rm C}\approx A{\rm e}^{-B/T}\left(\overline{M}P_{\rm e}/M_{\rm O_2}\right)^n C_{\rm O_2,e}^n\end{cases} \tag{5.62}$$

这就是氧化速率控制区的烧蚀关系式，它相当于在表面有过剩的氧气存在 (氧气在表面的浓度等于边界层外缘值) 的极限情形，这个烧蚀量与边界层对流扩散因素无关，仅取决于表面动力学数据。

(2) 当表面温度较高时，$\alpha_{\rm ch}\gg\alpha_{\rm d}$，则根据式 (5.57)

$$\dot{m}_{\rm C}\approx\alpha_{\rm d}\frac{C_{\rm O_2,e}}{1+B}=\frac{2+2\delta}{2+\delta}\frac{M_{\rm C}}{M_{\rm O_2}}\frac{\psi q_{\rm c}}{h_{\rm r}}C_{\rm O_2,e} \tag{5.63}$$

由上式和式 (5.54)、式 (5.55) 得

$$\begin{cases}B\approx\dfrac{2+2\delta}{2+\delta}\dfrac{M_{\rm C}}{M_{\rm O_2}}C_{\rm O_2,e}\\ C_{\rm O_2,w}\approx 0\\ \dot{m}_{\rm C}\approx B\dfrac{\psi q_{\rm c}}{h_{\rm r}}\end{cases} \tag{5.64}$$

这就是氧化扩散控制区方程，它相当于氧气在表面完全燃尽的极限情形，这时氧化率与表面动力学因素无关。

我们注意到，根据 (5.64) 式，这时的 B 值与反应生成物 CO 与 CO_2 的分压比 δ 有关。我们知道，温度较低的情况下 (1200K 附近)，生成物主要是 CO_2，而 CO 浓度较小；高温 (1700K 以上) 情况下，生成物主要是 CO，而 CO_2 浓度很小。因此，不妨考虑两种极限情形：一是假设生成物主要是 CO_2，忽略 CO，即 δ=0，则

$$B \approx \frac{M_{\mathrm{C}}}{M_{\mathrm{O_2}}} C_{\mathrm{O_2,e}} = \frac{0.1725}{2} = 0.08625 \tag{5.65}$$

反之，假设生成物只有 CO，忽略 CO_2，即 $\delta = \infty$，则

$$B \approx 2\frac{M_{\mathrm{C}}}{M_{\mathrm{O_2}}} C_{\mathrm{O_2,e}} = 0.1725 \tag{5.66}$$

由此可见，在扩散控制区，由于反应产物的成分不同，会出现两个不同的平台 (图 5.14 和图 5.15)。第一个平台出现在温度较低的情况下，反应产物主要是 CO_2，如图 5.15 所示；第二个平台出现在温度较高情况下，反应产物主要是 CO。

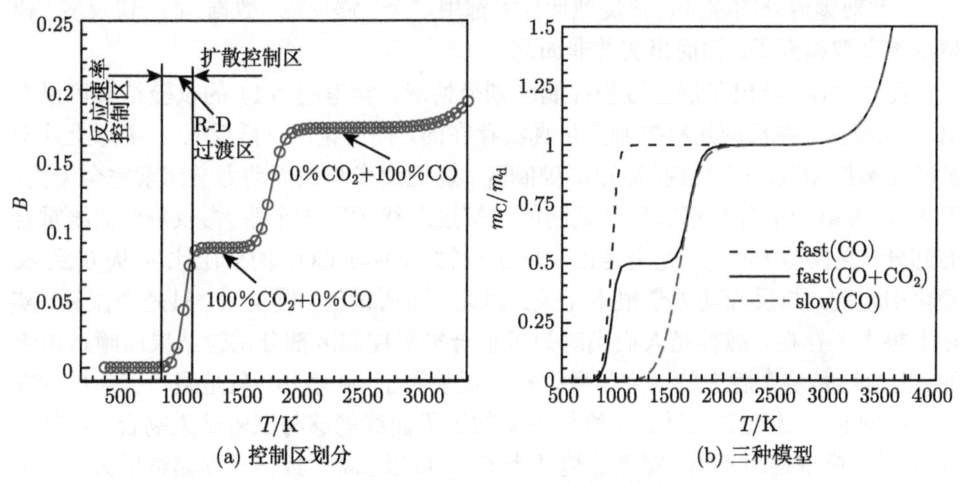

图 5.15 无因次烧蚀质量流率随温度变化

(3) 在氧化反应速率控制区与扩散控制区之间的区域，α_{ch} 和 α_{d} 具有数值相当的量级，这时氧化率与表面动力学因素和边界层因素都有关。如果我们定义

$$\phi_{\mathrm{ch}} = \frac{\alpha_{\mathrm{d}}}{\alpha_{\mathrm{ch}}} \tag{5.67}$$

表示氧气的表面输送速度与表面氧化动力学速度之比，则方程 (5.57) 可改写为

$$B = \frac{\dfrac{2+2\delta}{2+\delta}\dfrac{M_{\mathrm{C}}}{M_{\mathrm{O_2}}} C_{\mathrm{O_2,e}}}{1+\phi_{\mathrm{ch}}} \tag{5.68}$$

显然，$\phi_{ch} \to \infty$ 时，方程 (5.68) 变为速率控制的极限情况方程 (5.62)；$\phi_{ch} \to 0$ 时，变成扩散控制的极限情况方程 (5.64)。事实上，在某个有限 ϕ_{ch} 值处，氧化已很接近速率控制区或扩散控制区的数值，我们可据此来确定过渡区的范围。若取 $\phi_{ch} = 100$ 和 $\phi_{ch} = 0.01$ 分别作为速率控制区的上限值和扩散控制区的下限值，这样从方程 (5.68) 就能确定出对应的 B 值，将 B 值代入方程 (5.57) 就能确定对应的温度上、下限值 (表 5.5[17])。

表 5.5　试验条件下氧化分区所对应的温度范围

	氧化速率控制区			过渡区					扩散控制区					
T_w/K	600	700	750	770	800	900	1000	1025	1050	1100	1200	1500	1700	2000
ϕ_{ch}	3.3×10^5	1721	208	100	33	1.27	0.029	0.01	0.0036	5.3×10^{-4}	1.86×10^{-5}	5.2×10^{-9}	0	0

结合前面图 5.14 和图 5.15(b)，可以看出，在飞行器表面温度 1000~1700 K 这个重要的区间内，“快反应” 模型 (并忽略 CO_2) 的计算结果会比慢反应高出很多，“慢反应” 结果与试验结果更为接近，特别是对于温度较高、烧蚀较快的情况。因此，此前国内外的碳基材料烧蚀计算大都用这个 “慢反应” 数据，而 “快反应” 模型基本上被抛弃了。然而事实并非如此。

图 5.15(a) 给出了烧蚀过程控制区划分情况。参考图 5.14 的试验结果可以看出，“快反应” 在反应速率控制区是真实存在的，而所谓的 “慢反应”，实际上处于扩散速率控制区，可是在扩散速率控制区，烧蚀速率与表面动力学因素完全无关。图 5.15 中第一平台与第二平台之间的连接过渡线 (即与所谓 “慢反应” 曲线重合的部分，见图 5.15(b))，完全是由反应生成物 CO 与 CO_2 的分压比 δ 从 0 到 ∞ 变化引起的，与反应动力学根本无关。因此，而所谓的 “慢反应” 只是个假象，实际上根本不存在，纯粹是人们当时为了拟合扩散控制区部分试验结果而臆造出来的，但恰恰是这个臆造的动力学数据被广泛使用了 50 多年! 只是碰巧因为烧蚀在 T_w >1700K 时才变得显著，而恰好模型的这段曲线能够与试验结果吻合。再加上 “快反应” 模型使用不当，想当然地认为 CO_2 可以忽略，致使其预测结果大大高于试验结果，这样一来，“快反应” 模型就被长期束之高阁了。

基于以上分析，本书认为，对碳基材料的烧蚀，无论是普通商用石墨类还是人工热解石墨类，只有一个反应动力学数据是真实存在的，那就是 “快反应” 动力学数据。但必须注意的是，烧蚀计算时必须同时考虑 CO 和 CO_2 两个烧蚀产物，否则无法得到准确的烧蚀量计算结果，因为以往被常常被忽略的 CO_2 恰恰扮演了一个重要角色，由它产生的第一平台起到了由 “快反应” 曲线向 “慢反应” 曲线转化过渡的桥梁作用。我们认为，对任何表面烧蚀的化学反应，在反应速率控制区拟合化学动力学数据是有实质物理意义的，而在过渡区和扩散控制区，不能抛开反应产物种类和边界层中氧化剂扩散单纯拟合反应动力学数据。当然，受到材料传热的各向异性、晶态结构和杂质等的影响，这个反应动力学数据会有一些或多或少的变化，但一般只会在一个量级幅度内改变数值的大小，不会产生量级上的显著差异。

5.5 碳基材料的全温区烧蚀计算方法

5.5.1 全温区烧蚀计算模型

前面我们研究了碳基材料的氧化动力学，现在考虑氧化速率-氧化扩散联合控制问题，以及温度大于 3000K 时进一步考虑碳的升华和碳氮反应模型，以便于沿弹道进行烧蚀计算。

在高超声速飞行器所达到的表面温度范围内，碳基材料表面烧蚀主要是表面碳的燃烧、碳的升华和碳氮反应。沿典型弹道对碳端头表面烧蚀组分所做的筛选计算表明，生成 CO，CO_2，C_1，C_2，C_3，C_2N 和 CN 的反应对碳的烧蚀是不可忽略的。作以下假设：

(1) 边界层内化学冻结，所有的反应都在壁面上进行，各组元的扩散系数相等，且 $Pr = Le = 1$；

(2) 热解气体在壁面处作为惰性气体处理；

(3) 考虑以下几个主要反应：

$$\mathrm{C\,(s)} \longrightarrow \mathrm{C_1} \tag{5.69}$$

$$\mathrm{2C\,(s)} \longrightarrow \mathrm{C_2} \tag{5.70}$$

$$\mathrm{3C\,(s)} \longrightarrow \mathrm{C_3} \tag{5.71}$$

$$\mathrm{C\,(s)} + \frac{1}{2}\mathrm{O_2} \longrightarrow \mathrm{CO}, \quad \text{Scala 或 Williams 模型}\dot{m}_1 \tag{5.72}$$

$$\mathrm{C\,(s)} + \mathrm{O_2} \longrightarrow \mathrm{CO} + \mathrm{O}, \quad \text{Park 模型}\dot{m}_2 \tag{5.73}$$

$$\mathrm{C\,(s)} + \mathrm{O} \longrightarrow \mathrm{CO}, \quad \text{Park 模型}\dot{m}_3 \tag{5.74}$$

$$\mathrm{C\,(s)} + \frac{1}{2}\mathrm{N_2} \longrightarrow \mathrm{CN}, \quad \dot{m}_4 \tag{5.75}$$

$$\mathrm{2C\,(s)} + \frac{1}{2}\mathrm{N_2} \longrightarrow \mathrm{C_2N}, \quad \dot{m}_5 \tag{5.76}$$

$$\mathrm{CO} + \mathrm{O} \Longleftrightarrow \mathrm{CO_2}, \quad \text{Scala 模型} \tag{5.77}$$

$$\frac{1}{2}\mathrm{O_2} \Longleftrightarrow \mathrm{O} \tag{5.78}$$

$$\frac{1}{2}\mathrm{N_2} \Longleftrightarrow \mathrm{N} \tag{5.79}$$

为了便于统一编制程序，这里涵盖了三种氧化动力学模型：①适用于石墨类和热解炭化类材料的 Scala 模型 (包括除方程 (5.73) 和 (5.74) 以外的所有反应，其中方程 (5.72) 当 T_{w} <1700K 时反应级数为 1/2，采用 Scala 反应动力学数据；

当 T_w >1700K 时反应级数为 1，采用 1 级反应动力学数据)；②适用于 C/C 材料的 Williams 模型 (包括除方程 (5.73)、(5.74) 和 (5.77) 以外的所有反应，其中方程 (5.72) 当 T_w <1700K 时反应级数为 1/2，采用 Williams 反应动力学数据；当 T_w >1700K 时反应级数为 1，采用 1 级反应动力学数据)；③Park 模型 (包括除方程 (5.72) 和式 (5.77) 以外的所有反应)。

上述 11 个反应中，式 (5.69)~ 式 (5.71) 采用蒸发动力学模型，式 (5.72)~ 式 (5.74) 采用非平衡反应动力学模型，式 (5.75)~ 式 (5.79) 采用平衡反应模型。

引进元素质量浓度

$$\tilde{C}_C = \sum_{i=1}^{3} C_{C_i} + \frac{M_C}{M_{CO}} C_{CO} + \frac{M_C}{M_{CO_2}} C_{CO_2} + \frac{M_C}{M_{CN}} C_{CN} + \frac{2M_C}{M_{C_2N}} C_{C_2N} \tag{5.80}$$

$$\tilde{C}_O = C_O + C_{O_2} + \frac{M_O}{M_{CO}} C_{CO} + \frac{2M_O}{M_{CO_2}} C_{CO_2} \tag{5.81}$$

$$\tilde{C}_N = C_N + C_{N_2} + \frac{M_N}{M_{CN}} C_{CN} + \frac{M_N}{M_{C_2N}} C_{C_2N} \tag{5.82}$$

$$\tilde{C}_g = C_g + C_I \tag{5.83}$$

其中，C_g 为热解气体组元的质量浓度；C_I 为伴随碳表面反应而产生的杂质组元质量浓度，引进

$$B_C = \frac{\dot{m}_C}{\rho_e u_e St} = \frac{\dot{m}_C}{\psi q_c / h_r} \tag{5.84}$$

$$B_P = \frac{\dot{m}_{gw}}{\rho_e u_e St} = \frac{\dot{m}_g + (\dot{m}_C / f_C - \dot{m}_C)}{\psi q_c / h_r} \tag{5.85}$$

边界层扩散方程可写为

$$\dot{m}_{i,w} = [C_{i,w}(1+B) - C_{i,e}] \frac{\dot{m}_w}{B} \tag{5.86}$$

$$\dot{m}_w = \dot{m}_{Cw} + \dot{m}_{gw} = \frac{\dot{m}_C}{f_C} + \dot{m}_g = \dot{m}_C + \dot{m}_g + \frac{\dot{m}_C}{f_C}(1 - f_C) \tag{5.87}$$

$$B = B_C + B_P \tag{5.88}$$

式 (5.80)~ 式 (5.83) 与式 (5.86) 联立，得相容性条件

$$\tilde{C}_{O,w} = \frac{\tilde{C}_{O,e}}{1+B} \tag{5.89}$$

$$\tilde{C}_{N,w} = \frac{\tilde{C}_{N,e}}{1+B} \tag{5.90}$$

$$\tilde{C}_{C,w} = \frac{B_C}{1+B} \tag{5.91}$$

$$\tilde{C}_{\mathrm{g,w}} = \frac{B_{\mathrm{p}}}{1+B} \tag{5.92}$$

$$\tilde{C}_{\mathrm{O,w}} + \tilde{C}_{\mathrm{N,w}} + \tilde{C}_{\mathrm{C,w}} + \tilde{C}_{\mathrm{g,w}} = 1 \tag{5.93}$$

以上式 (5.69)~ 式 (5.79)、式 (5.89)~ 式 (5.93) 共 16 个方程，可确定各组元浓度和 B_{C} 及 B_{P}。下面给出式 (5.69)~ 式 (5.79) 的反应动力学方程。

对式 (5.69)~ 式 (5.71) 的升华反应，化学动力学理论表明，对于存在着有限的相间质量交换率的情形，壁面上气态碳组元 $\mathrm{C}_i(i=1,2,3)$ 的分压 P_{C_i} 一般不等于该组元的平衡蒸汽压 $P_{\mathrm{C}_i,\mathrm{eq}}$，相间质量交换率可由 Knudsen-Langmuir 方程表示

$$\begin{aligned}\dot{m}_{\mathrm{C}_i} &= \rho\left(C_{\mathrm{C}_i,\mathrm{eq}} - C_{\mathrm{C}_i,\mathrm{w}}\right)\overline{\nu}_{\mathrm{C}_i}\beta_{\mathrm{C}_i} \\ &= \beta_{\mathrm{C}_i}\sqrt{\frac{M_{\mathrm{C}_i}}{2\pi\hat{R}T_{\mathrm{w}}}}\left(P_{\mathrm{C}_i,\mathrm{eq}} - P_{\mathrm{C}_i,\mathrm{w}}\right) = \alpha_{\mathrm{C}_i}\left(P_{\mathrm{C}_i,\mathrm{eq}} - P_{\mathrm{C}_i,\mathrm{w}}\right)\end{aligned} \tag{5.94}$$

其中，β_{C_i} 为组元 C_i 的气化系数，$\beta_{\mathrm{C}}=0.24$，$\beta_{\mathrm{C}_2}=0.5$，$\beta_{\mathrm{C}_3}=0.023$；$P_{\mathrm{C}_i,\mathrm{eq}}=Kp_{\mathrm{C}_i}$ (atm)，平衡常数 Kp_{C_i} 由 JANAF 表拟合而得

$$\log_{10} Kp_{\mathrm{C}_i} = a + b/T \tag{5.95}$$

其中，a 和 b 见表 5.6。

表 5.6 碳组元升华反应平衡常数的关联系数

	C_1	C_2	C_3
a	8.12	9.64	9.78
b/K	− 37219	− 42713	− 40481

对于碳的氧化的 Scala 模型或 Williams 模型，通常对不同的温度范围采用不同的反应动力学模型，认为当 $T_{\mathrm{w}} \leqslant 1700\mathrm{K}$ 时为 1/2 级反应，当 $T_{\mathrm{w}} > 1700\mathrm{K}$ 时为 1 级反应

$$\dot{m}_1 = \left\{\begin{array}{l} A_1\mathrm{e}^{-B_1/T_{\mathrm{w}}}\cdot P_{\mathrm{O}_2}^{1/2} = \alpha_1\cdot P_{\mathrm{O}_2}^{1/2} \\ A_1'\mathrm{e}^{-B_1'/T_{\mathrm{w}}}\cdot P_{\mathrm{O}_2} = \alpha_1'\cdot P_{\mathrm{O}_2} \end{array}\right\} = (1-f)\,\alpha_1\cdot P_{\mathrm{O}_2}^{1/2} + f\alpha_1'\cdot P_{\mathrm{O}_2} \tag{5.96}$$

其中，$f=0$，采用 1/2 级反应模型；$f=1$，采用 1 级反应模型。这里反应动力学数据有多重选择

$$A_1 = \left\{\begin{array}{lll} 2.18\times10^5 & (\mathrm{kg/(m^2\cdot s\cdot atm^{1/2})}) & \text{Scala 慢反应} \\ 3.29\times10^9 & (\mathrm{kg/(m^2\cdot s\cdot atm^{1/2})}) & \text{Scala 快反应} \\ 15.7251 & (\mathrm{kg/(m^2\cdot s\cdot atm^{1/2})}) & \text{Williams 模型} \end{array}\right.$$

$$B_1 = \begin{cases} 21558 \quad (\mathrm{K}) & \text{Scala 慢反应} \\ 22144 \quad (\mathrm{K}) & \text{Scala 快反应} \\ 8085.9 \quad (\mathrm{K}) & \text{Williams 模型} \end{cases}$$

$$A_1' = 4.88 \times 10^{10} \quad (\mathrm{kg/(m^2 \cdot s \cdot atm)}) \quad 1\ \text{级反应}$$

$$B_1' = 42500 \quad (\mathrm{K}) \quad 1\ \text{级反应}$$

对于 Park 模型

$$\begin{aligned} \dot{m}_2 &= \rho C_{\mathrm{O_2}} \overline{\nu}_{\mathrm{O_2}} \beta_{\mathrm{O_2}} \frac{M_\mathrm{C}}{M_{\mathrm{O_2}}} = \frac{\beta_{\mathrm{O_2}} M_\mathrm{C}}{\sqrt{2\pi \hat{R} M_{\mathrm{O_2}}}} T_\mathrm{w}^{-0.5} \cdot P_{\mathrm{O_2}} \\ &= 0.025 \alpha_2' T_\mathrm{w}^{-0.5} \cdot P_{\mathrm{O_2}} = \alpha_2 \cdot P_{\mathrm{O_2}} \end{aligned} \tag{5.97}$$

其中

$$\alpha_2' = \frac{0.00143 + 0.01 \exp(-1450/T_\mathrm{w})}{1 + 0.0002 \exp(13000/T_\mathrm{w})}$$

$$\begin{aligned} \dot{m}_3 &= \rho C_\mathrm{O} \overline{\nu}_\mathrm{O} \beta_\mathrm{O} \frac{M_\mathrm{C}}{M_\mathrm{O}} = \frac{\beta_\mathrm{O} M_\mathrm{C}}{\sqrt{2\pi \hat{R} M_\mathrm{O}}} T_\mathrm{w}^{-0.5} \cdot P_\mathrm{O} \\ &= 0.011 T_\mathrm{w}^{-0.5} \mathrm{e}^{-1160/T_\mathrm{w}} \cdot P_\mathrm{O} = \alpha_3 \cdot P_\mathrm{O} \end{aligned} \tag{5.98}$$

其中，$\beta_\mathrm{O} = 0.63\mathrm{e}^{-1160/T_\mathrm{w}}$。

对于反应式 (5.75)

$$Kp_{\mathrm{CN}} = \frac{P_{\mathrm{CN}}}{P_{\mathrm{N_2}}^{1/2}} = 10^{5.029 - 22288/T_\mathrm{w}} \tag{5.99}$$

对于反应式 (5.76)

$$Kp_{\mathrm{C_2N}} = \frac{P_{\mathrm{C_2N}}}{P_{\mathrm{N_2}}^{1/2}} = 10^{6.572 - 28450/T_\mathrm{w}} \tag{5.100}$$

对于反应式 (5.77)

$$Kp_{\mathrm{CO_2}} = \frac{P_{\mathrm{CO_2}}}{P_{\mathrm{CO}} \cdot P_\mathrm{O}} = 10^{-8.0 + 28000/T_\mathrm{w}} \tag{5.101}$$

如果强制令 $Kp_{\mathrm{CO_2}} = 0$，等同于不考虑 CO_2 及方程 (5.77)。

对于反应式 (5.78) 和式 (5.79)

$$Kp_\mathrm{O} = \frac{P_\mathrm{O}}{P_{\mathrm{O_2}}^{1/2}} = 10^{3.518 - 13392/T_\mathrm{w}} \tag{5.102}$$

$$Kp_{\mathrm{N}}=\frac{P_{\mathrm{N}}}{P_{\mathrm{N}_2}^{1/2}}=10^{3.542-25176/T_{\mathrm{w}}} \tag{5.103}$$

对于以上反应

$$\dot{m}_{\mathrm{w}}=\dot{m}_{\mathrm{C}}+\dot{m}_{\mathrm{gw}}=\sum_{i=1}^{3}\dot{m}_{\mathrm{C}_i}+\dot{m}_1+\dot{m}_2+\dot{m}_3+\dot{m}_4+\dot{m}_5+\dot{m}_{\mathrm{gw}} \tag{5.104}$$

根据质量作用定律

$$\dot{m}_{\mathrm{CO}}=\frac{M_{\mathrm{CO}}}{M_{\mathrm{C}}}\dot{m}_1+\frac{M_{\mathrm{CO}}}{M_{\mathrm{C}}}\dot{m}_2+\frac{M_{\mathrm{CO}}}{M_{\mathrm{C}}}\dot{m}_3 \tag{5.105}$$

$$\dot{m}_{\mathrm{CO}_2}=0 \tag{5.106}$$

$$\dot{m}_{\mathrm{CN}}=\frac{M_{\mathrm{CN}}}{M_{\mathrm{C}}}\dot{m}_4 \tag{5.107}$$

$$\dot{m}_{\mathrm{C_2N}}=\frac{M_{\mathrm{C_2N}}}{2M_{\mathrm{C}}}\dot{m}_5 \tag{5.108}$$

$$\dot{m}_{\mathrm{O}}=\frac{M_{\mathrm{O}}}{M_{\mathrm{C}}}\dot{m}_2-\frac{M_{\mathrm{O}}}{M_{\mathrm{C}}}\dot{m}_3 \tag{5.109}$$

$$\dot{m}_{\mathrm{O}_2}=-\frac{M_{\mathrm{O}_2}}{2M_{\mathrm{C}}}\dot{m}_1-\frac{M_{\mathrm{O}_2}}{M_{\mathrm{C}}}\dot{m}_2 \tag{5.110}$$

$$\dot{m}_{\mathrm{N}}=0 \tag{5.111}$$

$$\dot{m}_{\mathrm{N}_2}=-\frac{M_{\mathrm{N}_2}}{2M_{\mathrm{C}}}\dot{m}_4-\frac{M_{\mathrm{N}_2}}{4M_{\mathrm{C}}}\dot{m}_5 \tag{5.112}$$

下面求各组元分压。将式 (5.94) 与式 (5.86) 联立，得

$$\dot{m}_{\mathrm{C}_i}=\alpha_{\mathrm{C}_i}\left(P_{\mathrm{C}_i,\mathrm{eq}}-P_{\mathrm{C}_i}\right)=\left[C_{\mathrm{C}_i,\mathrm{w}}\left(1+B\right)-C_{\mathrm{C}_i,\mathrm{e}}\right]\frac{\dot{m}_{\mathrm{w}}}{B}=\frac{\psi q_{\mathrm{c}}}{h_{\mathrm{r}}}\left(1+B\right)\frac{M_{\mathrm{C}_i}P_{\mathrm{C}_i}}{\bar{M}P_{\mathrm{e}}}$$

则

$$P_{\mathrm{C}_i}=\frac{P_{\mathrm{C}_i,\mathrm{eq}}}{1+\dfrac{\left(1+B\right)\psi q_{\mathrm{c}}/h_{\mathrm{r}}}{\alpha_{\mathrm{C}_i}\bar{M}P_{\mathrm{e}}/M_{\mathrm{C}_i}}} \tag{5.113}$$

将式 (5.96)~ 式 (5.98) 代入式 (5.109) 和式 (5.110)，与式 (5.86) 联立，得

$$\begin{aligned}\dot{m}_{\mathrm{O}}&=\frac{M_{\mathrm{O}}}{M_{\mathrm{C}}}\dot{m}_2-\frac{M_{\mathrm{O}}}{M_{\mathrm{C}}}\dot{m}_3=\frac{M_{\mathrm{O}}}{M_{\mathrm{C}}}\left(\alpha_2P_{\mathrm{O}_2}-\alpha_3P_{\mathrm{O}}\right)\\&=\frac{\psi q_{\mathrm{c}}}{h_{\mathrm{r}}}\left[C_{\mathrm{O,w}}\left(1+B\right)-C_{\mathrm{O,e}}\right]\end{aligned} \tag{5.114}$$

$$\begin{aligned}\dot{m}_{\mathrm{O}_2}&=-\frac{M_{\mathrm{O}_2}}{2M_{\mathrm{C}}}\dot{m}_1-\frac{M_{\mathrm{O}_2}}{M_{\mathrm{C}}}\dot{m}_2\\&=-\frac{M_{\mathrm{O}_2}}{2M_{\mathrm{C}}}\left[\left(1-f\right)\alpha_1P_{\mathrm{O}_2}^{1/2}+f\alpha_1'P_{\mathrm{O}_2}\right]-\frac{M_{\mathrm{O}_2}}{M_{\mathrm{C}}}\alpha_2P_{\mathrm{O}_2}\end{aligned}$$

$$
=\frac{\psi q_{\mathrm{c}}}{h_{\mathrm{r}}}\left[C_{\mathrm{O_2,w}}(1+B)-C_{\mathrm{O_2,e}}\right] \tag{5.115}
$$

以上两式相加，并考虑式 (5.94) 得

$$
\begin{aligned}
&\left[f\alpha_1'+\alpha_2+\frac{2M_{\mathrm{C}}}{\bar{M}P_{\mathrm{e}}}(1+B)\frac{\psi q_{\mathrm{c}}}{h_{\mathrm{r}}}\right]P_{\mathrm{O_2}}\\
&+\left[(1-f)\,\alpha_1+\left(\alpha_3+\frac{M_{\mathrm{C}}}{\bar{M}P_{\mathrm{e}}}(1+B)\frac{\psi q_{\mathrm{c}}}{h_{\mathrm{r}}}\right)Kp_{\mathrm{O}}\right]\sqrt{P_{\mathrm{O_2}}}-\frac{M_{\mathrm{C}}}{M_{\mathrm{O}}}\frac{\psi q_{\mathrm{c}}}{h_{\mathrm{r}}}\tilde{C}_{\mathrm{O,e}}=0
\end{aligned} \tag{5.116}
$$

$$
P_{\mathrm{O_2}}=\left(\frac{-b+\sqrt{b^2-4ac}}{2a}\right)^2,\quad P_{\mathrm{O}}=Kp_{\mathrm{O}}\cdot\sqrt{P_{\mathrm{O_2}}} \tag{5.117}
$$

由式 (5.81) 和式 (5.89) 得

$$
C_{\mathrm{O}}+C_{\mathrm{O_2}}+\frac{M_{\mathrm{O}}}{M_{\mathrm{CO}}}C_{\mathrm{CO}}+\frac{2M_{\mathrm{O}}}{M_{\mathrm{CO_2}}}C_{\mathrm{CO_2}}=\frac{\tilde{C}_{\mathrm{O}}}{1+B}
$$

$$
P_{\mathrm{O}}+2P_{\mathrm{O_2}}+P_{\mathrm{CO}}+2P_{\mathrm{CO_2}}=\frac{\tilde{C}_{\mathrm{O}}}{1+B}\frac{\bar{M}P_{\mathrm{e}}}{M_{\mathrm{O}}}
$$

根据式 (5.101) 得

$$
P_{\mathrm{CO}}=\left(\frac{\tilde{C}_{\mathrm{O}}}{1+B}\frac{\bar{M}P_{\mathrm{e}}}{M_{\mathrm{O}}}-P_{\mathrm{O}}-2P_{\mathrm{O_2}}\right)\Big/\left(1+2P_{\mathrm{O}}+Kp_{\mathrm{CO_2}}\right) \tag{5.118}
$$

$$
P_{\mathrm{CO_2}}=Kp_{\mathrm{CO_2}}\cdot P_{\mathrm{CO}}\cdot P_{\mathrm{O}} \tag{5.119}
$$

由式 (5.103) 得

$$
P_{\mathrm{N_2}}=\frac{P_{\mathrm{N}}^2}{Kp_{\mathrm{N}}^2} \tag{5.120}
$$

由式 (5.99) 得

$$
P_{\mathrm{CN}}=Kp_{\mathrm{CN}}\cdot P_{\mathrm{N_2}}^{1/2}=\frac{Kp_{\mathrm{CN}}}{Kp_{\mathrm{N}}}\cdot P_{\mathrm{N}} \tag{5.121}
$$

由式 (5.100) 得

$$
P_{\mathrm{C_2N}}=Kp_{\mathrm{C_2N}}\cdot P_{\mathrm{N_2}}^{1/2}=\frac{Kp_{\mathrm{C_2N}}}{Kp_{\mathrm{N}}}\cdot P_{\mathrm{N}} \tag{5.122}
$$

由式 (5.82) 和式 (5.90) 得

$$
C_{\mathrm{N}}+C_{\mathrm{N_2}}+\frac{M_{\mathrm{N}}}{M_{\mathrm{CN}}}C_{\mathrm{CN}}+\frac{M_{\mathrm{N}}}{M_{\mathrm{C_2N}}}C_{\mathrm{C_2N}}=\frac{\tilde{C}_{\mathrm{N}}}{1+B}
$$

根据式 (5.99) 和式 (5.100) 得

$$
C_{\mathrm{N,w}}^2+\frac{M_{\mathrm{N}}}{P_{\mathrm{e}}\bar{M}}\frac{Kp_{\mathrm{N}}^2}{2}\left(1+\frac{Kp_{\mathrm{CN}}}{Kp_{\mathrm{N}}}+\frac{Kp_{\mathrm{C_2N}}}{Kp_{\mathrm{N}}}\right)C_{\mathrm{N,w}}-\frac{M_{\mathrm{N}}}{P_{\mathrm{e}}\bar{M}}\frac{Kp_{\mathrm{N}}^2}{2}\frac{\tilde{C}_{\mathrm{N}}}{1+B}=0
$$

其中

$$C_{\mathrm{N,w}} = \frac{-b + \sqrt{b^2 - 4ac}}{2a} \tag{5.123}$$

$$P_{\mathrm{N}} = \frac{\bar{M} P_{\mathrm{e}}}{M_{\mathrm{N}}} C_{\mathrm{N,w}} \tag{5.124}$$

$$P_{\mathrm{CN}} = \frac{Kp_{\mathrm{CN}}}{Kp_{\mathrm{N}}} P_{\mathrm{N}} \tag{5.125}$$

$$P_{\mathrm{C_2N}} = \frac{Kp_{\mathrm{C_2N}}}{Kp_{\mathrm{N}}} P_{\mathrm{N}} \tag{5.126}$$

$$P_{\mathrm{N_2}} = \frac{P_{\mathrm{N}}^2}{Kp_{\mathrm{N}}^2} \tag{5.127}$$

$$C_i = \frac{M_i P_i}{\bar{M} p_{\mathrm{e}}} \tag{5.128}$$

这里

$$\begin{aligned}\overline{M} &= \left(\sum_{j=1}^{11} \frac{C_{j,\mathrm{w}}}{M_j} \right)^{-1} \\ &= \frac{1}{\frac{C_{\mathrm{O}}}{M_{\mathrm{O}}} + \frac{C_{\mathrm{O_2}}}{M_{\mathrm{O_2}}} + \frac{C_{\mathrm{N}}}{M_{\mathrm{N}}} + \frac{C_{\mathrm{N_2}}}{M_{\mathrm{N_2}}} + \frac{C_{\mathrm{C_1}}}{M_{\mathrm{C_1}}} + \frac{C_{\mathrm{C_2}}}{M_{\mathrm{C_2}}} + \frac{C_{\mathrm{C_3}}}{M_{\mathrm{C_3}}} + \frac{C_{\mathrm{CO}}}{M_{\mathrm{CO}}} + \frac{C_{\mathrm{CO_2}}}{M_{\mathrm{CO_2}}} + \frac{C_{\mathrm{CN}}}{M_{\mathrm{CN}}} + \frac{C_{\mathrm{C_2N}}}{M_{\mathrm{C_2N}}}}\end{aligned} \tag{5.129}$$

壁面上各组元浓度求出后，可由式 (5.84) 解出 B_{C}，即

$$B_{\mathrm{C}} = \frac{(1 + B_p)\,\tilde{C}_{\mathrm{C,w}}}{1 - \tilde{C}_{\mathrm{C,w}}} \tag{5.130}$$

其中 $\tilde{C}_{\mathrm{C,w}}$ 由式 (5.80) 确定，B_p 和 T_{w} 由解内部热传导方程给出。

壁面质量损失率为

$$\dot{m}_{\mathrm{C}} = B_{\mathrm{C}} \frac{\psi q_{\mathrm{c}}}{h_{\mathrm{r}}} \tag{5.131}$$

以上方程组需要迭代计算。

表面能量平衡方程确定了边界层和内部热传导的边界条件，由下式给出

$$q_{\mathrm{N}} = K_{\mathrm{r}} \psi q_{\mathrm{c}} \left(1 - \frac{h_{\mathrm{w}}}{h_{\mathrm{r}}} \right) - \dot{m}_{\mathrm{w}} h_{\mathrm{w}} + \dot{m}_{\mathrm{c}} h_{\mathrm{c,s}} + \dot{m}_{\mathrm{gw}} h_{\mathrm{gw}} - \varepsilon \sigma T_{\mathrm{w}}^4 \tag{5.132}$$

该式可进一步表示为

$$q_{\mathrm{N}} = \frac{K_{\mathrm{r}} \psi q_{\mathrm{c}}}{h_{\mathrm{r}}} \Big[h_{\mathrm{r}} - \left(\tilde{C}_{\mathrm{O,e}} h_{\mathrm{O_2}} + \tilde{C}_{\mathrm{N,e}} h_{\mathrm{N_2}} \right) + (1 + B) \Big(C_{\mathrm{O,w}} \Delta H_{\mathrm{O}}$$

$$+ C_{\mathrm{N,w}}\Delta H_{\mathrm{N}} + C_{\mathrm{CO,w}}\Delta H_{\mathrm{CO}} + C_{\mathrm{CO_2,w}}\Delta H_{\mathrm{CO_2}} + C_{\mathrm{CN,w}}\Delta H_{\mathrm{CN}}$$

$$+ C_{\mathrm{C_2N,w}}\Delta H_{\mathrm{C_2N}} + \sum_{i=1}^{3} C_{\mathrm{C}_i,\mathrm{w}}\Delta H_{\mathrm{C}_i}\Bigg)\Bigg] - \varepsilon\sigma T_{\mathrm{w}}^4 \tag{5.133}$$

其中，反应热

$$\begin{aligned}
\Delta H_{\mathrm{O}} &= h_{\mathrm{O_2}} - h_{\mathrm{O}} \\
\Delta H_{\mathrm{N}} &= h_{\mathrm{N_2}} - h_{\mathrm{N}} \\
\Delta H_{\mathrm{CO}} &= \frac{M_{\mathrm{C}}}{M_{\mathrm{CO}}} h_{\mathrm{C,S}} + \frac{M_{\mathrm{O}}}{M_{\mathrm{CO}}} h_{\mathrm{O_2}} - h_{\mathrm{CO}} \\
\Delta H_{\mathrm{CO_2}} &= \frac{M_{\mathrm{C}}}{M_{\mathrm{CO_2}}} h_{\mathrm{C,S}} + \frac{M_{\mathrm{O_2}}}{M_{\mathrm{CO_2}}} h_{\mathrm{O_2}} - h_{\mathrm{CO_2}} \\
\Delta H_{\mathrm{CN}} &= \frac{M_{\mathrm{C}}}{M_{\mathrm{CN}}} h_{\mathrm{C,S}} + \frac{M_{\mathrm{N}}}{M_{\mathrm{CN}}} h_{\mathrm{N_2}} - h_{\mathrm{CN}} \\
\Delta H_{\mathrm{C_2N}} &= \frac{2M_{\mathrm{C}}}{M_{\mathrm{C_2N}}} h_{\mathrm{C,S}} + \frac{M_{\mathrm{N}}}{M_{\mathrm{C_2N}}} h_{\mathrm{N_2}} - h_{\mathrm{C_2N}} \\
\Delta H_{\mathrm{C}_i} &= h_{\mathrm{C,S}} - h_{\mathrm{C}_i}
\end{aligned}$$

5.5.2　碳/碳烧蚀计算结果与试验结果的比较

图 5.16(a) 给出了采用 Scala 模型计算的碳/碳材料烧蚀计算结果与高频试验结果的比较，可以看出，无论采用哪种 Scala 模型，低温区和高温区与试验结果都差异较大，可能是由基体碳和纤维碳烧蚀不同步引起的。

图 5.16(b) 给出了对氧化过程起控制作用的碳所占质量分数对烧蚀的影响，这里采用 Williams 模型进行计算。可以看出，当主控碳质量分数为 70%时，整个区域的计算结果都能与试验结果相吻合。

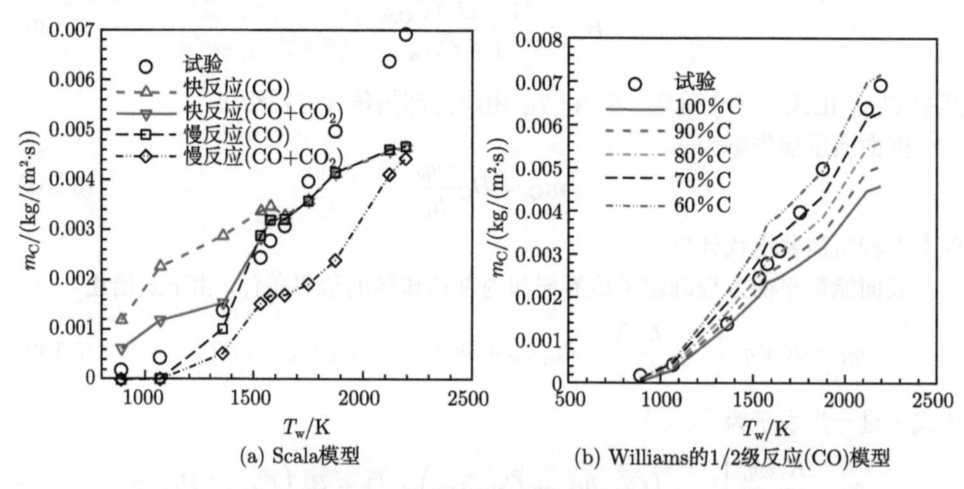

(a) Scala模型　　(b) Williams的1/2级反应(CO)模型

图 5.16　烧蚀计算与试验结果比较

5.5.3 焓值和压力对碳基材料烧蚀的影响

为了考察焓值和压力对碳基材料烧蚀的影响，图 5.17~ 图 5.20 给出了典型状

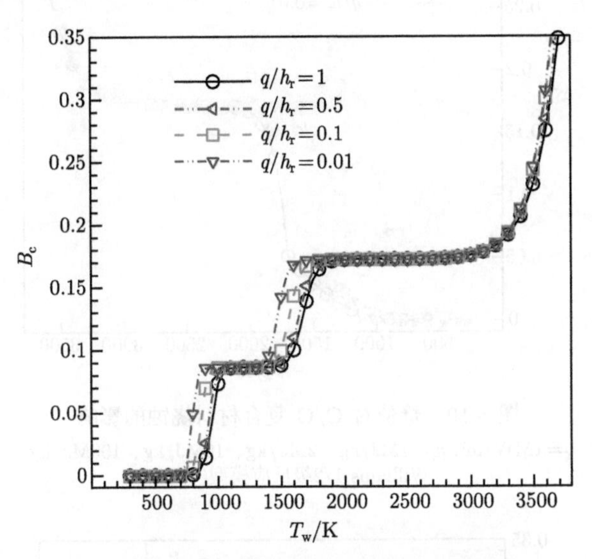

图 5.17 焓值对石墨和炭化材料烧蚀的影响

q=1MW/m^2, h_r=1MJ/kg、2MJ/kg、10MJ/kg、100MJ/kg, Scala 1/2级快反应模型(CO+CO_2)

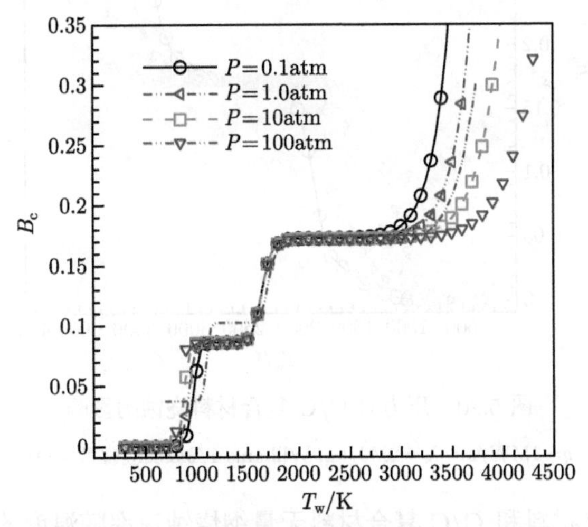

图 5.18 压力对石墨和炭化材料烧蚀的影响

q=1MW/m^2, h_r=2MJ/kg

Scala 1/2级快反应模型(CO+CO_2)

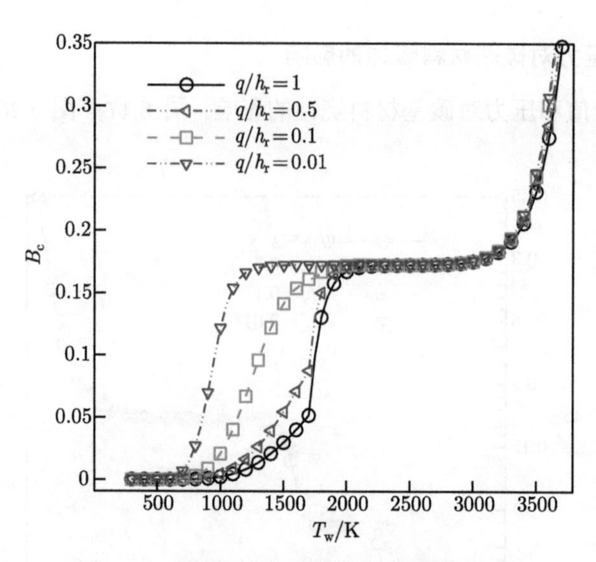

图 5.19　焓值对 C/C 复合材料烧蚀的影响

q=1MW/m², h_r=1MJ/kg、2MJ/kg、10MJ/kg、100MJ/kg, Williams 1/2级反应模型(CO)

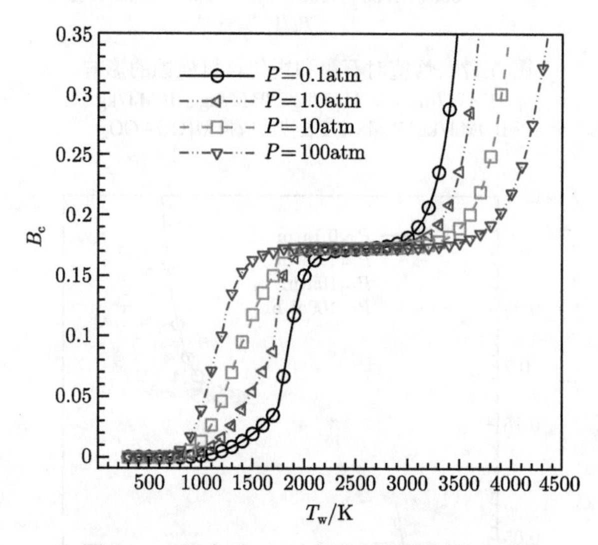

图 5.20　压力对 C/C 复合材料烧蚀的影响

q=1MW/m², h_r=2MJ/kg, Williams 1/2级反应模型(CO)

态下石墨类、炭化材料和 C/C 复合材料无量纲烧蚀速率随温度的变化情况，可以看出，焓值对平台之间反应动力学控制阶段有较大影响，对平台值几乎没有影响，对升华和碳氮反应阶段影响很小，压力对除平台外的区域都有一定影响，特别是对升华反应影响较大。

参 考 文 献

[1] Air Force technical objective documents，Fiscal Year 1975. AD/A 005386，1974.

[2] Aviation Week. 1976.1.26.

[3] 国防科委情报资料研究所. 外国尖端技术资料. 增刊 2，1977.

[4] 桑迪亚实验室的碳复合材料的研制计划. 国外纤维增强复合材料，第五集. 上海: 上海科学技术情报研究所，1977.

[5] Hochrein G J, Wright G F. Analysis of the TATER nosetip boundary layer transition and ablation experiment. AIAA Paper 76–167，1976.

[6] Nestler D E. High pressure ARC test performance of carbon-carbon nosetip. AIAA Paper 77–77，1977.

[7] Kratsch K M，et al. Graphite ablation in high pressure environments. AIAA Paper 68–1153，1968.

[8] Dolton A, Goldstein H E. Thermodynamic Performance of Carbon in Hypersonic Environment//Progress in Astronautics and Aeronautics，Vol. 21. Academic Press，1969.

[9] Cristina D V. Hyperthermal ablation performance of carbon-carbon composites. AIAA Paper 71–416，1971.

[10] Hurwicz H，Kratsch K M，Rogan J E. Ablation. AD740720，AGARDograph, No. 161，Edited by Wilson R E，March 1972.

[11] Lundell J H, Dickey R R. Ablation of ATJ graphite at high temperatures. AIAA Journal, 1973, 11(2): 216–222.

[12] 黄振中. 烧蚀端头的瞬变外形及内部温度分布. 空气动力学学报，1981，(1)：53–65.

[13] 张志成，潘梅林，刘初平. 高超声速气动热和热防护. 北京：国防工业出版社，2003.

[14] Reda D C. Comparative transition performance of severial nosetip materials as defind by ballistics-range testing. 25th International Instrumentation Symposium，ISA，Anaheim，CA，May，1979.

[15] Chase M W Jr，Davies C A，Downey J R Jr，et al. JANAF Thermochemical tables，Third Edition. J. Phys. Chem. Ref. Data，1985, 14(1)：1–858.

[16] Maahs H D. Oxidation of carbon at high temperatures: reaction-rate control or transport control. NASA TND 6310，1971.

[17] 国义军, 代光月，桂业伟，等. 碳基材料氧化烧蚀的双平台理论和反应控制机理. 空气动力学学报，2014, 32(6)：755–760.

[18] Krieger F J. The Thermodynamics of the graphite-Carbon vapor system. AD697753，1969.

[19] Kratsch K M. Graphite fusion and vaporization. ADA719721, 1969.

[20] Scala S M. The ablation of graphite in disociated air，part i：theory. AD289298，1962.

[21] Swann R T，Pittman C M，Smith J C. One-dimensional numerical analysis of the transient response of thermal protection systems. NASA TND 2976，1965.

[22] Strickland-Constable R F. Theory of the reaction of graphite with oxygen in the temperature range 1000–2400℃. Second conference on industrial carbon and graphite，Soc. Chem. Ind. (London)，1966：235–242.

[23] Ong J N. On the kinetics of oxidation of graphite. Carbon，1964，2(3)：281–297.

[24] Tesner P A. The activation energy of gas reactions with solid carbon. Eighth symposium (International) on combustion，Williams & Wilkins Co.，1962：807–813.

[25] Golovina E S，Khaustovich G P. The interaction of carbon with carbon dioxide and oxygen at temperatures up to 3000K. Eighth symposium (International) on combustion，Williams & Wilkins Co.，1962：784–792.

[26] Park C. Effects of atomic oxygen graphite ablation. AIAA Journal，1976，14(11)：1640.

[27] Milos F S，Chen Y K. Comprehensive model for multicomponent ablation thermochemistry. AIAA Paper 97–0141，1997.

[28] Williams S D. Ablation analysis of the shuttle orbiter oxidation protected reinforced carbon-carbon. Journal of thermophysis and heat transfer，1995，9(3)：478–485.

[29] Drawin S，Bacos M P，Dorvaux J M，Lavigne O. Oxidation model for carbon-carbon composites. AIAA Paper 92-5016，1992.

[30] Welsh W E，Chung P M. A modified theory for the effect of surface temperature on the combustion rate of carbon surface in air// Proc. Heat Transfer and Fluid Mechanics Institute. Stanford U. Press, 1963: 146–159.

[31] Baron J R，Bernstein H. Heterogeneous rate coupling for graphite oxidation. AIAA Paper 70–823，1970.

[32] Diaconis N S，Gorsuch P D，Sheridan R A. The ablation of graphite in dissociated air，part II：Experimental investigation. AD290051，1962.

[33] 卞荫贵，钟家康. 高温边界层传热. 北京：科学出版社，1986.

[34] 国义军. 炭化材料烧蚀防热的理论分析与工程应用. 空气动力学学报，1994，12(1)：94–99.

[35] 黄海明，杜善义，吴林志，王建新. C/C 复合材料烧蚀性能分析. 复合材料学报，2001，18(3)：76–80.

[36] Milos F S，Chen Y K. Comparison of ablation predictions for carbonaceous materials using CEA and JANAF-based species thermodynamics. 35th Annual Conference on Composites, Materials, and Structures，Cocoa Beach/Cape Canaveral，Florida，2011.

[37] 益小苏，杜善义，张立同. 复合材料手册. 北京：化学工业出版社，2009.

[38] Clark R K. An analysis of a charring ablator with thermal nonequilibrium，chemical kinetics，and mass transfer. NASA-TND-7180，1973.

[39] 国义军，曾磊，张昊元，代光月，王安龄，邱波，周述光，刘骁. HTV2 第二次飞行试验的热环境及失效模式分析. 空气动力学学报，2017, 35(4)：496–503.

第 6 章 热解炭化材料的烧蚀热响应理论

6.1 引　　言

热解炭化烧蚀材料，是指用树脂黏缠填充纤维骨架编制体的一类烧蚀材料，如 2D 或 3D 树脂–玻璃材料、碳和树脂条带缠绕碳–酚醛 (TWCP) 材料、酚醛–浸渍碳烧蚀体 (PICA) 等。材料在受到外部加热过程中，其中的树脂会发生热解反应并产生热解气体，材料热解后留下多孔的炭化层，并在表面发生烧蚀，热解气体流经炭化层引射到表面上，与表面烧蚀产物一起对气动加热起阻塞作用 (图 6.1)。材料的这种热解反应，不仅影响表面烧蚀速度，而且还影响材料内部的温度分布。

单从材料构成来讲，热解炭化材料实际上是在硅基材料或碳基材料基础上，添加树脂成分而形成的一类防热材料，将其归类到硅基或碳基材料也能说得过去，只是更加注重热解在烧蚀过程中发挥的作用，突出材料内部复杂热响应，使用环境也与硅基和碳基材料大不相同，将其单独作为一类也是有必要的。这类材料大多应用于空间航天飞行器，包括返回式卫星和飞船返回舱等，它们的热环境特点为高焓、低热流和长时间。

低热流，决定了表面烧蚀不严重，主要靠材料热解吸热及热解产生的气体注入边界层起到热阻塞效应。例如，再入卫星最大热流密度为 2000 kW/m^2，平均热流密度为 420 kW/m^2；再入弹头最大热流密度约为 420000 kW/m^2，为再入卫星最大热流密度的 210 倍。

低压，决定材料的强度不必苛求，可选取低密度材料，以减小防热层质量，提高有效载荷。例如，再入卫星最高压力为 1.013×10^{4}Pa，而再入弹头最高压力为 1.013×10^{7}Pa，相差 1000 倍。

长时间，决定材料内部的热响应具有特殊的重要性，材料的内部温升直接影响飞行器内部测控仪器的正常运转，对于载人飞船返回舱，还会直接影响宇航员的生命。例如，载人飞船再入飞行时间为 400~1000 s，而再入弹头仅为 20~60 s。适应这种热环境的热防护材料应具有低密度、低导热系数和高热解率的特性。表 6.1 给出了几种典型的返回式卫星和飞船的热防护系统，提供了这类热防护系统演变的历史。

美国于 20 世纪 60 年代初研制的生物卫星和“水星”号载人飞船的热防护系统，基本上继承了再入弹头热防护系统的研制成果，热防护材料密度较大，因此不是很理想的热防护材料。60 年代初，高速、高温边界层理论研究成果表明：向边界层引射某些气体或液体可以降低气动加热，即所谓热阻塞效应。这种热阻塞效应和来流总焓与无引射时的热流密度的比值 $h_s/\dot{q}_{00}$ 有关，比值 $h_s/\dot{q}_{00}$ 大，热阻塞效率高，也即对高焓、低热流密度的热环境，增加质量引射可以取得很好的热防护效果。受热阻塞效应研究成果的启发，热防护设计的工程师对飞船热防护系统提出一条与再入弹头不相同的技术途径，即采用低密度的炭化复合材料以求达到最佳的热防护效果。

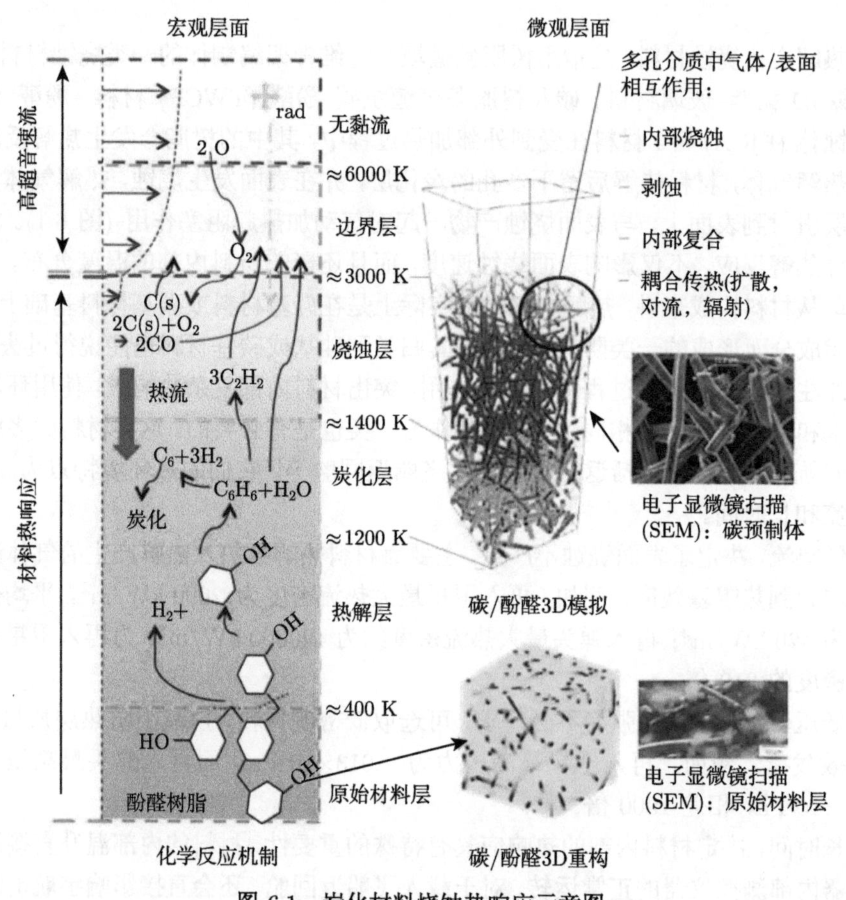

图 6.1　炭化材料烧蚀热响应示意图

在返回式卫星或飞船的再入热环境作用下，低密度炭化材料的烧蚀机理与再入弹头防热材料有明显的差别。首先是吸热机制上的不同，再入弹头主要靠材料的化学反应吸热 (包括材料的蒸发吸热、升华吸热、碳–氮反应吸热等)；返回式卫星和飞船则主要靠材料热解吸热和热解气体注入边界层的热阻塞效应。其次是隔热性能的差别，弹头防热材料由于密度高，导热系数大，因而隔热性能差；而低密度炭化材料由于密度低，导热系数小，因而隔热性能好。最后是材料表面后退量的差别，弹头防热材料表面后退量大，烧蚀外形变化大，需要考虑烧蚀外形变化对弹头气动力的影响；而返回式卫星和飞船材料表面烧蚀后退量很小，不会对气动力产生影响，有些炭化材料 (如硅橡胶)，还会出现膨胀。基于上述这些差别，对炭化复合材料的热防护性能的研究重点应放在材料热解反应和有热解气体流动的热响应机制上。

表 6.1 几种典型再入航天器热防护系统 (取自文献 [1, 25])

	生物卫星	"水星"号载人飞船	"双子星"号载人飞船	"阿波罗"号载人飞船	"神舟"号载人飞船
再入质量/kg	223	1180	2300	5470	3300
最大热流密度/(kW/m^2)	1520	712	480	2600	1800
平均热流密度/(kW/m^2)	610	270	260	515	640
总加热量/(kJ/m^2)	1.76×10^5	1.06×10^5	1.45×10^5	5.07×10^5	4.6×10^5
再入时间/s	348	390	550	980	718
材料组成	酚醛尼龙	酚醛玻璃	酚醛玻璃的蜂窝格内充填硅橡胶 DC-325	酚醛玻璃的蜂窝格内充填环氧酚醛加石英纤维 AVCO-5026-39	酚醛玻璃的蜂窝格内填充硅橡胶 H96、H88
材料密度/(kg/m^3)	1200	1730	850	545	720，560
碳层密度/(kg/m^3)	304	1550	610	288~320	370
原始材料导热系数/(kW/m·k)	0.24×10^{-3}	0.343×10^{-3}	0.151×10^{-3}	0.121×10^{-3}	0.1214×10^{-3}
防热层材料厚度/mm	5.6~18.3	16.5	23.4(平均)	31.5(平均)	35(平均)

6.2 炭化材料的分类和热解特性

6.2.1 炭化材料的种类及热物理特性

炭化材料按其密度大小可分为两类：一类是高密度炭化材料，如碳酚醛、涤纶酚醛，以及尼龙酚醛复合材料等，其密度为 1.2~1.4 g/cm^3，主要用于弹头身部热防护，其优点是原材料已是工业化产品，成本低，工艺较成熟，热防护性能经过飞行试验考验，缺点是材料密度高，防热层质量大；另一类为低密度炭化材料，密度为 0.5~0.8 g/cm^3，常见的如美国"阿波罗"号返回舱曾采用的 AVCO-5026-39，它是一种酚醛玻璃蜂窝，格内充填酚醛环氧树脂加上石英纤维和酚醛小球。还有就是美国"双子星座"号飞船曾采用的 DC-325、中国"神舟"号载人飞船返回舱采用的 H88

和 H96，它们是在酚醛玻璃蜂窝格内充填硅橡胶材料。这类材料的优点是密度低，防隔热性能好。表 6.2 给出了几种炭化材料的热物性参数，其中，AVCO-5026-39 热物理性能最好 (密度低，导热系数低和比热高)，其次是 H88，H96，DC-325，涤纶酚醛和尼龙酚醛热物理性能接近，但涤纶酚醛低温性能优于尼龙酚醛。

表 6.2 几种炭化材料的热物理特性

	涤纶酚醛	尼龙酚醛	DC-325	H96	H88	AVCO-5026-39
密度/ (kg/m^3)	1300	1200	850	720	560	545
导热系数/ $(W/(m\cdot K))$	0.2407	0.2407	0.1512	0.1214	0.1214	0.1210
比热/ $(kJ/(kg\cdot K))$	1.507	1.50	1.34	1.675	1.4	1.926

6.2.2 炭化材料的热解特性

1. *热解引起的质量损失率和热解动力学方程*

炭化材料的一个重要特性，是材料在一定温度下出现热解反应，高分子键裂解为低分子键。这种低分子键以气态流经炭化层，注入边界层。热解的效果是材料损失质量，热解反应吸收热量。

表 6.3 给出的数据为用热重分析仪测出的几种炭化材料的热解质量损失率。当材料温度 $T \geqslant 773\text{K}$ 时，这几种材料的热解损失率都超过 50%，其中 107 材料最高为 79.5%，涤纶–酚醛次之为 72%，509 材料为 63.5%，酚醛树脂为 46%。

表 6.3 几种炭化材料的热解质量损失率 η (单位：%)

材料 \ 热解温度/K	373	473	573	673	773	873	973	1073
509*	1.17	5.7	12.7	42.2	54.3	61.2	62	63.5
107*	—	—	5.8	23.6	75.3	78.7	79.5	79.5
涤纶酚醛	1.5	2.5	3.0	10.0	59	66	70	72
酚醛树脂	—	—	—	—	—	—	—	46

*509 材料类同 AVCO-5026-39，107 材料类同 DC-325

对于热解反应引起的质量变化，通常可用 Arrhenius 函数形式表示为 [2]

$$\frac{\partial \rho_{\mathrm{s}}}{\partial t} = -\dot{W}_{\mathrm{g}} = -A_1 \mathrm{e}^{-\theta_1/T} \rho_{\mathrm{vp}} \left(\frac{\rho_{\mathrm{s}} - \rho_{\mathrm{ch}}}{\rho_{\mathrm{vp}}} \right)^n \tag{6.1}$$

其中，$\dot{W}_{\mathrm{g}}$ 为热解反应速率；A_1 和 θ_1 分别为热解反应的速率系数和活化性温度 (活化能)。在上式中，下标 s 代表正在发生热解的固体材料；g 代表热解气体；ch 代表

炭化层 (固体材料已热解完)；vp 代表原始材料 (开始热解前的状态)。表 6.4 给出了几种炭化材料的热解动力学数据。

表 6.4 几种炭化材料的热解动力学数据

	涤纶酚醛	尼龙酚醛	DC-325	硅橡胶	AVCO-5026-39
速率系数 A_1/s^{-1}	11000	3.28×10^{13}	7.064×10^{8}	21.667	2198
活化性温度 θ_1/K	10742	24000	1892	7060	12944
反应级数 n	2	1	2	1	1

2. 热解区的温度范围

热解通常都是发生在一定的温度区间内，几种典型材料的热解温度区域为：509 材料和涤纶酚醛材料都为 873~1073 K，酚醛树脂为 673~973 K，107 材料为 593~973 K，其中热解反应最激烈的温度，四种材料均为 773K，这也大致反映了高分子材料热解的一个共性。

3. 热解吸热量

表 6.5 给出几种炭化材料的分解吸热量，最高为碳酚醛，其次为涤纶酚醛，再次为 107 材料，最低为 509 材料。

表 6.5 几种炭化材料的分解热

材料	509	107	涤纶酚醛	碳酚醛
分解热/(MJ/kg)	87.7	124	231	465

4. 热解气体的成分

利用热重分析仪，可测定树脂的气化分数和热解气体组成。表 6.6 给出酚醛树脂热解产物的摩尔百分数，共有九种组元，最多摩尔百分数组元为 H_2(50.1%)，H_2O (23.4%)，CH_4(10.0%)。酚醛树脂的热失重分析结果表明：剩余质量分数在 1073K 近似为 0.54，亦即气化分数为 0.46，即有接近一半质量变成热解气体。

107 材料和 DC–325 材料的主要成分为双组分甲基硅橡胶，与其他几种炭化材料相比，其热解反应具有明显的二次裂解，这种二次裂解反应构成材料的内部空腔层，以及在一定加热条件下，材料表面出现膨胀。空腔层的形成和表面膨胀的出现，一方面对提高材料的隔热性能十分有利，但另一方面，在高热流和高剪力的条件下，烧蚀性能下降，这是不利的一面。以有机硅的热裂解为例，其结构式为

表 6.6　酚醛树脂热解产物分布

温度/K	总摩尔百分数							
	CO_2	CO	C_6H_6	C_7H_8	C_6H_5OH	$(CH)_2C_6H_5OH$	CH_4	H_2O	H_2
400	—	—	—	—	—	—	—	1.47	—
500	—	—	—	—	—	—	—	0.48	—
600	—	—	—	—	—	—	—	1.28	—
700	—	—	—	—	0.46	0.13	0.05	3.44	—
800	0.09	0.44	0.02	0.08	2.72	0.75	0.75	3.35	1.47
900	0.32	1.30	0.06	0.05	0.79	0.14	2.61	0.40	3.65
1000	0.26	0.72	—	0.01	0.21	0.05	1.32	0.13	5.88
1100	0.11	0.26	—	—	—	—	0.40	—	7.35
1200	—	—	—	—	—	—	0.08	—	4.50
总和	1.6	5.5	0.2	0.3	1.1	1.8	10.0	23.4	50.1

$$\mathrm{H{-}Si(CH_3)_2{-}\left[O{-}Si(CH_3)_2{-}\right]_n OH}$$

第一次裂解后产生低分子 H_2，CH_4，CO，CO_2，以及其他有关产物 (统称为挥发性的环状硅氧烷)，后者的分子结构为

$$\mathrm{[(CH_3)_2SiO]_3 \text{（O—Si(CH}_3)_2\text{—O 环）} + [(CH_3)_2SiO]_4 + [(CH_3)_2SiO]_5 + \cdots}$$

有机硅一次裂解所产生的挥发性环状硅氧烷，在室温下为白色晶体，由于含硅数目的差别，分别有针状、片状、雪花状等晶体；在较高温度条件下，它们完全挥发，以气态形式存在。

所谓二次裂解，就是这些气体形式的硅氧烷的裂解。1972 年，中国科学院大连化学物理研究所曾用 “色谱分析仪” 测定了裂解气体的成分，得到的结论为：有机硅第一次裂解所产生的环状硅氧烷，约在 1000K 发生第二次裂解，裂解产物为 CH_4，H_2，SiO，SiO_2，C 等。需要指出，有机硅二次裂解的条件与温度、压力和氧

的存在有关，这些条件概括为：

(1) 低温无 O_2，聚合物 $\Longleftrightarrow$ 挥发性环状分子；

(2) 高温无 O_2，聚合物 $\Longleftrightarrow$ $C/SiO/SiO_2/CH_4/H_2O$；

(3) 高温或低温有 O_2，聚合物 $\Longleftrightarrow$ $SiO_2/CO_2/H_2O$；

(4) 高温有 O_2，挥发性环状分子 $\Longleftrightarrow$ $SiO_2/CO_2/H_2O$；

(5) 高温无 O_2，挥发性环状分子 $\Longleftrightarrow$ $C/SiC/SiO_2/CH_4/H_2O$。

有机硅表面组成：参考文献 [3] 指出，80%以上是 SiO_2，碳含量为 10%~20%，SiC 含量极少，最多为 3%。

对二次裂解有了了解之后，就不难理解有机硅烧蚀后形成的特殊结构。有机硅受热后 (473~573 K)，就开始裂解，所产生的挥发性的环状硅氧烷以及 H_2，CH_4，CO，CO_2，H_2O 等低分子气体逸出表面，而添加的 SiO_2 填料就残留下来，这就是具有一些粉末的空腔层形成的原因。这一层密度很低，当环状硅氧烷扩散到表面时，就发生二次裂解，裂解的气体产物 H_2，CH_4 等也逸出表面，固态 SiO_2 就残留下来，故这一层的密度要高于空腔层的密度。由于表面温度很高，SiO_2 可熔融，加上 SiO_2 和 C 是混杂的，等冷却下来就成为能观察到的一层灰白色的坚硬外壳。由于 107 材料有空腔层，因此隔热性能就优于 509 材料。

从以上可以看出，炭化材料热解气体的主要成分为：H_2，CH_4，H_2O，CO，CO_2，其中摩尔百分数最多为 H_2。H_2 与空气中 O_2 产生以下化学反应

$$2H_2 + O_2 \longrightarrow 2H_2O \tag{6.2}$$

式中产生的水蒸气在高温下与表面碳产生水煤气反应

$$C + H_2O \longrightarrow H_2 + CO \tag{6.3}$$

上两式的总效应是碳的燃烧反应。若认为反应为化学平衡反应，最终产物为 CO，那么 H_2 的燃烧反应以及水与碳的反应的总效应与碳的燃烧效应是一致的。因此可以把热解气体当作惰性气体处理，在烧蚀计算中仅考虑碳的燃烧即可。

6.3 炭化材料的烧蚀和内部热响应特性

6.3.1 炭化材料烧蚀热响应

炭化复合材料在加热过程中的烧蚀热响应可用图 6.1 来描述，材料的最外层为烧蚀层，厚度等于材料的烧蚀后退距离。第二层为炭化层，主要是材料热解后剩留的炭骨架，以及流动的热解气体。第三层为热解层，材料在此发生热解，放出热解气体，材料的热解温度一般在 400~1200 K。第四层为原始材料层。各层的吸热机制可概括如下。

1) 边界层 (材料/边界层流动耦合)

(1) 边界层传热 (能量和质量传递);

(2) 离解气体复合/表面催化;

(3) 烧蚀产物注入边界层、热阻塞。

2) 烧蚀层

(1) 交界面现象: 热和质量平衡;

(2) 表面烧蚀化学反应 (氧化、升华、裂解);

(3) 表面向环境的热辐射;

(4) 移动边界。

3) 炭化层

(1) 多孔介质传热、传质 (Darcy 定律);

(2) 内辐射传热;

(3) 材料的热容吸热;

(4) 热解气体流经多孔炭化层的热容吸热;

(5) 热解气体二次裂解吸热。

4) 热解反应区

(1) 多孔介质传热、传质 (Darcy 定律);

(2) 热解反应 (密度和孔隙度变化、热解吸热、有效导热率);

(3) 材料的热容吸热;

(4) 热解气体流过反应区的热容吸热。

5) 原始材料区

(1) 材料热容吸热;

(2) 热传导。

6.3.2 炭化层表面的热化学烧蚀

对于不含硅元素的炭化材料，其表面的热化学烧蚀与碳基材料基本相同，主要是碳的燃烧、碳的升华和碳氮反应。表面上的主要化学反应有 (s 表示固相反应)

$$iC\,(s) \longrightarrow C_i, \quad i = 1, 2, 3 \tag{6.4}$$

$$C + \frac{1}{2}O_2 \longrightarrow CO \tag{6.5}$$

$$C + \frac{1}{2}N_2 \longrightarrow CN \tag{6.6}$$

$$2C + \frac{1}{2}N_2 \longrightarrow C_2N \tag{6.7}$$

$$\frac{1}{2}O_2 \longrightarrow O \tag{6.8}$$

$$\frac{1}{2}N_2 \longrightarrow N \tag{6.9}$$

表面烧蚀计算方法与 5.5 节相同，此处不再赘述。热解气体注入边界层，会改变壁面组元浓度的分布。

6.3.3 热解气体注入边界层效应

热解气体流过炭化层注入边界层，对壁面气动加热和边界层结构有以下三点影响。

1) 热解气体的热阻塞效应

热解气体质量流率 $\dot{m}_p$ 注入边界层，会起热阻塞的作用，降低对流热流密度。其热阻塞因子一般可表示为

$$\psi = \begin{cases} 1 - 0.58\left(\dot{m}_c + \dot{m}_p\right) h_r/\dot{q}_{or} & \text{层流} \\ 1 - 0.2\left(\dot{m}_c + \dot{m}_p\right) h_r/\dot{q}_{or} & \text{湍流} \end{cases} \tag{6.10}$$

对一维热传导问题，可以用质量引射系数对无引射的边界层传热进行直接修正，但如果多维效应比较明显，特别是沿表面压力梯度和热流分布差异较大，需要考虑热解气体的横向流动问题 [2]。

2) 热解气体对边界层气体组元浓度的影响

定义无量纲质量流率

$$\begin{aligned} B_P &= \dot{m}_P/(\psi\dot{q}_{or}/h_s) \\ B_c &= \dot{m}_c/(\psi\dot{q}_{or}/h_s) \end{aligned} \tag{6.11}$$

令 C_{gw} 为热解气体的质量浓度，由边界层扩散相容性条件可得

$$\mathrm{C}_{gw} = B_P/(1 + B_c + B_P) \tag{6.12}$$

C_{gw} 的出现会改变壁面其他组元的浓度。

3) 热解气体起着光滑烧蚀粗糙面的作用

文献 [4] 中讨论了烧蚀表面粗糙度与质量引射的耦合作用，这两种对气体加热有相反影响的因素，原则上不能简单进行叠加。工程上还没有合适的方法进行估算，但在定性上可以作一些推断：热解气体进入边界层会沿着边界层流动，起着空气流与烧蚀壁面之间的隔离层的作用，因此，热解气体会减少有效粗糙度。

6.3.4　热解气体对炭化层温度的影响

热解气体流过炭化层时会与炭化层产生热交换。为了简化分析，通常假设二者之间处处达到热平衡。即便如此，由于热解气体伴随自身的热容吸热，也会起着降低炭化层温度的作用。为了说明这一点，假定两个一维半无限体：一个内部有热解，下标记为 1，一个没有热解气体流动，下标记为 2。这两个半无限体所满足的热传导方程分别为

$$\rho c_p \frac{\partial T_1}{\partial t} = \frac{\partial}{\partial y}\left(k\frac{\partial T_1}{\partial y}\right) + \dot{m}_{\rm p} c_{pg} \frac{\partial T_1}{\partial y} \tag{6.13}$$

$$\rho c_p \frac{\partial T_2}{\partial t} = \frac{\partial}{\partial y}\left(k\frac{\partial T_2}{\partial y}\right) \tag{6.14}$$

以上两式具有相同的边界条件

$$y = 0, \quad T_1 = T_2 = T_{\rm w} \tag{6.15}$$

$$y = \infty, \quad T_1 = T_2 = 0 \tag{6.16}$$

假设 k 为常数，两式在边界条件下都有解析解

$$T_1 = T_{\rm w} \exp(-\lambda_1 y/t) \tag{6.17}$$

$$T_2 = T_{\rm w} \exp(-\lambda_2 y/t) \tag{6.18}$$

式中

$$\lambda_1 = \left[y + \left(1 + \frac{\beta t}{y}\right) y\right] \Big/ 2\alpha \tag{6.19}$$

$$\lambda_2 = y/\alpha \tag{6.20}$$

$$\alpha = k/\rho c_p \tag{6.21}$$

$$\beta = \dot{m}_{\rm p} \frac{c_{pg}}{\rho c_p} \tag{6.22}$$

比较两式 (6.19) 和 (6.20)，当 $\dot{m}_{\rm p} > 0$ 时，则有 $\beta > 0$，$\lambda_1 > \lambda_2$。对相同的 t 和 y，则有 $T_1 < T_2$。因此，热解气体流动可降低内部温度的结论得到证明。

6.4 炭化材料烧蚀热响应计算的分层模型

根据炭化复合材料在加热过程中物化性能变化的分层特性，文献中主要采用两类物理模型来描述炭化材料内部热响应的变化规律：一类是分层模型[5,6,13]，分层模型又分为热解面模型和热解区模型两种 (图 6.2)；另一类是连续模型[2,7,8]。考虑到近年来使用分层模型的已经不多了，本节只作简要介绍，6.5 节将详细介绍目前使用较多的连续模型。

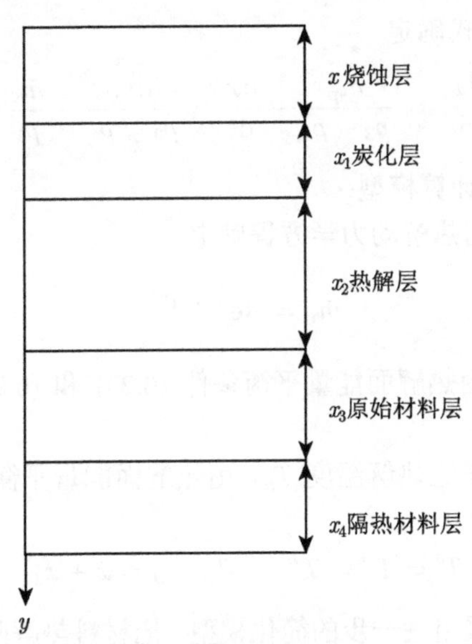

图 6.2 热解分层模型示意图

6.4.1 热解面分层模型

人们最初分析炭化烧蚀过程采用的主要是热解面模型。文献 [5, 6] 考虑炭化层、原始材料层两层内部热响应特性，将热解层简化为一热解面，基本方程可表示如下：

a. 炭化层

$$\rho_1 c_{p1}\frac{\partial T'}{\partial t}=\frac{\partial}{\partial y}\left(k_1\frac{\partial T'}{\partial y}\right)+\dot{m}_{\mathrm{p}}c_{pg}\frac{\partial T'}{\partial y},\quad \bar{x}\leqslant y\leqslant \bar{x}+x_1 \tag{6.23}$$

b. 原始材料层

$$\rho_3 c_{p3}\frac{\partial T'''}{\partial t}=\frac{\partial}{\partial y}\left(k_3\frac{\partial T'''}{\partial y}\right),\quad \bar{x}+x_1\leqslant y\leqslant \bar{x}+x_1+0+x_3 \tag{6.24}$$

c. 热解面

炭化层和原材料在热解面上通过能量平衡条件建立联系

$$-k_1\frac{\partial T'}{\partial y}=k_3\frac{\partial T'''}{\partial y}+\dot{m}_{\mathrm{p}}\Delta H_{\mathrm{p}},\quad y=\bar{x}+x_1 \tag{6.25}$$

与此同时，在热解面上它们的温度相同，即

$$T'=T''=T''',\quad y=\bar{x}+x_1 \tag{6.26}$$

热解面的位置由下式确定

$$\frac{\mathrm{d}x_1}{\mathrm{d}t}=\frac{\dot{m}_{\mathrm{p}}}{\rho_3-\rho_1}-\frac{\mathrm{d}\bar{x}}{\mathrm{d}t}=\frac{\dot{m}_{\mathrm{p}}}{\rho_3-\rho_1}-\frac{\dot{m}_{\mathrm{c}}}{\rho_1} \tag{6.27}$$

文献中 $\dot{m}_{\mathrm{p}}$ 有四种计算模型：

(1) 第一种模型是由热解动力学方程确定

$$\dot{m}_{\mathrm{p}}=A\mathrm{e}^{-B/T''} \tag{6.28}$$

(2) 第二种模型是由热解面能量平衡条件 (6.25) 和 (6.26) 确定热解气体质量流率；

(3) 第三种模型是设定热解温度 T_{p}，由热解面能量平衡条件 (6.25) 确定热解气体质量流率

$$T'=T''=T'''=T_{\mathrm{p}},\quad y=\bar{x}+x_1 \tag{6.29}$$

(4) 第四种模型是采用进一步的简化模型，把材料热解归到烧蚀表面上，材料内部按照原材料处理，这时热解气体质量流率由材料的质量损失率的配额度决定。例如，对碳酚醛复合材料，酚醛质量分数 $f_{\mathrm{p}}=0.4$，其中有一半变成热解气体，若总质量损失率为 $\dot{m}_{\mathrm{w}}$，则热解气体质量流率为

$$\dot{m}_{\mathrm{p}}=f_{\mathrm{p}}\dot{m}_{\mathrm{w}}/2 \tag{6.30}$$

6.4.2　热解区分层模型

前面将热解区压缩成一个热解面，对有些情况是一种合适的近似方法，但对于热解区较厚的情况，会带来较大误差。为此文献 [9, 13] 提出了三层模型 (图 6.2)：按照材料热物理性能参数随密度或温度变化情况，将材料划分为炭化层、热解层和原始材料层三层区域，其中炭化层和原材料层方程与热解面模型相同，只是增加了热解层方程，即

$$\rho_2c_{p2}\frac{\partial T''}{\partial t}=\frac{\partial}{\partial y}\left(k_2\frac{\partial T''}{\partial y}\right)+\dot{m}_{\mathrm{p}2}c_{pg}\frac{\partial T''}{\partial y}-\dot{w}_{\mathrm{p}}\Delta H_{\mathrm{p}} \tag{6.31}$$

在热解区内，热解气体和固体材料之间存在质量守恒关系

$$\frac{\partial \rho_2}{\partial t} = \frac{\partial \dot{m}_{\mathrm{p2}}}{\partial y} = -\dot{w}_{\mathrm{p}} \tag{6.32}$$

其中，$\dot{w}_{\mathrm{p}}$ 为热解反应速率。热解区的范围用以下方法确定。

1) 按密度划分 (模型 5)

假设热解区密度随温度呈线性变化，即

$$\frac{\partial \rho_2}{\partial T''} = \frac{\rho_3|_{y=\bar{x}+x_1+x_2} - \rho_1|_{y=\bar{x}+x_1}}{T'''|_{y=\bar{x}+x_1+x_2} - T'|_{y=\bar{x}+x_1}} = \mathrm{const}$$

这样式 (6.32) 可写为

$$-\dot{w}_{\mathrm{p}} = \frac{\partial \rho_2}{\partial t} = \left(\frac{\partial \rho_2}{\partial T''}\right)\frac{\partial T''}{\partial t} = \frac{\partial \dot{m}_{\mathrm{p2}}}{\partial y} \tag{6.33}$$

$$\begin{aligned} \dot{m}_{\mathrm{p2}} &= \int_{\bar{x}+x_1+x_2}^{y} \dot{w}_{\mathrm{p}} \mathrm{d}y \\ &= -\int_{\bar{x}+x_1+x_2}^{y} \left(\frac{\partial \rho_2}{\partial T''}\right)\frac{\partial T''}{\partial t}\mathrm{d}y, \quad \bar{x}+x_1 \leqslant y \leqslant \bar{x}+x_1+x_2 \end{aligned} \tag{6.34}$$

2) 按温度划分 (模型 6)

假定热解层的温度变化域为 T_A 和 T_B，此时三个温度区域的材料热物理性能参数按下述选取：

$T < T_B$,	按原始材料层热物理性能参数选取；
$T_B < T < T_A$,	按热解层热物理性能参数选取；
$T > T_A$,	按炭化层热物理性能参数选取。

按温度划分热解区需要注意：如果在随时间变化的加热过程中，某区域曾一度超过 T_B 甚至 T_A，那么尽管后来温度下降到低于它们，仍需当做热解区和炭化层来处理。

分层模型在文献 [10] 中已有详细介绍，此处不再赘述。

6.4.3 一维分层模型计算与试验结果的比较

1. 碳-酚醛材料计算与试验结果的比较

利用以上所给出的热解层模型 5、热解面模型 2 和简化模型 4 的基本公式，以及初始条件和边界条件，在给定实验状态的热流、总焓、总压及静压条件下，对碳

酚醛材料进行烧蚀与热响应的工程计算，并与测量结果比较，表 6.7 给出了三种模型计算烧蚀速度的结果与测量值比较。

表 6.7　三种模型计算的烧蚀速度与测量值比较

序号	时间	热流	总焓	总压	静压	烧蚀速度			
	t /s	q_r /(MW/m^2)	h_s /(MJ/kg)	P_s /MPa	P_e /MPa	$V_{w,测}$ /(mm/s)	V_{w1} /(mm/s)	V_{w2} /(mm/s)	V_{w3} /(mm/s)
1	15	1.11	15.19	0.605	0.24	0.1478	0.167	0.159	0.177
2	15	1.10	15.03	0.600	0.24	0.1496	0.167	0.158	0.176
3	15	1.112	15.23	0.608	0.24	0.195	0.167	0.159	0.177
4	15	1.207	16.65	0.630	0.24	0.1821	0.173	0.163	0.184
5	10	1.794	15.62	1.050	0.40	0.2412	0.318	0.302	0.351
6	10	1.836	16.02	1.015	0.40	0.2773	0.323	0.307	0.372
7	10	1.814	15.81	1.010	0.40	0.2728	0.320	0.304	0.354

注：V_{w1} 为热解区模型结果；V_{w2} 为热解面模型结果；V_{w3} 为简化模型结果

表中给出了七种计算状态，结果表明，对烧蚀速度来讲，热解区模型与热解面模型计算结果与实验值较为符合，而简化模型所得结果稍偏高些。

为了进一步比较三种计算模型的合理性，还进行了内部温度分布的计算，并与测量值进行比较。图 6.3 和图 6.4 分别给出两种实验状态下三种计算结果与实验值的比较 (状态参数如图所示)。由图可以看出，热解面模型所得结果更为接近测量值，但所提供的三种计算模型皆能够反映出材料内部温度变化规律。

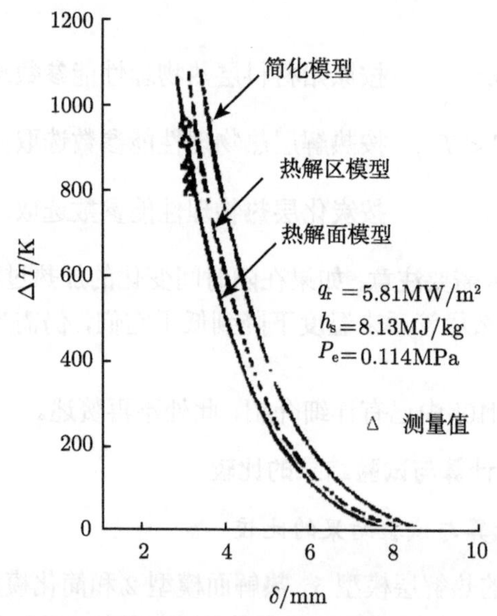

图 6.3　状态 I 条件下内部温度分布

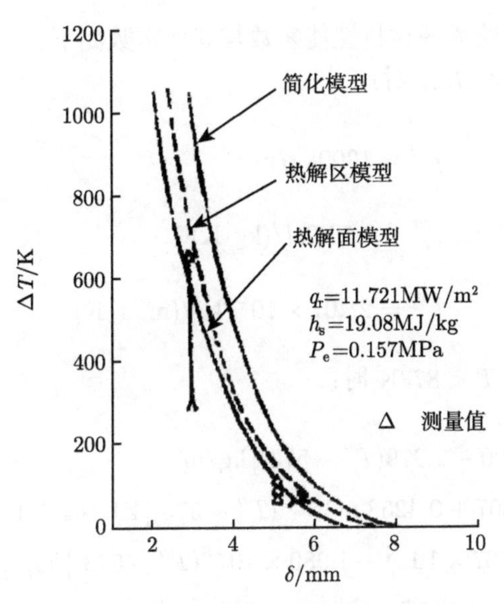

图 6.4 状态Ⅱ条件下内部温度分布

2. 涤纶酚醛材料计算与试验结果的比较

对于涤纶酚醛复合材料，文献 [10] 给出了烧蚀试验结果，可用来考核计算模型。

试验是在电弧加热器上进行的，试验模型为 ϕ=50mm 的圆柱，分别测出加热停止时刻、加热停止后 3min，5min 的背面温升，即表 6.8 中的 ΔT_0，ΔT_3 和 ΔT_5。共有四个试验状态，参数分别为：

状态 1，$h_s = 16328\text{kJ/kg}$, $\dot{q}_{00} = 879.2\text{kW/m}^2$, $P_s = 0.881 \times 10^5\text{Pa}$;
状态 2，$h_s = 18840\text{kJ/kg}$, $\dot{q}_{00} = 2487\text{kW/m}^2$, $P_s = 0.253 \times 10^5\text{Pa}$;
状态 3，$h_s = 17584\text{kJ/kg}$, $\dot{q}_{00} = 1214\text{kW/m}^2$, $P_s = 0.750 \times 10^5\text{Pa}$;
状态 4，$h_s = 10050\text{kJ/kg}$, $\dot{q}_{00} = 1382\text{kW/m}^2$, $P_s = 1.013 \times 10^5\text{Pa}$。

表 6.8 数值与地面试验结果的比较

状态	t/s	x_0''/mm	试验结果			计算结果		
			ΔT_0/K	ΔT_3/K	ΔT_5/K	ΔT_0/K	ΔT_3/K	ΔT_5/K
1	72	15	6~12	86~99	96~103	1.2	97.4	112.7
2	67	25	0~2	7.5~12	22.5~25	0	9.7	31.4
3	48	15	0	62~73	80~90	0	66.2	84
4	120	25	1	26~34	48~65	0.1	36.9	69.1

注：t 为加热时间；x_0'' 为模型厚度。表中的数据表明，计算值在实验结果波动范围内

计算中所用的涤纶酚醛材料性能参数与其他常数如下。

原始材料层：$T < 573\text{K}$ 时：

$$\rho''' = 1300\text{kg/m}^3$$

$$c_p''' = 1.507\text{kJ/(kg·K)}$$

$$k''' = 2.407 \times 10^{-4}\text{kJ/(m·s·K)}$$

热解层：$573\text{K} < T < 873\text{K}$ 时：

$$\rho'' = [1300 - 2.979(T'' - 573)]\ \text{kg/m}^3$$

$$c_p'' = [1.507 + 0.4258 \times 10^{-3}(T'' - 573)]\ \text{kJ/(kg·K)}$$

$$k'' = [2.407 \times 10^{-4} + 1.980 \times 10^{-6}(T'' - 573)]\ \text{kJ/(m·s·K)}$$

$$\Delta H_\text{P} = 231.5\text{kJ/kg}$$

炭化层：$T > 873\text{K}$ 时：

$\rho = 406.3\text{kg/m}^3$

$c_p = [0.9140(T'/1000) + 0.6741]\ \text{kJ/(kg·K)}$ （当$873\text{K} < T < 1973\text{K}$）

$c_p = 2.345\text{kJ/(kg·K)}$ （当$T > 1973\text{K}$）

$k = \rho c_p[0.0754(T'/1000) - 0.0289] \times 10^{-6}\ \text{kJ/(m·s·K)}$

$\varepsilon = 0.85$， 辐射系数

其他参数：

$c_{pg} = 3.266\text{kJ/(kg·K)}$， 热解气体比热

$\Delta H_\text{c} = 9579\text{kJ/kg}$， 表面碳燃烧热

$E/R = 21.3 \times 10^3\text{K}$， 表面烧蚀活化

$k_0 = 0.685 \times 10^3\text{kg/(m}^2 \cdot \text{s} \cdot \text{(Pa)}^{1/2})$， 表面烧蚀反应速率系数

$\bar{M} = 29$， 平均分子量

6.5 炭化材料烧蚀热响应的一维连续模型

6.5.1 连续热解动力学模型

所谓连续模型 [8]，是一种不用人工分层的方法，它将整个防热材料作为一层处理，材料热解引起的密度变化由热解动力学方程来决定，即

$$\frac{\partial \rho_s}{\partial t}=\frac{\partial \dot{m}_g}{\partial y}=-\dot{W}_g \tag{6.35}$$

其中，ρ_s 为材料瞬时密度；$\dot{m}_g$ 为热解气体质量流率；$\dot{W}_g$ 为热解反应速率，可用 Arrhenius 函数形式表示为

$$\dot{W}_g=A_1\mathrm{e}^{-\theta_1/T}\rho_{vp}\left(\frac{\rho_s-\rho_{ch}}{\rho_{vp}}\right)^n \tag{6.36}$$

其中，A_1 和 θ_1 分别为热解反应的速率系数和活化性温度 (活化能)。在上述各式中，下标 s 代表正在发生热解的固体材料；g 代表热解气体；ch 代表炭化层 (固体材料已热解完)；vp 代表原始材料 (开始热解前的状态)。

将式 (6.36) 代入式 (6.35)，并令热解度

$$J=\frac{\rho_s-\rho_{ch}}{\rho_{vp}-\rho_{ch}} \tag{6.37}$$

得

$$\frac{\mathrm{D}J}{\mathrm{D}t}=-A_1\mathrm{e}^{-\theta_1/T}\left(\frac{\rho_s-\rho_{ch}}{\rho_{vp}}\right)^{n-1}J^n \tag{6.38}$$

令

$$Z=\int_0^t A_1\mathrm{e}^{-\theta_1/T}\mathrm{d}t \tag{6.39}$$

考虑到初始时刻 $J=1$，积分式 (6.38) 得

$$J=\begin{cases}\left[1+(n-1)\left(\dfrac{\rho_s-\rho_{ch}}{\rho_{vp}}\right)^{n-1}Z\right]^{1/(1-n)}, & n\neq 1\\ \mathrm{e}^{-Z}, & n=1\end{cases} \tag{6.40}$$

从式 (6.37) 得

$$\rho_s=\rho_{ch}+(\rho_{vp}-\rho_{ch})J \tag{6.41}$$

设比热 c_s 和导热系数 k_s 与 ρ_s 具有相同的函数形式

$$c_s=c_{ch}+(c_{vp}-c_{ch})J \tag{6.42}$$

$$k_{\mathrm{s}} = k_{\mathrm{ch}} + (k_{\mathrm{vp}} - k_{\mathrm{ch}})\, J \tag{6.43}$$

在正在发生热解的炭化材料内部取一控制体，该控制体由三种物质组成：原材料、热解生成的碳和热解气体。固体部分的密度为

$$\rho_{\mathrm{s}} = \rho_{\mathrm{p}} + \rho_{\mathrm{c}} \tag{6.44}$$

其中，ρ_{p} 和 ρ_{c} 分别为单位控制体中原材料和碳的质量。根据式 (6.41)

$$\rho_{\mathrm{p}} = \rho_{\mathrm{vp}} J \tag{6.45}$$

$$\rho_{\mathrm{c}} = \rho_{\mathrm{ch}}\,(1 - J) \tag{6.46}$$

由于炭化材料为多孔介质，热解气体的密度由下式确定

$$\rho_{\mathrm{g}} = \frac{P_{\mathrm{e}} M_{\mathrm{g}}}{R_{\mathrm{g}} T}\epsilon \tag{6.47}$$

其中，ϵ 为孔隙度，其定义为

$$\begin{aligned}\epsilon &= 1 - \frac{\rho_{\mathrm{c}}}{\rho_{\mathrm{cha}}} - \frac{\rho_{\mathrm{p}}}{\rho_{\mathrm{vp}}}\\ &= 1 - \frac{(1-J)\,\rho_{\mathrm{ch}}}{\rho_{\mathrm{cha}}} - \frac{J\rho_{\mathrm{vp}}}{\rho_{\mathrm{vp}}} = (1-J)\left(1 - \frac{\rho_{\mathrm{ch}}}{\rho_{\mathrm{cha}}}\right) = (1-J)\,\epsilon_{\mathrm{ch}}\end{aligned} \tag{6.48}$$

其中，ϵ_{ch} 为炭化层的孔隙度。

根据式 (6.35)，热解气体的质量流量可以通过积分得到

$$\dot{m}_{\mathrm{g}} = \int_{\bar{x}}^{y} \dot{W}_{\mathrm{g}} \mathrm{d}y \tag{6.49}$$

由以上可以看出，材料的密度变化完全是由热解引起的，材料密度变化会产生孔隙度。当开始材料温度比较低时，热解速率很小，密度变化几乎可以忽略，这时就是原材料；随着温度逐渐升高，热解加快，材料密度发生变化，形成热解区；随着温度进一步升高，当热解完成后 (密度等于炭化层密度时)，孔隙度不再变化，这时就形成了炭化层。随着材料内部热传导的进行，热解区逐渐向材料内部移动，炭化层逐渐增厚，如图 6.5 所示，就形成了三区并存情况。这种分区完全是由热解动力学控制的，因此更符合物理实际，而且大大简化了计算过程。本书作者于 1994 年建立了这种连续模型 [8]，并广泛应用于解决工程实际问题，取得了较好的计算效果。

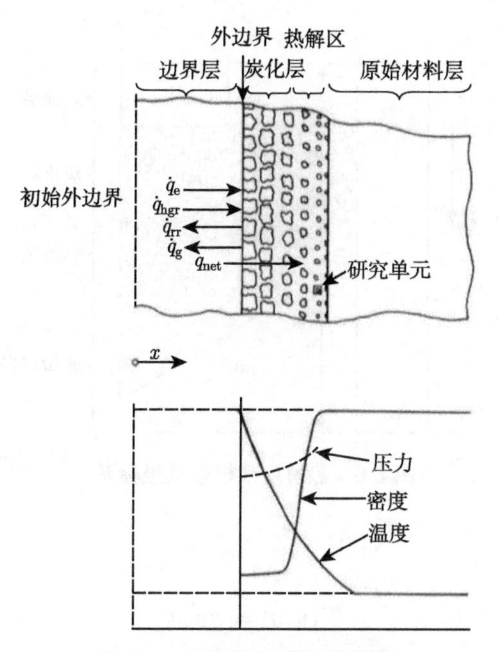

图 6.5 热解连续模型示意图

6.5.2 一维连续模型的数值求解方法

1. *基本方程和定解条件*

下面分别对烧蚀材料层、隔热层、承力结构层建立相应的一维热传导方程。

1) 烧蚀材料层基本方程

在固定坐标系 (图 6.6) 下，炭化烧蚀材料内部一维热传导方程为

$$(\rho_s c_s + \rho_g c_{pg})\frac{\partial T}{\partial t} - \dot{m}_g c_{pg}\frac{\partial T}{\partial y} = \frac{\partial}{\partial y}\left(k_s\frac{\partial T}{\partial y}\right) - \dot{W}_g \Delta H_P \tag{6.50}$$

其中热解速率由热解动力学方程 (6.35) 和 (6.36) 确定。

2) 隔热层方程

隔热层的导热方程比较简单，即

$$\rho_s' c_s' \frac{\partial T'}{\partial t} = \frac{\partial}{\partial y}\left(k_s'\frac{\partial T'}{\partial y}\right) \tag{6.51}$$

3) 承力结构层方程

承力结构内部热传导方程与隔热层相似，即

$$\rho_s'' c_s'' \frac{\partial T''}{\partial t} = \frac{\partial}{\partial y}\left(k_s''\frac{\partial T''}{\partial y}\right) \tag{6.52}$$

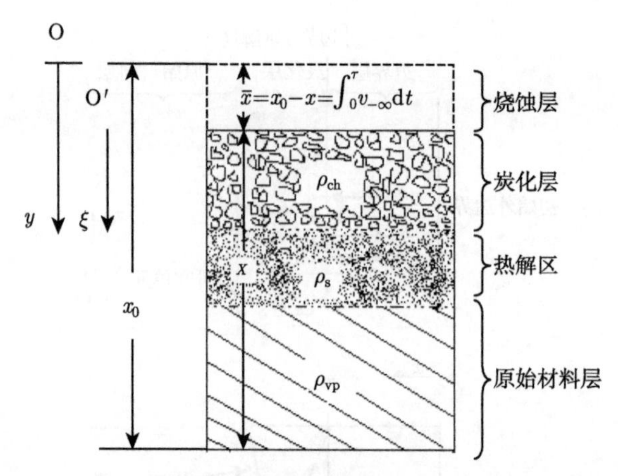

图 6.6　热解连续模型及坐标系

4) 定解条件

初始条件为

$$T\left(y,0\right)=\mathrm{const} \tag{6.53}$$

烧蚀表面 $y=\bar{x}$ 处的边界条件分为三种类型:

a. 第一类边界条件是已知温度，即

$$T=T_{\mathrm{w}} \tag{6.54}$$

b. 第二类边界条件是已知热流，即

$$\dot{Q}_{\mathrm{N}}-\varepsilon\sigma T_{\mathrm{w}}^{4}=-\left(k_{\mathrm{s}}\frac{\partial T}{\partial y}\right)_{\mathrm{w}} \tag{6.55}$$

c. 第三类边界条件是已知对流换热系数和环境温度，即

$$\alpha_{\mathrm{w}}\left(T_{\mathrm{e}}-T_{\mathrm{w}}\right)-\varepsilon\sigma T_{\mathrm{w}}^{4}=-\left(k_{\mathrm{s}}\frac{\partial T}{\partial y}\right)_{\mathrm{w}} \tag{6.56}$$

其中，$\dot{Q}_{\mathrm{N}}$ 为从烧蚀表面传入防热层内部的热流。

烧蚀材料与隔热材料交界面 $y=x_0$ 处，满足热流和温度相等的边界条件

$$-k_{\mathrm{s}}\frac{\partial T}{\partial y}=-k_{\mathrm{s}}'\frac{\partial T'}{\partial y} \tag{6.57}$$

$$T=T' \tag{6.58}$$

隔热材料与承力结构交界面 $y=x_0+x_1$ 处，满足热流和温度相等的边界条件

$$-k_{\mathrm{s}}'\frac{\partial T'}{\partial y}=-k_{\mathrm{s}}''\frac{\partial T''}{\partial y} \tag{6.59}$$

$$T' = T'' \tag{6.60}$$

整个防热层内表面 $y = x_0 + x_1 + x_2$ 处的边界条件也分为三种类型:

a. 第一类边界条件是已知温度，即

$$T'' = T_{\rm b} \tag{6.61}$$

b. 第二类边界条件是已知热流，即

$$\dot{Q}_{\rm b} + \varepsilon\sigma T_{\rm b}''^4 = -\left(k_{\rm s}'' \frac{\partial T''}{\partial y}\right)_{\rm b} \tag{6.62}$$

其中，$\dot{Q}_{\rm b}$ 为穿过防热层传入弹体内部的热流 (不包括辐射热流)，当 $\dot{Q}_{\rm b}$=0 时为绝热壁。

c. 第三类边界条件是已知对流换热系数和环境温度，即

$$\alpha_{\rm b}\left(T_{\rm b}'' - T_\infty\right) + \varepsilon\sigma T_{\rm b}''^4 = -\left(k_{\rm s}'' \frac{\partial T''}{\partial y}\right)_{\rm b} \tag{6.63}$$

2. 坐标变换

由于烧蚀过程中表面不断向后退缩，为计算方便，采用如下坐标变换，将方程转换到动坐标系中求解:

烧蚀材料层

$$\xi = \frac{y - \int_0^t v_{-\infty} {\rm d}t}{x\left(t\right)} \tag{6.64}$$

隔热层

$$\xi' = \frac{y - x_0}{x_1} \tag{6.65}$$

承力结构层

$$\xi'' = \frac{y - x_0 - x_1}{x_2} \tag{6.66}$$

时间

$$\tau = t \tag{6.67}$$

由变换关系可导出变换算子:

烧蚀材料层

$$\frac{\partial}{\partial t} = \frac{\partial}{\partial \tau} + \frac{\left(\xi - 1\right) v_{-\infty}}{x} \frac{\partial}{\partial \xi} \tag{6.68}$$

$$\frac{\partial}{\partial y} = \frac{1}{x} \frac{\partial}{\partial \xi} \tag{6.69}$$

$${\rm d}y = x{\rm d}\xi + \left(\xi - 1\right) v_{-\infty} {\rm d}\tau \tag{6.70}$$

隔热层

$$\frac{\partial}{\partial t}=\frac{\partial}{\partial \tau} \tag{6.71}$$

$$\frac{\partial}{\partial y}=\frac{1}{x_1}\frac{\partial}{\partial \xi'} \tag{6.72}$$

承力结构层

$$\frac{\partial}{\partial t}=\frac{\partial}{\partial \tau} \tag{6.73}$$

$$\frac{\partial}{\partial y}=\frac{1}{x_2}\frac{\partial}{\partial \xi''} \tag{6.74}$$

将它们代入基本方程和定解条件得:

烧蚀材料层

$$\frac{\partial T}{\partial \tau}=A\frac{\partial}{\partial \xi}\left(k_{\mathrm{s}}\frac{\partial T}{\partial \xi}\right)+B\frac{\partial T}{\partial \xi}+C \tag{6.75}$$

其中

$$A=\frac{1}{x^2\left(\rho_{\mathrm{s}}c_{\mathrm{s}}+\rho_{\mathrm{g}}c_{p\mathrm{g}}\right)}$$

$$B=\frac{1}{x}\left[\frac{\dot{m}_{\mathrm{g}}c_{p\mathrm{g}}}{\rho_{\mathrm{s}}c_{\mathrm{s}}+\rho_{\mathrm{g}}c_{p\mathrm{g}}}+(1-\xi)\,v_{-\infty}\right]$$

$$C=\frac{-\dot{W}_{\mathrm{g}}\Delta H_{\mathrm{P}}}{\rho_{\mathrm{s}}c_{\mathrm{s}}+\rho_{\mathrm{g}}c_{p\mathrm{g}}}$$

热解气体的质量流量表达式为

$$\dot{m}_{\mathrm{g}}\left(\xi,\tau\right)=x\int_{\xi}^{1}\dot{W}_{\mathrm{g}}\left(\xi,\tau\right)\mathrm{d}\xi+(1-\xi)\,v_{-\infty}\int_{0}^{\tau}\dot{W}_{\mathrm{g}}\left(\xi,\tau\right)\mathrm{d}\tau \tag{6.76}$$

隔热层

$$\frac{\partial T'}{\partial \tau}=\frac{1}{x_1^2\rho_{\mathrm{s}}'c_{\mathrm{s}}'}\frac{\partial}{\partial \xi'}\left(k_{\mathrm{s}}'\frac{\partial T'}{\partial \xi'}\right) \tag{6.77}$$

承力结构层

$$\frac{\partial T''}{\partial \tau}=\frac{1}{x_2^2\rho_{\mathrm{s}}''c_{\mathrm{s}}''}\frac{\partial}{\partial \xi''}\left(k_{\mathrm{s}}''\frac{\partial T''}{\partial \xi''}\right) \tag{6.78}$$

边界条件

$$\xi=0\begin{cases}\text{第一类: }T=T_{\mathrm{w}}\\ \text{第二类: }\dot{Q}_{\mathrm{N}}-\varepsilon\sigma T_{\mathrm{w}}^4=-\dfrac{1}{x}\left(k_{\mathrm{s}}\dfrac{\partial T}{\partial \xi}\right)_{\mathrm{w}}\\ \text{第三类: }\alpha_{\mathrm{w}}\left(T_{\mathrm{e}}-T_{\mathrm{w}}\right)-\varepsilon\sigma T_{\mathrm{w}}^4=-\dfrac{1}{x}\left(k_{\mathrm{s}}\dfrac{\partial T}{\partial \xi}\right)_{\mathrm{w}}\end{cases} \tag{6.79}$$

$$\xi=1\,(\xi'=0)\begin{cases}-k_{\rm s}\dfrac{1}{x}\dfrac{\partial T}{\partial \xi}=-\dfrac{1}{x_1}k'_{\rm s}\dfrac{\partial T'}{\partial \xi'}\\ T=T'\end{cases}\tag{6.80}$$

$$\xi'=1\,(\xi''=0)\begin{cases}-k'_{\rm s}\dfrac{1}{x_1}\dfrac{\partial T'}{\partial \xi'}=-\dfrac{1}{x_2}k''_{\rm s}\dfrac{\partial T''}{\partial \xi''}\\ T'=T''\end{cases}\tag{6.81}$$

$$\xi''=1\begin{cases}\text{第一类：}T''=T_{\rm b}\\ \text{第二类：}\dot{Q}_{\rm b}+\varepsilon\sigma T_{\rm b}''^{4}=-\dfrac{1}{x_2}\left(k''_{\rm s}\dfrac{\partial T''}{\partial \xi''}\right)_{\rm b}\\ \text{第三类：}\alpha_{\rm b}\left(T''_{\rm b}-T_\infty\right)+\varepsilon\sigma T_{\rm b}''^{4}=-\dfrac{1}{x_2}\left(k''_{\rm s}\dfrac{\partial T''}{\partial \xi''}\right)_{\rm b}\end{cases}\tag{6.82}$$

3. *差分方程及求解方法*

1) 烧蚀材料层内点格式

下面对方程 (6.75)、式 (6.76)~式 (6.82) 进行差分离散。烧蚀材料层壁面附近温度变化大，应采用较小的空间步长，内部点的温度变化相对比较平缓，空间步长可适当放大。为节省计算时间，我们对烧蚀材料层在空间方向上采用等比级数变步长布置 I 个计算网格，令

$$\delta\xi_i=\theta\delta\xi_{i-1}\tag{6.83a}$$

$$\delta\xi_i=\xi_{i+1}-\xi_i\tag{6.83b}$$

$$\delta\xi_{i-1}=\xi_i-\xi_{i-1}\tag{6.83c}$$

则

$$\left(\frac{\partial T}{\partial \xi}\right)_i=\frac{\left(T_{i+1}-T_i\right)+\theta^2\left(T_i-T_{i-1}\right)}{\left(1+\theta\right)\delta\xi_i}\tag{6.84}$$

$$\begin{aligned}\left[\frac{\partial}{\partial \xi}\left(k\frac{\partial T}{\partial \xi}\right)\right]_i=&\frac{2}{\left(1+\theta\right)\delta\xi_i^2}\left[k_{i+\frac{1}{2}}+\left(\theta-1\right)k_i\right]T_{i+1}\\&-\frac{2}{\left(1+\theta\right)\delta\xi_i^2}\left[k_{i+\frac{1}{2}}-\left(1-\theta\right)^2\left(1+\theta\right)k_i+\theta^3k_{i-\frac{1}{2}}\right]T_i\\&+\frac{2\theta^2}{\left(1+\theta\right)\delta\xi_i^2}\left[\left(1-\theta\right)k_i+\theta k_{i-\frac{1}{2}}\right]T_{i-1}\end{aligned}\tag{6.85}$$

将它们代入式 (6.75) 整理得

$$\left(\frac{\partial T}{\partial \tau}\right)_i = a_i T_{i+1} + b_i T_i + c_i T_{i-1} + d_i \tag{6.86}$$

其中

$$a_i = \frac{2A_i}{(1+\theta)\,\delta\xi_i^2}\left[k_{i+\frac{1}{2}} + (\theta-1)\,k_i\right] + \frac{B_i}{(1+\theta)\,\delta\xi_i}$$

$$b_i = -\frac{2A_i}{(1+\theta)\,\delta\xi_i^2}\left[k_{i+\frac{1}{2}} - (1-\theta)^2(1+\theta)\,k_i + \theta^3 k_{i-\frac{1}{2}}\right] + \frac{B_i(\theta-1)}{\delta\xi_i}$$

$$c_i = \frac{2\theta^2 A_i}{(1+\theta)\,\delta\xi_i^2}\left[(1-\theta)\,k_i + \theta k_{i-\frac{1}{2}}\right] - \frac{B_i\theta^2}{(1+\theta)\,\delta\xi_i}$$

$$d_i = C_i$$

对时间方向进行离散，得如下标准形式的差分方程

$$A_i^{n+1}T_{i-1}^{n+1} + B_i^{n+1}T_i^{n+1} + C_i^{n+1}T_{i+1}^{n+1} = D_i^n \tag{6.87}$$

其中

$$A_i^{n+1} = f_i c_i^{n+1}\Delta\tau$$

$$B_i^{n+1} = f_i b_i^{n+1}\Delta\tau - 1$$

$$C_i^{n+1} = f_i a_i^{n+1}\Delta\tau$$

$$D_i^n = -\left(a_i^n T_{i+1}^n + c_i^n T_{i-1}^n\right)(1-f_i)\,\Delta\tau - \left[1 + (1-f_i)\,b_i^n\Delta\tau\right]T_i^n - \left[f_i d_i^{n+1} + (1-f_i)\,d_i^n\right]\Delta\tau$$

$i = 2, 3, \cdots, I-1$

这里，f_i 取 0、0.5、1 分别对应显示、C-N 和隐式格式。为提高计算精度和节约机时，我们引进一种新的差分格式——指数格式，即令

$$f_i = \frac{1}{1-\exp(b_i\Delta\tau)} + \frac{1}{b_i\Delta\tau} \tag{6.88}$$

2) 隔热层内点格式

在隔热层内布置 J 个等距网格，空间步长为

$$\delta\xi' = \frac{1}{J} \tag{6.89}$$

对方程 (6.77) 采用全隐式格式进行离散，得如下标准形式的差分方程

$$A_i^{n+1}T_{i-1}^{n+1} + B_i^{n+1}T_i^{n+1} + C_i^{n+1}T_{i+1}^{n+1} = D_i^n \tag{6.90}$$

这里

$$A_i^{n+1} = \frac{k'_{i-\frac{1}{2}}}{x_1^2 \rho'_s c'_s \delta\xi'^2} \Delta\tau$$

$$B_i^{n+1} = -\frac{k'_{i-\frac{1}{2}} + k'_{i+\frac{1}{2}}}{x_1^2 \rho'_s c'_s \delta\xi'^2} \Delta\tau - 1$$

$$C_i^{n+1} = \frac{k'_{i+\frac{1}{2}}}{x_1^2 \rho'_s c'_s \delta\xi'^2} \Delta\tau$$

$$D_i^n = -T_i^n$$

$$i = I+1, I+2, \cdots, I+J-1$$

3) 承力结构层内点格式

在承力结构层内布置 K 个等距网格，空间步长为

$$\delta\xi'' = \frac{1}{K} \tag{6.91}$$

对式 (6.78) 采用全隐式格式进行离散，得如下标准形式的差分方程

$$A_i^{n+1} T_{i-1}^{n+1} + B_i^{n+1} T_i^{n+1} + C_i^{n+1} T_{i+1}^{n+1} = D_i^n \tag{6.92}$$

这里

$$A_i^{n+1} = \frac{k''_{i-\frac{1}{2}}}{x_2^2 \rho''_s c''_s \delta\xi''^2} \Delta\tau$$

$$B_i^{n+1} = -\frac{k''_{i-\frac{1}{2}} + k''_{i+\frac{1}{2}}}{x_2^2 \rho''_s c''_s \delta\xi''^2} \Delta\tau - 1$$

$$C_i^{n+1} = \frac{k''_{i+\frac{1}{2}}}{x_2^2 \rho''_s c''_s \delta\xi''^2} \Delta\tau$$

$$D_i^n = -T_i^n$$

$$i = I+J+1, I+J+2, \cdots, I+J+K$$

4) 边界点格式

对 $\xi = 0$ 处的边界条件 (6.79) 式采用向前三点差分进行差分离散，然后与式 (6.87) 合并整理得

$$B_1^{n+1} T_1^{n+1} + C_1^{n+1} T_2^{n+1} = D_1^n \tag{6.93}$$

其中

$$B_1^{n+1}=\begin{cases}1, & \text{第一类}\\ A_2^{n+1}-C_2^{n+1}\left[\dfrac{4\varepsilon\sigma(T_1^n)^3x\delta\xi_1\theta\,(1+\theta)}{k_1^{n+1}}+\theta\,(2+\theta)\right], & \text{第二类}\\ A_2^{n+1}-C_2^{n+1}\left\{\dfrac{[4\varepsilon\sigma(T_1^n)^3+\alpha_{\mathrm{w}}]x\delta\xi_1\theta\,(1+\theta)}{k_1^{n+1}}+\theta\,(2+\theta)\right\}, & \text{第三类}\end{cases}$$

$$C_1^{n+1}=\begin{cases}0, & \text{第一类}\\ (1+\theta)^2\,C_2^{n+1}+B_2^{n+1}, & \text{第二类}\\ (1+\theta)^2\,C_2^{n+1}+B_2^{n+1}, & \text{第三类}\end{cases}$$

$$D_1^{n}=\begin{cases}T_{\mathrm{w}}, & \text{第一类}\\ D_2^n-\theta\,(1+\theta)\,C_2^{n+1}\dfrac{x\delta\xi_1}{k_1^{n+1}}[Q_{\mathrm{N}}^{n+1}+3\varepsilon\sigma(T_1^n)^4], & \text{第二类}\\ D_2^n-\theta\,(1+\theta)\,C_2^{n+1}\dfrac{x\delta\xi_1}{k_1^{n+1}}[\alpha_{\mathrm{w}}T_{\mathrm{e}}+3\varepsilon\sigma\,(T_1^n)^4], & \text{第三类}\end{cases}$$

对 ξ=1 或 ξ'=0 处的边界条件 (6.80)，左边采用向后三点差分，右边采用向前三点差分进行差分离散，并考虑到烧蚀材料层最后两个网格为等距网格得

$$\frac{k_I}{x}\frac{3T_I-4T_{I-1}+T_{I-2}}{2\delta\xi_I}=\frac{k_I'}{x_1}\frac{-3T_I+4T_{I+1}-T_{I+2}}{2\delta\xi'} \tag{6.94}$$

上式与式 (6.87) 和式 (6.90) 合并整理得

$$A_I^{n+1}T_{I-1}^{n+1}+B_I^{n+1}T_I^{n+1}+C_I^{n+1}T_{I+1}^{n+1}=D_I^n \tag{6.95}$$

其中

$$A_I^{n+1}=\frac{k_I}{x\delta\xi_{I-1}}\left(\frac{B_{I-1}}{A_{I-1}}+4\right)$$

$$B_I^{n+1}=\frac{k_I}{x\delta\xi_{I-1}}\left(\frac{C_{I-1}}{A_{I-1}}-3\right)+\frac{k_I'}{x_1\delta\xi'}\left(\frac{A_{I+1}}{C_{I+1}}-3\right)$$

$$C_I^{n+1}=\frac{k_I'}{x_1\delta\xi'}\left(\frac{B_{I+1}}{C_{I+1}}+4\right)$$

$$D_I^n=\frac{k_I}{x\delta\xi_{I-1}}\frac{D_{I-1}}{A_{I-1}}+\frac{k_I'}{x_1\delta\xi'}\frac{D_{I+1}}{C_{I+1}}$$

对 $\xi'=1$ 或 $\xi''=0$ 处的边界条件 (6.81)，左边采用向后三点差分，右边采用向前三点差分进行差分离散得

$$\frac{k'_{I+J}}{x_1}\frac{3T_{I+J}-4T_{I+J-1}+T_{I+J-2}}{2\delta\xi'}=\frac{k''_{I+J}}{x_2}\frac{-3T_{I+J}+4T_{I+J+1}-T_{I+J+2}}{2\delta\xi''} \tag{6.96}$$

上式与式 (6.90) 和式 (6.92) 合并整理得

$$A^{n+1}_{I+J}T^{n+1}_{I+J-1}+B^{n+1}_{I+J}T^{n+1}_{I+J}+C^{n+1}_{I+J}T^{n+1}_{I+J+1}=D^{n}_{I+J} \tag{6.97}$$

其中

$$A^{n+1}_{I+J}=\frac{k'_{I+J}}{x_1\delta\xi'}\left(\frac{B_{I+J-1}}{A_{I+J-1}}+4\right)$$

$$B^{n+1}_{I+J}=\frac{k'_{I+J}}{x_1\delta\xi'}\left(\frac{C_{I+J-1}}{A_{I+J-1}}-3\right)+\frac{k''_{I+J}}{x_2\delta\xi''}\left(\frac{A_{I+J+1}}{C_{I+J+1}}-3\right)$$

$$C^{n+1}_{I+J}=\frac{k''_{I+J}}{x_2\delta\xi''}\left(\frac{B_{I+J+1}}{C_{I+J+1}}+4\right)$$

$$D^{n}_{I+J}=\frac{k'_{I+J}}{x_1\delta\xi'}\frac{D_{I+J-1}}{A_{I+J-1}}+\frac{k''_{I}}{x_2\delta\xi''}\frac{D_{I+J+1}}{C_{I+J+1}}$$

对 $\xi''=1$ 处的防热层背面边界条件式 (6.82) 采用向后三点差分进行离散，然后与式 (6.92) 合并整理得

$$A^{n+1}_{I+J+K}T^{n+1}_{I+J+K-1}+B^{n+1}_{I+J+K}T^{n+1}_{I+J+K}=D^{n}_{I+J+K} \tag{6.98}$$

其中

$$A^{n+1}_{I+J+K}=\begin{cases}0, & \text{第一类}\\ B^{n+1}_{I+J+K-1}+4A^{n+1}_{I+J+K-1}, & \text{第二类}\\ B^{n+1}_{I+J+K-1}+4A^{n+1}_{I+J+K-1}, & \text{第三类}\end{cases}$$

$$B^{n+1}_{I+J+K}=\begin{cases}1, & \text{第一类}\\ C^{n+1}_{I+J+K-1}-A^{n+1}_{I+J+K-1}\left[\dfrac{2x_2\delta\xi''}{k''^{n+1}_{I+J+K}}4\varepsilon\sigma\left(T^{n}_{I+J+K}\right)^3+3\right], & \text{第二类}\\ C^{n+1}_{I+J+K-1}-A^{n+1}_{I+J+K-1}\left\{\dfrac{2x_2\delta\xi''}{k''^{n+1}_{I+J+K}}\left[4\varepsilon\sigma\left(T^{n}_{I+J+K}\right)^3+\alpha_{\mathrm{b}}\right]+3\right\}, & \text{第三类}\end{cases}$$

$$D_{I+J+K}^{n+1}=\begin{cases}T_{\mathrm{b}}, & \text{第一类}\\ D_{I+J+K-1}^{n}-A_{I+J+K-1}^{n+1}\dfrac{2x_2\delta\xi''}{k''^{n+1}_{I+J+K}}\left[3\varepsilon\sigma\left(T_{I+J+K}^{n}\right)^4+Q_{\mathrm{b}}^{n+1}\right], & \text{第二类}\\ D_{I+J+K-1}^{n}-A_{I+J+K-1}^{n+1}\dfrac{2x_2\delta\xi''}{k''^{n+1}_{I+J+K}}\left[3\varepsilon\sigma\left(T_{I+J+K}^{n}\right)^4+\alpha_{\mathrm{b}}T_\infty\right], & \text{第三类}\end{cases}$$

这里，对辐射热流进行了线化处理

$$q_{\mathrm{r}}^{n+1}=\varepsilon\sigma[4\left(T_1^n\right)^3T_1^{n+1}-3\left(T_1^n\right)^4] \tag{6.99}$$

以上式 (6.87)、式 (6.90)、式 (6.92)、式 (6.93)、式 (6.95)、式 (6.97) 和式 (6.98) 构成三对角形式的代数方程组，可用追赶法求解。

4. 载人飞船返回舱应用算例

我们根据辨识出来的“神舟”号返回舱返回轨道，对“神舟”号返回舱外形的几个特征点分别计算了再入气动加热和烧蚀随时间的变化情况[8,26,27]。图 6.7 给出了肩部附近在某一典型时刻 (出现最大热流时刻) 俯仰平面内的热流分布，最大热流不是位于驻点，而是位于迎风侧肩部上，约为零攻角驻点热流的 2 倍多。图中同时给出了飞行试验测量结果，两者吻合较好。图 6.8 给出了热流沿表面的分布云图，大底上和肩部迎风侧峰值热流约为背风侧肩热流的 3~5 倍，倒锥上迎风侧的热流约为背风侧分离区内热流的 10 倍量级。

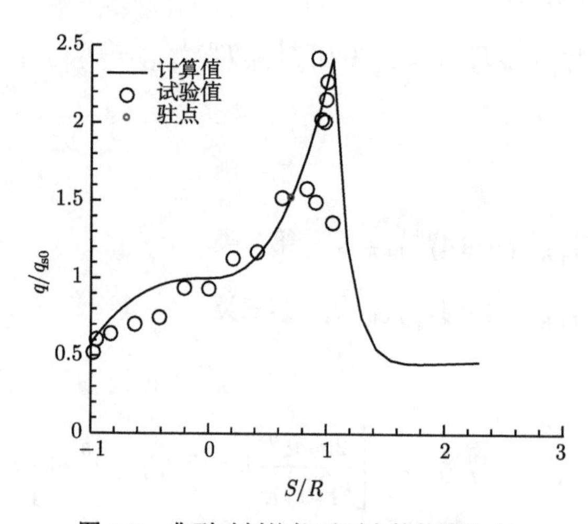

图 6.7　典型时刻俯仰平面内的热流分布

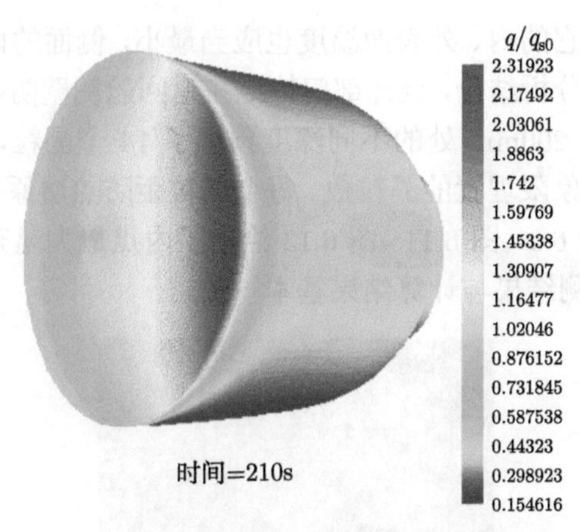

图 6.8 典型时刻返回舱表面热流分布云图

对回收的“神舟“号返回舱烧蚀大底和肩部及侧壁进行了烧蚀厚度、炭化层厚度和热解层厚度测量，部分结果列于图 6.9，图中同时给出了我们的计算结果，二者基本一致。由于烧蚀大底和肩部端环为硬着陆，落地后已被摔破，测量值基于拼合后的外观，难以说明烧蚀量情况，故下面只比较总消耗厚度。

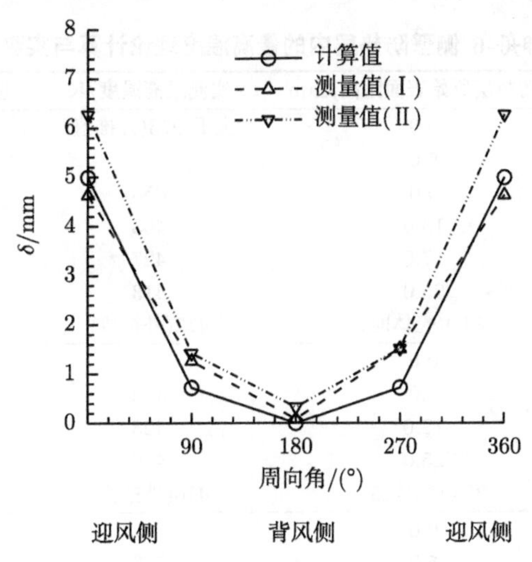

图 6.9 神舟-5 倒锥防热层消耗总厚度 (δ) 分布

返回舱倒锥体为软着陆回收，图 6.10 实物观察表明，倒锥体迎风侧 (Ⅰ象限) 防热层有明显的烧蚀、炭化现象，倒锥体侧面 (Ⅱ，Ⅳ象限) 虽没有烧蚀现象，但防热材料的炭化现象仍是明显的，倒锥体背风侧 (Ⅲ象限) 则看不出材料烧蚀和炭化现象，仅观察出防热材料有微微发黄的现象，这个观察结果与倒锥体上的加热率分布规律是一致的。显然，在迎风侧加热率最高，它的内、外表面温度也应当最高，背风侧加热率最低，它的内、外表面温度也应当最小，侧面的内、外表面温度应当居中。为了检验这一分析结论，设计部门特地在返回舱侧壁防热层上的Ⅰ，Ⅱ，Ⅲ，Ⅳ象限、距离下端框 200mm 处的不同深度预埋了 14 个晶粒，以记录该点曾达到过的最高温度。每个象限埋置的晶粒数、每个晶粒距防热层原始面的距离，以及实测的最高温度列于表 6.9。图 6.11～图 6.13 给出了内点最大温升计算与实测结果的比较，可以看出，实测结果与计算结果基本一致。

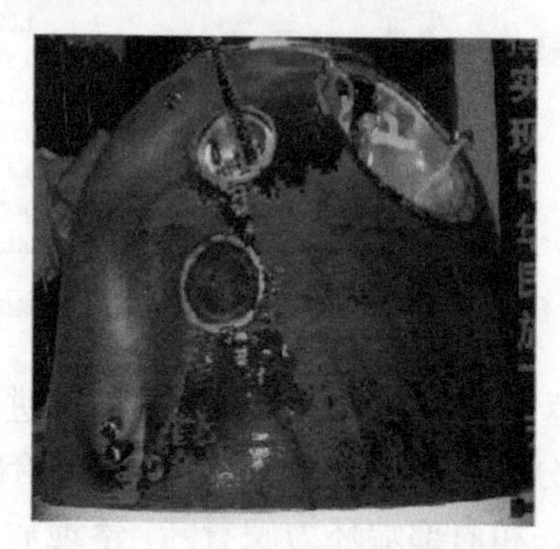

图 6.10　神舟-5 表面烧蚀情况

表 6.9　神舟-6 侧壁防热层内的最高温度理论计算与实测结果比较

位置	距防热层原始表面距离/mm	实测最高温度/K	理论计算最高温度/K
迎风线(Ⅲ象限)	0.0	大于 973(外推值)	878
	5.0	–	1167
	9.0	658	835
	13.0	463	577
	17.0	427	464
	25.0	413	452
	26.9(壳体面)	412(外推值)	452
背风线(Ⅰ象限)	0.0	–	840
	5.0	483	730
	12.0	423	489
	25.0	416	423
	26.0(壳体面)	416(外推值)	423
侧面(Ⅱ象限)	0.0	–	860
	5.0	562	739
	12.0	441	456
	25.0	410	394
	26.6(壳体面)	408(外推值)	394
侧面(Ⅳ象限)	0.0	–	860
	5.0	603	739
	12.0	441	456
	25.0	411	394
	24.7(壳体面)	410(外推值)	394

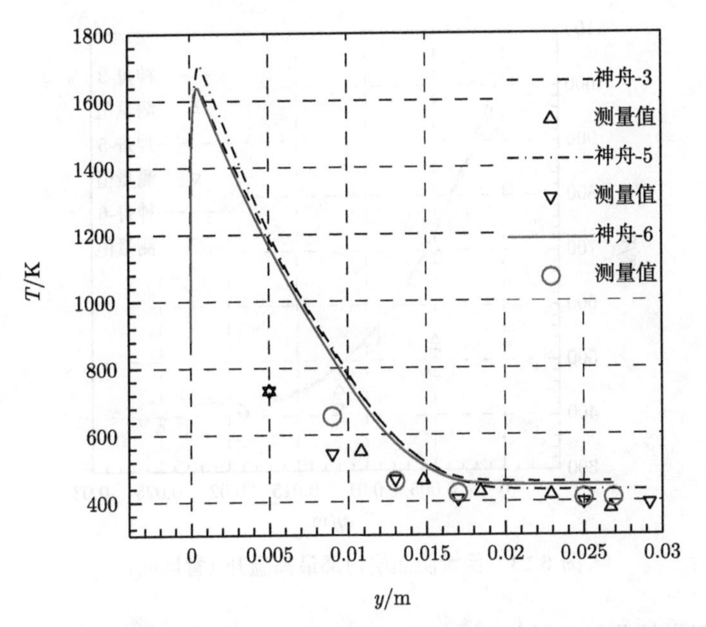

图 6.11 倒锥防热层内部最高温升 (距下端框 200mm；迎风面)

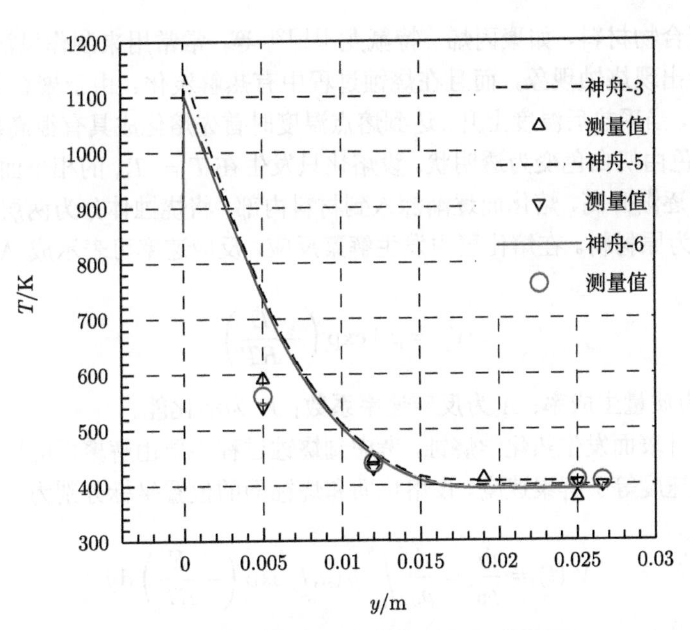

图 6.12 倒锥防热层内部最高温升 (侧面)

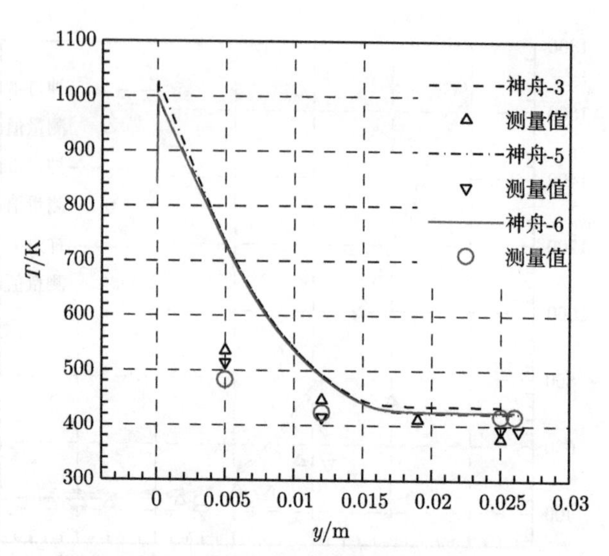

图 6.13　倒锥防热层内部最高温升 (背风面)

6.5.3　表面有熔化的连续模型

1. 烧蚀机理

有些聚合物材料，如聚丙烯、特氟龙 [11,12] 等，常常用来制作风洞试验模型，受热时也会出现烧蚀现象，而且在烧蚀过程中有热解炭化。由于聚合物的熔点温度一般不高，当受热后温度上升，达到熔点温度时首先熔化成具有很高黏性的熔融体，材料颜色由奶白色变为透明状。设熔化只发生在 $T = T_{\mathrm{m}}$ 的相平面上，随着材料内部温度逐渐升高，熔化面逐渐深入到材料内部，将烧蚀体分为两层，外层为熔融体，内层为原材料。在熔化层内发生解聚反应，反应速率可表示成 Arrhenius 公式的形式

$$\dot{W}_{\mathrm{p}} = \rho A \exp\left(-\frac{E}{RT}\right) \tag{6.100}$$

其中，$\dot{W}_{\mathrm{p}}$ 为质量生成率；A 为反应速率系数；E 为活化能。

熔化层外表面发生热化学烧蚀，考虑到烧蚀过程主要由解聚反应控制，可以认为表面烧蚀速度等于解聚速度。设熔化面和烧蚀面的位置坐标分别为 $a\,(t)$ 和 $s\,(t)$，则烧蚀速度为

$$V\,(t) = \frac{\dot{m}}{\rho_0} = \frac{A}{\rho_0}\int_a^s \rho\,(y,t)\exp\left(-\frac{E}{RT}\right)\mathrm{d}y \tag{6.101}$$

这里，ρ_0 为特氟龙在初始温度时的密度值。表面位置

$$a\,(t) = \int_0^t V\,(t)\,\mathrm{d}t \tag{6.102}$$

由于解聚产物不但与温度有关，而且本身还与边界层中空气发生复杂化学反应，详细考虑这些反应既烦琐又没有必要，可以用氧的消耗率来代替。材料燃烧后产生的热量

$$q_{\mathrm{comb}} = \psi q_{\mathrm{hw}} K \Delta h_{\mathrm{c}} / (h_{\mathrm{r}} - h_{\mathrm{hw}}) \tag{6.103}$$

其中，K 为气流中氧的质量分数；Δh_{c} 为单位质量氧的反应热。考虑质量引射后加热量为

$$q_{\mathrm{i}} = \psi q_{\mathrm{hw}} \tag{6.104}$$

式中，q_{hw} 为热壁热流，且有

$$q_{\mathrm{hw}} = q_{\mathrm{cw}} (h_{\mathrm{r}} - h_{\mathrm{hw}}) / (h_{\mathrm{r}} - h_{\mathrm{cw}}) \tag{6.105}$$

这里，q_{cw} 为冷壁热流，则传入烧蚀体内的净热流为

$$q_{\mathrm{net}} = q_{\mathrm{comb}} + q_{\mathrm{i}} = \psi q_{\mathrm{hw}} \left(1 + \frac{K \Delta h_{\mathrm{c}}}{h_{\mathrm{r}} - h_{\mathrm{hw}}} \right) \tag{6.106}$$

其中，ψ 为热阻塞系数，可取线性近似

$$\psi = 1 - \eta \frac{\dot{m} \left(h_{\mathrm{r}} - h_{\mathrm{hw}} \right)}{q_{\mathrm{hw}}} \tag{6.107}$$

或二阶近似

$$\psi = 1 - \eta_1 \frac{\dot{m} \left(h_{\mathrm{r}} - h_{\mathrm{hw}} \right)}{q_{\mathrm{hw}}} + \eta_2 \left[\frac{\dot{m} \left(h_{\mathrm{r}} - h_{\mathrm{hw}} \right)}{q_{\mathrm{hw}}} \right]^2 \tag{6.108}$$

熔化面的运动速度可由相平面能量平衡关系式确定

$$\frac{\mathrm{d}s}{\mathrm{d}t} = \frac{1}{\rho_{\mathrm{m}} \Delta h_{\mathrm{m}}} \left[k_{\mathrm{vp}} \left. \frac{\partial T}{\partial y} \right|_{y=s+0} - k_a \left. \frac{\partial T}{\partial y} \right|_{y=s-0} \right] \tag{6.109}$$

其中，ρ_{m} 为熔化层与原材料的平均密度；Δh_{m} 为熔化层的相变潜热。熔化面的位置坐标

$$s\left(t \right) = \int_0^t \frac{\mathrm{d}s}{\mathrm{d}t} \mathrm{d}t \tag{6.110}$$

由此给出聚合物烧蚀体的控制方程为

当 $T < T_{\mathrm{m}}$，$s < y < L$ 时，

$$q_{\mathrm{R}} + \frac{\partial}{\partial y} \left(k_{\mathrm{vp}} \frac{\partial T}{\partial y} \right) = \left(\rho c_p \right)_{\mathrm{vp}} \frac{\partial T}{\partial t} \tag{6.111}$$

当 $T > T_{\mathrm{m}}$，$a < y < s$ 时，

$$q_{\mathrm{R}} + \frac{\partial}{\partial y} \left(k_{\mathrm{a}} \frac{\partial T}{\partial y} \right) = \left(\rho c_p \right)_{\mathrm{a}} \frac{\partial T}{\partial t} + \dot{W}_{\mathrm{p}} \Delta h_{\mathrm{P}} \tag{6.112}$$

初始条件为

$$T(y,0)=\mathrm{const} \tag{6.113a}$$

$$a=s=0 \tag{6.113b}$$

$$V=\frac{\mathrm{d}s}{\mathrm{d}t}=0 \tag{6.113c}$$

a. 外边界条件:

在加热的初始阶段，当 $T_{\mathrm{w}}<T_{\mathrm{m}}$ 时

$$-\left(k_{\mathrm{s}}\frac{\partial T}{\partial y}\right)_{\mathrm{w}}=q_{\mathrm{hw}}-\varepsilon\sigma T_{\mathrm{w}}^{4} \tag{6.114}$$

当 $T_{\mathrm{w}}=T_{\mathrm{m}}$ 时，表面发生熔化

$$-\left(k_{\mathrm{s}}\frac{\partial T}{\partial y}\right)_{\mathrm{w}}=q_{\mathrm{hw}}-\varepsilon\sigma T_{\mathrm{w}}^{4}-\rho_{\mathrm{vp}}(0,t)\frac{\mathrm{d}s}{\mathrm{d}t}\Delta h_{\mathrm{m}} \tag{6.115}$$

当 $T_{\mathrm{w}}>T_{\mathrm{m}}$ 时

$$-\left(k_{\mathrm{s}}\frac{\partial T}{\partial y}\right)_{\mathrm{w}}=\psi q_{\mathrm{hw}}\left(1+\frac{K\Delta h_{\mathrm{c}}}{h_{\mathrm{r}}-h_{\mathrm{hw}}}\right)-\varepsilon\sigma T_{\mathrm{w}}^{4} \tag{6.116}$$

b. 熔化面边界条件

$$T=T_{\mathrm{m}} \tag{6.117a}$$

$$\frac{\mathrm{d}s}{\mathrm{d}t}=\frac{1}{\rho_{\mathrm{m}}\Delta h_{\mathrm{m}}}\left[k_{\mathrm{vp}}\left.\frac{\partial T}{\partial y}\right|_{y=s+0}-k_{\mathrm{a}}\left.\frac{\partial T}{\partial y}\right|_{y=s-0}\right] \tag{6.117b}$$

c. 背面取绝热边界条件。

2. 计算方法

将计算区域划分为熔化层和原材料两层，每层中网格数固定。开始时刻，熔化层取一很小的厚度。

1) 坐标变换

由于烧蚀表面和熔化面不断后退，属于动边界问题，为计算方便，通过坐标变换将方程转换到动坐标系中求解。

在固定坐标系 oy 中，烧蚀表面退缩量为

$$\bar{y}=\int_{0}^{t}V(t)\,\mathrm{d}t \tag{6.118}$$

熔化面退缩量为

$$\bar{y}'=\int_{0}^{t}\frac{\mathrm{d}s}{\mathrm{d}t}\mathrm{d}t \tag{6.119}$$

任意时刻熔化层厚度为

$$l = l_0 + \int_0^t \left[\frac{\mathrm{d}s}{\mathrm{d}t} - V(t)\right] \mathrm{d}t \tag{6.120}$$

原材料层厚度为

$$l' = l'_0 + \int_0^t \frac{\mathrm{d}s}{\mathrm{d}t}\mathrm{d}t \tag{6.121}$$

采用以下坐标变换关系式:

熔化层

$$x = \frac{y - \int_0^t V(t)\,\mathrm{d}t}{l} \tag{6.122}$$

原材料层

$$x' = \frac{y - l_0 - \int_0^t \frac{\mathrm{d}s}{\mathrm{d}t}\mathrm{d}t}{l'} \tag{6.123}$$

时间

$$\tau = t \tag{6.124}$$

则基本方程转化为:

熔化层

$$\frac{\partial T}{\partial \tau} = \frac{1}{l^2 (\rho c_p)_{\mathrm{a}}} \frac{\partial}{\partial x}\left(k_{\mathrm{a}} \frac{\partial T}{\partial x}\right) + \frac{1}{l}\left[V(t) + x\left(\frac{\mathrm{d}s}{\mathrm{d}t} - V(t)\right)\right]\frac{\partial T}{\partial x} + \frac{q_{\mathrm{R}}}{(\rho c_p)_{\mathrm{a}}} - \frac{\dot{W}_{\mathrm{p}} \Delta h_{\mathrm{p}}}{(\rho c_p)_{\mathrm{a}}} \tag{6.125}$$

其中, 烧蚀速度表达式为

$$V(t) = \frac{A}{\rho_0}\int_0^1 \rho(x,\tau)\exp\left(-\frac{E}{RT}\right) l \cdot \mathrm{d}x + \frac{A}{\rho_0}\int_0^\tau \rho(0,\tau)\exp\left(-\frac{E}{RT}\right) V(t) \cdot \mathrm{d}\tau \tag{6.126}$$

原材料层

$$\frac{\partial T}{\partial \tau} = \frac{1}{l'^2 (\rho c_p)_{\mathrm{vp}}} \frac{\partial}{\partial x'}\left(k_{\mathrm{vp}} \frac{\partial T}{\partial x'}\right) + \frac{\mathrm{d}s}{\mathrm{d}t}\frac{1 - x'}{l'}\frac{\partial T}{\partial x'} + \frac{q_{\mathrm{R}}}{(\rho c_p)_{\mathrm{vp}}} \tag{6.127}$$

2) 差分方程及求解方法

熔化层相对较薄, 可采用等空间步长差分。原材料层相对较厚, 如果仍采用等步长离散, 由于熔化面上下网格尺寸差别太大, 将产生非物理解。为避免发生这种情况，对原材料层采用变步长差分，熔化面附近采用较小的空间步长，向内依次放大。时间方向采用全隐式格式，得如下形式的差分方程：

$$A_i^{n+1}T_{i-1}^{n+1} + B_i^{n+1}T_i^{n+1} + C_i^{n+1}T_{i+1}^{n+1} = D_i^n \tag{6.128}$$

该式与边界差分方程一同构成三对角形式的代数方程组，可用追赶法求解。

3. 算例

图 6.14 给出了弹道靶试验聚丙烯模型驻点壁温的时间历程，可以看出，聚丙烯的正常耐受温度只有 1000K 左右。由于聚丙烯导热系数比钢的导热系数小两个数量级 (表 6.10)，所以开始阶段温度上升得非常快，瞬间达到烧蚀温度。由于烧蚀过程为吸热反应，故开始烧蚀后温度又略有回落，此后基本保持定值。另外我们注意到，靶室压力对聚丙烯驻点温度影响很小，超过某个特征温度后，壁温主要由烧蚀化学动力学机制所决定，不再受热环境的影响。图 6.15 给出了聚丙烯模型表面温度分布情况，从驻点往下游温度略有升高，但相差不大，说明模型身部也出现烧蚀现象。图 6.16 给出了模型驻点区材料内部温度分布情况，模型温度变化只集中在表面附近很薄的区域内，基本上是熔化多少烧掉多少。从图 6.17 表面烧蚀量和熔化层厚度随飞行距离变化情况可以看出，液体层非常薄，无论是状态 1 (141.5mmHg) 还是状态 2 (37.5mmHg)，烧蚀过程基本上是定常的。状态 1 的烧蚀量比状态 2 大得多，但前者液体层的厚度比后者略小。从图 6.18 模型烧蚀量沿表面分布情况可以看出，从驻点往下游烧蚀量是逐渐减小的，头部烧蚀量明显大于身部，但越往后熔化层越厚。图 6.19 给出了聚丙烯模型驻点烧蚀速度随飞行距离的变化情况，在初始阶段烧蚀速度急剧上升，然后迅速达到定常烧蚀。状态 1 的烧蚀速度约为状态 2 的 2 倍。图 6.20 给出了模型到达测量站点时烧蚀速度沿表面分布情况，其分布规律与表面后退量是一致的。与驻点情况类似，其他部位状态 1 的烧蚀速度是状态 2 的 2 倍。

表 6.10　聚丙烯材料的热物性参数

名称	数据	单位
密度	948	kg/m^3
比热	2.05	kJ/(kg·K)
导热系数	0.313×10^{-3}	kW/(m·K)
解聚反应速率系数	3×10^{19}	s^{-1}
解聚反应活化能	347.44	kJ/mol
解聚热	$1770-0.279T$	kJ/kg
燃烧热 $k\cdot h_c$	5104	kJ/kg
熔化温度	600	K
熔化吸热	58.6	kJ/kg

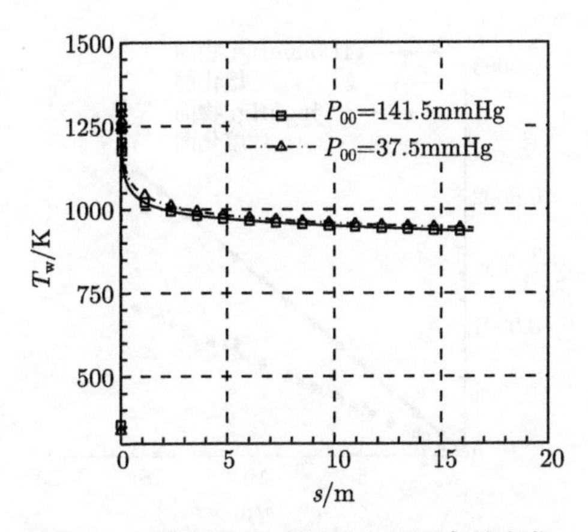

图 6.14 模型驻点壁温随飞行距离的变化

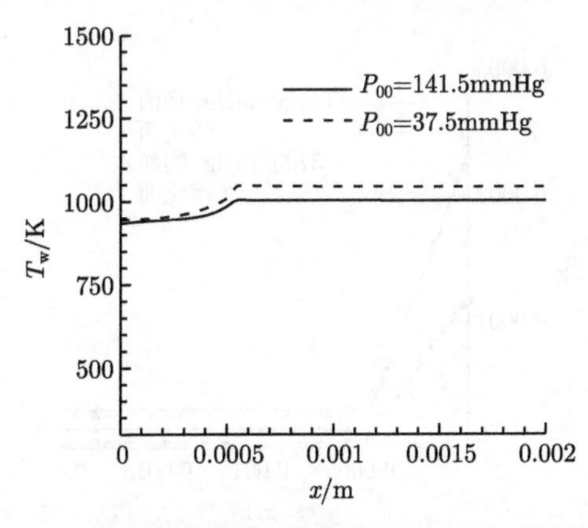

图 6.15 模型表面温度 (距炮口 16.5m 时) 分布情况

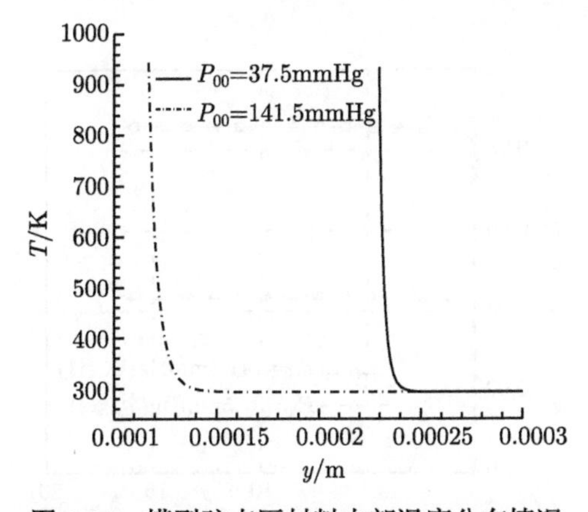

图 6.16 模型驻点区材料内部温度分布情况

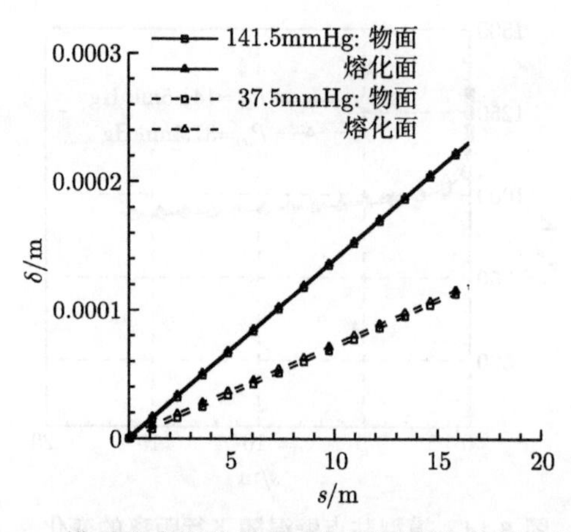

图 6.17 模型驻点烧蚀量和熔化层厚度随飞行距离变化

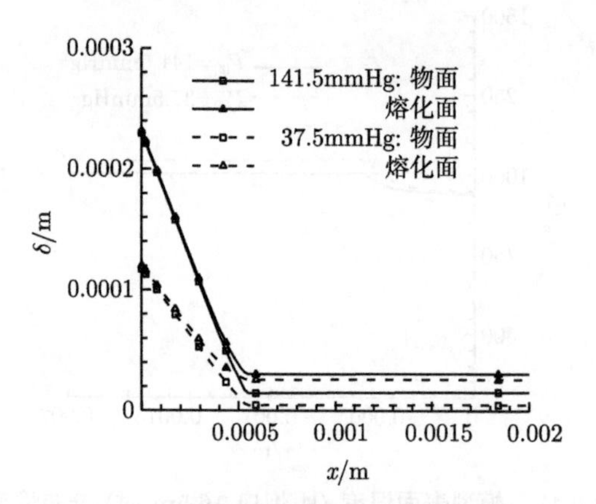

图 6.18 模型烧蚀量沿表面分布情况

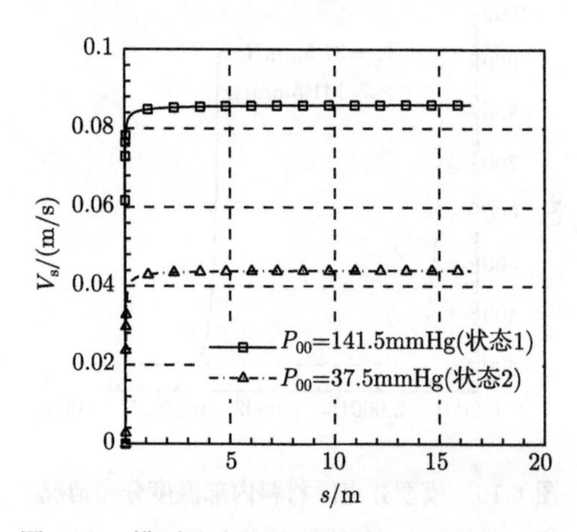

图 6.19 模型驻点烧蚀速度随飞行距离的变化

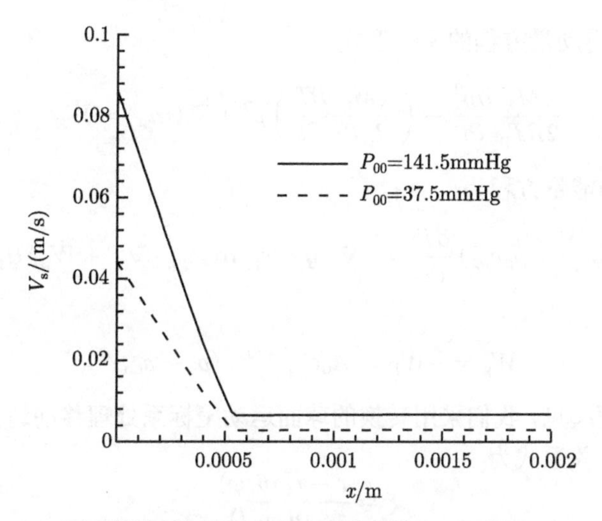

图 6.20 聚丙烯模型烧蚀速度沿表面分布情况 (距炮口 16.5m 时)

6.6 炭化材料二维烧蚀热响应计算方法

6.6.1 二维连续模型计算方法

在文献 [2] 中我们曾指出，炭化材料烧蚀防热的内部机制是：材料热解及存在化学反应的热解气体扩散通过变孔隙度的多孔介质的瞬态传热传质问题。根据这一物理模型，我们建立了多维问题的数值模拟方法。

对于多维问题，当表面热流、压力分布不均匀时，不同部位下面材料的热解进度是不一样的，热解气体也可能不是直接垂直于表面引射到物面上，内部可能存在横向流动，因此需要求解热解气体流动方程。对于热解后形成的多孔材料，这是一个多孔介质流动问题，热解气体流动的动量方程遵循达西定律，即

$$-\nabla p = (\alpha\mu + \beta\rho_{\rm g}\,|\boldsymbol{V}|)\cdot\epsilon\boldsymbol{V} \tag{6.129}$$

其中，热解气体连续方程为

$$\frac{\partial\rho_{\rm g}}{\partial t} + \nabla\left(\rho_{\rm g}\boldsymbol{V}\right) = \dot{W}_{\rm g} \tag{6.130}$$

状态方程为

$$\rho_{\rm g} = \epsilon\frac{pM_{\rm g}}{RT} \tag{6.131}$$

将式 (6.129) 两边同乘以 $\rho_{\rm g}$，则

$$\boldsymbol{m}_{\rm g} = \rho_{\rm g}\boldsymbol{V} = -\epsilon\frac{pM_{\rm g}}{RT}\frac{1}{\alpha\mu+\beta\rho_{\rm g}|\boldsymbol{V}|}\frac{1}{\epsilon}\nabla p = -\frac{M_{\rm g}/RT}{\alpha\mu+\beta\rho_{\rm g}|\boldsymbol{V}}\nabla p^2 \tag{6.132}$$

代入式 (6.131) 得动量方程的又一形式

$$\frac{\epsilon M_{\mathrm{g}}}{2RT_{\mathrm{p}}}\frac{\partial p^2}{\partial t}-\left(\frac{\epsilon M_{\mathrm{g}}}{R_{\mathrm{p}}T^2}\frac{\partial T}{\partial t}\right)p^2+\nabla\left(\boldsymbol{m}_{\mathrm{g}}\right)=\dot{W}_{\mathrm{g}} \tag{6.133}$$

多孔固体导热的能量方程为

$$\left(\rho_{\mathrm{s}}c_{p\mathrm{s}}+\rho_{\mathrm{g}}c_{p\mathrm{g}}\right)\frac{\partial T}{\partial t}=-\nabla\cdot\boldsymbol{q}-c_{p\mathrm{g}}\boldsymbol{m}_{\mathrm{g}}c_{p\mathrm{g}}\cdot\nabla T+\dot{W}_{\mathrm{p}}\delta H_{\mathrm{p}} \tag{6.134}$$

这里

$$\dot{W}_{\mathrm{g}}=-\dot{W}_{\mathrm{P}}=A_0\mathrm{e}^{-B_0/T}\cdot\left(\rho_{\mathrm{s}}-\rho_{\mathrm{ch}}\right)^n \tag{6.135}$$

为计算方便起见，我们采用转换的球面运动坐标系处理移动边界 [2,9,20]，动静坐标之间的变换关系式为

$$\xi=\frac{r-r_i\left(\theta,\varphi\right)}{\Delta\left(\theta,\varphi,t\right)} \tag{6.136}$$

则

$$\nabla T=\frac{1}{h_\xi}\frac{\partial T}{\partial\xi}\boldsymbol{\xi}+\frac{1}{h_\theta}\frac{\partial T}{\partial\theta}\boldsymbol{\theta}+\frac{1}{h_\varphi}\frac{\partial T}{\partial\varphi}\boldsymbol{\varphi} \tag{6.137}$$

$$\nabla\cdot\boldsymbol{q}=\frac{1}{r^2}\frac{\partial}{\partial\xi}\left(\frac{r^2}{h_\xi}q_\xi\right)+\frac{1}{h_\theta r\Delta\sin\theta}\frac{\partial}{\partial\theta}\left(r\Delta\sin\theta q_\theta\right)+\frac{1}{h_\varphi r\Delta}\frac{\partial}{\partial\varphi}\left(r\Delta q_\varphi\right) \tag{6.138}$$

其中

$$h_\xi=\Delta/(1+C_\theta^2+C_\varphi^2),\quad h_\theta=r,\quad h_\varphi=r\sin\theta$$

$$C_\theta=(\partial r/r\partial\theta)_{\xi,\varphi},\quad C_\varphi=(\partial r/r\sin\theta\partial\varphi)_{\xi,\theta}$$

$$-\begin{bmatrix} q_\xi\\ q_\theta\\ q_\varphi\end{bmatrix}=\begin{bmatrix} g_{\xi\xi} & g_{\xi\theta} & g_{\xi\varphi}\\ g_{\theta\xi} & g_{\theta\theta} & g_{\theta\varphi}\\ g_{\varphi\xi} & g_{\varphi\theta} & g_{\varphi\varphi}\end{bmatrix}\begin{bmatrix}\dfrac{1}{h_\xi}\dfrac{\partial T}{\partial\xi}\\ \dfrac{1}{h_\theta}\dfrac{\partial T}{\partial\theta}\\ \dfrac{1}{h_\varphi}\dfrac{\partial T}{\partial\varphi}\end{bmatrix},\quad [g_{ij}]=[k_l a_{li}]^{\mathrm{T}}[a_{lj}]_{\substack{l=x,y,z\\ i=\xi,\theta,\varphi\\ j=\xi,\theta,\varphi}}$$

$$[a_{lj}]=\begin{bmatrix}\xi_x & \cos\theta\cos\varphi & -\sin\varphi\\ \xi_y & \cos\theta\sin\varphi & \cos\varphi\\ \xi_z & -\sin\theta & 0\end{bmatrix}$$

在动坐标系下，基本方程的形式如下：

(1) 能量方程

$$\left(\rho_{\mathrm{s}}c_{\mathrm{s}}+\rho_{\mathrm{g}}c_{p\mathrm{g}}\right)\left(\frac{\partial T}{\partial t}-\frac{\xi}{\Delta}\frac{\partial\Delta}{\partial t}\frac{\partial T}{\partial\xi}\right)$$

$$
\begin{aligned}
&= -\left[\frac{1}{r^2}\frac{\partial}{\partial \xi}\left(\frac{r^2}{h_\xi}q_\xi\right)+\frac{1}{h_\theta r\Delta\sin\theta}\frac{\partial}{\partial\theta}(r\Delta\sin\theta q_\theta)+\frac{1}{h_\varphi r\Delta}\frac{\partial}{\partial\varphi}(r\Delta q_\varphi)\right]\\
&\quad - c_{pg}(a_{a\xi}\dot{m}_{gx}+a_{b\xi}\dot{m}_{gy}+a_{c\xi}\dot{m}_{gz})\frac{1}{h_\xi}\frac{\partial T}{\partial \xi}\\
&\quad - c_{pg}(a_{a\theta}\dot{m}_{gx}+a_{b\theta}\dot{m}_{gy}+a_{c\theta}\dot{m}_{gz})\frac{1}{h_\theta}\frac{\partial T}{\partial \theta}\\
&\quad - c_{pg}(a_{a\varphi}\dot{m}_{gx}+a_{b\varphi}\dot{m}_{gy}+a_{c\varphi}\dot{m}_{gz})\frac{1}{h_\varphi}\frac{\partial T}{\partial \varphi}+\dot{W}_{\mathrm{P}}\cdot\delta H_{\mathrm{P}}
\end{aligned}
\tag{6.139}
$$

(2) 动量方程

$$
\begin{aligned}
&\frac{\epsilon M_{\mathrm{g}}}{2RTP}\left(\frac{\partial P^2}{\partial t}-\frac{\xi}{\Delta}\frac{\partial\Delta}{\partial\xi}\frac{\partial P^2}{\partial\xi}\right)\\
&+\frac{M_{\mathrm{g}}}{RTP}\left[\left(\frac{\partial\epsilon}{\partial t}-\frac{\xi}{\Delta}\frac{\partial\Delta}{\partial t}\frac{\partial\epsilon}{\partial\xi}\right)-\frac{\epsilon}{T}\left(\frac{\partial T}{\partial t}-\frac{\xi}{\Delta}\frac{\partial\Delta}{\partial t}\frac{\partial T}{\partial\xi}\right)\right]P^2\\
&+\left[\frac{1}{r^2}\frac{\partial}{\partial\xi}\left(\frac{r^2}{h_\xi}\dot{m}_{\mathrm{g}\xi}\right)+\frac{1}{h_\theta r\Delta\sin\theta}\frac{\partial}{\partial\theta}(r\Delta\sin\theta\dot{m}_{\mathrm{g}\theta})+\frac{1}{h_\varphi r\Delta}\frac{\partial}{\partial\varphi}(r\Delta\dot{m}_{\mathrm{g}\varphi})\right]=\dot{W}_{\mathrm{g}}
\end{aligned}
\tag{6.140}
$$

(3) 孔隙度方程

$$
\frac{\partial\epsilon}{\partial t}-\frac{\xi}{\Delta}\frac{\partial\Delta}{\partial t}\frac{\partial\epsilon}{\partial\xi}=\frac{\dot{W}_{\mathrm{g}}}{\rho_{\mathrm{vp}}-\rho_{\mathrm{ch}}}\cdot\epsilon_{\mathrm{ch}}
\tag{6.141}
$$

(4) 状态方程

$$
\rho_{\mathrm{g}}=\frac{PM_{\mathrm{g}}}{RT}\epsilon
\tag{6.142}
$$

其中

$$
\rho_{\mathrm{s}}=\rho_{\mathrm{ch}}+J(\rho_{\mathrm{vp}}-\rho_{\mathrm{ch}})
\tag{6.143}
$$

$$
J=1-\epsilon/\epsilon_{\mathrm{ch}}
\tag{6.144}
$$

$$
-\begin{bmatrix}\dot{m}_{\mathrm{g}\xi}\\ \dot{m}_{\mathrm{g}\theta}\\ \dot{m}_{\mathrm{g}\varphi}\end{bmatrix}=\begin{bmatrix}G_{\xi\xi} & G_{\xi\theta} & G_{\xi\varphi}\\ G_{\theta\xi} & G_{\theta\theta} & G_{\theta\varphi}\\ G_{\varphi\xi} & G_{\varphi\theta} & G_{\varphi\varphi}\end{bmatrix}\begin{bmatrix}\dfrac{1}{h_\xi}\dfrac{\partial P^2}{\partial\xi}\\ \dfrac{1}{h_\theta}\dfrac{\partial P^2}{\partial\theta}\\ \dfrac{1}{h_\varphi}\dfrac{\partial P^2}{\partial\varphi}\end{bmatrix}
\tag{6.145}
$$

$$
[G_{ij}]=[\varphi_l a_{li}]^{\mathrm{T}}[a_{lj}]_{\substack{l=x,y,z\\ i=\xi,\theta,\varphi\\ j=\xi,\theta,\varphi}}
$$

$$
\varphi_l=\frac{1}{\alpha\mu+\beta\rho_{\mathrm{g}}|v_l|}\cdot\frac{M_{\mathrm{g}}}{2RT},\quad l=x,y,z
$$

$\partial\Delta/\partial t$ 为烧蚀引起的外形变化率，由下式确定

$$\frac{\partial\Delta}{\partial t}=-\frac{\Delta}{h_\xi}\cdot\frac{\dot{m}_\mathrm{c}}{\rho_\mathrm{ch}} \tag{6.146}$$

对于大多数情况，当作二维问题来处理就可以了，这时方程中凡涉及 φ 的项都自动消失。对上述方程组，我们采用如下数值方法进行求解。

1) 差分格式

基于对方程特点的认识，我们对能量方程和动量方程的离散分别采用了不同的差分格式。能量方程为抛物型方程，其源项类似于具有“反馈”作用，对这样一类方程，以往采用的差分格式 (如 ADI 格式，全隐式格式等) 大多比较费事，本书选用计算简捷、精度合乎要求、计算省时的三层显示差分格式 [21]。离散后的差分方程为

$$T_{i,j}^{n+1}=\frac{2\delta t}{1+\omega_{i,j}^n}A_{i,j}^n+\frac{1-\omega_{i,j}^n}{1+\omega_{i,j}^n}T_{i,j}^{n-1} \tag{6.147}$$

其中，$A_{i,j}^n,\omega_{i,j}^n$ 在内点和各边界处有不同的具体形式，由于篇幅所限，此处从略。

动量方程的形式比较复杂，其源项恒为正值。对此，我们选用稳定性较好的全隐式格式。对离散后的代数方程组用逐行法 [22] 迭代求解。

2) 边界条件的差分处理

与处理边界条件的常规办法——直接对边界条件进行差分离散不同，这里对边界条件的差分处理与内部节点一样，直接对微分方程进行离散，而把边界条件作为约束条件，嵌入到微分方程中去。这样就把边界节点处的非稳态效应考虑进去了，得到的解更符合实际情况。

3) 源项的线性化处理

这里涉及两类源项。一类是具有类似于“反馈”作用的源项。在某一时刻，若使自变量增加一微量，则其源项将相应减少一微量。对这类源项可以通过以下方法进行线化

$$S=S_\mathrm{f}+S_\mathrm{f}'(T-T_\mathrm{f}) \tag{6.148}$$

其中，T_f 表示在自变量 T 附近取的近似值。注意，其中 $S_\mathrm{f}'<0$。这类源项包括能量方程中的 $\dot{W}_\mathrm{p}(T)$ 及有效热流 $\dot{q}_\mathrm{n}(T_\mathrm{w})$。另一类是恒正源项，如动量方程中的 $\dot{W}_\mathrm{g}(P^2)$。对这类源项若不加以处理会出现一些十分荒谬的结果，这些结果对于计算的其余部分以及迭代的成功都会起着破坏性的影响。因此，必须设法防止这种结果的出现。一个简单的办法 [22] 是设

$$S=S_1-S_2,\quad S_1>0,\quad S_2>0 \tag{6.149}$$

其中，S_1 是源项正的部分；而 $-S_2$ 是负的部分。进而令

$$S=S_1-\frac{S_2}{P^{2*}}\cdot P^2 \tag{6.150}$$

其中，P^{2*} 为 P^2 的现时值。

4) 烧蚀外形计算

烧蚀外形计算采用后面第 9 章的方法，先进行拟线性化处理，然后选用隐式差分格式进行离散和迭代计算。

6.6.2 热解气体横向流动的影响

为了检验计算方法，首先就酚醛玻璃材料在电弧加热器试验条件下的烧蚀情况进行了计算 [2]，图 6.21 给出了计算结果与试验结果的比较，二者吻合良好。

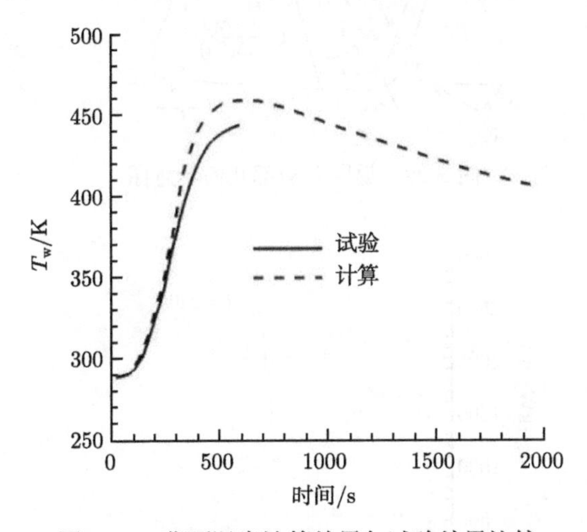

图 6.21 背面温度计算结果与试验结果比较

我们分别采用一维和二维热传导模型计算了图 6.22 所示的返回舱肩部热解烧蚀情况。图 6.23 和图 6.24 分别为肩部热流和压力分布情况，可以看出，在驻点附近，热流和压力都存在很大的梯度，这将会引起炭化层内部的热解气体出现横向流动。

图 6.25 和图 6.26 分别给出了两个典型时刻 (t=130s 和 t=240s) 各自采用一维和二维模型计算的热解气体法向质量流率和壁温沿表面分布情况。可以看出，用一维模型计算的热解气体质量流率与表面热流分布是一致的，即热流最高的地方，壁温也最高，对应的内部热解产生的质量流率也最大。然而在二维情况下，由于表面压力分布的影响，炭化层内部热解气体从高压处向低压处出现了横向流动，从而导致高压处引射到物面的热解气体质量流率减少，而低压处的出现增加，由此改变了质量引射的热阻塞效应沿物面的分布情况，从而引起进入防热层内部有效热流的变化，使得高压区壁温增加，而低压区壁温减小。由此可以看出，热解气体横向流动对防热设计是不利的。

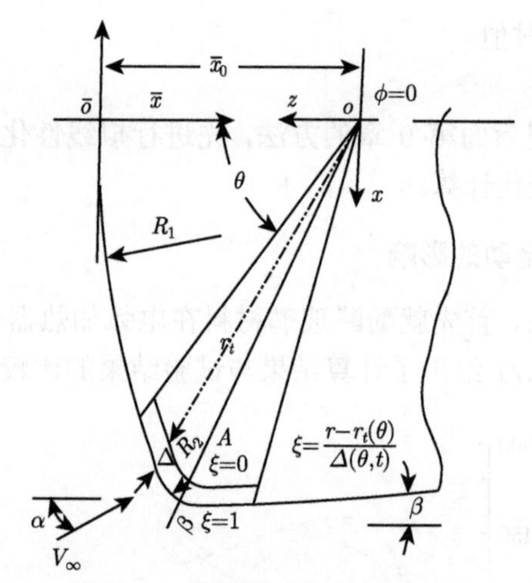

图 6.22　返回舱肩部几何示意图

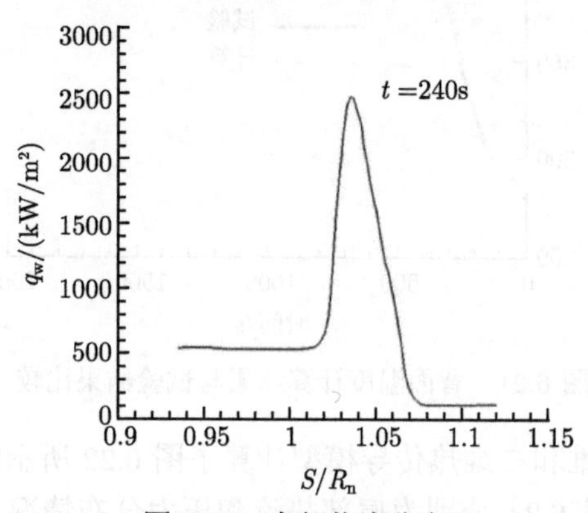

图 6.23　肩部热流分布

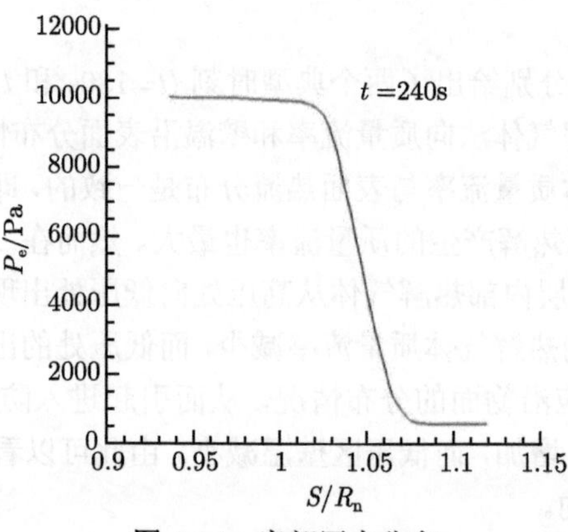

图 6.24　肩部压力分布

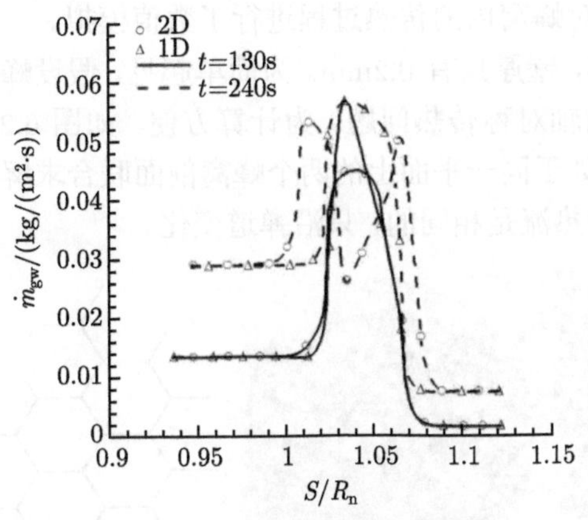

图 6.25 热解气体法向质量流率

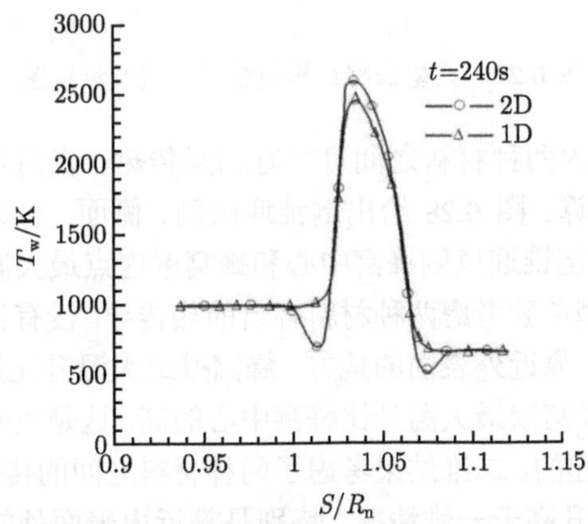

图 6.26 一维和二维模型计算的表面温度分布

6.6.3 蜂窝夹层对结构温度的影响

载人飞船在返回地球的再入过程中，热环境具有高焓、低热流、长时间加热等特点，低密度材料在烧蚀过程中将发生热解和炭化，强度将大大降低。因此低密度材料一般不单独使用，而是先用高强度玻璃钢制成蜂窝结构，然后在蜂窝内填充低密度材料。

在以往返回舱防热层结构设计和传热计算中，通常仅考虑低密度炭化材料的热响应，而忽略蜂窝壁的影响。“神舟”号飞船几次飞行试验结果表明，理论计算预测的内部温度分布与实际测量结果之间总有一定差别 (图 6.11~图 6.13)。我们注意到，蜂窝壁玻璃钢材料的导热系数大于硅橡胶材料，热量有可能会通过蜂窝壁快速传到内部再向周围低密度材料散热。测温晶粒埋在蜂窝内的低密度材料中，有可能受到蜂窝壁传热的影响，特别是当晶粒十分靠近蜂窝壁时，对测量结果会产生一定影响。为此，我们对蜂窝内的传热过程进行了数值模拟。

蜂窝壁为六角形，壁厚只有 0.2mm。为简单起见，假设蜂窝为圆形，构成以蜂窝中心线为对称轴的轴对称传热问题。为计算方便，如图 6.27 所示，取相邻两个蜂窝为研究对象，将处于同一平面上的两个蜂窝剖面联合求解。计算时假设每一时刻作用在蜂窝各处的热流是相同的，只沿弹道变化。

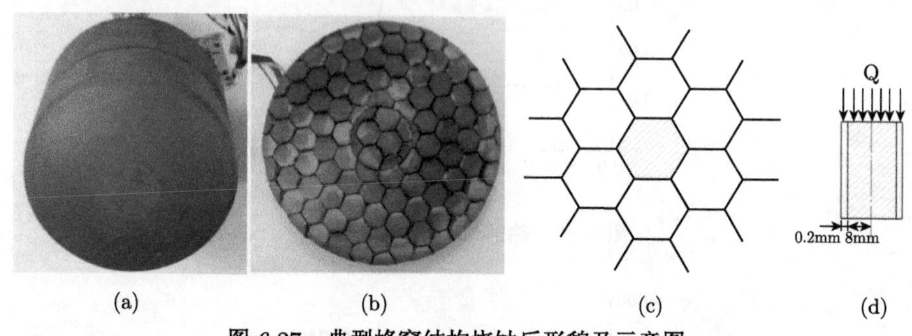

图 6.27　典型蜂窝结构烧蚀后形貌及示意图

考虑到蜂窝结构内两种材料之间可能有相互传热，我们同时采用了一维和二维热传导模型进行计算。图 6.28 给出倒锥迎风侧、侧面、背风侧热流随时间变化情况。图 6.29 给出了倒锥迎风侧蜂窝中心和蜂窝壁内点最大温升一维和二维计算结果的比较。一维模型单独考虑两种材料各自的热传导，没有计及它们之间的相互影响。计算结果表明，靠近外表面的地方，蜂窝壁最大温升比蜂窝中心处的低，而靠近内表面的地方，蜂窝壁最大温升比蜂窝中心的高，这是由蜂窝壁的导热系数比蜂窝填充材料的大引起的。二维结果考虑了两种材料之间的传热过程，获得的蜂窝中心线上各点最大温升高于一维情况，特别是靠近内表面处的最大温升比一维结果高 15K 左右。侧面蜂窝壁可使内壁温度增加 10K 左右，背风侧蜂窝壁可使内壁温度增加 8K 左右。

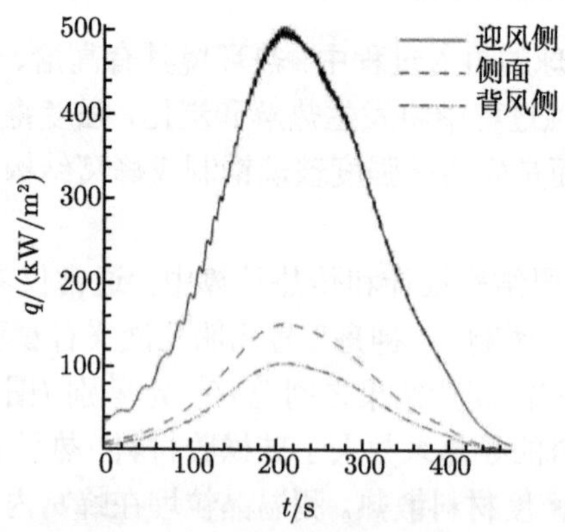

图 6.28　倒锥迎风侧、侧面、背风侧热流随时间变化情况

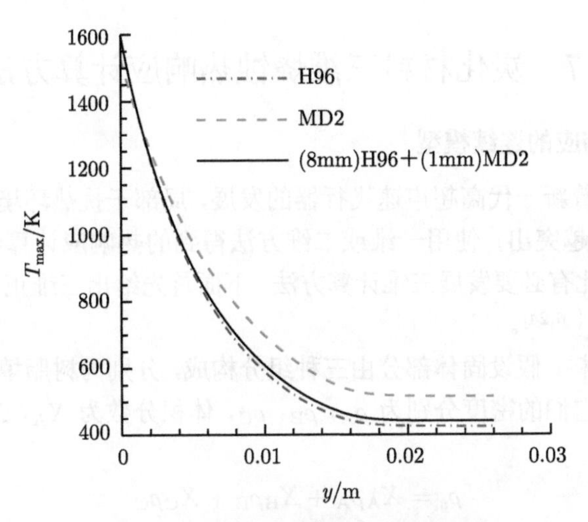

图 6.29 倒锥迎风侧蜂窝内最大温升

为了详细了解蜂窝内部的热量传递过程，图 6.30 给出了不同时刻蜂窝内部的温度分布情况。可以看出，开始的时候，靠近外表面处，低密度材料温度高于蜂窝壁温度，热量由低密度材料向蜂窝壁传输，而在靠近内表面处，蜂窝壁温度高于低密度材料，热量从蜂窝壁向低密度材料传递，蜂窝壁起着将热流快速输送到材料内部、使内部温度迅速升高的作用。当返回舱落地后，气动加热已经停止，并且向外辐射散热，蜂窝壁又起着将热量快速向外传递的作用。

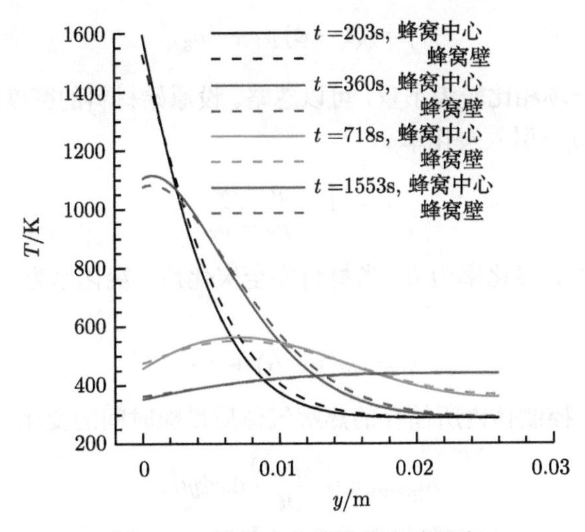

图 6.30 蜂窝中心线和蜂窝壁温度

6.7 炭化材料三维烧蚀热响应计算方法

6.7.1 三维热响应的连续模型

近年来，随着新一代高超声速飞行器的发展，局部干扰热环境越来越严酷，三维传热效应越来越突出，使用一维或二维方法得到的热响应计算结果往往不能满足精度要求，因此有必要发展三维计算方法。下面首先给出三维正交坐标系下炭化材料热响应模型 [16,24]。

对于炭化材料，假设固体部分由三种组分构成，分别为树脂填充物 A，B 以及纤维加强体 C，它们的密度分别为 ρ_{A}，ρ_{B}，ρ_{C}，体积分数为 X_{A}，X_{B}，X_{C}，则固体部分的密度为

$$\rho_{\mathrm{s}}=X_{\mathrm{A}}\rho_{\mathrm{A}}+X_{\mathrm{B}}\rho_{\mathrm{B}}+X_{\mathrm{C}}\rho_{\mathrm{C}} \tag{6.151}$$

假设每一个组分的热解过程均由如下化学动力学方程控制

$$\frac{\partial\rho_i}{\partial t}=-k_{0i}\mathrm{e}^{-E_i/R_iT}\rho_{\mathrm{v}i}\left(\frac{\rho_i-\rho_{\mathrm{c}i}}{\rho_{\mathrm{v}i}}\right)^{n_i} \tag{6.152}$$

则固体部分的密度随时间变化关系式为

$$\frac{\partial\rho_{\mathrm{s}}}{\partial t}=X_{\mathrm{A}}\frac{\partial\rho_{\mathrm{A}}}{\partial t}+X_{\mathrm{B}}\frac{\partial\rho_{\mathrm{B}}}{\partial t}+X_{\mathrm{C}}\frac{\partial\rho_{\mathrm{C}}}{\partial t} \tag{6.153}$$

考虑孔隙率后，整个多孔材料的密度为 ρ，即

$$\rho=(1-\phi)\,\rho_{\mathrm{s}}+\phi\rho_{\mathrm{g}} \tag{6.154}$$

其中第二项与第一项相比较为小量，可以忽略。设原始材料的密度为 ρ_{v}，完全炭化后的材料密度为 ρ_{c}，引入炭化率

$$\alpha=1-\frac{\rho-\rho_{\mathrm{c}}}{\rho_{\mathrm{v}}-\rho_{\mathrm{c}}} \tag{6.155}$$

当材料没有热解时，炭化率为 0，当材料完全炭化后，炭化率为 1。则材料的孔隙率表达式为

$$\phi=\phi_{\mathrm{v}}(1-\alpha)+\phi_{\mathrm{c}}\alpha \tag{6.156}$$

热解过程中，控制体内所储存的热解气体质量随时间的变化率为

$$\dot{m}_{\mathrm{store}}=\frac{\partial\left(\rho_{\mathrm{g}}\phi\right)}{\partial t}\mathrm{d}x\mathrm{d}y\mathrm{d}z \tag{6.157}$$

控制体表面的热解气体净流入量为

$$\dot{m}_{\mathrm{store}}=-\left[\frac{\partial\left(\rho_{\mathrm{g}}V_{\mathrm{g}x}\right)}{\partial x}+\frac{\partial\left(\rho_{\mathrm{g}}V_{\mathrm{g}y}\right)}{\partial y}+\frac{\partial\left(\rho_{\mathrm{g}}V_{\mathrm{g}z}\right)}{\partial z}\right]\mathrm{d}x\mathrm{d}y\mathrm{d}z \tag{6.158}$$

控制体内部，由热解消耗掉的固体全部转化成气体，故控制体内部存在热解气体的源项，有

$$\dot{m}_{\mathrm{gen}} = -(1-\phi)\frac{\partial \rho_{\mathrm{s}}}{\partial t}\mathrm{d}x\mathrm{d}y\mathrm{d}z \tag{6.159}$$

根据质量守恒有

$$\dot{m}_{\mathrm{store}} = \dot{m}_{\mathrm{adv,net}} + \dot{m}_{\mathrm{gen}} \tag{6.160}$$

综上可得

$$\frac{\partial(\rho_{\mathrm{g}}\phi)}{\partial t} = -\nabla\cdot(\rho_{\mathrm{g}}\boldsymbol{V}_{\mathrm{g}}) - (1-\phi)\frac{\partial \rho_{\mathrm{s}}}{\partial t} \tag{6.161}$$

将热解气体看作理想气体，且假定热解气体与固体间达到热平衡，即两者温度相同，均为 T，引入理想气体状态方程

$$\rho_{\mathrm{g}} = \frac{P}{RT} \tag{6.162}$$

对热解气体在多孔介质中的流动采用达西定律来描述

$$\boldsymbol{V}_{\mathrm{g}} = \frac{\varGamma}{v_{\mathrm{g}}}\nabla P \tag{6.163}$$

其中，$\varGamma$ 为材料的渗透率；v_{g} 为热解气体的黏度。

将式 (6.163) 代入式 (6.161) 可得

$$\frac{\partial\left(\dfrac{P}{RT}\phi\right)}{\partial t} = -\nabla\cdot\left(\frac{P}{RT}\frac{\varGamma}{v_{\mathrm{g}}}\nabla P\right) - (1-\phi)\frac{\partial \rho_{\mathrm{s}}}{\partial t} \tag{6.164}$$

将式 (6.156) 代入上式，并展开可得

$$\frac{\phi}{RT}\frac{\partial P}{\partial t} = -\nabla\cdot\left(\frac{P}{RT}\frac{\varGamma}{v_{\mathrm{g}}}\nabla P\right) + \frac{P\phi}{RT^2}\frac{\partial T}{\partial t} - \frac{P}{RT}\frac{\partial \phi}{\partial t} - (1-\phi)\frac{\partial \rho_{\mathrm{s}}}{\partial t} \tag{6.165}$$

其中

$$\begin{aligned}
\frac{\partial \phi}{\partial t} &= -\phi_{\mathrm{v}}\frac{\partial \alpha}{\partial t} + \phi_{\mathrm{c}}\frac{\partial \alpha}{\partial t} \\
&= \frac{\phi_{\mathrm{v}}-\phi_{\mathrm{c}}}{\rho_{\mathrm{v}}-\rho_{\mathrm{c}}}\frac{\partial \rho}{\partial t} \\
&= \frac{\phi_{\mathrm{v}}-\phi_{\mathrm{c}}}{\rho_{\mathrm{v}}-\rho_{\mathrm{c}}}\cdot\frac{\partial\left[(1-\phi)\rho_{\mathrm{s}}\right]}{\partial t} \\
&= \frac{\phi_{\mathrm{v}}-\phi_{\mathrm{c}}}{\rho_{\mathrm{v}}-\rho_{\mathrm{c}}}\cdot\left[\rho_{\mathrm{s}}\frac{\partial \phi}{\partial t} + (1-\phi)\frac{\partial \rho_{\mathrm{s}}}{\partial t}\right]
\end{aligned} \tag{6.166}$$

则

$$\frac{\partial \phi}{\partial t}=\frac{1-\phi}{1+\dfrac{\phi_{\mathrm{v}}-\phi_{\mathrm{c}}}{\rho_{\mathrm{v}}-\rho_{\mathrm{c}}}\rho_{\mathrm{s}}}\frac{\partial \rho_{\mathrm{s}}}{\partial t} \tag{6.167}$$

将式 (6.167) 代入式 (6.165) 得到最终的热解气体质量输运方程：

$$\begin{aligned}\frac{\phi}{RT}\frac{\partial P}{\partial t}=&-\nabla\cdot\left(\frac{P}{RT}\frac{\Gamma}{v_{\mathrm{g}}}\nabla P\right)+\frac{P\phi}{RT^{2}}\frac{\partial T}{\partial t}\\&-\frac{P}{RT}\frac{1-\phi}{1+\dfrac{\phi_{\mathrm{v}}-\phi_{\mathrm{c}}}{\rho_{\mathrm{v}}-\rho_{\mathrm{c}}}\rho_{\mathrm{s}}}\frac{\partial \rho_{\mathrm{s}}}{\partial t}-(1-\phi)\frac{\partial \rho_{\mathrm{s}}}{\partial t}\end{aligned} \tag{6.168}$$

下面进一步推导能量守恒方程。控制体内的储能变化率为

$$\begin{aligned}\dot{Q}_{\mathrm{store}}&=\frac{\partial}{\partial t}\left[\rho_{\mathrm{g}}\phi h_{\mathrm{g}}+(1-\phi)\rho_{\mathrm{s}}h_{\mathrm{s}}\right]\mathrm{d}x\mathrm{d}y\mathrm{d}z\\&=\left[\rho_{\mathrm{g}}\phi\frac{\partial h_{\mathrm{g}}}{\partial t}+h_{\mathrm{g}}\frac{\partial(\rho_{\mathrm{g}}\phi)}{\partial t}+(1-\phi)\rho_{\mathrm{s}}\frac{\partial h_{\mathrm{s}}}{\partial t}+h_{\mathrm{s}}\frac{\partial \rho_{\mathrm{s}}}{\partial t}\right]\mathrm{d}x\mathrm{d}y\mathrm{d}z\end{aligned} \tag{6.169}$$

热传导引起的能量增量为

$$\dot{Q}_{\mathrm{cond}}=-\left[\frac{\partial}{\partial x}\left(k\frac{\partial T}{\partial x}\right)+\frac{\partial}{\partial y}\left(k\frac{\partial T}{\partial y}\right)+\frac{\partial}{\partial z}\left(k\frac{\partial T}{\partial z}\right)\right]\mathrm{d}x\mathrm{d}y\mathrm{d}z \tag{6.170}$$

热解气体流动引起的能量增量为

$$\dot{Q}_{\mathrm{adv}}=-\left[\frac{\partial(\rho_{\mathrm{g}}V_{\mathrm{g}x}h_{\mathrm{g}})}{\partial x}+\frac{\partial(\rho_{\mathrm{g}}V_{\mathrm{g}y}h_{\mathrm{g}})}{\partial y}+\frac{\partial(\rho_{\mathrm{g}}V_{\mathrm{g}z}h_{\mathrm{g}})}{\partial z}\right]\mathrm{d}x\mathrm{d}y\mathrm{d}z \tag{6.171}$$

热解反应放热引起的能量增量为

$$\dot{Q}_{\mathrm{gen}}=Q_{\mathrm{p}}(1-\phi)\frac{\partial \rho_{\mathrm{s}}}{\partial t}\mathrm{d}x\mathrm{d}y\mathrm{d}z \tag{6.172}$$

根据能量守恒，有

$$\dot{Q}_{\mathrm{store}}=\dot{Q}_{\mathrm{cond}}+\dot{Q}_{\mathrm{adv}}+\dot{Q}_{\mathrm{gen}} \tag{6.173}$$

将式 (6.169)~ 式 (6.172) 代入式 (6.173) 可得

$$\begin{aligned}&\rho_{\mathrm{g}}\phi\frac{\partial h_{\mathrm{g}}}{\partial t}+h_{\mathrm{g}}\frac{\partial(\rho_{\mathrm{g}}\phi)}{\partial t}+(1-\phi)\rho_{\mathrm{s}}\frac{\partial h_{\mathrm{s}}}{\partial t}+h_{\mathrm{s}}\frac{\partial \rho_{\mathrm{s}}}{\partial t}\\&=-\nabla\cdot(k\nabla T)-\nabla\cdot(\rho_{\mathrm{g}}\boldsymbol{V}_{\mathrm{g}}h_{\mathrm{g}})+Q_{\mathrm{p}}(1-\phi)\frac{\partial \rho_{\mathrm{s}}}{\partial t}\end{aligned} \tag{6.174}$$

进一步将焓的表达式展开可得能量输运方程的最终表达式

$$\begin{aligned}&\rho_{\mathrm{g}}\phi\frac{\partial\left(c_{p\mathrm{g}}T\right)}{\partial t}+(1-\phi)\,\rho_{\mathrm{s}}\frac{\partial\left(c_{p\mathrm{s}}T\right)}{\partial t}\\&=-\nabla\cdot(k\nabla T)-\rho_{\mathrm{g}}\boldsymbol{V}_{\mathrm{g}}\cdot\nabla h_{\mathrm{g}}\\&\quad+\left(h_{\mathrm{g}}-h_{\mathrm{s}}\right)(1-\phi)\frac{\partial\rho_{\mathrm{s}}}{\partial t}+Q_{\mathrm{p}}\,(1-\phi)\frac{\partial\rho_{\mathrm{s}}}{\partial t}\end{aligned} \tag{6.175}$$

6.7.2 动网格策略

在三维烧蚀热响应计算中，动边界的处理方法是非常重要的。动边界问题，通常被称为斯特藩问题，如果处理不好，会产生非物理波动，引起外形失真。

目前常用的动边界问题处理方法有两种。一种被称为前缘追踪 (front tracking) 法，该方法在每一个时间步的计算之前，先计算烧蚀面的位置，根据烧蚀面的位置，对计算空间进行重新划分，完成网格重构；另一种为前缘定位 (front fixing) 法，通过坐标变换，将烧蚀面固联于计算空间的边界，利用网格变形，实现对烧蚀外形变化的模拟。相对而言，前缘追踪法对大变形的处理能力更强，而前缘定位法则可能存在大变形下网格畸变现象。但是对于复杂的三维烧蚀外形，网格重构的实现过程比较烦琐，因此采用前缘定位法更方便一些。下面主要介绍前缘定位法，具体步骤为：

(1) 通过求解化学反应模型或由查表的方法确定材料表面的后退速率 $\dot{S}$。假定边界单元的法向量为 $\boldsymbol{n}=(n_x,n_y,n_z)$，则可得到边界网格节点的位移

$$\begin{cases}\left.\dfrac{\partial S_x}{\partial t}\right|_{\text{surface}}=\dot{S}\cdot n_x\\\left.\dfrac{\partial S_y}{\partial t}\right|_{\text{surface}}=\dot{S}\cdot n_y\\\left.\dfrac{\partial S_z}{\partial t}\right|_{\text{surface}}=\dot{S}\cdot n_z\end{cases} \tag{6.176}$$

(2) 以式 (6.176) 作为节点位移场的边界条件，通过求解瞬态扩散方程来获得节点位移的空间分布

$$\begin{cases}\dfrac{\partial S_x}{\partial t}+\nabla\cdot(A\nabla S_x)=0\\\dfrac{\partial S_y}{\partial t}+\nabla\cdot(A\nabla S_y)=0\\\dfrac{\partial S_z}{\partial t}+\nabla\cdot(A\nabla S_z)=0\end{cases} \tag{6.177}$$

其中，A 为常数，用于控制内部动网格节点分布，越大则网格节点分布越趋于均匀，一般取为 100 左右。

(3) 按照有限元分片插值的思想，求得网格单元内的速度分布。以图 6.31 所示的六面体网格为例，假定第 i 个单元节点具有运动速度 $\boldsymbol{v}_{ni}=(v_{nix},v_{niy},v_{niz})$，其中 $i=1,2,3,\cdots,7,8$；那么单元内任意位置 (x_m,y_m,z_m) 处的速度 $\boldsymbol{v}_m=(v_{mx},v_{my},v_{mz})$ 可表示为插值函数与节点速度值乘积求和的形式

$$\begin{cases} v_{mx}=\sum\limits_i N_i\left(x_m,y_m,z_m\right)v_{nix} \\ v_{my}=\sum\limits_i N_i\left(x_m,y_m,z_m\right)v_{niy}, \quad i=1,2,3,\cdots,8 \\ v_{mz}=\sum\limits_i N_i\left(x_m,y_m,z_m\right)v_{niz} \end{cases} \tag{6.178}$$

插值函数的具体形式将在后面介绍。

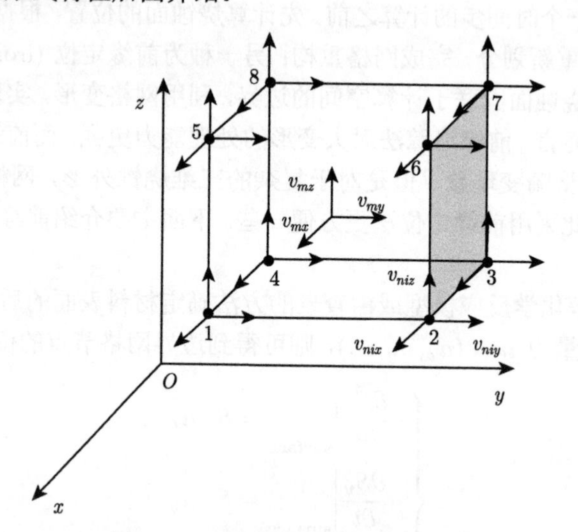

图 6.31　三维计算单元内速度分布

由式 (6.178) 可知，采用如上所述的动网格策略，处于计算单元内任意位置 (x_m,y_m,z_m) 的微分控制体具有速度 $\boldsymbol{v}_m$，考虑到单元运动引起的能量交换，能量方程变为如下形式

$$\begin{aligned} &\rho_{\mathrm{g}}\phi\frac{\partial\left(c_{p\mathrm{g}}T\right)}{\partial t}+\left(1-\phi\right)\rho_{\mathrm{s}}\frac{\partial\left(c_{p\mathrm{s}}T\right)}{\partial t} \\ &=-\nabla\cdot(k\nabla T)-\rho_{\mathrm{g}}\boldsymbol{V}_{\mathrm{g}}\cdot\nabla h_{\mathrm{g}}+\left(h_{\mathrm{g}}-h_{\mathrm{s}}\right)\left(1-\phi\right)\frac{\partial\rho_{\mathrm{s}}}{\partial t} \\ &\quad+Q_{\mathrm{p}}\left(1-\phi\right)\frac{\partial\rho_{\mathrm{s}}}{\partial t}+\boldsymbol{v}_m\cdot\left\{\left[\phi\rho_{\mathrm{g}}+\left(1-\phi\right)\rho_{\mathrm{s}}\right]c_{\mathrm{p}}\nabla T\right\} \end{aligned} \tag{6.179}$$

6.7.3 三维烧蚀热响应控制方程的有限元离散

早期人们主要采用有限元方法求解三维热传导。有限元方法以变分或加权余量法为基础，通过分块逼近，对偏微分方程的进行求解。考虑到我们求解的问题具有高度非线性，并包含大量与烧蚀有关的能量项，难以进行变分，因此这里采用加权余量法来获得有限元离散方程。加权余量法的基本思想如下。

对于一般的偏微分方程，假设待求解的未知变量为 Φ，可以写为如下通用形式

$$A(\Phi) - f = 0 \tag{6.180}$$

其中，A 代表各类差分算子；f 为常量。空间分布的变量 Φ 在控制单元内可使用节点上的系数和插值函数的形式来表示

$$\Phi \approx \tilde{\Phi} = \sum_{i=0}^{m} N_i \Phi_i \tag{6.181}$$

其中，N_i 在有限元方法中为具有固定形式的函数，被称为插值函数，也可称为形函数。对于离散空间中的控制单元，式中的 i 代表该控制单元的第 i 个节点。若能求出单元结点上的系数 Φ_i 的值，则通过式 (6.181) 可求出变量 Φ 在整个单元内的近似分布，为此，将 $\tilde{\Phi}$ 代入方程 (6.180) 中替换掉 Φ，则方程变为

$$A(\tilde{\Phi}) - f = R \tag{6.182}$$

其中，R 称为残差。如果 $\tilde{\Phi}$ 能对 Φ 进行准确的逼近，残差应足够小。有限元方法采用加权平均来描述这一要求，认为残差在控制单元内的加权平均应等于零，即

$$\int_{\Omega} \left[A(\tilde{\Phi}) - f\right] \cdot W_i \mathrm{d}\Omega = \int_{\Omega} R W_i \mathrm{d}\Omega = 0, \quad i = 1, 2, \cdots, m \tag{6.183}$$

其中，W_i 称为检验函数。检验函数有多种取法，这里采用 Galerkin 方法，将检验函数与插值函数取为相同的形式

$$W_i = N_i \tag{6.184}$$

则式 (6.183) 变为

$$\int_{\Omega} \left[A(\tilde{\Phi}) - f\right] \cdot N_i \mathrm{d}\Omega = \int_{\Omega} R N_i \mathrm{d}\Omega = 0, \quad i = 1, 2, \cdots, m \tag{6.185}$$

方程 (6.185) 称为方程 (6.180) 的 Galerkin 弱格式。对于控制单元的积分，一般采用数值积分的形式。常用的数值积分方法有高斯积分法 (Gaussian quadrature):

在控制单元内部选取若干个高斯积分点，任意变量在控制单元内的积分可以写为对各高斯积分点上的变量值加权求和的形式

$$\int_{\Omega} f(\boldsymbol{x})\mathrm{d}\Omega \approx \sum_{qp=0}^{n_{qp}} f(\boldsymbol{x}_{qp})\omega_{qp} \tag{6.186}$$

其中，$\boldsymbol{x}_{qp}$ 为控制单元内第 qp 个高斯积分点的空间坐标；ω_{qp} 为对应的加权函数。对式 (6.186) 运用高斯积分得到

$$\int_{\Omega}\left[A(\tilde{\Phi})-f\right]\cdot N_i\mathrm{d}\Omega=\sum_{qp=0}^{n_{qp}}\left[A\left[\Phi_i N_i(\boldsymbol{x}_{qp})\right]-f\right]\cdot N_i\cdot\omega_{qp}=\boldsymbol{R}^{(e)}=0,\quad e=1,2,\cdots,n \tag{6.187}$$

其中，上标 e 表示第 e 个单元；n 为求解区域内控制单元的个数。方程 (6.187) 称为单元有限元方程，矩阵 $R^{(e)}$ 可作为全局矩阵的子矩阵。将各单元矩阵按一定规则进行扩展后求和可得到全局矩阵

$$\boldsymbol{R}=\sum_{e=1}^{n}\boldsymbol{R}^{(e)} \tag{6.188}$$

则总体有限元方程为

$$\boldsymbol{R}(N_0,N_1,N_2,\cdots,N_m)=\boldsymbol{R}(\boldsymbol{N})=0 \tag{6.189}$$

对总体方程 (6.189) 进行迭代求解可得到未知的系数向量 $\boldsymbol{N}$，进而获得待求独立变量的空间分布。

下面以能量方程为例，对其 Galerkin 弱格式的获得过程进行介绍。先将待求变量 T 写为插值函数与待求系数乘积的形式

$$T^{(e)}=\sum_{i=0}^{m}N_i T_i \tag{6.190}$$

将上式代入能量守恒方程中，并将式中所有项移动到等号同一端，再乘以检验函数后在控制单元内积分，注意到检验函数等于插值函数，即 $W_i=N_i$，可得到

$$\iiint_{\Omega}\left\{\begin{array}{l}\rho_{\mathrm{g}}^{(e)}\phi\dfrac{\partial\left(c_{p\mathrm{g}}T^{(e)}\right)}{\partial t}+(1-\phi)\,\rho_{\mathrm{s}}^{(e)}\dfrac{\partial\left(c_{p\mathrm{s}}T^{(e)}\right)}{\partial t}\\ +\nabla\cdot\left(k\nabla T^{(e)}\right)+\rho_{\mathrm{g}}\boldsymbol{V}_{\mathrm{g}}\cdot\nabla\left(c_{p\mathrm{g}}T^{(e)}\right)\\ -\left(h_{\mathrm{g}}-h_{\mathrm{s}}\right)(1-\phi)\dfrac{\partial\rho_{\mathrm{s}}^{(e)}}{\partial t}-Q_{\mathrm{p}}\,(1-\phi)\dfrac{\partial\rho_{\mathrm{s}}^{(e)}}{\partial t}\\ -\boldsymbol{v}_m\cdot\left\{\left[\phi\rho_{\mathrm{g}}^{(e)}+(1-\phi)\,\rho_{\mathrm{s}}^{(e)}\right]c_p\nabla T^{(e)}\right\}\end{array}\right\}N_i\mathrm{d}\Omega=0 \tag{6.191}$$

对上式中的扩散项运用高斯积分公式

$$\iiint_{\Omega^{(e)}} \left[\nabla\cdot\left(k\nabla T^{(e)}\right)\right] N_i \mathrm{d}\Omega = \iint_{\Gamma^{(e)}} \left(k\nabla T^{(e)}\cdot\boldsymbol{n}\right) N_i \mathrm{d}\Gamma - \iiint_{\Omega^{(e)}} k\nabla T^{(e)}\cdot\nabla N_i \mathrm{d}\Omega \tag{6.192}$$

则式 (6.191) 变为

$$\begin{aligned}
&-\iiint_{\Omega^{(e)}} k\nabla T^{(e)}\cdot\nabla N_i \mathrm{d}x_{\mathrm{s}}\mathrm{d}y_{\mathrm{s}}\mathrm{d}z_{\mathrm{s}} + \iiint_{\Omega^{(e)}} \rho_{\mathrm{g}}^{(e)}\phi \frac{\partial\left(c_{p\mathrm{g}}T^{(e)}\right)}{\partial t}\cdot N_i \mathrm{d}x_{\mathrm{s}}\mathrm{d}y_{\mathrm{s}}\mathrm{d}z_{\mathrm{s}}\\
&+\iiint_{\Omega^{(e)}} (1-\phi)\,\rho_{\mathrm{s}}^{(e)}\frac{\partial\left(c_{p\mathrm{s}}T^{(e)}\right)}{\partial t}\cdot N_i \mathrm{d}x_{\mathrm{s}}\mathrm{d}y_{\mathrm{s}}\mathrm{d}z_{\mathrm{s}}\\
&-\iiint_{\Omega^{(e)}} (h_{\mathrm{g}}-h_{\mathrm{s}})\,(1-\phi)\frac{\partial\rho_{\mathrm{s}}^{(e)}}{\partial t}\cdot N_i \mathrm{d}x_{\mathrm{s}}\mathrm{d}y_{\mathrm{s}}\mathrm{d}z_{\mathrm{s}}\\
&-\iiint_{\Omega^{(e)}} Q_{\mathrm{p}}\,(1-\phi)\frac{\partial\rho_{\mathrm{s}}^{(e)}}{\partial t}\cdot N_i \mathrm{d}x_{\mathrm{s}}\mathrm{d}y_{\mathrm{s}}\mathrm{d}z_{\mathrm{s}}\\
&+\iiint_{\Omega^{(e)}} \boldsymbol{v}_m\cdot\left\{\left[\phi\rho_{\mathrm{g}}^{(e)}+(1-\phi)\,\rho_{\mathrm{s}}^{(e)}\right]c_p\nabla T^{(e)}\right\} N_i \mathrm{d}x_{\mathrm{s}}\mathrm{d}y_{\mathrm{s}}\mathrm{d}z_{\mathrm{s}}\\
&+\iint_{\Gamma^{(e)}} \left(k\nabla T^{(e)}\cdot\boldsymbol{n}\right) N_i \mathrm{d}\Gamma = 0
\end{aligned} \tag{6.193}$$

其中，由高斯积分得到的面积分项为边界条件

$$\begin{aligned}
&\iint_{\Gamma^{(e)}} \left(k\nabla T^{(e)}\cdot\boldsymbol{n}\right) N_i \mathrm{d}\Gamma\\
=&\rho_{\mathrm{e}}u_{\mathrm{e}}St\left[h_{\mathrm{e}}-\left(1+B_{\mathrm{g}}'+B_{\mathrm{c}}'\right)h_{\mathrm{w}}+B_{\mathrm{c}}'h_{\mathrm{c}}+B_{\mathrm{g}}'h_{\mathrm{g}}\right]-\varepsilon_{\mathrm{w}}\sigma\left(T_{\mathrm{w}}^4-T_{\infty}^4\right)
\end{aligned} \tag{6.194}$$

最后将温度和温度梯度的表达式写成矩阵乘积的形式

$$\begin{aligned}
T^{(e)} &= [N]^{\mathrm{T}}\{T\}\\
\frac{\partial T^{(e)}}{\partial x_{\mathrm{s}}} &= [B]^{\mathrm{T}}\{T\}
\end{aligned} \tag{6.195}$$

再代入式 (6.194)，得到能量守恒方程的 Galerkin 弱格式

$$-\iiint_{\Omega^{(e)}} k\,[B]^{\mathrm{T}}[B]\{T\}\,\mathrm{d}x_{\mathrm{s}}\mathrm{d}y_{\mathrm{s}}\mathrm{d}z_{\mathrm{s}} + \iiint_{\Omega^{(e)}} \rho_{\mathrm{g}}^{(e)}c_{p\mathrm{g}}\phi\,[N]\,[N]^{\mathrm{T}}\left\{\dot{T}\right\}\mathrm{d}x_{\mathrm{s}}\mathrm{d}y_{\mathrm{s}}\mathrm{d}z_{\mathrm{s}}$$

$$
\begin{aligned}
&+\iiint_{\Omega^{(e)}}(1-\phi)\,\rho_{\mathrm{s}}^{(e)}c_{p\mathrm{s}}\,[N]\,[N]^{\mathrm{T}}\left\{\dot{T}\right\}\cdot N_i\mathrm{d}x_{\mathrm{s}}\mathrm{d}y_{\mathrm{s}}\mathrm{d}z_{\mathrm{s}}\\
&-\iiint_{\Omega^{(e)}}(h_{\mathrm{g}}-h_{\mathrm{s}})\,(1-\phi)\,[N]\,[N]^{\mathrm{T}}\left\{\dot{\rho}_{\mathrm{s}}\right\}\mathrm{d}x_{\mathrm{s}}\mathrm{d}y_{\mathrm{s}}\mathrm{d}z_{\mathrm{s}}\\
&-\iiint_{\Omega^{(e)}}Q_{\mathrm{p}}\,(1-\phi)\,[N]\,[N]^{\mathrm{T}}\left\{\dot{\rho}_{\mathrm{s}}\right\}\mathrm{d}x_{\mathrm{s}}\mathrm{d}y_{\mathrm{s}}\mathrm{d}z_{\mathrm{s}}\\
&+\iiint_{\Omega^{(e)}}\left\{\left[\phi\rho_{\mathrm{g}}^{(e)}+(1-\phi)\,\rho_{\mathrm{s}}^{(e)}\right]c_p\,[v_m]\,[B]^{\mathrm{T}}\,[N]^{\mathrm{T}}\,\{T\}\right\}\mathrm{d}x_{\mathrm{s}}\mathrm{d}y_{\mathrm{s}}\mathrm{d}z_{\mathrm{s}}\\
&+\iint_{\Gamma^{(e)}}(\boldsymbol{q}_{\mathrm{in}}\cdot\boldsymbol{n})\,\mathrm{d}\Gamma=0
\end{aligned}
\tag{6.196}
$$

接下来再基于等参变换，构造三维插值函数。以常用的六面体网格为例。通过坐标变换，将任意全局坐标系下的非标准单元变换为局部坐标下的标准单元，如图 6.32 所示。

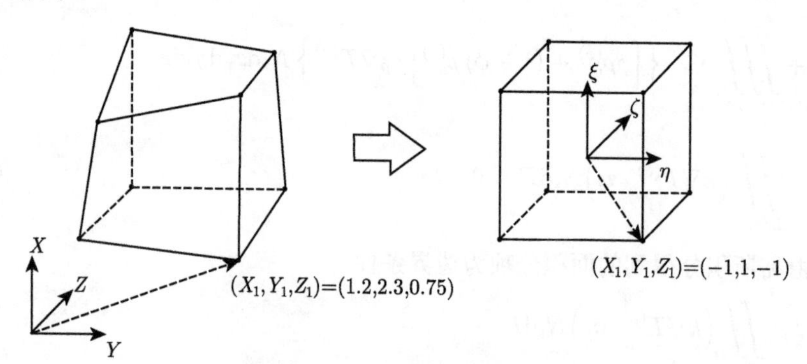

图 6.32　三维坐标变换

为此需要建立坐标转换关系式

$$
\begin{aligned}
x\,(\xi,\eta,\zeta)&=\sum_{i=0}^{m'}N_i\,(\xi,\eta,\zeta)x_i\\
y\,(\xi,\eta,\zeta)&=\sum_{i=0}^{m'}N_i\,(\xi,\eta,\zeta)y_i\\
z\,(\xi,\eta,\zeta)&=\sum_{i=0}^{m'}N_i\,(\xi,\eta,\zeta)z_i
\end{aligned}
\tag{6.197}
$$

根据等参变换，待求变量与坐标变换使用同样的插值函数，以温度 T 为例，在局部坐标系下

$$T(\xi,\eta,\zeta)=\sum_{i=0}^{n}N_i(\xi,\eta,\zeta)T_i \tag{6.198}$$

在全局坐标与局部坐标系下，插值函数均可以使用拉格朗日插值多项式来表示，拉格朗日插值多项式的一般形式为

$$L_k(x)=\prod_{\substack{m=0\\m\neq k}}^{n}\frac{x-x_m}{x_k-x_m},\quad L_k(\xi)=\prod_{\substack{m=0\\m\neq k}}^{n}\frac{\xi-\xi_m}{\xi_k-\xi_m} \tag{6.199}$$

三维局部坐标系下插值函数的拉格朗日插值多项式具有如下形式

$$N_i(\xi,\eta,\zeta)=L_i(\xi)\,L_i(\eta)\,L_i(\zeta) \tag{6.200}$$

对于图 6.32 所示的八节点六面体计算单元，有

$$N_i(\xi,\eta,\zeta)=\frac{1}{8}(1+\xi\xi_i)(1+\eta\eta_i)(1+\zeta\zeta_i),\quad i=0,1,2,\cdots,7 \tag{6.201}$$

进一步写为矩阵的形式为

$$[N]^{\mathrm{T}}(\xi,\eta,\zeta)=\begin{bmatrix}\frac{1}{8}(1-\xi)(1-\eta)(1-\zeta)\\\frac{1}{8}(1-\xi)(1+\eta)(1-\zeta)\\\frac{1}{8}(1-\xi)(1+\eta)(1+\zeta)\\\frac{1}{8}(1-\xi)(1-\eta)(1+\zeta)\\\frac{1}{8}(1+\xi)(1-\eta)(1-\zeta)\\\frac{1}{8}(1+\xi)(1+\eta)(1-\zeta)\\\frac{1}{8}(1+\xi)(1+\eta)(1+\zeta)\\\frac{1}{8}(1+\xi)(1-\eta)(1+\zeta)\end{bmatrix} \tag{6.202}$$

插值函数的形式确定之后，可将全局坐标下的单元有限元方程变换到局部坐标系

下。先写出插值函数的变换式

$$\begin{bmatrix} \dfrac{\partial N_i}{\partial \xi} \\ \dfrac{\partial N_i}{\partial \eta} \\ \dfrac{\partial N_i}{\partial \zeta} \end{bmatrix} = \begin{bmatrix} \dfrac{\partial x}{\partial \xi} & \dfrac{\partial y}{\partial \xi} & \dfrac{\partial z}{\partial \xi} \\ \dfrac{\partial x}{\partial \eta} & \dfrac{\partial y}{\partial \eta} & \dfrac{\partial z}{\partial \eta} \\ \dfrac{\partial x}{\partial \zeta} & \dfrac{\partial y}{\partial \zeta} & \dfrac{\partial z}{\partial \zeta} \end{bmatrix} \begin{bmatrix} \dfrac{\partial N_i}{\partial x} \\ \dfrac{\partial N_i}{\partial y} \\ \dfrac{\partial N_i}{\partial z} \end{bmatrix} = [J] \begin{bmatrix} \dfrac{\partial N_i}{\partial x} \\ \dfrac{\partial N_i}{\partial y} \\ \dfrac{\partial N_i}{\partial z} \end{bmatrix} \tag{6.203}$$

其中，J 为雅可比矩阵

$$[J] = \begin{bmatrix} \dfrac{\partial x}{\partial \xi} & \dfrac{\partial y}{\partial \xi} & \dfrac{\partial z}{\partial \xi} \\ \dfrac{\partial x}{\partial \eta} & \dfrac{\partial y}{\partial \eta} & \dfrac{\partial z}{\partial \eta} \\ \dfrac{\partial x}{\partial \zeta} & \dfrac{\partial y}{\partial \zeta} & \dfrac{\partial z}{\partial \zeta} \end{bmatrix} \tag{6.204}$$

待求变量 T 的梯度同样可以变换到局部坐标系下

$$\begin{bmatrix} \dfrac{\partial T}{\partial x} \\ \dfrac{\partial T}{\partial y} \\ \dfrac{\partial T}{\partial z} \end{bmatrix} = [J]^{-1} \begin{bmatrix} \dfrac{\partial N_1}{\partial \xi} & \dfrac{\partial N_2}{\partial \xi} & \cdots & \dfrac{\partial N_n}{\partial \xi} \\ \dfrac{\partial N_1}{\partial \eta} & \dfrac{\partial N_2}{\partial \eta} & \cdots & \dfrac{\partial N_n}{\partial \eta} \\ \dfrac{\partial N_1}{\partial \zeta} & \dfrac{\partial N_2}{\partial \zeta} & \cdots & \dfrac{\partial N_n}{\partial \zeta} \end{bmatrix} \tag{6.205}$$

同时，全局坐标下的积分项 $\mathrm{d}x\mathrm{d}y\mathrm{d}z$ 变换为

$$\mathrm{d}x\mathrm{d}y\mathrm{d}z = |J|\,\mathrm{d}\xi\mathrm{d}\eta\mathrm{d}\zeta \tag{6.206}$$

其中，$|J|$ 为雅可比矩阵的行列式。最后可得到单元有限元方程在局部坐标下的表达式

$$\begin{aligned}
&-\int_{-1}^{1}\int_{-1}^{1}\int_{-1}^{1} k\,[B]^{\mathrm{T}}\,[B]\,\{T\}\,|J|\,\mathrm{d}\xi_{\mathrm{s}}\mathrm{d}\eta_{\mathrm{s}}\mathrm{d}\zeta_{\mathrm{s}} \\
&+\int_{-1}^{1}\int_{-1}^{1}\int_{-1}^{1} \rho_{\mathrm{g}}^{(\mathrm{e})} c_{p\mathrm{g}}\phi\,[N]\,[N]^{\mathrm{T}}\left\{\dot{T}\right\}|J|\,\mathrm{d}\xi_{\mathrm{s}}\mathrm{d}\eta_{\mathrm{s}}\mathrm{d}\zeta_{\mathrm{s}} \\
&+\int_{-1}^{1}\int_{-1}^{1}\int_{-1}^{1} (1-\phi)\,\rho_{\mathrm{s}}^{(\mathrm{e})} c_{p\mathrm{s}}\,[N]\,[N]^{\mathrm{T}}\left\{\dot{T}\right\}|J|\,\mathrm{d}\xi_{\mathrm{s}}\mathrm{d}\eta_{\mathrm{s}}\mathrm{d}\zeta_{\mathrm{s}} \\
&-\int_{-1}^{1}\int_{-1}^{1}\int_{-1}^{1} (h_{\mathrm{g}}-h_{\mathrm{s}})\,(1-\phi)\,[N]\,[N]^{\mathrm{T}}\,\{\dot{\rho}_{\mathrm{s}}\}\,|J|\,\mathrm{d}\xi_{\mathrm{s}}\mathrm{d}\eta_{\mathrm{s}}\mathrm{d}\zeta_{\mathrm{s}}
\end{aligned}$$

$$
\begin{aligned}
&-\int_{-1}^{1}\int_{-1}^{1}\int_{-1}^{1} Q_{\mathrm{p}}\left(1-\phi\right)[N][N]^{\mathrm{T}}\{\dot{\rho}_{\mathrm{s}}\}|J|\,\mathrm{d}\xi_{\mathrm{s}}\mathrm{d}\eta_{\mathrm{s}}\mathrm{d}\zeta_{\mathrm{s}} \\
&+\int_{-1}^{1}\int_{-1}^{1}\int_{-1}^{1}\left\{\left[\phi\rho_{\mathrm{g}}^{(e)}+(1-\phi)\,\rho_{\mathrm{s}}^{(e)}\right]c_p\,[v_m]\,[B]^{\mathrm{T}}\,[N]^{\mathrm{T}}\,\{T\}\right\}|J|\,\mathrm{d}\xi_{\mathrm{s}}\mathrm{d}\eta_{\mathrm{s}}\mathrm{d}\zeta_{\mathrm{s}} \\
&+\iint_{\Gamma^{(\mathrm{e})}}(\boldsymbol{q}_{\mathrm{in}}\cdot\boldsymbol{n})\,[N]\,\mathrm{d}\Gamma=0
\end{aligned}
\tag{6.207}
$$

对于动量方程和质量守恒方程，可根据同样的方式进行离散，不再详述。

在明确插值函数和单元有限元方程的形式之后，可将其组装成总体有限元方程。对于所获得的大型稀疏矩阵，则采 Newton-GMRES 迭代进行求解。

6.7.4 算例

为考核计算方法，下面对 Ablation Workshop[17] 官方网站提供的一系列烧蚀热响应标准算例进行计算，并与参考值进行对比。各个算例的计算条件依次为：①定壁温、无烧蚀、有热解；②对流加热边界、无烧蚀、有热解；③有烧蚀，有热解。上述计算所使用的材料及具体的边界条件设置在文献 [17, 18] 中有详细叙述，此处不再详述。

图 6.33~图 6.35 给出了各个条件下的对比结果，这里的计算结果与 Ablation Workshop 官方网站提供的参考结果吻合良好。

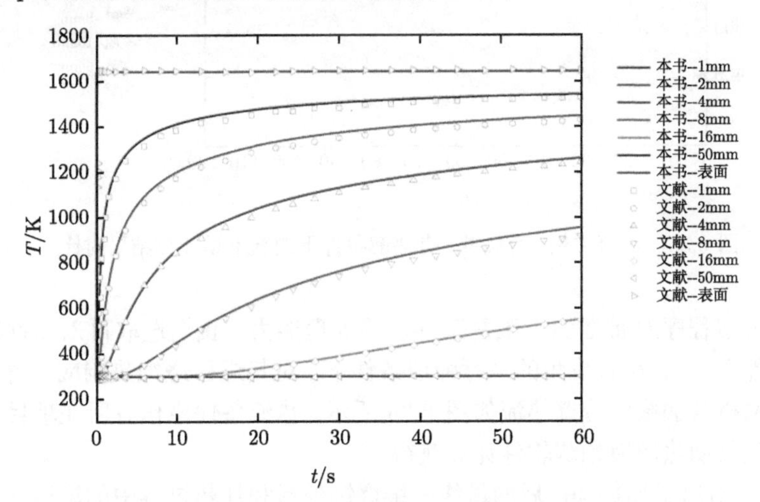

图 6.33 定壁温、无烧蚀、有热解条件下的温度场计算结果对比

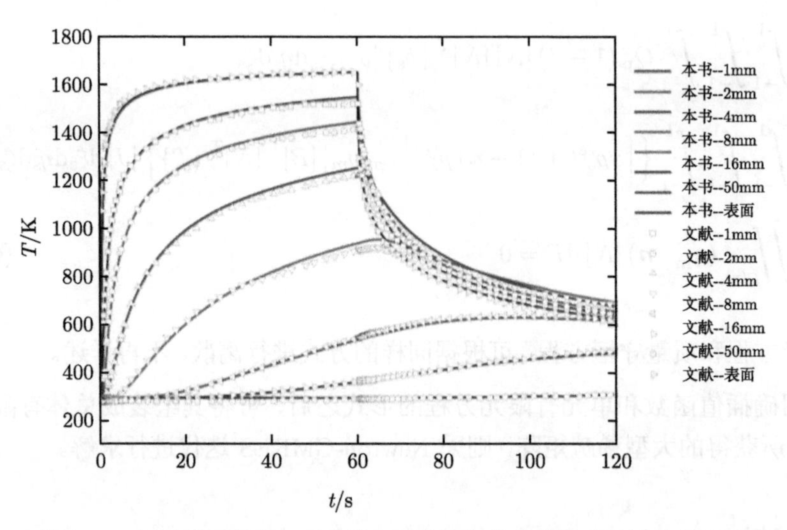

图 6.34　对流加热边界、无烧蚀、有热解条件下的温度场计算结果对比

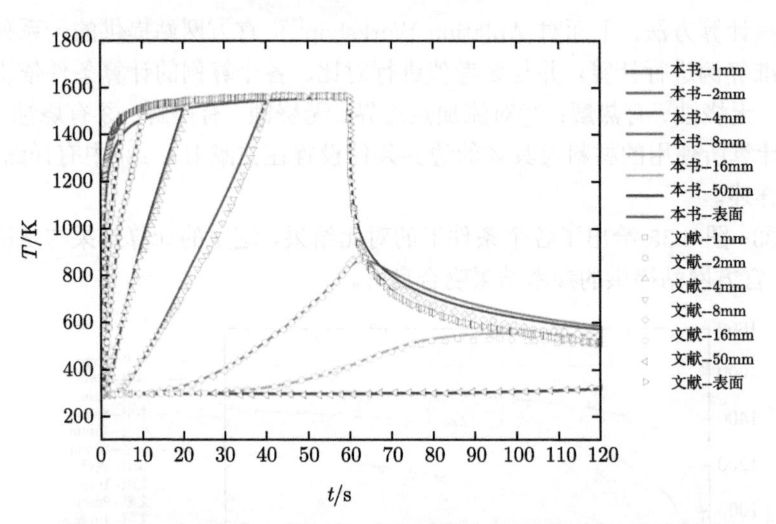

图 6.35　对流加热、有烧蚀、有热解条件下的温度场计算结果对比

下面考察程序对带曲面三维复杂外形的处理能力。我们选取再入飞行器中常见的球头外形 [24]，在有攻角的飞行弹道条件下，对其进行烧蚀热响应计算。所使用的计算网格及加载的冷壁热流如图 6.36 所示。热流条件由作者所在项目组自研的高超声速气动热环境预测软件计算获得。

图 6.37 给出了加热 40s 后的最终三维烧蚀外形和加热过程中的烧蚀外形变化示意图。可以看出，在有攻角的情况下，烧蚀外形呈现出明显的非对称性。在头部高热流区，烧蚀量较大，峰值达到 21.17mm，而在低热流区，则烧蚀量很小甚至无

烧蚀。从最终计算的烧蚀外形计算结果看，烧蚀面按预期沿着物面的外法向反方向进行了后退，所得到的烧蚀表面保持了较好的平整度。计算过程中未出现因网格畸变而导致计算中断的现象。以上分析说明，本书所采用的动网格策略具备对带曲面的复杂烧蚀外形进行模拟的能力。

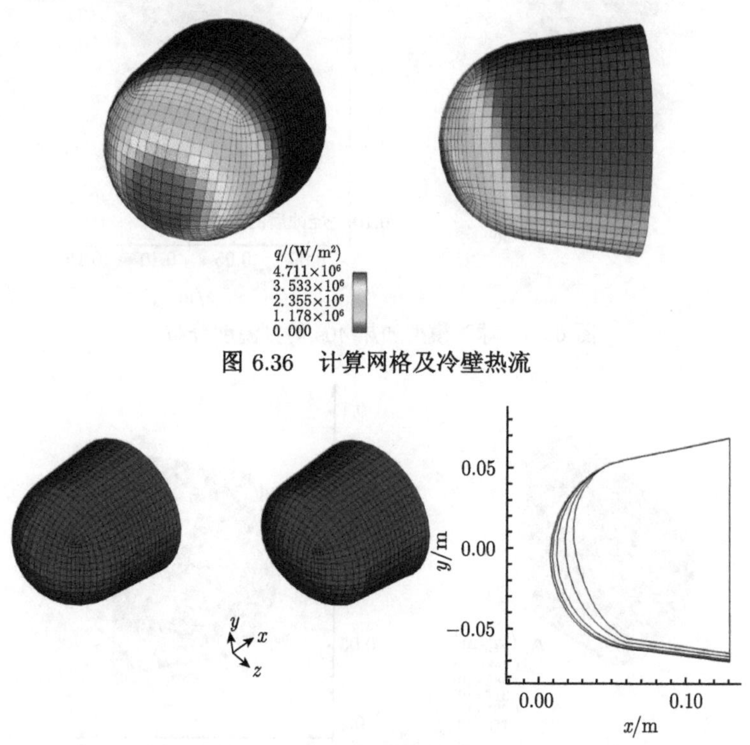

图 6.36 计算网格及冷壁热流

图 6.37 烧蚀外形

进一步对模型内部的温度场和密度场计算结果进行分析。图 6.38 给出了 40s 时刻的温度分布，可以看出由于表面热流分布存在较大梯度，且存在非对称烧蚀，材料内部不同区域的温度分布表现出较大的差异，呈现出明显的非对称性。高表面热流和材料的低导热率导致材料内部沿径向存在较大的温度梯度。而在表面热流和烧蚀量发生剧烈变化的区域，模型内部沿轴线方向同样存在较大的温度梯度，整个温度场表现出显著的三维特征。温度的分布规律对材料的热解过程有直接的影响。从图 6.39 给出的密度场计算结果来看，材料内部因热解而出现了明显的分区。在温度较高的区域，炭化层厚度明显增加，而在背风面温度较低的区域，材料没有出现热解。同时还可以看到，在表面热流密度较大的区域，热解区的厚度变薄，这是因为更高的温度使热解反应加快，原始材料迅速完成热解反应，形成炭化层。这一点从图 6.40 中的热解气体质量流率 (绝对值) 的分布规律中也可以看出，在温度最高的区域，热解气体的质量流率出现峰值，说明该区域的热解反应最为剧烈。

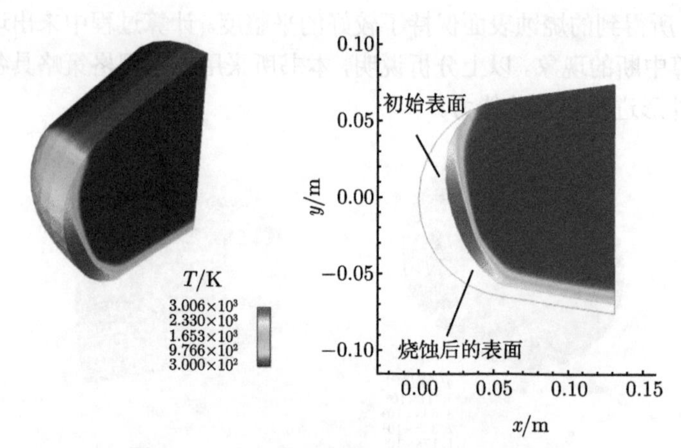

图 6.38　球头模型加热 40s 时刻温度分布

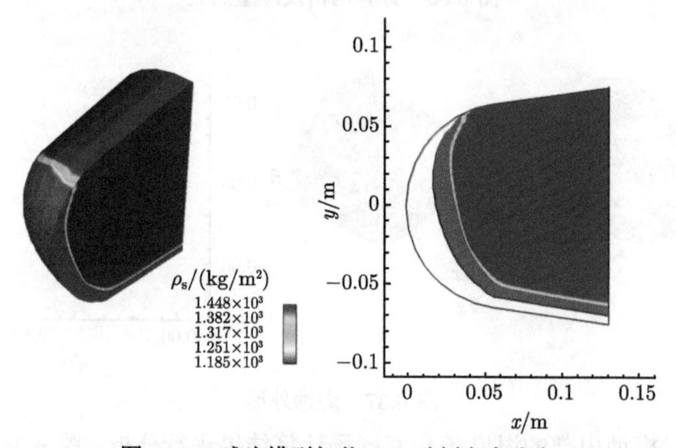

图 6.39　球头模型加热 40s 时刻密度分布

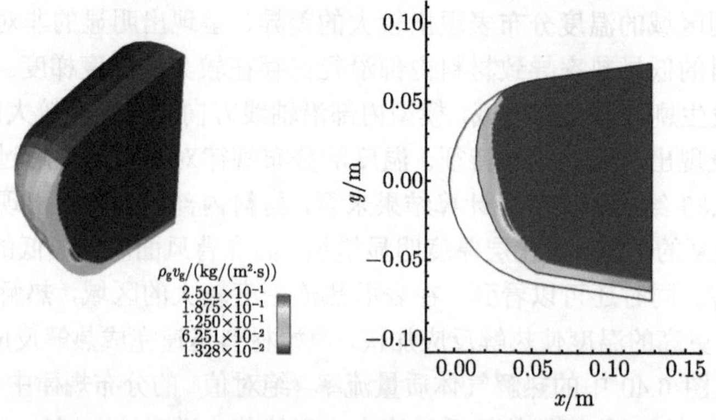

图 6.40　球头模型加热 40s 时刻热解气体质量流率分布

参考文献

[1] Stewart J D，Greenshields D H. Entry vehicles for space programs. AIAA Paper 68-1080, 1968.

[2] 国义军，黄振中. 考虑内部横向流动影响的炭化材料烧蚀热响应计算. 第九届中国工程热物理年会传热传质学会文集，1995: VII-131-7.

[3] Schwarikopt M L. Determination of the density and chemical profiles of government furnished charred electrometric ablator models. NASA CR-66816.

[4] Madorsky S L, Straus S. Stability of thermoset plastics at high temperatures. Modern Plastics，1961，38(6)：134–137.

[5] Swann R T，Pittman C M，Smith J C. One-dimensional numerical analysis of the transient response of thermal protection systems. NASA TND 2976，1965.

[6] Clark R K. An analysis of a charring ablator with thermal nonequilibrium，chemical kinetics，and mass transfer. NASATND-7180，1973.

[7] Matting F W. Analysis of charring ablation with description of associated computing program. NASA TND-6085, 1970.

[8] 国义军. 炭化材料烧蚀防热的理论分析与工程计算. 空气动力学学报，1994，12(1):94–99.

[9] Apri G C，Pike R W, del Valle E G . On chemical reactions in the char zone during ablation. NASA CR-1903(N71-38765)，1971.

[10] 张志成，潘梅林，刘初平. 高超声速气动热和热防护. 国防工业出版社，2003.

[11] Pope R B. Simplified computer model for predicting the ablation of Teflon. J. Spacecraft, 1975, (12):83–88.

[12] Kindler K. Influence of the partial optical transmittance on transient ablation of poly-tetrafluoroetheylene. AIAA Paper 77–785, 1977.

[13] Curry D M. An analysis of charring ablation thermal protection system. NASA TND 3150(N66-13230).

[14] William D H. Effects of leading-edge bluntness on pressure and heat transfer measurements over a flat plate at a Mach number of 20. NASA TND 2846.

[15] 黄志澄. 航天空气动力学. 北京：宇航出版社，1994.

[16] Ewing M E，Laker T S，Walker D T. Numerical modeling of ablation heat transfer. Journal of Thermophysics & Heat Transfer, 2013, 27(4):615–632.

[17] Lachaud J, Martin A, Cozmuta I. Abaltion workshop test case. 2011. http ://ablation2012.engineering.uky.edu/files/2012/02/Test_Case_1.pdf.

[18] Lachaud J, Martin A, Cozmuta I. Abaltion workshop test case. 2011. http ://ablation2012.engineering.uky.edu/files/2012/02/Test_Case_2.pdf.

[19] 黄振中. 烧蚀端头的瞬变外形及内部温度分布. 空气动力学学报，1981，(1)：53–65.

[20] Chin J H. Shape change and conduction for nosetips at angle of attack. AIAA Paper 74–516，1974.
[21] 周顺兴. 解抛物型方程的 DuFort-Frankel 格式和有限单元法. 计算数学，1978，(4)：53–64.
[22] Patankar S V. Numerical Heat Transfer and Fluid Flow. New York：McGraw-Hill，1980.
[23] 贺立新，张来平，张涵信．间断 Galerkin 有限元和有限体积混合计算方法研究．力学学报，2007，39(1)：15–21.
[24] 刘骁，国义军，刘伟，曾磊．炭化材料三维烧蚀热响应有限元计算研究．宇航学报，2016，37 (9):1150–1156.
[25] 吴国庭．神舟飞船防热结构的研制．航天器工程，2004，13(3):14–19.
[26] 国义军，潘梅林，刘强．SZ-3、SZ-4、SZ-5、SZ-6、SZ-7 返回舱气动热和防热性能评估．中国空气动力研究与发展中心计算所科技报告，2002–2009.
[27] 王安龄，桂业伟，耿湘人，贺立新．飞船返回舱气动热及烧蚀防热的不确定性初步研究．工程热物理学报，2005，26(5):862–864.

第7章 陶瓷基复合材料烧蚀理论

7.1 引　　言

近年来，临近空间飞行器的兴起，对防热材料提出了更高的要求。所谓临近空间，主要是指通用航空器飞行高度上限与地球低轨道下限之间的广阔空域，而临近空间飞行器是较长时间在临近空间以高超声速飞行的一类飞行器的总称 [1]。为了保持长时间飞行的气动外形不变，要求防热材料在 1000~2800 ℃ 的高温下能够保持非烧蚀或低烧蚀。显然，现有的烧蚀型防热材料是无法达到这一要求的，必须寻求或研制更为先进的防热材料。在这一背景下，各种新型复合材料应运而生，如 Si_3N_4 陶瓷、BN 陶瓷、C/SiC、C/ZrC 等，它们构成了新的材料体系 —— 低/非烧蚀材料。但有关试验结果表明，所谓“低烧蚀”和“非烧蚀”都是相对的，超过一定的条件，“低烧蚀”材料可以表现出“高烧蚀”；而“非烧蚀”材料也可表现为“低烧蚀”，甚至“高烧蚀”。因而，需对相应材料的烧蚀机理进行研究，建立烧蚀计算分析方法。

目前，新材料体系从实验室走向工程应用不久，对其烧蚀理论还没有完全研究清楚。有关试验结果表明，这类材料在高温下有一个共同特点：表面都会形成一层液态或固态抗氧化膜，抗氧化膜能够起到降低或阻滞表面氧与材料原始层进一步接触的作用，从而使烧蚀量大幅降低。添加含有 Zr 元素成分 (如 ZrC、ZrB_2 等) 的低烧蚀碳/碳材料的氧化膜，其主要成分是 ZrO_2，是一种疏松状固态抗氧化膜，厚度较厚 (几毫米到十几毫米)，氧气扩散遵从多孔介质的扩散机制，需要知道孔隙度和当量孔径；而 C/SiC 材料烧蚀形成的氧化膜，其主要成分是液态 SiO_2，氧气先溶解在液膜中，然后再扩散，氧化膜的厚度是非常薄的，通常只有微米量级。低烧蚀碳/碳复合材料是由 Z 方向纤维和基体组成，基体材料氧化后很容易形成氧化膜，氧化过程主要以惰性氧化为主，Z 向碳纤维烧蚀后形成一个个孔洞，当氧化膜达到一定厚度时会将孔洞封闭。而 C/SiC 材料从外观上看不出碳和碳化硅的分界面，其烧蚀过程与外界条件有很大关系。在不同温度和压力条件下，C/SiC 材料可能发生惰性氧化和活性氧化两种氧化破坏机制。低温高压情况下容易形成抗氧化膜，发生惰性氧化；高温低压条件下，通常不会形成抗氧化膜，基体材料直接暴露在氧气中，将发生活性氧化。当温度达到 3000K 左右或以上时，材料会发生熔化分解，反应过程十分复杂。

由此可见，所谓“低烧蚀”和“非烧蚀”材料，不是指材料本身多么耐烧蚀，其实它们恰恰是通过烧蚀来达到低烧蚀或非烧蚀的目的。但是，抗氧化膜的出现是有条件的，不是在所有情况下都能够形成抗氧化膜。对于液态和固态抗氧化膜，氧气的扩散机制是不同的，而且还受到氧化膜晶态结构和杂质的影响 [5-7]，氧化膜的厚度也是不断变化的。由于氧化膜是通过烧蚀形成的，因此它们仍然属于烧蚀材料。我们不妨将形成抗氧化膜的烧蚀材料称为“惰性烧蚀材料”。由于新材料体系烧蚀的主控因素与传统烧蚀材料完全不同，它们是有别于传统烧蚀材料的新类型。

本书作者近年来系统研究了“惰性烧蚀材料”三种典型烧蚀现象 [2,3]：形成液态抗氧化膜 (氧气溶解扩散) 的烧蚀、形成固态抗氧化膜 (多孔介质扩散) 的烧蚀、孔洞烧蚀 (孔洞扩散) 和多组分协同烧蚀，初步建立了抗氧化膜形成、演化和损失的数学物理模型，构成了惰性烧蚀的理论框架 [4]。

7.2 形成液态抗氧化膜的烧蚀模型

7.2.1 C/SiC 复合材料的氧化特性分析

SiC 属于硅基陶瓷材料，由于硅基陶瓷具有许多优良耐高温性能，特别是会出现惰性氧化，从 20 世纪 50 年代起就引起了人们的广泛关注，并对其活性氧化和惰性氧化行为进行了研究。以 Wagner[14] 的著名文章为起点，在此后的数十年间，研究工作逐步深入，到 20 世纪 90 年代，人们已经对这类材料的氧化行为有了比较深入的了解 [8]。与此同时，国内也开展了这一方面的研究工作 [15-17]。随着材料技术的不断发展，近几年仍不断有这方面的文章发表 [10,18]。但由于 SiC 材料的制作成本高、成形面积小、脆性大，工程上一直难以推广应用。近年来，采用 C/C 增强 SiC 形成复合材料的技术日趋成熟，材料性能得到大幅提高，制造成本显著下降，已经开始在工程中得到初步应用。但是，目前国内外的理论研究工作主要还是针对 SiC 基体材料的，对 C/SiC 复合材料的研究较少。本书作者近年来在国内率先开展了这方面问题的理论研究 [2,4]，建立了适合于 Si、SiC 和 C/SiC 三种材料烧蚀计算的通用物理数学模型。

SiC 材料根据制备方法不同可分为单晶 SiC、化学蒸汽沉积 SiC(CVD-SiC)、烧结 SiC 和热压 SiC 等，根据晶体结构大致可分为 α-SiC 和 β-SiC 两类 [5]。晶体 SiC 的氧化行为具有方向性，可区分为快反应面和慢反应面，其氧化速率相差 6~7 倍 [6]。材料中是否含有杂质对氧化速率也有很大影响 [7]，一般情况下，杂质可使烧蚀速率显著增加。国内用于航天飞行器防热的 SiC 材料主要是采用化学气相浸渗法制备的 (即 CVD-SiC)，纯度相对较高，因此这里只研究纯 C/SiC 基体的烧蚀情况，不考虑晶体方向性的影响 (只研究平均氧化速率)，也暂不考虑杂质的影响。

SiC 复合材料的烧蚀机理非常复杂。在 2600℃ 以上，SiC 将发生转熔分解 [5,8]，气态产物有 Si，Si_2，SiC_2，Si_nC，SiO 和 CO 等，反应过程十分复杂，其中 Si_nC 中的 n 在不同温度下可以从 2~4.3 不等，很难确定 [8]。考虑到超巡飞行条件下，材料表面温度一般不超过 2000℃，因此本书对 2600℃ 以上的反应机制不作讨论，感兴趣者可参考 Ziering[8] 的文章。

在温度低于 2600℃ 情况下，SiC 的烧蚀取决于氧的分压、表面温度和材料微观结构及构成，可能出现活性氧化和惰性氧化两种破坏机制 [9,10]。在低压高温时，呈活性氧化，裸露的 SiC 与氧气直接反应生成气态产物 SiO 和 CO，反应式为

$$SiC + O_2 \longrightarrow SiO + CO$$

反应可能为扩散控制、反应速度控制或混合控制。

逐渐增加氧浓度 (或分压)，在某一状态下，将生成 SiO_2 抗氧化膜，即发生如下反应

$$SiC + \frac{3}{2}O_2 \longrightarrow SiO_2 + CO$$

SiO_2 在表面聚集将形成一层 SiO_2 固态或液态抗氧化膜，抗氧化膜的存在阻止了氧气直接与表面材料的反应，氧气必须通过扩散穿过抗氧化膜才能到达 SiC 表面发生氧化反应，这一氧化过程称为惰性氧化。

研究表明，惰性氧化速率主要受控于氧在 SiO_2 抗氧化膜中的扩散，而在不同温度条件下 SiO_2 具有不同的氧扩散机制: ① 温度较低时，SiO_2 为非晶态 (amorphous) 结构，高温时呈多晶态结构 (方晶石 (cristobalite) 或磷石英 (tridymite))，结晶态的出现使氧的扩散显著变慢 [11,12]。② 在不同温度下，氧气在氧化膜中以不同的形态扩散，温度较低时以分子形态扩散，中等温度时以原子形态扩散，温度较高时 (1673K 以上) 以离子形式存在。氧气在 SiO_2 层中以分子还是离子形式扩散对反应也有很大影响 [12]。对分子扩散，速率常数与 P_{O_2} 成正比；而对离子扩散，速率常数则与 $P_{O_2}^2$ 成正比。③ SiC 氧化反应生成 SiO_2 的同时，还伴随生成 CO，与氧扩散方向相反，CO 穿过氧化膜由内向外扩散。有关试验表明，CO 在 SiO_2 层中的扩散比 O_2 的扩散要快 [12]。但对碳纤维增强 SiC 而言，多余的 C 将使 CO 很快聚积，并在 SiO_2 层中产生大量气泡，形成泡沫状液体层，而大的气泡破裂后会使部分 SiC 基体材料裸露出来，从而加快烧蚀 [13]。④ 大量研究表明，抗氧化膜厚度随时间变化遵循线性–抛物型规律。由于抗氧化膜非常薄，因此基本可以不考虑液体层流动和剥蚀问题。

实验结果表明，惰性氧化与活性氧化速率相差几个数量级 [9]，后者远大于前者。对防热而言，当然希望表面形成 SiO_2 抗氧化膜，但如果 P_{O_2} 逐渐减小，当 SiO_2 蒸发速率大于氧向抗氧化膜中的扩散速率时，抗氧化膜会消失，SiC 将裸露出来，转化为活性氧化，烧蚀量会急剧增大。人们对活性氧化向惰性氧化转化以及

惰性氧化向活性氧化转化的过程和转化条件进行了大量研究，提出了很多分析模型 [9]。

从以上可以看出，低/非烧蚀材料 C/SiC 等新型耐高温材料之所以耐烧蚀，不是因为材料本身有多么好的抗烧蚀性能，而是因为材料基体受热后发生氧化反应，在表面形成一层氧化膜，氧气必须扩散通过氧化膜才能到达基体表面发生氧化，由于氧化膜能有效阻止氧与材料直接接触，可使烧蚀速度下降 4 个数量级，这一氧化过程俗称“惰性氧化”。因此，这一类材料也是通过烧蚀来达到低烧蚀和非烧蚀目的。然而，不是在所有情况下都能形成氧化膜。在低压和高温情况下，氧化膜难以保持，裸露的基体材料氧化后不是生成固态或液态的氧化膜，而是直接生成气态产物，由于到达材料表面的氧不再受氧化膜限制，烧蚀量急剧增大，这一过程俗称“活性氧化”。目前国内对该类材料表面烧蚀特性、抗氧化膜的形成机制和晶态结构、氧气在抗氧化膜中的扩散机制、抗氧化膜的组分、相态 (液态或固态)、气孔形态、损失条件等都缺乏研究，急需建立相应的烧蚀计算分析方法。

7.2.2　C/SiC 活性氧化计算模型

在高温低压情况下，C/SiC 基体表面会发生如下氧化反应：

$$SiC + O_2 \longrightarrow SiO + CO \tag{7.1}$$

$$C + \frac{1}{2}O_2 \longrightarrow CO \tag{7.2}$$

设 C/SiC 中 C 组元的质量分数为 F_{C}，SiC 的质量分数为 F_{SiC}，则碳元素和硅元素的质量分数为

$$f_{\mathrm{C}} = F_{\mathrm{C}} + \frac{M_{\mathrm{C}}}{M_{\mathrm{SiC}}}F_{\mathrm{SiC}} \tag{7.3}$$

$$f_{\mathrm{Si}} = \frac{M_{\mathrm{Si}}}{M_{\mathrm{SiC}}}F_{\mathrm{SiC}} \tag{7.4}$$

设 C/SiC 的烧蚀质量流率为 $\dot{m}_{\mathrm{w}}$，则

$$\dot{m}_{\mathrm{C}} = f_{\mathrm{C}} \cdot \dot{m}_{\mathrm{w}} \tag{7.5}$$

$$\dot{m}_{\mathrm{Si}} = f_{\mathrm{Si}} \cdot \dot{m}_{\mathrm{w}} \tag{7.6}$$

$$\dot{m}_{\mathrm{CO}} = \frac{M_{\mathrm{CO}}}{M_{\mathrm{C}}}\dot{m}_{\mathrm{C}} = \frac{M_{\mathrm{CO}}}{M_{\mathrm{C}}}f_{\mathrm{C}}\dot{m}_{\mathrm{w}} \tag{7.7}$$

$$\dot{m}_{\mathrm{SiO}} = \frac{M_{\mathrm{SiO}}}{M_{\mathrm{Si}}}\dot{m}_{\mathrm{Si}} = \frac{M_{\mathrm{SiO}}}{M_{\mathrm{Si}}}f_{\mathrm{Si}}\dot{m}_{\mathrm{w}} \tag{7.8}$$

$$\dot{m}_{\mathrm{O_2}} = -\frac{M_{\mathrm{O}}}{M_{\mathrm{SiO}}}\dot{m}_{\mathrm{SiO}} - \frac{M_{\mathrm{O}}}{M_{\mathrm{CO}}}\dot{m}_{\mathrm{CO}} = -M_{\mathrm{O}}\left(\frac{f_{\mathrm{Si}}}{M_{\mathrm{Si}}} + \frac{f_{\mathrm{C}}}{M_{\mathrm{C}}}\right)\dot{m}_{\mathrm{w}} \tag{7.9}$$

由此得

$$\dot{m}_{\rm w}=\frac{M_{\rm Si}}{f_{\rm Si}}\frac{\dot{m}_{\rm SiO}}{M_{\rm SiO}}=\frac{M_{\rm C}}{f_{\rm C}}\frac{\dot{m}_{\rm CO}}{M_{\rm CO}}=-\frac{\dot{m}_{\rm O_2}}{M_{\rm O_2}}\frac{2}{\left(\dfrac{f_{\rm Si}}{M_{\rm Si}}+\dfrac{f_{\rm C}}{M_{\rm C}}\right)} \tag{7.10}$$

若 $F_{\rm C}=0$，即纯 SiC，则摩尔流率

$$J_{\rm SiO}=J_{\rm CO}=J_{\rm O_2}=\frac{\dot{m}_{\rm SiO}}{M_{\rm SiO}}=\frac{\dot{m}_{\rm CO}}{M_{\rm CO}}=-\frac{\dot{m}_{\rm O_2}}{M_{\rm O_2}}=\frac{\dot{m}_{\rm w}}{M_{\rm SiC}} \tag{7.11}$$

下面求各组元浓度。根据边界层扩散方程

$$\dot{m}_{i,\rm w}=\left[C_{i,\rm w}\left(1+B_{\rm w}\right)-C_{i,\rm e}\right]\frac{\dot{m}_{\rm w}}{B_{\rm w}} \tag{7.12}$$

其中

$$B_{\rm w}=\frac{\dot{m}_{\rm w}}{\rho_{\rm e}u_{\rm e}C_{\rm M}}=\frac{\dot{m}_{\rm w}}{\psi q_{\rm c}/h_{\rm r}} \tag{7.13}$$

得

$$C_{i,\rm w}=\frac{C_{i,\rm e}+B_{\rm w}\dfrac{\dot{m}_{i,\rm w}}{\dot{m}_{\rm w}}}{1+B_{\rm w}} \tag{7.14}$$

将式 (7.5)~ 式 (7.9) 代入式 (7.14)，得壁面处各组元浓度

$$C_{\rm CO,w}=M_{\rm CO}\left(\frac{F_{\rm C}}{M_{\rm C}}+\frac{F_{\rm SiC}}{M_{\rm SiC}}\right)\frac{B_{\rm w}}{1+B_{\rm w}} \tag{7.15}$$

$$C_{\rm SiO,w}=M_{\rm SiO}\frac{F_{\rm SiC}}{M_{\rm SiC}}\frac{B_{\rm w}}{1+B_{\rm w}} \tag{7.16}$$

$$C_{\rm O_2,w}=\frac{C_{\rm O_2,e}}{1+B_{\rm w}}-M_{\rm O_2}\left(\frac{F_{\rm C}}{2M_{\rm C}}+\frac{F_{\rm SiC}}{M_{\rm SiC}}\right)\frac{B_{\rm w}}{1+B_{\rm w}} \tag{7.17}$$

$$C_{\rm N_2,w}=\frac{C_{\rm N_2,e}}{1+B_{\rm w}} \tag{7.18}$$

$$\bar{M}=\left(\sum\frac{C_{j,\rm w}}{M_j}\right)^{-1},\quad j={\rm O_2，N_2，CO，SiO} \tag{7.19}$$

讨论：

(1) 假设扩散控制，则 $C_{\rm O_2,w}$=0，即到达表面的氧被消耗完，则

$$B_{\rm w}=\frac{C_{\rm O_2,e}}{M_{\rm O_2}\left(\dfrac{F_{\rm C}}{2M_{\rm C}}+\dfrac{F_{\rm SiC}}{M_{\rm SiC}}\right)} \tag{7.20}$$

对纯空气 $C_{O_2,e}=0.232$，$C_{N_2,e}=0.768$。

a. 若 $F_C=0$，$F_{SiC}=1\left(f_{Si}=\dfrac{M_{Si}}{M_{SiC}}=\dfrac{28}{40}=0.7，f_C=\dfrac{M_C}{M_{SiC}}=\dfrac{12}{40}=0.3\right)$，即纯 SiC，无 C，则 $B_w=0.29$；

b. 若 $F_C=1$，$F_{SiC}=0$，纯 C，无 SiC，则 $B_w=0.174$；

c. 若 $f_C=0$，$f_{Si}=1$，纯 Si，无 C，则 $B_w=0.406$；

d. 若 $f_C=0.6$，$f_{Si}=0.4$，则 $B_w=0.2256$。

图 7.1 给出了 C/SiC 复合材料中硅元素的含量对无量纲烧蚀速率的影响。

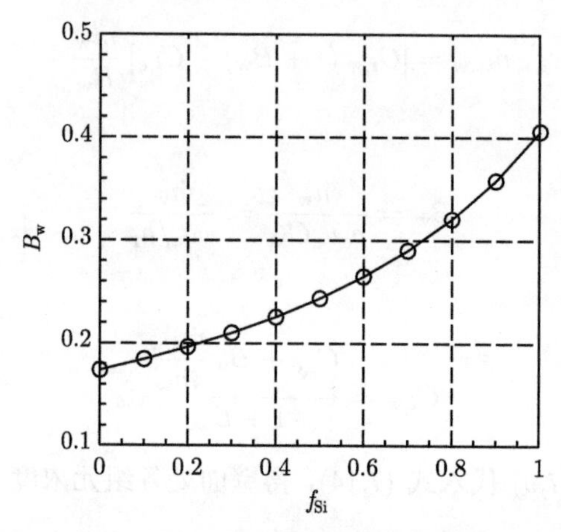

图 7.1 C/SiC 复合材料中硅元素的含量对无量纲烧蚀速率的影响

(2) 假设为反应控制，即反应式 (7.1) 和式 (7.2) 都达到平衡，则平衡常数

$$kp_C=A_C\cdot\frac{P_{CO}}{P_{O_2}^{0.5}} \tag{7.21}$$

$$kp_{SiC}=A_{SiC}\cdot\frac{P_{SiO}\cdot P_{CO}}{P_{O_2}} \tag{7.22}$$

这里，A_C 和 A_{SiC} 分别表征 C 和 SiC 共享燃烧表面，各凝相组元与 O_2 接触面大小与材料燃烧表面的摩尔数有关。平衡常数可根据 JANAF 热化学表 [32] 拟合得到。因此

$$A_C+A_{SiC}=1 \tag{7.23}$$

组元分压与总压的关系为

$$P_i=\frac{P\cdot\bar{M}}{M_i}C_i \tag{7.24}$$

则式 (7.21) 和式 (7.22) 可化为

$$kp_{\mathrm{C}}=(1-A_{\mathrm{SiC}})\frac{P\bar{M}}{M_{\mathrm{CO}}}C_{\mathrm{CO,w}}\bigg/\left(\frac{P\bar{M}}{M_{\mathrm{O_2}}}C_{\mathrm{O_2,w}}\right)^{0.5} \tag{7.25}$$

$$kp_{\mathrm{SiC}}=A_{\mathrm{SiC}}\frac{P\bar{M}}{M_{\mathrm{CO}}}C_{\mathrm{CO,w}}\cdot\frac{P\bar{M}}{M_{\mathrm{SiO}}}C_{\mathrm{SiO,w}}\bigg/\left(\frac{P\bar{M}}{M_{\mathrm{O_2}}}C_{\mathrm{O_2,w}}\right) \tag{7.26}$$

以上式 (7.15)~ 式 (7.19)，式 (7.25)，式 (7.26) 七个方程构成的方程组求解七个变量 $C_{\mathrm{O_2,w}}$，$C_{\mathrm{N_2,w}}$，$C_{\mathrm{CO,w}}$，$C_{\mathrm{SiO,w}}$，B_{w}，$\bar{M}$，A_{SiC}。采用 Newton-Raphson 迭代法求解，步骤如下：

a. 给定一初值 B_{w}；

b. 由式 (7.15)~ 式 (7.19) 求得 $C_{\mathrm{O_2,w}}$，$C_{\mathrm{N_2,w}}$，$C_{\mathrm{CO,w}}$，$C_{\mathrm{SiO,w}}$，$\bar{M}$；

c. 由式 (7.25) 和式 (7.26) 式消去 A_{SiC}，得目标函数

$$F=\frac{C_{\mathrm{O_2,w}}}{M_{\mathrm{O_2}}}-\left[\frac{(P\bar{M})^{0.5}}{kp_{\mathrm{C}}}\frac{C_{\mathrm{CO,w}}}{M_{\mathrm{CO}}}-\frac{kp_{\mathrm{SiC}}}{kp_{\mathrm{C}}}\frac{1}{(P\bar{M})^{0.5}}\frac{C_{\mathrm{O_2,w}}/M_{\mathrm{O_2}}}{C_{\mathrm{SiO,w}}/M_{\mathrm{SiO}}}\right]^2=0 \tag{7.27}$$

$$\begin{aligned}\frac{\partial F}{\partial B_{\mathrm{w}}}=&\frac{1}{M_{\mathrm{O_2}}}\frac{\partial C_{\mathrm{O_2,w}}}{\partial B_{\mathrm{w}}}\\&-2\left(\frac{C_{\mathrm{O_2,w}}}{M_{\mathrm{O_2}}}\right)^{0.5}\left[\frac{(P\bar{M})^{0.5}}{kp_{\mathrm{C}}}\frac{1}{M_{\mathrm{CO}}}\frac{\partial C_{\mathrm{CO,w}}}{\partial B_{\mathrm{w}}}+\frac{1}{kp_{\mathrm{C}}}\frac{C_{\mathrm{CO,w}}}{M_{\mathrm{CO}}}\frac{0.5P}{(P\bar{M})^{0.5}}\frac{\partial\bar{M}}{\partial B_{\mathrm{w}}}\right.\\&-\frac{kp_{\mathrm{SiC}}}{kp_{\mathrm{C}}}\frac{1}{(P\bar{M})^{0.5}}\frac{\dfrac{C_{\mathrm{SiO,w}}}{M_{\mathrm{SiO}}}\dfrac{1}{M_{\mathrm{O_2}}}\dfrac{\partial C_{\mathrm{O_2,w}}}{\partial B_{\mathrm{w}}}-\dfrac{C_{\mathrm{O_2,w}}}{M_{\mathrm{O_2}}}\dfrac{1}{M_{\mathrm{SiO}}}\dfrac{\partial C_{\mathrm{SiO,w}}}{\partial B_{\mathrm{w}}}}{(C_{\mathrm{SiO,w}}/M_{\mathrm{SiO}})^2}\\&\left.+\frac{kp_{\mathrm{SiC}}}{kp_{\mathrm{C}}}\frac{C_{\mathrm{O_2,w}}/M_{\mathrm{O_2}}}{C_{\mathrm{SiO,w}}/M_{\mathrm{SiO}}}\frac{0.5}{(P\bar{M})^{0.5}}\frac{1}{\bar{M}}\frac{\partial\bar{M}}{\partial B_{\mathrm{w}}}\right]\end{aligned} \tag{7.28}$$

d. 根据 Newton-Raphson 迭代法，计算新的 B_{w}

$$B_{\mathrm{w}}^{k+1}=B_{\mathrm{w}}^{k}-\frac{F^k}{\left(\dfrac{\partial F}{\partial B_{\mathrm{w}}}\right)^k} \tag{7.29}$$

其中，上标 k 为迭代标号。

e. 利用新求出的 B_{w}，重复以上步骤，直到 $\left|B_{\mathrm{w}}^{k+1}-B_{\mathrm{w}}^{k}\right|\leqslant\varepsilon$，则停止迭代。

根据表面能量平衡方程，可建立表面热化学烧蚀与材料内部热传导的联系

$$q_{\mathrm{s}}=\frac{\psi q_{\mathrm{c}}}{h_{\mathrm{r}}}(h_{\mathrm{r}}-h_{\mathrm{w}})-\dot{m}_{\mathrm{gw}}h_{\mathrm{gw}}+\dot{m}_{\mathrm{SiC}}h_{\mathrm{SiC}}+\dot{m}_{\mathrm{C,s}}h_{\mathrm{C,s}}-\varepsilon\sigma T_{\mathrm{w}}^4 \tag{7.30}$$

利用前面给出的一些关系式，上式可进一步化为

$$q_s = \frac{\psi q_c}{h_r}\left[h_r - (C_{N_2,e}h_{N_2,e} + C_{O_2,w}h_{O_2,w}) + B_w \cdot \Delta Q_{SiC+C}\right] - \varepsilon\sigma T_w^4 \tag{7.31}$$

其中

$$\Delta Q_{SiC+C} = \frac{M_{CO}}{M_C/f_c}\Delta H_{CO} + \frac{M_{SiO}}{M_{Si}/f_{Si}}\Delta H_{SiO} - \frac{M_{SiC}}{M_{Si}/f_{Si}}\Delta H_{SiC} \tag{7.32}$$

$$\Delta H_{CO} = \frac{1}{2}\frac{M_{O_2}}{M_{CO}}h_{O_2} + \frac{M_C}{M_{CO}}h_{C,s} - h_{CO} \tag{7.33}$$

$$\Delta H_{SiO} = \frac{1}{2}\frac{M_{O_2}}{M_{SiO}}h_{O_2} + \frac{M_{Si}}{M_{SiO}}h_{Si,s} - h_{SiO} \tag{7.34}$$

$$\Delta H_{SiC} = \frac{M_C}{M_{SiC}}h_{C,s} + \frac{M_{Si}}{M_{SiC}}h_{Si,s} - h_{SiC} \tag{7.35}$$

这里，h_i 为组元的焓，可根据 JANAF 热化学表拟合得到。

7.2.3　活性氧化 → 惰性氧化的转化条件

随着氧分压增加，在反应面上可能出现 $SiO_2(l)$，转化条件由以下平衡反应确定

$$SiC + 2SiO_2 \longrightarrow 3SiO + CO \tag{7.36}$$

平衡常数

$$P_{CO}^*\left(P_{SiO}^*\right)^3 = kp_2 \tag{7.37}$$

由边界层扩散至 C/SiC 表面的氧气流率为 [14,19]

$$J_{O_2} = D_{O_2}\left(P_{O_2}^0 - P_{O_2}^*\right)/\delta_{O_2}\hat{R}T \tag{7.38}$$

其中，J_{O_2} 为氧分子摩尔流率；$P_{O_2}^0$ 和 $P_{O_2}^*$ 分别为边界层外缘和 C/SiC 表面氧的分压；D_{O_2} 为氧在边界层中的扩散系数；δ_{O_2} 为氧边界层厚度；T 为温度；$\hat{R}$ 为通用气体常数。

反应产物 SiO 和 CO 的摩尔流率为

$$J_{SiO} = D_{SiO}\left(P_{SiO}^* - P_{SiO}^0\right)\Big/\delta_{SiO}\hat{R}T \tag{7.39}$$

$$J_{CO} = D_{CO}\left(P_{CO}^* - P_{CO}^0\right)\Big/\delta_{CO}\hat{R}T \tag{7.40}$$

考虑到表面氧的分压很小，边界层外缘 SiO 和 CO 分压很小，则

$$J_{O_2} = D_{O_2}P_{O_2}^0\Big/\delta_{O_2}\hat{R}T \tag{7.41}$$

$$J_{\mathrm{SiO}} = D_{\mathrm{SiO}} P_{\mathrm{SiO}}^{*} \Big/ \delta_{\mathrm{SiO}} \hat{R} T \tag{7.42}$$

$$J_{\mathrm{CO}} = D_{\mathrm{CO}} P_{\mathrm{CO}}^{*} \Big/ \delta_{\mathrm{CO}} \hat{R} T \tag{7.43}$$

根据 7.2.2 节给出的质量流率关系式

$$\dot{m}_{\mathrm{w}} = \frac{M_{\mathrm{Si}}}{f_{\mathrm{Si}}} \frac{\dot{m}_{\mathrm{SiO}}}{M_{\mathrm{SiO}}} = \frac{M_{\mathrm{C}}}{f_{\mathrm{C}}} \frac{\dot{m}_{\mathrm{CO}}}{M_{\mathrm{CO}}} = -\frac{\dot{m}_{\mathrm{O_2}}}{M_{\mathrm{O_2}}} \frac{2}{\dfrac{f_{\mathrm{Si}}}{M_{\mathrm{Si}}} + \dfrac{f_{\mathrm{C}}}{M_{\mathrm{C}}}} \tag{7.44}$$

得

$$J_{\mathrm{SiO}} \frac{M_{\mathrm{Si}}}{f_{\mathrm{Si}}} = J_{\mathrm{CO}} \frac{M_{\mathrm{C}}}{f_{\mathrm{C}}} = J_{\mathrm{O_2}} \frac{2}{\dfrac{f_{\mathrm{Si}}}{M_{\mathrm{Si}}} + \dfrac{f_{\mathrm{C}}}{M_{\mathrm{C}}}} \tag{7.45}$$

或

$$\frac{J_{\mathrm{SiO}}}{F_{\mathrm{SiC}}/M_{\mathrm{SiC}}} = \frac{J_{\mathrm{CO}}}{F_{\mathrm{C}}/M_{\mathrm{C}} + F_{\mathrm{SiC}}/M_{\mathrm{SiC}}} = \frac{J_{\mathrm{O_2}}}{F_{\mathrm{C}}/2M_{\mathrm{C}} + F_{\mathrm{SiC}}/M_{\mathrm{SiC}}} \tag{7.46}$$

由式 (7.41)、式 (7.43) 和式 (7.46) 得

$$P_{\mathrm{O_2}}^{0} = \frac{F_{\mathrm{C}}/2M_{\mathrm{C}} + F_{\mathrm{SiC}}/M_{\mathrm{SiC}}}{F_{\mathrm{SiC}}/M_{\mathrm{SiC}}} \left(D_{\mathrm{SiO}}/D_{\mathrm{O_2}}\right) \left(\delta_{\mathrm{O_2}}/\delta_{\mathrm{SiO}}\right) P_{\mathrm{SiO}}^{*} \tag{7.47}$$

那么由式 (7.41)、式 (7.43) 和式 (7.46) 得

$$P_{\mathrm{O_2}}^{0} = \frac{F_{\mathrm{C}}/2M_{\mathrm{C}} + F_{\mathrm{SiC}}/M_{\mathrm{SiC}}}{F_{\mathrm{C}}/M_{\mathrm{C}} + F_{\mathrm{SiC}}/M_{\mathrm{SiC}}} \left(D_{\mathrm{CO}}/D_{\mathrm{O_2}}\right) \left(\delta_{\mathrm{O_2}}/\delta_{\mathrm{CO}}\right) P_{\mathrm{CO}}^{*} \tag{7.48}$$

假设

$$\delta_{\mathrm{SiO}}/\delta_{\mathrm{O_2}} = \left(D_{\mathrm{SiO}}/D_{\mathrm{O_2}}\right)^{1/2} \tag{7.49a}$$

$$\delta_{\mathrm{CO}}/\delta_{\mathrm{O_2}} = \left(D_{\mathrm{CO}}/D_{\mathrm{O_2}}\right)^{1/2} \tag{7.49b}$$

则

$$P_{\mathrm{O_2}}^{0} = \frac{F_{\mathrm{C}}/2M_{\mathrm{C}} + F_{\mathrm{SiC}}/M_{\mathrm{SiC}}}{F_{\mathrm{SiC}}/M_{\mathrm{SiC}}} \left(D_{\mathrm{SiO}}/D_{\mathrm{O_2}}\right)^{1/2} P_{\mathrm{SiO}}^{*} \tag{7.50}$$

$$P_{\mathrm{O_2}}^{0} = \frac{F_{\mathrm{C}}/2M_{\mathrm{C}} + F_{\mathrm{SiC}}/M_{\mathrm{SiC}}}{F_{\mathrm{C}}/M_{\mathrm{C}} + F_{\mathrm{SiC}}/M_{\mathrm{SiC}}} \left(D_{\mathrm{CO}}/D_{\mathrm{O_2}}\right)^{1/2} P_{\mathrm{CO}}^{*} \tag{7.51}$$

将式 (7.50) 和式 (7.51) 代入式 (7.37)，得

$$P_{O_2}^0(\max) = kp_2^{1/4} \cdot \left(\frac{D_{CO}}{D_{O_2}}\right)^{1/8} \cdot \left(\frac{D_{SiO}}{D_{O_2}}\right)^{3/8} \frac{\dfrac{F_{SiC}}{M_{SiC}} + \dfrac{F_C}{2M_C}}{\left(\dfrac{F_{SiC}}{M_{SiC}}\right)^{3/4}\left(\dfrac{F_{SiC}}{M_{SiC}} + \dfrac{F_C}{M_C}\right)^{1/4}} \tag{7.52}$$

根据 Chapman-Enskog 理论，双组元扩散系数为

$$D_{AB} = \frac{5.9543 \times 10^{-24}\left(\dfrac{1}{M_A} + \dfrac{1}{M_B}\right)^{1/2} T^{3/2}}{P\sigma_{AB}^2 \Omega_{AB}} \tag{7.53}$$

这里，M_A 和 M_B 为组元 A 和 B 的摩尔质量；$\sigma_{AB} = \dfrac{\sigma_A + \sigma_B}{2}$ 为碰撞直径；Ω_{AB} 为碰撞积分。表 7.1 给出了 2000K 时各组元的参数值。

表 7.1 2000K 时各组元的参数值

i	j	σ/nm	σ_{ij}/nm	Ω_{ij}	$D_{ij}/(\mathrm{cm^2/s})$
SiO	N_2	0.478	0.423	(1.00)	2.24
CO	N_2	0.359	0.364	0.6645	5.04
O_2	N_2	0.343	0.356	0.6666	5.09
O	N_2	0.256	0.312	(1.00)	5.35
SiO	Ar	—	0.410	(1.00)	1.66
CO	Ar	—	0.350	(1.00)	2.18
O_2	Ar	—	0.343	(1.00)	2.13
SiO	He	—	0.387	(1.00)	5.80
O_2	He	—	0.320	(1.00)	8.62

由表 7.1 得 (以 N_2 为惰性气体) $\dfrac{D_{SiO}}{D_{O_2}}$=0.44，$\dfrac{D_{CO}}{D_{O_2}}$=0.99 (而 Hinze[19] 给出的值是 $\dfrac{D_{SiO}}{D_{O_2}}$=0.8，$\dfrac{D_{CO}}{D_{O_2}}$=1.02)。由此式 (7.52) 变为

$$P_{O_2}^0(\max) = 0.734kp_2^{1/4} \cdot \frac{\dfrac{F_{SiC}}{M_{SiC}} + \dfrac{F_C}{2M_C}}{\left(\dfrac{F_{SiC}}{M_{SiC}}\right)^{3/4}\left(\dfrac{F_{SiC}}{M_{SiC}} + \dfrac{F_C}{M_C}\right)^{1/4}} \tag{7.54}$$

由此可求得不同温度下活性 → 惰性氧化转化分压 (对纯 SiC 见表 7.2 和图 7.2)。图 7.3 进一步给出了 F_{SiC} 对活性氧化向惰性氧化转化条件的影响。

表 7.2 不同温度下纯 SiC 活性 → 惰性氧化转化分压

T/K	1473	1573	1673	1773	1873	1973	2073
$P_{O_2}^0$/Pa	9	57	297	1242	4410	13628	37558

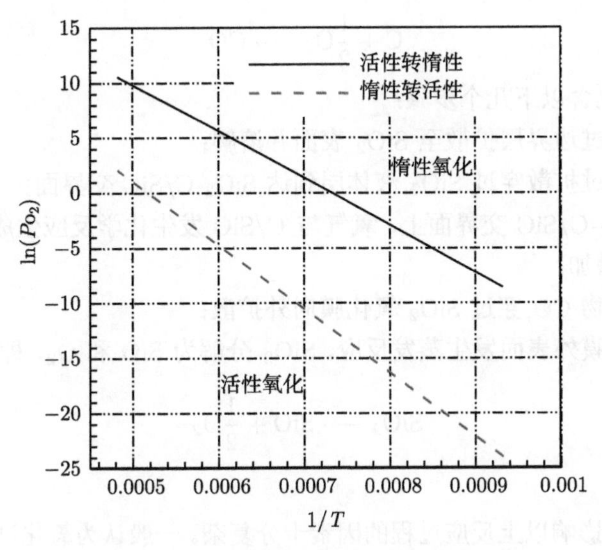

图 7.2 活性和惰性氧化转化条件 (纯 SiC)

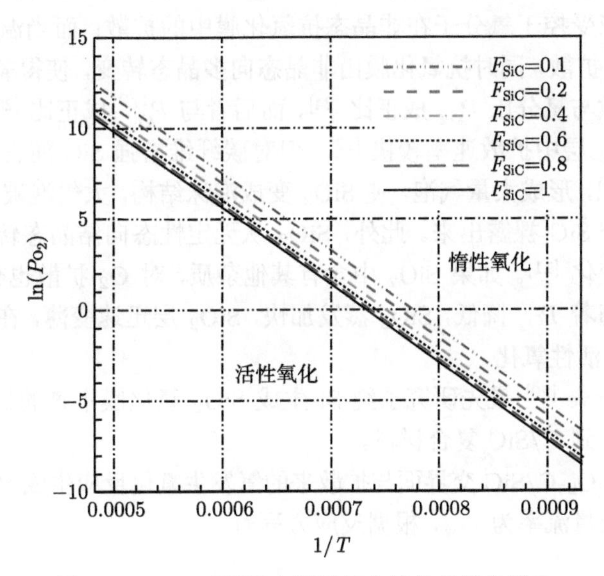

图 7.3 F_{SiC} 对活性向惰性氧化转化条件的影响

7.2.4 惰性氧化计算模型

惰性氧化是指在 C/SiC 表面形成一层 SiO_2 保护液膜，从而阻止氧气直接与 C/SiC 表面接触，氧气必须通过扩散穿过氧化膜才能到达 C/SiC 并与之反应，反应方程为

$$SiC + \frac{3}{2}O_2 \longrightarrow SiO_2 + CO \tag{7.55}$$

$$\mathrm{C}+\frac{1}{2}\mathrm{O}_2 \longrightarrow \mathrm{CO} \tag{7.56}$$

惰性氧化过程包含以下几个步骤：

(1) 氧气通过边界层扩散至 SiO_2 表面并溶解；

(2) 氧气通过扩散穿过 SiO_2 液体层到达 SiO_2-C/SiC 交界面；

(3) 在 SiO_2-C/SiC 交界面上，氧气与 C/SiC 发生化学反应生成 SiO_2 和 CO，使氧化膜厚度增加；

(4) 反应产物 CO 穿过 SiO_2 氧化膜向外扩散；

(5) 在氧化膜外表面发生蒸发反应，SiO_2 分解为 SiO 和 O_2，即

$$\mathrm{SiO}_2 \longrightarrow \mathrm{SiO}+\frac{1}{2}\mathrm{O}_2 \tag{7.57}$$

使氧化膜变薄。

研究表明，影响以上反应过程的因素十分复杂。一般认为氧化过程主要由氧在 SiO_2 中的扩散控制，但在不同温度条件下有分子扩散和离子扩散之分，温度低于 1673K 时，反应受控于氧分子在非晶态抗氧化膜中的扩散；而当温度高于 1673K 时，出现氧离子扩散，同时抗氧化膜由非晶态向多晶态转变，使得氧输运变慢。前者扩散速率常数与氧分压 P_{O_2} 成正比 [24]，而后者与 $P_{\mathrm{O}_2}^{1/2}$ 成正比 [25]。有关试验表明，CO 在 SiO_2 层中扩散速率较快 [12]，但对碳纤维增强 SiC 而言，多余的 C 将使 CO 很快聚积，形成大量气泡，使 SiO_2 变成泡沫结构，大气泡破裂后会将 SiO_2 层鼓破，使部分 SiC 裸露出来。此外，SiO_2 从无定性态向结晶态转变会引起扩散速率发生很大变化 [11]。如果 SiO_2 中含有其他杂质，对 O_2 扩散也会有很大影响。当温度更高或随着 P_{O_2} 降低，SiO_2 蒸发加快，SiO_2 层迅速变薄，在高速气流冲刷下消失，转变为活性氧化。

Deal 和 Grove [20] 最先研究了纯 Si 生成 SiO_2 氧化膜中氧的扩散问题，这里将其进一步推广到 C/SiC 复合材料。

C/SiC 在 SiO_2-C/SiC 交界面与扩散来的氧发生氧化反应生成 SiO_2 和 CO。设 C/SiC 的烧蚀质量流率为 $\dot{m}_{\mathrm{w}}$，根据反应方程有

$$\dot{m}_{\mathrm{C}}=f_{\mathrm{C}}\cdot\dot{m}_{\mathrm{w}} \tag{7.58}$$

$$\dot{m}_{\mathrm{Si}}=f_{\mathrm{Si}}\cdot\dot{m}_{\mathrm{w}} \tag{7.59}$$

$$\dot{m}_{\mathrm{CO}}=\frac{M_{\mathrm{CO}}}{M_{\mathrm{C}}}\dot{m}_{\mathrm{C}}=\frac{M_{\mathrm{CO}}}{M_{\mathrm{C}}}f_{\mathrm{C}}\dot{m}_{\mathrm{w}} \tag{7.60}$$

$$\dot{m}_{\mathrm{SiO}_2}=\frac{M_{\mathrm{SiO}_2}}{M_{\mathrm{Si}}}\dot{m}_{\mathrm{Si}}=\frac{M_{\mathrm{SiO}_2}}{M_{\mathrm{Si}}}f_{\mathrm{Si}}\dot{m}_{\mathrm{w}} \tag{7.61}$$

$$\dot{m}_{\mathrm{O}_2}=-\frac{M_{\mathrm{O}_2}}{M_{\mathrm{SiO}_2}}\dot{m}_{\mathrm{SiO}_2}-\frac{M_{\mathrm{O}}}{M_{\mathrm{CO}}}\dot{m}_{\mathrm{CO}}=-M_{\mathrm{O}_2}\left(\frac{f_{\mathrm{Si}}}{M_{\mathrm{Si}}}+\frac{f_{\mathrm{Ci}}}{2M_{\mathrm{C}}}\right)\dot{m}_{\mathrm{w}} \tag{7.62}$$

$$\dot{m}_{\rm SiC}=\frac{M_{\rm SiC}}{M_{\rm Si}}\dot{m}_{\rm Si}=\frac{M_{\rm SiC}}{M_{\rm Si}}f_{\rm Si}\dot{m}_{\rm w}=F_{\rm SiC}\dot{m}_{\rm w} \tag{7.63}$$

$$\dot{m}_{\rm Cs}=F_{\rm C}\dot{m}_{\rm w}=\left(f_{\rm C}-\frac{M_{\rm C}}{M_{\rm Si}}f_{\rm Si}\right)\dot{m}_{\rm w} \tag{7.64}$$

其中，$F_{\rm C}$ 为 C/SiC 中 C 组元的质量分数，$F_{\rm SiC}$ 为 SiC 的质量分数；$f_{\rm C}=F_{\rm C}+\dfrac{M_{\rm C}}{M_{\rm SiC}}F_{\rm SiC}$ 为碳元素的质量分数；$f_{\rm Si}=\dfrac{M_{\rm Si}}{M_{\rm SiC}}F_{\rm SiC}$ 为硅元素的质量分数。由此得

$$\begin{aligned}\dot{m}_{\rm w}&=\frac{M_{\rm Si}}{f_{\rm Si}}\frac{\dot{m}_{\rm SiO_2}}{M_{\rm SiO_2}}=\frac{M_{\rm C}}{f_{\rm C}}\frac{\dot{m}_{\rm CO}}{M_{\rm CO}}\\&=-\frac{\dot{m}_{\rm O_2}}{M_{\rm O_2}}\frac{1}{\dfrac{f_{\rm Si}}{M_{\rm Si}}+\dfrac{f_{\rm C}}{2M_{\rm C}}}=\frac{M_{\rm SiC}}{F_{\rm SiC}}\frac{\dot{m}_{\rm SiC}}{M_{\rm SiC}}=\frac{M_{\rm C}}{F_{\rm C}}\frac{\dot{m}_{\rm Cs}}{M_{\rm C}}\end{aligned} \tag{7.65}$$

即

$$J_{\rm SiO_2}\frac{M_{\rm Si}}{f_{\rm Si}}=J_{\rm CO}\frac{M_{\rm C}}{f_{\rm C}}=J_{\rm O_2}\frac{1}{\dfrac{f_{\rm Si}}{M_{\rm Si}}+\dfrac{f_{\rm C}}{2M_{\rm C}}}=J_{\rm SiC}\frac{M_{\rm SiC}}{F_{\rm SiC}}=J_{\rm Cs}\frac{M_{\rm C}}{F_{\rm C}} \tag{7.66}$$

生成 SiO_2 层厚度由下式确定

$$\frac{{\rm d}x_0}{{\rm d}t}=\frac{\dot{m}_{\rm SiO_2}}{\rho_{\rm SiO_2}}=\frac{\dfrac{f_{\rm Si}}{M_{\rm Si}}}{\dfrac{f_{\rm Si}}{M_{\rm Si}}+\dfrac{f_{\rm C}}{2M_{\rm C}}}\cdot J_{\rm O_2}\frac{M_{\rm SiO_2}}{\rho_{\rm SiO_2}}=\gamma\cdot J_{\rm O_2}\frac{M_{\rm SiO_2}}{\rho_{\rm SiO_2}} \tag{7.67}$$

式中，x_0 为 SiO_2 层厚度；t 为反应时间。

对于纯 SiC(即 $F_{\rm C}$=0，$F_{\rm SiC}$=1)，则 $\gamma=2/3$；对于纯 C (即 $f_{\rm C}$=1，$f_{\rm Si}$=0)，γ=0；对于纯 Si(即 $f_{\rm C}$=0，$f_{\rm Si}$=1)，γ=1。这样就将 Si, SiC, C/SiC 三种材料的公式统一起来了。

相应 C/SiC 基体材料消耗为

$$\frac{{\rm d}x_{\rm sub}}{{\rm d}t}=\frac{{\rm d}x_{\rm SiC}}{{\rm d}t}+\frac{{\rm d}x_{\rm Cs}}{{\rm d}t}=\frac{\dot{m}_{\rm SiC}}{\rho_{\rm SiC}}+\frac{\dot{m}_{\rm Cs}}{\rho_{\rm Cs}}=-J_{\rm O_2}\frac{\dfrac{F_{\rm SiC}}{\rho_{\rm SiC}}+\dfrac{F_{\rm C}}{\rho_{\rm Cs}}}{\dfrac{f_{\rm Si}}{M_{\rm Si}}+\dfrac{f_{\rm C}}{2M_{\rm C}}} \tag{7.68}$$

氧气在 SiO_2 中的扩散由 Fick 定律描述

$$D\frac{{\rm d}^2C_{\rm O_2}}{{\rm d}x^2}=0 \tag{7.69}$$

其中，D 为氧在 SiO_2 中的扩散系数。

边界条件:

(1) 外表面: 氧气浓度由氧在 SiO_2 中的溶解度得到

$$C_{\mathrm{O}} = H \cdot P_{\mathrm{O_2,w}} \tag{7.70}$$

式中，H 为亨利常数; $P_{\mathrm{O_2,w}}$ 为氧在壁面的分压。

(2) 内表面: 假定通过 SiO_2 膜的氧全部与 C/SiC 材料反应，则

$$J_{\mathrm{O_2}} = -D\left.\frac{\mathrm{d}C}{\mathrm{d}x}\right|_{x_0} = k_{\mathrm{O_2}} C_i \tag{7.71}$$

式中，$k_{\mathrm{O_2}}$ 为 C/SiC 氧化反应的速率常数; C_i 为 O_2 在 SiO_2-C/SiC 交界面的浓度。

由式 (7.69) ~ 式 (7.71) 可得

$$C_x = H \cdot P_{\mathrm{O_2,w}}\left(1 - \frac{k_{\mathrm{O_2}} \cdot x}{D + k_{\mathrm{O_2}} \cdot x_0}\right) \tag{7.72}$$

$$J_{\mathrm{O_2}} = \frac{P_{\mathrm{O_2,w}} H k_{\mathrm{O_2}} D}{D + k_{\mathrm{O_2}} \cdot x_0} \tag{7.73}$$

当整个氧化过程由扩散控制时，$C_{x\mathrm{O}} = C_i$=0，反应速率足够快，则 $k_{\mathrm{O_2}}$ 足够大，$D/k_{\mathrm{O_2}} \to 0$，由此

$$J_{\mathrm{O_2}} = \frac{P_{\mathrm{O_2,w}} H D}{x_0} = m N_1 B / 2x_0 \tag{7.74}$$

将式 (7.73) 代入式 (7.67) 得

$$\frac{\mathrm{d}x_0}{\mathrm{d}t} = \gamma \frac{M_{\mathrm{SiO_2}}}{\rho_{\mathrm{SiO_2}}} \frac{P_{\mathrm{O_2,w}} H k_{\mathrm{O_2}} D}{D + k_{\mathrm{O_2}} \cdot x_0} = \frac{1}{\dfrac{2x_0}{B} + \dfrac{1}{B/A}} \tag{7.75}$$

积分得

$$x_0^2 + A x_0 = B(t + \tau) \tag{7.76}$$

其中

$$\tau = \left(x_i^2 + A x_i\right)/B, \quad x_i = 230 + 30\text{Å} \tag{7.77}$$

$$A = \frac{2D}{k_{\mathrm{O_2}}} \tag{7.78}$$

$$B = 2\gamma \frac{M_{\mathrm{SiO_2}}}{\rho_{\mathrm{SiO_2}}} P_{\mathrm{O_2,w}} H D = \frac{2DC_{\mathrm{O}}}{\rho_{\mathrm{SiO_2}}/\gamma M_{\mathrm{SiO_2}}} = \frac{2DC_{\mathrm{O}}}{mN_1} \tag{7.79}$$

式 (7.76) 即为著名的线性–抛物型厚度模型 [6,20]，改写为

$$\frac{x_0^2}{A}+x_0=\frac{B}{A}(t+\tau) \tag{7.80}$$

文献中给出了许多关于 B 和 B/A 的关联公式，但所有的关联公式都是关于 Si 和 SiC 的，没有见到针对 C/SiC 的。我们知道，Si，SiC 和 C/SiC 的氧化膜都是 SiO_2，因此它们之间必然存在某种关系。通过上面给出的式 (7.78) 和式 (7.79) 可以看出，它们之间的 A 完全相同，只是 B 相差一个系数 $m=1/\gamma$，即 $B_{C/SiC}=(3\gamma/2)B_{SiC}=\gamma B_{Si}$，这样利用 Si 或 SiC 的系数，就可以获得 C/SiC 的相应系数。下面给出纯 SiC 的系数

$$B=\begin{cases} B_0\cdot\exp\left(-B_p\big/\hat{R}T\right)\cdot(P_{O_2}/101325), & T\leqslant 1673\text{K}\\ B_0'\cdot\exp\left(-B_p'\big/\hat{R}T\right)\cdot(P_{O_2}/101325)^{1/2}, & T>1673\text{K}\end{cases} \tag{7.81}$$

$$\frac{B}{A}=\left(\frac{B}{A}\right)_0\exp\left(-B_L\big/\hat{R}T\right)\cdot(P_{O_2}/101325) \tag{7.82}$$

具体数值见表 7.3。

表 7.3 惰性氧化反应速率系数

材料	线性率 $(B/A)/(\mu m/hr)$ 温度/K	参考文献	抛物率/$(\mu m^2/hr)$ 温度/K	参考文献
Si	$8.713\times10^6\exp(-195800/\hat{R}T)$ 973~1473	Deal/Grove[20]	$786.2878\exp(-119244/\hat{R}T)$ 1073~1473	Deal/Grove[20]
单晶 SiC	$1.09\times10^5\exp(-159000/\hat{R}T)$ 1073~1473	Ramberg[6]	$86.4\exp(-99300/\hat{R}T)$ 1073~1373	Ramberg[6]
CVD 多晶 SiC			$285\exp(-117800/\hat{R}T)$ 1473~1773	Ogbuji[26]
SiC	$5.8087\times10^6(-195800/\hat{R}T)$	本书	$524.19\exp(-119244/\hat{R}T)$ $T\leqslant1673$ $1.505\times10^6\exp(-230000/\hat{R}T)$ $T>1673$	国义军 [2] Zheng[27]

注意，高温和低温时活化能量是不一样的，以 1673K 为分界线 [12,28]，当 $T\leqslant1673$K 时，活化能较低，为 120~140 kJ/mol，主要是氧分子在非晶 SiO_2 中的扩散；当 $T>1673$K 时，出现氧离子扩散，同时 SiO_2 由非晶态向多晶态转化，使得氧输运变慢 [27]。图 7.4 给出了 F_{SiC} 和温度对抛物速率常数 B 和线性速率常数 B/A 的影响。这里考虑了晶态结构对氧扩散的影响。图 7.5 给出了 $F_{SiC}=0.1$ 和 $F_{SiC}=1$ 时不同温度下氧化膜厚度随时间变化情况。

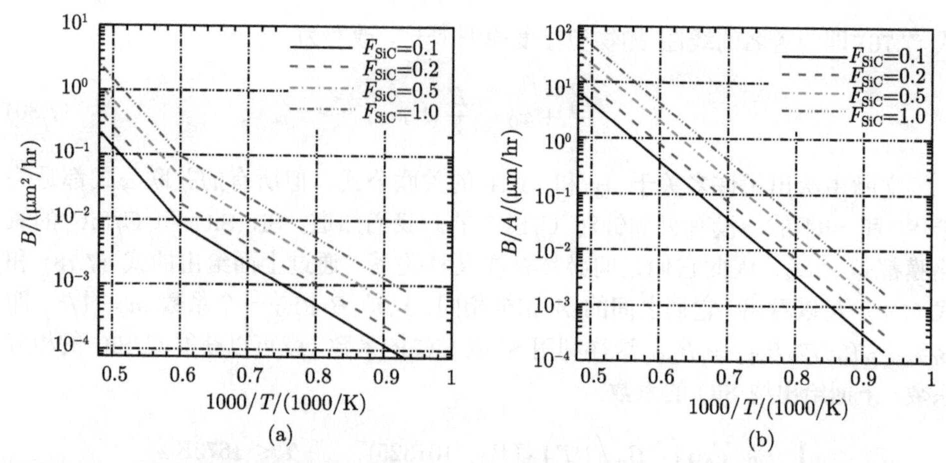

图 7.4　F_{SiC} 和温度对速率常数的影响：(a) 抛物速率常数 B；(b) 线性速率常数 B/A

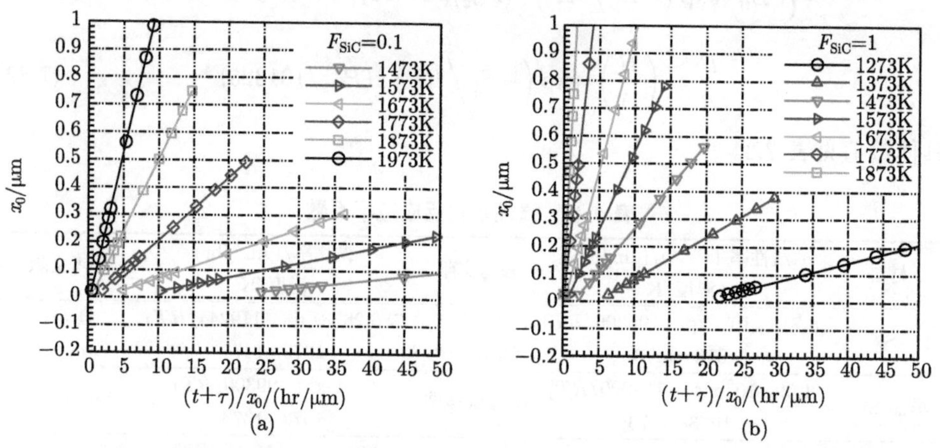

图 7.5　不同温度下氧化膜厚度随时间变化：(a) $F_{SiC}=0.1$；(b) $F_{SiC}=1$

图中直线斜率是 B，直线与 $(t+\tau)/x_0=0$ 线交点纵坐标等于 $-A$

表面能量平衡

$$q_s=\frac{\psi q_c}{h_r}(h_r-h_w)-\dot{m}_{gw}h_{gw}+\dot{m}_{SiC}h_{SiC}+\dot{m}_{Cs}h_{Cs}-\dot{m}_{SiO_2}h_{SiO_2}-\varepsilon\sigma T_w^4 \tag{7.83}$$

利用前面给出的一些关系式，上式可进一步化为

$$q_s=\frac{\psi q_c}{h_r}\left[h_r-(C_{N_2,e}h_{N_2,w}+C_{O_2,e}h_{O_2,w})+\frac{\dot{m}_w}{\psi q_c/h_r}\cdot\Delta Q_{C/SiC}\right]-\varepsilon\sigma T_w^4 \tag{7.84}$$

其中

$$\Delta Q_{C/SiC}=\frac{M_{CO}}{M_C/f_C}\Delta H_{CO}+\frac{M_{SiO_2}}{M_{Si}/f_{Si}}\Delta H_{SiO_2}-\frac{M_{SiC}}{M_{Si}/f_{Si}}\Delta H_{SiC}$$

$$\Delta H_{\mathrm{CO}} = \frac{1}{2}\frac{M_{\mathrm{O_2}}}{M_{\mathrm{CO}}}h_{\mathrm{O_2}} + \frac{M_{\mathrm{C}}}{M_{\mathrm{CO}}}h_{\mathrm{C,s}} - h_{\mathrm{CO}}$$

$$\Delta H_{\mathrm{SiO_2}} = \frac{M_{\mathrm{O_2}}}{M_{\mathrm{SiO_2}}}h_{\mathrm{O_2}} + \frac{M_{\mathrm{Si}}}{M_{\mathrm{SiO_2}}}h_{\mathrm{Si,s}} - h_{\mathrm{SiO_2}}$$

$$\Delta H_{\mathrm{SiC}} = \frac{M_{\mathrm{C}}}{M_{\mathrm{SiC}}}h_{\mathrm{C,s}} + \frac{M_{\mathrm{Si}}}{M_{\mathrm{SiC}}}h_{\mathrm{Si,s}} - h_{\mathrm{SiC}}$$

$$\dot{m}_{\mathrm{w}} = J_{\mathrm{O_2}}\frac{1}{\dfrac{f_{\mathrm{Si}}}{M_{\mathrm{Si}}} + \dfrac{f_{\mathrm{C}}}{2M_{\mathrm{C}}}} = \frac{M_{\mathrm{Si}}}{f_{\mathrm{Si}}}\frac{\rho_{\mathrm{SiO_2}}}{M_{\mathrm{SiO_2}}}\frac{\mathrm{d}x_0}{\mathrm{d}t}$$

这里 h_i 为组元的焓，可根据 JANAF[32] 热化学表拟合得到。

7.2.5 惰性氧化 → 活性氧化的转化条件

当氧的压力逐渐减小至 $\mathrm{SiO_2}$ 分解反应平衡压力时，将发生惰性氧化向活性氧化的转变

$$\mathrm{SiO_2} \longrightarrow \mathrm{SiO} + \frac{1}{2}\mathrm{O_2} \tag{7.85}$$

平衡条件

$$kp_3 = P_{\mathrm{SiO}}^*\left(P_{\mathrm{O_2}}^*\right)^{1/2} = (101325)^{3/2}\exp\left(\frac{\Delta F_{\mathrm{SiO_2}} - \Delta F_{\mathrm{SiO}}}{\hat{R}T}\right) \tag{7.86}$$

通过边界层扩散至表面的流率为

$$J'_{\mathrm{O_2}} = D_{\mathrm{O_2}}\left(P_{\mathrm{O_2}}^0 - P_{\mathrm{O_2}}^*\right)\Big/\delta_{\mathrm{O_2}}\hat{R}T \tag{7.87}$$

表面 $\mathrm{SiO_2}$ 分解产生的氧气流率为

$$J''_{\mathrm{O_2}} = D_{\mathrm{SiO}}P_{\mathrm{SiO}}^*\Big/\delta_{\mathrm{SiO}}\hat{R}T \tag{7.88}$$

因此

$$2J'_{\mathrm{O_2}} = J''_{\mathrm{O_2}} \tag{7.89}$$

根据前面的分析

$$\delta_{\mathrm{SiO}}/\delta_{\mathrm{O_2}} = \left(D_{\mathrm{SiO}}/D_{\mathrm{O_2}}\right)^{1/2} \tag{7.90}$$

所以有

$$2\left(P_{\mathrm{O_2}}^0 - P_{\mathrm{O_2}}^*\right) = kp_3\left(D_{\mathrm{SiO}}/D_{\mathrm{O_2}}\right)^{1/2}\Big/\left(P_{\mathrm{O_2}}^*\right)^{1/2} \tag{7.91}$$

对上式两边求导

$$\frac{\mathrm{d}}{\mathrm{d}P_{\mathrm{O}_2}^*}\left[2\left(P_{\mathrm{O}_2}^0-P_{\mathrm{O}_2}^*\right)\right]=\frac{\mathrm{d}}{\mathrm{d}P_{\mathrm{O}_2}^*}\left[\frac{kp_3}{\left(P_{\mathrm{O}_2}^*\right)^{1/2}}\left(\frac{D_{\mathrm{SiO}}}{D_{\mathrm{O}_2}}\right)^{1/2}\right] \tag{7.92}$$

得

$$P_{\mathrm{O}_2}'^*=P_{\mathrm{O}_2}''^*=\frac{1}{4}\left(kp_3\right)^{2/3}\left(\frac{D_{\mathrm{SiO}}}{D_{\mathrm{O}_2}}\right)^{1/3} \tag{7.93}$$

代入式 (7.91) 得

$$P_{\mathrm{O}_2}^0\left(\min\right)=\frac{1}{2}\left[(1/4)^{2/3}+\left(\frac{1}{2}\right)^{2/3}\right]kp_3^{2/3}\left(\frac{D_{\mathrm{SiO}}}{D_{\mathrm{O}_2}}\right)^{1/3} \tag{7.94}$$

$P_{\mathrm{O}_2}^*$ 也可由 SiO_2 蒸汽压方程求得

$$P_{\mathrm{O}_2}^*=p_{\mathrm{v}}=9.80665\times10^4\exp\left(18.48-\frac{57780}{T}\right)\quad(\mathrm{Pa}) \tag{7.95}$$

代入式 (7.91) 得

$$P_{\mathrm{O}_2}^0\left(\min\right)=P_{\mathrm{O}_2}^*+\frac{1}{2}kp_3\left(D_{\mathrm{SiO}}/D_{\mathrm{O}_2}\right)^{1/2}\Big/\left(P_{\mathrm{O}_2}^*\right)^{1/2} \tag{7.96}$$

图 7.2 给出了惰性向活性氧化的转化条件计算结果。

7.2.6　C/SiC 材料烧蚀计算结果

利用以上模型进行烧蚀计算时要用到壁温，而壁温的计算需要联合材料内部热传导耦合求解。一维热传导计算方法已经在第 6 章中给出，此处从略。

图 7.6 给出了某飞行器驻点烧蚀量沿弹道变化情况，其中黑色实线为 C/C 材料计算结果，红色虚线为采用 C/SiC 材料计算结果。这里假设 C/SiC 复合材料中 SiC 质量分数占 60%，其余 40%为 C。从图中可以看出，采用 C/SiC 复合材料可使驻点烧蚀量降低 1/2 左右。

图 7.7 给出了驻点氧分压沿弹道随时间变化情况 (实线)，点划线为活性氧化向惰性氧化转化时应达到的压力条件，绿色虚线为惰性氧化向活性氧化转化时应达到的压力条件。红色虚线代表反应模型沿弹道变化情况，其中 K=1 表示活性氧化，K=2 表示惰性氧化。可以看出，假设刚开始再入时为活性氧化，很快就转变为惰性氧化。t=12s 时，由惰性氧化转化为活性氧化，烧蚀量迅速增大。落地前，随着壁温降低，又从活性氧化转变为惰性氧化。

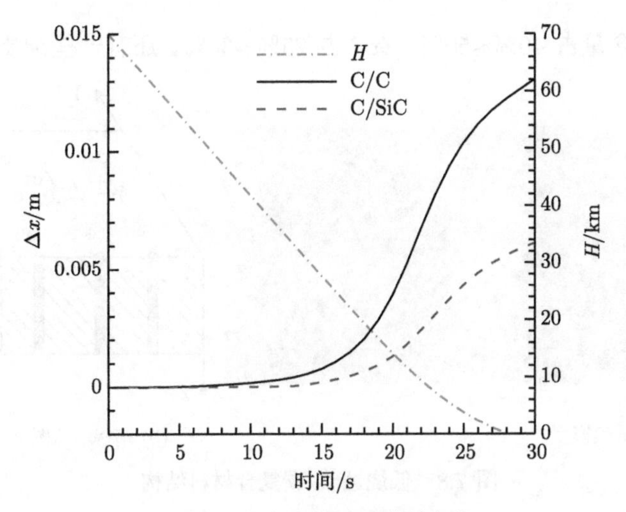

图 7.6 驻点烧蚀量沿弹道变化

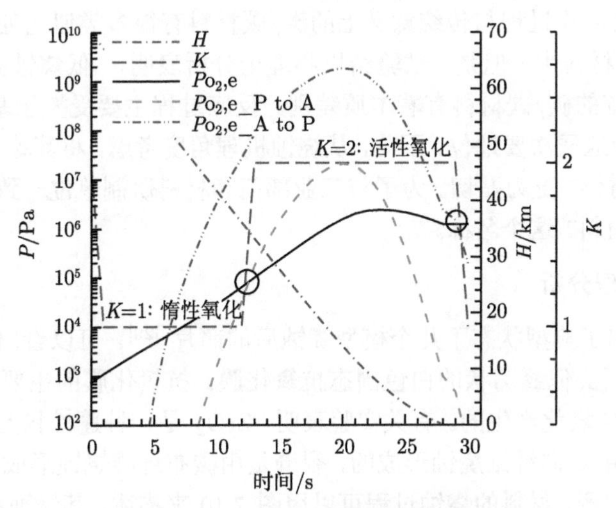

图 7.7 驻点氧分压和模型沿弹道变化

7.3 形成固态抗氧化膜的烧蚀模型

7.3.1 材料的成分和结构

含有 Zr 元素的低烧蚀碳/碳复合材料是我国自主研发的一种新型防热材料，由 Z 方向纤维和基体组成 (图 7.8)。Z 向纤维是由若干根并排的细小纤维组成，纤维间有细小的缝隙，因此增大了氧化面积，所以 Z 向纤维烧蚀速度要比基体碳快一些，烧蚀后形成孔洞。基体是由 XY 平面的一层层碳布和周围沉积的 ZrC 构成的，其中碳的体积含量占 40%～50%，ZrC 占 25%～30%，还有一些杂质。

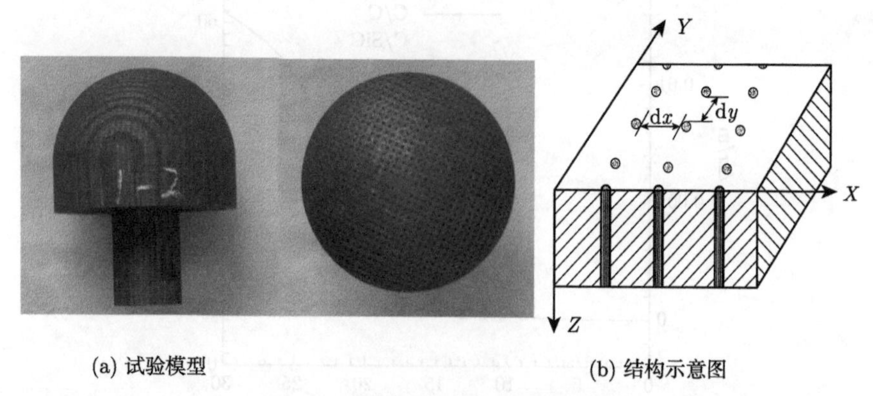

(a) 试验模型 (b) 结构示意图

图 7.8 低烧蚀碳/碳复合材料结构

“低烧蚀碳/碳材料”这个名称是材料研制单位取的，可能是从制作工艺角度考虑的，因为其制作过程与传统意义上的碳/碳材料有很多类似之处，所以将其归类到碳/碳复合材料中。但是，试验结果和理论分析表明，“低烧蚀碳/碳材料”的烧蚀特性与传统的碳/碳材料有着本质差别。反应过程主要受控于基体 ZrC 的氧化，而碳的反应退居次要地位。因此，从烧蚀机理角度考虑，将其称为“碳/碳化锆 (C/ZrC) 复合材料”更为贴切。为了与工业部门和材料研制单位一致，这里仍采用“低烧蚀碳/碳材料”这个名称。

7.3.2 烧蚀机理分析

图 7.9 给出了典型状态下几个模型烧蚀后的照片 [29]。可以看出，烧蚀后模型表面覆盖了一层类似蜂窝状的白色固态抗氧化膜。抗氧化膜的主要成分是 ZrO_2，它是由基体 ZrC 氧化产生的。有关实验表明，ZrO_2 是一种蓬松状的多孔物质。蜂窝状的孔洞是由 Z 向纤维烧蚀形成的，裂缝是由碳布纤维烧蚀形成的。

通过试验观测，材料的烧蚀过程可以用图 7.10 来描述，其烧蚀机理如下：

(1) 开始阶段，材料中的碳和 ZrC 各自独立地与来流中的氧气发生氧化反应

$$2\mathrm{C}+\mathrm{O_2}\longrightarrow 2\mathrm{CO} \tag{7.97}$$

$$\mathrm{ZrC}+\frac{3}{2}\mathrm{O_2}\longrightarrow \mathrm{ZrO_2}+\mathrm{CO} \tag{7.98}$$

(2) 由于 Z 向碳纤维中不含 ZrC，因此将与边界层来的氧气直接反应，并逐渐形成孔洞。孔洞深度由碳的烧蚀量决定，烧蚀速率取决于氧的扩散和孔洞底部温度，而孔洞底部温度由基体材料热传导确定，氧的扩散则与孔洞深度、孔洞宽度和孔洞壁的氧化膜厚度有关。

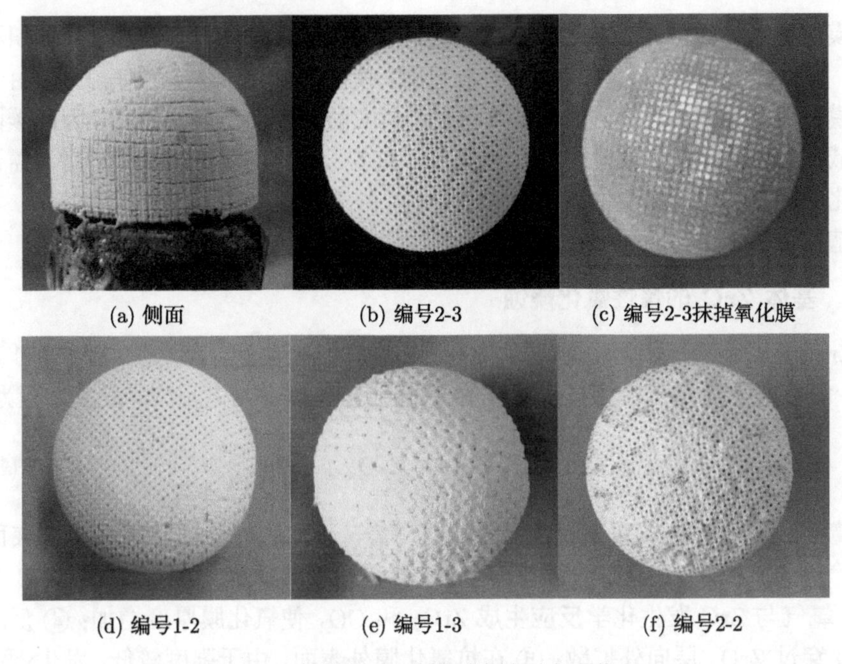

(a) 侧面　(b) 编号2-3　(c) 编号2-3抹掉氧化膜

(d) 编号1-2　(e) 编号1-3　(f) 编号2-2

图 7.9　低烧蚀碳/碳模型烧蚀后表面状况

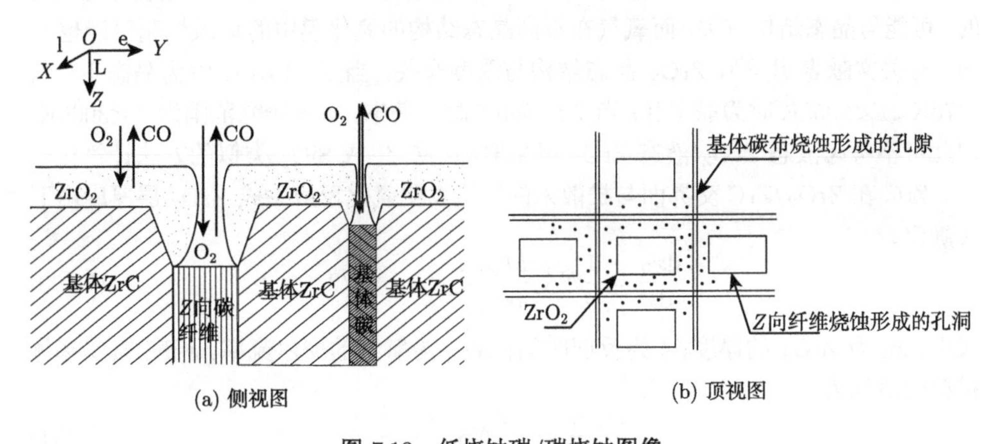

(a) 侧视图　(b) 顶视图

图 7.10　低烧蚀碳/碳烧蚀图像

(3) 基体中的碳布纤维也有很大面积的骨架，因此也与氧直接反应形成裂缝状的缝隙，基体中碳布的烧蚀可采用 Z 向纤维类似的烧蚀模型进行计算。

(4) ZrC 与氧气反应后生成固态 ZrO_2，覆盖在除 Z 向纤维和碳布骨架外的基体表面形成抗氧化膜。由于 ZrO_2 是一种膨松状的多孔物质，氧气可以扩散通过抗氧化膜到达基体表面与基体发生反应，生成的 ZrO_2 使抗氧化膜进一步变厚，气态产物 CO 则通过抗氧化膜向外扩散，这是一种典型的惰性氧化过程。由于 ZrO_2 抗氧化膜使氧气扩散变缓，因此烧蚀量大为降低。抗氧化膜 ZrO_2 密度小，体积不断膨胀，因此到一定时刻会将裂缝和孔洞封闭，使碳的氧化大大变慢。另外，由于抗氧化膜覆盖基体表面，基体表面温度降低，相应的碳表面温度也降低，因此碳的氧化也减缓，这是抗氧化膜使烧蚀变慢的另一重要原因。由于抗氧化膜较厚，需计算抗氧化膜的热传导。由于抗氧化膜比较疏松，外表面可能会发生剥蚀和流失。本节讨论基体烧蚀，孔洞烧蚀将在 7.4 节中介绍。

7.3.3 基体 ZrC 的惰性氧化烧蚀

ZrC 氧化后，在表面形成一层 ZrO_2 保护膜，从而阻止了氧气直接与 ZrC 表面接触，氧气必须通过扩散穿过抗氧化膜才能到达 ZrC 并与之反应。反应方程为

$$\mathrm{ZrC} + \frac{3}{2}\mathrm{O_2} \longrightarrow \mathrm{ZrO_2} + \mathrm{CO} \tag{7.99}$$

惰性氧化过程包含以下几个步骤：① 氧气通过边界层扩散至 ZrO_2 表面；② 氧气通过扩散穿过多孔的 ZrO_2 到达 ZrO_2/ZrC 交界面；③ 在 ZrO_2/ZrC 交界面上，氧气与 ZrC 发生化学反应生成 ZrO_2 和 CO，使氧化膜厚度增加；④ 反应产物 CO 穿过 ZrO_2 层向外扩散；⑤ 在抗氧化膜外表面，由于强度较低，发生剥蚀和流失，氧化膜变薄。通过试验观察，在不同试验条件下，抗氧化膜的孔隙度是不同的，可能与晶态结构有关，而氧气在不同晶态结构的氧化膜中的扩散机制可能也不同。有关文献表明 [30]，ZrO_2 晶态结构与温度有关，当 $T<1478\mathrm{K}$ 时为晶态 I；当 $1478\mathrm{K}<T<2950\mathrm{K}$ 时为晶态 II；当 $T>2950\mathrm{K}$ 时为液态。本书研究范围为 $T<3000\mathrm{K}$，因此可不考虑液态 ZrO_2(液态 ZrO_2 可采取与 SiC 生成 SiO_2 类似的方法计算)。

ZrC 在 ZrO_2/ZrC 交界面与扩散来的氧气发生氧化反应生成 ZrO_2 层厚度由下式确定

$$\frac{\mathrm{d}x_0}{\mathrm{d}t} = \frac{1}{\gamma} N_{\mathrm{O_2}} \frac{M_{\mathrm{ZrO_2}}}{\rho_{\mathrm{ZrO_2}}}, \quad \gamma = 3/2 \tag{7.100}$$

式中，x_0 为 ZrO_2 的厚度；t 为反应时间；N_{O_2} 为氧气的摩尔流率。相应 ZrC 基体材料的消耗为

$$\frac{\mathrm{d}x_{\mathrm{sub}}}{\mathrm{d}t} = -\frac{2}{3} N_{\mathrm{O_2}} \frac{M_{\mathrm{ZrC}}}{\rho_{\mathrm{ZrC}}} \tag{7.101}$$

分子 A 的绝对质量流 $N_A(x)$ 由下式给出

$$N_{\mathrm{A}} = J_{\mathrm{A}} + x_{\mathrm{A}} \sum_i N_i \tag{7.102}$$

其中，J_A 为扩散流量，由 Fick 定律确定

$$J_{\mathrm{A}} = -D_{\mathrm{A}} \frac{\mathrm{d}C_{\mathrm{A}}}{\mathrm{d}x} \tag{7.103}$$

D_{A} 为考虑分子扩散区和 Knudsen 扩散的有效扩散系数，根据 Bosanquet 方程

$$D_{\mathrm{A}}^{-1}=D_{\mathrm{M}}^{-1}-D_{\mathrm{K}}^{-1} \tag{7.104}$$

其中，$D_{\mathrm{M}}(\mathrm{m}^2/\mathrm{s})$ 是二元气相扩散系数；D_{K} 是 Knudsen 扩散系数 (考虑孔隙度对扩散的影响)。根据 Chapman-Enskog 理论，二元扩散系数 D_{M} 由下式计算

$$D_{\mathrm{M}}=D_{\mathrm{AB}}=\frac{5.9543\times10^{-24}\left(\dfrac{1}{M_{\mathrm{A}}}+\dfrac{1}{M_{\mathrm{B}}}\right)^{1/2}T^{3/2}}{P\sigma_{\mathrm{AB}}^2\varOmega_{\mathrm{AB}}} \tag{7.105}$$

这里，组元 A 和 B 的摩尔质量 M_{A} 和 M_{B} 的单位为 kg/mol; 温度 T 的单位为 K; 压力 P 的单位为 Pa; $\varOmega_{\mathrm{AB}}$ 为碰撞积分；碰撞直径$\sigma_{\mathrm{AB}}=\dfrac{\sigma_{\mathrm{A}}+\sigma_{\mathrm{B}}}{2}$, 单位为 m。表 7.1 给出了 2000K 时各组元的参数值。

Knudsen 扩散系数由下式计算

$$D_{\mathrm{K}}=\frac{1}{3}\left(\frac{8\hat{R}T}{\pi M}\right)^{1/2}\cdot d \tag{7.106}$$

其中，d 为裂缝宽度或孔径。

式 (7.102) 中第二项为 Stefen 流，这里的气体组分 O_2，N_2，CO 都是双原子气体。由于 N_2 不参与反应，因此 $N_{\mathrm{N_2}}=0$，O_2 向内扩散，而 CO 向外扩散，对于只有两种不同气体 A 和 A′，Stefen 流可写为

$$x_{\mathrm{A}}\sum_i N_i=\frac{C_{\mathrm{A}}}{C_\tau}\left(N_{\mathrm{A}}+N_{\mathrm{A}'}\right) \tag{7.107}$$

如果只存在简单化学反应，那么 A 和 A′ 的摩尔数成比例，其比例系数由反应式给定。

我们注意到，在氧化膜底部只发生 ZrC 氧化反应，A 和 A′ 的比例系数由式 (7.99) 确定，设

$$N_{\mathrm{A}}'=-\alpha N_{\mathrm{A}} \tag{7.108}$$

对式 (7.99) A′ 为 CO，A 为 O_2，α=2/3。

则由式 (7.102)∼ 式 (7.104) 得

$$N_{\mathrm{A}}=-\frac{D_{\mathrm{A}}C_\tau}{C_\tau-C_{\mathrm{A}}\left(1-\alpha\right)}\frac{\mathrm{d}C_{\mathrm{A}}}{\mathrm{d}x} \tag{7.109}$$

边界条件:

(i) $C_{\mathrm{A}}\left(x=0,t\right)=C_{\mathrm{A}}\left(0\right)$; (7.110a)

(ii) $C_{\mathrm{A}}(x=l,t)=C_{\mathrm{A}}(l)$;　　(7.110b)

积分得

$$C_{\mathrm{A}}=\frac{C_\tau}{1-\alpha}-\frac{C_\tau-C_{\mathrm{A}}(0)(1-\alpha)}{1-\alpha}\exp\left\{\frac{x}{l}\ln\left[\frac{C_\tau-C_{\mathrm{A}}(l)(1-\alpha)}{C_\tau-C_{\mathrm{A}}(0)(1-\alpha)}\right]\right\} \tag{7.111}$$

代入式 (7.109) 得

$$N_{\mathrm{A}}=\frac{D_{\mathrm{A}}C_\tau}{1-\alpha}\cdot\frac{1}{l}\ln\left[\frac{C_\tau-C_{\mathrm{A}}(l)(1-\alpha)}{C_\tau-C_{\mathrm{A}}(0)(1-\alpha)}\right] \tag{7.112}$$

这里，$C_{\mathrm{A}}(l)$ 未知，可由以下方法确定：在 $x=l$ 处，假设通过 $\mathrm{ZrO_2}$ 扩散而来的氧全部与 ZrC 材料反应，则

$$N_{\mathrm{A}}|_l=-\frac{D_{\mathrm{A}}C_\tau}{C_\tau-C_{\mathrm{A}}(1-\alpha)}\left.\frac{\mathrm{d}C_{\mathrm{A}}}{\mathrm{d}x}\right|_l=k_m\cdot C_{\mathrm{A}}^{P_m}(l) \tag{7.113}$$

其中，k_m 为 $\mathrm{O_2}$ 与 ZrC 的反应速率系数；p_m 为反应级数。由式 (7.113) 迭代可确定 $C_{\mathrm{A}}(l)$。

将式 (7.112) 代入式 (7.100)，则

$$\frac{\mathrm{d}x_0}{\mathrm{d}t}=\frac{1}{\gamma}\frac{M_{\mathrm{ZrO_2}}}{\rho_{\mathrm{ZrO_2}}}\frac{D_{\mathrm{O_2}}C_\tau}{1-\alpha}\cdot\frac{1}{x_0}\ln\left[\frac{C_\tau-C_{\mathrm{A}}(l)(1-\alpha)}{C_\tau-C_{\mathrm{A}}(0)(1-\alpha)}\right]=\frac{B}{2x_0} \tag{7.114}$$

积分得

$$x_0^2=\left\{\frac{2}{\gamma(1-\alpha)}\cdot\frac{D_{\mathrm{O_2}}C_\tau}{\rho_{\mathrm{ZrO_2}}/M_{\mathrm{ZrO_2}}}\cdot\ln\left[\frac{C_\tau-C_{\mathrm{O_2}}(l)(1-\alpha)}{C_\tau-C_{\mathrm{O_2}}(0)(1-\alpha)}\right]\right\}\cdot(t+\tau)=B(t+\tau) \tag{7.115}$$

抛物速率常数 B 为

$$B=\frac{2}{\gamma(1-\alpha)}\cdot\frac{D_{\mathrm{O_2}}C_\tau}{\rho_{\mathrm{ZrO_2}}/M_{\mathrm{ZrO_2}}}\cdot\ln\left[\frac{C_\tau-C_{\mathrm{O_2}}(l)(1-\alpha)}{C_\tau-C_{\mathrm{O_2}}(0)(1-\alpha)}\right] \tag{7.116a}$$

若反应过程由扩散控制，$C_{\mathrm{O_2}}(l)$=0，反应速率足够快，$k_{\mathrm{O_2}}$ 足够大，则

$$B=4\cdot\frac{D_{\mathrm{O_2}}C_\tau}{N}\cdot\ln\left[\frac{C_\tau}{C_\tau-C_{\mathrm{O_2}}(0)(1-\alpha)}\right]=4\frac{D_{\mathrm{O_2}}C_\tau}{N}\ln\left[\frac{1}{1-\chi/3}\right] \tag{7.116b}$$

所以只要求出 $D_{\mathrm{O_2}}$ 就可以了，不需要知道 $k_{\mathrm{O_2}}$。

7.3.4　表面剥蚀计算方法

试验观察表明，低烧蚀碳/碳材料在高温空气中氧化时表面会形成一层较厚的抗氧化膜，抗氧化膜在高温气流作用下会发生明显的剥蚀或吹蚀现象。从理论上准确计算材料的剥蚀是非常困难的，因为影响剥蚀的因素非常复杂，与材料的成分、

制造工艺、力学特性和热物性参数、材料内部热解、温度分布以及材料所处的流场特性 (表面压力、气动剪切力) 等密切相关，不同材料的剥蚀机制可能完全不同，要建立一个统一的计算模型几乎是不可能的。

目前的剥蚀模型主要针对三类烧蚀材料。硅基热防护材料的剥蚀主要是熔融硅类物质的流动和物理吹除烧蚀，由摩擦力和黏附力所决定。材料强度和熔融时的黏度都随温度的升高而降低，当低到不能抵御摩擦力后，便发生了剥蚀。

碳基材料的力学剥蚀主要有两种类型：粒状剥蚀和片状剥蚀。粒状剥蚀是由复合材料的基体和纤维的不同步烧蚀造成的，碳/碳材料中的树脂碳、纤维碳和浸渍碳，它们之间的密度不同，在烧蚀过程中相应的烧蚀速度也不同，出现了不同步烧蚀，烧蚀速度最慢的是纤维碳，当它暴露在气流中时会出现微粒剥蚀。片状剥蚀主要是由热应力引起的。由于 C/C 复合材料内部不可避免地存在着各种不同形式的缺陷 (如气孔、裂纹等)，并且温度梯度非常大，在热应力作用下，易引起应力集中，当应力超过其强度时，便从裂纹尖端处或最大应力处开始剥离，引起片状剥落。

对于炭化烧蚀材料，Bishop 等认为剥蚀主要与表面压力梯度、气动剪切力以及材料特性 (如炭化层厚度和强度) 等有关。Mathieu 和 Schneider 等计算分析了炭化层内的热响应和热应力，给出了剥蚀与炭化层内热解气体聚集而产生的压力分布、热裂解、热应力以及气动剪切力的半经验估算方法。由于材料在高温时的力学和热物性很难准确给定，该方法的有效性还存在较大争议。Timmer 等 [31] 将剥蚀速度与烧蚀速度和压力相关，给出了一个比较实用的简化计算公式。对驻点，机械剥蚀速度为

$$V'_{-\infty,\mathrm{s}} = V_{-\infty,\mathrm{s}}\left[(B_\gamma p_\mathrm{s} + A_\gamma) - 1\right] \tag{7.117}$$

这里，$V_{-\infty,\mathrm{s}}$ 是驻点的热化学烧蚀速度；A_γ，B_γ 是两个与材料性质相关的常数，可由试验确定。对硅基材料，C_gb=0.88，$A_\gamma = 1 - C_\mathrm{gb}/3$，$B_\gamma = (1 - A_\mathrm{r})/\sigma$，$C_\mathrm{gb}$ 为剥蚀系数，σ 为开始剥蚀的压力。在应用此式时，p_s 的单位取为 $\mathrm{kgf/cm^2}$。

对非驻点，机械剥蚀速度为

$$V'_{-\infty} = V'_{-\infty,\mathrm{s}}\left(\frac{p_\mathrm{e}}{p_\mathrm{s}} - \frac{\sigma}{p_\mathrm{s}}\right)\left(1 - \frac{\sigma}{p_\mathrm{s}}\right)^{-1} \tag{7.118}$$

式中，$\sigma = \dfrac{1 - A_\gamma}{B_\gamma}$，它是开始剥蚀的压力，对硅基材料 $\sigma=25\mathrm{kgf/cm^2}$。

式 (7.117) 和式 (7.118) 可统一改写为

$$\begin{aligned} V'_{-\infty,\mathrm{s}} &= V_{-\infty,\mathrm{s}} B_\gamma\left[(p_\mathrm{e} - \sigma)\right] = V_{-\infty,\mathrm{s}} \cdot \frac{C_\mathrm{gb}}{3} \cdot \frac{p_\mathrm{e} - \sigma}{\sigma} \\ &= C_\mathrm{gb} \cdot V_{-\infty,\mathrm{s}} \cdot \frac{p_\mathrm{e} - \sigma}{3\sigma} \end{aligned} \tag{7.119}$$

注意，只有当 $P_\mathrm{e}>\sigma$ 时才发生剥蚀。

低烧蚀碳/碳材料的剥蚀与炭化材料非常类似，基体 ZrC 氧化后形成一层多孔的抗氧化膜，可以把抗氧化膜当成炭化层，烧蚀速度取抗氧化膜的生长速度。

7.3.5　基体材料热传导计算方法

前面烧蚀计算时要用到壁温，而壁温的计算需要联合材料内部热传导耦合求解。下面给出一维情况下的烧蚀温度场计算方法。由于低烧蚀碳/碳的氧化膜较厚，可将材料内部分为 ZrO_2 层+基体材料。

图 7.11 给出了热传导计算模型示意图。这里，设 L 为原材料初始厚度；$x_{\rm sub}$ 为烧蚀后原材料剩余厚度；x_0 为产生的抗氧化膜厚度；$\bar{x}$ 为烧掉或剥蚀 (吹蚀) 掉的 ZrO_2 厚度；$V_{\rm s}$ 为烧蚀或剥蚀速度；$\bar{l}$ 为材料外表面后退量；l 为氧化膜剩余厚度，则

$$\bar{x}=\int V_{\rm s}{\rm d}t \tag{7.120}$$

$$x_0=\int\frac{{\rm d}x_0}{{\rm d}t}{\rm d}t+x_\tau, x_0\text{ 由前面抛物型公式确定} \tag{7.121}$$

$$l=x_0-\bar{x}=x_0-\int V_{\rm s}{\rm d}t \tag{7.122}$$

$$\begin{aligned}l'=x_{\rm sub}&=L-x_\tau-\int\frac{{\rm d}x_{\rm sub}}{{\rm d}t}{\rm d}t\\&=L-x_\tau-\int\frac{\rho_{\rm ZrO_2}M_{\rm ZrC}}{\rho_{\rm ZrC}M_{\rm ZrO_2}}\frac{{\rm d}x_0}{{\rm d}t}{\rm d}t=L-x_\tau-M\left(x_0-x_\tau\right)\end{aligned} \tag{7.123}$$

$$\begin{aligned}\bar{l}&=\bar{x}-(x_0+l'-L)=\bar{x}-[x_0-M\left(x_0-x_\tau\right)-x_\tau]\\&=(x_0-x_\tau)\left(M-1\right)+\bar{x}\end{aligned} \tag{7.124}$$

$$\begin{aligned}l+l'&=x_0-\bar{x}+L-M\left(x_0-x_\tau\right)-x_\tau\\&=L-\left(M-1\right)\left(x_0-x_\tau\right)-\int V_{\rm s}{\rm d}t\end{aligned} \tag{7.125}$$

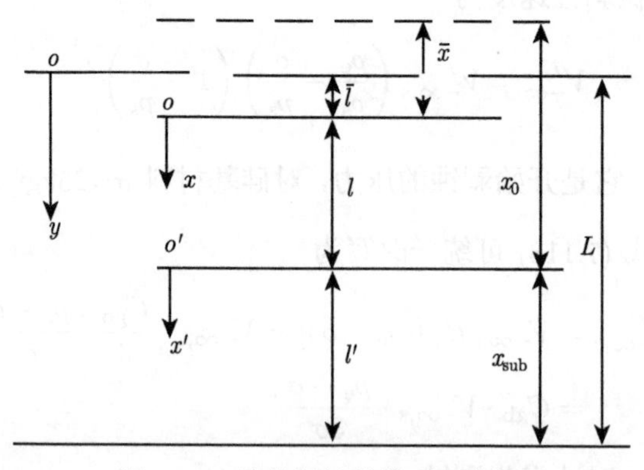

图 7.11　热传导计算模型示意图

1. 基本方程

1) 抗氧化膜传热方程 (忽略气体扩散传热)

在固定坐标系 oy (图 7.11) 下，抗氧化膜内部一维热传导方程为

$$\rho_a c_a \frac{\partial T}{\partial t} = \frac{\partial}{\partial y}\left(k_a \frac{\partial T}{\partial y} - q_r\right) \tag{7.126}$$

2) 基体传热方程

在固定坐标系 oy 下，基体材料内部一维热传导方程为

$$\rho_k c_k \frac{\partial T}{\partial t} = \frac{\partial}{\partial y}\left(k_k \frac{\partial T}{\partial y}\right) \tag{7.127}$$

3) 边界条件

a. 外边界 $(y = \bar{l})$

$$-\left(k_a \frac{\partial T}{\partial y}\right) = \frac{\psi q_{\mathrm{c}}}{h_{\mathrm{r}}}\left(h_{\mathrm{r}} - h_{\mathrm{w}}\right) - \varepsilon\sigma T_{\mathrm{w}}^4 \tag{7.128}$$

b. ZrO_2 与 ZrC 交界面 $(y = \bar{l} + l)$

$$-\left(k_a \frac{\partial T}{\partial y}\right)_{m^-} = -\left(k_k \frac{\partial T}{\partial y}\right)_{m^+} + \rho_k\left(-\frac{\mathrm{d}x_{\mathrm{sub}}}{\mathrm{d}t}\right)\Delta H_{\mathrm{P}} \tag{7.129}$$

$$\Delta H_{\mathrm{P}} = -\Delta Q = \Delta H_{\mathrm{ZrC}} - \frac{M_{\mathrm{CO}}}{M_{\mathrm{ZrC}}}\Delta H_{\mathrm{CO}} - \frac{M_{\mathrm{ZrO_2}}}{M_{\mathrm{ZrC}}}\Delta H_{\mathrm{ZrO_2}}$$

c. 内表面 $(y = \bar{l} + l + l')$

$$\left(\frac{\partial T}{\partial y}\right)_{\mathrm{b}} = 0 \tag{7.130}$$

2. 坐标变换

1) 转换关系式

由于烧蚀过程中表面不断向后退缩，为计算方便，采用如下坐标变换将方程转换到动坐标系 ox 和 ox' 中求解

$$\begin{aligned} x &= \frac{y - \bar{l}}{l} = \frac{y - (x_0 - x_\tau)(M-1) - \bar{x}}{l} \\ &= \frac{y - (x_0 - x_\tau)(M-1) - \int V_{\mathrm{s}}\mathrm{d}t}{x_0 - \int V_{\mathrm{s}}\mathrm{d}t} \end{aligned} \tag{7.131}$$

$$x' = \frac{y - (L - l')}{l'} = \frac{y - x_\tau - M(x_0 - x_\tau)}{L - x_\tau - M(x_0 - x_\tau)} \tag{7.132}$$

2) 基本方程的坐标变换

(1) 抗氧化膜传热方程

$$\frac{\partial}{\partial y}=\frac{\partial}{\partial x}\frac{\partial x}{\partial y}=\frac{1}{l}\frac{\partial}{\partial x} \tag{7.133}$$

$$\frac{\partial^2}{\partial y^2}=\frac{1}{l^2}\frac{\partial^2}{\partial x^2} \tag{7.134}$$

$$\begin{aligned}\frac{\partial}{\partial t}&=\frac{\partial}{\partial \tau}\frac{\partial \tau}{\partial t}+\frac{\partial}{\partial x}\frac{\partial x}{\partial t}\\&=\frac{\partial}{\partial \tau}+\frac{\left[-(M-1)\dfrac{\mathrm{d}x_0}{\mathrm{d}t}-V_{\mathrm{s}}\right]\cdot l-\left[y-(x_0-x_\tau)(M-1)-\displaystyle\int V_{\mathrm{s}}\mathrm{d}t\right]\left(\dfrac{\mathrm{d}x_0}{\mathrm{d}t}-V_{\mathrm{s}}\right)}{l^2}\frac{\partial}{\partial x}\\&=\frac{\partial}{\partial \tau}-V_{\mathrm{C}}\frac{\partial}{\partial x}\end{aligned} \tag{7.135}$$

定义

$$V_{\mathrm{C}}=\frac{[y+x_\tau(M-1)]\cdot\left(\dfrac{\mathrm{d}x_0}{\mathrm{d}t}-V_{\mathrm{s}}\right)+M\left(x_0V_{\mathrm{s}}-\dfrac{\mathrm{d}x_0}{\mathrm{d}t}\displaystyle\int V_{\mathrm{s}}\mathrm{d}t\right)}{l^2} \tag{7.136}$$

式 (7.126) 经坐标变换后化为

$$\begin{aligned}\frac{\partial T}{\partial \tau}&=\frac{1}{\rho_a c_a l^2}\frac{\partial}{\partial x}\left(k_a\frac{\partial T}{\partial x}-q_{\mathrm{r}}\right)+V_{\mathrm{C}}\frac{\partial T}{\partial x}\\&=A\frac{\partial}{\partial x}\left(k_a\frac{\partial T}{\partial x}\right)+B\frac{\partial T}{\partial x}+C\end{aligned} \tag{7.137}$$

(2) 基体热传导

$$\frac{\partial}{\partial y}=\frac{\partial}{\partial x'}\frac{\partial x'}{\partial y}=\frac{1}{l'}\frac{\partial}{\partial x'}=\frac{1}{L-x_\tau-M(x_0-x_\tau)}\frac{\partial}{\partial x'} \tag{7.138}$$

$$\frac{\partial^2}{\partial y^2}=\frac{1}{l'^2}\frac{\partial^2}{\partial x'^2}=\frac{1}{[L-x_\tau-M(x_0-x_\tau)]^2}\frac{\partial^2}{\partial x'^2} \tag{7.139}$$

$$\begin{aligned}\frac{\partial}{\partial t}&=\frac{\partial}{\partial \tau}\frac{\partial \tau}{\partial t}+\frac{\partial}{\partial x'}\frac{\partial x'}{\partial t}\\&=\frac{\partial}{\partial \tau}+\frac{-M\dfrac{\mathrm{d}x_0}{\mathrm{d}t}[L-x_\tau-M(x_0-x_\tau)]+[y-x_\tau-M(x_0-x_\tau)]M\dfrac{\mathrm{d}x_0}{\mathrm{d}t}}{l'^2}\frac{\partial}{\partial x'}\\&=\frac{\partial}{\partial \tau}-V'_{\mathrm{C}}\frac{\partial}{\partial x'}\end{aligned} \tag{7.140}$$

定义

$$V'_{\mathrm{C}}=\frac{M\dfrac{\mathrm{d}x_0}{\mathrm{d}t}(L-y)}{[L-x_\tau-M(x_0-x_\tau)]^2} \tag{7.141}$$

式 (7.127) 经坐标变换后化为

$$\begin{aligned}\frac{\partial T}{\partial \tau} &= \frac{1}{\rho_k c_k \left[L - x_\tau - M\left(x_0 - x_\tau\right)\right]^2}\frac{\partial}{\partial x'}\left(k_k \frac{\partial T}{\partial x'}\right) + V_{\mathrm{C}}' \frac{\partial T}{\partial x'} \\ &= A' \frac{\partial}{\partial x'}\left(k_k \frac{\partial T}{\partial x'}\right) + B' \frac{\partial T}{\partial x'} + C'\end{aligned} \tag{7.142}$$

(3) 边界条件

a. 外边界 $(x = 0)$

$$-\left(\frac{k_a}{l}\frac{\partial T}{\partial x}\right)_{x=0} = \frac{\psi q_{\mathrm{c}}}{h_{\mathrm{r}}}\left(h_{\mathrm{r}} - h_{\mathrm{w}}\right) - \dot{m}_{\mathrm{s}} h_{\mathrm{ZrO_2}} - \varepsilon\sigma T_{\mathrm{w}}^4 \tag{7.143}$$

$$\dot{m}_{\mathrm{s}} = \rho_{\mathrm{ZrO_2}} \cdot V_{\mathrm{s}}$$

b. 交界面 $(x = 1$ 或 $x' = 0)$

$$-\left(\frac{k_a}{l}\frac{\partial T}{\partial x}\right)_{x=1} = -\left(\frac{k_k}{\left[L - x_\tau - M\left(x_0 - x_\tau\right)\right]}\frac{\partial T}{\partial x'}\right)_{x'=0} + \rho_k M \frac{\mathrm{d}x_0}{\mathrm{d}t}\Delta H_{\mathrm{P}} \tag{7.144}$$

c. 内边界 $(x' = 1)$

$$\left(\frac{\partial T}{\partial x'}\right)_{x'=1} = 0 \tag{7.145}$$

3. *差分方程*

1) 氧化膜内点差分

氧化膜层壁面附近温度变化大，应采用较小的空间步长，内部点的温度变化相对比较平缓，空间步长可适当放大。为节省计算时间，我们对氧化膜层在空间方向上采用等比级数变步长布置 I 个计算网格，令

$$\delta x_i = \theta \delta x_{i-1} \tag{7.146}$$

$$\delta x_i = x_{i+1} - x_i \tag{7.147}$$

$$\delta x_{i-1} = x_i - x_{i-1} \tag{7.148}$$

则变步长中心差分

$$\left(\frac{\partial T}{\partial x}\right)_i = \frac{\left(T_{i+1} - T_i\right) + \theta^2\left(T_i - T_{i-1}\right)}{(1+\theta)\,\delta x_i} \tag{7.149}$$

对一阶导数，为了避免出现非物理波动，通常采用迎风格式，令

$$B^+ = \frac{B + |B|}{2}, \quad B^- = \frac{B - |B|}{2}, \quad B = B^+ + B^- \tag{7.150}$$

则

$$\left(B\frac{\partial T}{\partial x}\right)_i=\left[\left(B^{+}+B^{-}\right)\frac{\partial T}{\partial x}\right]_i=\left(B^{+}\frac{\partial T}{\partial x}\right)_i+\left(B^{-}\frac{\partial T}{\partial x}\right)_i$$
$$=B^{+}\frac{T_{i+1}-T_i}{\delta x_i}+B^{-}\frac{\left(T_i-T_{i-1}\right)}{\delta x_{i-1}}$$
$$=\frac{B^{+}T_{i+1}+\left(\theta B^{-}-B^{+}\right)T_i-B^{-}T_{i-1}}{\delta x_i} \tag{7.151}$$

对二阶导数，采用变步长中心差分

$$\left[\frac{\partial}{\partial x}\left(k\frac{\partial T}{\partial x}\right)\right]_i=\frac{2}{(1+\theta)\,\delta x_i^2}\left[k_{i+\frac{1}{2}}+(\theta-1)\,k_i\right]\cdot T_{i+1}$$
$$-\frac{2}{(1+\theta)\,\delta x_i^2}\left[k_{i+\frac{1}{2}}+(1-\theta)^2(1+\theta)\,k_i+\theta^3k_{i-\frac{1}{2}}\right]\cdot T_i$$
$$+\frac{2\theta^2}{(1+\theta)\,\delta x_i^2}\left[(1-\theta)\,k_i+\theta k_{i-\frac{1}{2}}\right]\cdot T_{i-1} \tag{7.152}$$

将其代入基本方程，离散后得

$$\left(\frac{\partial T}{\partial \tau}\right)_i=a_iT_{i+1}+b_iT_i+c_iT_{i-1}+d_i \tag{7.153}$$

其中

$$a_i=\frac{2A_i}{(1+\theta)\,\delta x_i^2}\left[k_{i+\frac{1}{2}}+(\theta-1)\,k_i\right]+\frac{B_i^{+}}{\delta x_i}$$
$$b_i=-\frac{2A_i}{(1+\theta)\,\delta x_i^2}\left[k_{i+\frac{1}{2}}-(1-\theta)^2(1+\theta)\,k_i+\theta^3k_{i-\frac{1}{2}}\right]+\frac{\theta B_i^{-}-B_i^{+}}{\delta x_i}$$
$$c_i=\frac{2\theta^2A_i}{(1+\theta)\,\delta x_i^2}\left[(1-\theta)\,k_i+\theta k_{i-\frac{1}{2}}\right]-\frac{\theta B_i^{-}}{\delta x_i}$$
$$d_i=C_i$$

对时间方向进行离散，得如下标准形式的差分方程

$$A_i^{n+1}T_{i-1}^{n+1}+B_i^{n+1}T_i^{n+1}+C_i^{n+1}T_{i+1}^{n+1}=D_i^n \tag{7.154}$$

其中

$$A_i^{n+1}=f_ic_i^{n+1}\Delta\tau$$
$$B_i^{n+1}=f_ib_i^{n+1}\Delta\tau-1$$
$$C_i^{n+1}=f_ia_i^{n+1}\Delta\tau$$
$$D_i^n=-\left(a_i^nT_{i+1}^n+c_i^nT_{i-1}^n\right)(1-f_i)\,\Delta\tau-\left[1+(1-f_i)\,b_i^n\Delta\tau\right]T_i^n$$

$$-\left[f_i d_i^{n+1}+\left(1-f_i\right) d_i^n\right] \Delta\tau$$
$$i=2,3,\cdots,I-1$$

这里 f_i 取 0，0.5，1 分别对应显示、C-N 和隐式格式。为提高计算精度和节约机时，我们引进一种新的差分格式 —— 指数格式，即令

$$f_i=\frac{1}{1-\exp\left(b_i \Delta\tau\right)}+\frac{1}{b_i \Delta\tau} \tag{7.155}$$

2) 基体材料内点差分

在基体材料层内布置 J 个等距网格，空间步长为

$$\delta x'=\frac{1}{J} \tag{7.156}$$

对方程采用全隐式格式进行离散，得如下标准形式的差分方程

$$A_i^{n+1} T_{i-1}^{n+1}+B_i^{n+1} T_i^{n+1}+C_i^{n+1} T_{i+1}^{n+1}=D_i^n \tag{7.157}$$

这里

$$\begin{aligned}
& A_i^{n+1}=\left(\frac{A_i'}{\delta x_i'^2} k_{i-\frac{1}{2}}'-\frac{B_i'^-}{\delta x_i}\right) \Delta\tau \\
& B_i^{n+1}=\left[-\frac{A_i'}{\delta x_i'^2}\left(k_{i+\frac{1}{2}}'+k_{i-\frac{1}{2}}'\right)+\frac{B_i'^- - B_i'^+}{\delta x_i}\right] \Delta\tau-1 \\
& C_i^{n+1}=\left(\frac{A_i'}{\delta x_i'^2} k_{i+\frac{1}{2}}'+\frac{B_i'^+}{\delta x_i}\right) \Delta\tau \\
& D_i^n=-T_i^n-C_i' \cdot \Delta\tau \\
& \qquad i=I+1, I+2, \cdots, I+J-1
\end{aligned}$$

3) 边界条件的差分离散

a. 外边界 (x=0)。令

$$Q_{\mathrm{N}}=\frac{\psi q_{\mathrm{c}}}{h_{\mathrm{r}}}\left(h_{\mathrm{r}}-h_{\mathrm{w}}\right)-\dot{m}_{\mathrm{s}} h_{\mathrm{ZrO_2}} \tag{7.158}$$

边界条件采用向前三点差分，然后与内点差分方程合并整理得

$$B_1^{n+1} T_1^{n+1}+C_1^{n+1} T_2^{n+1}=D_1^n \tag{7.159}$$

其中

$$B_1^{n+1}=C_2^{n+1}\left(b_1 \Delta\tau-1\right)-A_2^{n+1}\left(c_1 \Delta\tau\right)$$

$$
\begin{aligned}
C_1^{n+1} &= C_2^{n+1}\left(a_1\Delta\tau\right) - B_2^{n+1}\left(c_1\Delta\tau\right) \\
D_1^{n} &= C_2^{n+1}\left(-T_1^n - d_1\Delta\tau\right) - D_2^{n}\left(c_1\Delta\tau\right) \\
a_1 &= \frac{4A_1}{\delta x_i^2}k_{i+\frac{1}{2}} - \frac{A_1 k_{i+1}\theta^2}{\delta x_i^2}\frac{\theta^2-1}{\theta\left(1+\theta\right)} \\
b_1 &= -\frac{4A_1}{\delta x_i^2}k_{i+\frac{1}{2}} - \frac{A_1 k_{i+1}\theta^2}{\delta x_i^2}\frac{\theta^2-1}{\theta\left(1+\theta\right)} \\
c_1 &= -\frac{A_1 k_{i+1}}{\delta x_i^2}\frac{1}{\theta\left(1+\theta\right)} \\
d_1 &= C_1 - \left(\frac{-3A_1}{\delta x_i} + B_1\right)\cdot l\cdot\left(Q_N^{n+1} + 3\varepsilon\sigma\left(T_1^n\right)^4\right)
\end{aligned}
$$

b. 交界面 (x=1 或 x'=0)。左边采用向后三点差分，右边采用向前三点差分，并考虑到氧化膜层最后两个网格为等距网格得

$$
\frac{k_I}{l}\frac{3T_I - 4T_{I-1} + T_{I-2}}{2\delta x_I} = \frac{k_I'}{l'}\frac{-3T_I + 4T_{I+1} - T_{I+2}}{2\delta x_I'} + \rho_k M\frac{\mathrm{d}x_0}{\mathrm{d}t}\cdot\Delta H_{\mathrm{P}} \tag{7.160}
$$

上式与内点格式合并整理得

$$
A_I^{n+1}T_{I-1}^{n+1} + B_I^{n+1}T_I^{n+1} + C_I^{n+1}T_{I+1}^{n+1} = D_I^n \tag{7.161}
$$

其中

$$
\begin{aligned}
A_I^{n+1} &= \frac{k_I}{2l\delta x_{I-1}}\left(\frac{B_{I-1}}{A_{I-1}} + 4\right) \\
B_I^{n+1} &= \frac{k_I}{2l\delta x_{I-1}}\left(\frac{C_{I-1}}{A_{I-1}} - 3\right) + \frac{k_I'}{2l'\delta x_I'}\left(\frac{A_{I+1}}{C_{I+1}} - 3\right) \\
C_I^{n+1} &= \frac{k_I'}{2l'\delta x_I'}\left(\frac{B_{I+1}}{C_{I+1}} + 4\right) \\
D_I^{n} &= \frac{k_I}{x\delta x_{I-1}}\frac{D_{I-1}}{A_{I-1}} + \frac{k_I'}{2l'\delta x_I'}\frac{D_{I+1}}{C_{I+1}} + \rho_k M\frac{\mathrm{d}x_0}{\mathrm{d}t}\cdot\Delta H_{\mathrm{P}}
\end{aligned}
$$

c. 内表面 (x'=1)。边界条件采用向后三点差分，与内点联立得

$$
A_J^{n+1}T_{J-1}^{n+1} + B_J^{n+1}T_J^{n+1} = D_J^n \tag{7.162}
$$

其中

$$
A_J^{n+1} = a_J A_{J-1}^{n+1} - c_J B_{J-1}^{n+1}
$$

$$B_J^{n+1} = b_J A_{J-1}^{n+1} - c_J C_{J-1}^{n+1}$$
$$D_J^n = d_J A_{J-1}^{n+1} - c_J D_{J-1}^n$$
$$a_J = -\frac{4A_J}{\delta x_J^2} k_{J-\frac{1}{2}} \Delta\tau$$
$$b_J = 1 + \frac{A_J}{\delta x_J^2}\left(4k_{J-\frac{1}{2}} - \frac{k_{J-1}}{2}\right)\Delta\tau$$
$$c_J = -\frac{A_J}{2\delta x_J^2} k_{J-1} \Delta\tau$$
$$d_J = T_J^n$$

以上式 (7.154)、式 (7.157)、式 (7.159)、式 (7.161) 和式 (7.162) 构成三对角形式的代数方程组，可用追赶法求解。

7.3.6 C/ZrC 材料烧蚀计算结果

图 7.12 给出了 P=1atm 时，T=1073~2073 K 范围内，经过 1 小时氧化后氧化膜中的氧气浓度分布情况。可以看出，同一温度下，氧化膜中的氧气浓度基本为线性分布。氧化膜孔隙度的变化也不影响线性分布规律 (图 7.13 和图 7.14)。从图 7.12 和图 7.13 可以看出，随着温度升高，氧化膜中氧的梯度呈下降趋势。图 7.14 给出了 P=1atm，T=1073K 时，孔隙度对氧气浓度分布的影响，随着等效孔径逐渐增大，浓度梯度越来越小。但当等效孔径增大到 10^{-5}m 以上时，浓度梯度不再变化。

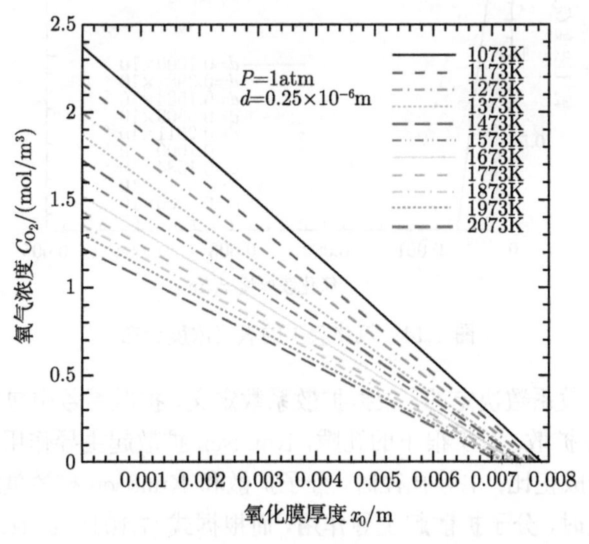

图 7.12 氧化膜中的氧气浓度分布 (d=0.25×10^{-6}m)

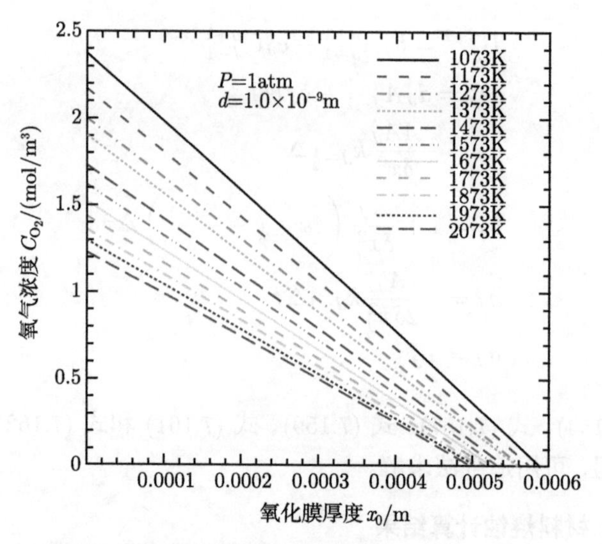

图 7.13 氧化膜中的氧气浓度分布 (d=1.0×10^{-9}m)

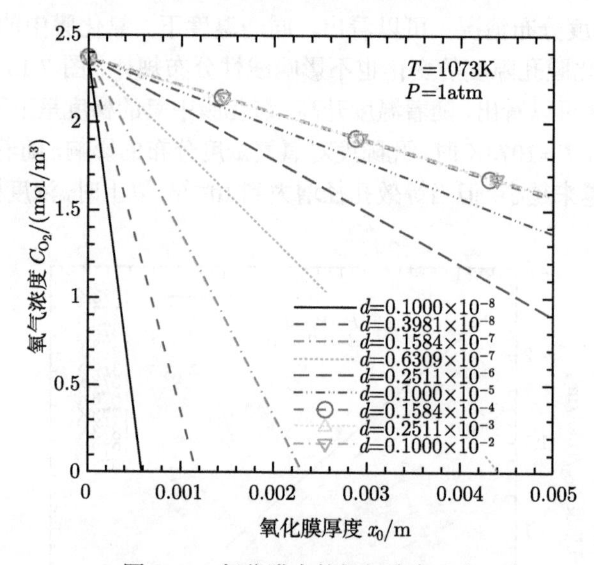

图 7.14 氧化膜中的氧气浓度分布

这一特点是由扩散系数决定的。根据扩散系数定义，扩散系数中包含两部分：分子扩散和 Knudsen 扩散。对于很小的孔隙，Knudsen 扩散起主导作用，而且 Knudsen 扩散系数与孔径成正比；中等孔径时，分子扩散和 Knudsen 扩散量级相当；当孔径增大到一定程度时，分子扩散起主导作用，而根据式 (7.104)，扩散系数不再受孔径影响，仅与温度和压力有关。图 7.15 集中给出了孔径、温度和压力对抛物型速率常数 B 的影响。根据式 (7.116)，B 与扩散系数成正比，因此，扩散系数随孔径、温度和压力的变化决定了 B 的大小。较小孔径下，温度、压力和孔径共同影响 B 值，其中以孔径和压力的影响最大；当孔径超过 10^{-5}m 时，B 不再随孔径变化，而仅与温度和压力有关，而且压力的影响也变小了。图 7.16 和图 7.17 给出了 T=1073K 时，不同压力和孔径情况下氧化膜厚度随时间变化情况，可以看出，孔径和压力对氧化膜厚度都有很大影响。温度和压力一定时，氧化膜厚度随孔径增大而增大，但当孔径增大到一定量级时，氧化膜厚度不再随孔径变化而变化。从图中还可以看出，高压情况下氧化膜厚度与孔径无关，所对应的最小孔径比低压情况的要小。

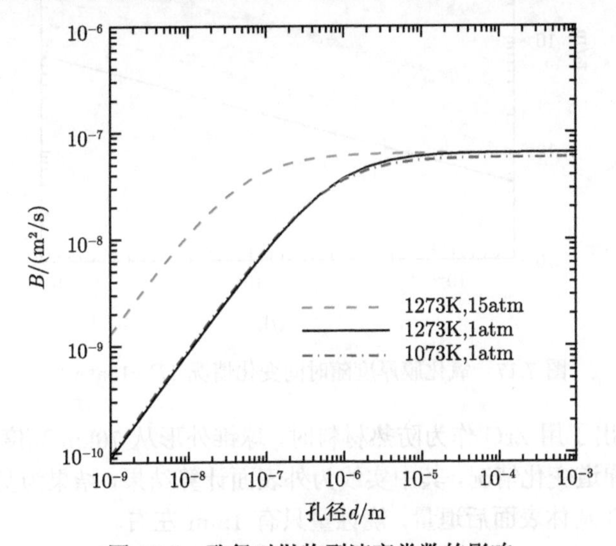

图 7.15 孔径对抛物型速率常数的影响

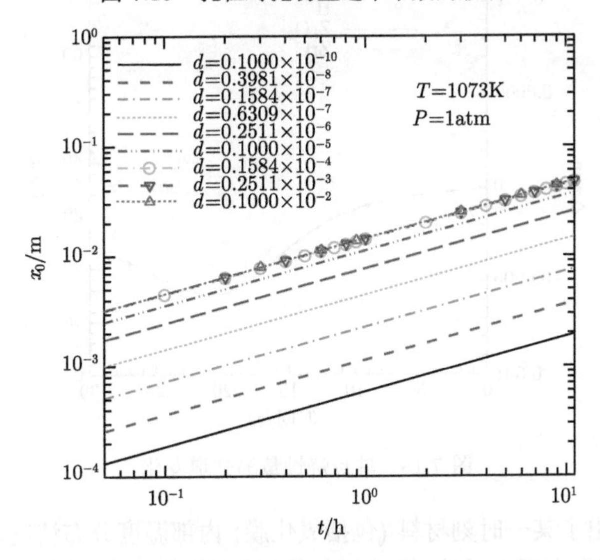

图 7.16 氧化膜厚度随时间变化情况 (P=1atm)

从以上分析可以看出，氧化膜厚度主要与温度、压力和氧化膜本身的孔隙度有关，其中以孔隙度的影响最大，因此准确获取氧化膜的孔隙度是非常重要的。

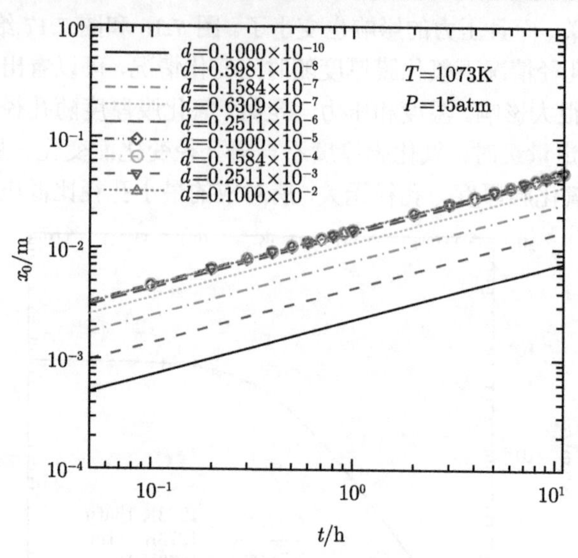

图 7.17　氧化膜厚度随时间变化情况 (P=15atm)

图 7.18 给出了用 ZrC 作为防热材料时，球锥外形从 70km 高度再入大气层时驻点烧蚀量沿弹道变化情况，其中实线为外表面计算结果，结果为负，表示向外膨胀，虚线为 ZrC 基体表面后退量，烧蚀量只有 1mm 左右。

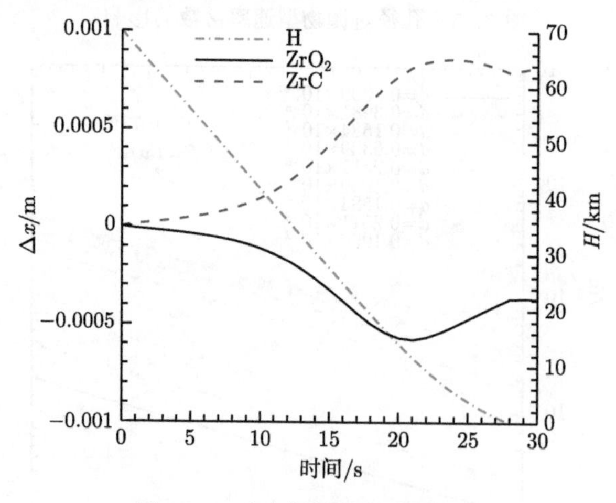

图 7.18　驻点烧蚀量沿弹道变化

图 7.19 给出了某一时刻材料 (包括氧化膜) 内部温度分布情况，可以看出，氧化膜内外面之间存在巨大温差，即疏松状的氧化膜将高热流挡在了外面，对基体材

料起到了很好的保护作用。

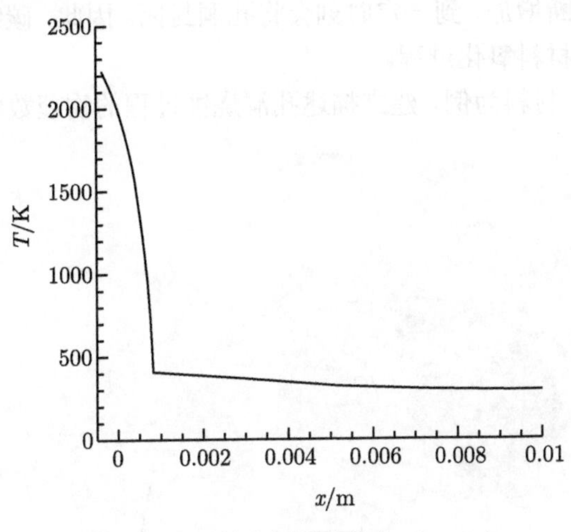

图 7.19 材料内部温度分布 (t=30s)

7.4 孔洞和微裂缝烧蚀模型

除上述两种形成不同类型氧化膜的典型烧蚀图像外，惰性烧蚀材料还有一种破坏机制，即孔洞烧蚀。显微镜下观察 C/SiC 复合材料表面，会发现材料中有许多微裂缝 (图 7.20)，氧气会穿过这些微裂缝进入材料内部，并与基体 SiC 和碳组元发生反应，严重时会在材料内部形成孔洞，使材料强度大大降低 (图 7.21)。C/ZrC 复合材料也有类似问题。我们知道，C/ZrC 复合材料是由碳纤维和 ZrC 基体材料组成的，试验观察发现，碳纤维烧蚀速度比周围基体材料快，烧蚀后形成一个个孔

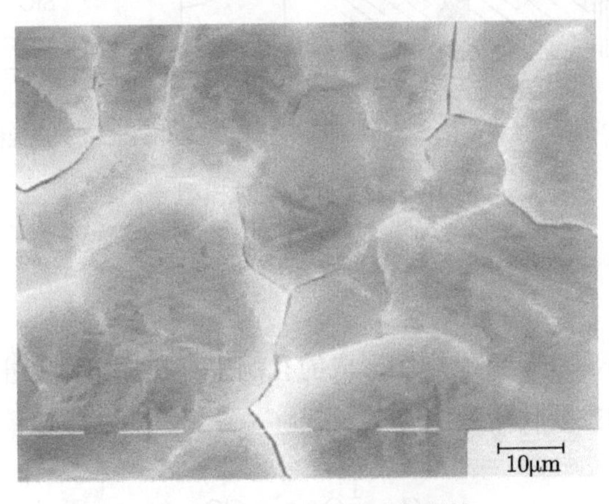

图 7.20 C/SiC 表面微裂缝

洞 (图 7.9 和图 7.22)。由于孔洞壁是基体材料，与氧气反应后生成 ZrO_2 抗氧化膜。随着氧化膜厚度不断增加，到一定时刻会将孔洞封闭。因此，碳纤维的烧蚀在很大程度上受控于基体材料氧化过程。

下面以 C/ZrC 材料为例，建立描述孔洞烧蚀过程的物理数学模型。

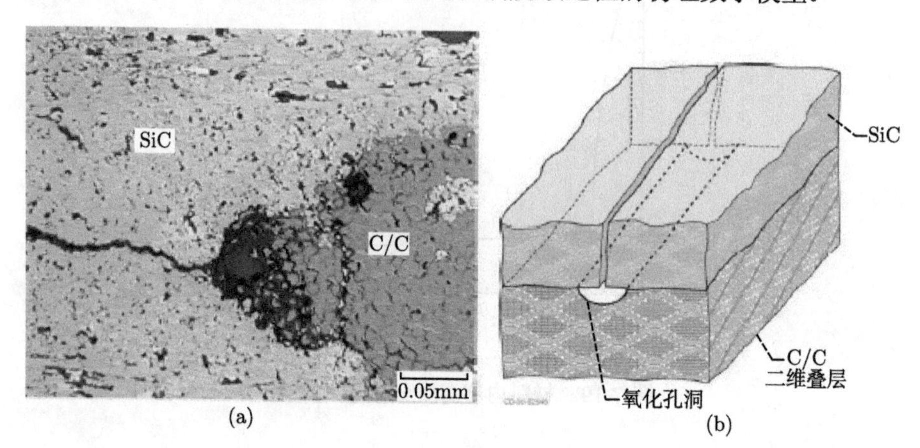

图 7.21　光学显微镜下通过 SiC 微裂缝引起的内部 RCC 氧化形成的孔洞

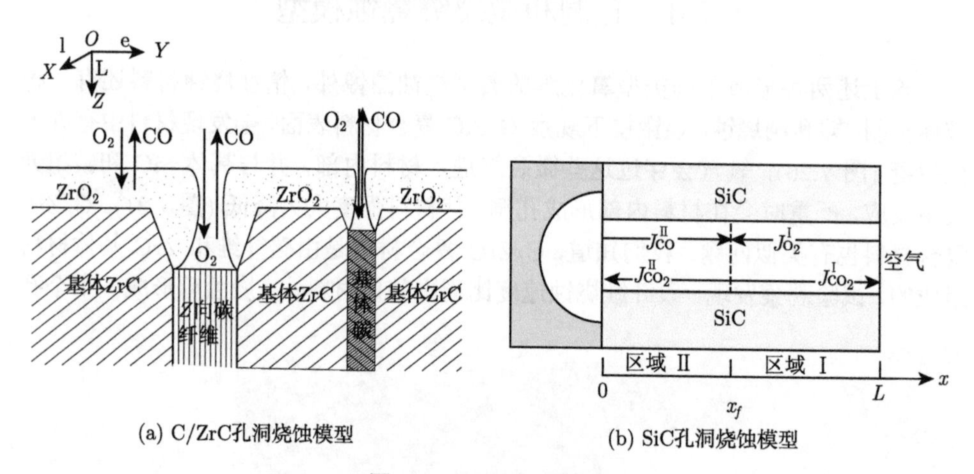

图 7.22　孔洞烧蚀模型

7.4.1　化学反应

如图 7.22 所示，在碳纤维烧蚀形成的孔洞中存在如下两个主要化学反应:

碳氧化过程的主要化学反应有

$$C + \frac{1}{2}O_2 \longrightarrow CO \tag{7.163}$$

ZrC 基体的氧化反应为

$$\mathrm{ZrC}+\frac{3}{2}\mathrm{O_2}\longrightarrow \mathrm{ZrO_2}+\mathrm{CO} \tag{7.164}$$

7.4.2 孔洞氧化烧蚀的计算模型

组元质量守恒方程

$$\frac{\partial C}{\partial t}+\nabla N=R \tag{7.165}$$

其中，C 代表组元摩尔密度；N 为流量通量；R 为组元的生成率或损耗率。对定常烧蚀

$$\nabla N=R \tag{7.166}$$

考虑两个相近横截面 x 和 $\mathrm{d}x$，则有

$$\frac{S\left(x+\mathrm{d}x\right)N_{\mathrm{A}}\left(x+\mathrm{d}x\right)-S\left(x\right)N_{\mathrm{A}}\left(x\right)}{\mathrm{d}x}=R_{\mathrm{A}}\left(x\right) \tag{7.167}$$

其中，横截面积

$$S(x)=\begin{cases}e(x)\cdot h(x), & \text{对方孔}\\ \pi\cdot r^2(x), & \text{对圆孔}\\ e(x), & \text{对宽度为 } e \text{ 的长缝}\end{cases} \tag{7.167'}$$

下标 A 代表氧气；A′ 代表反应气体产物 (即 CO)。当 $\mathrm{d}x\rightarrow 0$ 时，上式简化为

$$\frac{\mathrm{d}\left[S\left(x\right)N_{\mathrm{A}}\left(x\right)\right]}{\mathrm{d}x}=R_{\mathrm{A}}\left(x\right) \tag{7.168}$$

分子绝对质量流量 $N_{\mathrm{A}}\left(x\right)$ 由下式给出

$$N_{\mathrm{A}}=J_{\mathrm{A}}+x_{\mathrm{A}}\sum_{i}N_i \tag{7.169}$$

其中，J_{A} 为扩散流量，由 Fick 定律确定

$$J_{\mathrm{A}}=-D'_{\mathrm{A}}\frac{\mathrm{d}C_{\mathrm{A}}}{\mathrm{d}x} \tag{7.170}$$

这里，D'_{A} 为在缝隙内的扩散系数，是考虑分子扩散区和 Knudsen 扩散的有效扩散系数，根据 Bosanquet 方程

$$D'^{-1}_{\mathrm{A}}=D'^{-1}_{\mathrm{M}}-D'^{-1}_{\mathrm{K}} \tag{7.171}$$

其中，D'_{M} 是分子区二元气相扩散系数；D'_{K} 是 Knudsen 扩散系数 (考虑孔隙度对扩散的影响)。对粗孔，D'_{M} 占主导地位；对细孔，D'_{K} 占主导地位。

式 (7.169) 中第二项为 Stefen 流，这里的气体组分有 O_2，N_2，CO，都是双原子气体。由于 N_2 不参与反应，因此 $N_{N_2}=0$。对于只有两种不同气体 A 和 A′，Stefen 流可写为

$$x_{\mathrm{A}}\sum_i N_i=\frac{C_{\mathrm{A}}}{C_\tau}\left(N_{\mathrm{A}}+N_{\mathrm{A}}'\right) \tag{7.172}$$

如果只存在简单化学反应，那么 A 和 A′ 的摩尔数成比例，其比例系数由反应式给定。

我们注意到，在孔洞底部只发生碳氧反应，A 和 A′ 的比例系数由式 (7.163) 确定，而在出口处则由式 (7.163) 和式 (7.164) 共同确定，设

$$N_{\mathrm{A}}'=-\alpha N_{\mathrm{A}} \tag{7.173}$$

$$\alpha=\frac{\alpha_{\mathrm{m}}n_{\mathrm{Am}}+\alpha_{\mathrm{C}}n_{\mathrm{AC}}}{n_{\mathrm{Am}}+n_{\mathrm{AC}}} \tag{7.174}$$

其中，n_{Am} 和 n_{AC} 表示在 t 时刻的 $\mathrm{d}t$ 时间间隔内、单位长度孔洞上由基体 ZrC 和碳消耗的 A 组元摩尔数；α_{m} 和 α_{C} 则表示 A′ 相应的生成摩尔数。考虑到由式 (7.164) 生成的氧化物 CO 的量远小于由式 (7.163) 生成的量，可取 $\alpha=\alpha_{\mathrm{C}}=2$。由式 (7.169)、式 (7.172)、式 (7.173) 得

$$N_{\mathrm{A}}=-\frac{D_{\mathrm{A}}'C_\tau}{C_\tau-C_{\mathrm{A}}\left(1-\alpha\right)}\frac{\mathrm{d}C_{\mathrm{A}}}{\mathrm{d}x} \tag{7.175}$$

基体 ZrC 氧化生成 ZrO_2 抗氧化膜，根据前面的推导，氧化膜厚度变化率为

$$\frac{\mathrm{d}\delta\left(x\right)}{\mathrm{d}t}=\frac{B\left(x\right)}{2\delta\left(x\right)} \tag{7.176}$$

$$B\left(x\right)=4\cdot\frac{D_{\mathrm{O_2}}C_\tau}{N}\cdot\ln\left[\frac{C_\tau}{C_\tau^*-C_{\mathrm{A}}\left(x\right)\left(1-\alpha_{\mathrm{m}}\right)}\right]$$

其中，$\delta\left(x\right)$ 为氧化膜厚度；$B\left(x\right)$ 为抛物型速率系数 (是温度、压力和浓度的函数)。

在孔洞壁上生成氧化膜的摩尔数为

$$\frac{\mathrm{d}n_{\mathrm{s}}}{\mathrm{d}t}=\frac{\rho_{\mathrm{ZrO_2}}\cdot S\left(y,z\right)}{M_{\mathrm{ZrO_2}}}\frac{\mathrm{d}\delta\left(x\right)}{\mathrm{d}t} \tag{7.177}$$

$$S_{\mathrm{ZrO_2}}(y,z)=\begin{cases}2(h+e)\mathrm{d}x, & \text{对方孔}\\ 2\pi r(x)\mathrm{d}x, & \text{对圆孔}\\ 2h\mathrm{d}x, & \text{对宽度为 } e \text{ 的长缝}\end{cases} \tag{7.178}$$

生成氧化膜消耗的氧为

$$\frac{\mathrm{d}n_{\mathrm{A}}}{\mathrm{d}t}=-\frac{\gamma_{\mathrm{m}}}{2}\frac{\rho_{\mathrm{ZrO_2}}\cdot S(y,z)}{M_{\mathrm{ZrO_2}}}\frac{B(x)}{\delta(x)} \tag{7.179}$$

单位时间、单位长度 $\mathrm{d}x$ 上由孔洞壁消耗的组元 A 的摩尔数为

$$R_{\mathrm{A}}=-\frac{\gamma_{\mathrm{m}}}{2}\frac{\rho_{\mathrm{ZrO_2}}\cdot S(y,z)}{M_{\mathrm{ZrO_2}}}\frac{B(x)}{\delta(x)} \tag{7.180}$$

由式 (7.168)、式 (7.167′)、式 (7.175)、式 (7.180) 得

$$\frac{\mathrm{d}}{\mathrm{d}x}\left[S(x)\frac{-D'_{\mathrm{A}}C_{\tau}}{C_{\tau}-C_{\mathrm{A}}(1-\alpha)}\frac{\mathrm{d}C_{\mathrm{A}}}{\mathrm{d}x}\right]=-\frac{\gamma_{\mathrm{m}}}{2}\frac{\rho_{\mathrm{ZrO_2}}\cdot S(y,z)}{M_{\mathrm{ZrO_2}}}\frac{B(x)}{\delta(x)} \tag{7.181}$$

这里，二阶项$\dfrac{\mathrm{d}S(x)}{\mathrm{d}x}$，$\dfrac{\mathrm{d}D'_{\mathrm{A}}}{\mathrm{d}x}$，$\dfrac{\mathrm{d}\alpha}{\mathrm{d}x}$ 都要考虑在内。

7.4.3 边界条件

(i) 在 x=0 处 (外表面)

$$C_{\mathrm{A}}=\chi\cdot C_{\tau} \tag{7.182}$$

(ii) 在 $x=\bar{s}$ 处 (内表面)

$$\left[\frac{-D'_{\mathrm{A}}C_{\tau}}{C_{\tau}-C_{\mathrm{A}}(1-\alpha)}\frac{\mathrm{d}C_{\mathrm{A}}}{\mathrm{d}x}\right]_{\bar{s}}=\frac{\gamma}{2}\frac{\rho_{\mathrm{C}}}{M_{\mathrm{C}}}\frac{\dot{m}_{\mathrm{C}}}{\rho_{\mathrm{C}}}=\frac{\gamma}{2}\frac{\rho_{\mathrm{C}}}{M_{\mathrm{C}}}\frac{1}{\rho_{\mathrm{C}}}\left[A_{\mathrm{s}}\exp\left(-\frac{E_{\mathrm{s}}}{\hat{R}T}\right)\cdot\left(\frac{C_{\mathrm{A}}\hat{R}T}{101325}\right)^{n}\right]_{\bar{s}} \tag{7.183}$$

这里，$k_1=A_{\mathrm{s}}\exp\left(-\dfrac{E_{\mathrm{s}}}{\hat{R}T}\right)$ 为反应速率常数；n 为反应级数。当 $T_{\mathrm{w}}\leqslant$1700K 时，为 1/2 级反应；当 1700K$<T_{\mathrm{w}}\leqslant$3300K 时，为 1 级反应。

式 (7.183) 表示在 $x=\bar{s}$ 处，扩散而来的氧全部与 C 反应。表面后退率为

$$\frac{\mathrm{d}\bar{s}}{\mathrm{d}t}=\frac{\dot{m}_{\mathrm{C}}}{\rho_{\mathrm{C}}}=\frac{k_1}{\rho_{\mathrm{C}}}\left(\frac{C_{\mathrm{A}}\hat{R}T}{101325}\right)^{n}=\frac{M_{\mathrm{C}}}{\gamma\rho_{\mathrm{C}}}\left[\frac{-D'_{\mathrm{A}}C_{\tau}}{C_{\tau}-C_{\mathrm{A}}(1-\alpha)}\frac{\mathrm{d}C_{\mathrm{A}}}{\mathrm{d}x}\right]_{\bar{s}} \tag{7.184}$$

或

$$\bar{s}=\int_0^t\frac{k_1}{\rho_{\mathrm{C}}}\left(\frac{C_{\mathrm{A}}\hat{R}T}{101325}\right)^{n}\cdot\mathrm{d}t+\bar{s}_0 \tag{7.184′}$$

单位时间碳的质量损失为

$$\sum\dot{m}_{\mathrm{C}}=\rho_{\mathrm{C}}\frac{\mathrm{d}\bar{s}}{\mathrm{d}t}\cdot S_{\mathrm{C}} \tag{7.185}$$

其中，$S_{\mathrm{C}}=\sum\limits_{i=1}^{n}S_{\mathrm{C_i}}$ 为所有 Z 向碳纤维的表面积之和。注意，在 $x=\bar{s}$ 处，T 应取热传导计算的 $x=\bar{s}$ 处的温度，而 D'_{A} 中的温度可取表面处的 T_{w}。

7.4.4 方程求解方法

采用差分法求解式 (7.181)、式 (7.182) 及式 (7.176)，可得结果：每时刻的气体组元的浓度剖面、氧化膜厚度、碳的烧蚀长度。这里 $T(x)$ 沿 x 的变化可利用热传导计算结果插值获得。对式 (7.181)

$$\frac{\mathrm{d}}{\mathrm{d}x}\left[S(x)\frac{-D'_{\mathrm{A}}C_{\tau}}{C_{\tau}-C_{\mathrm{A}}(1-\alpha)}\frac{\mathrm{d}C_{\mathrm{A}}}{\mathrm{d}x}\right]=-\frac{\gamma_{\mathrm{m}}}{2}\frac{\rho_{\mathrm{ZrO_2}}\cdot S(y,z)}{M_{\mathrm{ZrO_2}}}\frac{B(x)}{\delta(x)} \tag{7.186}$$

令

$$Q=S(x)\frac{-D'_{\mathrm{A}}C_{\tau}}{C_{\tau}-C_{\mathrm{A}}(1-\alpha)}$$

$$W=-\frac{\gamma_{\mathrm{m}}}{2}\frac{\rho_{\mathrm{ZrO_2}}\cdot S(y,z)}{M_{\mathrm{ZrO_2}}}\frac{B(x)}{\delta(x)}$$

则有

$$\frac{\mathrm{d}}{\mathrm{d}x}\left[Q\frac{\mathrm{d}C_{\mathrm{A}}}{\mathrm{d}x}\right]=W \tag{7.187}$$

采用如下坐标变换

$$\eta=\frac{x}{\bar{s}} \tag{7.188}$$

则式 (7.181) 可化为

$$\frac{1}{\bar{s}^2}\frac{\mathrm{d}}{\mathrm{d}\eta}\left[Q\frac{\mathrm{d}C_{\mathrm{A}}}{\mathrm{d}\eta}\right]=W \tag{7.189}$$

采用差分法求解，将方程离散后得

$$A_i^{k+1}C_{A,i-1}^{k+1}+B_i^{k+1}C_{A,i}^{k+1}+C_i^{k+1}C_{A,i+1}^{k+1}=D_i^{k+1} \tag{7.190}$$

其中

$$A_i^{k+1}=Q_{i-\frac{1}{2}};\quad B_i^{k+1}=-\left(Q_{i-\frac{1}{2}}+Q_{i+\frac{1}{2}}\right);\quad C_i^{k+1}=Q_{i+\frac{1}{2}};\quad D_i^{k+1}=\bar{s}^2\cdot W_i\cdot\delta\eta_i^2$$

边界条件如下：

(i) 在 x=0 处 (外表面)

$$B_1^{k+1}C_{A,1}^{k+1}+C_1^{k+1}C_{A,2}^{k+1}=D_1^{k+1} \tag{7.191}$$

$$B_1^{k+1}=1;\quad C_1^{k+1}=0;\quad D_1^{k+1}=\chi\cdot C_{\tau}$$

(ii) 在 $x=\bar{s}$ 处 (内表面)

$$A_I^{k+1}C_{A,I-1}^{k+1}+B_I^{k+1}C_{A,I}^{k+1}=D_I^{k+1} \tag{7.192}$$

$$A_I^{k+1}=4A_{I-1}^{k+1}+B_{I-1}^{k+1}$$

$$B_I^{k+1} = C_{I-1}^{k+1} + 3A_{I-1}^{k+1}$$

$$D_I^{k+1} = D_{I-1}^{k+1} - A_{I-1}^{k+1} \cdot 2\Delta\eta \frac{G}{Q}$$

$$G = \gamma A(x) \cdot \bar{s} \cdot \frac{\dot{m}_C}{M_C}$$

式 (7.190)~ 式 (7.192) 采用三对角追赶法求解。

7.4.5 讨论

(1) 设通道壁不参加反应 (忽略 ZrC 的氧化)，即 $S(x) = \text{const}$，$N_A = \text{const}$，则有

$$\frac{-D'_A C_\tau}{C_\tau - C_A(1-\alpha)} \frac{dC_A}{dx} = \left(\gamma \frac{\dot{m}_C}{M_C}\right)_{\bar{s}} \tag{7.193}$$

或

$$\frac{d\ln[C_\tau - C_A(1-\alpha)]}{dx} = \frac{\gamma(1-\alpha)\dfrac{\dot{m}_C}{M_C}}{D'_A C_\tau} = A' \tag{7.193$'$}$$

积分得

$$\ln[C_\tau - C_A(1-\alpha)] = A'x + B' \tag{7.194}$$

当 x=0 时，$C_A = \chi \cdot C_\tau$，所以

$$B' = \ln[C_\tau - \chi \cdot C_\tau(1-\alpha)] \tag{7.195}$$

代入式 (7.194) 得

$$\ln\left[\frac{C_\tau - C_A(1-\alpha)}{C_\tau - \chi \cdot C_\tau(1-\alpha)}\right] = \frac{\gamma(1-\alpha)\dot{m}_C}{M_C D'_A C_\tau} \cdot x \tag{7.196}$$

$$\begin{aligned} C_A &= \frac{C_\tau - C_\tau[1-\chi(1-\alpha)]\exp\left[\dfrac{\gamma(1-\alpha)\dot{m}_C}{M_C D'_A C_\tau} \cdot x\right]}{1-\alpha} \\ &= C_\tau\left[(1+\chi)\exp\left(-\frac{\dot{m}_C}{2M_C D'_A C_\tau} \cdot x\right) - 1\right] \end{aligned} \tag{7.197}$$

当 $x = \bar{s}$ 时

$$(C_A)_{\bar{s}} = C_\tau\left[(1+\chi)\exp\left(-\frac{\dot{m}_C}{2M_C D'_A C_\tau} \cdot \bar{s}\right) - 1\right] \tag{7.198}$$

$$\dot{m}_C = k_1\left(\frac{C_A \hat{R} T}{101325}\right)_{\bar{s}}^n \tag{7.199}$$

通过迭代确定 $(C_A)_{\bar{s}}$。

$\bar{s}$ 通过积分获得

$$\bar{s}=\int_0^t \frac{\dot{m}_{\mathrm{C}}}{\rho_{\mathrm{C}}}\cdot \mathrm{d}t \tag{7.200}$$

(2) 当孔洞封闭后，碳表面覆盖一层 ZrO_2 抗氧化膜，氧气通过扩散穿过抗氧化膜到达碳表面发生化学反应生成 CO，当 CO 的产生量较大时，会将膜冲开。

(3) 影响碳烧蚀的因素中除氧的扩散外，还有壁温。随着碳表面不断退缩和氧化膜厚度增加，基体和碳纤维的温度不断下降，致使碳的氧化由扩散控制变成反应速率控制。因此，当抗氧化膜形成后，基体表面温度是决定碳烧蚀的重要因素，当然也影响了 ZrC 的反应，所以求解时应联合求解传导方程，将材料内部分为 ZrO_2 层加基体材料，用基体表面温度 (ZrC/ZrO_2 分界面) 温度计算氧化反应。

7.4.6　典型计算结果

图 7.23 给出了 P=1atm 时，T=1473K 条件下，假设孔洞壁不参加反应，不同时刻沿孔洞深度方向氧气浓度分布情况，可以看出，每一时刻孔洞中的氧气浓度基本为线性分布，而且随着时间推移，孔洞中氧的梯度呈下降趋势。如果孔洞壁基体材料参加反应，那么孔洞中的氧气浓度不再呈线性分布 (图 7.24)。这是由氧气在向孔洞底部扩散的途中还与基体材料发生反应，消耗掉一部分造成的。图 7.25 给出了不同时刻沿孔洞壁深度方向氧气与基体材料反应生成的氧化膜厚度分布情况，可以看出，从孔洞底部向外，氧化膜厚度是逐渐增加的，而且随着时间推移，各处的氧化膜厚度迅速增加。但当 t ⩾40s 以后，氧化膜厚度不再变化，这是因为氧化膜已经将孔洞封闭了。

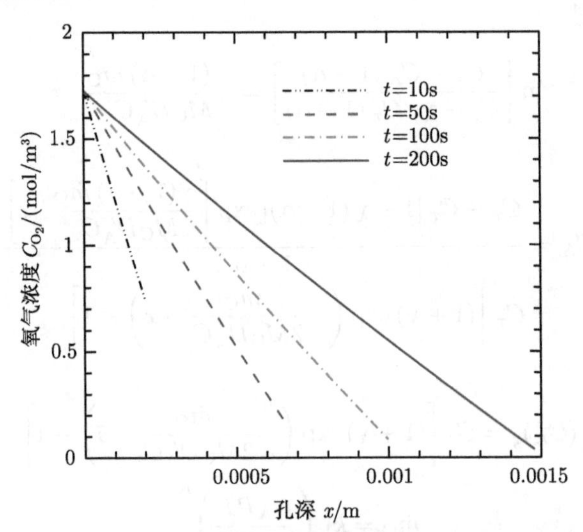

图 7.23　孔洞壁不参加反应的氧气浓度分布

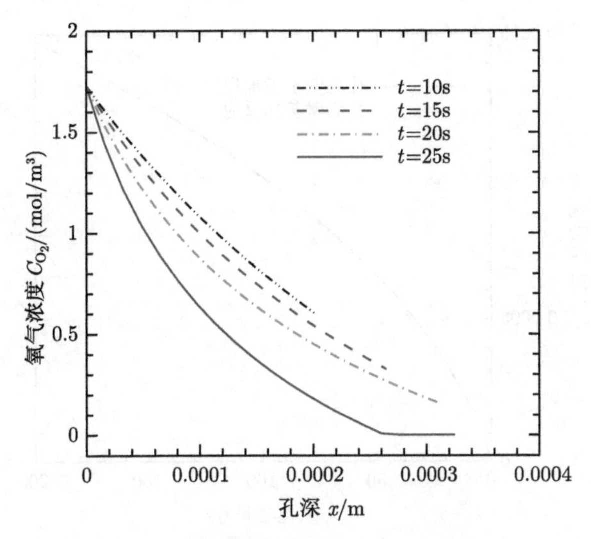

图 7.24 孔洞壁参加反应的氧气浓度分布

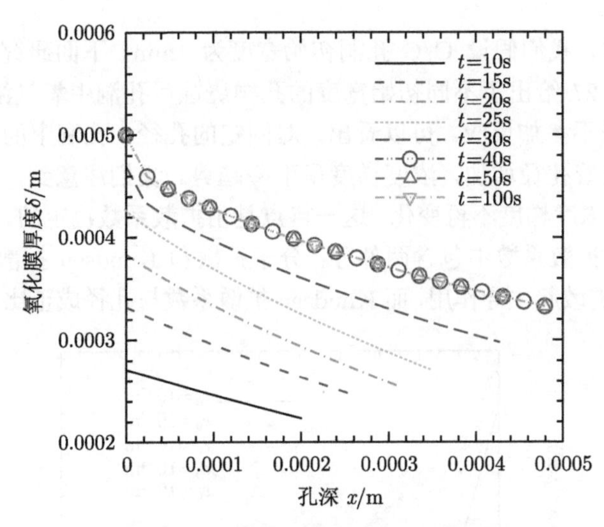

图 7.25 沿孔洞深度方向氧化膜厚度

图 7.26 给出了孔洞底部 C/C 烧蚀后退量随时间变化情况，这里分别给出了假设孔洞壁参加反应和不参加反应两种情况计算结果。可以看出，如果假设孔洞壁不参加反应，孔洞底部的 C/C 材料将一直烧下去 (尽管烧蚀速率越来越小，与孔洞底部氧的浓度有关)；而如果孔洞壁基体材料参加反应，开始时刻烧蚀量也是逐渐增加的，但增加的幅度比前一种情况略小。我们注意到，在某一时刻，烧蚀停止，这是由孔洞壁基体材料烧蚀产生的氧化膜将孔洞封闭造成的。孔洞封闭后，氧气扩散必须穿过氧化膜才能进入孔洞，烧蚀速度将大幅降低。

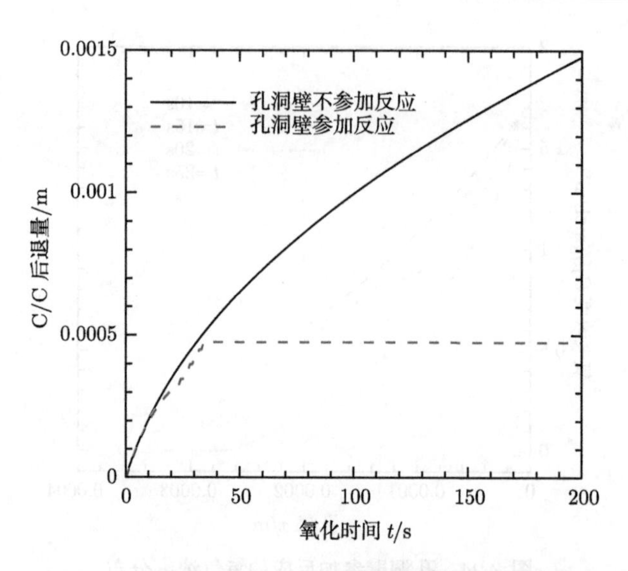

图 7.26 孔洞底部 C/C 烧蚀后退量随时间变化情况

以上计算时，我们假设 C/C 孔洞初始宽度为 1mm，下面研究孔洞宽度对烧蚀的影响。图 7.27 给出了不同初始宽度的孔洞烧蚀后孔洞中氧气浓度分布情况。这里假设孔洞壁不参加反应。可以看出，对固定的孔径，孔洞中的氧气浓度基本为线性分布。随着孔径增加，浓度梯度呈下降趋势。我们注意到，当孔径增大到 10^{-4}m 以上时，浓度梯度不再变化。这一特点是由扩散系数决定的。根据扩散系数定义，微孔中的扩散系数中包含两部分：分子扩散和 Knudsen 扩散。对于很小的孔隙，Knudsen 扩散起主导作用，而 Knudsen 扩散系数与孔径成正比；中等孔径时，

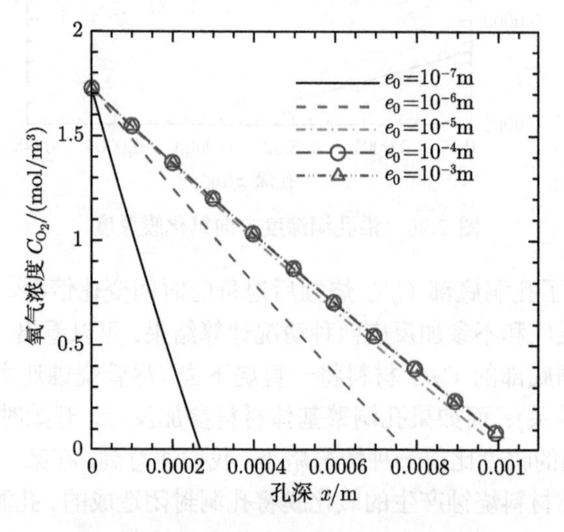

图 7.27 孔径对孔洞中氧气浓度的影响

分子扩散和 Knudsen 扩散量级相当；当孔径增大到一定程度时，分子扩散起主导作用，扩散系数不再受孔径影响，仅与温度和压力有关。图 7.28 进一步给出了不同孔径情况下孔洞底部 C/C 烧蚀后退量随时间变化情况，可以看出，随着孔径增加，烧蚀量是逐渐增大的，但当孔径增大到 10^{-4}m 以上时，烧蚀量不再随孔径增大而变化。因此，可以适当选取 C/C 纤维束的尺寸来控制 C/C 的烧蚀。

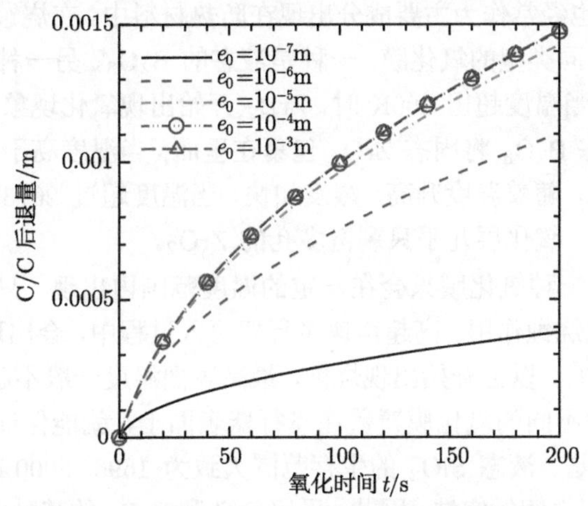

图 7.28 孔径对孔洞 C/C 烧蚀后退量的影响

图 7.29 给出了球锥外形从 70km 高度再入大气层时，某一时刻碳纤维烧蚀后形成的孔洞壁上氧化膜厚度沿孔洞壁变化情况，从内向外，氧化膜厚度是逐渐增加的，而且在外表面附近，氧化膜厚度陡然增加到某一固定值 0.5mm，实际上已经将孔洞封闭了，因为这里假设碳纤维的直径为 1mm。

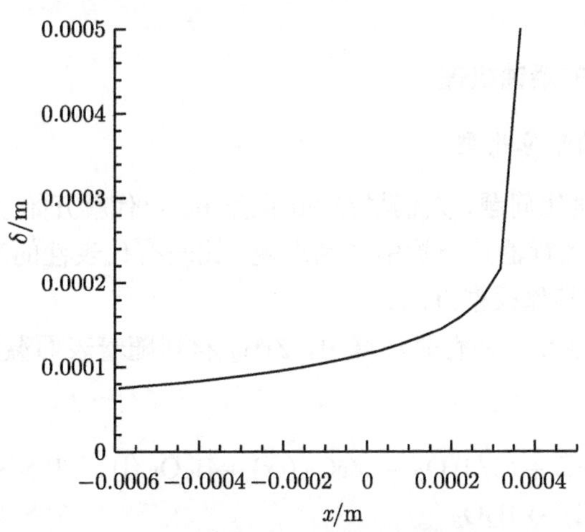

图 7.29 氧化膜厚度沿孔洞壁变化情况 (t=30s)

7.5　复合材料分段协同烧蚀模型

前面介绍了 C/SiC 和 C/ZrC 材料的烧蚀特性，它们在烧蚀过程中，在某个温度范围内会在表面形成液体或固体抗氧化膜，有效降低了防热材料的烧蚀速率。还有一种物质 ZrB_2 也经常作为主要成分出现在防热材料中。在烧蚀过程中，ZrB_2 氧化后会出现两种不同类型的氧化膜，一种是液态的 B_2O_3，另一种是固态 ZrO_2。有关试验结果表明，当温度超出 800K 时，ZrB_2 开始出现氧化现象，形成液态 B_2O_3 和固态 ZrO_2，液态 B_2O_3 将固态 ZrO_2 包裹在里面；当温度高于 1273K 时，B_2O_3 出现表面蒸发现象，随着温度升高，蒸发加快，当温度超过 2073K 时，B_2O_3 蒸发速率大于生成速率，氧化层几乎只剩留多孔的 ZrO_2。

我们注意到，一种氧化膜只会在一定的温度范围内出现，只能起到某一阶段 (惰性烧蚀阶段) 抗烧蚀作用。高超声速飞行器再入过程中，会出现从低温 → 高温 → 低温的变化，800K 以上开始出现烧蚀，最高表面温度一般不超过 3500K，如果在此范围内分别由不同的氧化膜覆盖在飞行器表面上，就能保证飞行器再入全过程不烧蚀。我们知道，液态 SiO_2 的生存范围大致为 1696~3000 K，可以填补液态 B_2O_3 与固体 ZrO_2 之间的空缺，因此，采用 SiC 和 ZrB_2 的某种组合，也许可以实现飞行器全温区不烧蚀的目标。

近年来，国内有关单位开展了这方面问题的研究，取得了较好的效果。例如，西北工业大学在碳纤维编织体中按某种比例同时添加 SiC 和 ZrB_2 两种组分，制成 C/SiC/ZrB_2 复合材料，在低温区间形成 B_2O_3 氧化膜，在中等温度范围内形成 SiO_2 氧化膜，高温段形成 ZiO_2 氧化膜，从而确保从低温到高温都不发生严重烧蚀。

7.5.1　ZrB_2 材料的烧蚀机理

1. ZrB_2 氧化的唯象模型

对于 ZrB_2 的氧化问题，人们早在 20 世纪 60 年代就开始了研究 [33]，只是近年来才在高超声速飞行器热防护中受到重视，比较有代表性的工作是 Parthasarathy[34~36] 等提出的唯象模型方法。

有关试验结果表明，在有氧环境中，ZrB_2 材料随着表面温度的变化，会发生如下系列化学反应

$$
\begin{aligned}
&ZrB_2\,(cr) + (5/2)\,O_2 \rightarrow ZrO_2\,(cr) + B_2O_3\,(l)\,, && T > 873K \\
&B_2O_3\,(l) \rightarrow B_2O_3\,(g)\,, && T > 1273K \\
&ZrB_2\,(cr) + (5/2)\,O_2 \rightarrow ZrO_2\,(s) + B_2O_3\,(g)\,, && T > 2073K
\end{aligned}
$$

以上反应过程可用图 7.30 来描述。当温度超过 800K 时，在大气环境中的 ZrB_2 氧化现象开始变得明显，ZrB_2 氧化生成固态颗粒 ZrO_2 和液态 B_2O_3，前者作为骨架，后者作为填充及覆盖物。氧气要与底层基体材料反应，需要扩散通过 ZrO_2 和 B_2O_3 组成的氧化膜，氧气在液态膜中的输运速率很低，烧蚀速率随之大幅下降。这是典型的惰性氧化现象，以材料表面微量氧化来达到保护材料的目的；当温度高于 1273K 时，表面的 B_2O_3 蒸发变得显著起来，随着温度的升高，B_2O_3 逐渐退缩到 ZrO_2 孔隙中；当温度高于 2073K 时，B_2O_3 挥发速率大于生成速率，氧化层几乎只剩留多孔的 ZrO_2。此外，当温度从低到高越过 1400K 相变点时，ZrO_2 会由单斜晶系向四方晶系转变，体积缩小约 4%，ZrB_2 氧化的活化能也发生变化，在 1400K 之上为 322kJ/mol，之下则小很多。

2. 低温区 ZrB_2 氧化模型

基于图 7.30 所示的氧化过程，可以建立图 7.31 所示的计算模型。

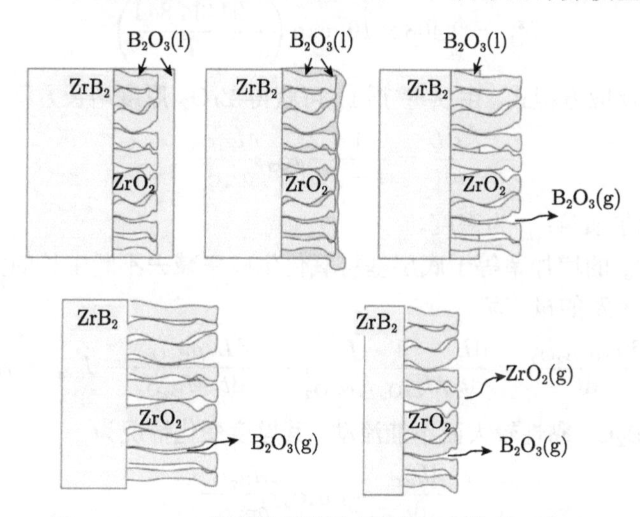

图 7.30 ZrB_2 氧化过程随温度增加而变化的示意图

在 800～1273 K 区间内，ZrB_2 氧化生成固态 ZrO_2 和液态 B_2O_3，由于此时 B_2O_3 的挥发速率较低，材料表面将逐渐增厚。设基底材料氧化后退量为 R_s，ZrO_2 多孔结构的厚度为 L，该区域的孔隙率 (体积分数) 为 f，B_2O_3 表层厚度为 h_{ext}，B_2O_3 表层与外界环境界面标识为 a，B_2O_3 与 ZrO_2 的界面标识为 zb，ZrO_2 与 ZrB_2 的界面标识为 s，则氧气向底层基材的输运速率为

$$J_{O_2}=f\frac{\Pi_{O_2-B_2O_3}}{L}\left(p_{O_2}^{zb}-p_{O_2}^{s}\right)=f\frac{\Pi_{O_2-B_2O_3}}{h_{ext}}\left(p_{O_2}^{a}-p_{O_2}^{zb}\right) \tag{7.201}$$

式中，J 表示流通量；p_{O_2} 为氧压力 (atm)；$\Pi_{O_2-B_2O_3}$ 为 O_2 在 B_2O_3 液体中的渗

透系数，与温度 T(K) 的关系为

$$\Pi_{O_2-B_2O_3}=0.15\exp\left(-\frac{16000}{T}\right) \tag{7.202}$$

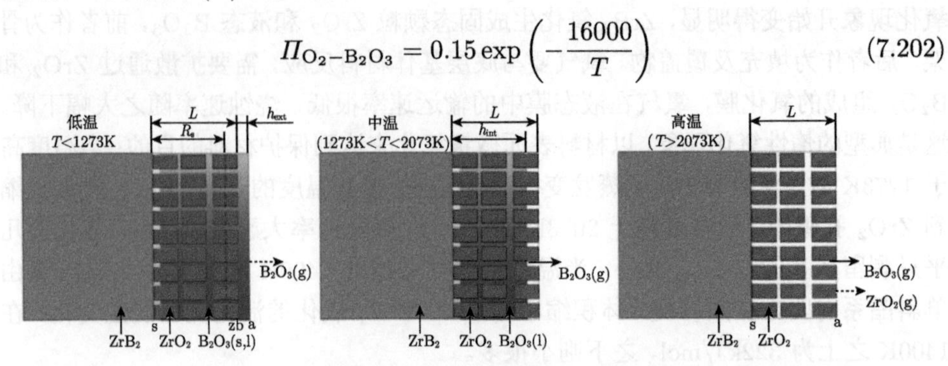

图 7.31　ZrB_2 氧化模型示意图

在底层 ZrB_2-B_2O_3 界面处的氧气分压可以根据反应的平衡常数进行计算

$$p_{O_2}^{s}=2.408\times10^{7}\exp\left(-\frac{94434.844}{T}\right) \tag{7.203}$$

根据化学反应方程式，由质量守恒，可获得 ZrO_2 厚度增长方程

$$\frac{dL}{dt}=\frac{1}{1-f}\frac{2}{5}J_{O_2}\frac{M_{ZrO_2}}{\rho_{ZrO_2}} \tag{7.204}$$

式中，M 为摩尔质量；ρ 为密度。

表层 B_2O_3 的增加率等于底层基材氧化生成率减去不断生长的多孔 ZrO_2 中的量以及表层挥发的量，有

$$\Gamma_{B_2O_3}=\frac{dn_{ext,B_2O_3}}{dt}=\frac{dL}{dt}\frac{1-f}{M_{ZrO_2}/\rho_{ZrO_2}}-f\frac{dL}{dt}\frac{\rho_{B_2O_3}}{M_{B_2O_3}}-J_{evap(B_2O_3)} \tag{7.205}$$

温度较低时，B_2O_3 黏性较大而不能流动，其厚度变化情况为

$$\frac{dh_{ext}}{dt}=\Gamma_{B_2O_3}\frac{M_{B_2O_3}}{\rho_{B_2O_3}} \tag{7.206}$$

根据自悬挂试样测试结果，表层厚度采用下式估算

$$h_{ext}=\left[\frac{3\left(M_{B_2O_3}\Gamma_{B_2O_3}l_{spec}\right)\mu_{B_2O_3}}{g\rho_{B_2O_3}^{2}\sin(\phi)}\right]^{1/3} \tag{7.207}$$

式中，l_{spec} 为试样的竖直方向特征尺寸；g 为重力加速度；$\mu_{B_2O_3}$ 为 B_2O_3 的黏性；ϕ 为试样表面与水平面的夹角。

试样基材后退速率 R_s 为

$$R_s=L(1-f)\frac{M_{ZrB_2}/\rho_{ZrB_2}}{M_{ZrO_2}/\rho_{ZrO_2}} \tag{7.208}$$

试样基材单位面积的重量改变率为

$$\Delta W/A = L\rho_{\mathrm{ZrO_2}}(1-f) + (h_{\mathrm{ext}} + fL)\rho_{\mathrm{B_2O_3}} - R_{\mathrm{s}}\rho_{\mathrm{ZrB_2}} \tag{7.209}$$

式中，ΔW 表示重量变化；A 表示面积。

氧气消耗速率为

$$\frac{\Delta W_{\mathrm{O_2}}}{A} = \frac{5}{2}\frac{M_{\mathrm{O_2}}}{M_{\mathrm{ZrB_2}}}R_{\mathrm{s}}\rho_{\mathrm{ZrB_2}} \tag{7.210}$$

3. 中温区间 ZrB_2 氧化模型

温度高于 1273K，B_2O_3 挥发速率大于生成速率，B_2O_3 退缩至 ZrO_2 孔隙中，设其厚度为 h_{int}，如图 7.31 所示，根据反应进度，可得中温区间 ZrB_2 的氧化过程中各物质的关系

$$J_{\mathrm{O_2}} = \frac{5}{2}\dot{n}_{\mathrm{ZrO_2}} = \frac{5}{2}\dot{n}_{\mathrm{B_2O_3}} \tag{7.211}$$

式中，$\dot{n}_{\mathrm{ZrO_2}}$ 和 $\dot{n}_{\mathrm{B_2O_3}}$ 分别表示氧化产物 ZrO_2 和 B_2O_3 的生成速率。

在 1300~3000 K 温度区间，利用液相和气相数据，可计算出 B_2O_3 的蒸气压

$$p^{\mathrm{i}}_{\mathrm{B_2O_3}} = 1.841 \times 10^8 \exp\left(-\frac{44661.247}{T}\right) \tag{7.212}$$

气态 B_2O_3 在 “L-h_{int}” 段孔隙中的流率为

$$J_{\mathrm{B_2O_3}} = fD_{\mathrm{B_2O_3}}\frac{C^{\mathrm{i}}_{\mathrm{B_2O_3}} - C^{\mathrm{a}}_{\mathrm{B_2O_3}}}{L - h_{\mathrm{int}}} \tag{7.213}$$

式中，C 为摩尔浓度。

生成的减去挥发的，剩余的 B_2O_3 使液态层增厚

$$\varGamma_{\mathrm{B_2O_3}} = \dot{n}_{\mathrm{B_2O_3}} - J_{\mathrm{B_2O_3}} \tag{7.214}$$

B_2O_3 厚度变化为

$$\frac{\mathrm{d}h_{\mathrm{int}}}{\mathrm{d}t} = \frac{1}{f}\varGamma_{\mathrm{B_2O_3}}\frac{M_{\mathrm{B_2O_3}}}{\rho_{\mathrm{B_2O_3}}} \tag{7.215}$$

氧气在 “L-h_{int}” 段孔隙中扩散，流率为

$$J_{\mathrm{O_2}} = fD_{\mathrm{O_2}}\frac{C^{\mathrm{a}}_{\mathrm{O_2}} - C^{\mathrm{i}}_{\mathrm{O_2}}}{L - h_{\mathrm{int}}} \tag{7.216}$$

氧气在液态 B_2O_3 层中的渗透，速率为

$$J_{\mathrm{O_2}}(B_2O_3) = f \cdot \varPi_{\mathrm{O_2-B_2O_3}}\frac{p^{\mathrm{i}}_{\mathrm{O_2}} - p^{\mathrm{s}}_{\mathrm{O_2}}}{h_{\mathrm{int}}} \tag{7.217}$$

ZrO_2 厚度增长方程为

$$\frac{\mathrm{d}L}{\mathrm{d}t} = \frac{1}{1-f}\dot{n}_{\mathrm{ZrO_2}}\frac{M_{\mathrm{ZrO_2}}}{\rho_{\mathrm{ZrO_2}}} \tag{7.218}$$

底层基材后退量仍为式 (7.208)，氧气消耗量仍为式 (7.210)，单位面积质量变化与式 (7.209) 类似

$$\Delta W/A = L\rho_{\mathrm{ZrO_2}}(1-f) + hf\rho_{\mathrm{B_2O_3}} - R_{\mathrm{s}}\rho_{\mathrm{ZrB_2}} \tag{7.219}$$

以上方程通过迭代求解。

4. 高温区间 ZrB_2 氧化模型

当温度高于 2073K 时，B_2O_3 直接生成为气态，氧化层只有 ZrO_2，并且也存在高温挥发，设其厚度为 L，如图 7.31 所示，不仅需要考虑氧气通过 ZrO_2 的孔隙，还需要考虑在 ZrO_2 中的渗透。氧在 ZrO_2 中扩散由离子和空穴电导率描述

$$\sigma_{\mathrm{o}}\left(\Omega^{-1}m^{-1}\right) = \frac{[C_{\mathrm{dopart}}]}{0.15}\cdot 2.328\times 10^{5}\cdot \exp\left(-\frac{123500}{8.314T}\right) \tag{7.220}$$

$$\sigma_{\mathrm{h}}\cdot(p_{\mathrm{O_2}})\left(\Omega^{-1}m^{-1}\right) = (p_{\mathrm{O_2}})^{1/4}\cdot\left(\frac{[C_{\mathrm{dopart}}]}{0.15}\right)^{1/2}\cdot 2.328\times 10^{6}\cdot \exp\left(-\frac{235200}{8.314T}\right) \tag{7.221}$$

式中，C_{dopart} 为三价杂质在 ZrO_2 中的浓度，这里取 0.5%；σ_{o} 为离子电导率；σ_{h} 为氧分压 $p_{\mathrm{O_2}}$ 下 ZrO_2 的空穴电导率。

氧气通过 ZrO_2 的流量由下式确定

$$J_{\mathrm{O_2,ZrO_2}} = \frac{1-f}{L}\cdot\frac{\hat{R}T}{16F^2}\int_{p^{\mathrm{s}}_{\mathrm{O_2}}}^{p^{\mathrm{a}}_{\mathrm{O_2}}}\frac{\sigma_{\mathrm{ion}}\sigma_{\mathrm{h}}}{\sigma_{\mathrm{ion}}+\sigma_{\mathrm{h}}}\mathrm{d}(\ln p_{\mathrm{O_2}}) \tag{7.222}$$

联合式 (7.220) ~ 式 (7.222) 可得

$$J_{\mathrm{O_2,ZrO_2}} = \frac{1-f}{L}\cdot\frac{\hat{R}T}{4F^2}\cdot\sigma_{\mathrm{o}}\cdot\ln\frac{\sigma_{\mathrm{h}}\left(p^{\mathrm{a}}_{\mathrm{O_2}}\right)+\sigma_{\mathrm{o}}}{\sigma_{\mathrm{h}}\left(p^{\mathrm{s}}_{\mathrm{O_2}}\right)+\sigma_{\mathrm{o}}} \tag{7.223}$$

氧气通过孔隙的流率可表达为

$$J_{\mathrm{O_2,gas}} = fD_{\mathrm{O_2}}\frac{C^{\mathrm{a}}_{\mathrm{O_2}} - C^{\mathrm{s}}_{\mathrm{O_2}}}{L} \tag{7.224}$$

在底层/氧化物的界面上，B_2O_3 和 O_2 的分压关系由平衡常数确定

$$p^{\mathrm{s}}_{\mathrm{O_2}} = 1.6788\times 10^{7}\exp\left(-\frac{77257.3143}{T}\right)\left(p^{\mathrm{s}}_{\mathrm{B_2O_3}}\right)^{2/5} \tag{7.225}$$

高温下，B_2O_3 流率为

$$J_{\mathrm{B_2O_3}} = fD_{\mathrm{B_2O_3}}\frac{p^{\mathrm{s}}_{\mathrm{B_2O_3}} - p^{\mathrm{a}}_{\mathrm{B_2O_3}}}{\hat{R}TL} \tag{7.226}$$

式中，D_{O_2}，$D_{B_2O_3}$ 分别为氧和 B_2O_3 的气相扩散系数；$p^{a}_{B_2O_3}$ 可认为等于 0。

高温下 ZrO_2 的蒸发的蒸气压为

$$p_{ZrO_2}=1.396\times10^{8}\exp\left(-\frac{82574.1019}{T}\right) \tag{7.227}$$

ZrO_2 厚度增长方程为

$$\frac{\mathrm{d}L}{\mathrm{d}t}=\frac{1}{1-f}\left[\frac{2}{5}\left(J_{O_2,ZrO_2}+J_{O_2,gas}\right)-J_{evap,ZrO_2}\right]\frac{M_{ZrO_2}}{\rho_{ZrO_2}} \tag{7.228}$$

底层基材后退量为

$$\frac{\mathrm{d}R_s}{\mathrm{d}t}=\frac{2}{5}\left(J_{O_2,ZrO_2}+J_{O_2,gas}\right)\frac{M_{ZrB_2}}{\rho_{ZrB_2}} \tag{7.229}$$

氧气消耗量仍为式 (7.210)，单位面积质量变化与式 (7.209) 类似

$$\Delta W/A=L\rho_{ZrO_2}(1-f)+hf\rho_{B_2O_3}-R_s\rho_{ZrB_2} \tag{7.230}$$

5. *应用算例*

我们采用上述计算模型，模拟了电感加热炉中进行的 ZrB_2 烧蚀试验[37]。ZrB_2 样品悬挂在炉中，维持 0.329atm 的纯氧气氛，气流速度为 5×10^{-3}m/s，采用不同预设温度下的恒温加热进行试验。

图 7.32 给出了温度为 1365K 时，孔隙率对烧蚀质量损失的影响。可以看出，随着孔隙率的增大，质量损失随之增大。

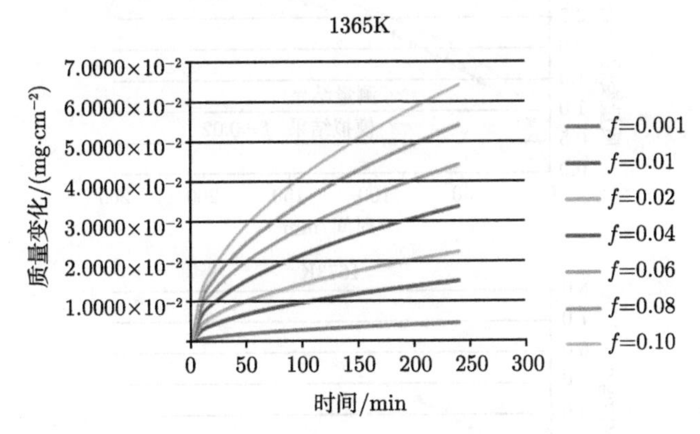

图 7.32 孔隙率对 ZrB_2 氧化前后质量损失的影响

图 7.33 给出了不同温度下质量损失计算结果与试样测量结果的对比，二者吻合较好。需要说明的是，由于孔隙率随着温度变化，不同温度下计算时选择了不同的孔隙率。从图中可以看出，固定温度下的质量损失随时间变化曲线呈抛物型，随着温度的升高，质量损失明显加快。

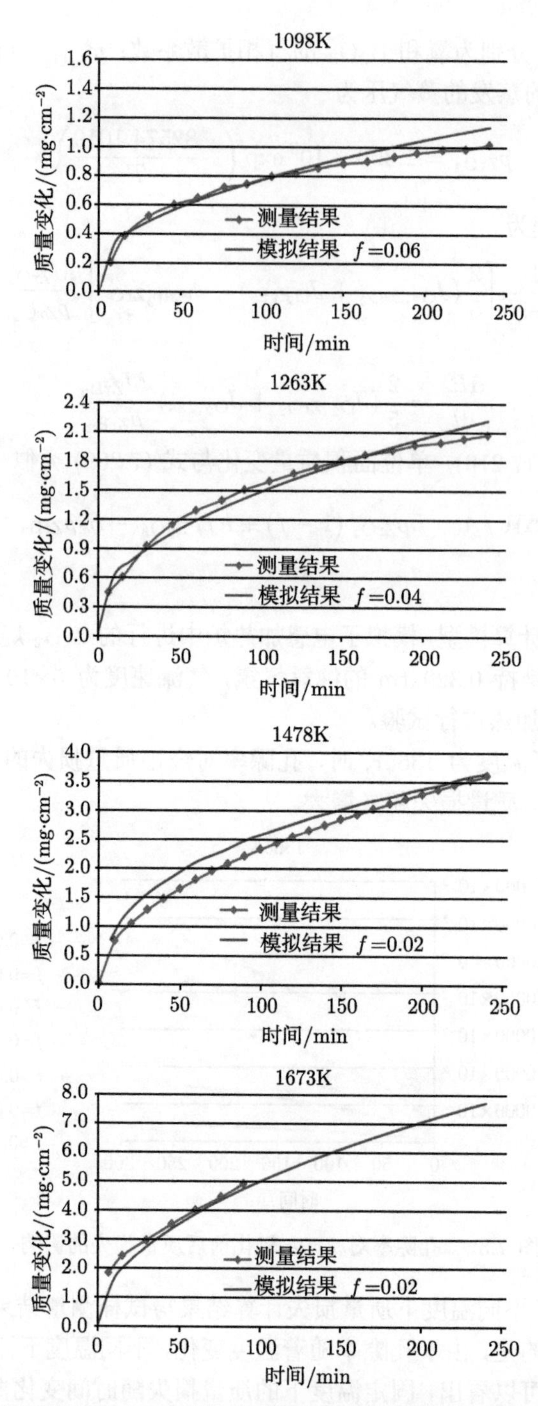

图 7.33 不同温度下 ZrB_2 氧化前后质量变化模拟结果与测试结果的比较

表 7.4 给出了不同温度下 B_2O_3 与 ZrO_2 氧化膜厚度的比值，可以看出，随着温度增加，厚度比逐渐减小，大致呈 2 次方下降，主要是受到 B_2O_3 蒸发的影响。

表 7.4 不同温度下氧化物 B_2O_3 与 ZrO_2 的厚度之比

T/K	1098	1163	1263	1365	1478	1573	1673
厚度比	1.045	1.041	1.029	0.991	0.956	0.872	0.699

7.5.2 碳纤维增强 SiC 和 ZrB_2 复合材料协同烧蚀机理

进入 21 世纪以来，不断提高防热材料的使用温度上限成为人们关注的焦点，由于 ZrB_2、HfB_2、BN、SiC 等超高温陶瓷材料能够在 2000℃ 左右依然保持低/非烧蚀，自然成为理想的选择。近年来，人们对这些材料的氧化行为开展了大量研究，并探索不同材料组合搭配来提高材料的使用温度上限。研究表明，纯 SiC 氧化生成的 SiO_2 氧化膜只能在 1800℃ 以下使用，否则会发生活性氧化，失去保护作用，如果在 SiC 基体中添加 ZrB_2，氧化生成 B_2O_3 和 ZrO_2，可以显著拓宽材料使用温度范围。

Opeka 等给出了 2500K 下 Zr-O、Si-O、B-O 系统的凝固相/气相平衡图 [38]，有助于我们认识 ZrB_2-SiC 复合材料多组元氧化的协同作用。Fahrenholtz 的工作给出了 1000K、1800K、2500K 时 ZrB_2 的挥发图谱 [39]，还提供了与温度相关的基于蒸气压的 B-O 系统描述，据此可计算出 ZrB_2、ZrO_2、B_2O_3 三相共存时的氧分压，预测了在凝固的多孔氧化物 ZrO_2 中残留的液态 B_2O_3 的质量分数。这一模型在 Talmy 等的试验中得到证实 [40]。Fahrenholtz 分析了 ZrB_2-SiC 超高温陶瓷复合材料的氧化行为 [41]，提出了氧化过程中的反应顺序、氧化物成分和生成率、SiC 耗尽层的形成。基于这些研究，Parthasarathy 等发展了高熔点二硼化物相超高温陶瓷的氧化动力学模型 [34-36,42]。

1. 含 SiC 的二硼化物复合材料氧化模型

可以根据已有的 SiC-MeB_2(Me 代表 Zr 或 Hf 等一类高熔点金属) 复合材料的氧化产物微观形态 [43]，建立唯象模型，如图 7.34 所示。(a) 为原材料 ZrB_2-SiC 样品表面形成氧化产物的微观结构；(b) 和 (c) 为不同温度下氧化过程的唯象模型。

假设底层基材为 SiC 和 MeB_2 的混合物，设 SiC 的体积分数为 f_s，则 MeB_2 的体积分数为 $(1-f_s)$。氧化产物即鳞片状氧化物是由分散的 MeO_2 高熔点颗粒、连通的微小孔隙及其填充孔隙的液态硼硅酸盐 (即熔融态物质) 组成的。气孔是由 B_2O_3 挥发形成的，骨架为 MeO_2。气孔中可能会填充有熔融物质 SiO_2，但在非常高的温度下，熔融物质完全蒸发后会留下气孔。假设 MeO_2 颗粒是不能渗透氧气的，来自周围环境的分子氧首先溶解在硼硅酸盐里，扩散通过外表面的熔融态相，渗透通过

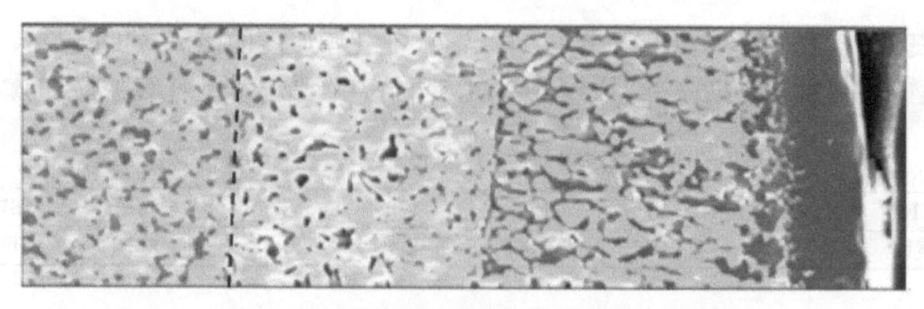

(a) ZrB_2-SiC样品表面氧化产物微观结构的SEM图像

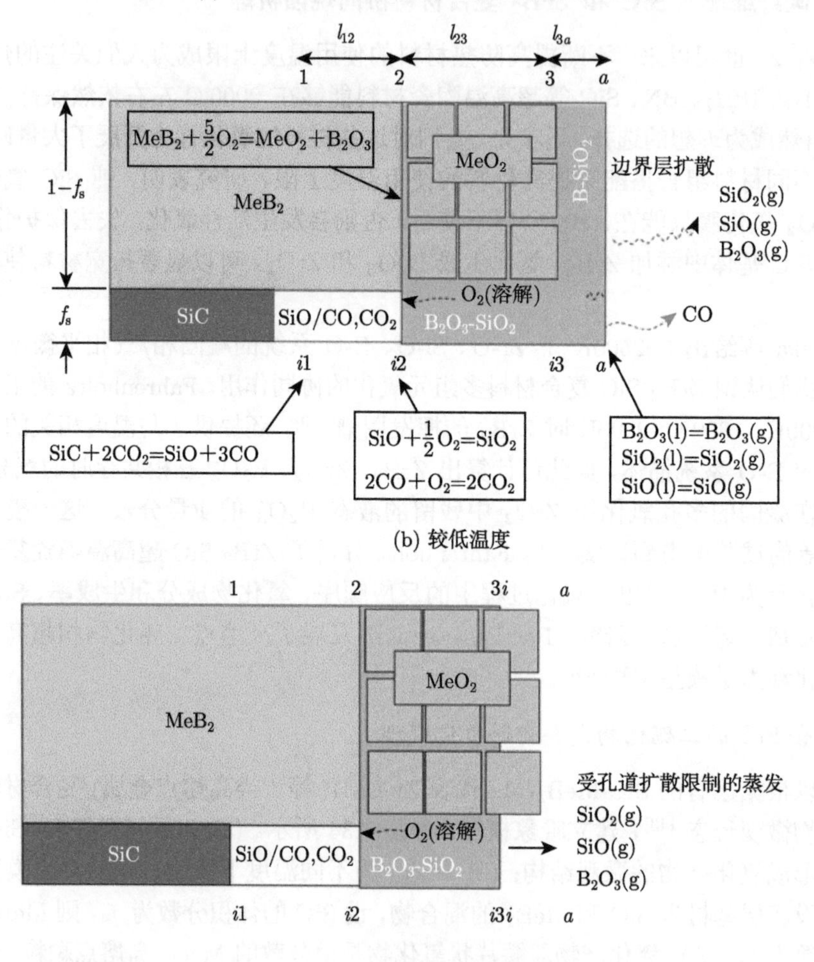

(b) 较低温度

(c) 较高温度或环境流速较高

图 7.34 含碳化硅的二硼化物的氧化模型 (取自文献 [42])

熔融层 (氧化物) 里的多孔通道，最终到达界面 $i2$，在那里与二硼化物发生反应。假设一部分氧气流量与 SiC 面积 (= 体积) 分数成比例，在耗尽层 (SiC 缺乏，熔融态物质填充) 里输运，通过 CO 和 CO_2 的气体混合物媒介来氧化 SiC。SiC 氧化反应产物 CO 认为是或以扩散或以气泡的形式通过熔融态氧化物，且假设没有速率限制。图 7.34(c) 描述在更高温度 (一般高于 2000K) 下可以预测的情况，外表面的 B_2O_3 和 SiO_2 完全蒸发掉，外部熔融态层不能维持，向内退缩。

前面介绍过，当温度高于单斜四方晶的相变点 T_{trans} 后，孔隙率 (气孔体积分数，里面可能弥漫着熔融态物质) 认为是随着温度而改变的。MeO_2 区域中的气孔 (熔融物填充) 体积分数记为 f_p，熔融态物质占所有凝聚态氧化物的体积分数记为 f_g，MeO_2 占所有凝聚态氧化物的体积分数记为 f_{MeO_2}，它们之间的关系为

$$\begin{cases} f_p = f_1, \quad T < T_{trans}; \quad f_p = f_2, \quad T > T_{trans} \\ f_g = f_s + f_p(1 - f_s) \\ f_{MeO_2} = (1 - f_p)(1 - f_s) = 1 - f_g \end{cases} \tag{7.231}$$

如图中所示，MeB_2 体积分数为 $(1 - f_s)$，在 "MeO_2 +熔融物" 层 (区域 2-3) 中的 MeO_2 体积分数为 $(1 - f_p)$。因此，若没有 SiC 存在 (即整块的 MeB_2)，则 $f_g = f_p$；若有 SiC 存在，则熔融物体积分数随 f_s 而增加。

MeB_2-MeO_2 界面 (下标标识 $i2$) 的硼硅酸盐中的 B_2O_3 的活度 $a_{B_2O_3\text{-}i2}$，可以用 MeB_2 相的后退速率 $\dfrac{dR_{MeB_2}}{dt}$ 和 SiC 相的后退速率 $\dfrac{dR_{SiC}}{dt}$ 来表述。假设材料为理想混合物，MeB_2 和 SiC 相的分数和它们的摩尔体积 V_{MeB_2} 和 V_{SiC} 分别为

$$\begin{cases} a_{B_2O_3\text{-}i2} = \dfrac{\dfrac{1 - f_s}{V_{MeB_2}}\left(\dfrac{dR_{MeB_2}}{dt}\right)}{\dfrac{1 - f_s}{V_{MeB_2}}\left(\dfrac{dR_{MeB_2}}{dt}\right) + \dfrac{f_s}{V_{SiC}}\left(\dfrac{dR_{SiC}}{dt}\right)} \\ a_{SiO_2\text{-}i2} = 1 - a_{B_2O_3\text{-}i2} \end{cases} \tag{7.232}$$

此处，假设氧化是一个理想的行为，活度认为是正比于摩尔速率的。

在界面 $i2$，二硼化物氧化的平衡常数与氧化硼活度及氧气分压有关，由下式给出

$$\begin{cases} MeB_2 + \dfrac{5}{2}O_2 = MeO_2 + B_2O_3, \quad \text{在 } i2 \text{ 界面} \\ K_{Me} = \dfrac{a_{MeO_2} a_{B_2O_3\text{-}i2}}{a_{MeB_2}\left(P_{O_2\text{-}i2}\right)^{5/2}} \end{cases} \tag{7.233}$$

式中，K 代表平衡常数；a 代表活度；P 代表分压；而下标表示种类和界面 $i2$。

对于 SiC-MeB_2 这类复合材料，可根据材料氧化后的微观结构，分段建立计算模型，通过组分流量、分压等参数关联，模拟各层的厚度、材料损失、氧气消耗等，预示氧化行为。下面就分段协同烧蚀计算方法从内往外逐层进行介绍。

2. $SiC\text{-}MeB_2$ 氧化烧蚀计算方法

1) $SiC\text{-}MeB_2$ 氧化内部耗尽层 (1-2)

SiC 位于界面 $i1$ 以内，界面 $i2$ 以外是熔融态的氧化产物，两个界面之间由孔隙连接。由于界面 $i2$ 处的低氧气分压，SiC 氧化的唯一方式是通过气体在孔隙中的正向和逆向扩散输运来实现。SiC 的氧化产物气态 SiO(g) 和 CO(g) 通过孔隙运送到界面 $i2$，与溶解在熔融物里氧气反应生成 SiO_2 维持熔融态，另一产物 CO_2 通过孔隙逆扩散越过区域 (1-2) 到达界面 $i1$，用以氧化 SiC。这个模型包含的反应如下

$$\begin{aligned} &\left\{\begin{array}{l} \mathrm{SiO}\,(\mathrm{g})+\dfrac{1}{2}\mathrm{O_2}\,(\text{溶解})=\mathrm{SiO_2} \\ 2\mathrm{CO}\,(\mathrm{g})+\mathrm{O_2}\,(\text{溶解})=2\mathrm{CO_2} \end{array}\right. ,\quad \text{在 } i2 \text{ 界面} \\ &\mathrm{SiO}\,(\mathrm{g})+2\mathrm{CO}\,(\mathrm{g})+\frac{3}{2}\mathrm{O_2}\,(\text{溶解})=\mathrm{SiO_2}+2\mathrm{CO_2}\,(\mathrm{g}),\quad \text{孔隙中} \\ &\mathrm{SiC}+2\mathrm{CO_2}\,(\mathrm{g})=\mathrm{SiO}\,(\mathrm{g})+3\mathrm{CO}\,(\mathrm{g}),\quad \text{在 } i1 \text{ 界面} \end{aligned} \tag{7.234}$$

与此关联的平衡常数有

$$\left\{\begin{array}{l} K_{\mathrm{SiO}}=\dfrac{a_{\mathrm{SiO_2}\text{-}i2}}{P_{\mathrm{SiO\text{-}i2}}\sqrt{P_{\mathrm{O_2}\text{-}i2}}} \\ K_{\mathrm{SiC}}=\dfrac{P_{\mathrm{SiO}\text{-}i1}\left(P_{\mathrm{CO}\text{-}i1}\right)^3}{a_{\mathrm{SiC}\text{-}i1}\left(P_{\mathrm{CO_2}\text{-}i1}\right)^2} \\ K_{\mathrm{CO_2}}=\dfrac{\left(P_{\mathrm{CO_2}\text{-}i2}\right)^2}{\left(P_{\mathrm{CO}\text{-}i2}\right)^2 P_{\mathrm{O_2}\text{-}i2}} \end{array}\right. \tag{7.235}$$

静态下，耗尽区域里的气态种类流量与方程 (7.235) 平衡常数保持一致性，氧化速率由界面 $i2$ 的进入氧气流量制约，$J_{O_2\text{-}32}$ 控制界面 $i2$ 处 SiC 的面积分数 (的变化速率)。所以，对于耗尽区，能获得各组分流量

$$\left\{\begin{array}{l} \left|J_{\mathrm{CO\text{-}12}}\right|=\dfrac{3}{2}\left|J_{\mathrm{CO_2\text{-}21}}\right| \\ \left|J_{\mathrm{SiO\text{-}12}}\right|=\dfrac{1}{2}\left|J_{\mathrm{CO_2\text{-}21}}\right| \\ \left|J_{\mathrm{SiO\text{-}12}}\right|=\dfrac{2}{3}f_{\mathrm{s}}\left|J_{\mathrm{O_2\text{-}32}}\right| \\ \left|J_{\mathrm{CO_2\text{-}21}}\right|=f_{\mathrm{s}}\dfrac{D_{\mathrm{CO_2\text{-}12}}}{\hat{R}T}10^5\dfrac{P_{\mathrm{CO_2}\text{-}i2}-P_{\mathrm{CO_2}\text{-}i1}}{l_{12}} \\ \left|J_{\mathrm{CO\text{-}12}}\right|=f_{\mathrm{s}}\dfrac{D_{\mathrm{CO\text{-}12}}}{\hat{R}T}10^5\dfrac{P_{\mathrm{CO}\text{-}i1}-P_{\mathrm{CO}\text{-}i2}}{l_{12}} \end{array}\right. \tag{7.236}$$

这些表达式中，J 为流量 (通量)；D 是扩散率；$\hat{R}$ 是通用气体常数；l_{12} 是耗尽区长度。

这里描述的区域 1-2 有几个未知数，其中界面 $i2$ 氧气分压由方程 (7.235) 确定，余下的六个未知量由下面的表达式计算获得

$$\left\{\begin{array}{l} P_{\mathrm{O_2}\text{-}i2}=\left(\dfrac{a_{\mathrm{MeO_2}}a_{\mathrm{B_2O_3}\text{-}i2}}{a_{\mathrm{MeB_2}}K_{\mathrm{Me}}}\right)^{2/5} \\ P_{\mathrm{SiO}\text{-}i2}=\dfrac{a_{\mathrm{SiO_2}\text{-}i2}}{K_{\mathrm{SiO}}\sqrt{P_{\mathrm{O_2}\text{-}i2}}} \\ P_{\mathrm{SiO}\text{-}i1}=\dfrac{2\hat{R}T\left|J_{\mathrm{O_2}\text{-}32}\right|l_{12}}{3\times10^5D_{\mathrm{SiO}\text{-}12}}+P_{\mathrm{SiO}\text{-}i2} \\ P_{\mathrm{CO}\text{-}i1}\left(D_{\mathrm{CO}\text{-}12}D_{\mathrm{CO_2}\text{-}12}\sqrt{K_{\mathrm{CO_2}}P_{\mathrm{O_2}\text{-}i2}}\right)-\left(P_{\mathrm{CO}\text{-}i1}\right)^{3/2}D_{\mathrm{CO}\text{-}12}D_{\mathrm{CO_2}\text{-}12}\sqrt{\dfrac{P_{\mathrm{SiO}\text{-}i1}}{K_{\mathrm{SiC}}}} \\ -2D_{\mathrm{CO}\text{-}12}D_{\mathrm{SiO}\text{-}i1}P_{\mathrm{SiO}\text{-}i1}-3D_{\mathrm{CO_2}\text{-}12}D_{\mathrm{SiO}\text{-}12}\sqrt{K_{\mathrm{CO_2}}P_{\mathrm{O_2}\text{-}i2}}P_{\mathrm{SiO}\text{-}i1} \\ +2D_{\mathrm{CO}\text{-}12}D_{\mathrm{SiO}\text{-}i1}P_{\mathrm{SiO}\text{-}i2}+3D_{\mathrm{CO_2}\text{-}12}D_{\mathrm{SiO}\text{-}12}\sqrt{K_{\mathrm{CO_2}}P_{\mathrm{O_2}\text{-}i2}}P_{\mathrm{SiO}\text{-}i2}=0 \\ P_{\mathrm{CO_2}\text{-}i1}=\dfrac{\left(P_{\mathrm{CO}\text{-}i1}\right)^{3/2}\sqrt{P_{\mathrm{SiO}\text{-}i1}}}{\sqrt{K_{\mathrm{SiC}}}} \\ P_{\mathrm{CO}\text{-}i2}=\dfrac{D_{\mathrm{CO}\text{-}12}P_{\mathrm{CO}\text{-}i1}-3D_{\mathrm{SiO}\text{-}12}P_{\mathrm{SiO}\text{-}i1}+3D_{\mathrm{SiO}\text{-}12}P_{\mathrm{SiO}\text{-}i2}}{D_{\mathrm{CO}\text{-}12}} \\ P_{\mathrm{CO_2}\text{-}i2}=P_{\mathrm{CO}\text{-}i2}\sqrt{K_{\mathrm{CO_2}}P_{\mathrm{O_2}\text{-}i2}} \end{array}\right. \tag{7.237}$$

上面的方程组中，未知量是氧气流率，即区域 2-3 的 $J_{\mathrm{O_2}\text{-}32}$，可由下面区域 2-3 的方程获得。

2) $\mathrm{MeB_2}$-$\mathrm{B_2O_3}$-$\mathrm{SiO_2}$熔融物混合层 (2-3)

界面 $i2$ 和界面 $i3$ 之间的区域 2-3 的氧气通量主管方程如下

$$\left\{\begin{array}{l} \left|J_{\mathrm{O_2}\text{-}32}\right|=\Pi_{\mathrm{O_2}\text{-}\mathrm{B_2O_3}\text{-}\mathrm{SiO_2}}\dfrac{P_{\mathrm{O_2}\text{-}i3}-P_{\mathrm{O_2}\text{-}i2}}{l_{23}}f_{\mathrm{g}} \\ \left|J_{\mathrm{O_2}\text{-}a3}\right|=\Pi_{\mathrm{O_2}\text{-}\mathrm{B_2O_3}\text{-}\mathrm{SiO_2}(3a)}\dfrac{P_{\mathrm{O_2}\text{-}a}-P_{\mathrm{O_2}\text{-}i3}}{l_{3a}} \\ \text{因为}\quad \left|J_{\mathrm{O_2}\text{-}32}\right|=\left|J_{\mathrm{O_2}\text{-}a3}\right| \\ P_{\mathrm{O_2}\text{-}i3}=\dfrac{l_{23}\Pi_{\mathrm{O_2}\text{-}\mathrm{B_2O_3}\text{-}\mathrm{SiO_2}(3a)}P_{\mathrm{O_2}\text{-}a}+f_{\mathrm{g}}l_{3a}\Pi_{\mathrm{O_2}\text{-}\mathrm{B_2O_3}\text{-}\mathrm{SiO_2}}P_{\mathrm{O_2}\text{-}i2}}{l_{23}\Pi_{\mathrm{O_2}\text{-}\mathrm{B_2O_3}\text{-}\mathrm{SiO_2}(3a)}+f_{\mathrm{g}}l_{3a}\Pi_{\mathrm{O_2}\text{-}\mathrm{B_2O_3}\text{-}\mathrm{SiO_2}}} \end{array}\right. \tag{7.238}$$

这里，Π 表示渗透率。区域 3-a 的渗透率不同于区域 2-3 的，因为区域 3-a 很可能因氧化硼比二氧化硅更快的蒸发而导致氧化硼含量减少。

未知数为三个区域的厚度 l_{12}，l_{23}，l_{3a} 它们的演化方程为

$$
\begin{cases}
\dfrac{\mathrm{d}l_{23}}{\mathrm{d}t} = V_{\mathrm{MeO_2}}\left(\left|J_{\mathrm{O_2\text{-}32}}\right| - \dfrac{3}{2}\left|J_{\mathrm{SiO\text{-}12}}\right|\right)\dfrac{2}{5}\dfrac{1}{f_{\mathrm{MeO_2}}} \\
\dfrac{\mathrm{d}R_{\mathrm{MeB_2}}}{\mathrm{d}t} = \dfrac{\mathrm{d}l_{23}}{\mathrm{d}t}\dfrac{V_{\mathrm{MeB_2}}f_{\mathrm{MeO_2}}}{V_{\mathrm{MeO_2}}(1-f_{\mathrm{s}})} \\
\dfrac{\mathrm{d}R_{\mathrm{SiC}}}{\mathrm{d}t} = \left|J_{\mathrm{SiO\text{-}12}}\right|\dfrac{V_{\mathrm{SiC}}}{f_{\mathrm{s}}} \\
l_{12} = R_{\mathrm{SiC}} - R_{\mathrm{MeB_2}}
\end{cases}
\tag{7.239}
$$

其中，$R_{\mathrm{MeB_2}}$ 和 R_{SiC} 分别为 $\mathrm{MeB_2}$ 和 SiC 的后退量；$V_{\mathrm{MeO_2}}$ 和 V_{SiC} 分别为 $\mathrm{MeB_2}$ 和 SiC 的摩尔体积。在数值计算中，可以假设一初始小值来计算它们。

3) 外部 B_2O_3-SiO_2熔融层 (3-a)

外部熔融层 3-a 厚度 l_{3a} 随时间的演化，由氧化硼和二氧化硅的生成率减去表面蒸发的损失率，以及区域 2-3 被熔融态物质所占据的总量 (数量) 确定。考虑到 B_2O_3-SiO_2 体系中的主要的气态组分有 B_2O_3 (g)、SiO (g) 和 SiO_2 (g)，且与温度和氧气分压关联，则

$$
\begin{cases}
\dfrac{\mathrm{d}l_{3a}}{\mathrm{d}t} = \left(\dfrac{\mathrm{d}l_{23}}{\mathrm{d}t}\dfrac{f_{\mathrm{MeO_2}}}{V_{\mathrm{MeO_2}}} - \left|J_{\mathrm{B_2O_3\text{-}vap}}\right|\right)V_{\mathrm{B_2O_3}} \\
\qquad + \left(\left|J_{\mathrm{SiO\text{-}12}}\right| - \left|J_{\mathrm{SiO_2\text{-}vap}}\right| - \left|J_{\mathrm{SiO\text{-}vap}}\right|\right)V_{\mathrm{SiO_2}} - \dfrac{\mathrm{d}l_{23}}{\mathrm{d}t}f_{\mathrm{g}} \\
\left|J_{\mathrm{species\text{-}vap}}\right| = \dfrac{D_{\mathrm{species}}}{RT}10^5\dfrac{P_{\mathrm{species\text{-}vap}}}{\delta_{\mathrm{bdry}}} \\
\delta_{\mathrm{bdry}} = \dfrac{3}{2}\sqrt{\dfrac{l_{\mathrm{specimen}}}{v_{\mathrm{fluid}}}}\left(\dfrac{\eta_{\mathrm{fluid}}}{\rho_{\mathrm{fluid}}}\right)^{1/6}\left(D_{\mathrm{species}}\right)^{1/3}
\end{cases}
\tag{7.240}
$$

其中，l_{specimen} 为试样长度；η，ρ，v 分别指黏性、密度、环境流体的速度；下标 vap 代表蒸发。最后一个方程为浓度边界层厚度与组分挥发的依赖关系。

熔融层的黏性将限制外层在重力作用下能够保持的最大厚度 $l_{3a\text{-}\max}$。依据环境流体中液膜崩塌理论，限制厚度为

$$
\begin{cases}
l_{3a\text{-}\max} = \left[\dfrac{3\left(M_{\mathrm{B_2O_3\text{-}SiO_2}}\varGamma_{\mathrm{B_2O_3\text{-}SiO_2}}l_{\mathrm{spec}}\right)\eta_{\mathrm{B_2O_3\text{-}SiO_2}}}{g\rho^2_{\mathrm{B_2O_3\text{-}SiO_2}}\sin\phi}\right]^{1/3} \\
\varGamma_{\mathrm{B_2O_3\text{-}SiO_2}} = \dfrac{\mathrm{d}l_{3a}}{\mathrm{d}t}\dfrac{1}{V_{\mathrm{B_2O_3\text{-}SiO_2}}}
\end{cases}
\tag{7.241}
$$

其中，M 表示分子量；g 为重力加速度；ϕ 为重力与试样表面的夹角；$\varGamma_{\mathrm{B_2O_3\text{-}SiO_2}}$ 表示在表面增加的硼硅酸盐的速率；下标 B_2O_3-SiO_2 表示在表面区域 (3-a) 存在硼硅酸盐。

最后可获得增加的净重、氧气消耗的量和蒸发质量

$$\begin{cases} W_{\mathrm{g}} = l_{23}\left(f_{\mathrm{MeO_2}}\rho_{\mathrm{MeO_2}} + f_{\mathrm{g}}\rho_{\mathrm{g}}\right) + l_{3a}\rho_{\mathrm{g}} - R_{\mathrm{SiC}}f_{\mathrm{s}}\rho_{\mathrm{SiC}} - R_{\mathrm{MeB_2}}\left(1-f_{\mathrm{s}}\right)\rho_{\mathrm{MeB_2}} \\ W_{\mathrm{O_2}} = \dfrac{5}{2}R_{\mathrm{MeB_2}}\dfrac{1-f_{\mathrm{s}}}{V_{\mathrm{MeB_2}}}M_{\mathrm{O_2}} + \dfrac{3}{2}R_{\mathrm{SiC}}\dfrac{f_{\mathrm{s}}}{V_{\mathrm{SiC}}}M_{\mathrm{O_2}} \\ W_{\mathrm{evap}} = \displaystyle\sum_{(\mathrm{SiO_2,SiO,B_2O_3})} M_{\mathrm{species}}\int_0^t J_{\mathrm{species}}\mathrm{d}t + \dfrac{R_{\mathrm{SiC}}f_{\mathrm{s}}}{V_{\mathrm{SiC}}}M_{\mathrm{CO}} \end{cases} \tag{7.242}$$

氧化产物厚度随时间变化以及各种不同的质量增加、质量损失都能通过式 (7.231)~ 式 (7.242) 数值计算获得。

4) 高温情况

在高温 (一般高于 2000K) 或环境流体高流速 (>1m/s) 条件下，SiO_2 的蒸发速率相当高，表面熔融层物质层将丧失，液体区域将退缩到区域 2-3。采用 $3i$ 表示后退熔融物层的位置，下面的方程描述了氧气流量平衡，在界面 $i3i$ 与氧气分压 $P_{\mathrm{O_2}\text{-}i3i}$ 有固定关系

$$\begin{cases} J_{\mathrm{O_2\text{-}3}i2} = \Pi_{\mathrm{O_2\text{-}B_2O_3\text{-}SiO_2}}\dfrac{P_{\mathrm{O_2}\text{-}i3i} - P_{\mathrm{O_2}\text{-}i2}}{ql_{23}}f_{\mathrm{g}} \\ J_{\mathrm{O_2}\text{-}a3i} = \dfrac{D_{\mathrm{O_2\text{-}3}ia}}{\hat{R}T}10^5\dfrac{P_{\mathrm{O_2}\text{-}a} - P_{\mathrm{O_2}\text{-}i3i}}{(1-q)\,l_{23}}f_{\mathrm{g}} \\ \text{因为}\quad J_{\mathrm{O_2\text{-}3}i2} = J_{\mathrm{O_2}\text{-}a3i} \\ P_{\mathrm{O_2}\text{-}i3i} = \dfrac{q\hat{R}T\Pi_{\mathrm{O_2\text{-}B_2O_3\text{-}SiO_2}}P_{\mathrm{O_2}\text{-}i2} - 10^5qD_{\mathrm{O_2\text{-}3}ia}P_{\mathrm{O_2}\text{-}a} - \hat{R}T\Pi_{\mathrm{O_2\text{-}B_2O_3\text{-}SiO_2}}P_{\mathrm{O_2}\text{-}i2}}{q\hat{R}T\Pi_{\mathrm{O_2\text{-}B_2O_3\text{-}SiO_2}} - 10^5qD_{\mathrm{O_2}-3ia} - \hat{R}T\Pi_{\mathrm{O_2\text{-}B_2O_3\text{-}SiO_2}}} \end{cases} \tag{7.243}$$

气态种类 (SiO_2，B_2O_3，SiO) 的扩散流决定界面 $i3i$ 后退速率。将熔融态区域的深度与区域 2-3 的长度 l_{23} 的比率作为 q，则 q 的演化方程如下

$$J_{\mathrm{species\text{-}vap}} = \frac{D_{\mathrm{species\text{-}3}ia}}{\hat{R}T}10^5\frac{P_{\mathrm{species\text{-}vap}}}{(1-q)\,l_{23}}f_{\mathrm{g}}$$

$$\frac{\mathrm{d}q}{\mathrm{d}t} = \frac{1}{l_{23}}\left\{\frac{1}{f_{\mathrm{g}}}\left[\begin{matrix} J_{\mathrm{SiO\text{-}12}}V_{\mathrm{SiO_2}} + \left(J_{\mathrm{O_2\text{-}3i2}} - \dfrac{3}{2}J_{\mathrm{SiO\text{-}12}}\right)\dfrac{2}{5}V_{\mathrm{B_2O_3}} \\ -J_{\mathrm{SiO_2\text{-}vap}}V_{\mathrm{SiO_2}} - V_{\mathrm{B_2O_3\text{-}vap}}V_{\mathrm{B_2O_3}} \end{matrix}\right] - q\frac{\mathrm{d}l_{23}}{\mathrm{d}t}\right\} \tag{7.244}$$

演化方程的右侧为产物 B_2O_3 和 SiO_2 的速率减去蒸发速率，最后一项表示 l_{23} 随

着时间增长而增加。试样的增重为

$$W_{\mathrm{g}} = ql_{23}\left(f_{\mathrm{MeO_2}}\rho_{\mathrm{MeO_2}} + f_{\mathrm{g}}\rho_{\mathrm{g}}\right) - R_{\mathrm{s}}f_{\mathrm{s}}\rho_{\mathrm{SiC}} - R_{\mathrm{MeB_2}}\left(1 - f_{\mathrm{s}}\right)\rho_{\mathrm{MeB_2}} \tag{7.245}$$

氧化产物鱼鳞状厚度和质量增加 (或损失) 随时间的变化，可以通过演化方程计算。

5) 计算步骤和参数说明

SiC-ZrB_2 分段协同烧蚀模型输入变量为：温度–时间历程、环境参数 (总压、氧气分压)、试样的方向和长度、流体速度、SiC 的体积分数、SiC 微粒的尺寸。热力学参数和运动学参数有：氧气渗透系数、二氧化硅黏性和硼化物黏性、所有反应的平衡常数、组分的蒸气压。假设在开始的一个极短时间内出现极薄的氧化层和熔融态层，根据控制方程计算所有参数随时间变化，包括氧化物厚度、熔融层和耗尽层厚度变化，最终获得后退量、增重、氧气消耗量和组分蒸发量等。计算中用到的一些参数说明如下。

(1) 气体扩散率：多组分气体中各组分的气体扩散率可以借助 Svehla 给出的参数来计算 [45]。气体扩散率应用于耗尽层，也用于表面蒸发时边界层扩散区域。对于有气孔情况，需要考虑扩散中的努森效应，根据文献中介绍的微观结构，气孔半径量级为 0.5μm。努森效应只在气孔变干的情况下考虑。在耗尽层里，努森效应也需要计算，由 SiC 尺寸确定。

(2) 氧化硼活度：计算 ZrB_2-ZrO_2 界面 ($i2$) 上的氧气平衡分压，以及外层的易挥发组分的分压时，需要硼硅酸盐生成的熔融态氧化硼的活度。氧化硼–二氧化硅系统中的活度等温线测量为 1475K，非常接近理想状态。

(3) 熔融物黏性：B_2O_3 黏性与温度有关，可采用对数平均插值方法计算，与 SiO_2 熔融层黏性半经验模型一致 [46]。

(4) 氧渗透：液态氧化硼及二氧化硅里的氧扩散性从如下来源获得相对应的数据。液态氧化硼的数据来自 Schlichting 等 [47]；二氧化硅里的氧扩散性来自 Lamkin 等 [48] 的研究。对于多组分，采用对数–平均近似法插值，与 Karlsdottir 和 Halloran [44] 建议的 Stokes-Einstein 关系式保持一致。

(5) 此外，表层的氧化硼浓度一定低于内部氧化物 + 熔融层区域的，这是由于氧化硼比二氧化硅有更高的蒸发损失。表层聚集物依赖于蒸发速率、B 在 B-SiO_2 中的扩散、对流混合程度，目前还没有这方面的实验数据。因此，表面氧化硼浓度假设为内部 (对含量为 20%的 SiC 内部，B_2O_3 浓度为 ~0.72) 的一个固定分数，其值对 HfB_2 和 ZrB_2 分别为 0.8 和 0.9 (B_2O_3 浓度为 ~0.58 和 ~0.65)。高价 (化学) 掺杂物浓度 C_{dopant} 在 MeO_2 中认为小于 100ppm (百万分之一的)，这就允许忽视氧在 MeO_2 相中的渗透。文献采用的环境流速范围为 0.0001~150 m/s，更低值符合静止空气，更高值接近电弧–射流条件 (激波后)。流体流动对蒸发速率的影响包含在上述模型中。

3. 算例结果比较

图 7.35 给出了不同温度下，针对 SiC-ZrB_2 系统，模拟计算与试样试验结果的比较。其中，试验数据 (离散点表示) 来自不同的文献 [42,49,50]，实线表示样品重量增加，虚线表示氧气消耗量。这里定义样品重量增加为样品与氧化产物的重量减去外层熔融相的蒸发损失或外部流动带走的量；氧气消耗量，假设为所有的氧化产物都保留在样品表面的重量变化。图中显示了 SiC 体积分数的影响，计算模型能很好地描述变化趋势，与实测结果吻合较好。

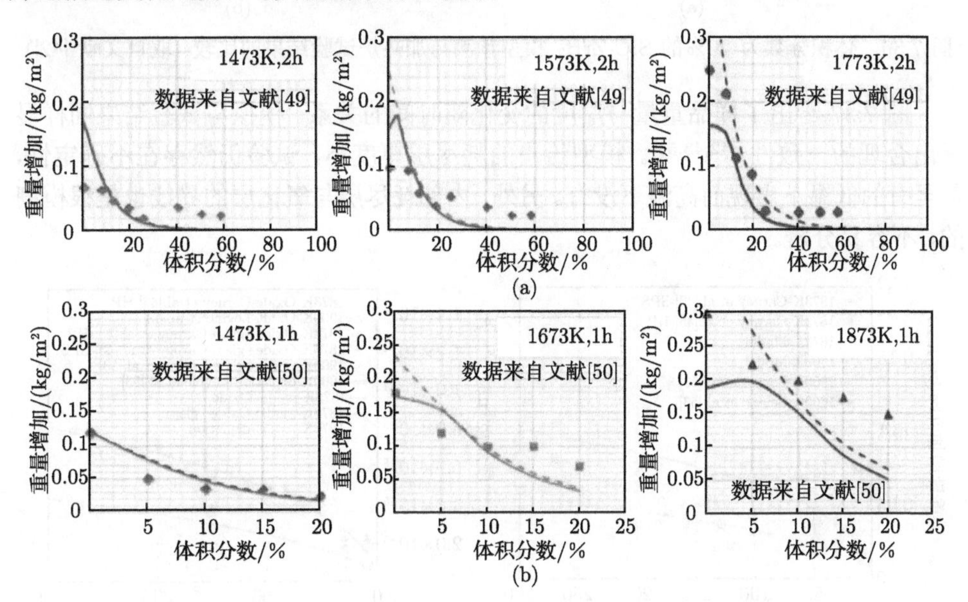

图 7.35 SiC-ZrB_2 模型计算与加热炉试验结果比较 (取自文献 [42])

图 7.36 给出了体积分数为 20% 的 SiC-ZrB_2 在静止气氛中不同温度下的氧化行为模型与试验结果的比较 [42,43,51,52]。不同来源的试验结果散布明显。诚然，不同的制备方式有一定影响，如采用放电离子烧结 (SPS) 或热压 (HP) 技术。图 7.36(a) 给出的样品增重，模拟与试验有着很好的一致性，同时还显示，温度高于 1873K，蒸发显著。图 7.36(b) 给出的是氧化厚度，对比了鳞状的高熔点金属氧化物厚度及其与熔融层厚度之和。模型预测的结果落在试验散布的界限之内，试验数据的分散程度很大程度上源自外层熔融层的流动状态的变化。此外，模型还给出了耗尽层厚度，而试验没有一个非常清晰的内部耗尽层。需要注意的是，试验中耗尽层的出现也各不相同，目前对这种差异的原因还不是很清楚。

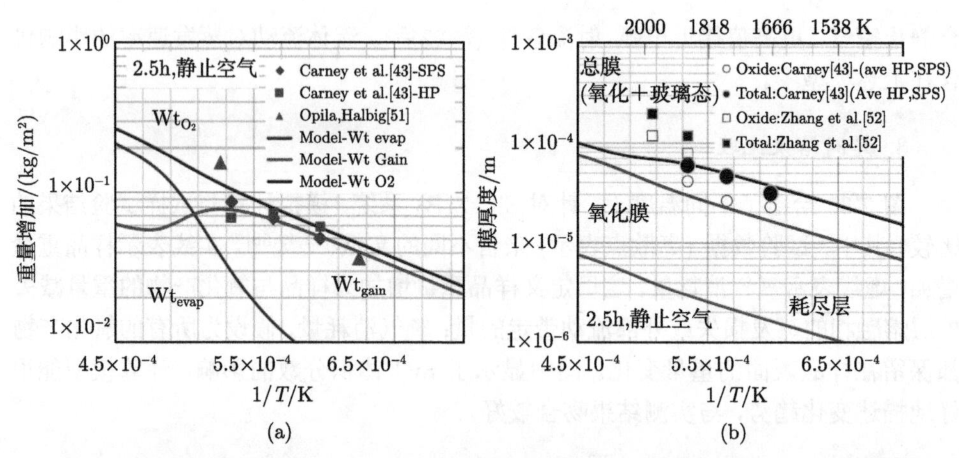

图 7.36　体积分数为 20% 的 SiC-ZrB_2 模型预测与加热炉试验结果的比较 (取自文献 [42])

图 7.37 给出了样品重量与厚度的变化随时间的关系，模拟与试验结果同样显示出合理的一致性 [42,43,53]。模型给出的耗尽层厚度小，试验仍然存在不确定性，甚至有的低温下出现而高温下没有。另外，内部耗尽层与氧化层的界线也是很模糊的，不容易分辨。

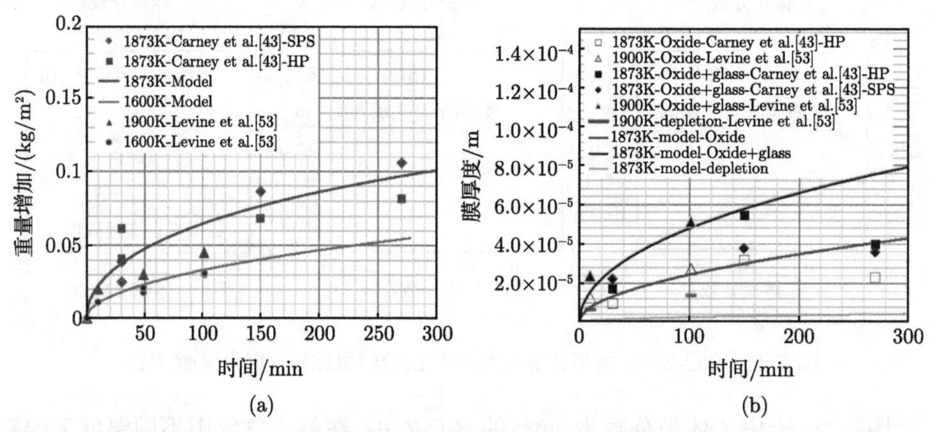

图 7.37　体积分数为 20% 的 SiC-ZrB_2 模型预测与加热炉试验结果的比较 (取自文献 [42])

参 考 文 献

[1] 李建林. 临近空间高超声速飞行器发展研究. 北京: 中国宇航出版社，2012.

[2] 国义军, 桂业伟，童福林，代光月，曾磊. C/SiC 复合材料烧蚀机理和通用计算模型研究. 空气动力学学报，2012，30(1): 34–38.

[3] 国义军, 桂业伟，童福林，代光月. 碳/碳化锆复合材料烧蚀机理和计算方法研究. 空气动力学学报，2013，31(1): 22–26.

[4] 国义军, 桂业伟, 曾磊, 代光月, 邱波, 刘骁. 新型耐高温抗氧化材料体系的烧蚀机理研究. 首届海内外华人 CFD 研讨会，中国四川绵阳，2015 年 7 月 15–16 日.

[5] Stern K H. Oxidation of silicon, silicon carbide (SiC) and silicon nitride [Si_3N_4]. ADA 168886, 1986.

[6] Ramberg C E，Cruciam G，Spear K E，Tressler R E. Passice-oxidation kinerics of high-purity silicon carbide from 800°Cto 1100°C. J. Am. Ceram. Soc., 1996, 79(11): 2897–2911.

[7] Zheng Z, Tressler R E, Spear K E. The effect of sodium contamination on the oxidation of single-crystal silicon carbide. Corrosion Science，1992, 33: 545–566.

[8] Ziering M B. Thermochemical ablation of ceramic heat shields. AIAA J. 1975, 13(5): 610–616.

[9] Narushima T，Goto T，Hirai T, Iguchi Y. High-temperature oxidation of silicon carbide and silicon nitride. Mat. Trans. JIM, 1997, 38(10): 821–835.

[10] Jacobson N S，Lee K N. Performance of ceramics in severe encirinments. N20050060620, 2005.

[11] Narushima T，Goto T，Hirai T. High-temperature passive oxidation of chemically vapor deposited silicon carbide. J. Am. Ceram. Soc., 1989, 72(8): 1386–1390.

[12] Jacobson N S. Corrosion of silicon-based ceramics in combustion environments. J. Am. Ceram. Soc., 1993, 76(1): 3–28.

[13] Hald H，Ullmann T. Reentry flight and ground testing experience with hot structures of C/C-SiC material. AIAA Paper 2003-1667, 2003.

[14] Wagner C. Passiity during the oxidation of silicon at elevated temperatures. J. Appl. Phys., 1958, 29(9): 1295–1297.

[15] 殷小玮，成来飞，张立同，等. 3D C/SiC 复合材料在燃气中的氧化行为. 兵器材料科学与工程，2000，23(5): 3–7.

[16] 魏玺. 3D C/SiC 复合材料氧化机制分析及氧化动力学模型. 西安：西北工业大学硕士学位论文, 2004.

[17] 张杰，魏鑫，郑力铭，孙冰. C/SiC 复合材料在空气中的氧化烧蚀. 推进技术，2008，29(4): 488–493.

[18] 邹世钦，张长瑞，周新贵，曹英斌. 碳纤维增强 SiC 陶瓷复合材料的研究进展. 高科技纤维与应用，2003, 28(2): 15–20.

[19] Hinze J W，Tripp W C，Graham H C. Active oxidation phenomena in silicon and silicon-base materials. ARL 75-0250, 1975.

[20] Deal B E, Grove A S. General Relationship for the Thermal Oxidation of Silicon. J.Appl. Phys., 1965, 36(12): 3770–3778.

[21] Balat M, lamant G，Male G，Pichelin G. Active to passive transition in the oxidation of silicon carbide at high temperature and low pressure in molecular and atomic oxygen. Journal of Materials Science, 1992, 27: 697–703.

[22] Balat M J H. Determination of the active-to-passive transition in the oxidation of silicon carbide in standard and microwave-excited air. Journal of the European Ceramic Society, 1996, 16: 55–62.

[23] Milos F S. Thermochemical ablation model for TPS materials with multiple surface constituents. AIAA Paper 94–2042, 1994.

[24] Willams E L. Diffusion of oxygen in fused silica. Journal of the American Ceramic Society，1965, 48(4): 190–194.

[25] Jorgensen P J. Effect of oxygen partial pressure on the oxidation of silicon carbide. Journal of the American Ceramic Society，1960, 43(4): 209–212.

[26] Ogbuji L U J T，Opila E J. A Comparison of the oxidation kinetics of SiC and Si_3N_4. J. Electrochem. Soc., 1965, 142(3): 925–930.

[27] Zheng Z, Tressler R E, Spear K E. Oxidation of single-crystal silicon carbide，part II. kinetic model. Journal of the Electrochemical Society，1990, 137(9): 2812–2816.

[28] Costello J A, Tressler R E. Oxidation kinetics of silicon carbide crystalsand ceramics: I, in dry oxygen. J. Am. Cerurn. Soc., 1986, 69(9): 674–681.

[29] 低烧蚀碳碳烧蚀试验总结. 北京临近空间飞行器系统工程研究所，2009.

[30] Opila E J，Jacobson N S. Corrosion of ceramic materials. N20000004900，2000.

[31] Timmer H G，Arne C L，Stokes T R，Tang H H. Aerothermodynamic characteristics of slender ablating re-entry vehicles. AIAA, 1970: 70–826.

[32] Chase M W Jr，Davies C A，Downey J R Jr，et al. JANAF thermochemical tables，third edition. J. Phys. Chem. Ref. Data，1985, 14(1): 1–1858.

[33] Clougherty E V，Kalish D，Peter E T. Research and development of refractory oxidation resistant diborides. AFML-TR-68-190, 1968.

[34] Parthasarathy T A，Rapp R A，Opeka M，Kerans R J. A model for the oxidation of ZrB_2, HfB_2 and TiB_2. Acta Materialia, 2007, 55: 5999–6010.

[35] Parthasarathy T A，Rapp R A，Opeka M，Kerans R J. A model for transitions in oxidation regimes of ZrB_2. Materials Science Forum, 2008, 595–598: 823–832.

[36] Parthasarathy T A，Rapp R A，Opeka M，Kerans R J. Effects of phase change and oxygen permeability in oxide scales on oxidation kinetics of ZrB_2 and HfB_2. Journal of the American Ceramic Society, 2009, 92(5): 1079–1086.

[37] Tripp W C，Graham H C. Thermogravimetric study of the oxidation of ZrB_2 in the temperature range of 800 to 1500°C. Electrochem Soc., 1971, 118(7): 1195–1199.

[38] Opeka M M，Talmy I G，Zaykoski J A. Oxidation-based materials selection for 2000°C + hypersonic aerosurfaces: theoretical considerations and historical experience. J. Mater. Sci., 2004, 39: 5887–5904.

[39] Fahrenholtz W G. The ZrB_2 volatility diagram. Am. Ceram. Soc., 2005, 88(12): 3509–3512.

[40] Talmy I G, Aykoski J A, Peka M A. Poperties of ceramics in the $ZrB_2/ZrC/SiC$ system prepared by reactive processing. Ceram. Eng. Sci. Proc., 1998, 19(3): 105–112.

[41] Fahrenholtz W G. Thermodynamic analysis of ZrB_2–SiC oxidation: formation of a SiC-depleted region. Amer. Ceram. Soc., 2007, 90(1): 143–148.

[42] Parthasarathy T A, Rapp R A, Opeka M, Cinibulk M K. Modeling oxidation kinetics of SiC-containing refractory diborides. J. Am. Ceram. Soc., 2012, 95(1): 338–349.

[43] Carney C M, Mogilevsky P, Parthasarathy T A. Oxidation behavior of zirconium diboride silicon carbide produced by the spark plasma sintering method. Am. Ceram. Soc., 2009, 92(9): 2046–2052.

[44] Karlsdottir S N, Halloran J W. Formation of oxide scales on zirconium diborde-silicon carbide composites during oxidation: relation of subscale recession to liquid oxide flow. Am. Ceram. Soc., 2008, 91(11): 3652–3658.

[45] Svehla R A. Estimated viscosities and thermal conductivities of gases at high temperatures. Washington DC: NASA TR R-132, 1962.

[46] Hrma P, Arrigoni B M, Schweiger M J. Viscosity of many-component glasses. Non-Cryst. Solids, 2009, 355: 891–902.

[47] Schlichting J. Oxygen transport through glass layers formed by a gel process. Non-Cryst. Solids, 1984, 63: 173–181.

[48] Lamkin M A, Riley F L, Fordham R J. Oxygen mobility in silicon dioxide and silicate glasses: a review. Eur. Ceram. Soc., 1992, 10: 347–367.

[49] Talmy I. Effect of SiC content on oxidation kinetics of SiC-ZrB_2. Unpublished Work, Naval surface Warfare Center, Carderock, MD, 2005.

[50] Wang M, Wang C A, Yu L, Huang Y, Zhang Z. Oxidation behavior of SiC platelet-reinforced ZrB_2 ceramic matrix composites. Int. J. Appl. Ceram. Tech., doi: 10.1111/j.1744-7402.2011.02647.x. 2011.

[51] Opila E J, Halbig M C. Oxidation of ZrB_2-SiC. Ceram. Eng. Sci. Proc., 2001, 22(3): 221–228.

[52] Zhang X H, Hu P, Han J C. Structure evolution of ZrB_2-SiC during the oxidation in air. Mater. Res., 2008, 23(7): 1961–1972.

[53] Levine S R, Opila E J, Halbig M C, et al. Evaluation of ultra-high temperature ceramics for aeropropulsion use. Eur. Ceram. Soc., 2002, 22: 2757–2767.

第8章 大气中云粒子对飞行器的侵蚀

8.1 引 言

当我们乘坐飞机，在 1 万米以上高空巡航时，透过飞机眩窗，常常会看到飞机下面有厚厚的云层，而上方则是晴空万里。这些云层主要是水蒸气团，其中含有大量尘埃、冰晶、雪花、雨滴、云雾等微小粒子。当云层中水含量达到一定程度，并出现较强的对流时，就会形成降雨 (雪) 天气。根据云层和降水的程度，人们将其划分为：晴天、阴天、小雨 (雪)、中雨 (雪)、大雨 (雪)、暴雨 (雪) 等。

可别小看这些微小粒子，它们会对飞行器安全构成严重威胁。飞机的速度比较低，穿过云层和降水区时，仅仅会感受到气流不均匀产生的颠簸。云粒子与机身的碰撞，还不足以引起飞机表面的破坏。如果换作高超声速飞行器再入大气层的情形，云粒子同飞行器高速撞击，会使表面遭到破坏，并产生严重的质量损失。同时，粒子同飞行器头部激波层的干扰作用，还会导致飞行器表面加热率的增加。在这种情况下，飞行器的气动特性、生存能力和落点精度都会受到严重影响。这种现象称为云粒子侵蚀。因此，再入落区大气中天候粒子或人工粒子的存在，是高超声速飞行器设计师们面临的重要问题之一。对弹头而言，其抗侵蚀性能已列为全天候战略武器的主要战术技术指标。

从 20 世纪 70 年代开始，一些国家就建立了专项天候侵蚀研究计划，开展理论与试验研究，并多次做了飞行试验，以考核飞行器热防护系统的抗侵蚀性能。飞行器的抗云粒子侵蚀研究，是一项十分复杂的综合课题，它涉及材料工艺学、空气动力学、气动热力学、高速撞击力学、气象学等多个学科，属于设计、试验、理论三位一体的综合技术，而其中有关侵蚀机制的研究，则是综合技术的重要基础，也是实践工程中最先面临的难题。概括起来，这些问题有 [1]：① 如何正确认识和确定天气粒子环境，以及如何获取最有代表性的天气剖面？② 多大尺度的粒子能完整穿过再入弹头激波层到达物面？粒子在激波层中的行迹怎样？粒子到达物面时的质量、浓度和速度如何？③ 粒子与激波层的干扰，特别是破碎粒子及撞击飞溅物对激波层的干扰会不会使热流增加？如何估计这种热增效应？④ 粒子对物面的撞击，会给热防护系统造成怎样的破坏？侵蚀量与哪些因素有关，如何建立起正确的侵蚀系数表达式？⑤ 指导粒子侵蚀理论、试验研究的相似规律是什么？如何正确地进行模拟试验？

本章主要从理论方面阐述同粒子云侵蚀有关的天气环境、天气剖面、粒子运动和撞击特性、侵蚀热增量机制和粒子侵蚀/烧蚀数值仿真，并给出地面试验模拟准则和相似规律。考虑到侵蚀理论和试验与烧蚀有较大差别，本章最后对弹道靶粒子侵蚀试验、电弧加热器气/固两相流侵蚀试验和模型自由飞粒子侵蚀试验进行简要介绍。

8.2 大气云粒子环境

8.2.1 大气云粒子环境描述方法和天气严重等级

为了设计抗侵蚀的全天候飞行器，首先要把天气环境搞清楚，要求具备一套完整的典型的目标区的气象资料，并建立天气侵蚀模型。这样可以避免由于对天气侵蚀考虑得过于严重，或对天气侵蚀估计不足，而带来的不应有的后果。

一般采用水含量对于高度的加权积分，即天气严重指数 $\mathrm{WSI_p}$，来表征飞行器飞行时所遇到的天气侵蚀的严重程度，其定义为

$$\mathrm{WSI_p} = \int_0^{\infty} \rho_{f\infty}(h)h\mathrm{d}h \tag{8.1}$$

其中，$\rho_{f\infty}$ 为水含量密度 ($\mathrm{g/m^3}$)；h 为飞行高度 (km)。

研究表明，云层中的微小粒子，如 50μm 以下，对侵蚀并不起作用。因此，这里定义的水含量，不是指普通意义上的云层总的水含量，而是特指对侵蚀起作用的等效直径大于 50μm 的云粒子水含量。

根据 $\mathrm{WSI_p}$ 大小，一般将天气划分为如表 8.1 所示 8 个等级。

表 8.1 天气等级划分

等级	环境严重指数	天气状况
−1	$\mathrm{WSI_p}=0$	晴天，多云
0	$0<\mathrm{WSI_p}<6$	阴天，小雨
1	$6\leqslant\mathrm{WSI_p}<10$	小到中雨 (雪)
2	$10\leqslant\mathrm{WSI_p}<16$	中到大雨 (雪)
3	$16\leqslant\mathrm{WSI_p}<20$	大雨 (雪)
4	$20\leqslant\mathrm{WSI_p}<30$	大到暴雨 (雪)
5	$30\leqslant\mathrm{WSI_p}<40$	暴雨 (雪)
6	$\mathrm{WSI_p}\geqslant40$	大暴雨 (雪)

然而，仅用 $\mathrm{WSI_p}$ 这个参数来说明云粒子侵蚀的严重程度是不充分的。大量试验表明，大气中粒子的相态、浓度、直径和质量等云层微观物理量对弹头表面侵蚀量的影响也较大，例如，在 Ma=10 条件下，直径小于 0.07mm 雨滴撞击不到半径为 30mm 的端头表面，而能撞击到半径为 150mm 端头表面的最小雨滴直径为 0.68mm。为了全面、完整、准确地说明天气侵蚀因素，需要充分考虑云层微观结构

的影响，涉及的云层微观物理量包含了各种等级天气出现的概率、相应的含水量和云层厚、云顶高、粒子种类、粒子形状、粒子相态、粒子直径、粒子浓度、粒子质量等参数。根据长期气象观察，无论自然界粒子 (冰、雪、雨) 还是尘埃粒子，在空中的质量和尺寸分布多是随机的，其规律具有正态分布特性，即某种质量和尺寸是最可几的。因此要想具体给定粒子尺寸和质量随高度的变化关系式是不可能的，只能采用统计的方法给出大气粒子尺寸、质量和含水量等随高度的分布。

获取上述大气环境参数必须借助包括常规探测、飞机穿云探测、雷达探测和卫星探测等各种手段的时空同步的综合探测技术和相应的资料加工系统。中国科学院大气物理研究所立足于常规的气候资料，建立了地面降雨率与常规气候参数之间的关系，然后依据理论和经验公式，将降雨率换算成液态含水量，最终采用统计方法获得了对欧亚地区和周边东南海域各月份不同天气严重等级情况下的典型天气剖面的滴谱分布，其主要步骤为：

(1) 根据一些特殊观测，建立地面降雨率与常规气候参数之间的关系；

(2) 根据一些特殊观测，建立降雨率的垂直剖面模型，并认为该模型发生的时间概率与地面降雨率的时间概率相同。因此，知道了地面降雨率，便可由该模型推算出各高度上的降雨率；

(3) 根据理论和经验公式，建立降雨率与水含量的关系，根据此关系式将降雨率换算成液态水含量；

(4) 根据理论和试验数据，由水含量推算出滴谱分布；

(5) 由液态水含量的垂直剖面计算出环境严重指数。

8.2.2 云粒子的微观结构

云粒子的结构形成依赖多种因素，如气候区域位置、海拔和地理环境、温度和湿度、风及其他大气参数等。对侵蚀研究，最关心的云粒子的微观结构是粒子的谱分布、相态和形状尺寸以及粒子的空间分布等。

1. 云粒子的相态、类型和优势形状

云粒子的相态与温度有关，在不同的温度范围内，降水粒子可为雨滴、大雪、小雪和冰晶四种类型。各类粒子对应的温度范围见表 8.2。

表 8.2 各类粒子对应的温度范围

温度范围	≥0 ℃	0～−15℃	−15～−30 ℃	≤ −30 ℃
相态特征	雨滴	大雪	小雪	冰晶

在具体剖面中需要将温度范围转换为对应的高度范围。

降水粒子的几何形状比较复杂。雨滴可以近似为球体，但固态粒子的形状多种

多样。1949 年国际冰雪委员会 (ICSI) 曾将固态降水粒子的形状划分为 10 类。根据温度范围确定的优势形状如表 8.3 所示。

表 8.3 粒子优势形状

粒子类型	优势形状	
	名称	典型形状
雨滴	球体	
大雪	六角枝星	
小雪	六角平板	
冰晶	六角棱柱	

图 8.1 表明，碳/碳端头在再入过程中，遇到不同种类的液滴时其侵蚀量与外形是不同的。碎裂雪片后退量最大，未碎裂雪片后退量最小，前者是后者的 2 倍左右。可见，液滴的不同相态，影响着弹头的后退量。

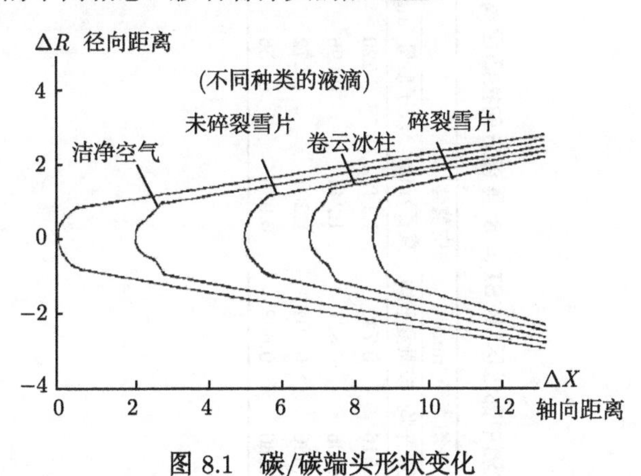

图 8.1 碳/碳端头形状变化

2. *云粒子的浓度、尺寸和质量*

搞清楚各种云粒子的浓度，可以知道飞行器碰撞粒子的机会，也可以为地面模拟试验提出适当的粒子浓度指标。由表 8.4 可见，不同种类云层其粒子浓度是不一样的，即使同一种云，不同高度的粒子浓度也是不一样的，一般云的底部粒子浓度大 (粒子小)，中上部粒子浓度小 (粒子大)。例如，浓积云底部粒子浓度可达 400 个/cm^3，中上部则小于 100 个/cm^3。

粒子直径 $D_{\rm p}$，决定粒子是否能够穿过激波层而撞击到飞行器表面产生侵蚀效应。国外试验表明，在 $Ma = 10$ 条件下，$D_{\rm p} < 0.07$mm 雨滴撞击不到 R_N 为 30mm 的端头表面，而能撞击到 R_N 为 150mm 的端头的最小雨滴直径为 0.68mm。这说明当粒子经过激波时受高速气流剪切产生剥裂、破碎，只有部分粒子到达物面。

表 8.4　欧洲中部地区 $WSI_p=8$ 垂直方向按四层离散化的简化剖面

粒子类型	优势形状	高度范围/km	水含量/(g/m^3)	平均直径/mm		中值体积直径/mm	粒子的平均物理参数			各层次对环境严重指数的贡献
				按直径平均	按质量平均		粒子质量/mg	最大直径/mm	厚度或长度/mm	
雨滴	○	0~3.0	0.150	0.516	0.749	1.142	0.220	0.749		0.676
大雪	✶	3~5.5	0.250	0.606	0.827	1.244	0.296	4.113	0.072	2.660
小雪	⬡	5.5~7.5	0.205	0.586	0.804	1.204	0.272	3.644	0.087	2.665
冰晶	▭	7.5~12	0.046	0.486	0.688	0.936	0.156	0.165	1.561	1.999

粒子质量 M_{p}，这主要决定粒子通过激波层，受到高温气体的加热时是否蒸发掉。小质量粒子在激波层中完全蒸发不能到达飞行器物面，而大质量粒子在激波层中只有一小部分蒸发，大部分质量仍能达到弹头表面产生侵蚀效应。所以要重视云层中的大质量粒子的影响。

3. 含水量和滴谱分布及降雨率的关系

作为高度函数的单位体积内的水含量定义为

$$\rho_v(h)=\frac{\pi}{6}\int_0^{\infty}\rho_{\mathrm{p}}D_{\mathrm{p}}^3F(D_{\mathrm{p}},h)\mathrm{d}D_{\mathrm{p}} \tag{8.2}$$

其中，ρ_{p} 为粒子密度；D_{p} 为粒子等价直径；$F(D_{\mathrm{p}},h)$ 为滴谱分布函数，即粒子数密度按粒子尺度的分布。

研究表明，等价直径大于 50μm 的云粒子谱分布函数选用 Γ 分布对观测数据拟合得较好，特别是对较强降雨的谱资料更佳，即

$$F(D_{\mathrm{p}},h)=F_0(h)\,D_{\mathrm{p}}^{\alpha}\exp(-\Lambda D_{\mathrm{p}}) \tag{8.3}$$

式中，α=1.918 为形状参数；比例常数 F_0 和斜率参数 Λ 可由含水量求出，即

$$F_0(h)=27.645\rho_v^{0.00518}(h) \tag{8.4}$$

$$\Lambda=35.57\rho_v^{-0.1681}(h) \tag{8.5}$$

单位体积中总的粒子数密度为

$$N(h)=\int_0^{\infty}F(D_{\mathrm{p}},h)\mathrm{d}D_{\mathrm{p}} \tag{8.6}$$

至此，滴谱函数的全部参数皆可由水含量或降雨率求得。

水含量 ρ_v 随云的种类和云的厚度变化，一般云上部大，底部小，见表 8.5。

根据有关理论和试验数据，水含量与降雨率之间的关系可由下式表示

$$\rho_v(h)=0.060R^{0.93}(h) \tag{8.7}$$

降雨率可以通过地面降水测量、雷达探测等手段来获取。通过多年资料积累，已获得雷达反射因子 Z 与降雨率之间的近似关系

$$R=0.06628\mathrm{e}^{0.2634h}Z^{0.5376} \tag{8.8}$$

式中，高度 h 的单位为 km；Z 的单位为 $(\mathrm{mm})^6/\mathrm{m}^3$。

表 8.5　欧洲中部地区夏季环境严重指数 $WSI_p=8$ 的天气剖面

高度	水含量	平均直径/mm		中值体积	每立方米中不同直径间隔内的粒子数目 (个/m^3)						
/km	/(g/m^3)	按直径平均	按质量平均	直径/mm	0.05~0.1 mm	0.1~0.5 mm	0.5~1.0 mm	1.0~1.5 mm	1.5~2.0 mm	2.0~2.5 mm	2.5~3.0 mm
0	0.097	0.510	0.706	1.062	49	270	183	35	5	1	
1	0.107	0.519	0.781	1.079	49	277	195	39	6	1	
2	0.147	0.550	0.750	1.138	50	301	239	55	9	1	
3	0.208	0.588	0.797	1.206	50	328	295	78	15	2	
4	0.253	0.612	0.834	1.247	51	343	331	94	19	3	1
5	0.265	0.618	0.844	1.257	51	347	340	98	20	4	1
6	0.238	0.606	0.829	1.234	51	339	320	88	18	3	1
7	0.183	0.573	0.780	1.180	50	318	274	68	12	2	
8	0.120	0.529	0.728	1.099	50	286	210	44	7	1	
9	0.066	0.471	0.652	0.995	49	243	141	23	3		
10	0.031	0.409	0.573	0.875	44	192	78	9	1		
11	0.012	0.338	0.468	0.742	39	135	33	2			
12	0.003	0.271	0.393	0.598	36	78	8	1			

注：0~3 km 为雨滴，3~5.5 km 为大雪，5.5~7.5 km 为小雪，7.5~12 km 为冰晶

图 8.2 表明，同一种弹头在同一种雨环境中试验，由于雨环境中水含量不同，其侵蚀量是不一样的，所以水含量对侵蚀量的影响较大。

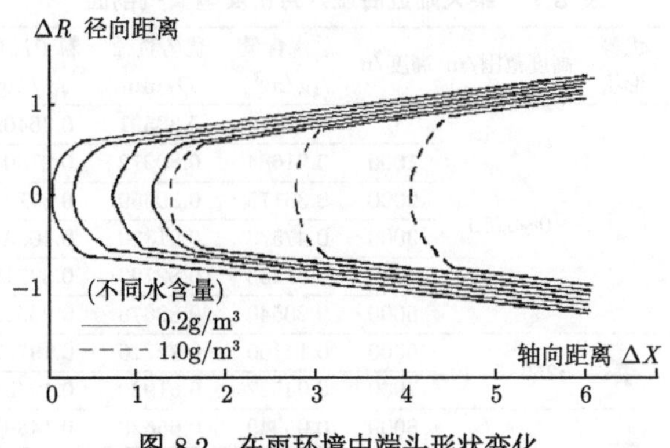

图 8.2 在雨环境中端头形状变化

4. *云层厚度和高度*

云层厚度，代表粒子垂直存在的区域。显然，云愈厚，侵蚀愈严重。如较厚的雨层云和积雨云对飞行器的侵蚀就严重。

云顶高，是指云层顶部离地面的距离，是飞行器发生侵蚀边界点，只有在这个高度以下，才会发生粒子云侵蚀。对流云的云顶高度与对流发展强度有关，从而与 WSI 的大小有关。表 8.6 给出了欧洲中部地区夏季各种 WSI_p 值对应的云顶高度。

表 8.6 欧洲中部地区夏季各种 WSI_p 值对应的云顶高度

WSI_p	1	2	4	6	8	10	20	30	50
云顶高度/km	5.19	7.06	9.54	11.12	12.21	13.00	15.08	15.96	16.76
云顶温度/K	261	247	230	226	224	224	223	222	221

对于云顶高度为 15km 的标准情况，将式 (8.1) 取 Δh=0.5km 并根据降雨率垂直分布进行数值积分，得

$$WSI_p = 7.714R_0^{0.93} \tag{8.9}$$

当云顶高度为 h_{CT} 时，经过按比例伸缩，得

$$WSI_p = 7.714\left(h_{CT}/15\right)^2 R_0^{0.93} \tag{8.10}$$

有了式 (8.10)，便可以根据地面降雨率和云顶高度计算出具体的 WSI_p 值。

8.2.3 典型地区天气剖面

表 8.7 为采用以上方法获得的某大陆近海域六月份不同严重等级情况下的典型天气剖面。图 8.3 给出了该海域六月份三级天气严重情况下 ($16\leqslant WSI_p<20$) 的

典型天气剖面。

表 8.7　某大陆近海域六月份典型天气剖面

天气严重指数	粒子类型	优势形状	高度范围/m	高度/m	总水含量/(g/m^3)	优势直径 D/mm	粒子质量 M/mg	天气严重指数各层的贡献
$6\leqslant WSI_p<10$	雨滴	○	0～5250	0	0.27428	0.88591	0.36409	0.07406
				1000	0.21684	0.80972	0.27800	0.13661
				2000	0.36175	0.89659	0.37742	0.84650
				3000	0.47573	0.91820	0.40537	1.28446
				4000	0.31253	0.82793	0.29718	1.51891
				5000	0.26540	0.82678	0.29595	1.21820
	大雪		5250～7840	6000	0.14160	0.72216	0.19722	0.76463
				7000	0.04522	0.61920	0.12432	0.28080
	小雪		7840～10500	8000	0.05949	0.65628	0.14801	0.56750
				9000	0.06363	0.64214	0.13865	0.51540
				10000	0.02535	0.52291	0.07487	0.30570
	冰晶		10500～11100	11000	0.00081	0.29033	0.01282	0.00806
$10\leqslant WSI_p<16$	雨滴	○	0～5280	0	2.43387	1.27619	1.08841	0.65714
				1000	2.96931	1.29692	1.14231	1.87066
				2000	1.88367	1.12403	0.74367	4.40778
				3000	1.35150	1.01124	0.54151	3.64906
				4000	0.24608	0.80821	0.27645	1.19596
				5000	0.13333	0.73562	0.20845	0.61200
	大雪		5280～7790	6000	0.11504	0.67385	0.16023	0.62120
				7000	0.02246	0.53788	0.08149	0.13946
	小雪		7790～9920	8000	0.02341	0.54249	0.08360	0.22337
				9000	0.02982	0.55723	0.09060	0.24152
	冰晶		9920～10500	10000	0.01744	0.48761	0.06071	0.21035
				11000	0.00000	0.00000	0.00000	0.00000
$16\leqslant WSI_p<20$	雨滴	○	0～5300	0	2.61718	1.29606	1.14005	0.70664
				1000	3.61966	1.35358	1.29867	2.28039
				2000	2.63987	1.21823	0.94675	6.17730
				3000	1.61745	1.04232	0.59300	4.36713
				4000	0.33035	0.85794	0.33068	1.60548
				5000	0.16069	0.76169	0.23141	0.73755
	大雪		5300～7830	6000	0.11445	0.69368	0.17479	0.61802
				7000	0.02893	0.57043	0.09720	0.17966
	小雪		7830～10000	8000	0.04044	0.60804	0.11772	0.38584
				9000	0.04648	0.60592	0.11649	0.37649
	冰晶		10000～10800	10000	0.02116	0.50483	0.06737	0.25525
				11000	0.00000	0.00000	0.00000	0.00000

续表

天气严重指数	粒子类型	优势形状	高度范围/m	高度/m	总水含量/(g/m^3)	优势直径 D/mm	粒子质量 M/mg	天气严重指数各层的贡献
$20 \leqslant WSI_p < 30$	雨滴		0~5190	0	5.06554	1.45005	1.59659	1.36770
				1000	5.46519	1.44192	1.56989	3.44307
				2000	3.06912	1.21127	0.93060	7.18174
				3000	2.33441	1.10862	0.71349	6.30292
				4000	0.28038	0.81681	0.28537	1.36263
				5000	0.13481	0.76736	0.23662	0.61878
	大雪		5190~7670	6000	0.09553	0.68787	0.17044	0.51586
				7000	0.02925	0.57179	0.09789	0.18166
	小雪		7670~9830	8000	0.04879	0.63824	0.13614	0.46544
				9000	0.06792	0.66090	0.15117	0.55013
	冰晶		9830~10800	10000	0.03001	0.53743	0.08128	0.36196
				11000	0.00000	0.00000	0.00000	0.00000
$30 \leqslant WSI_p < 40$	雨滴		0~5270	0	4.12056	1.37208	1.35264	1.11255
				1000	6.31203	1.46284	1.63921	3.97658
				2000	3.47660	1.22970	0.97374	8.13524
				3000	2.41983	1.11507	0.72603	6.53355
				4000	1.92081	1.08629	0.67124	9.33514
				5000	0.88669	0.94207	0.43782	4.06992
	大雪		5270~7650	6000	0.23879	0.75563	0.22593	1.28948
				7000	0.04853	0.57807	0.10116	0.30138
				8000	0.00050	0.26801	0.01008	0.00478
$WSI_p \geqslant 40$	雨滴		0~5290	0	7.83943	1.55697	1.97646	2.11664
				1000	9.71756	1.60485	2.16447	6.12207
				2000	7.64896	1.52398	1.85347	17.89856
				3000	5.14413	1.37832	1.37119	13.88916
				4000	4.31234	1.26825	1.06821	20.95798
				5000	3.73929	1.19991	0.90467	17.16335
	大雪		5290~7820	6000	3.19847	1.16881	0.83614	17.27174
				7000	1.80777	1.06272	0.62850	11.22627
	小雪		7820~10000	8000	0.93627	0.95384	0.45443	8.93204
				9000	0.63833	0.89396	0.37412	5.17050
				10000	0.50876	0.85815	0.33093	6.13567
	冰晶		10000~11100	11000	0.00056	0.27315	0.01067	0.00561

图 8.4 为欧洲中部地区 $WSI_p=8$ 时垂直方向按四层离散化的简化剖面，图 8.5 为美国高级弹道再入系统 (ABRES)$WSI_p=8$ 的设计天气剖面，实际上，图 8.4 是表 8.4 的图形表示。图 8.6 为严重月份时间概率为 1.0% 的 WSI_p 值分布。图 8.7 为严重月份 $WSI_p \geqslant 8$ 出现的时间概率等值线图。

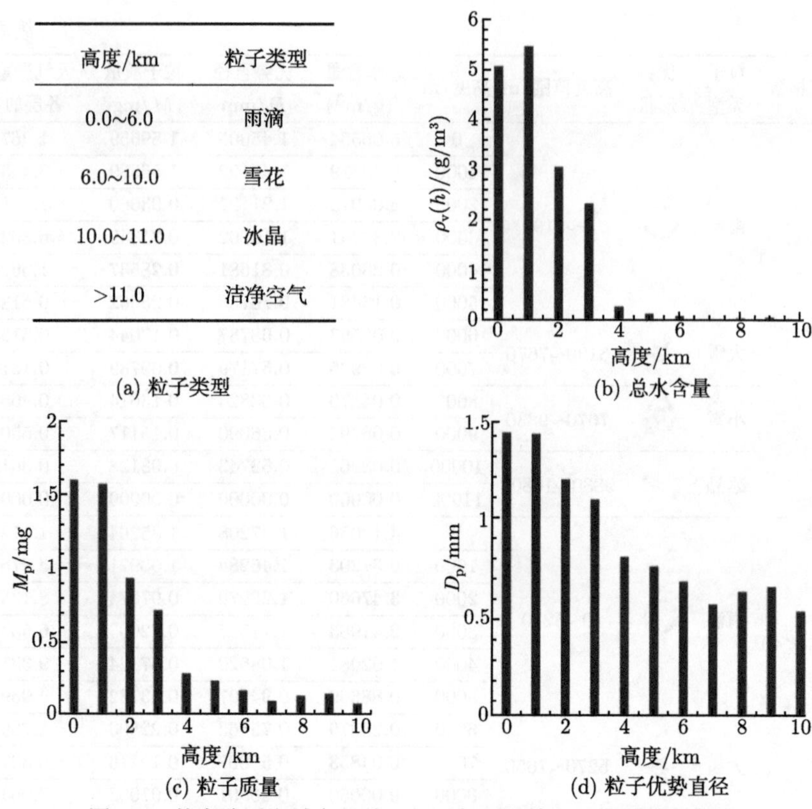

图 8.3　某大陆近海域六月份三级天气严重情况下典型天气剖面

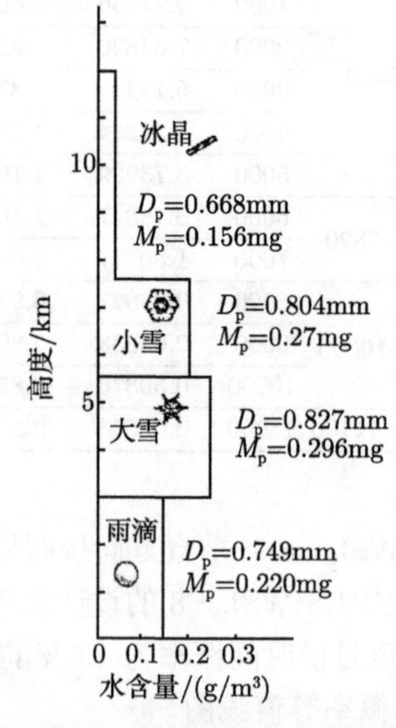

图 8.4　欧洲中部地区 $WSI_p=8$ 时垂直方向按四层离散化的简化剖面图

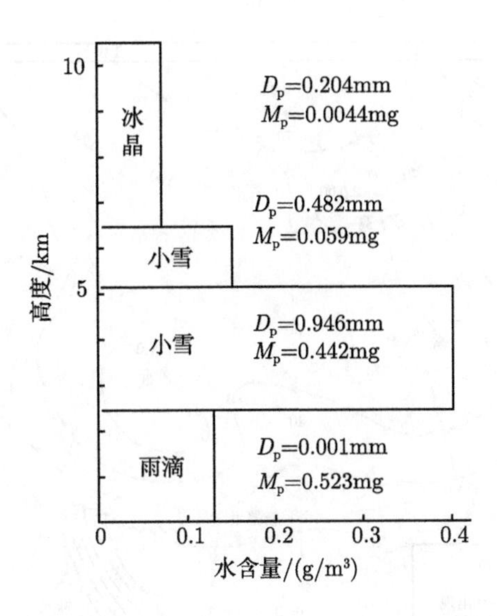

图 8.5 美国高级弹道再入系统 WSI_p=8 的设计天气剖面

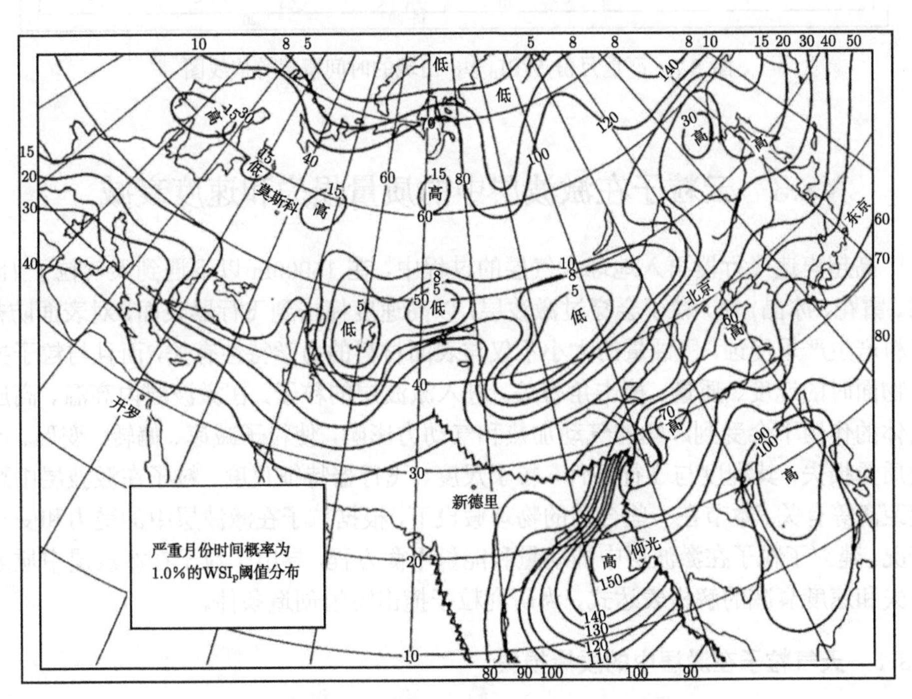

图 8.6 严重月份时间概率为 1.0%的 WSI_p 值分布

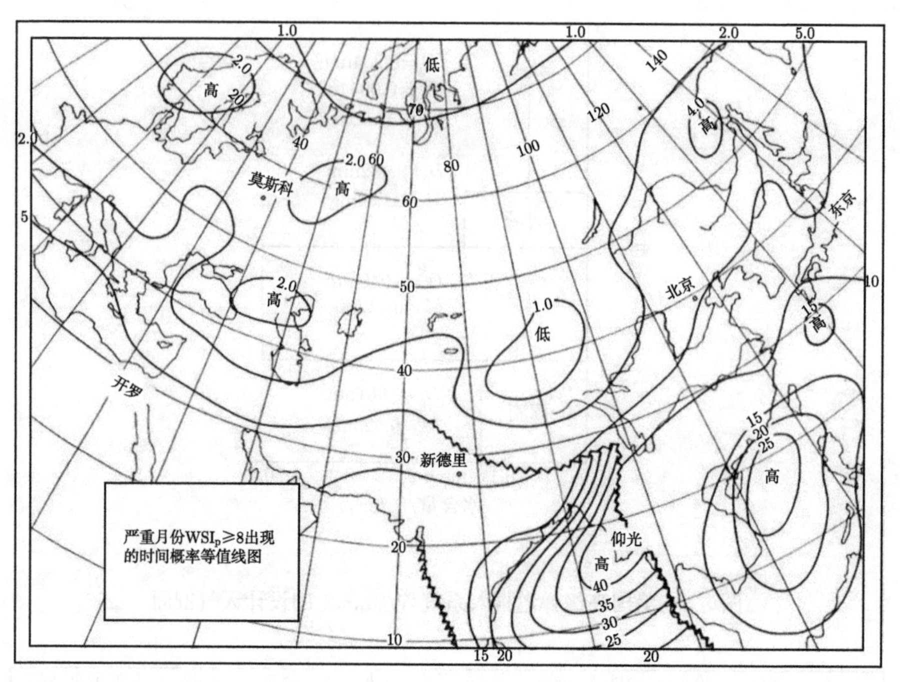

图 8.7　严重月份 $WSI_p \geqslant 8$ 出现的时间概率等值线图

8.3　云粒子在激波层中的质量损失和速度衰减

高超声速飞行器再入地球大气层的过程中，在 15000m 以下遇到天气粒子 (雨滴、雪花、冰晶) 时，粒子会穿过激波层，以高速度撞击到飞行器表面，对表面防热材料产生严重侵蚀，侵蚀量的大小不仅与表面材料的力学特性有关，而且与粒子撞击物面时的速度、质量、撞击角有关。进入激波层的粒子，在激波层内高温、高压气体的作用下会受到严酷的气动加热和气动力影响，使粒子减速、偏转、变形、产生质量损失，其程度与飞行条件、粒子尺度、飞行器特征尺度、粒子在激波层中跨越距离等有关。本节在一些合理的物理假设下，根据粒子在激波层中的受力和受热情况，建立了粒子在激波层中的动量和能量平衡方程，导出了粒子在激波层中质量损失和速度衰减的解析表达式，为研究粒子撞击特性创造条件。

8.3.1　天气粒子在激层中的质量损失

理论分析和试验观察结果表明，天气粒子通过激波层所造成的质量损失或粒径的减小，主要来自于天气粒子在高温激波层内的蒸发或汽化，粒子在激波层内所受到的气动加热主要供给汽化。如令 Q_{vap} 为粒子的汽化潜热，$\dot{m}$ 是粒子单位表面

积上的汽化率，则粒子表面的能量平衡关系可以写为

$$Q_{\mathrm{vap}}\dot{m}=\rho_{\mathrm{e}}u_{\mathrm{e}}St(h_{\mathrm{s}}-h_{\mathrm{w}}) \tag{8.11}$$

等号右边为粒子表面的气动加热率。由于汽化对气动加热有阻塞作用，这里 St 应为考虑质量引射影响时的斯坦顿数，h_{s} 为波后气体总焓，h_{w} 为粒子表面温度情况下的气体焓，由文献 [8] 可知，有质量引射与无质量时斯坦顿数之比为

$$\frac{St}{St_0}=\frac{1}{1+0.69B'} \tag{8.12}$$

其中

$$B'=\frac{\dot{m}}{\rho_{\mathrm{e}}u_{\mathrm{e}}St} \tag{8.13}$$

由式 (8.12) 和式 (8.13) 可得

$$\frac{St}{St_0}=1-\frac{0.69\dot{m}}{\rho_{\mathrm{e}}u_{\mathrm{e}}St_0} \tag{8.14}$$

将式 (8.14) 中的 St 代入式 (8.11) 可得汽化率的表示式

$$\dot{m}=\frac{\rho_{\mathrm{e}}u_{\mathrm{e}}St_0(h_{\mathrm{s}}-h_{\mathrm{w}})}{0.69(h_{\mathrm{s}}-h_{\mathrm{w}})+Q_{\mathrm{vap}}} \tag{8.15}$$

令 M_{p} 为粒子瞬时质量，A_{p} 为粒子瞬时表面积，汽化过程中粒子的质量守恒关系可以写为

$$\frac{\mathrm{d}M_{\mathrm{p}}}{\mathrm{d}t}=-\dot{m}A_{\mathrm{p}} \tag{8.16}$$

其中

$$A_{\mathrm{p}}=\pi D_{\mathrm{p}}^2,\quad M_{\mathrm{p}}=\frac{\pi}{6}D_{\mathrm{p}}^3\rho_{\mathrm{pp}} \tag{8.17}$$

实际上，粒子表面上各个部位的汽化率是不一样的，迎风面汽化率高，背风面汽化率低。为了处理问题方便起见，假设粒子表面上各个部位的汽化率为某一常数，且等于驻点汽化率的 35%，即

$$\dot{m}=\overline{\dot{m}}=0.35\dot{m}_{\mathrm{sp}} \tag{8.18}$$

将式 (8.15)，式 (8.17) 和式 (8.18) 代入式 (8.16) 可得

$$\frac{\mathrm{d}D_{\mathrm{p}}}{\mathrm{d}t}=-\frac{0.7(\rho_{\mathrm{e}}u_{\mathrm{e}}St_0)_{\mathrm{sp}}(h_{\mathrm{s}}-h_{\mathrm{w}})}{0.69(h_{\mathrm{s}}-h_{\mathrm{w}})+Q_{\mathrm{vap}}}\frac{1}{\rho_{\mathrm{pp}}} \tag{8.19}$$

因为粒子在激波层运动过程中粒径和速度均在变化，因而驻点加热率也在变化。根据 Fay-Riddell 公式，粒子在激波层中某一瞬间的驻点加热率 q_{sp} 与刚通过

激波时的驻点加热率之比 $q_{\mathrm{sp},\infty}$ 可写为

$$\frac{q_{\mathrm{sp}}}{q_{\mathrm{sp},\infty}}=\sqrt{\frac{D_{\mathrm{p}\infty}}{D_{\mathrm{p}}}}\left(\frac{v_{\mathrm{p}}}{v_{\mathrm{p}\infty}}\right)^3 \tag{8.20}$$

根据定义

$$\begin{aligned}\frac{(\rho_{\mathrm{e}}u_{\mathrm{e}}St_0)_{\mathrm{sp}}}{(\rho_{\mathrm{e}}u_{\mathrm{e}}St_0)_{\mathrm{sp},\infty}}&=\left(\frac{q_{\mathrm{sp}}}{q_{\mathrm{sp},\infty}}\right)\cdot\left(\frac{h_{\mathrm{s},\infty}}{h_{\mathrm{s}}}\right)\\&=\left[\sqrt{\frac{D_{\mathrm{p}\infty}}{D_{\mathrm{p}}}}\left(\frac{v_{\mathrm{p}}}{v_{\mathrm{p}\infty}}\right)^3\right]\left(\frac{v_{\mathrm{p}\infty}}{v_{\mathrm{p}}}\right)^2=\sqrt{\frac{D_{\mathrm{p}\infty}}{D_{\mathrm{p}}}}\frac{v_{\mathrm{p}}}{v_{\mathrm{p}\infty}}\end{aligned} \tag{8.21}$$

将式 (8.21) 代入式 (8.19)，并考虑到 $v_{\mathrm{p}}=\mathrm{d}x/\mathrm{d}t$，积分可得粒子直径在激波层内的变化规律

$$\frac{D_{\mathrm{p}}}{D_{\mathrm{p}\infty}}=\left\{1-\frac{3}{2}\frac{0.7(\rho_{\mathrm{e}}u_{\mathrm{e}}St_0)_{\mathrm{sp}\infty}(h_{\mathrm{s}}-h_{\mathrm{w}})}{0.69(h_{\mathrm{s}}-h_{\mathrm{w}})+Q_{\mathrm{vap}}}\frac{X}{D_{\mathrm{p}\infty}}\frac{1}{\rho_{\mathrm{pp}}v_{\mathrm{p}\infty}}\right\}^{2/3} \tag{8.22}$$

当粒子到达物面时，$D_{\mathrm{p}}=D_{\mathrm{pw}},x=\varDelta$，其中，$D_{\mathrm{pw}}$ 为粒子撞击物面时的直径，$\varDelta$ 为弓形激波脱体距离。粒子刚通过激波时的驻点加热 $(\rho_{\mathrm{e}}u_{\mathrm{e}}St_0)_{\mathrm{sp},\infty}$ 可利用 Fay-Riddell 公式进行计算

$$\begin{aligned}q_{\mathrm{sp}\infty}&=(\rho_{\mathrm{e}}u_{\mathrm{e}}St_0)_{\mathrm{sp}\infty}(h_{\mathrm{s}}-h_{\mathrm{w}})\\&=\frac{3.09\times10^5}{\sqrt{\dfrac{D_{\mathrm{p}\infty}}{2}}}\left(\frac{\rho_2}{\rho_0}\right)^{1/2}\left(\frac{v_{\mathrm{p}\infty}}{v_{\mathrm{c}}}\right)^{3.25}\end{aligned} \tag{8.23}$$

式中，$\rho_0=1.226\mathrm{kg/m^3}$；$v_{\mathrm{c}}=7900\mathrm{m/s}$；$\rho_2$ 为正激波后气体密度 $(\mathrm{kg/m^3})$。

由式 (8.22) 可知，粒子质量在激波层内的衰减规律为

$$\frac{M_{\mathrm{p}}}{M_{\mathrm{p}\infty}}=\left\{1-\frac{3}{2}\frac{0.7(\rho_{\mathrm{e}}u_{\mathrm{e}}St_0)_{\mathrm{sp}\infty}(h_{\mathrm{s}}-h_{\mathrm{w}})}{0.69(h_{\mathrm{s}}-h_{\mathrm{w}})+Q_{\mathrm{vap}}}\frac{X}{D_{\mathrm{p}\infty}}\frac{1}{\rho_{\mathrm{pp}}v_{\mathrm{p}\infty}}\right\}^{2} \tag{8.24}$$

在计算中，水的汽化潜热取 $Q_{\mathrm{vap}}=3.2\times10^3\mathrm{kJ/kg}$。在地面试验中，如采用石墨、三氧化铝、氧化锆、金钢砂等固体粒子，则取 $Q_{\mathrm{vap}}=\infty$，此时 $M_{\mathrm{p}}/M_{\mathrm{p}\infty}\to1$，即粒子粒径或质量在激波层内不发生变化。

8.3.2 天气粒子在激波层内的速度衰减

在激波层内，由于粒子运动速度远远大于流体的运动速度，所以单个粒子在激波层内的运动方程可以写为

$$M_{\mathrm{p}}\frac{\mathrm{d}u_{\mathrm{p}}}{\mathrm{d}t}=-\frac{1}{2}\rho_{\mathrm{g}}C_{\mathrm{D}}A_{\mathrm{pp}}u_{\mathrm{p}}^2 \tag{8.25}$$

式中，C_{D} 为粒子阻力系数；$A_{\mathrm{pp}}=\frac{1}{4}\pi D_{\mathrm{p}}^{2}$ 为粒子横截面积 (m^{2})；ρ_{g} 为激波后气体密度 ($\mathrm{kg/m^{3}}$)；$M_{\mathrm{p}}=\frac{1}{6}\pi D_{\mathrm{p}}^{3}\rho_{\mathrm{pp}}$ 为粒子质量 (kg/个)。

注意到 $u_{\mathrm{p}}=\frac{\mathrm{d}x}{\mathrm{d}t}$，式 (8.25) 可以改写为

$$\frac{\mathrm{d}u_{\mathrm{p}}}{u_{\mathrm{p}}}=-\frac{3}{4}\frac{\rho_{\mathrm{g}}}{\rho_{\mathrm{pp}}}\frac{C_{\mathrm{D}}}{D_{\mathrm{p}}}\mathrm{d}x \tag{8.26}$$

在激波层内沿流向积分上式可得

$$\frac{u_{\mathrm{p}}}{u_{\mathrm{p}\infty}}=\exp\left(-\frac{3}{4}\int_{0}^{x}\frac{\rho_{\mathrm{g}}}{\rho_{\mathrm{pp}}}C_{\mathrm{D}}\frac{1}{D_{\mathrm{p}}}\mathrm{d}x\right) \tag{8.27}$$

如果认为粒子直径在激波层内变化不大，并认为 $D_{\mathrm{p}}=D_{\mathrm{p}\infty}$，则从式 (8.27) 可以得到粒子在激波层内的速度衰减规律

$$\frac{u_{\mathrm{p}}}{u_{\mathrm{p}\infty}}=\exp\left(-\frac{3}{4}\frac{\rho_{\mathrm{g}}}{\rho_{\mathrm{pp}}}\frac{x}{D_{\mathrm{p}\infty}}C_{\mathrm{D}}\right) \tag{8.28}$$

对于中小粒子，当它们穿越激波层时，由于气动加热的影响，其粒径是在不断变化的，且遵循式 (8.22) 所给出的变化规律，利用式 (8.22) 和式 (8.27)，可以得到更加精确的粒子速度衰减规律

$$\frac{u_{\mathrm{p}}}{u_{\mathrm{p}\infty}}=\exp\left\{-\frac{3}{4}\frac{\rho_{\mathrm{g}}}{\rho_{\mathrm{pp}}}\frac{xC_{\mathrm{D}}}{D_{\mathrm{p}\infty}}\frac{3\left[1-\left(\frac{D_{\mathrm{p}}}{D_{\mathrm{p}\infty}}\right)^{1/2}\right]}{\left[1-\left(\frac{D_{\mathrm{p}}}{D_{\mathrm{p}\infty}}\right)^{3/2}\right]}\right\} \tag{8.29}$$

当粒子到达物面时，$x=\varDelta$，$D_{\mathrm{p}}=D_{\mathrm{pw}}$，$u_{\mathrm{p}}=u_{\mathrm{pw}}$。这里，$D_{\mathrm{pw}}$ 为粒子撞击物面时的直径；u_{pw} 为粒子撞物面时的速度；$\varDelta$ 为激波脱体脱离，由下式确定

$$\varDelta=R_{N}(0.128+0.77/Ma_{\infty}^{2}) \tag{8.30}$$

8.3.3 激波层中粒子的阻力系数

粒子在激波层中运动的减速和偏转问题，可归结为粒子的等价尺寸及相应的阻力系数问题。天然粒子包括雨滴、冰球、冰晶柱和雪花，这些不规则的粒子，在考虑它们在激波层内的受力和受热时，可视作等价球来处理。由于激波层内气温很高，其声速相对于波前声速可提高三倍以上。因此，大气粒子穿过激波即使速度不减，但相对于气流的马赫数已大大下降。在一般情况下，粒子在激波层内的马赫数在 3 以下，粒子雷诺数在 10^{5} 量级以下，粒子周围的流动属于连续流和过渡流区。

在这个流动条件范围内，经过对一系列阻力公式进行计算和风洞试验比较之后，认为文献 [9] 给出的球的阻力公式具有良好的精度。

(1) 亚声速 ($Ma < 1$)：

$$C_{\mathrm{D}} = 24\left\{Re + K\left[4.33 + \left(\frac{3.65 - 1.53T_{\mathrm{R}}}{1 + 0.353T_{\mathrm{R}}}\right)\exp\left(-0.247\frac{Re}{K}\right)\right]\right\}^{-1} + \exp\left(-\frac{0.5Ma}{\sqrt{Re}}\right)\left[\frac{4.5 + 0.38(0.03Re + 0.48\sqrt{Re})}{1 + 0.03Re + 0.48\sqrt{Re}} + 0.1Ma^2 + 0.2Ma^8\right] + 0.6K\left[1 - \exp\left(-\frac{Ma}{Re}\right)\right] \tag{8.31}$$

(2) 超声速 ($Ma \geqslant 1.75$)：

$$C_{\mathrm{D}} = \frac{0.9 + \dfrac{0.34}{Ma^2} + 1.86\left(\dfrac{M}{Re}\right)^{0.5}\left[2 + \dfrac{2}{K^2} + \dfrac{1.058}{K}T_{\mathrm{R}}^{0.5} - \dfrac{1}{K^4}\right]}{1 + 1.86\left(\dfrac{Ma}{Re}\right)^{0.5}} \tag{8.32}$$

(3) 在区间 ($1 \leqslant Ma < 1.75$)：

$$C_{\mathrm{D}}(Ma, Re) = C_{\mathrm{D}}(1.0, Re) + \frac{4}{3}(Ma - 1)[C_{\mathrm{D}}(1.75, Re) - C_{\mathrm{D}}(1.0, Re)] \tag{8.33}$$

其中，$K = Ma\sqrt{\dfrac{\gamma}{2}}$；$T_{\mathrm{R}} = T_{\mathrm{p}}/T_{\mathrm{g}}$；$Re = \dfrac{\rho_{\mathrm{g}}u_{\mathrm{p}}D_{\mathrm{p}}}{\mu_{\mathrm{g}}}$；$C_{\mathrm{D}}(1.0, Re)$ 为用式 (8.31) 计算 $Ma = 1$ 时的 C_{D}；$C_{\mathrm{D}}(1.75, Re)$ 为用式 (8.32) 计算 $Ma = 1.75$ 时的 C_{D}。上式中下标 g 表示模型弓形激波后气体参数，下标 p 对应于粒子条件。

以上阻力系数公式形式的选择是为了与经典理论保持一致，例如，在足够小的压力下，当马赫数 $Ma \to 0$ 时，与经典 Stokes-Oseen 方程一致

$$C_{\mathrm{D}} = 24Re^{-1} + 4.5$$

以上阻力系数公式适用于固体粒子。对于雨滴粒子，情况有所不同。粒子在激波层的速度，足以引起雨滴粒子变形 (图 8.8)，使阻力增加。

图 8.9 对雨滴变形减速计算结果显示，直径越小的粒子，动能减速越严重，因此可以近似认为：小的雨滴粒子几乎对侵蚀没有作用，而直径较大的雨滴则几乎不受激波层的影响。

以上计算中用到粒子的直径，除雨滴外，对于非球形粒子 (包括卷云、冰粒、雪片)，其有效直径的确定采用等价球方法，即粒子气动减速的有效直径按投影前面积相等来计算，热传递特性的有效直径按表面积相等来计算。对卷云、冰柱粒子情况 (l/D=5)

$$D_{\mathrm{ESD}} = 0.4l \tag{8.34a}$$

$$D_{\mathrm{ESM}} = 0.45l \tag{8.34b}$$

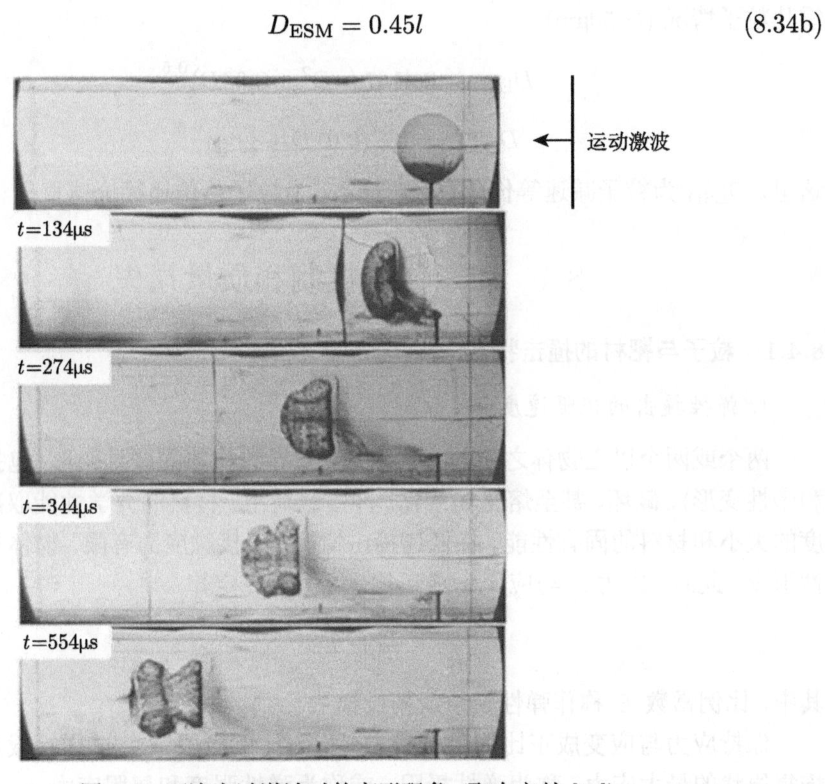

图 8.8 雨滴穿过激波时的变形现象 (取自文献 [20])

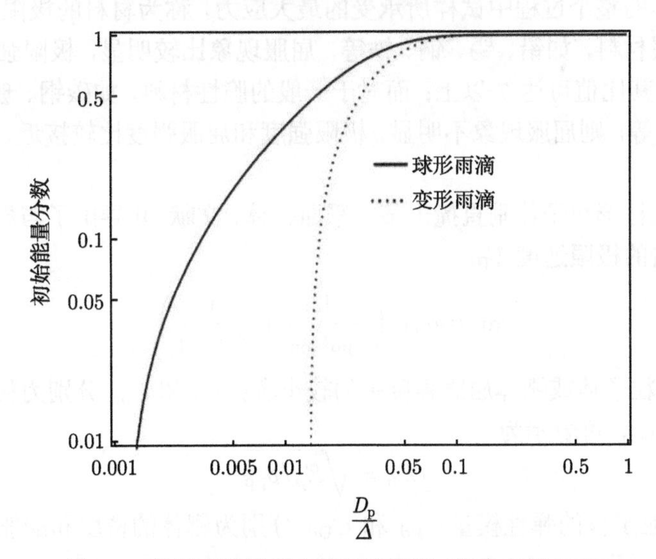

图 8.9 粒子在激波层中的减速情况 (取自文献 [19])

雪片粒子情况 (l=50μm)

$$D_{\mathrm{ESD}} = 0.4167\left(\pi D^2 + 0.02D\right)^{0.5} \tag{8.35a}$$

$$D_{\mathrm{ESM}} = \left[0.5\left(0.01D + D^2\right)\right]^{0.5} \tag{8.35b}$$

这里，D_{ESD} 为粒子减速等价球直径；D_{ESM} 为粒子热传递等价球直径。

8.4 粒子侵蚀机制和质量损失

8.4.1 粒子与靶材的撞击特性

1. *弹性撞击的极限速度*

两个或两个以上物体之间的相互碰撞，能导致物体的严重变形 (包括弹性变形和塑性变形)、破坏，甚至熔化和气化。冲击载荷下，材料的力学性能取决于撞击速度的大小和材料的固有性能。在低速撞击情况下，接触应力有限，物体只能发生弹性形变，此时，应力 σ 与应变 ε 成正比，遵循胡克定律

$$\sigma = E\varepsilon \tag{8.36}$$

其中，比例常数 E 称作弹性模量或杨氏模量。

保持应力与应变成正比的最大应力，称为比例极限 σ_{p}。试样卸载后，物形能恢复原状的最大应力，称为弹性极限，或称为弹性强度和屈服应力 σ_{Y}。从开始加载到材料破坏的整个过程中试样所承受的最大应力，称为材料的极限强度 σ_{d}。对于一般的金属材料，如铅、锡、铜、铁等，屈服现象比较明显，极限强度和屈服强度差别很大，其比值可达 7 以上；而对于一般的脆性材料，如碳钢、玻璃、环氧树脂、聚酯树脂等，则屈服现象不明显，极限强度和屈服强度比较接近，其比值一般在 1~2。

对于平头柱形粒子体垂直撞击某一平面靶体，文献 [4] 导出了与屈服强度相对应的弹性撞击的极限速度 V_{BL}

$$v_{\mathrm{BL}} = \sigma_{\mathrm{YC}}\left(\frac{1}{\rho_{\mathrm{pp}}C_{\mathrm{op}}} + \frac{1}{\rho_{\mathrm{d}}C_{\mathrm{Dd}}}\right) \tag{8.37}$$

其中，σ_{YC} 为粒子体或靶体屈服强度中的较小者；ρ_{pp} 和 C_{op} 分别为粒子体的密度和弹性波速，C_{op} 可表示为

$$C_{\mathrm{op}} = \sqrt{E_{\mathrm{p}}/\rho_{\mathrm{pp}}} \tag{8.38}$$

这里，E_{p} 为粒子体的弹性模量；ρ_{d} 和 C_{Dd} 分别为靶体的密度和膨胀压缩弹性波速。C_{Dd} 可表示为

$$C_{\mathrm{Dd}} = \sqrt{(\lambda_{\mathrm{d}} + 2G_{\mathrm{d}})/\rho_{\mathrm{d}}} \tag{8.39}$$

这里，λ_d 和 G_d 为靶体的 Lame 系数，可分别写为 [11]

$$\lambda_d = \frac{E_d \gamma_d}{(1+\gamma_d)(1-2\gamma_d)} \tag{8.40}$$

$$G_d = \frac{E_d}{2(1+\gamma_d)} \tag{8.41}$$

式中，E_d 和 γ_d 分别为靶体的弹性模量和泊松比。G、E 和 γ 通称为材料的三个弹性常数，它们中只有两个是独立的，第三个常数由式 (8.41) 确定。

分别以三向 C/C 和细编穿刺 C/C 作为靶材，以石墨作为弹材，计算的弹性撞击的极限速度分别为 60.93m/s 和 39.44m/s，可见弹性掸击的极限速度是很小的。文献 [4] 对一般材料给的 v_{BL} 更小，小于 25m/s。而在实际飞行和地面试验条件下，粒子的速度一般在 500~3500 m/s，远远大于弹性撞击的极限速度 v_{BL}。因此，在地面试验和实际飞行条件下，不可能出现反弹粒子同弓形激波的干扰。

式 (8.37) 是在平头粒子体情况下导出的，对于球头粒子体的极限速度，文献 [6] 指出，它比式 (8.37) 给出的极限速度低得多，因此更不可能出现弹性撞击现象。

2. 靶元的塑性变形和流动变形极限速度

当撞击速度超过弹性撞击的极限速度 v_{BL} 时，弹体或靶体将发生塑性变形。塑性变形的撞击速度有上、下两个极限，下限即为式 (8.37) 表示的弹性变形极限速度 v_{BL}，上限为靶元产生流动变形的塑性变形极限速度 v_{PL}，即

$$v_{PL} = \sqrt{\sigma_{Yd}/\rho_d} \tag{8.42}$$

这里，σ_{Yd} 为靶元的屈服强度；ρ_d 为靶元密度。当靶元用三向 C/C 和细编穿刺 C/C 材料制成时，v_{PL} 的值分别为 347.1m/s 和 276m/s。

当撞击速度满足

$$v_{PL} \leqslant v_P \leqslant v_{HL} \tag{8.43}$$

时，靶元产生流动变形，其中 v_{HL} 为与靶材压缩体积模量 K_d 有关的波速

$$v_{HL} = \sqrt{K_d/\rho_d} = \sqrt{\frac{E_d}{3(1-2\gamma_d)\rho_d}} \tag{8.44}$$

这里，E_d 和 γ_d 分别为靶材的弹性模量和泊松比。对三向 C/C 材料，v_{HL}=4068m/s；对于细编穿刺 C/C 材料，v_{HL}=4080m/s。因此，在地面试验和实际飞行条件下，粒子同弹头的撞击速度远大于弹性撞击极限速度，而又小于流动变形的极限速度，它是处于塑性变形到流动变形的过渡范围内。

3. 高速撞击下材料的破坏形式

材料在外力作用下，一般有两种不同的主要破坏形式：一种是不发生显著塑性变形的突然破坏，称为脆性破坏；另一种是因发生显著塑性变形而不能继续承载的破坏，称为塑性破坏。

如果材料的极限强度与弹性极限 (或屈服应力) 甚为接近，则这种物体在外力作用下仅能产生微小的剩余形变，这种物体叫脆体，像碳钢、玻璃、冰晶、环氧树脂、聚酯树脂、石墨等复合材料和非金属材料一般都属于这一类。

但是，同一物体在不同的力和时间作用下可能会出现不同类型的破坏。例如，在时间短而比较剧烈的力的作用下，材料能够表现为脆体，这是因为随着力的作用时间的减小，材料的应变率增大，屈服应力相应地提高，使塑性区减小，从而导致材料脆化；然而，在长时间的力的作用下，即使力很小，材料却能显示出显著的塑性变形，呈现流体的性质。显然，受力材料发生脆性破坏，不仅和材料的固有特性有关，而且和力的作用时间也有密切关系。对于再入弹头来讲，一般是由碳基材料或硅基材料制成的，尽管它们的极限强度很高 ($\sigma_\tau > 10^9\text{Pa}$)，但相对于金属来讲，它的塑性变形区却很小，其力学性质更接近于脆体。同时，由于粒子的高速撞击，进一步导致靶材的脆化。因此，粒子环境下弹头的局部破坏，多属于动态脆性破坏。

除以上主要破坏形式外，还有：① 温度效应引起的绝热剪切破坏，是由在极高的应变率下，局部大变形产生的热来不及传输出去，使变形加剧而形成的；② 压应力波和反射膨胀波的相互作用造成的破坏。这些破坏机制有时是同时存在的，有时可能某一点更为突出。

4. 粒子撞击的特征时间及反弹问题

如果粒子的初始撞击速度为 V_p，由文献 [4] 可知，通过第一次弹性压缩波和相应的反射弹性拉伸波之后，粒子的速度减少为

$$v_1 = v_\text{p} - \frac{2\sigma_\text{YC}}{\rho_\text{pp} C_\text{op}} \tag{8.45}$$

这里，ρ_pp 和 C_op 分别为粒子的密度和弹性波速；σ_YC 为粒子的屈服应力。显然，经过几次弹性压缩波和 n 次弹性拉伸波之后的粒子速度为

$$v_n = v_\text{p} - \frac{2n\sigma_\text{YC}}{\rho_\text{pp} C_\text{op}} \tag{8.46}$$

到一定的 n 值后，$v_n \approx 0$，此时撞击运动停止。从上式可知，撞击运动停止时，弹性波往返粒子体的次数 n 为

$$n = \left(\frac{\rho_\text{pp} v_\text{p}^2}{2\sigma_\text{YC}}\right)\left(\frac{C_\text{op}}{v_\text{p}}\right) \tag{8.47}$$

这里，$\rho_{pp}v_p^2/2\sigma_{YC}$ 是粒子动能的无量纲参数，称为 Best 数或 Metz 数。冲击载荷的大小常用这个 Best 数来区分 [2,4]，对于中、高速冲击载荷，Best 数是 $10\sim10^3$ 量级。而 C_{op}/v_p 为粒子体的弹性波速和初始撞击速度之比，对于我们所感兴趣的速度范围，这个速度比也是大于 1 的。这就是说，到撞击运动停止时，弹性波在粒子体内的往返次数 n 是 10 以上的数量级。例如，对于钢球粒子体，在 v_p=3000m/s 时，n=61。

撞击变形的泰勒理论指出 [4]，粒子体的塑性变形或破碎，开始于第一次弹性压缩波的传播过程中，在过后的继续压缩中，塑性区扩大，粒子体接触端应力不再增加。这就是说，粒子体塑性变形或碎裂的时间远小于粒子体撞击的延续时间，可粗略地视为 1:n。但是，这个结论是在忽略了材料的屈服滞后条件下得出的。实际上，在高应变率下，材料会呈现一定的屈服滞后现象。但是，当粒子体接触端的压应力超过屈服应力而不出现屈服现象时，其接触端的压应力会随着继续压缩而增大，并且迅速达到并超过极限强度，从而引起材料的压缩破坏。

总之，在中、高速撞击中，粒子体的塑性变形或破碎时间总是小于撞击的延续时间。这就是说，粒子体的塑性变形或破碎是在撞击过程中完成的。这个结论实际上是从撞击变形的泰勒理论引申出来的，泰勒理论的正确性已为实验所证实 [4]。从而可以得出这样的结论，在高速撞击情况下，**不会出现粒子来不及破碎而被反弹的现象，因而也就不会出现反弹粒子穿透激波引起激波畸变的现象**。

5. 粒子和靶体撞击变形、碎裂和逸出

当粒子 (弹体) 的撞击速度超过弹性撞击的极限速度时，粒子或靶体将进入塑性变形区。根据粒子和靶体的材料性能，可将其撞击变形分为三种情况，即刚塑性粒子与刚性靶体；刚性粒子与刚塑性靶体；刚塑性粒子与刚塑性靶体。下面分别给予讨论。

1) 刚塑性粒子与刚性靶体的撞击特性

刚塑性粒子高速撞击平整的刚性靶体时，与靶体接触端的粒子的压应力迅速增长，立刻达到弹性极限。同时，有一个弹性压缩波 (压应力波) 以声速 $C_p=\sqrt{E_p/\rho_p}$ 向粒子体尾部自由端传播，这个弹性压缩波的应力强度等于弹性压缩极限强度 σ_{YC}。就在这个弹性波离开撞击面后，撞击面上的压应力继续增长而进入塑性范围。对于理想的塑性材料，塑性区的应力也应该是 σ_{YC}。继续压缩时，塑性区增大，未进入塑性区的粒子体，仍属于弹性区。通过第一次弹性压缩波和反射波之后，弹性区粒子体的运动速度由原始的 v_p 降为 $\left(v_p-\dfrac{2\sigma_{YC}}{\rho_p C_{op}}\right)$，此时弹性区粒子体以新的速度对弹塑性交接面进行一次新的撞击，并产生新的弹性波和反射波，弹塑性交接面也逐渐向粒子体尾端延伸。在这样的一次次新的撞击中，撞击速度也逐渐降低，最终速度降为零，撞击运动停止。如果粒子体比较细长，撞击运动停止后，粒子体的前端，即靠近靶体部分，是塑性变形区，而粒子体尾部仍保留一部分未变形的弹性区。由于材料的不可压缩性，粒子体的长度缩短了，塑性区的直径一定增大，见图 8.10。

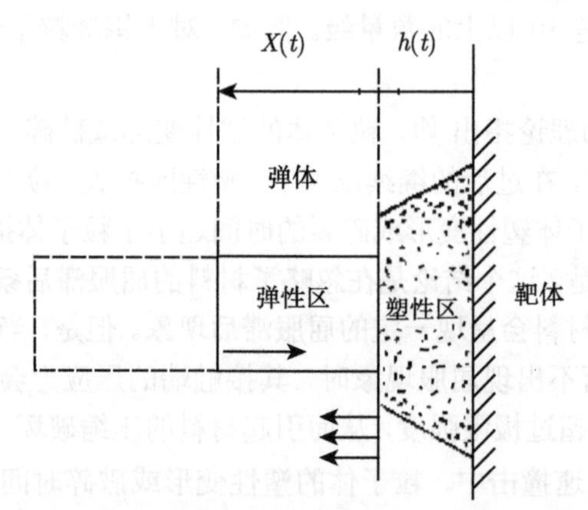

图 8.10　刚塑性粒子撞击刚性靶体时的变形简图

文献 [4] 以柱形粒子为例，导出了撞击运动停止后弹性区长度、塑性区长度以及粒子撞击延续时间的计算公式，这些参数是粒子密度、撞击速度和粒子体弹性压缩极限强度等已知参数的函数。

对于球形或细长比接近于 1 的粒子体，当撞击运动停止时，粒子体或者全部发生塑性变形，或者仅留很小一部分弹性区。

2) 刚性粒子与刚塑性靶体的撞击特性

刚性粒子高速撞击刚塑性靶体时，在靶元中首先引起顺着撞击方向的质点位移，同时，在撞击区域的周边造成靶元材料剪切变形，由突然的剪应变发出的热量，在短暂的撞击过程中来不及传输出去，从而大大提高了局部环形区域的温度，降低了材料的抗剪强度，当粒子撞击产生的剪应力超过材料的抗剪强度时，则产生局部剪切破坏并形成弹坑。在弹坑的扩孔过程中，靶元材料被压向四周。弹坑扩孔完成之后，由于靶材的弹塑性恢复或脆性恢复，将引起弹坑的缩小，在有些情况下，将伴随有弹坑表面靶材的脆性破坏。

对于像石墨这样的靶材，其拉伸强度 (≈57MPa) 低于压缩强度 (≈276MPa)，在撞击过程中，靶材表面不仅会出现上面谈到的弹坑，而且在初始应力波之后，在弹坑邻近靶元表面上还会出现径向断裂破坏，见图 8.11。在拉伸应力波作用区或在拉伸应力波相交而增强的区域，会造成靶元材料的局部断裂，形成裂纹或孔洞，见图 8.12。这种造成靶元材料组织结构和性能变化的效应，在冲击载荷停止后依然存在，为下一次撞击造成更大破坏创造了条件。

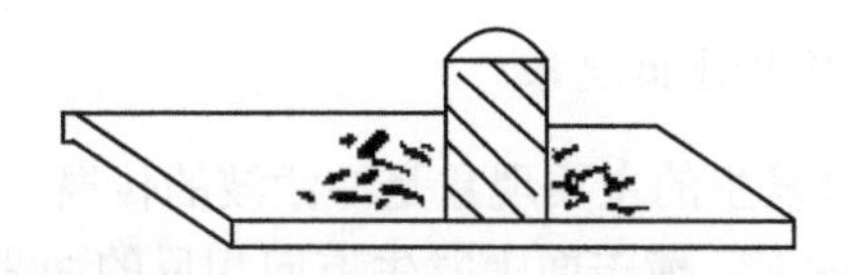

图 8.11 脆性靶板的初始压缩波后造成的径向断裂破坏

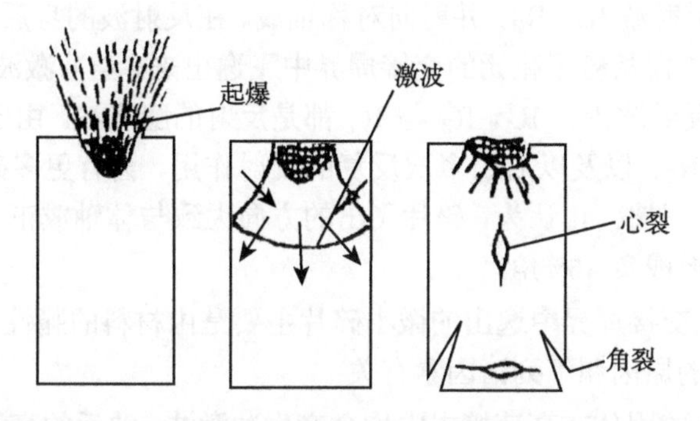

图 8.12 爆炸后自由反射的拉伸应力波相交而形成的开裂 (自左至右是开裂的过程)

3) 刚塑性粒子与刚塑性靶体的撞击特性

高速刚塑性粒子垂直撞击刚塑性靶体时，粒子体主要发生压缩变形和碎裂，并在粒子侵入靶体的过程中，直径逐渐增大。如果撞击速度比较大，则粒子体类似于一般的流体射流，在靶元表面开出一个弹坑，变形的粒子体则同时铺开在弹坑表面，变成蘑菇状。如图 8.13 所示，(c)~(e) 为撞击后连续变形过程数值模拟结果，(a) 和 (b) 为示意图。由于撞击冲击波在粒子体和靶体内的传播和反射，在粒子体和靶体的接触面将有一些微小物质颗粒从交界面逸出 [4]，形成碎片云。当然，碎片的粒度与粒子体的尺度相比是非常小的。

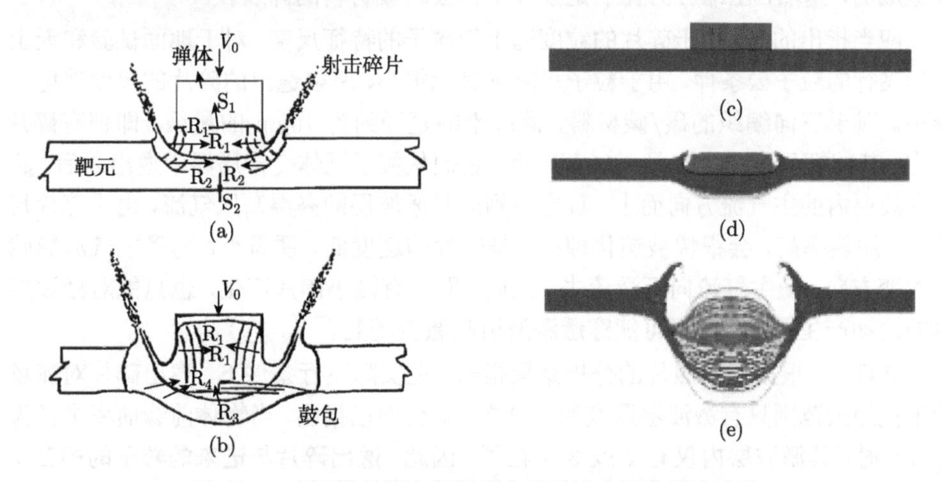

图 8.13 高速弹体撞击靶板所产生的冲击波和射击碎片

6. 粒子与靶体撞击碎片逸出现象

高速撞击时，靶体内发生的主要现象是冲激波的传播、反射，以及材料在波后的运动。在粒子撞击靶元时，撞击面上发生方向相反的冲激波 S_1 和 S_2，其中 S_1 冲向粒子体，S_2 冲向靶元背面，见图 8.13。S_1，S_2 在粒子、靶元的交接周界上很快得到反响，产生反射波 R_1，R_2，并射向对称轴线。在反射波的身后有不少碎片，按反射波反作用的方向从粒子靶元的交接周界中飞逸出来。当冲激波 S_1，S_2 到达自由表面时，产生反射波 R_3，R_4，R_3 与 R_4 都是反射的膨胀波。由于冲激波 S_1、S_2 及反射波 R_1 和 R_2，以及以后的多次反复的反射作用，会有更多碎片从粒子靶元交接周界中射出。文献 [4] 认为，碎片飞出的方向大致与体轴成正 45° 角，但数值模拟结果显示好像成负 45° 角。

从粒子–靶元交接周界中逸出的微小碎片主要是由材料的脆性破坏引起的，导致材料脆性破坏的原因和下列诸因素有关：

(1) 几乎所有的固体在高速撞击中均会产生冲激波，波后的高温高压一方面使材料的温度迅速提高，另一方面可导致材料局部大变形，局部大变形产生的热量来不及传输出去，进一步提高了材料的温度，从而大大降低了材料的极限强度。

(2) 随着撞击速度的提高，材料的应变率迅速增大，屈服应力相应地提高。

由于上述两个原因，在高速撞击情况下，使材料的屈服应力趋于极限强度，从而使材料的塑性区缩小，导致材料脆化，因而脆性破坏在高速撞击下占据着主导地位。

(3) 脆性材料的拉伸强度低于压缩强度，当反射波后的拉伸应力超过材料的拉伸强度时，材料碎裂。显然，碎片的逸出主要是由反向波 R_1 和 R_2 引起的拉伸碎裂造成的，当然，压缩应力在一定条件下也会造成材料的碎裂。

应当指出的是，由于碎片的粒度远小于粒子的特征尺度，对于地面试验和天上实际飞行的粒子云条件，由于粒子尺度本身就很小，所以逸出的碎片的尺度就更加微小。对于三向编织的碳/碳材料，碳纤维的直径约为 10μm 的量级，即使有碎片产生，其特征尺度最大也是 10μm 量级，它们从粒子靶体交接周界中逸出之后，将逆激波层内的主气流方向而上，首先遇到的是激波层的高温高压气流，由于碎片尺寸小，加热率高，会很快被熔化掉；二是碎片的速度低、质量小，易受主气流影响而改变方向，随主气流向下游流去。因此，即使有微小碎片产生，也只能对激波层内的流动产生影响，而**不可能穿透激波引起激波畸变**。

文献 [5] 根据试验照片的分析结果指出，在实际飞行条件下，逸出碎片对流场的干扰最大范围只有激波层厚度的三分之一。前面已指出，当物体前缘曲率半径为 80mm 时，其激波层内仅有 2 或 3 个粒子，因此，**逸出碎片与进来的粒子的相互干扰是完全可以忽略的**。

8.4.2 抗侵蚀系数 C_N 和质量侵蚀比 G 的确定

在云粒子侵蚀研究中，常用抗侵蚀系数 C_N 来表示材料的抗侵蚀能力。所谓抗侵蚀系数，是指单位时间侵蚀掉靶材单位质量所需的入射动能，其定义式为

$$C_N = \frac{E_{\mathrm{p}}}{\dfrac{m}{\tau}} \tag{8.48}$$

式中，$E_{\mathrm{p}} = \dfrac{1}{2}\rho_{\mathrm{p}} v_{\mathrm{p}}^3 \cos\varphi$，是单位时间撞击靶材单位表面积上的粒子动能。这里，$\rho_{\mathrm{p}} = n_{\mathrm{p}} \cdot m_{\mathrm{p}}$ 是单位体积内所含粒子质量，即粒子流的密度；m_{p} 代表质量；n_{p} 为数密度；v_{p} 为粒子的入射的速度；φ 为单位面元法向与粒子入射方向的倾角；由撞击开始经时间 τ 从单位面积元上侵蚀掉的质量为 m。

有时也用靶材的质量损失比 G 来表示材料抗侵蚀系数能力。它与抗侵蚀系数 C_N 之间的关系是

$$C_N \cdot G = \frac{v_{\mathrm{p}}^2}{2} \tag{8.49}$$

在式 (8.48) 中，单位时间从单位面积上侵蚀掉的质量的确定是关键问题。从 20 世纪 60 年代开始，美国就通过理论和试验两条途径着手解决这一问题。

1. 试验数据相关法

在试验方面，利用多种地面试验设备开展了研究，获得了大量侵蚀数据。通过对这些数据的分析、整理和比较，寻找其侵蚀规律，最后归纳出众多的经验公式。较为典型的有以下几个公式。

关联公式 1[3]：

$$G = 3.42 \times 10^{-7} v_{\mathrm{p}\infty}^{2.31} \tag{8.50}$$

该式是从弹道靶试验中归纳出来的，适用于石墨粒子侵蚀石墨靶材，由于只包含粒子速度一个参数，无法推广应用。

关联公式 2[3]：

$$G = 1.08 \times 10^{-8} v_{\mathrm{p}\infty}^{2.31} \rho_{\mathrm{p}\infty}^{-0.3} \tag{8.51}$$

该式是根据氢、氧发动机排气流中的试验数据归纳出来的，适用于石墨粒子侵蚀石墨靶材，由于粒子速度较低，实际飞行条件下的高速粒子撞击特性不能真实反映出来，粒子也不真实，结果外推困难。

关联公式 3[7]：

$$G = 2.34 \times 10^{-5} v_{\mathrm{p}\infty}^{1.72} \left(\frac{T_{\mathrm{w}}}{2417}\right)^n (\sin\theta)^{0.6} \tag{8.52}$$

其中

$$n = \begin{cases} 0, & T_{\mathrm{w}} < 2417\mathrm{K} \\ -0.784, & T_{\mathrm{w}} \geqslant 2417\mathrm{K} \end{cases}$$

该式是根据大量单粒子碰撞试验结果归纳出来的，试验粒子为玻璃珠、冰晶、雨滴等，靶材为 ATJ-S 石墨。由于粒子物性参数不同，试验数据有 40%的散布度。有文章指出，该公式没有考虑粒子耦合效应，而且仅适用于靶材温度较低的情况。

关联公式 4[10]：

$$G = 28\left(\frac{v_{\mathrm{p}}}{3048}\right)^{2}\left(\frac{T_{\mathrm{w}}}{294}\right)^{0.2}(\sin\theta)^{1.25} \tag{8.53}$$

该式是根据大量试验数据归纳出来的，适用于天气粒子侵蚀石墨靶材。该式是用粒子撞击速度关联的，而不是用来流中粒子速度，因此它包含了粒子/激波层的干扰影响。

关联公式 5[11]：

$$G = G_0\left(1 + \frac{9.25\times10^{-7}}{m_{\mathrm{p}}G_0}\right)^{0.33} \tag{8.54}$$

$$G_0 = 10.1\left(\frac{v_{\mathrm{p}}}{3048}\right)^{1.82}\left(\frac{T_{\mathrm{w}}}{294}\right)^{0.2}(\sin\theta)^{1.25}$$

其中，m_{p} 为撞击靶材时单个粒子的质量。该式适用于天气粒子侵蚀碳/碳靶材，是根据试验数据归纳出来的。同式 (8.53) 一样，该公式也反映了粒子与激波层干扰影响，同时也体现了粒子尺度的影响。

大量试验结果表明，不同类型的粒子、不同的靶材材料、不同的模型尺寸，会得到截然不同的侵蚀效果。因此，在特定条件下得到的试验数据或相应的关联公式，直接用于其他条件或实际飞行条件都是没有根据的。

上述的一些关联公式，主要考虑了来流中粒子速度的影响，或粒子撞击速度的影响，未明显反映出粒子或靶材物性参数的影响，也未反映出模型尺寸的影响，显然限制了这些公式的推广应用。为了扩大这些公式的应用范围，文献 [7] 试图将靶材质量损失比 G 同靶材的物性参数建立起关系，并给出公式

$$G = A\left(\frac{v_{\mathrm{p}\infty}}{C_{\mathrm{d}}}\right)^{1.72} \tag{8.55}$$

其中，C_{d} 为靶材声速，它反映了靶材弹性性质的影响；A 是一常数，但试验数据表明，这里 A 并非是一常数。Wolf [7] 等进一步引进反映靶材塑性性质的量，即失效应变 ε，并给出关系式

$$G \propto \varepsilon^{0.86}\left(\frac{v_{\mathrm{p}\infty}}{C_{\mathrm{at}}}\right) \tag{8.56a}$$

或

$$G \propto \varepsilon^{0.86}\left(\frac{v_{\mathrm{p}\infty}}{C_{\mathrm{ac}}}\right) \tag{8.56b}$$

其中，$C_{\mathrm{at}}=\sqrt{E_{\mathrm{at}}/\rho_{\mathrm{d}}}, C_{\mathrm{ac}}=\sqrt{E_{\mathrm{ac}}/\rho_{\mathrm{d}}}$；$E_{\mathrm{at}}$ 是垂直晶格方向的拉伸模量；E_{ac} 是垂直晶格方向的压缩模量。显然，这些工作都是针对石墨靶材而言的。

Wolf 等的工作使对粒子侵蚀问题的认识更深入了一步，并对石墨靶材的 40% 试验数据散布度作了合理的解释。但是，仍然漏掉了一些直接影响靶材质量损失比的重要参数，如粒子物性参数的影响，粒子/激波层干扰的影响等。因此，Wolf 等的工作仍然是不完整的，有局限性，难于推广使用。

20 世纪 90 年代之前，国内外在探索粒子云侵蚀规律方面，虽然投入了大量的人力、财力，启用了多种类型的地面试验设备，也获得了大量的侵蚀数据，对这一问题有了深刻的认识，但是一直未归纳出一个能被普遍接受的、可以广泛使用的，特别是可以直接用于天上的经验公式。出现这种情况的原因主要是缺乏深入的理论工作，没有正确的相似理论做指导。国内张涵信院士带领课题组于 20 世纪 80 年代末和 90 年代初对这一问题开展了深入研究，建立了粒子侵蚀的相似律 [1]，给出了适当的 G 的表达式。由后面式 (8.106) 及 G 和 C_N 的关系可得

$$G=\frac{\rho_{\mathrm{pp}}}{\sigma_{\mathrm{d}}}\cdot v_{\mathrm{p}}^{2}\cdot\frac{1}{2g_{0}} \tag{8.57}$$

或者由式 (8.107) 得

$$G=\frac{\rho_{\mathrm{pp}}}{\sigma_{\mathrm{d}}}\cdot\frac{v_{\mathrm{p}}^{2}}{2\left(g_{0}+g_{1}\dfrac{\rho_{\mathrm{p}}}{\rho_{\mathrm{pp}}}+g_{2}\dfrac{\sigma_{\mathrm{d}}}{\rho_{\mathrm{pp}}v_{\mathrm{p}}^{2}}\right)} \tag{8.58}$$

式 (8.57) 在 $\dfrac{\rho_{\mathrm{p}}}{\rho_{\mathrm{pp}}}$ 和 $\dfrac{\sigma_{\mathrm{d}}}{\rho_{\mathrm{pp}}v_{\mathrm{p}}^{2}}$ 很小时成立，式 (8.58) 是考虑 $\dfrac{\rho_{\mathrm{p}}}{\rho_{\mathrm{pp}}}$ 和 $\dfrac{\sigma_{\mathrm{d}}}{\rho_{\mathrm{pp}}v_{\mathrm{p}}^{2}}$ 的修正式。但是应该指出，在式 (8.57) 和式 (8.58) 中系数 g_0，g_1，g_2 是未知的，要确定它们还需作进一步的理论分析。

2. 理论分析方法

通过前面的分析我们知道，在高速粒子的撞击下，靶体会出现多种形式的动态破坏 [4]：① 严重的局部塑性变形，形成弹坑；② 温度效应引起的绝热剪切破坏；③ 应力波的相互作用在粒子和靶体交界面上造成的靶元材料的破坏；④ 应变效应引起的动态脆性破坏。这些被破坏的靶体材料均以粉碎物的形式从粒子和靶元的交接周界中飞溅出来。由于固体材料的压缩性很小，可以认为高速粒子撞击所引起的靶元材料的直接质量损失等于与弹坑同体积的靶材的质量。

从统计角度看，来流中粒子的分布是均匀的，在靶面上不会出现某一靶元被粒子连续撞击，而其他靶元没有粒子撞击的现象。也就是说，靶面上各个面元被粒子轮流撞击着，机会均等。第一次撞击，除造成直接的质量损失外，往往还会造成材料的组织结构和性能的变化，称为“遗留效应”。在地面试验条件下，如果不出现热化学烧蚀，这种“遗留效应”为第二次撞击造成更大质量损失提供了条件，因此多粒子的耦合效应加剧了粒子侵蚀的破坏程度。但是，在实际飞行条件下，由于表面的热化学烧蚀作用，保留有“遗留效应”的那部分材料，对多数高弹道弹头而言，在第二次撞击之前，将有相当大一部分被烧蚀掉，使得多粒子的耦合效应大大降低。**因此，在实际飞行条件下，多粒子的侵蚀结果可以近似地认为是单粒子侵蚀结果的简单叠加。**

设来流中粒子的含量 (即浓度) 为 $\rho_{\mathrm{p}\infty}$，单个粒子的质量为 $m_{\mathrm{p}\infty}$，则来流单位体积粒子的数密度为

$$n_{\mathrm{p}\infty}=\frac{\rho_{\mathrm{p}\infty}}{m_{\mathrm{p}\infty}} \tag{8.59}$$

认为粒子通过激波阵面后，由于粒子/激波层的相互干扰，粒子质量可以减小，粒子速度可以降低，但不出现粒子消失现象，故有

$$n_{\mathrm{p}}v_{\mathrm{p}}=n_{\mathrm{p}\infty}v_{\mathrm{p}\infty}$$

这里，n_{p} 为激波层内粒子的数密度；v_{p} 为粒子撞击物面时的速度；$v_{\mathrm{p}\infty}$ 为激波前粒子速度。显然，在单位时间内，垂直撞击物面的粒子质量流 $\dot{M}_{\mathrm{p}}$ 为

$$\dot{M}_{\mathrm{p}}=n_{\mathrm{p}\infty}v_{\mathrm{p}\infty}m_{\mathrm{p}}=\rho_{\mathrm{p}\infty}v_{\mathrm{p}\infty}\frac{m_{\mathrm{p}}}{m_{\mathrm{p}\infty}} \tag{8.60}$$

这里，m_{p} 为粒子撞击物面时的质量，显然 $m_{\mathrm{p}}/m_{\mathrm{p}\infty}$ 为通过激波层粒子的质量损失比。设靶材的密度为 ρ_{d}，弹坑的体积为 $\overline{V}_{\mathrm{r}}$，则粒子在单位时间内从靶体单位表面积上侵蚀掉的质量 $\dot{M}_{\mathrm{e}}$ 为

$$\dot{M}_{\mathrm{e}}=n_{\mathrm{p}\infty}v_{\mathrm{p}\infty}\rho_{\mathrm{d}}\overline{V}_{\mathrm{r}}=\rho_{\mathrm{p}\infty}v_{\mathrm{p}\infty}\frac{\rho_{\mathrm{d}}}{\rho_{\mathrm{pp}}}\frac{\overline{V}_{\mathrm{p}}}{\overline{V}_{\mathrm{p}\infty}}\frac{\overline{V}_{\mathrm{r}}}{\overline{V}_{\mathrm{p}}} \tag{8.61}$$

这里，$\rho_{\mathrm{d}}/\rho_{\mathrm{pp}}$ 为靶体材料密度与粒子材料密度之比；$\overline{V}_{\mathrm{p}}/\overline{V}_{\mathrm{p}\infty}$ 为通过激波层后粒子的体积缩小比，它等于通过激波层后的粒子质量损失比 $m_{\mathrm{p}}/m_{\mathrm{p}\infty}$；$\overline{V}_{\mathrm{r}}/\overline{V}_{\mathrm{p}}$ 为弹坑与直接撞击的粒子体积比。由高速撞击力学的研究成果可知 [4]

$$\frac{\overline{V}_{\mathrm{r}}}{\overline{V}_{\mathrm{p}}}=34\left(\frac{\rho_{\mathrm{pp}}}{\rho_{\mathrm{d}}}\right)^2\left(\frac{v_{\mathrm{p}}}{C_{\mathrm{d}}}\right)^2 \tag{8.62}$$

这里，C_{d} 是靶材内的声速，它与靶材的体积模量 K_{d} 有如下关系

$$C_{\mathrm{d}}=\sqrt{\frac{K_{\mathrm{d}}}{\rho_{\mathrm{d}}}} \tag{8.63}$$

其中，$K_{\rm d}$ 是该材料的弹性模量 $E_{\rm d}$ 和泊松比 $\gamma_{\rm d}$ 的函数 [11]

$$K_{\rm d}=\frac{E_{\rm d}}{3(1-2\gamma_{\rm d})} \tag{8.64}$$

利用式 (8.62) ~ 式 (8.64)，粒子对靶材的侵蚀质量损失率 $\dot{M}_{\rm e}$ 可以最终写为

$$\dot{M}_{\rm e}=102(1-2\gamma_{\rm d})\rho_{\rm p\infty}v_{\rm p\infty}\frac{\rho_{\rm pp}v_{\rm p}^2}{E_{\rm d}}\frac{m_{\rm p}}{m_{\rm p\infty}} \tag{8.65}$$

可以看出，**侵蚀质量损失率$\dot{M}_{\rm e}$与粒子的质量流$\rho_{\rm p\infty}v_{\rm p\infty}$成正比，与粒子的撞击动压$\rho_{\rm pp}v_{\rm p}^2$成正比，与粒子通过激波层的质量损失$m_{\rm p}/m_{\rm p\infty}$成正比，而与靶材的弹性模量$E_{\rm d}$成反比，且与靶材的泊松比$\gamma_{\rm d}$也有一定的关系**。应当指出，$E_{\rm d}$ 和 $\gamma_{\rm d}$ 是靶材温度的函数。因此，$\dot{M}_{\rm e}$ 与壁温的关系可通过 $E_{\rm d}$ 和 $\gamma_{\rm d}$ 与壁温的关系体现出来。

利用式 (8.65)，靶材的侵蚀速率 $\dot{S}_{\rm e}$ 可以写为

$$\dot{S}_{\rm e}=102(1-2\gamma_{\rm d})\frac{\rho_{\rm p\infty}v_{\rm p\infty}}{\rho_{\rm d}}\frac{\rho_{\rm pp}v_{\rm p}^2}{E_{\rm d}}\frac{m_{\rm p}}{m_{\rm p\infty}} \tag{8.66}$$

根据定义，利用式 (8.60) 和式 (8.65)，可以得靶材的质量损失比 G 的表达式

$$G=\frac{\dot{M}_{\rm e}}{\dot{M}_{\rm p}}=102(1-2\gamma_{\rm d})\frac{\rho_{\rm pp}v_{\rm p}^2}{E_{\rm d}} \tag{8.67}$$

根据定义，防热材料的抗粒子侵蚀系数 C_N 为

$$C_N=\frac{E_{\rm d}\times10^{-3}}{204(1-2\gamma_{\rm d})\rho_{\rm pp}}\quad(\text{J/g}) \tag{8.68}$$

这里，$E_{\rm d}$ 的单位为 Pa；$\rho_{\rm pp}$ 的单位为 kg/m^3。该公式通过 $E_{\rm d}$ 和 $\gamma_{\rm d}$ 反映了靶材力学特性和壁温的影响。

需要说明的是，人们在整理地面试验数据时，$E_{\rm p}$ 常常采用来流中粒子之动能，即取

$$E_{\rm p}=\rho_{\rm p\infty}v_{\rm p\infty}\frac{v_{\rm p\infty}^2}{2} \tag{8.69}$$

相应的抗侵蚀系数记为 C_N'，此时

$$\begin{aligned}C_N'&=\frac{E_{\rm d}\times10^{-3}}{204(1-2\gamma_{\rm d})\rho_{\rm pp}\left(\dfrac{v_{\rm p}}{v_{\rm p\infty}}\right)^2\left(\dfrac{m_{\rm p}}{m_{\rm p\infty}}\right)}\\&=\frac{C_N}{\left(\dfrac{v_{\rm p}}{v_{\rm p\infty}}\right)^2\left(\dfrac{m_{\rm p}}{m_{\rm p\infty}}\right)}\end{aligned} \tag{8.70}$$

这里，$v_{\rm p}/v_{\rm p\infty}$ 和 $m_{\rm p}/m_{\rm p\infty}$ 分别表示粒子在激波层内的速度衰减和质量衰减，显然总是有 $C'_N > C_N$，而且 C'_N 是与流场参数有关的。其实在地面试验条件下，由于激波层很薄，粒子速度和质量衰减都不大，粒子质量基本上保持不变，粒子速度衰减约为 5%，作为某种近似，可视作 $C'_N \approx C_N$。但这样做，约将理论计算低估 10%。

从式 (8.68) 可以看出，如等号两边各乘以粒子密度 $\rho_{\rm pp}$，则等号右边仅与靶材物性有关。这样来整理试验数据时，可将一种靶材、多种粒子的试验数据画在一张图上，以便比较不同设备和不同作者所给结果之间的差异。

需要指出的是，式 (8.65) ~ 式 (8.68) 仅适用于粒子的垂直撞击情况。当粒子的速度矢量与物面切线不垂直时，后面介绍的相似理论可以证明，式 (8.67) 等号右边应乘以 $\sin\theta$。这里，θ 是粒子速度矢量与物面切线的夹角，如不考虑粒子在激波层内的方向偏转，则 $\theta = \theta_{\rm F}$，$\theta_{\rm F}$ 为物面角，在驻点 $\theta_{\rm F} = 90°$。实际上，粒子在激波层内方向是有偏转的，且总是满足 $\theta \leqslant \theta_{\rm F}$。为了计及这一粒子偏转影响，可这样来处理

$$\dot{M}_{\text{e非驻点}} = \dot{M}_{\text{e驻点}} \cdot \sin^b\theta \tag{8.71}$$

$$\dot{S}_{\text{e非驻点}} = \dot{S}_{\text{e驻点}} \cdot \sin^b\theta \tag{8.72}$$

$$G_{\text{非驻点}} = G_{\text{驻点}} \cdot \sin^a\theta \tag{8.73}$$

这里，$b = a+1$，$a \geqslant 1$，是一常数。对于尺度较大的重粒子，$a \approx 1$，对于尺度较小的轻粒子，$a \approx 5/4$。总的来讲，在球头区域激波脱体距离较小，粒子偏转角实际很小，故取 a=1 不会对结果带来多大误差。

式 (8.65)~ 式 (8.68) 也可用另外一种形式写出。高速撞击下材料的局部大塑性变形产生的热来不及传输出去，变形加剧，使材料温度迅速提高，从而降低了材料的极限强度；同时，随着撞击速度的提高，材料应变率迅速增大，屈服应力相应地提高，使得材料的屈服应力趋近于极限强度，使材料的塑性区缩小，导致材料的脆化。因此，在高速撞击下，材料常常表现为脆体性质。对于脆性材料，其弹性压缩极限强度与弹性模量有如下关系 [4]

$$E_{\rm d} = 200\sigma_{\rm d} \tag{8.74}$$

因此，式 (8.65)~ 式 (8.68) 可重新写为

$$\dot{M}_{\rm e} = 1.02(1-2\gamma_{\rm d})\rho_{\rm p\infty}v_{\rm p\infty}\frac{\rho_{\rm pp}v_{\rm p}^2}{2\sigma_{\rm d}}\frac{m_{\rm p}}{m_{\rm p\infty}} \quad ({\rm kg/s\cdot m^2}) \tag{8.75}$$

$$\dot{S}_{\rm e} = 1.02(1-2\gamma_{\rm d})\frac{\rho_{\rm p\infty}v_{\rm p\infty}}{\rho_{\rm d}}\frac{\rho_{\rm pp}v_{\rm p}^2}{2\sigma_{\rm d}}\frac{m_{\rm p}}{m_{\rm p\infty}} \quad ({\rm m/s}) \tag{8.76}$$

$$G = 1.02(1-2\gamma_{\rm d})\frac{\rho_{\rm pp}v_{\rm p}^2}{2\sigma_{\rm d}} \tag{8.77}$$

$$C_N = \frac{\sigma_{\rm d} \times 10^{-3}}{1.02(1-2\gamma_{\rm d})\rho_{\rm pp}} \quad ({\rm J/g}) \tag{8.78}$$

这里，$\rho_{\rm pp}v_{\rm p}^2/2\sigma_{\rm d}$ 是有名的泰勒高速撞击变形理论中所选用的无量纲参数 [4]。比较式 (8.57) 和式 (8.77) 可以看出，它们完全相符，这就从理论上确定了式 (8.57) 中的 g_0。在后面我们将通过同国内外地面试验结果比较，来证实这些公式的正确性。

8.4.3 粒子侵蚀产生的热增量

1. 天气粒子侵蚀热增量机制

超高速飞行器穿过粒子云时所产生的热增量是由多种效应引起的，如粒子动能、粒子/流场干扰、粒子激波/物体弓形激波干扰、激波/边界层干扰 (或激波振荡与畸变) 和表面粗糙度等。每种效应对热增量的贡献大小，视粒子性质、靶材性质、粒子速度、粒度和浓度而定。对我们所感兴趣的实际天气粒子，如雨滴、雪花和冰晶而言，粒径一般在 200~2000 μm，粒子浓度在 $\rho_{\rm p} = 0.1\sim0.3\ {\rm g/m^3}$，而且都属于一经撞击就碎裂的粒子，碎裂后的更小的粒子飞溅进入激波层，对流场和激波产生干扰，但一般不会发生激波穿透现象。对这类粒子的侵蚀，美国在 AEDC 超高速弹道靶 (G 靶和 K 靶) 进行了大量的试验，并用高速摄像机拍下了雨滴在撞击前和撞击后在激波层内的运动规律，见图 8.14。

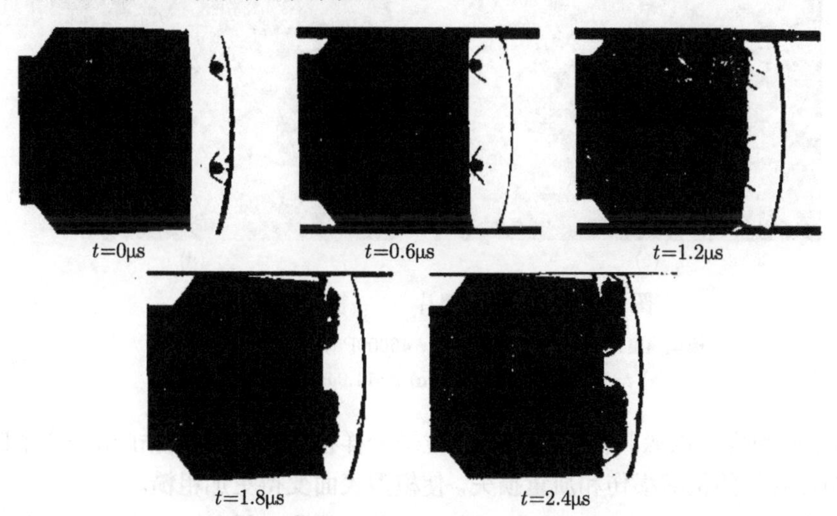

图 8.14 雨滴在模型激波层内运动过程的连续激光照片

K 靶，模型速度 2460m/s，靶场压力 47200Pa，雨滴直径 1.2mm

从这些照片发现：

(1) 就图中所示的雨滴和流场条件而言，它们通过激波在与物面撞击之前，不破碎，粒径也没有变化，而且雨滴在激波层内的运动是超高速的，在雨滴前有明显的雨滴弓形激波。

(2) 雨滴进入激波层到与物面相撞，其运动时间约 1μs 量级，雨滴与靶材撞击后破碎为雾状的更小的微粒，并反向飞溅进入激波层，同激波层的主流产生干扰，干扰持续时间比粒子进入激波层的运动时间长 1~2 个数量级。显然，在这么长的干扰时间内，会有第二个、第三个甚至更多个粒子进入激波层，这就是说，先后进入激波层内的粒子对激波层内的流动和弓形激波将产生叠加干扰，使干扰强度增强。

(3) 从图 8.15 可以看出，雨滴与模型撞击后，飞溅出的雾状小雨滴对流场的横向干扰范围相当大，单粒子的撞击足以使模型前的流场全部受到干扰。

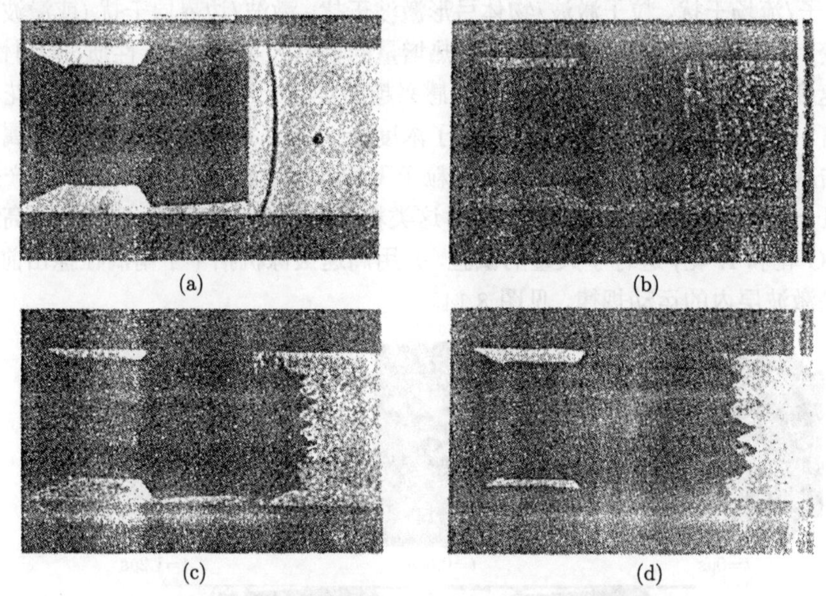

图 8.15　连续激光照片 —— 模型/雨滴碰撞

模型速度：3700m/s；靶场压力：46600Pa；雨滴直径 1.5mm；

(a) t=0μs，(b) t=5.5μs，(c) t=11.0μs，(d) t=16.5μs

(4) 雨滴也可以像其他硬度较大的粒子一样在模型表面上撞击出一个个凹坑，引起防热材料的机械损伤和质量损失，使模型表面变得更加粗糙。

从上面的结果可以看出，天气粒子引起的热增量，既有粒子动能和粒子/流场干扰的贡献，也有表面粗糙和激波畸变的贡献，而且后两种贡献似乎处于支配地位 [5]。有关结果表明，粒子碰撞靶材由动能转变的热流，仅为驻点热流的 3%左右；经撞击破碎的雾状雨滴对流场的干扰范围约为 3 倍激波脱体距离，而在实际飞行条件下，激波脱体距离可比地面试验条件大一个数量级，因此在实际飞行条件下，破碎的雾状雨滴将不会对激波形状产生重大影响。Hove 指出，在地面试验条件下，由于粒子数密度比较高，粒子/流场干扰诱导的热增量是一重要现象；而在实际天气条件下，驻点热增量主要由表面粗糙度所支配，粒子/流场干扰对热增量的影响是不重要的，表面粗糙度诱导的湍流能量与粒子/流场干扰诱发的湍流能量之比大于 5[6]。

2. 驻点热增量因子

根据地面试验数据和流场计算结果分析，国内外均给出了一些含粒子情况下驻点热增量因子关联式，如下所述。

方法 1：

Hove[6] 认为，在实际天气粒子条件下，驻点区表面热增量主要来自于气流中的湍流动能，边界层外缘的无因次湍流能量可以写为

$$Q_{\mathrm{e}}=1.5\beta\alpha^2\rho_{\mathrm{e}}v_{\infty}^2/[\mu_{\mathrm{e}}(\mathrm{d}u_{\mathrm{e}}/\mathrm{d}x)_{\mathrm{s}}] \tag{8.79}$$

这里，β 是驻点压力梯度参数，对于轴对称体 $\beta=0.5$；α 是气流的湍流强度，它包括自由流湍流强度 α_{F}、粒子/流场相互干扰诱发的湍流强度 α_{p} 和由表面粗糙度诱发的湍流强度 α_{r}，即

$$\alpha=\alpha_{\mathrm{F}}+\alpha_{\mathrm{p}}+\alpha_{\mathrm{r}} \tag{8.80}$$

在实际天气条件下，α_{F} 的贡献很小，可以忽略不计。表面粗糙度等效的湍流强度可用下式计算

$$\alpha_{\mathrm{r}}=(2.38K/D)^{3/4} \tag{8.81}$$

这里，D 是模型直径；K 是粗糙高度。在实际天气条件下，$K/D<10^{-2}$。由粒子/流场干扰诱发的湍流强度可用下式计算

$$\alpha_{\mathrm{p}}=A(\rho_{\mathrm{p}}/\rho_{\infty})^{1/2}(v_{\mathrm{p}}/v_{\infty})^{3/2}(1-f)^{1/2} \tag{8.82}$$

其中，v_{p} 为粒子速度，在实际飞行和弹道靶条件下 $v_{\mathrm{p}}=v_{\infty}$，在侵蚀风洞条件下 $v_{\mathrm{p}}<v_{\infty}$；$\rho_{\mathrm{p}}$ 为粒子浓度，对于实际天气环境 $\rho_{\mathrm{p}}/\rho_{\infty}<10^{-3}$；$A$ 为由试验确定的常数，文献 [6] 取 $A=1$；f 为适应系数，若粒子与模型的撞击为完全非弹性，则 f=1，若完全弹性，f=0，对于一般可侵蚀材料，如石墨，f=0.3，对于非侵蚀材料，如钛取 f=0.7。在地面试验条件下，粒子速度偏低，粒子与模型的撞击引起粒子与模型变形，此时 f=0~0.3，在实际飞行条件下，粒子速度很高，它与模型的撞击引起粒子与模型的塑性变形，此时 f=0.7~1.0。

根据 WASSEL 的湍流模型计算结果，湍流强度引起的热流同驻点热流之比 (称为湍流增量因子 HAL) 的关系可用下式表示

$$\mathrm{HAL}=0.23Q_{\mathrm{e}}^{0.27} \tag{8.83}$$

方法 2:

文献 [7] 认为，在粒子云环境下，热增量主要由粒子撞击模型表面形成的弹坑粗糙度所控制，弹坑对表面加热的影响包括两个方面:

(1) 弹坑的波峰到波谷当量沙粒粗糙度尺度的估计；

(2) PANT 粗糙壁面加热模型的应用。

弹坑粗糙度根据质量损失比确定，并假定弹坑为半球形，弹坑糙度 r_{c} 由下式确定

$$r_{\mathrm{c}} = (G\rho_{\mathrm{pp}}/4\rho_{\mathrm{d}})^{1/3}d_{\mathrm{p}} \tag{8.84}$$

这里，G 为质量损失比；ρ_{pp} 为粒子密度；ρ_{d} 为表面材料密度；d_{p} 为入射粒子直径。

在具体计算中，要比较弹坑粗糙度，层流中的固有微观粗糙度和湍流中的扇形宏观粗糙度，选其较大者，用作糙壁加热计算。扇形宏观粗糙度用下式计算 [7]

$$K = 0.93 \times 23(1/P_{\mathrm{e}})^{0.77} \quad (\mathrm{m}) \tag{8.85}$$

这里，P_{e} 的单位是 Pa。

应当指出，以上所述的热增量因子关联式是根据实际飞行条件选择的，文献中常常有粒子速度比较低的试验结果关联式，在这种情况下，因试验中有粒子反弹和激波畸变出现，粒子/流场干扰引起的热增量占重要地位。由于这些关联式不适用于飞行情况，所以这里没有引用。研究表明，这种热增量产生的防热材料质量损失相对粒子直接侵蚀是次要的，对于感兴趣的飞行条件，PANT 计划研究结论是：这部分热增量引起的后退量占整个后退量的 15%~20%，小于粒子直接侵蚀量的不确定度。

8.5　粒子侵蚀的相似律及试验模拟问题

由于地球表面附近存在云粒子 (冰晶、雪花、雨滴)，高超声速飞行器再入大气层时将受到侵蚀而使其防热层的后退率大大超过洁净空气环境下的后退率。由于问题极为复杂，早期人们主要靠地面试验获得数据，但对于如何设计地面试验，什么是正确的模拟试验，以及如何使用试验数据，一直没有形成统一的认识，主要是缺乏相似律作指导。20 世纪 80 年代末，我国科学家成功解决了这些问题 [1]。

本节重点介绍粒子侵蚀的相似律，为了便于分析，需要对物理模型作一些简化，先不考虑烧蚀和侵蚀的耦合以及有烧蚀液体层的情况，假定粒子直接撞击物面，并通过考虑物面温度和物体材料的热力学、力学性质来计及烧蚀影响。

8.5.1 粒子云环境模型简化

飞行器再入时遇到的云粒子环境，是通过对地面附近天气情况作长期观测给出的。观测结果表明，云粒子天气剖面的出现具有随机性和统计规律。云粒子的成分主要为冰晶、雪花和雨滴。一般说来，粒子的直径为 50~1000 μm，云粒子的数密度为 200~15000 个/m^3。研究表明，当粒子运动速度超过 1000m/s 时，物体前面的激波并不使云粒子破碎，也不使粒子有显著的减速。这样在飞行器头部附近的激波层内，粒子的数目是不多的。例如，当头部前缘的曲率半径为 140mm 时，其头部激波层内仅有十几个粒子；如果前缘曲率半径为 80mm，其头部激波层内仅有 2、3 个粒子。这种情况表明，**粒子在流场的运动可视为单粒子运动**。因此，粒子对物面的作用可视为多个单粒子碰撞的结果。尽管粒子在激波层内是稀少的，由于粒子运动速度较大，单位时间碰撞单位面积的粒子数是可观的。例如，在较严重的情况下，1s 内碰撞 1cm^2 的表面积上的粒子数可达 10^4 之多。

云粒子对物面的上述作用，使我们研究某面积元的粒子侵蚀时，可只考虑碰撞本面积元的粒子，其他不与本面积元相碰的粒子，可以不予考虑。这样，问题就得到了简化。在讨论中相对面积元来说，假设粒子的尺寸是很小的。

8.5.2 粒子云侵蚀的相似律

为了正确开展地面模拟试验，张涵信 [1] 率先研究了粒子云侵蚀的相似规律。如图 8.16 所示，取单位面积元 (可视为平面)，其法向与粒子入射方向的夹角为 φ。设碰撞物面前粒子的特征长度为 d_p，质量为 m_p，温度为 T_p，粒子的入射的速度为 v_p，数密度为 n_p，显然 $\rho_\text{p}=n_\text{p}\cdot m_\text{p}$ 是单位体积内所含粒子质量，即粒子流的密度。设粒子本身的比热为 c_p。如讨论中包含固体粒子，再设粒子材料的特征硬度为 σ_p(具有应力的量纲)。由于粒子运动速度较高，粒子对物面的撞击是非弹性的，其物体部分质量被侵蚀掉，出现凹坑。粒子的部分动能因碰撞而转变为热能。设由撞击开始经时间 τ 从单位面积元上侵蚀掉的质量为 m，因撞击而产生的热流率为 q，被撞击的物体其密度为 ρ_d，特征破坏应力为 σ_d，物面温度为 T_w，物体材料的比热为 c_d。显然，m 和 q 是 $d_\text{p}, n_\text{p}, \rho_\text{p}, T_\text{p}, v_\text{p}, c_\text{p}, \rho_\text{d}, \sigma_\text{d}, \sigma_\text{p}, c_\text{d}, T_\text{w}, \varphi$ 和 τ 的函数，即

$$m=f_m(d_\text{p},n_\text{p},\rho_\text{p},T_\text{p},v_\text{p},c_\text{p},\rho_\text{d},\sigma_\text{d},\sigma_\text{p},c_\text{d},T_\text{w},\varphi,\tau) \tag{8.86}$$

$$q=f_q(d_\text{p},n_\text{p},\rho_\text{p},T_\text{p},v_\text{p},c_\text{p},\rho_\text{d},\sigma_\text{d},\sigma_\text{p},c_\text{d},T_\text{w},\varphi,\tau) \tag{8.87}$$

根据量纲分析中的 Π 定理，式 (8.86)、式 (8.87) 可写成如下无量纲的函数关系

$$\frac{m}{m_i}=f_m\left(\frac{\sigma_\text{d}}{\rho_\text{p}v_\text{p}^2},\frac{\sigma_\text{p}}{\rho_\text{p}v_\text{p}^2},n_\text{p}d_\text{p}^3,S_\text{p},\frac{c_\text{d}}{c_\text{p}},\frac{\rho_\text{d}}{\rho_\text{p}},S_\text{w},\varphi,\frac{v_\text{p}\tau}{d_\text{p}}\right) \tag{8.88}$$

$$\frac{q}{\rho_{\mathrm{p}} v_{\mathrm{p}}^3}=f_q\left(\frac{\sigma_{\mathrm{d}}}{\rho_{\mathrm{p}} v_{\mathrm{p}}^2}, \frac{\sigma_{\mathrm{p}}}{\rho_{\mathrm{p}} v_{\mathrm{p}}^2}, n_{\mathrm{p}} d_{\mathrm{p}}^3, S_{\mathrm{p}}, \frac{c_{\mathrm{d}}}{c_{\mathrm{p}}}, \frac{\rho_{\mathrm{d}}}{\rho_{\mathrm{p}}}, S_{\mathrm{w}}, \varphi, \frac{v_{\mathrm{p}} \tau}{d_{\mathrm{p}}}\right) \tag{8.89}$$

式中，$m_i=\rho_{\mathrm{p}} v_{\mathrm{p}} \tau \cos \varphi$ 表示时间 τ 内碰撞图 8.16 中单位面积元的粒子质量；$S_{\mathrm{p}}=v_{\mathrm{p}}/(c_{\mathrm{p}} T_{\mathrm{p}})^{\frac{1}{2}}$；$S_{\mathrm{w}}=v_{\mathrm{p}}/(c_{\mathrm{d}} T_{\mathrm{w}})^{\frac{1}{2}}$。显然，$m/m_i$ 表示粒子撞击单位面积元上质量侵蚀比。

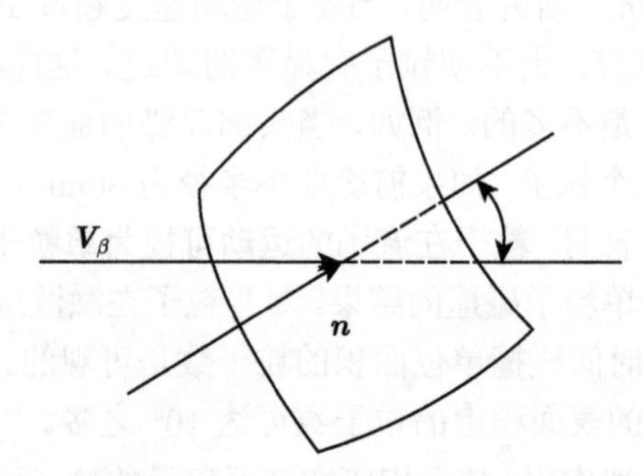

图 8.16　粒子与面元的作用 ($\boldsymbol{n}$ 为面元内法向)

设 ρ_{pp} 是粒子本身的密度，有

$$n_{\mathrm{p}} d_{\mathrm{p}}^3=k \frac{\rho_{\mathrm{p}}}{\rho_{\mathrm{pp}}}$$

这里，k 是比例系数，对于球形粒子，$k=6/\pi$。于是，式 (8.88)、式 (8.89) 中的 $n_{\mathrm{p}} d_{\mathrm{p}}^3$ 可用 $\rho_{\mathrm{p}}/\rho_{\mathrm{pp}}$ 代替。此外，由

$$\frac{v_{\mathrm{p}} \tau}{d_{\mathrm{p}}}=\frac{\theta_{\mathrm{b}}}{\dfrac{\pi}{4} n_{\mathrm{p}} d_{\mathrm{p}}^3} \tag{8.90}$$

式中

$$\theta_{\mathrm{b}}=\frac{\pi}{4} L n_{\mathrm{p}} d_{\mathrm{p}}^2 \tag{8.91}$$

这里，$L=v_{\mathrm{p}} \tau$ 表示时间 τ 内侵蚀粒子的分布长度，或叫侵蚀场的长度；θ_{b} 表示撞击面元的粒子的总截面积与面元横向 (垂直于粒子入射方向) 面积之比，称之为面积覆盖比。将式 (8.90) 代入式 (8.88)、式 (8.89)，并利用 $n_{\mathrm{p}} d_{\mathrm{p}}^3$ 与 $\rho_{\mathrm{p}}/\rho_{\mathrm{pp}}$ 的关系，易得

$$\frac{m}{m_i}=f_m\left(\frac{\sigma_{\mathrm{d}}}{\rho_{\mathrm{pp}} v_{\mathrm{p}}^2}, \frac{\sigma_{\mathrm{p}}}{\sigma_{\mathrm{d}}}, \frac{\rho_{\mathrm{p}}}{\rho_{\mathrm{pp}}}, S_{\mathrm{p}}, \frac{c_{\mathrm{d}}}{c_{\mathrm{p}}}, \frac{\rho_{\mathrm{d}}}{\rho_{\mathrm{pp}}}, S_{\mathrm{w}}, \varphi, \theta_{\mathrm{b}}\right) \tag{8.92}$$

$$\frac{q}{\rho_{\mathrm{p}} v_{\mathrm{p}}^3}=f_q\left(\frac{\sigma_{\mathrm{d}}}{\rho_{\mathrm{pp}} v_{\mathrm{p}}^2}, \frac{\sigma_{\mathrm{p}}}{\sigma_{\mathrm{d}}}, \frac{\rho_{\mathrm{p}}}{\rho_{\mathrm{pp}}}, S_{\mathrm{p}}, \frac{c_{\mathrm{d}}}{c_{\mathrm{p}}}, \frac{\rho_{\mathrm{d}}}{\rho_{\mathrm{pp}}}, S_{\mathrm{w}}, \varphi, \theta_{\mathrm{b}}\right) \tag{8.93}$$

式 (8.92)、式 (8.93) 就是我们要导出的无量纲相似关系，其中，$\sigma_{\mathrm{d}}/\rho_{\mathrm{pp}} v_{\mathrm{p}}^2, \dfrac{\sigma_{\mathrm{p}}}{\sigma_{\mathrm{d}}}, \rho_{\mathrm{p}}/\rho_{\mathrm{pp}}, S_{\mathrm{p}}, c_{\mathrm{d}}/c_{\mathrm{p}}, \rho_{\mathrm{d}}/\rho_{\mathrm{pp}}, S_{\mathrm{w}}, \varphi, \theta_{\mathrm{b}}$ 是无量纲相似参数。

引入抗侵蚀系数 C_N

$$C_N=\frac{E_{\rm p}}{\frac{m}{\tau}} \tag{8.94}$$

它表示单位时间侵蚀掉靶材单位质量所需的入射动能，其中 $E_{\rm p}=\frac{1}{2}\rho_{\rm p}v_{\rm p}^3\cos\varphi$，则式 (8.92) 可写成

$$C_N\cdot\frac{\rho_{\rm pp}}{\sigma_{\rm d}}=g_m\left(\frac{\sigma_{\rm d}}{\rho_{\rm pp}v_{\rm p}^2},\frac{\sigma_{\rm p}}{\sigma_{\rm d}},\frac{\rho_{\rm p}}{\rho_{\rm pp}},S_{\rm p},\frac{c_{\rm d}}{c_{\rm p}},\frac{\rho_{\rm d}}{\rho_{\rm pp}},S_{\rm w},\varphi,\theta_{\rm b}\right) \tag{8.95}$$

如果实际飞行情况和模型试验情况具有相同的粒子成分和表面材料，即两者的 $\rho_{\rm d},\rho_{\rm pp},c_{\rm d},c_{\rm p},\sigma_{\rm d},\sigma_{\rm p}$ 等分别给以相同的值，那么式 (8.95) 可表达为

$$C_N\cdot\frac{\rho_{\rm pp}}{\sigma_{\rm d}}=g_m\left(\frac{\sigma_{\rm d}}{\rho_{\rm pp}v_{\rm p}^2},\frac{\rho_{\rm p}}{\rho_{\rm d}},S_{\rm p},S_{\rm w},\varphi,\theta_{\rm b}\right) \tag{8.96}$$

不难看出，此时相似参数为 $\frac{\sigma_{\rm d}}{\rho_{\rm pp}v_{\rm p}^2},\frac{\rho_{\rm p}}{\rho_{\rm pp}},S_{\rm p},S_{\rm w},\varphi,\theta_{\rm b}$。

8.5.3 粒子侵蚀试验模拟准则

前面的分析结果表明，$C_N\cdot\left(\frac{\rho_{\rm pp}}{\sigma_{\rm d}}\right)$ 和 $q/(\rho_{\rm p}v_{\rm p}^3)$ 是 $\theta_{\rm b}$(或侵蚀时间 τ) 的函数。$\theta_{\rm b}$ 增加，$C_N\cdot\left(\frac{\rho_{\rm pp}}{\sigma_{\rm d}}\right)$ 和 $q/(\rho_{\rm p}v_{\rm p}^3)$ 改变。文献 [1]~[3] 指出，当 $\theta_{\rm b}$ 增加到某一临界数值 $\theta_{\rm b}^*$ 时，其抗侵蚀系数和无量纲热流不再变化。因为实际飞行的时间较长，$\theta_{\rm b}>\theta_{\rm b}^*$ 是有实际意义的情况，因此试验研究应该模拟这种情况。此时，式 (8.93)、式 (8.95) 给出

$$C_N\cdot\frac{\rho_{\rm pp}}{\sigma_{\rm d}}=g_m\left(\frac{\sigma_{\rm d}}{\rho_{\rm pp}v_{\rm p}^2},\frac{\rho_{\rm p}}{\rho_{\rm pp}},S_{\rm p},S_{\rm w},\varphi,\right) \tag{8.97}$$

$$\frac{q}{\rho_{\rm p}v_{\rm pd}^3}=f_m\left(\frac{\sigma_{\rm d}}{\rho_{\rm pp}v_{\rm p}^2},\frac{\rho_{\rm p}}{\rho_{\rm pp}},S_{\rm p},S_{\rm w},\varphi,\right) \tag{8.98}$$

由此二式，可作出如下结论：如果实际飞行情况和地面模拟试验都满足以下要求，则在 φ 分别相同时，试验得到了 $C_N\cdot\left(\frac{\rho_{\rm pp}}{\sigma_{\rm d}}\right)$ 和飞行情况分别相同。

(1) $\theta_{\rm b}>\theta_{\rm b}^*$，即由式 (8.91)

$$L>\frac{\theta_{\rm b}^*}{\frac{\pi}{4}n_{\rm p}d_{\rm p}^3}{\rm d}p=\frac{\theta_{\rm b}^*}{k_1}\frac{\rho_{\rm pp}}{\rho_{\rm p}}\cdot d_{\rm p} \tag{8.99}$$

式中，k_1 为常数，对于球形粒子，k_1=3/2。

(2) 入射粒子的成分和表面材料分别相同， 即 $\rho_{\rm pp},c_{\rm p},\rho_{\rm d},c_{\rm d},\sigma_{\rm d},\rho_{\rm p}$ 等分别相同。

(3) $\dfrac{\sigma_{\rm d}}{\rho_{\rm pp}v_{\rm p}^2}, \dfrac{\rho_{\rm p}}{\rho_{\rm pp}}, S_{\rm p}, S_{\rm w}$ 分别相同。

下面来估计 $\theta_{\rm b}^*$ 的大小。文献 [2] 研究指出，当特征长度 $d_{\rm p}$ 的高速粒子撞击物面时，使物面产生特征长度为 $d_{\rm c}$ 的凹坑，且存在如下经验关系

$$\frac{d_{\rm c}}{d_{\rm p}} = C\left(\frac{v_{\rm p}}{1000}\right)^{2/3}$$

式中，$v_{\rm p}$ 的单位为 m/s；C 为经验常数，取决于侵蚀粒子和物面材料的特性。对于雨滴和碳/碳材料，该值可取为 0.874。此外，文献 [2] 指出，当

$$\frac{\pi}{4}v_{\rm p}\tau n_{\rm p}d_{\rm c}^2 \geqslant 1 \tag{8.100}$$

时，m/m_i 将不随 τ 而改变。上式表明

$$\frac{\pi}{4}v_{\rm p}\tau^* n_{\rm p}d_{\rm p}^2\left(\frac{d_{\rm c}}{d_{\rm p}}\right)^2 = \theta_{\rm b}^*\left(\frac{d_{\rm c}}{d_{\rm p}}\right)^2 = 1 \tag{8.101}$$

于是

$$\theta_{\rm b}^* = \left(\frac{d_{\rm c}}{d_{\rm p}}\right)^2 = \frac{1}{C^2\left(\dfrac{v_{\rm p}}{1000}\right)^{4/3}} \tag{8.102}$$

利用该式和式 (8.99)，可以给出试验侵蚀场的最小长度。图 8.17 给出了球型雨滴粒子在 $v_{\rm p} = 15000\text{ft/s}= 4571.9\text{m/s}$ 的情况下，侵蚀场最小长度 L 随雨滴直径和云粒子密度 $\rho_{\rm p}$ 的变化。可以看出，$\rho_{\rm p}$ 增加，L 减小，$d_{\rm p}$ 增加而 L 增大。采用直径小的云粒子，可降低试验中对侵蚀场长度的要求。这些结果与文献 [3] 的结论一致。

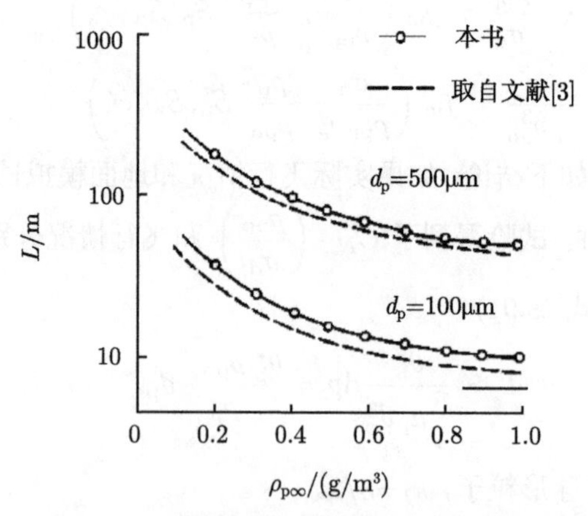

图 8.17 雨滴侵蚀实验所需的最小侵蚀场长度

$v_{\rm p} = 15000\text{ft/s}, \rho_{\rm pp} = 0.75\times10^6\text{g/m}^3$, 碳/碳材料

从以上论述可以看出：

① 当飞行情况和地面试验情况两者粒子种类、物面完全相同时，其模拟的相似参数是

$$\sigma_{\mathrm{d}}/(\rho_{\mathrm{pp}}v_{\mathrm{p}}^2), \rho_{\mathrm{p}}/\rho_{\mathrm{pp}}, S_{\mathrm{p}}, S_{\mathrm{w}}, \varphi, \theta_{\mathrm{b}}$$

② 如果地面试验满足本节的要求 (1)，且试验中侵蚀场的长度 L 满足

$$L > \frac{1}{k_1}\frac{\rho_{\mathrm{p}}}{\rho_{\mathrm{pp}}}d_{\mathrm{p}} \cdot \theta_{\mathrm{b}}^* \tag{8.103}$$

或者粒子侵蚀面元的试验时间满足

$$\tau > \frac{1}{k_1}\frac{\rho_{\mathrm{p}}}{\rho_{\mathrm{pp}}} \cdot d_{\mathrm{p}}\frac{\theta_{\mathrm{b}}^*}{v_{\mathrm{p}}} \tag{8.104}$$

则 $C_N \cdot \left(\dfrac{\rho_{\mathrm{pp}}}{\sigma_{\mathrm{d}}}\right)$, $q/(\rho_{\mathrm{p}}v_{\mathrm{p}}^3)$ 依赖的相似参数为：$\dfrac{\sigma_{\mathrm{d}}}{\rho_{\mathrm{pp}}v_{\mathrm{p}}^2}, \dfrac{\rho_{\mathrm{p}}}{\rho_{\mathrm{pp}}}, S_{\mathrm{p}}, S_{\mathrm{w}}, \varphi$。在这种情况下，模拟试验的这些相似参数，应分别和飞行情况取相同的数值。

③ 弹道靶试验可提供和实际飞行情况相近的 $C_N \cdot \left(\dfrac{\rho_{\mathrm{pp}}}{\sigma_{\mathrm{d}}}\right)$，如果适当地选择 ρ_{p}，T_{p} 和 T_{w}，并使侵蚀场的长度满足条件 (8.99)，那么它将能满足相似条件的要求，因此是一种有效的云粒子侵蚀的模拟手段。电弧加热器和发动机的云粒子侵蚀试验，如能提高粒子的速度和控制 ρ_{p}，使之和飞行情况接近，侵蚀时间满足条件 (8.104)，也是有用的试验工具。

④ 如果 $\dfrac{\rho_{\mathrm{p}}}{\rho_{\mathrm{pp}}} \to 0$ 或 ρ_{p} 很小，在式 (8.93)、式 (8.95) 中相似参数 $\dfrac{\rho_{\mathrm{pp}}}{\rho_{\mathrm{p}}}$ 将不重要。此时

$$C_N \cdot \frac{\rho_{\mathrm{pp}}}{\sigma_{\mathrm{d}}} = g_{\mathrm{m}}\left(\frac{\sigma_{\mathrm{d}}}{\rho_{\mathrm{pp}}v_{\mathrm{p}}^2}, S_{\mathrm{p}}, S_{\mathrm{w}}, \varphi\right) \tag{8.105}$$

即除 S_{p}，S_{w} 和几何参数外，另一个相似参数为 $\dfrac{\sigma_{\mathrm{d}}}{\rho_{\mathrm{pp}}v_{\mathrm{p}}^2}$。

⑤ 如果 $\dfrac{\rho_{\mathrm{p}}}{\rho_{\mathrm{pp}}} \to 0$，$\dfrac{\sigma_{\mathrm{d}}}{\rho_{\mathrm{pp}}v_{\mathrm{p}}^2}$ 也很小，式 (8.105) 给出

$$C_N \cdot \frac{\rho_{\mathrm{pp}}}{\sigma_{\mathrm{d}}} = g_0\left(S_{\mathrm{p}}, S_{\mathrm{w}}, \varphi\right) \tag{8.106}$$

或者更精确一些考虑，$C_N \cdot \dfrac{\rho_{\mathrm{pp}}}{\sigma_{\mathrm{d}}}$ 可写成

$$C_N \cdot \frac{\rho_{\mathrm{pp}}}{\sigma_{\mathrm{d}}} = g_0 + g_1\frac{\rho_{\mathrm{p}}}{\rho_{\mathrm{pp}}} + g_2\frac{\sigma_{\mathrm{d}}}{\rho_{\mathrm{pp}}v_{\mathrm{p}}^2} \tag{8.107}$$

式中，g_0, g_1, g_2 是依赖于 $S_{\mathrm{p}}, S_{\mathrm{w}}, \varphi$ 等参数，当粒子温度、物面温度及物体几何方位给定后，它们均是常量。

由式 (8.106) 可以看出，当 $\dfrac{\rho_{\mathrm{p}}}{\rho_{\mathrm{pp}}}$ 和 $\dfrac{\sigma_{\mathrm{d}}}{\rho_{\mathrm{pp}}v_{\mathrm{p}}^2}$ 很小时，作为初步近似，$C_N\cdot\dfrac{\rho_{\mathrm{pp}}}{\sigma_{\mathrm{d}}}$ 可视为一个常量。如果计及 $\dfrac{\rho_{\mathrm{p}}}{\rho_{\mathrm{pp}}}$ 和 $\dfrac{\sigma_{\mathrm{d}}}{\rho_{\mathrm{pp}}v_{\mathrm{p}}^2}$ 的影响，可近似利用式 (8.107) 给出的线性修正关系。这两个表达式，对进一步研究侵蚀系数和分析利用试验数据是很有意义的。这也是本节相似规律给出的一个重要结论。

8.5.4　地面试验的相关性分析

由于粒子云侵蚀问题的复杂性，很难建立起严格的理论模型，因此，利用地面试验摸索其侵蚀规律、侵蚀机制，并提供必要的侵蚀数据，将是人们所期望的。但是，如何使用由地面试验得到的数据仍是个没有解决的问题，即使粒子条件、靶材条件与天上相同，小模型上得到的侵蚀数据未必与天上相同，满足哪些条件地面试验数据才能直接应用于天上，显然是人们关心的问题，这里利用前面导出的公式进一步阐述这个问题。

1) 质量损失比 G 的相关性分析

将式 (8.77) 改写如下

$$G=\left[\frac{1.02(1-2\gamma_{\mathrm{d}})\rho_{\mathrm{pp}}}{2\sigma_{\mathrm{d}}}\right]\left(v_{\mathrm{p}\infty}^2\right)\left(\frac{v_{\mathrm{p}}}{v_{\mathrm{p}\infty}}\right)^2 \tag{8.108}$$

可以看出，在地面试验中，要得到与天上相同的质量损失比，需要满足如下条件：

(1) 粒子和靶材物性参数分别与天上相同，即式 (8.108) 中等号右边第一项相同，这里包含了壁温 T_{w} 和粒子温度 T_{p} 要相同。

(2) 来流中粒子速度 $v_{\mathrm{p}\infty}$ 相同，即式 (8.108) 右边第二项 $v_{\mathrm{p}\infty}^2$ 相同。

(3) 粒子通过激波层后减速比 $v_{\mathrm{p}}/v_{\mathrm{p}\infty}$ 相等，因为 v_{p} 与粒子的初始速度 $v_{\mathrm{p}\infty}$ 有关，与粒子尺度 $D_{\mathrm{p}\infty}$ 有关，与粒子穿越的激波脱体距离 Δ 有关，而 Δ 仅是来流马赫数 Ma_∞ 和端头曲率半径 R_N 的函数，故有

$$\frac{v_{\mathrm{p}}}{v_{\mathrm{p}\infty}}=f\left(v_{\mathrm{p}\infty},D_{\mathrm{p}\infty},Ma_\infty,R_N\right) \tag{8.109}$$

对于弹道靶和天上情况，$v_{\mathrm{p}\infty}=v_\infty$，上式可以写成如下的无量纲形式：

$$\frac{v_{\mathrm{p}}}{v_{\mathrm{p}\infty}}=f\left(Ma_\infty,D_{\mathrm{p}\infty}/R_N\right) \tag{8.110}$$

这就是说，只要来流马赫数相同，粒子初始直径与端头曲率半径之比相同，则减速比 $v_{\mathrm{p}}/v_{\mathrm{p}\infty}$ 就相等；对于电弧加热器这种类型的地面试验设备 $v_{\mathrm{p}\infty}\neq v_\infty$，则还要求激波前粒子速度 $v_{\mathrm{p}\infty}$ 相同。

具体计算表明，在一般情况下，粒子通过激波层减速比 $v_{\mathrm{p}}/v_{\mathrm{p}\infty}$ 对质量损失比 G 的影响一般不超过 20%，这个值小于试验数据的散布度，故可以略去 $v_{\mathrm{p}}/v_{\mathrm{p}\infty}$ 的

影响，从而也就无须模拟来流马赫数和几何相似的问题。因此，在粒子和靶材物性参数与天上分别相同的情况下 (暗含了 $T_{\rm w}$ 和 $T_{\rm p}$ 相同)，只要满足 $v_{\rm p\infty}$ 相同，即可得到与天上相同的 G 值，这就是动能流模拟规律。

2) 侵蚀速率 $\dot{S}_{\rm e}$ 的相关分析

将式 (8.76) 改写为

$$\dot{S}_{\rm e}=\left[\frac{1.02(1-2\gamma_{\rm d})\rho_{\rm pp}}{2\sigma_{\rm d}\rho_{\rm d}}\right](\rho_{\rm p\infty}v_{\rm p\infty}^3)\left(\frac{v_{\rm p}}{v_{\rm p\infty}}\right)^2\left(\frac{m_{\rm p}}{m_{\rm p\infty}}\right) \tag{8.111}$$

可以看出，在地面试验中，要得到天上相同的侵蚀速率，需满足如下条件：

(1) 粒子和靶材物性参数与天上相同，且 $T_{\rm w}$ 和 $T_{\rm p}$ 也相同，则式 (8.111) 右边第一项相等。

(2) 来流中粒子的动能通量 $(\rho_{\rm p\infty}v_{\rm p\infty}^3)$ 相等，该条件也可写为

$$\rho_{\rm p\infty}v_{\rm p\infty}^3=(\rho_{\rm p\infty}v_{\rm p\infty})\left(v_{\rm p\infty}^2\right) \tag{8.112}$$

故该条件也等价于：来流中粒子质量流 $(\rho_{\rm p\infty}v_{\rm p\infty})$ 相等和动能 $v_{\rm p\infty}^2$ 相等。

(3) 通过激波层粒子的速度衰减 $(v_{\rm p}/v_{\rm p\infty})$ 和质量衰减 $(m_{\rm p}/m_{\rm p\infty})$ 与天上分别相等。前面已经指出，粒子速度和质量的衰减，对质量损失比 G 和侵蚀速率的影响在试验数据的散布范围之内，故假定 $v_{\rm p}/v_{\rm p\infty}=m_{\rm p}/m_{\rm p\infty}=1$ 对最后结果不会带来多大的影响，从而也就无须考虑粒子和模型几何尺寸相似的问题。

综上所述，在地面试验中要得到与天上相同的侵蚀速率 $\dot{S}_{\rm e}$，除要求粒子和靶材条件相同外，还要求粒子的质量流 $(\rho_{\rm p\infty}v_{\rm p\infty})$ 和动能 $v_{\rm p\infty}^2$ 分别与天上相同。相对于质量损失比 G，侵蚀速率 $\dot{S}_{\rm e}$ 多一个要求，即还要求粒子质量流相等。

这里所论述的为垂直撞击情况，当粒子与物面撞击角 φ 不为零时，尚须模拟撞击 φ 的影响。概括起来，当粒子和靶材分别与天上相同时，从上面的分析可知需要模拟的参数有

$$\begin{aligned}G&=f\left(v_{\rm p\infty},T_{\rm p},T_{\rm w},\varphi\right)\\ \dot{S}_{\rm e}&=f\left(v_{\rm p\infty},\rho_{\rm p\infty},T_{\rm p},T_{\rm w},\varphi\right)\end{aligned} \tag{8.113}$$

可以看出，这里所得到的结论与前面所揭示的规律是一致的。

8.6 粒子云侵蚀数值仿真和算例分析

对于粒子云侵蚀这样的复杂问题，建立数值模拟软件，与地面试验模拟相互印证，是非常必要的。数值仿真软件，经过地面试验验证和飞行试验弹抗侵蚀性能评估之后，便可用到实际飞行条件下弹头抗侵蚀设计或进行抗侵蚀性能评估。数值仿真软件主要应包括如下几个子模块：

(1) 再入弹道计算模块；

(2) 气动特性计算模块；

(3) 天气环境参数和天气剖面模块；

(4) 热环境计算模块；

(5) 热化学烧蚀计算模块；

(6) 粒子/激波层干扰计算模块；

(7) 粒子侵蚀计算模块；

(8) 粒子侵蚀热增量计算模块；

(9) 外形变化计算模块；

(10) 材料内部热传导计算模块。

此外还有输入输出模块等。

利用前面从理论上导出的质量损失比 G 或抗粒子侵蚀系数 C_N 和粒子侵蚀/热化学烧蚀数值仿真软件，进行了如下几方面的对比计算。

1) 国内、国外地面试验数据分析计算

对于天气粒子侵蚀石墨靶材、天气粒子侵蚀 C/C 靶材和石墨粒子侵蚀石墨靶材三种情况，采用理论方法和国外所给的关联曲线预测的质量损失比 G 分别示于图 8.18(a)~(c)。可以看出，在所感兴趣的粒子速度范围内，全部计算结果都吻合得很好，相对误差均在 10% 以内。由于本书给出的靶材的抗侵蚀系数 C_N 仅依赖于粒子和靶材物性参数，而与流场参数无关，且 C_N 反比于粒子密度 ρ_{pp}，因此 C_N 和 ρ_{pp} 的乘积仅与靶材物性参数有关，与粒子物性参数无关，这样利用 $C_N\rho_{\text{pp}}$ 这个参数就可以将同一靶材不同粒子的侵蚀数据整理在一起。

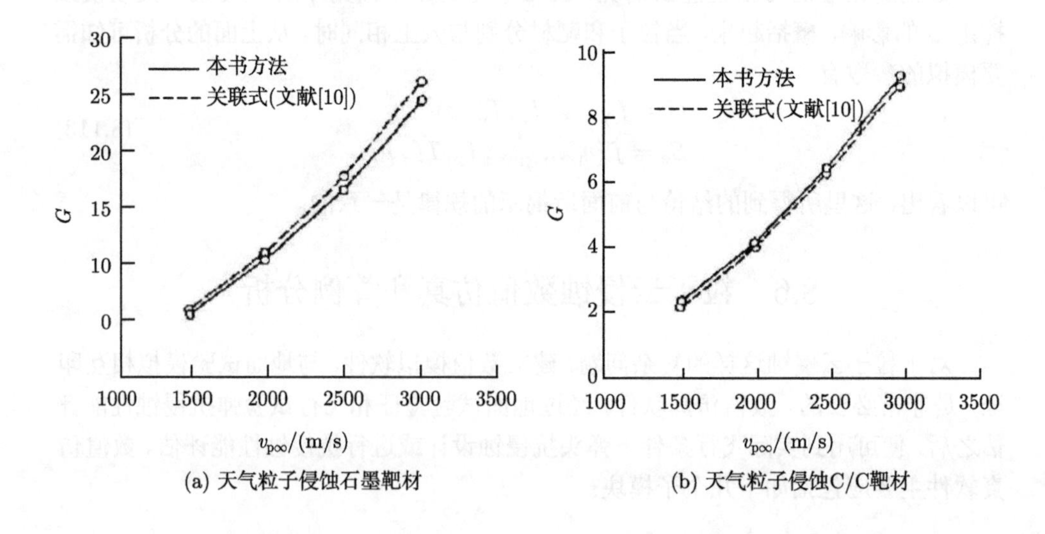

(a) 天气粒子侵蚀石墨靶材　　(b) 天气粒子侵蚀C/C靶材

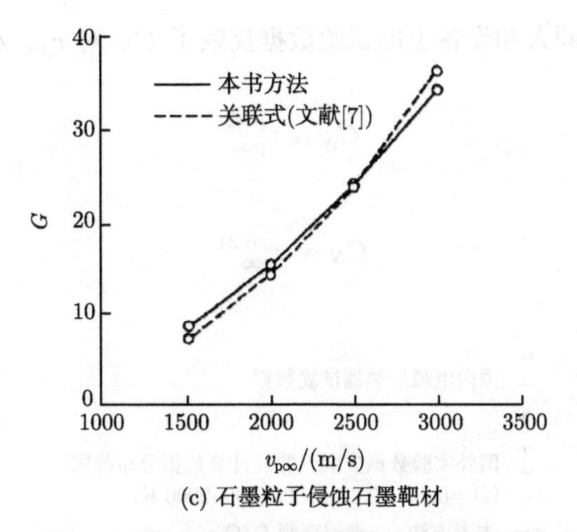

(c) 石墨粒子侵蚀石墨靶材

图 8.18 理论方法和关联曲线预测结果比较

图 8.19 为石墨靶材抗侵蚀系数 $C_N\rho_{pp}$ 的变化规律，可以看出，本书方法的计算结果位于国外实验数据的散布范围之内，而且基本上是试验数据的均值，比较好地反映了抗侵蚀系数 $C_N\rho_{pp}$ 与流场和粒子参数无关的特性。图 8.20 为 C/C 靶材抗侵蚀系数 $C_N\rho_{pp}$ 的变化规律，图中也示出了国内电弧加热器试验以及国外试验数据关联曲线的计算结果，前面给出的关于 $C_N\rho_{pp}$ 的通用表达式的计算结果基本上位于试验数据的散布范围之内。

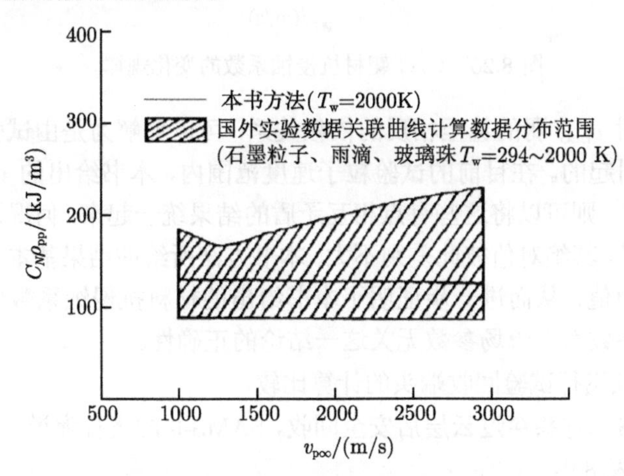

图 8.19 石墨靶材抗侵蚀系数的变化规律

需要说明的是，以上结果从整体看，对于 C/C 靶材，试验数据反映了 C_N 对于粒子速度有弱的依赖关系，即

$$C_N \propto v_{p\infty}^{0.18} \tag{8.114a}$$

对于石墨靶材，不同人和设备上的试验数据反映了 C_N 对 $v_{\mathrm{p}\infty}$ 相反的弱的依赖关系，即

$$C_N \propto v_{\mathrm{p}\infty}^{0.28} \tag{8.114b}$$

和

$$C_N \propto v_{\mathrm{p}\infty}^{-0.31} \tag{8.114c}$$

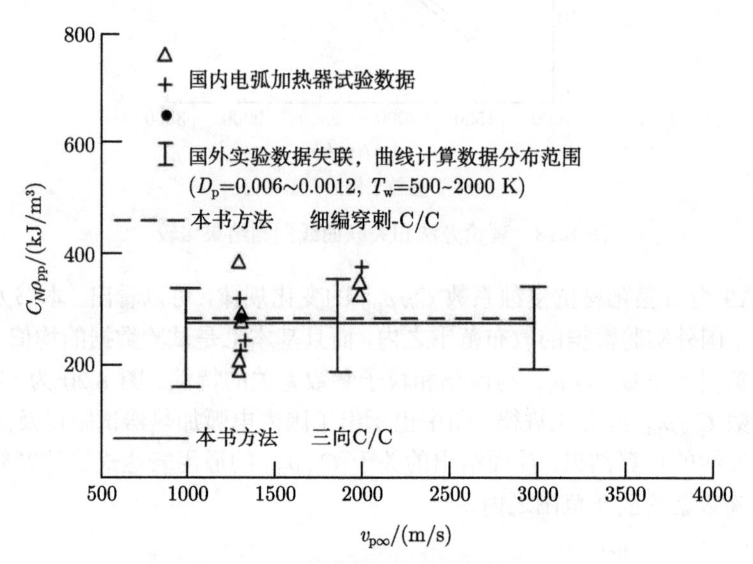

图 8.20　C/C 靶材抗侵蚀系数的变化规律

这种 C_N 对 $v_{\mathrm{p}\infty}$ 弱的甚至相反的依赖关系，可以理解为是由试验数据的测试精度和散布度引起的。在目前的试验粒子速度范围内，本书给出的 C_N 与 $v_{\mathrm{p}\infty}$ 无关的通用表达式，则可以将这些有点相互矛盾的结果统一起来，何况这些变化规律相反的试验结果，其绝对值彼此差别不大，本书方法所给的结果基本上是这些相互矛盾的结果的中值，从而进一步证明了本书给出的材料抗侵蚀系数仅依赖于粒子和材料的物性参数而与流场参数无关这一结论的正确性。

2) 粒子侵蚀飞行试验回收端头的计算比较

美国 SAMS-6 弹头穿过云层后安全回收，SAMS-6 的飞行弹道、天气侵蚀参数分别见表 8.8、表 8.9。

粒子直径 (mm) 的值为

$$D_{\mathrm{p}\infty}=\begin{cases}0.0016, & H\leqslant 609.6\\ 0.0016-0.00006675\times(H/304.8-2), & 609.6<H\leqslant 5486.4\\ 0.000532-0.0000165\times(H/304.8-18), & 5486.4<H\end{cases}$$

表 8.8 SAMS-6 弹道参数

t/s	4.0	5.0	6.0	7.0	8.0	9.0	11	15
H/m	1005.8	1542	2225	3337.6	4425.7	5260.8	6979.9	9144
v_∞/(m/s)	1060.7	1243.6	2097	2572.5	2255.5	1981.2	1536.2	1036.3

表 8.9 SAMS-6 天气侵蚀参数

H/m	0.0	1360	2260	2480	3360	3740	4000
$\rho_{p\infty}$/(kg/m^3)	0.000122	0.000282	0.000264	0.000446	0.000264	0.00025	0.0003
H/m	4784	5500	5750	6000	7400	7780	8240
$\rho_{p\infty}$/(kg/m^3)	0.000112	0.000172	0.000246	0.000176	0.000133	0.000265	0.000283

利用粒子侵蚀数值仿真软件和上述弹道参数及天气环境参数，对回收端头进行了粒子侵蚀模拟，结果示于图 8.21。可以看出，回收外形与数值仿真外形有良好的一致性。

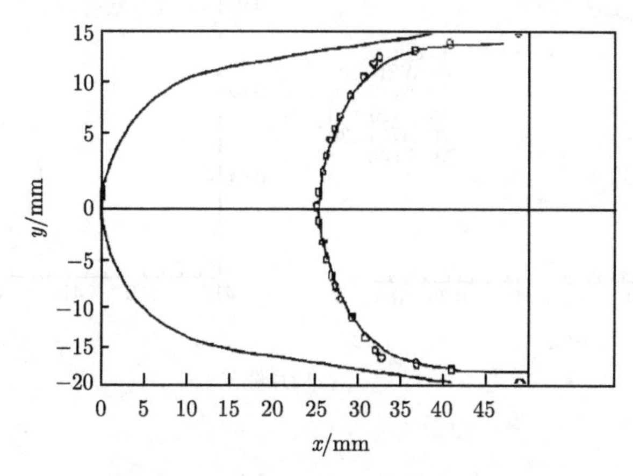

图 8.21 SAMS-6 回收与计算外形比较

3) 美国发动机粒子侵蚀试验和数值模拟过程的比较

美国用 METS 火箭发动机喷流进行了粒子侵蚀试验，试验模型为球锥外形，见图 8.22，模型材料为 ATS-S 石墨，从该图可以看出，在整个 5s 的粒子侵蚀过程中，试验和计算外形是一致的。

4) 常规弹头烧蚀/侵蚀外形计算结果

图 8.23 给出了某沿海地区不同月份和不同严重等级天气情况下常规弹头烧蚀/侵蚀外形和顶点后退量计算结果，弹头在 15km 进入云层时马赫数为 7.5，落地马赫数为 5 左右。可以看到，三级以下天气时，后退量小于 23mm；四级和五级天气时小于 30mm；在六级恶劣天气情况下，后退量急剧上升，可达百毫米以上，远远超过了端头半径 (40mm)。可见弹头在五级以上恶劣天气情况下已不具备作战

能力。

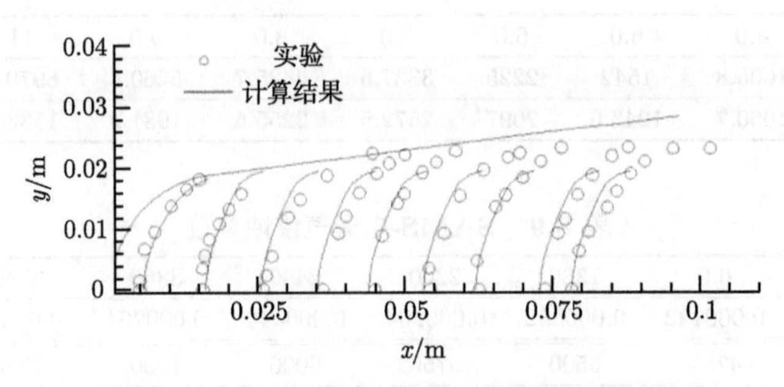

图 8.22　METS 模型火箭发动机实验模拟结果

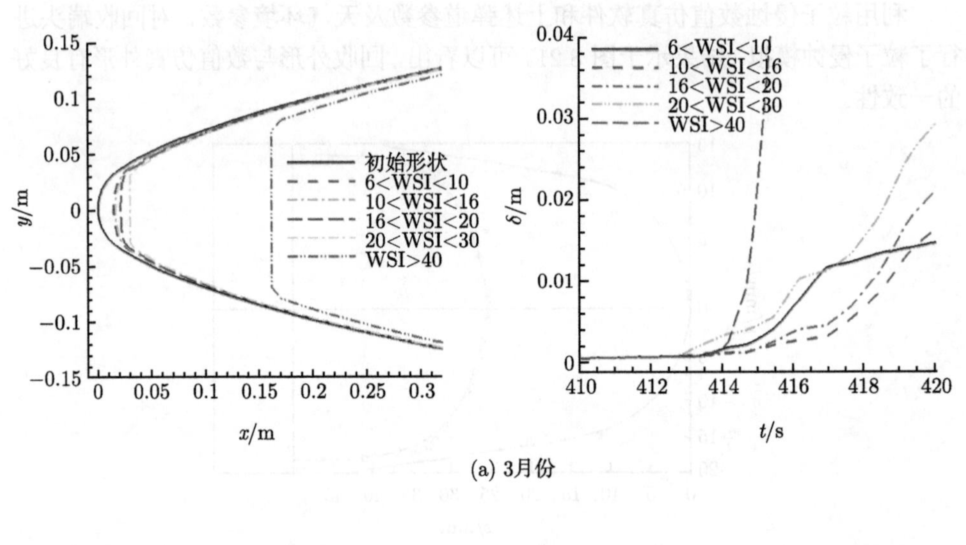

(a) 3月份

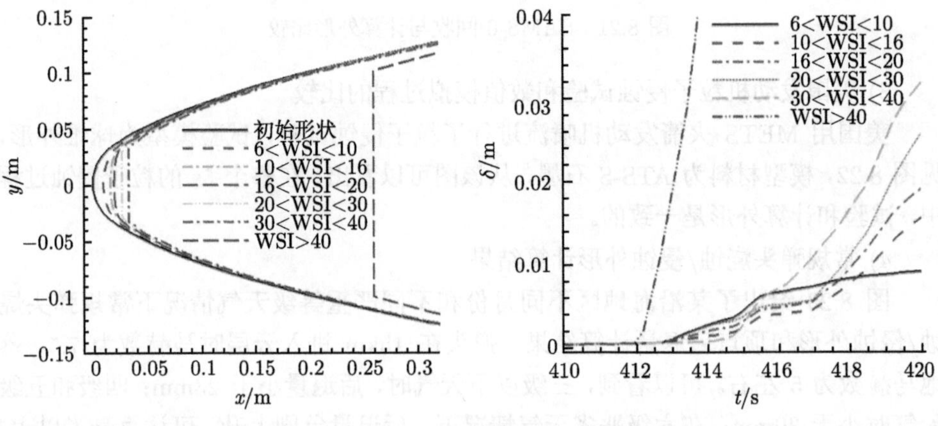

(b) 6月份

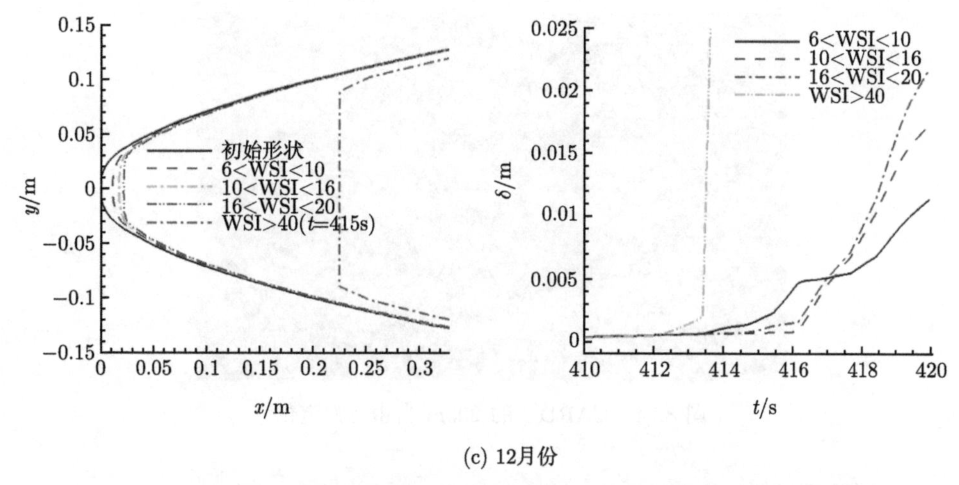

(c) 12月份

图 8.23 常规弹头烧蚀/侵蚀外形和顶点后退量计算结果

8.7 自由飞弹道靶侵蚀试验技术

文献 [13] 显示，可进行防热材料抗粒子侵蚀性能试验的方法有很多种，如固体火箭发动机烧蚀/侵蚀试验；固定靶材，由二级轻气炮发射液体粒子或固体粒子的单粒子碰撞侵蚀试验; 在大气层中进行的由小型火箭发射的自由飞行侵蚀试验; 固定雨屏，由二级轻气炮发射模型的弹道靶侵蚀试验；电弧加热器加粒子烧蚀/侵蚀试验等。但从试验条件对真实环境的模拟程度和试验经费等方面考虑，目前大量选用的为弹道靶侵蚀试验和电弧加热器粒子烧蚀/侵蚀试验，下面分别进行简单介绍。

美国和俄罗斯都建有 200m 以上的多座弹道靶系统 [17,18]。在我国，目前只有中国空气动力研究与发展中心 (CARDC) 拥有国内唯一的一座 200m 自由飞弹道靶 (图 8.24)，可以利用挂屏雨滴或雪花侵蚀场来模拟真实的侵蚀环境，有一套适合在弹道靶上开展高速雨滴或雪花侵蚀的试验系统。该设备 1986 年投入使用，2009 年进行了设备升级改造 [12]，在原有 37/50mm 口径二级轻气炮基础上，新增 203mm 和 120mm 口径两个二级轻气炮，具备 0.5~30 kg 模型发射速度 0.3~5 km/s 的发射能力，靶室由原来的 ϕ1.5m 洞体升级至 ϕ3m，同时配备新的真空设备，实现 0~80 km 高度模拟，模型姿态测量系统除阴/纹影照相系统外，新增双目前光成像定位系统、脉冲 X 射线成像测量系统等测试设备。

图 8.24　CARDC 的 200m 自由飞弹道靶

8.7.1　试验系统

图 8.25 为 200m 自由飞弹道靶试验系统示意图。系统包括如下几个部分。

1) 发射系统

(1) 模型/弹托发射器。模型/弹托发射器采用二级轻气炮。装药量和压缩管内的压力根据试验中模型速度要求选择。决定模型速度的因素主要有装药量、压缩管充压大小、活塞质量、大小膜片有效厚度、模型/弹托质量、弹托和底托的过盈量、活塞的过盈量、压缩管真空度、天气等多种因素决定，最重要的影响因素是装药量、压缩管充压大小。

(2) 模型/弹托分离装置。模型/弹托分离装置是膨胀箱，根据模型速度的变化选择膨胀箱内的真空度减少模型与弹托的分离干扰，以保证模型和弹托的正常分离。

(3) 靶室。靶室为直径 3m，长 200m 的圆柱洞体。侵蚀场和模型回收场布置在靶室中，测试及照相系统沿靶室轴线分布。

2) 测试/照相系统

(1) 测量装置。分析天平测量模型加工前后和回收前后质量，其精度为 0.1mg；采用游标卡尺和千分尺测量模型的几何外形尺寸，其测量精度分别为 0.02mm，0.01mm；工具显微镜判读前光照相获得的侵蚀轮廓照片，供标定转化后包囊雨滴粒子的大小。

(2) 测速系统。采用激光探测/计时器系统，可记录模型在进入侵蚀场前后及飞越侵蚀场过程中的时间，据此计算模型的飞行速度。

(3) 阴影照相。水平阴影照相用大画幅照相，垂直阴影照相用照相机。阴影照相站共 20 站，主要用来监测模型的飞行姿态，另外可用于分析试验失败的原因等。

(4) 前光照相。可拍摄模型在侵蚀前后及在侵蚀场中的侵蚀轮廓照片。

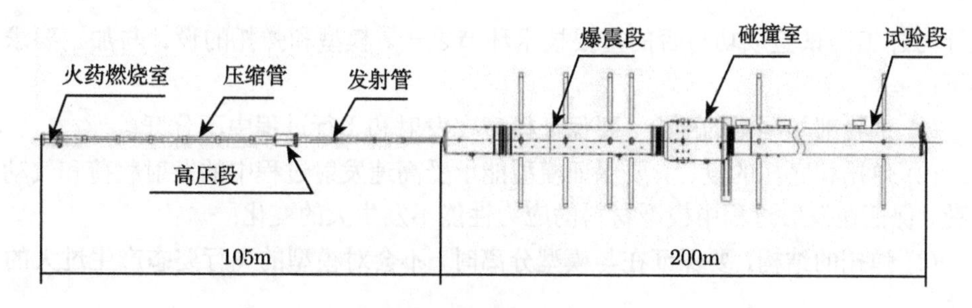

(a) 设备整体

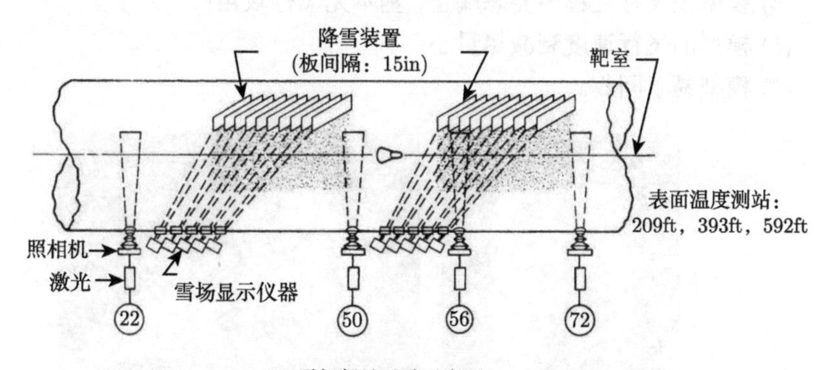

(b) 雪场侵蚀试验示意图

图 8.25 200m 自由飞弹道靶试验系统示意图

(5) 标定与数据处理系统。包囊粒子大小的标定是利用直接读数法和称重法。直接读数法用工具显微镜等，称重法用分析天平等。

3) 侵蚀系统

200m 自由飞弹道靶采用的是固定式挂屏雨滴侵蚀场，粒子为包囊雨滴粒子。

(1) 粒子屏的制作。用筛选过的尿素粒子经过特殊处理制作成包囊粒子，在专门设计制作的设备上人工制作粒子屏。

(2) 粒子屏的转换。粒子屏的转换采用冷转换方式，转换时间一般为 8~12 h。每次试验对粒子的转换进行跟踪标定，以保证粒子转换大小的一致。

(3) 侵蚀场的建立。将转换后的粒子屏按所选择的参数和方式挂在靶室中，即建立了固定式挂屏雨滴场。

4) 模型回收系统

模型能否成功回收是试验成功与否的关键之一。200m 自由飞弹道靶解决了模型的回收问题。模型在回收场中的附加损失质量由标定试验确定。

8.7.2 试验模型

图 8.26 给出了典型的模型与弹托图，以及发射、分离过程。模型和弹托的

设计与加工是试验成功与否的重要技术环节之一。模型和弹托的设计与加工要求如下：

(1) 试验部与尾裙的配合，要保证模型在发射和飞行过程中不分开；

(2) 弹托和底托的设计，要保证模型能承受高速发射过程中的发射载荷和气动载荷，保证在发射过程中模型材料的应力性能不发生大的变化；

(3) 弹托的结构，要保证在与模型分离时，不会对模型的飞行姿态产生过大的干扰；

(4) 模型在飞行过程中姿态端正，基本无飞行攻角；

(5) 模型的飞行速度衰减尽量小；

(6) 模型易于回收。

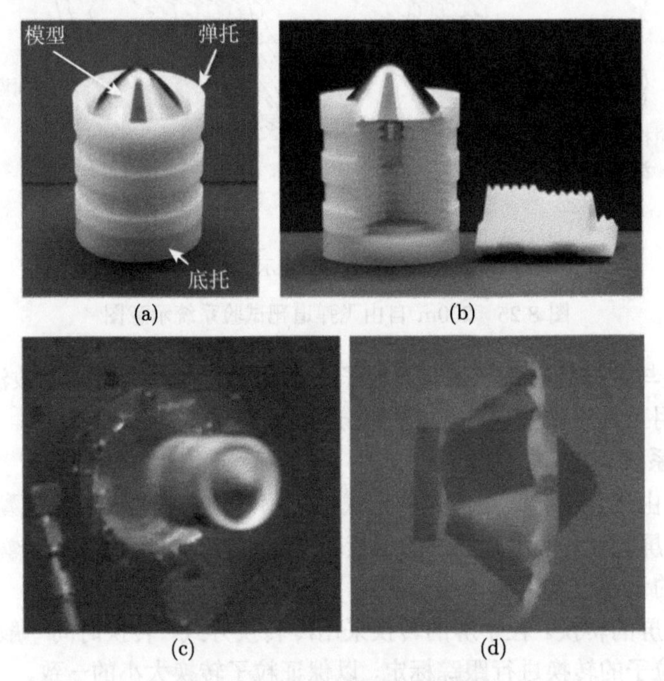

图 8.26　典型的模型与弹托图

8.7.3　数据采集与处理

1) 包囊粒子的筛选与标定

用分析筛将试验所需大小的尿素粒子筛选出来，经过特殊处理后成为包囊粒子，再经过分析筛筛选即可用。

将包囊粒子转换后，采用工具显微镜直接读数法，对粒子的大小及分布进行标定；采用称重法对粒子大小进行标记。一般转换后雨滴粒子的平均直径 d_p 为

1.68mm，由于天气等因素影响，雨滴粒子的平均直径大小的变化范围在 ± 0.02mm 内，雨滴粒子的大小呈正态分布。要求在每次试验时对转换后的雨滴粒子进行跟踪标定。

2) 侵蚀场参数的选择

(1) 粒子屏制作参数的选择与计算。粒子屏的制作与设计参数应满足如下条件：要消除一次碰撞中雨滴间的动态干扰，即粒子间距应不小于粒子影响区直径。据国外有关资料报道，在模型速度小于 5km/s 时，粒子影响区直径一般为粒子直径的 1~5 倍。当粒子转换后的平均直径 d_{p} 为 1.68mm 时，其影响区直径 D_{C} 为 1.68~8.4 mm。粒子屏上的粒子间距 W 为 7mm 和 10mm，可以认为在对应的试验状态下，所选用的粒子屏能消除一次碰撞中两粒子间的动态干扰。

(2) 侵蚀场参数的选择与计算。侵蚀场参数的选择要保证能消除模型与粒子屏连续碰撞间的干扰，避免“遮光效应”的产生，因此粒子屏的设置要满足如下条件。

a. 模型的覆盖度 θ_{b} (面积覆盖比) 大于临界覆盖度 θ_{b}^*。

b. 屏间距 ΔL 与弹坑形成时间 τ' 的关系应满足

$$\frac{\Delta L}{v_\infty} \gg \tau' \tag{8.115}$$

式中，弹坑形成时间 τ' 一般为 10^{-4}~10^{-5}s，如果模型最高速度为 3.5km/s，屏间距 $\Delta L > 0.35\mathrm{m}$ 即可满足条件。

(3) 在雨滴粒子选定的情况下，可得到不同速度下模型两次连续碰撞的时间间隔 Δt 为

$$\Delta t = \frac{\pi \rho_{\mathrm{p}}}{6C_{\mathrm{C}}} \cdot \frac{d_{\mathrm{p}}}{v_{\mathrm{p}}} \tag{8.116}$$

式中，C_{C} 为侵蚀场的质量浓度。在本试验所选的浓度等条件下，Δt 一般为 10^{-3}s 量级，弹坑形成时间 τ' 一般为 10^{-4}~10^{-5} s，因此可满足试验所要求的条件。

3) 初始数据采集与处理

(1) 速度。由激光探测器/计时器系统获得的时间，以及各测试站的距离间距，可计算出模型在各测试站的飞行速度 v。

(2) 侵蚀量。用分析天平称出模型或试验部在试验前的质量 M_1，试验后回收模型的质量 M_2。考虑回收过程中的附加损失质量 M_3，得到模型的侵蚀量 ΔM 为

$$\Delta M = M_1 - M_2 - M_3 \tag{8.117}$$

4) 数据处理

(1) 侵蚀场质量浓度。假设侵蚀场中的雨屏数为 N，且每张屏上粒子是均匀分布的，场中第 i 张粒子屏上单位面积内的粒子数为 n_i，则侵蚀场单位面积上的粒

子数为 $\sum_{i=1}^{N} n_i$，单位体积内的粒子数为 $\sum_{i=1}^{N} n_i/L$，单个粒子的质量为 m_{p}，可得到侵蚀场的质量浓度为

$$C_{\mathrm{C}} = \frac{m_{\mathrm{p}} \cdot \sum_{i=1}^{N} n_i}{L} \tag{8.118}$$

(2) 覆盖度。模型穿越侵蚀场时所碰粒子的横截面积与模型头部横截面积之比。

由前面的推导知，模型穿越侵蚀场时所碰粒子的数目为 $n = \sum_{i=1}^{N} n_i \cdot S_{\mathrm{M}}$，由 θ_{b} 的定义有

$$\theta_{\mathrm{b}} = \frac{n \cdot S_{\mathrm{p}}}{S_{\mathrm{M}}} = S_{\mathrm{p}} \cdot \sum_{i=1}^{N} n_i \tag{8.119}$$

式中，S_{p} 为粒子的横截面积；S_{M} 是模型头部横截面积。

(3) 质量损失比 G。材料的侵蚀质量 ΔM 与碰撞粒子总质量 M_{e} 的比值即为质量损失比，即

$$G = \frac{\Delta M}{M_{\mathrm{e}}} = \frac{M_1 - M_2 - M_3}{m_{\mathrm{p}} \cdot \sum_{i=1}^{N} n_i \cdot S_{\mathrm{M}}} \tag{8.120}$$

(4) 抗侵蚀系数 C_N。其定义为

$$C_N = \frac{E_{\mathrm{p}}}{m/\tau} \tag{8.121}$$

当粒子的入射角 $\phi = 0°$ 时得到

$$C_N = \frac{\frac{1}{2} C_{\mathrm{C}} \cdot v_{\mathrm{p}}^3}{m/\tau} \tag{8.122}$$

而

$$\frac{m}{\tau} = \frac{\Delta M}{S_{\mathrm{M}} \left(L/\bar{v}_{\mathrm{p}}\right)} \tag{8.123}$$

式中

$$\frac{\Delta M}{C_{\mathrm{C}} \cdot S_{\mathrm{M}} \cdot L} = G \tag{8.124}$$

得到

$$C_N = \frac{v_{\mathrm{p}}^3}{2G\bar{v}_{\mathrm{p}}} \tag{8.125}$$

式中

$$v_{\mathrm{p}}^3=\sum_{j=1}^{J}v_{\mathrm{p}j}^3/J \tag{8.126}$$

这里，J 表示从侵蚀场入口到出口的速度测试点数；$\bar{v}_{\mathrm{p}}$ 为模型飞越侵蚀场的平均速度。

5) 误差来源

弹道靶侵蚀试验误差的主要来源是测试误差，包括速度的测试误差和质量的测试误差。其他的误差来源还有以下几个方面，这些误差均是随机的：① 加工装卸过程中带来的误差，通过试验比较，一次装卸造成试验部质量的平均损失质量小于 0.05g；② 回收过程中，模型的附加损失质量的不确定性；③ 侵蚀粒子大小的随机性；④ 模型飞行过程中，飞行角不绝对为 0°；⑤ 不同模型的飞行速度的衰减不一样；⑥弹头材料特性的不确定性。

8.7.4 典型的试验结果

图 8.27 为 Gastrock [18] 给出的雨屏侵蚀试验激光照片，试验是在美国海军军械实验室 (NOL)1000ft 弹道靶上进行的，(a) 为进入侵蚀场之前的照片，(b) 为通过侵蚀场后的照片，通过测量外形变化情况，可以确定侵蚀量大小。

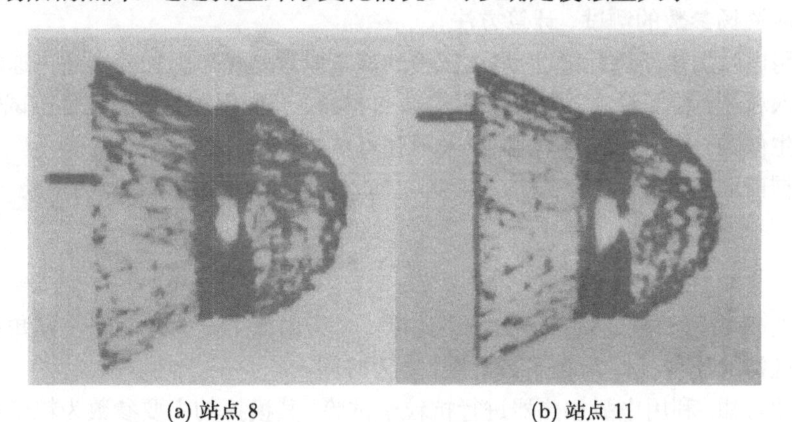

(a) 站点 8　　(b) 站点 11

图 8.27 弹道靶侵蚀试验光学照片 (取自文献 [18])

图 8.28 为某弹头材料在 CARDC-200m 弹道靶上进行雨滴侵蚀试验后回收的试验模型。其侵蚀场基本参数为：覆盖度 $\theta=0.3619$，入场速度 v_{p} 约为 2100m/s，飞越侵蚀场的平均速度方 $\bar{v}_{\mathrm{p}}$ 约为 2000m/s。通过试验得到该弹头材料的抗侵蚀系数 C_N 约为 160kJ/kg。

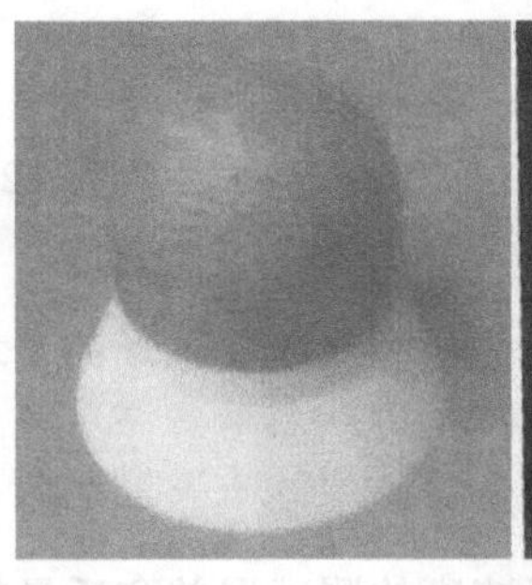
(a) 试验前模型照片

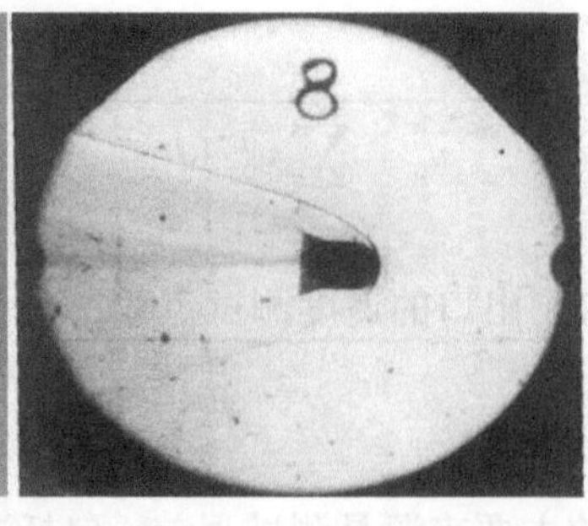

(b) 模型飞行流场照片

(c) 试验后模型照片

图 8.28 雨滴侵蚀试验回收的模型

8.8 电弧加热器侵蚀/烧蚀耦合试验技术

20 世纪 70~80 年代，美国在电弧加热器上进行了大量的粒子烧蚀/侵蚀试验研究 [14,15]，主要是将碳粒子注入高温电弧射流中形成耦合的烧蚀/侵蚀流场环境。中国空气动力研究与发展中心和北京航天空气动力研究院 [16] 也通过改进电弧加热试验设备和粒子播发系统，将石墨粒子均匀注入高压混合室中，与高温空气混合后经过超声速粒子加速喷管形成烧蚀/侵蚀试验流场，对驻点模型进行试验，同时建立相应流场参数的测试、计算方法。

利用电弧加热器进行侵蚀/烧蚀试验的基本原理是在电弧加热器超声速喷管的入口注入粒子，粒子经喷管加速后撞击防热材料，产生侵蚀。其优点是在试验中能同时产生侵蚀/烧蚀现象。试验一般采用驻点试验技术。

依据前面的理论，抗侵蚀系数 $C_N = E_{\rm p}/(m/\tau)$。动能通量 $E_{\rm p}$ 为

$$E_{\rm p} = \frac{1}{2}\rho_{\rm p} v_{\rm p}^3 \cos\varphi \tag{8.127}$$

式中，$E_{\rm p}$ 为粒子动能通量；$v_{\rm p}$ 为粒子速度；m 为由撞击开始经时间 τ 从单位面积元上侵蚀掉的质量；$\rho_{\rm p}$ 为粒子云密度；τ 为时间。

由此可知，利用电弧加热器进行抗粒子试验，其模拟的主要参数为粒子动能通量 $E_{\rm p}$。当地面模拟试验的粒子速度 $v_{\rm p}$ 值较低时，为达到所要求的 $E_{\rm p}$ 值，可采用增大粒子密度 $\rho_{\rm p}$ 的方法来实现。为同时产生侵蚀/烧蚀，还必须模拟飞行器再入热环境，即在电弧加热器中模拟气流总焓 H_0、总压 P_0、热流密度 $q_{\rm s}$。

8.8.1 试验设备

试验设备主要由电弧加热器、粒子加速喷管、粒子播发系统、控制台和自动送进机构等组成。

1) 电弧加热器

电弧加热器主要采用管状电弧加热器 (图 8.29)，它由前后电极和弧室组成。辅助设备有大功率直流电源和冷却水系统。电弧加热器的结构、性能将在第 12 章中介绍。

图 8.29 中国空气动力研究与发展中心管状电弧加热器

2) 粒子加速喷管

粒子加速喷管通常采用水冷夹层结构的锥形喷管。在喷管设计中，可采用一元流动，并考虑到壁面摩擦，锥形喷管扩张段的半锥角 α 都设计得较小，通常 α 取 4° 左右。为模拟不同试验状态参数的需要，可以设计多个喷管。

3) 粒子播发系统

粒子播发系统的作用，是将粒子以一定的质量流率均匀地播发到喷管的高温热流中去。目前粒子播发器有两种：高压空气推动活塞播发粒子和粒子两次混合进入高压气体中再播发到喷管中。图 8.30 是粒子播发系统的示意图。播发量是由播发室内外压差及活塞或孔板上的气孔的数量和孔径来控制的。喷管上的粒子喷射孔与喷管轴向和径向都保持一定的角度，保证粒子均匀地播发到电弧加热设备的热气流中。

4) 控制台和自动送进机构

控制台的作用是控制粒子的播发，并与电弧加热设备同步，保证在电弧加热器状态稳定后进行粒子云侵蚀烧蚀试验并记录粒子播发时间。自动送进机构的作用是准确地把模型送进和退出试验位置，并保证模型头部保持在等压区内。

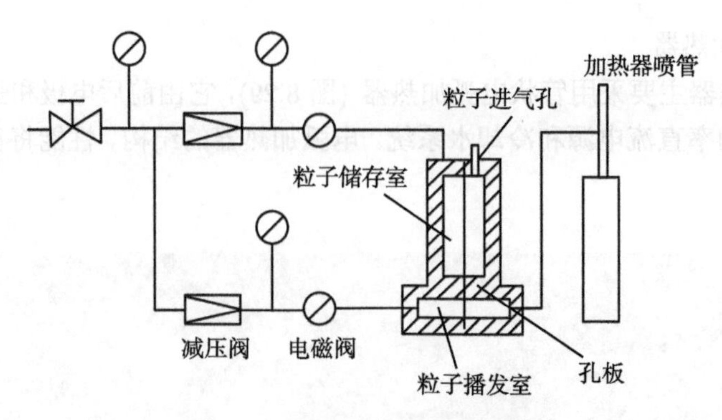

图 8.30　粒子播发系统示意图

8.8.2　参数测试技术

粒子云侵蚀/烧蚀试验中，要测量的参数较多，电弧射流热环境参数测量见第 12 章，这里主要介绍粒子速度和密度测量。

1. 粒子速度测量

测量电弧加热器的粒子流场特性的技术有：高速纹影照相法、双脉冲激光全息技术、激光多普勒测速技术、热发射测速技术、激光测速技术、F-P 扫描干涉仪测速技术等，这里主要介绍热发射测速技术、F-P 扫描干涉仪测速技术和阵列式脉冲激光显微照相测速法。

1) 热发射测速技术

经过电弧加热器加热的空气–粒子两相流，在光学上可以认为是透明的，被掺入而悬浮在其中的固体粒子将被射流加热到高温状态，并按普朗克辐射定律向四周发射热辐射。一般来说，固体粒子表面辐射系数比气体火焰的辐射系数要高得多，因此，如果射流中的粒子密度适当，则微粒子可以通过高分辨率镜头分辨出来，微粒子发射的热辐射可以通过光电倍增管检测到。若在粒子运动的轨迹上选两个位置，测出粒子通过这两个位置 $\Delta s = s_2 - s_1$ 所用的时间 t，就可以得到粒子的速度 $v_{\mathrm{p}} = \Delta s/t$。该方法所测速度超过 3000m/s，精度达 5%。图 8.31 是热发射测速仪的原理图。它在流场中确定了两个探测体 V_1 和 V_2，它们是光收集效率最大区域，则最佳探测体 V_1 和 V_2 两者之间的距离是已知并可调的。当热粒子沿图中 Z 轴运动通过这两个探测体时，它发射的热辐射经过透镜组聚焦在光纤端面上，落到光电倍增管的灵敏面上，经光电转换，产生粒子空间距离和两个信号幅度，在知道了两个探测体之间的空间距离和两个信号之间的传输时间以后，就可以计算出粒子的速度。应用热发射测速技术应注意以下两点。

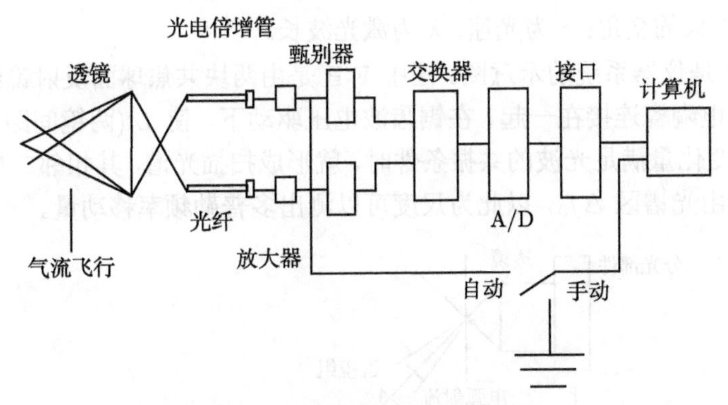

图 8.31 热发射测速仪的原理图

(1) 探测体形状。最佳探测体直径 D_{v}、最佳探测体体积 V_{v} 是由透镜组镜头的物距 s_{v} 、像距 s_{f}、焦距 f、镜头收集粒子热辐射的张角 θ_{c}、透镜限制光阑的直径 D_{r} 和光导纤维通光芯的直径 D_{f} 决定的，如果 $s_{\mathrm{v}} \gg D_{\mathrm{r}} \gg D_{\mathrm{v}}$，$D_{\mathrm{v}} = D_{\mathrm{f}}$，则最佳探测体的体积可以近似表示为

$$V_{\mathrm{v}} = (\pi/6)\,(D_{\mathrm{v}}/\theta_{\mathrm{c}}) \tag{8.128}$$

(2) 热发射测速探测条件。为了能有效地测出粒子的速度，必须保证满足以下四个条件: 最佳探测体内的粒子发射的辐射必须足够强，以保证光电倍增管的输出信噪比大于 1；外来辐射小于最佳测体内粒子发射的热辐射；为了保证最佳探测体内只有一个粒子存在，粒子数密度应满足: $n_{\mathrm{p}} \ll V_{\mathrm{v}}$；为了能正确计算出粒子速度，要求每次测量中只能有一个粒子通过。

计算机采集数据有两种方式: 一是计算机用程序控制分档从 0~1 V 改变甄别器的触发电平，这可以在一次开车中看到各种大小粒子的平均速度；二是人工控制甄别器的触发电平采集数据，最后用计算机计算平均速度和速度概率分布。在计算平均速度时，以理论计算的喷管出口的气流速度作为粒子速度的最大值，喷管内粒子的初始速度作为粒子的最小速度，取其中间部分求平均值，并与理论计算的喷管出口的粒子速度值相比较。

2) F-P 扫描干涉仪测速技术

F-P 扫描干涉仪实为高分辨率的光谱仪，它可以直接测量波长的微小变化，在测速技术中，这种变化是由多普勒效应引起的，其变化量的大小与运动质点的速度成正比

$$\Delta f_{\mathrm{D}}/\Delta f_0 = 8v_{\mathrm{p}}\sin{(\theta/2)}\,/c\lambda \tag{8.129}$$

式中，Δf_{D} 为多普勒频率移动量；Δf_0 为仪器的自由光谱区；v_{p} 是运动质点的速

度；θ 是二光束的交角；c 为光速；λ 为激光波长。

图 8.32 是仪器系统的示意图。图中 F-P 是由两块共焦球面反射镜组成的，一块背面与压电陶瓷连接在一起，在锯齿波电压驱动下，使 L (两镜间距) 作微小变化，当这个变化量满足光波的共振条件时，就形成扫描光谱，其相邻二极值之间的频率称为自由光谱区 Δf_0，以此为尺度可以测出多普勒频率移动量。

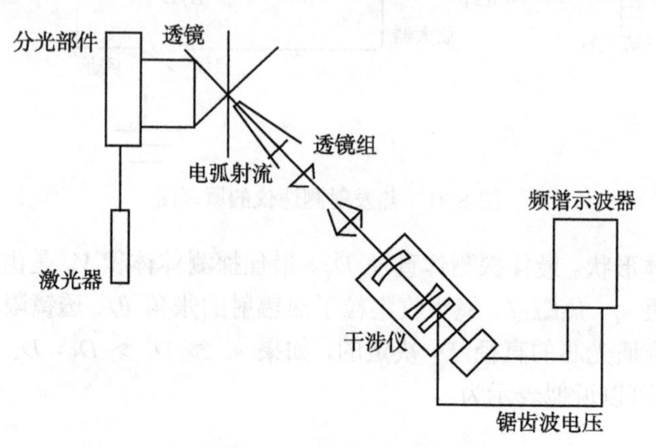

图 8.32　仪器系统示意图

3) 阵列式脉冲激光显微照相测速法

阵列式脉冲激光显微照相测速法原理是在一张胶片上三次曝光。已知脉冲的间隔时间，测量出同一粒子两次像间的距离就可以计算速度

$$v_{\mathrm{p}} = s/t \tag{8.130}$$

式中，v_{p} 为粒子速度 (m/s)；s 为同一粒子两次像间的距离 (m)；t 为激光脉冲的时间间隔 (s)。

图 8.33 是阵列式脉冲激光显微照相法测速和测粒子数密度的试验装置示意图。

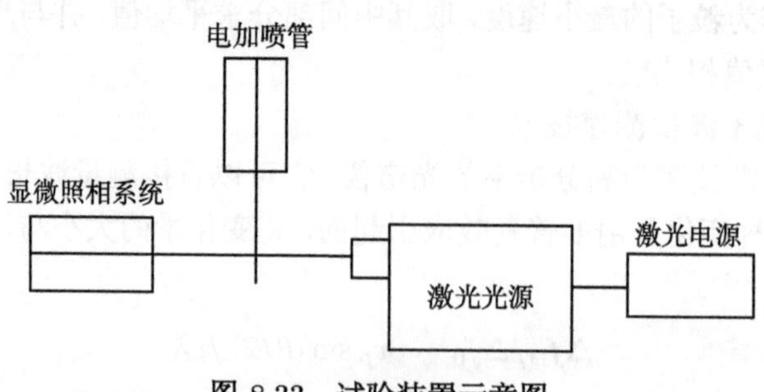

图 8.33　试验装置示意图

2. 粒子数密度测量

粒子数密度测量方法也较多，这里简要介绍阵列式脉冲激光显微照相法和 F-P 扫描干涉仪两种方法。

1) 阵列式脉冲激光显微照相法

用单脉冲激光显微照相法测定电弧射流中的固体粒子数密度原理是：利用红宝石脉冲激光显微照相法，取得电弧射流中某一体积内的粒子图像，经过数字图像处理系统的处理，去掉系统所固有的背景，根据像灰度变化规律确定景深内的粒子数，计算出景深的射流面积和照相系统的景深，就可以求出粒子的数密度

$$\rho = N/A\varDelta \tag{8.131}$$

式中，ρ 为粒子数密度 (个/cm^3)；N 为取景体积内的粒子数 (个)；A 为射流中取景地面积 (即图像扫描的胶片面积除以照相系统横向放大倍数的平方)(cm^2)；$\varDelta$ 为景深 (cm)。

2) F-P 扫描干涉仪

由于粒子通过探测体的时间为 10^{-7}~10^{-8} s，故在波形上几乎以线脉冲出现，每个粒子对应一个单脉冲，于是可以建立如下关系式

$$\rho = \frac{1}{v_{\mathrm{p}}\Delta S}\sum_{i=1}^{n}\frac{N_i}{\Delta t} \tag{8.132}$$

式中，ρ 为粒子数密度 (个/m^3)；v_{p} 为粒子平均速度 (m/s)；ΔS 为有效探测体截面积 (m^2)；N_i 为第 i 个脉冲 (每个脉冲对应一个粒子通过)；Δt 为单个粒子通过有效探测体上所对应的脉冲时间 (s)，它可以利用已知的自由光谱区所对应的扫描时间来测定。

利用 F-P 扫描干涉仪测速技术测定的有关信息，还可以测定粒子的密度。

8.8.3 应用

实际再入的中等天候条件的 E_{p} 值一般为 1158J/(s·cm^2)，在 10~4000 m 高度内空气密度一般为 0.4~0.8 kg/m^3，再入时速度为 3800~6400 m/s，因此模拟实际的环境是不可能的。目前国内在电弧加热设备上进行的侵蚀/烧蚀地面模拟试验得到的粒子直径在 50~400 μm，粒子速度为 1400~3500 m/s，E_{p} 值为 150~907 J/(s·cm^2)。尽管如此，侵蚀/烧蚀耦合的结果对弹头防热材料的影响是很大的，如图 8.34 所示，相比于无粒子的纯烧蚀试验，在烧蚀/侵蚀试验过程中，烧蚀/侵蚀产物四处飞溅，模型质量损失率有侵蚀/烧蚀和无侵蚀/烧蚀有数倍甚至数十倍的增加，而且气动外形和表面粗糙度也有显著变化。在侵蚀/烧蚀耦合下，也进行过表面热流变化的试验，结果表明，无论是球头或是平板模型，在侵蚀/烧蚀下的热流都大于无粒子

侵蚀下的热流。其原因：首先可能是高速粒子造成流场变化，从而导致对流加热增加；其次是粒子动能转换成热流，使传热量增加引起热流增加。

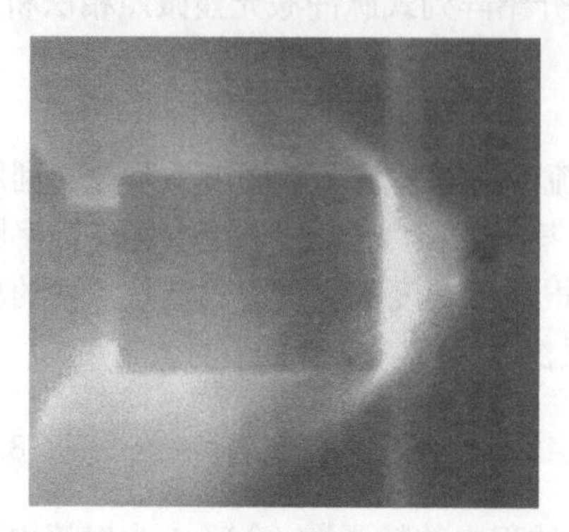

(a) 侵蚀试验过程

(b) 碳/碳材料侵蚀试验后结果

图 8.34　电弧加热器粒子侵蚀试验 (取自文献 [16])

粒子密度和速度的测量方法，在侵蚀/烧蚀试验中的应用比较成功。热发射测速技术已多次用于电弧加热器射流和火箭弹尾喷火焰中粒子速度测量，其他测量方法也在燃气喷气流和电弧加热器试验中得到成功运用。

8.9　模型自由飞粒子云侵蚀试验技术

模型自由飞粒子云侵蚀试验较地面试验环境条件更真实，既能用于考核验证地面试验结果，也能为理论计算软件的校核和鉴定提供可信的证据。

侵蚀飞行试验的难点主要是：研制低空高超声速试验火箭；在恶劣气象 (如雷雨天、风天) 天气下安全完成发射；能见度极差的情况下准确测量弹道参数；实测飞行弹道剖面上的云物理参数；完好无损地回收弹头模型等。因此，需要多单位、多学科密切协作和强有力的指挥才能完成。由于侵蚀的飞行试验技术异常复杂，涉及面广，难度大，危险性高，从最初研究至今，开展的次数极为有限。

图 8.35 是一次飞行试验的过程示意图。试验采用两级或三级火箭运载真实材料制作的弹头模型，从地面低仰角发射，数秒内加速到高超声速，穿过云雨层，在弹道的下降减速过程中，实施头体分离，开伞回收模型。然后，综合所获得的模型侵蚀数据、弹道数据、气象数据、飞行走廊的云物理数据和弹头材料数据进行处理、分析，并与理论计算的结果进行对比研究，达到考核验证理论软件之目的。

图 8.36 为我国早期开展的模型自由飞侵蚀试验现场照片，本次试验马赫数达到 6.6 (高度 3.8km)，获得了有效的侵蚀样本 (图 8.37)，验证了地面模拟准则和理论计算模型。

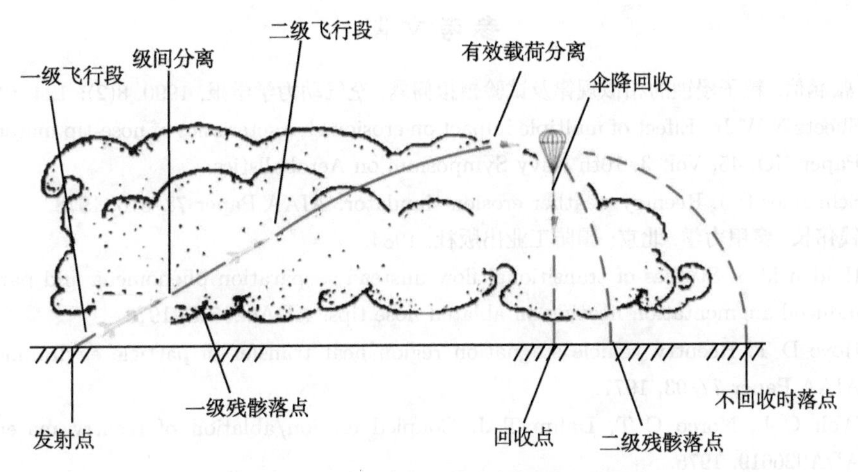

图 8.35 侵蚀试验火箭飞行过程示意图

图 8.36 侵蚀试验火箭待发射

图 8.37 自由飞侵蚀试验结果

参考文献

[1] 张涵信. 粒子侵蚀的相似规律及试验模拟问题. 空气动力学学报, 1990, 8(2): 124–128.

[2] Sheetz N W Jr. Effect of multiple impact on erosion characteristics of nose-tip materials. Paper NO. 45, Vol. 3, 10th Navy Symposium on Aeroballstics.

[3] Schneider P J. Reentry weather erosion simulator. AIAA Paper 78–816, 1978.

[4] 钱伟长. 穿甲力学. 北京: 国防工业出版社, 1984.

[5] Holden M S. Studies of transitional flow unsteady separation phenomena and particle induced augmentation heating on ablated nose tips. ADA029545, 1976.

[6] Hove D T. Reentry vehicle stagnation region heat transfer in particle environments. AIAA Paper 77–93, 1977.

[7] Wolf C L, Norco C T, Dahm T J. Coupled erosion/ablation of reentry materials. ADA026619, 1975.

[8] 卞荫贵, 钟家康. 高温边界层传热. 北京: 科学出版社, 1986.

[9] Henderson C B. Drag coefficients of spheres in continuum and rarefied flow. AIAA Journal, 1976, 14(6): 707–708.

[10] Swain C E. The effect of particle/shock layer interaction on reentry vehicle performance. AIAA Paper 75–734, 1975.

[11] 王礼立. 应力波基础. 北京: 国防工业出版社, 1985.

[12] 焦德志, 黄洁, 平新红, 等. 200m 自由飞弹道靶升级改造. 实验流体力学, 2014, 28(2): 95–98.

[13] 王俊山. 防热复合材料抗粒子侵蚀特性研究. 宇航材料工艺, 2000, (5): 32–35.

[14] Smith D M, Carver D B, Knudsen R P. Reentry erosion testing of USAF strategic systems nosetip materials in the AEDC heat-H1 high-enthalpy arc facility . Proceedings of the 2004 AIAA Missile Sciences Conference, 2004.

[15] Smith D M, Felderman E J. Aerothermal testing of space and missile materials in the arnold engineering development center arc jet facilities. AIAA, 2006–3293, 2006.

[16] 欧东斌, 陈连忠, 曲德军, 等. 电弧加热器驻点烧蚀/侵蚀试验技术. 宇航材料工艺, 2010, (4): 68–70.

[17] Lu F K, Marren D E. Progress in Astronautics and Aeronautics, Volume 198: Advance Hypersonic Test Facility. Reston Virginia: American Institute of Aeronautics and Astronautics, 2002.

[18] Gastrock R R. Ballistics range erosion testing. AIAA Paper 73–765, 1973.

[19] Simons R A. Aerodynamic shattering of ice crystals in hypersonic flight. Physical Sciences Incorporated Report, ADA019517, Advanced Reentry Aeromechanics, Vol. II, April 1975.

[20] Saurel R, Petitpas F, Berry R A. Simple and efficient relaxation methods for interfaces separating compressible fluids, Cavitating flows and shocks in multiphase mixtures. Journal of Computational Physics, 2009(228): 1678–1712.

第9章　烧蚀/侵蚀外形变化和质量特性

9.1　引　　言

高超声速飞行器再入过程中，由于烧蚀/侵蚀，外形会不断变化，特别是端头部分会出现明显的后退和形状变化。这种外形变化将改变飞行器的气动特性，而且会严重影响落点精度。因此，准确预报飞行器再入过程中外形随时间的变化过程是非常重要的。

为了得到不断变化的烧蚀/侵蚀外形，必须求解烧蚀/侵蚀外形方程。烧蚀/侵蚀外形方程属典型的非线性方程，方程的性质受很多因素的影响 [1]。由于方程形式比较复杂，主要采用数值方法进行求解。最初人们主要采用显式差分格式求解烧蚀/侵蚀外形方程 [2]，但显式格式受时间步长限制，难以保证计算稳定性。文献 [3] 对烧蚀/侵蚀外形方程进行了拟线性化处理，并采用附加人工黏性项的办法来消除差分格式造成的非物理波动，建立了隐式差分计算方法。该计算方法在此后数十年中得到广泛应用 [4-8]。有关计算结果表明，采用人工黏性项的办法可以有效消除非物理波动，得到光滑的烧蚀/侵蚀外形。但人工黏性项的选择受很多因素影响，对不同的计算条件，需要进行人工调节。本书作者研究发现 [10]，人工黏性在抹平非物理波动的同时，使得烧蚀/侵蚀外形计算精度受到影响，采用不同的人工黏性项，计算得到的烧蚀/侵蚀外形往往有很大差别。为此我们尝试将 CFD 中广泛使用的无波动、无自由参数的耗散差分格式 [9] 引入烧蚀/侵蚀外形计算 [10,11]，克服了人工黏性项的不足，获得了满意的计算结果。

9.2　烧蚀/侵蚀外形的描述方法

不断变化的烧蚀/侵蚀外形和质量特性的数学描述，是确定飞行器再入过程中气动力/热特性以及弹道特性和落点精度的基础。对于有攻角、带偏航和滚转情况下的三维非对称烧蚀情况，烧蚀/侵蚀外形的描述更加困难。一方面，气动力和气动热参数的计算都是在坐标原点位于飞行器头部顶点的坐标系中进行的，由于发生烧蚀，再入过程中头部物面不断向后退缩，坐标原点随之向后移动，每一时刻都需重新确定物面的坐标值。另一方面，理论计算、地面试验和飞行试验数据表明 [12,13]，对弹道式再入飞行器，在 12km 以下的低空有攻角再入飞行时，其烧蚀/侵蚀外形一般是非对称的，如图 9.1 所示，头部顶点偏离原始物体顶点 Δ 距离，其垂直于体轴的横截面中心的连线接近于直线，并相对于体轴倾斜 ψ 角。此时，如果仍以体轴为坐标轴，背风子午面的物面径向坐标将出现多值，使计算难以继续进行下去。实践表明 [15]，解决以上两方面问题的一个较好办法是采用瞬时坐标系，通过坐标变换，建立新旧坐标系之间的联系。

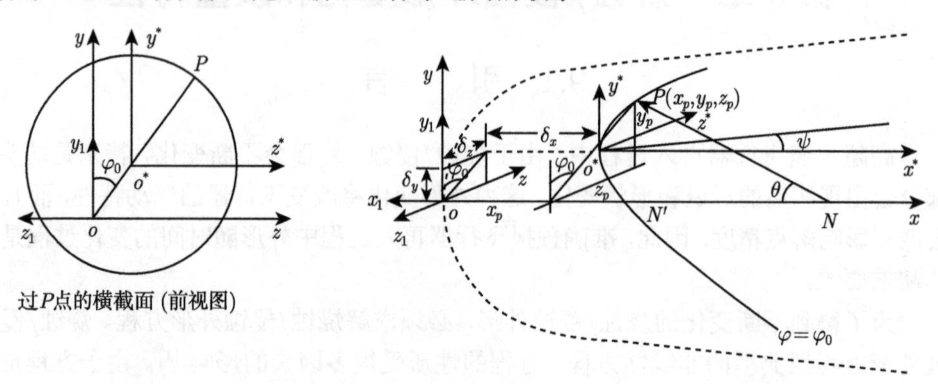

图 9.1 非对称烧蚀头锥坐标示意图 (顶点 o^* 所在的子午面 φ_0)

9.2.1 瞬时坐标系

进行飞行器气动特性分析和计算时，习惯上采用类似于飞行器坐标系 $ox_1y_1z_1$ [14] 的固连坐标系，如图 9.1 所示，设 $oxyz$ 为初始时刻的固连直角坐标系，坐标原点 o 位于飞行器的顶点，ox 轴与 ox_1 轴重合但方向相反，oy 轴与 oy_1 轴重合且方向相同，oz 轴与 oz_1 轴重合但方向相反。定义 $o^*x^*y^*z^*$ 为当前计算时刻的瞬时直角坐标系，坐标原点 o^* 始终位于飞行器烧蚀/侵蚀外形的前部顶点处，各坐标轴的方向与初始坐标系一致。瞬时坐标系 $o^*x^*y^*z^*$ 与初始坐标系 $oxyz$ 之间的关系为

$$\begin{cases} x^* = x - \delta_x \\ y^* = y - \delta_y \\ z^* = z - \delta_z \end{cases} \tag{9.1}$$

其中，δ_x, δ_y, δ_z 为两个坐标系坐标原点之间的距离 Δ 分别在 x, y, z 轴上的投影。

为了方便起见，特别是进行烧蚀和防热层内部热响应计算时，常采用球坐标系。用 (R, θ, φ) 表示初始时刻的球坐标系，原点 N 位于 x 轴上，θ 和 φ 分别为球心角和子午角，则初始直角坐标系与球坐标系之间的关系可写成

$$\begin{cases} x = x_N - R\cos\theta \\ y = R\sin\theta\cos\varphi \\ z = R\sin\theta\sin\varphi \end{cases} \tag{9.2}$$

这里，把物面分为头部和锥身两部分，在瞬时坐标系中，以轴向坐标 $x^* = x_N$ 作为分界面，x_N 按端头曲率半径大小来选取

$$x_N = \begin{cases} R_N, & R_N > 0.04 \quad (\mathrm{m}) \\ 2R_N, & R_N < 0.04 \quad (\mathrm{m}) \end{cases}$$

流场计算 (包括表面压力分布和热流) 是在瞬时坐标系下进行的，表面热化学烧蚀、防热材料内部热响应以及烧蚀/侵蚀外形计算是在球心位于体轴上的球坐标系下进行的。进行烧蚀/侵蚀外形计算时，初始时刻球心位于头部球锥连接处的截面与体轴交点 N' 点处，在烧蚀过程中，该球心点沿 x 轴向后移动，在某一时刻位于 N 点处，球心点的移动速度等于顶点沿 x 方向的后退速度。而在计算表面热化学烧蚀和防热层内部热响应时，由于需要用到前一时刻的值，希望球坐标原点能固定不动，可以选择体轴上的任意一点作为球心点，这里取 M 点作为球心点，一般要求 $x_M \geqslant x_{N'}$。由烧蚀计算可确定各子午面新的 R 值，并由式 (9.2) 计算物面上各点的直角坐标 x, y, z，然后寻找整个物面上的最小 x 坐标点，从而确定 $\delta_x, \delta_y, \delta_z$。最后由式 (9.1) 确定新坐标 (x^*, y^*, z^*)，在新坐标系下，就可以开始下一时刻的流场参数计算了。下面讨论 $\delta_x, \delta_y, \delta_z$ 的确定方法，也就是瞬时坐标系 $o^*x^*y^*z^*$ 的确定方法。

如图 9.2 所示，首先，在 $oxyz$ 坐标系中，根据前一时刻的烧蚀/侵蚀外形，寻找物面上轴向坐标 x 最小的坐标点 P 及其所在子午面 φ_0，然后在该子午面上通过 P 点及其左右邻近两点 A 和 B 作小圆，圆心为 $o'(x_{O2}, y_{O2}, z_{O2})$，半径为 R_{O2}。通过小圆的圆心作平行于 x 轴的直线与小圆相交，取两交点中 x 坐标较小者为瞬时坐标系的坐标原点 $o^*(\delta_x, \delta_y, \delta_z)$，通过该坐标原点和小圆圆心的直线便是我们要确定的 x^* 轴。通过圆的解析方程

$$\begin{cases} (x_A - x_{O2})^2 + (y_A - y_{O2})^2/\cos^2\varphi_0 = R_{O2}^2 \\ (x_B - x_{O2})^2 + (y_B - y_{O2})^2/\cos^2\varphi_0 = R_{O2}^2 \\ (x_P - x_{O2})^2 + (y_P - y_{O2})^2/\cos^2\varphi_0 = R_{O2}^2 \end{cases} \tag{9.3}$$

得

$$\begin{cases} x_{O2} = \dfrac{1}{2\gamma\cos\varphi_0}\left[\alpha(y_B - y_P) - \beta(y_A - y_B)\right] \\ y_{O2} = \dfrac{1}{2\gamma}\cos\varphi_0\left[\beta(x_A - x_B) - \alpha(x_B - x_P)\right] \\ z_{O2} = \dfrac{1}{2\gamma}\sin\varphi_0\left[\beta(x_A - x_B) - \alpha(x_B - x_P)\right] \end{cases} \tag{9.4}$$

式中

$$\alpha = x_A^2 - x_B^2 + y_A^2/\cos^2\varphi_0 - y_B^2/\cos^2\varphi_0$$

$$\beta = x_B^2 - x_P^2 + y_B^2/\cos^2\varphi_0 - y_P^2/\cos^2\varphi_0$$

$$\gamma = (x_A - x_B)(y_B - y_P)/\cos\varphi_0 - (x_B - x_P)(y_A - y_B)/\cos\varphi_0$$

$$R_{O2} = \sqrt{(x_A - x_{O2})^2 + (y_A - y_{O2})^2/\cos^2\varphi_0}$$

过小圆 o' 的圆心作平行于体轴的直线，与小圆交与 o^* 点，则 o^* 点即为瞬时坐标系的原点，且

$$\begin{cases} \delta_x = x_{O2} - R_{O2} \\ \delta_y = y_{O2} \\ \delta_z = z_{O2} \end{cases} \tag{9.5}$$

这样就得到瞬时坐标系 $o^*x^*y^*z^*$。

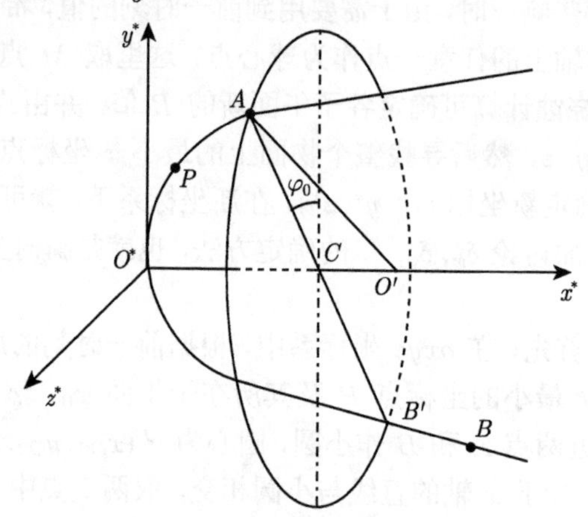

图 9.2　瞬时坐标系的建立

需要注意的是，在老坐标系下，物面上位于同一子午面上的点经坐标变换后，在新坐标系内一般不再位于同一子午面上。因此，新坐标系子午面与老坐标系子午面上对应点处的参数值必须经过插值才能得到。同样，在瞬时坐标系下，沿各子午面计算的流场参数要换算到老坐标系对应子午面上，也必须经过插值运算。

9.2.2　非对称烧蚀/侵蚀外形的数值逼近

烧蚀/侵蚀外形的表面形状通常比较复杂，难以用分析方法描述，只能用数值方法逼近。由于三次 B 样条函数不仅能提供精确的微分运算，而且还具备较强的收敛性和理论完备性，所以已被广泛用来描述复杂几何问题，进行物体表面离散坐标点的插值、微分和积分。文献 [16] 给出关于俯仰平面对称体的样条函数逼近方法，这里将其进一步推广到任意非对称烧蚀/侵蚀外形的样条逼近。

如图 9.3 所示，在瞬时坐标系下，设物体横截面 (前视图) 上在 $0 \leqslant \phi \leqslant 2\pi$ 区间内分布 j_m 个网格点，网格点坐标为 (y_j, z_j)，其中，$j = 1, 2, 3, \cdots, j_m$。转换成极

坐标为

$$r_j \equiv f_j = \left(y_j^2 + z_j^2\right)^{1/2} \tag{9.6}$$

$$\phi_j = \begin{cases} \arccos\left(y_j/r_j\right)^{1/2} & z_j > 0 \\ 2\pi - \arccos\left(y_j/r_j\right)^{1/2}, & z_j < 0 \end{cases} \tag{9.7}$$

其中，$0 = \phi_1 < \phi_2 < \cdots < \phi_{jm} = 2\pi$, 可以不等间隔划分。

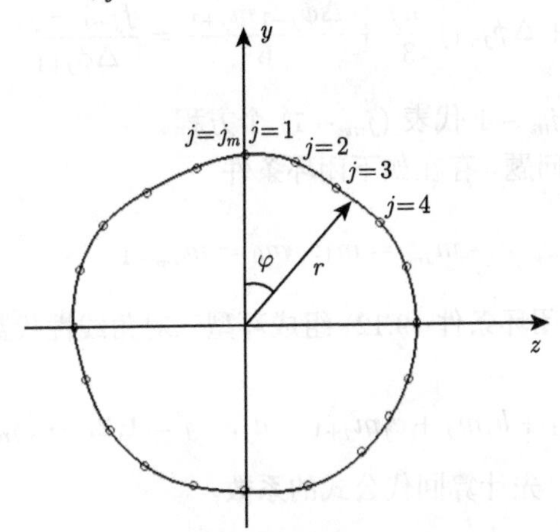

图 9.3　物体横截面的节点分布

下面用三次样条函数逼近烧蚀/侵蚀外形。设在上述网格点上，三次样条函数 $f_\Delta(\phi)$ 具有下列特性：① 其一阶、二阶导数在区间 $[0, 2\pi]$ 上连续；② $f_\Delta(\phi)$ 在每一子区间 $[\phi_{j-1}, \phi_j]$ $(j = 1, 2, 3, \cdots, j_m)$ 上为三次多项式；③ 满足 $f_\Delta(\phi_j) = f_j\,(j = 1, 2, \cdots, j_m)$。

用 m_j 表示二阶导数 $f''_\Delta(\phi_j) = [\mathrm{d}^2 f_\Delta(\phi)/\mathrm{d}\phi^2]_{\phi=\phi_j}$，由于 $f_\Delta(\phi)$ 为分段三次多项式，所以 $f''_\Delta(\phi)$ 为分段线性函数，因此

$$f''_\Delta(\phi) = m_{j-1}\frac{\phi_j - \phi}{\Delta\phi_j} + m_j\frac{\phi - \phi_{j-1}}{\Delta\phi_j} \tag{9.8}$$

其中，$\Delta\phi_j = \phi_j - \phi_{j-1}$。对上式积分并确定积分常数，得到区间 $[\phi_{j-1}, \phi_j]$ 上的一阶导数和样条函数的表达式为

$$f'_\Delta(\phi) = -m_{j-1}\frac{(\phi_j - \phi)^2}{2\Delta\phi_j} + m_j\frac{(\phi - \phi_{j-1})^2}{2\Delta\phi_j} + \frac{f_j - f_{j-1}}{\Delta\phi_j} - (m_j - m_{j-1})\frac{\Delta\phi_j}{6} \tag{9.9}$$

$$\begin{aligned} f_\Delta(\phi) = {} & m_{j-1}\frac{(\phi_j - \phi)^3}{6\Delta\phi_j} + m_j\frac{(\phi - \phi_{j-1})^3}{6\Delta\phi_j} + \left(f_{j-1} - \frac{m_{j-1}\Delta\phi_j^2}{6}\right)\frac{\phi_j - \phi}{\Delta\phi_j} \\ & + \left(f_j - \frac{m_j\Delta\phi_j^2}{6}\right)\frac{\phi - \phi_{j-1}}{\Delta\phi_j} \end{aligned} \tag{9.10}$$

以上式 (9.8)、式 (9.9) 和式 (9.10) 分别给出了样条函数的二阶导数、一阶导数和物面径向坐标的表达式。这样，利用三次样条函数进行插值和求导问题归结为求网格节点上的二阶导数 m_j。

由于函数 $f'_\Delta(\phi)$ 在 $[0,2\pi]$ 上为连续函数，根据左右极限导数相等 $f'_\Delta(\phi_j^-) = f'_\Delta(\phi_j^+)$ 可得到

$$\frac{\Delta\phi_j}{6}m_{j-1} + (\Delta\phi_j + \Delta\phi_{j+1})\frac{m_j}{3} + \frac{\Delta\phi_{j+1}m_{j+1}}{6} = \frac{f_{j+1}-f_j}{\Delta\phi_{j+1}} - \frac{f_j - f_{j-1}}{\Delta\phi_j} \tag{9.11}$$

这里，$j = 1,2,3,\cdots,j_m - 1$ 代表 $(j_m - 1)$ 个方程。

对我们所研究的问题，存在如下闭环条件

$$m_{j_m} = m_1;\ m_0 = m_{j_m-1} \tag{9.12}$$

方程组 (9.11) 和闭环条件 (9.12) 组成环型三对角线性代数方程组，写成如下形式

$$a_j m_{j-1} + b_j m_j + c_j m_{j+1} = d_j, \quad j = 1,2,\cdots,j_m - 1 \tag{9.13}$$

采用追赶法求解，先计算回代公式的系数

$$e_j = -\frac{c_j}{b_j + a_j e_{j-1}}, \quad e_1 = -\frac{c_1}{b_1} \tag{9.14}$$

$$f_j = -\frac{a_j}{b_j + a_j e_{j-1}}, \quad f_1 = -\frac{a_1}{b_1} \tag{9.15}$$

$$g_j = \frac{d_j - a_j g_{j-1}}{b_j + a_j e_{j-1}}, \quad g_1 = \frac{d_1}{b_1} \tag{9.16}$$

然后计算下面系数

$$p_j = p_{j-1} - q_{j-1}f_{j-1}, \quad p_1 = b_{j_m-1} \tag{9.17}$$

$$q_j = q_{j-1}e_{j-1}, \quad q_1 = -c_{j_m-1} \tag{9.18}$$

$$r_j = r_{j-1} + q_{j-1}g_{j-1}, \quad r_1 = d_{j_m-1} \tag{9.19}$$

根据以上系数计算 m_{j_m-1}

$$m_{j_m-1} = \frac{r_{j_m-2} + (q_{j_m-2} - a_{j_m-1})g_{j_m-2}}{p_{j_m-2} - (q_{j_m-2} - a_{j_m-1})(e_{j_m-2} + f_{j_m-2})} \tag{9.20}$$

最后利用下式从 $j = j_m-2$ 到 j=1 逐一进行回代, 求得 m_j

$$m_j = e_j m_{j+1} + f_j m_{j_m-1} + g_j \tag{9.21}$$

由此可进一步得到区间 $[0,2\pi]$ 上的函数 $f_\Delta(\phi)$, $f'_\Delta(\phi)$ 和 $f''_\Delta(\phi)$ 的表达式。

对于三维烧蚀/侵蚀外形，在瞬时坐标系中用方程 $r=f(x,\phi)$ 表示，其几何形状由给定轴向位置 $(x_1,x_2,\cdots,x_{i_m})$ 的横截面坐标 $(y_{i,j},z_{i,j})$ 来产生。采用二维三次样条函数描述三维烧蚀/侵蚀外形，要求物面坐标 $r=f(x,\phi)$ 必须为单值，头锥顶点必须确定在 $x=0$ 处，并且处处满足条件：$f(0,\phi)=0$，$\dfrac{\partial f}{\partial x}(0,\phi)\to\infty$。把矩形区域 $0\leqslant x\leqslant x_{i_m}$,$0\leqslant\phi\leqslant 2\pi$ 分成一族子区间 $x_{i-1}\leqslant x\leqslant x_i$,$\phi_{j-1}\leqslant\phi\leqslant\phi_j$，这里 $0=x_1<x_2<\cdots<x_{i_m}$,$0=\phi_1<\phi_2<\cdots<\phi_{j_m}=2\pi$，然后对这些二维网格用重一维三次样条函数拟合，可以得到函数 $f_\Delta(x,\phi)$，满足条件：

(1) 在每一子矩形区间上其四阶偏导数 (相当于单个变量只是二阶微分) 存在且连续；

(2) 在每一子矩形区间上都是一个双重三次样条函数；

(3) 对二维网格的每一点都满足 $f_\Delta(x_i,\phi_j)=f_{ij}$。

把式 (9.10) 的一维样条函数 $f_\Delta(\phi)$ 用于轴向位置 $x_2,x_3,\cdots,x_{i_m}$ 的每一横截面，并且在每一横截面上选择相同的周向坐标 ϕ_j，则对应的样条函数变为

$$\begin{aligned}f_\Delta(x_i,\phi)=&m_{j-1}(x_i)\frac{(\phi_j-\phi)^3}{6\Delta\phi_j}+m_j(x_i)\frac{(\phi-\phi_{j-1})^3}{6\Delta\phi_j}\\&+\left[f_{j-1}(x_i)-\frac{m_{j-1}(x_i)\Delta\phi_j^2}{6}\right]\frac{\phi_j-\phi}{\Delta\phi_j}\\&+\left[f_j(x_i)-\frac{m_j(x_i)\Delta\phi_j^2}{6}\right]\frac{\phi-\phi_{j-1}}{\Delta\phi_j}\end{aligned}\tag{9.22}$$

对不同的轴向位置 x_i，其 $m_{j-1}(x_i)$,$m_j(x_i)$, $f_{j-1}(x_i)$ 和 $f_j(x_i)$ 是 x 的函数。因此，如果已知 $m_{j-1}(x)$,$m_j(x)$,$f_{j-1}(x)$ 和 $f_j(x)$ 随 x 的变化，$f_\Delta(x_i,\phi)$ 就可用于任何轴向位置并产生物面上任意点的径向坐标 $f_\Delta(x,\phi)$。在给定的轴向位置 $x=x_1,x_2,\cdots,x_{i_m}$，对每一个周向点 $j=1,2,\cdots,j_m$ 可以由对应截面上的一维样条函数确定出对应的 $m_j(x_i)$ 和 $f_j(x_i)$，从而再形成 $m_j(x)$ 和 $f_j(x)$ 沿轴向的一维样条函数。根据相应的一维样条函数，可以容易地计算 $m_{j-1}(x)$, $m_j(x)$, $f_{j-1}(x)$ 和 $f_j(x)$。

但是，一维样条函数 $f_j(x)$ 在头锥顶点处的处理是一难题，因为其边界条件在 $x=0$ 处为 $\mathrm{d}f_j(x)/\mathrm{d}x\to\infty$。对大多数钝头飞行器，在 $x=0$ 的顶点邻域 $(0=x_1\leqslant x\leqslant x_2)$，$\phi=\text{const}$ 的子午线径向坐标 $r=f(x,\phi)$ 可用一般圆锥曲线来表示，即

$$f^2(x,\phi)=2R_0(\phi)x+[e^2(\phi)-1]x^2\tag{9.23}$$

其中，$R_0(\phi)$ 是头锥半径；$e(\phi)$ 是一般圆锥曲线的偏心率 (对圆 $e=0$，椭圆 $0<e<1$，抛物线 $e=1$，双曲线 $e>1$)。因此，若用函数 $f^2(x,\phi)$ 代替 $f(x,\phi)$ 用于重

三次样条函数，在 $x=0$ 处就易于处理了。因为

$$\frac{\partial f^2(0,\phi)}{\partial x}=2R_0(\phi) \tag{9.24}$$

$$\frac{\partial^2 f^2(0,\phi)}{\partial x^2}=2\left[e^2(\phi)-1\right] \tag{9.25}$$

因此，对区间 $(0=x_1\leqslant x\leqslant x_2)$ 有

$$\frac{\partial^2 f^2(x,\phi)}{\partial x^2}=2\left[e^2(\phi)-1\right] \tag{9.26}$$

该式表明

$$\frac{\partial^2 f^2(x_1,\phi)}{\partial x^2}=\frac{\partial^2 f^2(x_2,\phi)}{\partial x^2} \tag{9.27}$$

同样

$$\frac{\partial^4 f^2(x_1,\phi)}{\partial x^2\partial\phi^2}=\frac{\partial^4 f^2(x_2,\phi)}{\partial x^2\partial\phi^2} \tag{9.28}$$

方程 (9.27) 和式 (9.28) 在下面用作边界条件。

那么，$f^2(x,\phi)$ 的二维三次样条函数可写为

$$\begin{aligned}f_\Delta^2(x,\phi)=&m_{j-1}(x)\frac{(\phi_j-\phi)^3}{6\Delta\phi_j}+m_j(x)\frac{(\phi-\phi_{j-1})^3}{6\Delta\phi_j}\\&+\left[f_{j-1}^2(x)-\frac{m_{j-1}(x)\Delta\phi_j^2}{6}\right]\frac{\phi_j-\phi}{\Delta\phi_j}\\&+\left[f_j^2(x)-\frac{m_j(x)\Delta\phi_j^2}{6}\right]\frac{\phi-\phi_{j-1}}{\Delta\phi_j}\end{aligned}$$

这里，在每一轴向位置沿周向的点 $0=\phi_1<\phi_2<\cdots<\phi_{j_m}=2\pi$ 为等间隔划分，即

$$\Delta\phi_j=\phi_j-\phi_{j-1}=\text{const} \tag{9.29}$$

其中

$$m_j(x)=\frac{\partial^2 f^2(x,\phi_j)}{\partial\phi^2} \tag{9.30}$$

$m_j(x)$ 和 $f_j^2(x)$ 可以用一维三次样条函数在各轴向位置 $i=1,2,\cdots,i_m$ 拟合 $m_j(x_i)$ 和 $f_j^2(x_i)$ 而得到。对 $x_{i-1}\leqslant x\leqslant x_i$ 有

$$\begin{aligned}m_j(x)=&B_{i-1,j}\frac{(x_i-x)^3}{6\Delta x_i}+B_{i,j}\frac{(x-x_{i-1})^3}{6\Delta x_i}+\left(m_{i-1,j}-\frac{B_{i-1,j}\Delta x_i^2}{6}\right)\frac{x_i-x}{\Delta x_i}\\&+\left(m_{i,j}-\frac{B_{i,j}\Delta x_i^2}{6}\right)\frac{x-x_{i-1}}{\Delta x_i}\end{aligned} \tag{9.31}$$

$$
\begin{aligned}
f_j^2(x) = & A_{i-1,j}\frac{(x_i - x)^3}{6\Delta x_i} + A_{i,j}\frac{(x - x_{i-1})^3}{6\Delta x_i} + \left[f_{i-1,j}^2(x) - \frac{A_{i-1,j}\Delta x_i^2}{6}\right]\frac{x_i - x}{\Delta x_i} \\
& + \left[f_{i,j}^2(x) - \frac{A_{i,j}\Delta x_i^2}{6}\right]\frac{x - x_{i-1}}{\Delta x_i}
\end{aligned} \tag{9.32}
$$

其中

$$
\begin{cases}
A_{i,j} = \dfrac{\partial^2 f^2(x_i, \phi_j)}{\partial x^2} \\
B_{i,j} = \dfrac{\partial^4 f^2(x_i, \phi_j)}{\partial \phi^2 \partial x^2} \\
\Delta x_i = x_i - x_{i-1}
\end{cases} \tag{9.33}
$$

$x = 0$ 处的边界条件可由式 (9.27) 和式 (9.28) 给出

$$
B_{1,j} = B_{2,j}, \quad A_{1,j} = A_{2,j} \tag{9.34}
$$

另外，在物体的端点 $x = x_{i_m}$ 处，假设

$$
B_{i_m-1,j} = B_{i_m,j}, \quad A_{i_m-1,j} = A_{i_m,j} \tag{9.35}
$$

方程 (9.35) 表示 $\dfrac{\partial^2 f^2(x, \phi_j)}{\partial \phi^2}$ 和 $f^2(x, \phi_j)$ 在最后一个子区间 $[x_{i_m-1}, x_{i_m}]$ 上沿 x 方向最多只有二阶导数。

至此已经给出了烧蚀/侵蚀外形的数学描述。由于样条函数本身的固有属性，如果节点数太多，当外形曲率变化较大时，可能出现伪波动，可以采用概率修匀或分段处理的办法解决这一问题。

9.3 烧蚀/侵蚀外形微分方程的性质

9.3.1 烧蚀/侵蚀外形方程

飞行器的外形随时间的变化可由下式表示

$$
F(r, \theta, \varphi, t) = 0 \tag{9.36}
$$

其中，(r, θ, φ, t) 为静止的球坐标系。垂直于物面的外法向单位矢量为

$$
\boldsymbol{n} = \frac{\nabla F}{|\nabla F|} \tag{9.37}
$$

在 Euler 坐标系下，对式 (9.36) 求全导数，得

$$
\frac{\mathrm{D}F}{\mathrm{D}t} = \frac{\partial F}{\partial t} + \boldsymbol{V} \cdot \nabla F = 0 \tag{9.38}
$$

将式 (9.37) 代入式 (9.38)，则

$$\frac{\mathrm{D}F}{\mathrm{D}t}=\frac{\partial F}{\partial t}+\boldsymbol{V}\cdot\boldsymbol{n}\left|\nabla F\right|=\frac{\partial F}{\partial t}-V_{-\infty}\left|\nabla F\right|=0 \tag{9.39}$$

其中，$V_{-\infty}$ 为垂直于物面的烧蚀速度。一般情况下，式 (9.36) 可改写为如下形式：

$$F\left(r,\theta,\varphi,t\right)=r-r\left(\theta,\varphi,t\right)=0 \tag{9.40}$$

则

$$\frac{\partial F}{\partial t}=-\frac{\partial r}{\partial t} \tag{9.41}$$

$$\left|\nabla F\right|=\sqrt{1+\left(\frac{1}{r}\frac{\partial r}{\partial\theta}\right)^2+\left(\frac{1}{r\sin\theta}\frac{\partial r}{\partial\varphi}\right)^2} \tag{9.42}$$

将它们代入式 (9.39) 得

$$\frac{\partial r}{\partial t}=-V_{-\infty}\sqrt{1+\left(\frac{1}{r}\frac{\partial r}{\partial\theta}\right)^2+\left(\frac{1}{r\sin\theta}\frac{\partial r}{\partial\varphi}\right)^2} \tag{9.43}$$

这样就得到了描述烧蚀/侵蚀外形变化的微分方程。

烧蚀/侵蚀外形计算严格说来是一个三维问题，但对实际飞行的飞行器而言，烧蚀/侵蚀外形沿周向的变化率远远小于纵向变化率。因此，通常当作二维问题处理，仅在每个子午面内解二维烧蚀/侵蚀外形方程。利用球面运动坐标系来描述烧蚀/侵蚀外形的变化过程，如图 9.4 所示，设坐标原点 $S_A(t)$ 依赖于端头的后退率，则形变方程 (9.39) 可改写为 [3]

$$\frac{\partial\Delta}{\partial t}=\dot{S}_A\left(\cos\theta+\frac{\sin\theta}{\Delta}\frac{\partial\Delta}{\partial\theta}\right)-V_{-\infty}\sqrt{1+\left(\frac{1}{\Delta}\frac{\partial\Delta}{\partial\theta}\right)^2} \tag{9.44}$$

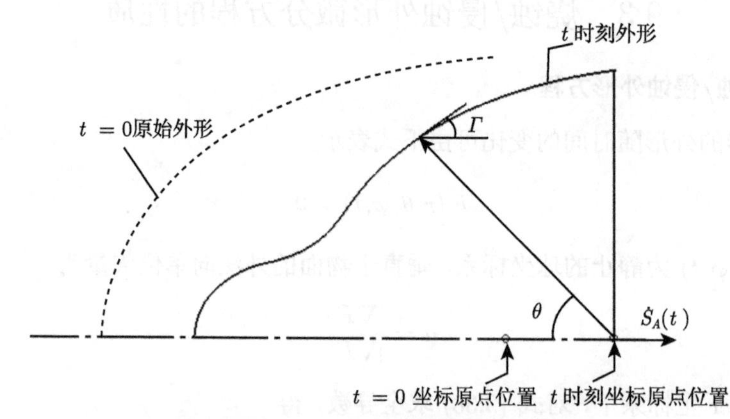

图 9.4　烧蚀/侵蚀外形计算坐标示意图

其中，$\dot{S}_A$ 为坐标原点的移动速度；$\varDelta(\theta,t)$ 为瞬时球坐标系的径向坐标。这里取动坐标系，是考虑到烧蚀量较大时，不至于因为外形变化剧烈而导致计算失败。

9.3.2 烧蚀/侵蚀外形方程的性质

式 (9.44) 为典型的非线性偏微分方程，为了用数值方法求解，首先要确定方程的性质，以便采用相应的差分格式。采用小扰动法，设

$$\varDelta = \bar{\varDelta} + \delta, \quad \delta \ll \bar{\varDelta} \tag{9.45}$$

$$\xi = \sqrt{1 + \left(\frac{1}{\varDelta}\frac{\partial \varDelta}{\partial \theta}\right)^2} \tag{9.46}$$

把式 (9.45) 代入式 (9.44)，略去高阶小量项，得到小扰动方程

$$\frac{\partial \delta}{\partial t} = \beta\frac{\partial \delta}{\partial \theta} + \gamma\delta \tag{9.47}$$

其中

$$\beta = \frac{\dot{S}_A \sin\theta}{\bar{\varDelta}} - \frac{V_{-\infty}}{\bar{\xi}\cdot\bar{\varDelta}^2}\frac{\partial \bar{\varDelta}}{\partial \theta} \tag{9.48}$$

$$\gamma = \frac{V_{-\infty}}{\bar{\xi}\cdot\bar{\varDelta}^3}\left(\frac{\partial \bar{\varDelta}}{\partial \theta}\right)^2 - \frac{\dot{S}_A \sin\theta}{\bar{\varDelta}^2}\frac{\partial \bar{\varDelta}}{\partial \theta} \tag{9.49}$$

从形式上看，式 (9.47) 为双曲型方程。但是必须注意的是，在推导式 (9.46) 的过程中，我们把 $V_{-\infty}$ 当作参数看待。实际上，影响 $V_{-\infty}$ 的因素很多，除了当地的局部特性参数外，还有上游的表面形状，因为下游的参数计算是从上游开始积分的。如果 $V_{-\infty}$ 仅仅取决于当地局部参数，那么它仍为双曲型方程。但如果 $V_{-\infty}$ 除了取决于当地局部参数外，还依赖于上游的表面形状，那么方程的性质就比较复杂，既可能为双曲型，也可能为椭圆型，需视具体情况而定。

9.3.3 形变方程的拟线性化

用数值方法求解式 (9.44) 给出的烧蚀/侵蚀外形方程时，通常先进行拟线性化处理，然后再进行差分离散。按文献 [3] 的方法，把式 (9.44) 的系数暂时冻结，利用 Taylor 展开

$$\frac{\partial \varDelta}{\partial t} = \left(\frac{\partial \varDelta}{\partial t}\right)^i + \left(\frac{\partial^2 \varDelta}{\partial t^2}\right)^i \Delta t + \cdots \tag{9.50}$$

根据式 (9.44)，式 (9.50) 右边第二项可表示为

$$\frac{\partial^2 \varDelta}{\partial t^2} = \left(\dot{S}_A \sin\theta - \frac{V_{-\infty}}{\xi}\frac{1}{\varDelta}\frac{\partial \varDelta}{\partial \theta}\right)\frac{\varDelta\frac{\partial}{\partial t}\left(\frac{\partial \varDelta}{\partial \theta}\right) - \frac{\partial \varDelta}{\partial t}\frac{\partial \varDelta}{\partial \theta}}{\varDelta^2} \tag{9.51}$$

其中，$\dfrac{\partial}{\partial t}\left(\dfrac{\partial \Delta}{\partial \theta}\right)$ 和 $\dfrac{\partial \Delta}{\partial t}$ 可以用下式近似

$$\frac{\partial}{\partial t}\left(\frac{\partial \Delta}{\partial \theta}\right)=\frac{\left(\dfrac{\partial \Delta}{\partial \theta}\right)^{i+1}-\left(\dfrac{\partial \Delta}{\partial \theta}\right)^{i}}{\Delta t}+O(\Delta t) \tag{9.52}$$

$$\frac{\partial \Delta}{\partial t}=\frac{\Delta^{i+1}-\Delta^{i}}{\Delta t}+O(\Delta t) \tag{9.53}$$

将它们代入式 (9.51) 得

$$\frac{\partial^2 \Delta}{\partial t^2}\Delta t=\left(\frac{\dot{S}_A\sin\theta}{\Delta}-\frac{V_{-\infty}}{\xi\Delta^2}\frac{\partial \Delta}{\partial \theta}\right)\left(\frac{\partial \Delta}{\partial \theta}\right)^{i+1}+\left[\frac{V_{-\infty}}{\xi\Delta^3}\left(\frac{\partial \Delta}{\partial \theta}\right)^{2}-\frac{\dot{S}_A\sin\theta}{\Delta^2}\frac{\partial \Delta}{\partial \theta}\right]\Delta^{i+1} \tag{9.54}$$

将式 (9.54) 代入式 (9.50)，并略去高阶项，得到如下形式的线化方程

$$\frac{\partial \Delta}{\partial t}=\alpha^i+\beta^i\left(\frac{\partial \Delta}{\partial \theta}\right)^{i+1}+\gamma^i\Delta^{i+1} \tag{9.55}$$

其中

$$\begin{cases}\alpha^i=\dot{S}_A\left(\cos\theta+\dfrac{\sin\theta}{\Delta}\dfrac{\partial \Delta}{\partial \theta}\right)-V_{-\infty}\xi\\[2mm] \beta^i=\dfrac{\dot{S}_A\sin\theta}{\Delta}-\dfrac{V_{-\infty}}{\xi\Delta^2}\dfrac{\partial \Delta}{\partial \theta}\\[2mm] \gamma^i=\dfrac{V_{-\infty}}{\xi\Delta^3}\left(\dfrac{\partial \Delta}{\partial \theta}\right)^2-\dfrac{\dot{S}_A\sin\theta}{\Delta^2}\dfrac{\partial \Delta}{\partial \theta}\end{cases} \tag{9.56}$$

其中，上标 i 表示从 N 时刻到 $(N+1)$ 时刻之间的第 i 次迭代。

9.4　烧蚀/侵蚀外形方程的求解方法

9.4.1　附加人工耗散项的隐式差分求解方法

1. *差分格式*

文献 [3] 对方程 (9.55) 进行了数值离散，空间方向采用中心差分，时间方向采用向后差分，获得了全隐身计算格式。通过计算发现，当烧蚀/侵蚀外形变化比较大时，会出现非物流波动，甚至导致计算发散 (图 9.5)。究其原因，可能是通过拟线性化处理后得到的方程 (9.55) 为双曲型方程，空间方向采用中心差分不可避免地会带来非物理波动。

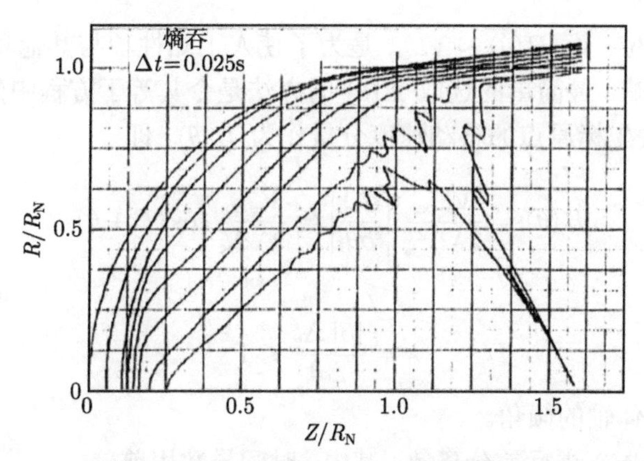

图 9.5 不加人工黏性计算烧蚀/侵蚀外形 (取自文献 [3])

在 20 世纪 70 年代，TVD 格式的概念还没有提出。限于当时的认识水平，为了确保计算稳定，文献 [3] 采用附加人工黏性项的方法构造了全隐式差分格式，有效消除了非物理波动，避免了计算结果发散 (图 9.6)。

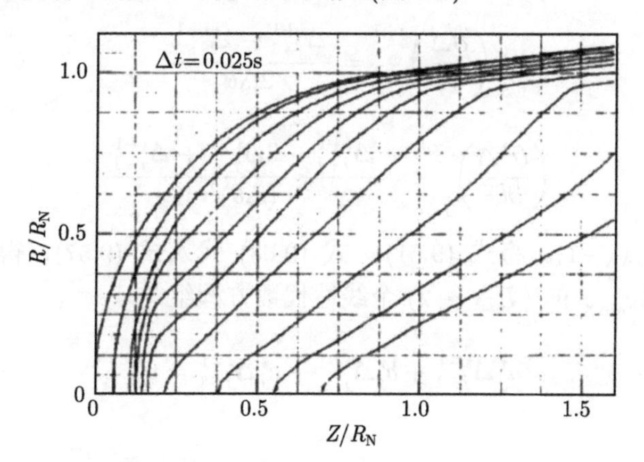

图 9.6 附加人工黏性项计算烧蚀/侵蚀外形 (取自文献 [3])

附加人工黏性项到式 (9.55) 得

$$\frac{\partial \Delta}{\partial t}=\alpha^i+\beta^i\left(\frac{\partial \Delta}{\partial \theta}\right)^{i+1}+\gamma^i \Delta^{i+1}+(\Delta\theta)^N H(\theta)\frac{\partial^2 \Delta}{\partial \theta^2} \tag{9.57}$$

其中，N=1 表示一阶阻尼；N=2 表示二阶阻尼。函数 $H(\theta)$ 的选取要受下列条件约束

$$H(0)=0,\ \ H(\theta)\geqslant 0,\ \ H(\theta)\sim V_{-\infty} \tag{9.58}$$

这里要求 $H(\theta)$ 为正值是为了确保人工黏性项对稳定性产生有利的影响，这一点将在下面的稳定性分析中予以证实。在体轴附近令 $H(0)$=0，是为了避免在该处人工

黏性项占主导地位。而 $H(\theta) \sim V_{-\infty}$ 是为了使人工黏性项与其他项的相对值不受烧蚀后退率的影响。最简单的选取 $H(\theta)$ 的方法是令其等于方程中的一个系数，比如用 β 或 γ 减去坐标原点的移动速度分量作为 $H(\theta)$，即

$$H(\theta) = \frac{V_{-\infty}}{2\lambda \Delta^2 \xi}\left|\frac{\partial \Delta}{\partial \theta}\right| = \frac{V_{-\infty}}{2\lambda \Delta \xi}\cos(\Gamma + \theta) \tag{9.59}$$

其中

$$\lambda = \frac{|\beta|\,\Delta t}{\Delta\theta} \leqslant 1 \tag{9.60}$$

Γ 为物面相对于体轴的倾角。

下面对式 (9.57) 进行差分离散。其中，时间导数用前差

$$\frac{\partial \Delta}{\partial t} = \frac{\Delta_j^{i+1} - \Delta_j^n}{\Delta t} \tag{9.61}$$

空间导数用中心差分，对均匀网格有

$$\left(\frac{\partial \Delta}{\partial \theta}\right)_j^{i+1} = \frac{\Delta_{j+1}^{i+1} - \Delta_{j-1}^{i+1}}{2\Delta\theta} \tag{9.62}$$

$$\left(\frac{\partial^2 \Delta}{\partial \theta^2}\right)_j^{i+1} = \frac{\Delta_{j+1}^{i+1} - 2\Delta_j^{i+1} + \Delta_{j-1}^{i+1}}{(\Delta\theta)^2} \tag{9.63}$$

其中，j=2~($J_{\rm MAX}$−1)。将式 (9.61)~ 式 (9.63) 代入式 (9.57)，得到关于未知量 Δ_1，Δ_2，$\cdots$，$\Delta_{J_{\rm MAX}}$ 的 ($J_{\rm MAX}$−2) 个线性代数方程组

$$a_j^i \Delta_{j-1}^{i+1} + b_j^i \Delta_j^{i+1} + c_j^i \Delta_{j+1}^{i+1} = d_j^i \tag{9.64}$$

其中

$$a_j^i = \left[\frac{\beta_j^i}{2\Delta\theta} - \frac{(\Delta\theta)^N}{(\Delta\theta)^2} H(\theta_j)\right]\Delta t \tag{9.65}$$

$$b_j^i = 1 - \left[\gamma_j^i - \frac{2(\Delta\theta)^N}{(\Delta\theta)^2} H(\theta_j)\right]\Delta t \tag{9.66}$$

$$c_j^i = -\left[\frac{\beta_j^i}{2\Delta\theta} + \frac{(\Delta\theta)^N}{(\Delta\theta)^2} H(\theta_j)\right]\Delta t \tag{9.67}$$

$$d_j^i = \Delta_j^n + \alpha_j^i \Delta t \tag{9.68}$$

式 (9.64) 为内点方程，共 ($J_{\rm MAX}$−2) 个，为了使方程组封闭可解，还须补充两个边界条件方程。

2. 非对称烧蚀/侵蚀外形方程的边界处理和计算方案

对零攻角情况，边界条件容易处理。在前边界点 $\theta=0$ 处有

$$\left(\frac{\partial \Delta}{\partial \theta}\right)_0^{i+1} = 0 \tag{9.69}$$

在后边界点处，考虑到端头球锥连接点附近烧蚀比较均匀，边界条件可进行线化处理，通过线性外差的办法给出边界条件方程。

对有攻角烧蚀情况，在前边界点 $\theta = 0$ 处，$\left(\dfrac{\partial \Delta}{\partial \theta}\right)_0^{i+1}$ 是未知数，边界条件的提法须十分小心。若用上一时刻的值代替，则边界处的差分为显式格式，可能导致整个计算过程发散。考虑到后边界条件容易处理，我们将计算区域拓展到处于同一平面的迎风和背风子午面上进行 [10]，即将这两个子午面连接起来，构成端头的一个纵剖面。这样，每个纵剖面含有两个子午面，外形轮廓线上的网格点数增加一倍，而须计算的剖面个数却比子午面个数减少了一半，因此总的计算量不变。由于物面轮廓线是光滑曲线，两个边界点都位于球锥连接点附近，从而回避了敏感区域 $\theta=0$ 处的边界条件处理，这样，θ 的取值范围变为 $\theta=-\pi/2\sim \pi/2$。差分方程 (9.64) 中的下标 j 的取值范围从迎风侧的 J_{MAX} 作为第一点到背风侧的 J_{MAX} 作为最后一点，即

$$1 \leqslant j \leqslant K_{\mathrm{MAX}} \tag{9.70}$$

这里，$K_{\mathrm{MAX}}=2J_{\mathrm{MAX}}-1$。

利用 Δ 对时间和空间的连续性，$j=1$ 和 $j = K_{\mathrm{MAX}}$ 点的 Δ 值由下式确定

$$\Delta_1^{i+1} = \Delta_2^{i+1} + \Delta_2^n - \Delta_3^n \tag{9.71}$$

$$\Delta_{K_{\mathrm{MAX}}}^{i+1} = \Delta_{K_{\mathrm{MAX}}-1}^{i+1} + \Delta_{K_{\mathrm{MAX}}-1}^n - \Delta_{K_{\mathrm{MAX}}-2}^n \tag{9.72}$$

式 (9.71) 和式 (9.64)、式 (9.72) 一起构成封闭方程组，可采用三对角追赶法求解。

需要特别说明的是，方程中的因变量 Δ 的上标 n 代表 N 时刻的值，而 i 则为迭代标号。经过 i 次迭代计算，当满足条件

$$\max\left(\left|\Delta_j^{i+1} - \Delta_j^i\right|\right) \leqslant \varepsilon,\ \text{其中}\varepsilon\text{为小量};\ 1 \leqslant j \leqslant K_{\mathrm{MAX}}$$

时，所得到的 Δ 值即为 $(N+1)$ 时刻的值。

3. 差分格式的稳定性分析

将式 (9.59) 代入方程 (9.57)，略去高阶项，并将方程中的导数项用差商代替，得到如下形式的小扰动差分方程

$$\frac{\delta_j^{i+1}-\delta_j^n}{\Delta t}=\beta^i\frac{\delta_{j+1}^{i+1}-\delta_{j-1}^{i+1}}{2\Delta\theta}+\gamma^i\delta_j^{i+1}+(\Delta\theta)^N H(\theta_j)\frac{\delta_{j+1}^{i+1}-2\delta_j^{i+1}-\delta_{j-1}^{i+1}}{(\Delta\theta)^2} \tag{9.73}$$

利用经典的 von Neumann 稳定性分析方法 [17]，得扰动放大因子

$$g=\frac{1}{1-\gamma_j^i\Delta t+2\dfrac{\Delta t}{(\Delta\theta)^{2-N}}H(\theta_j)(1-\cos\epsilon)-i\beta_j^i\dfrac{\Delta t}{\Delta\theta}\sin\epsilon} \tag{9.74}$$

展开 g，保留一阶小量有

$$|g|^2=1+2\gamma_j^i\Delta t-4\frac{\Delta t}{(\Delta\theta)^{2-N}}H(\theta_j)(1-\cos\epsilon)-\left(\beta_j^i\frac{\Delta t}{\Delta\theta}\sin\epsilon\right)^2 \tag{9.75}$$

根据稳定性的 CFL 条件，$|g|^2$ 必须小于等于 1，才能保证计算稳定。由式 (9.75) 可以看出，正的 $H(\theta)$ 总是起到稳定作用。如果 γ 为负值，差分格式是绝对稳定的；但如果 γ 为正值，并导致 $|g|^2$ 大于 1，则差分格式不稳定。因此，这里采用的全隐式格式是条件稳定的。

9.4.2 求解烧蚀/侵蚀外形方程的 NND 格式

自 20 世纪 80 年代计算流体力学 (CFD) 中的 TVD 格式出现以来，经过多年的发展，人们对采用数值方法求解非线性方程的认识已经非常深刻了。对双曲型方程而言，附加人工黏性项的方法不是一种好方法，因为它在消除非物理波动的同时，会影响计算精度。本书作者几年前就尝试将 CFD 中的无波动、无自由参数的耗散差分格式 (简称 NND 格式 [9]) 引入烧蚀/侵蚀外形计算，构造了如下新型差分格式 [10,11]。

将方程 (9.55) 改写为类似于气动方程的形式

$$\frac{\partial\mathit{\Delta}}{\partial t}+(-\beta)\left(\frac{\partial\mathit{\Delta}}{\partial\theta}\right)=\alpha+\gamma\mathit{\Delta} \tag{9.76}$$

令 $a=-\beta$，类似于解气动方程，将 α 当做 $\dfrac{\partial f}{\partial\mathit{\Delta}}$ ，应用 Steger-Warming 分裂

$$a=a^++a^-,\quad a^+=\frac{1}{2}(a+|a|),\quad a^-=\frac{1}{2}(a-|a|) \tag{9.77}$$

对空间导数，根据 a^+ 和 a^- 采用 NND 格式离散，得半离散化方程

$$\frac{\partial\mathit{\Delta}}{\partial t}=-\frac{1}{\delta\theta}\left(h_{j+\frac{1}{2}}-h_{j-\frac{1}{2}}\right)+\alpha+\gamma\mathit{\Delta} \tag{9.78}$$

$$h_{j+\frac{1}{2}} = f^{+}_{j+\frac{1}{2}L} + f^{-}_{j+\frac{1}{2}R} \tag{9.79}$$

$$\begin{aligned} f^{+}_{j+\frac{1}{2}L} &= a^{+}_{j}\left[\Delta_j + \frac{1}{2}\min\bmod\left(\delta\Delta_{j-\frac{1}{2}}, \delta\Delta_{j+\frac{1}{2}}\right)\right] \\ f^{-}_{j+\frac{1}{2}R} &= a^{-}_{j}\left[\Delta_{j+1} - \frac{1}{2}\min\bmod\left(\delta\Delta_{j+\frac{1}{2}}, \delta\Delta_{j+\frac{3}{2}}\right)\right] \\ \delta\Delta_{j+\frac{1}{2}} &= \Delta_{j+1} - \Delta_j \end{aligned}$$

对时间方向采用向后差分，由此可得全隐式 NND 差分格式

$$A^i_j\Delta^{i+1}_{j-1} + B^i_j\Delta^{i+1}_{j} + C^i_j\Delta^{i+1}_{j+1} = D^i_j \tag{9.80}$$

其中

$$\begin{aligned} A^i_j &= -\frac{\delta t}{\delta\theta}\left[1 + K^i_1 - K^i_3\right]\cdot a^{+i}_j \\ B^i_j &= 1 + \frac{\delta t}{\delta\theta}\left[1 + K^i_1 - K^i_3\right]\cdot a^{+i}_j - \frac{\delta t}{\delta\theta}\left[1 - K^i_2 + K^i_4\right]\cdot a^{-i}_j - \gamma^i_j\cdot\delta t \\ C^i_j &= \frac{\delta t}{\delta\theta}\left[1 - K^i_2 + K^i_4\right]\cdot a^{-i}_j \\ D^i_j &= \Delta^n_j + \alpha^i_j\cdot\delta t \\ K^i_1 &= \frac{1}{2}\min\bmod\left(\frac{\delta\Delta_{j+\frac{1}{2}}}{\delta\Delta_{j-\frac{1}{2}}}, 1\right), \quad K^i_2 = \frac{1}{2}\min\bmod\left(\frac{\delta\Delta_{j+\frac{3}{2}}}{\delta\Delta_{j+\frac{1}{2}}}, 1\right) \\ K^i_3 &= \frac{1}{2}\min\bmod\left(\frac{\delta\Delta_{j-\frac{3}{2}}}{\delta\Delta_{j-\frac{1}{2}}}, 1\right), \quad K^i_4 = \frac{1}{2}\min\bmod\left(\frac{\delta\Delta_{j-\frac{1}{2}}}{\delta\Delta_{j+\frac{1}{2}}}, 1\right) \end{aligned}$$

边界条件的处理方法与前面类似，式 (9.83) 与式 (9.71)、式 (9.72) 构成封闭方程组，可采用三对角追赶法求解。

9.4.3 烧蚀/侵蚀外形计算结果分析

1. 非耦合方法计算结果

我们就某一典型石墨端头沿特定再入轨道的烧蚀/侵蚀外形进行了计算。热环境由工程计算方法提供 [7]。烧蚀计算考虑了碳的燃烧、升华和碳氮反应 [4]。这里暂不考虑热环境与烧蚀/侵蚀外形的耦合作用。

图 9.7 给出了沿轨道飞行时不同时刻的烧蚀/侵蚀外形变化情况。这里先不附加人工黏性项，时间方向采用全隐式格式，空间导数采用中心差分。从图中可以看出，端头再入初始阶段计算得到的烧蚀/侵蚀外形还是比较光滑的。再入后期，当烧蚀/侵蚀外形变化比较剧烈时，在烧蚀量最大的凹陷折转处出现了明显的非物理波动。

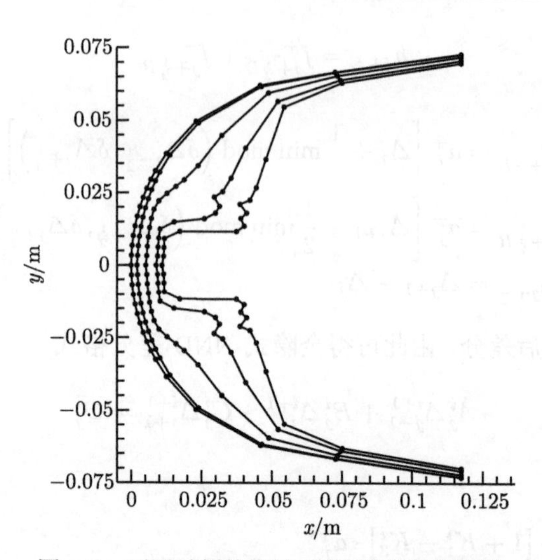

图 9.7　不同时刻的烧蚀/侵蚀外形变化情况

图 9.8 给出了采用附加人工黏性项的方法计算得到的最终烧蚀/侵蚀外形。图中同时给出了公式 (9.57) 中 $H=0$ (相对于 N 趋于无穷大，表示没有加人工黏性项)、$N=3$、$N=2$ 和 $N=1.5$ 四种不同阻尼系数的计算结果以考察不同形式的人工黏性项对烧蚀/侵蚀外形的影响。从图中可以看出，随着 N 的减小，人工黏性项的耗散作用越来越大，当 $N\leqslant 2$ 时，可以基本消除非物理波动。但与此同时，随着 N 的减小，烧蚀/侵蚀外形越来越偏离 $H=0$ 情况，特别是凹陷折转点下游区域，严重偏离真实情况。以上计算结果表明，人工黏性项是双刃剑，在消除非物理波动的同时，可能严重损害计算精度。而且，人工黏性项取何种形式合适，没有明确说法，更无法自适应。

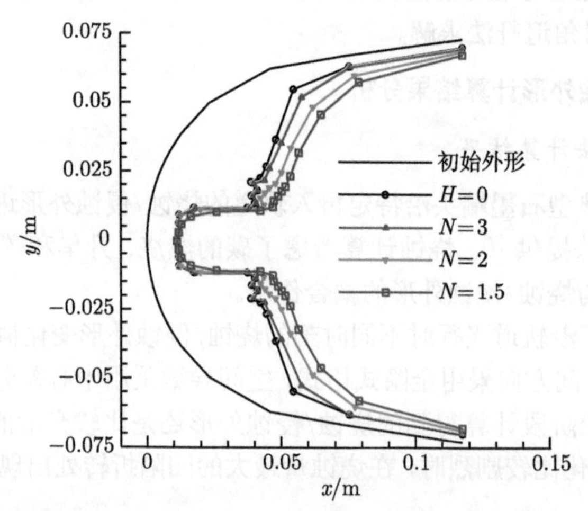

图 9.8　附加人工黏性项的方法计算的最终烧蚀/侵蚀外形

为了既能消除非物理波动，又能保持较高的计算精度，我们借鉴于现代 CFD 中的一些理念来构造烧蚀/侵蚀外形差分计算格式。图 9.9 给出了采用 NND 格式思想构造的差分格式得到的计算结果与 $H=0$ 情况的比较。可以看出，凹陷处的非物理波动被完全消除了，而同时在其他部位，两种方法的结果吻合得非常好。NND 格式无自由参数，不需要人工调节，具有较强的自适应能力，是求解烧蚀/侵蚀外形方程的理想差分格式。

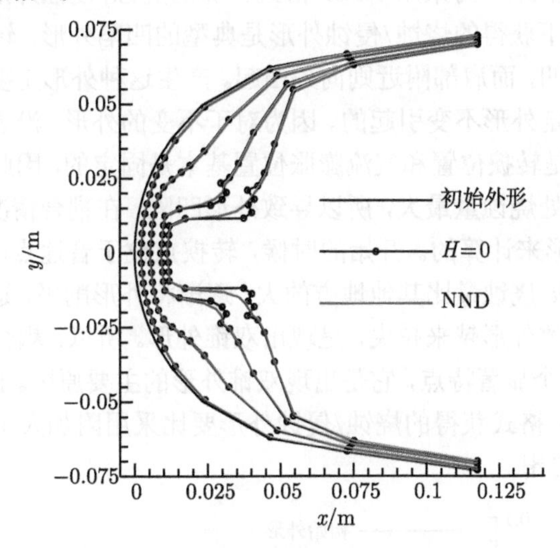

图 9.9 采用 NND 格式计算的烧蚀外形

2. 耦合方法计算结果

烧蚀/侵蚀外形的计算方法大致可分为非耦合计算 [1-4] 和耦合计算 [5,6] 两种类型。所谓非耦合计算，是指沿弹道始终根据初始外形计算表面压力分布和冷壁热流，进而计算烧蚀热传导和外形变化，而不考虑烧蚀引起的外形变化对气动力和气动热反作用。这对于烧蚀量不大的飞行器是一个很好的近似，如战术导弹、载人飞船返回舱等。所谓耦合计算，是指沿弹道每一时刻，先根据上一时刻获得的烧蚀/侵蚀外形计算表面压力分布和冷壁热流，然后计算烧蚀和内部热传导，并求出新的烧蚀/侵蚀外形，作为下一时刻表面压力和热流计算的依据。这样一来，烧蚀通过外形变化、质量引射、壁温等对气动力和气动热会产生影响，而气动力和气动热反过来又进一步影响烧蚀和外形变化，它们之间紧密耦合，相互作用。实际上所有采用烧蚀防热的飞行器都应该考虑它们之间的相互作用，特别是对于烧蚀量很大的战略弹头，考虑与不考虑耦合作用会对最终结果产生很大的影响。

前面不考虑外形变化对气动力和气动热影响的情况下，我们通过求解烧蚀/侵蚀外形方程，获得了烧蚀/侵蚀外形。可以看出，飞行器沿弹道飞行时，采用非耦合方法计算得到的烧蚀/侵蚀外形基本上是凹陷外形。然而，地面和飞行试验结果表明，端头在烧蚀过程中很少出现凹陷外形，大多数情况下都呈现双锥外形 [7]。下面给出气动力、气动热和烧蚀的耦合计算结果。

我们就某一典型球锥端头沿特定再入轨道的烧蚀/侵蚀外形进行了计算。图 9.10 和图 9.11 给出了采用气动力、气动热和烧蚀非耦合计算和耦合计算获得的烧蚀/侵蚀外形情况的比较，其中图 9.10 为采用附加人工黏性项的方法计算的烧蚀/侵蚀外形，图 9.11 为采用 NND 格式计算的烧蚀/侵蚀外形。从图中可以看出，在非耦合情况下获得的烧蚀/侵蚀外形是典型的凹陷外形，转捩点附近烧蚀量较大，端头明显下凹，而肩部附近则向外凸起。产生这种外形主要是由在计算表面压力和热流时，假定外形不变引起的。因为对于不变的外形，沿表面的参数分布大致是不变的，特别是转捩位置和气流膨胀位置基本是固定的，因此基本固定的转捩点后热流最高，该处烧蚀量最大，所以导致外形凹陷。在耦合情况下，流场参数是根据烧蚀/侵蚀外形来计算的。开始的时候，转捩点位于音速点附近，由于转捩后热流迅速升高，该处烧蚀量比其他地方的大，逐渐将外形削平，迫使转捩点向头部顶点附近移动，导致外形越来越尖，呈现出双锥外形。所以，耦合情况下转捩点不断向头部移动是一个显著特点，它是出现双锥外形的主要原因。此外，从两图比较中可以看出，NND 格式获得的烧蚀/侵蚀外形要比采用附加人工黏性项方法获得的烧蚀/侵蚀外形光滑。

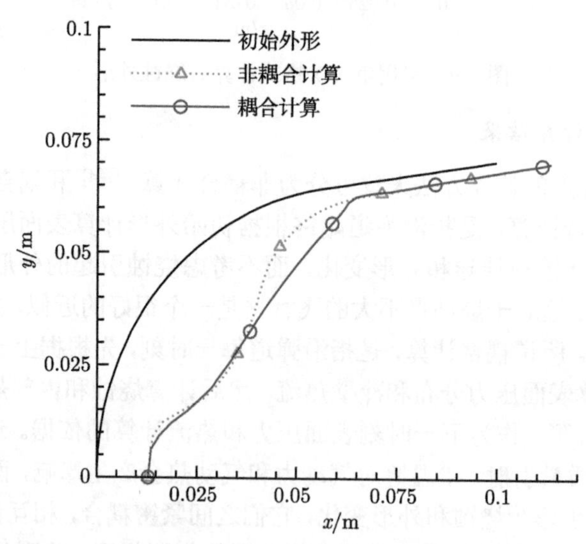

图 9.10　采用附加人工黏性项的方法计算的烧蚀/侵蚀外形

为了研究差分格式对烧蚀/侵蚀外形计算结果的影响，图 9.12~ 图 9.15 给出了沿弹道耦合和非耦合情况下，采用不同差分格式获得的烧蚀/侵蚀外形比较。先考察附加人工黏性项方法。图 9.12 和图 9.13 分别给出了非耦合和耦合情况下，当阻

尼系数分别取 N=3, N=2, N=1.5 和 N=1.2 (N=1) 四种情况的计算结果。从图中可以看出，采用不同的阻尼系数，计算得到的烧蚀/侵蚀外形有很大差别，阻尼越大 (阻尼系数越小)，外形偏离真解越远。计算表明，当 N 取值大于等于 2 时，计算结果相对比较合理，但随着 N 的增加，在局部会出现非物理波动。所以，文献中一般取 N=2 进行计算。

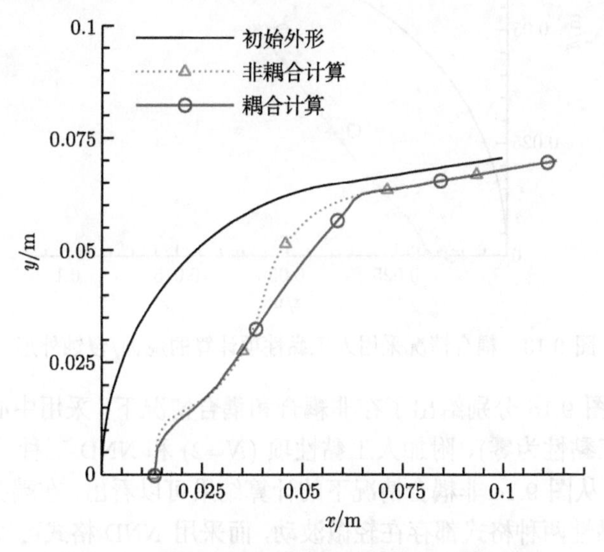

图 9.11 采用 NND 格式计算的烧蚀/侵蚀外形

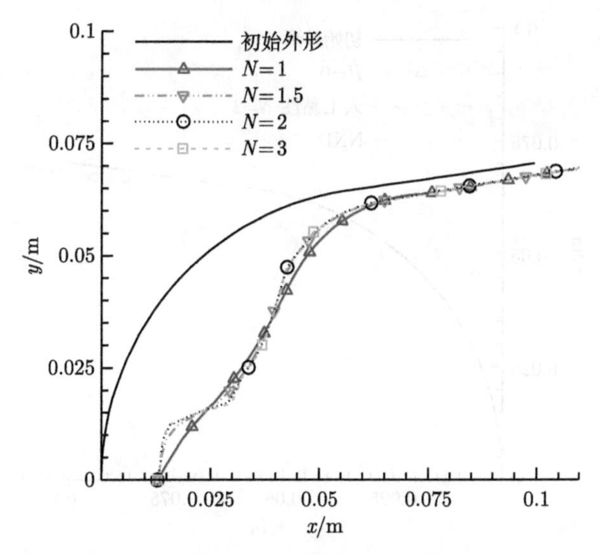

图 9.12 非耦合采用附加人工黏性项计算的烧蚀/侵蚀外形

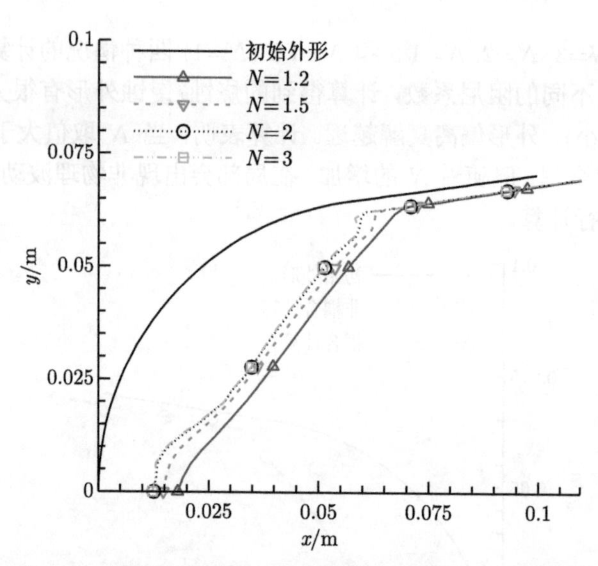

图 9.13　耦合情况采用人工黏性项计算的烧蚀/侵蚀外形

图 9.14 和图 9.15 分别给出了在非耦合和耦合情况下，采用中心差分 (相当于 H=0，表示人工黏性为零)、附加人工黏性项 (N=2) 和 NND 三种差分格式的计算结果对比情况。从图 9.14 非耦合情况下的计算结果可以看出，在端头凹陷部位，中心差分和人工黏性两种格式都存在轻微波动，而采用 NND 格式可以获得光滑的烧蚀/侵蚀外形。从图 9.15 耦合情况下的计算结果可以看出，三种格式获得的外形在

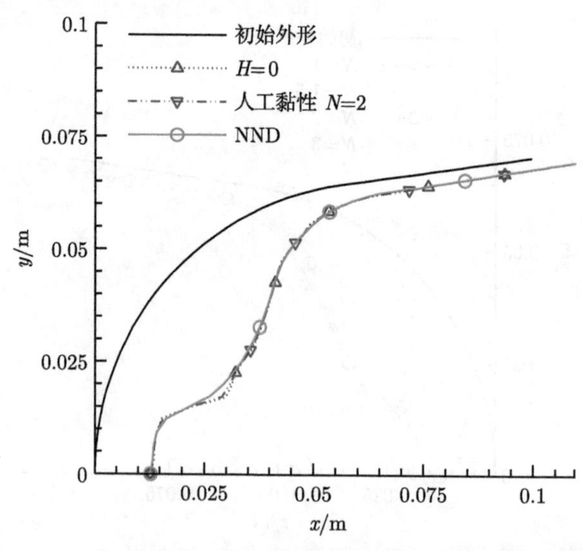

图 9.14　非耦合采用不同差分格式计算的烧蚀/侵蚀外形

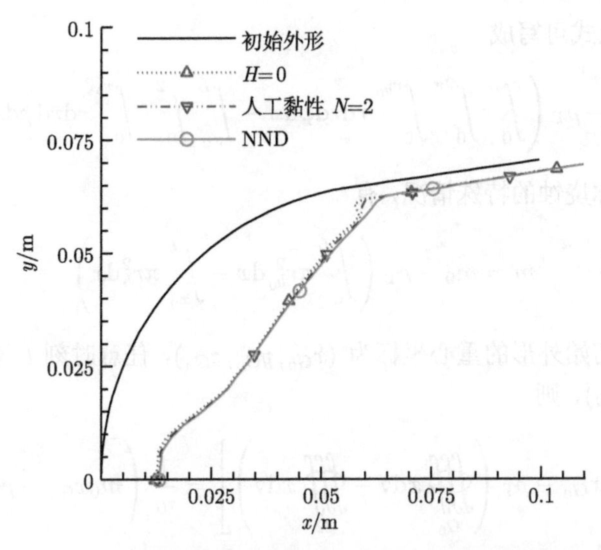

图 9.15　耦合情况采用不同差分格式计算的烧蚀/侵蚀外形

大部分区域差别不大，球锥连接处有一定差异。在球锥连接处，中心差分和人工黏性格式的计算结果出现非物理波动，而 NND 格式可以获得满意的烧蚀/侵蚀外形。综上所述，无论是非耦合计算还是耦合计算，NND 格式在求解烧蚀/侵蚀外形方面都明显比以往传统差分方法好。

9.5　飞行器烧蚀/侵蚀外形的质量、重心和惯量计算

飞行器在飞行过程中，由于烧蚀/侵蚀，其外形、质量、重心、转动惯量是变化的，沿弹道进行仿真计算时应该采用瞬时参量。可是在计算这些参量时，我们不可能了解飞行器的内部结构 (实际上也没有必要知道)。只要知道这些参量的初始值和防热材料的烧蚀量，就可以得到这些瞬时参量。

设飞行器的初始质量为 m_0，防热层材料密度为 ρ_{T}，则任意时刻 t 飞行器的质量为

$$\begin{aligned} m &= m_0 - \rho_{\mathrm{T}}\left(\oiiint\limits_{\Omega_0} \mathrm{d}\forall - \oiiint\limits_{\Omega} \mathrm{d}\forall\right) \\ &= m_0 - \rho_{\mathrm{T}} \oiiint\limits_{\Omega_0-\Omega} \mathrm{d}\forall \end{aligned} \tag{9.81}$$

其中，$\mathrm{d}\forall$ 代表微元体积；积分域 Ω_0 代表初始时刻整个飞行器；积分域 Ω 代表经过 t 时刻烧蚀后的整个飞行器；积分域 $(\Omega_0-\Omega)$ 代表飞行器被烧蚀掉的部分。在

柱坐标系下，上式可写成

$$m = m_0 - \rho_{\mathrm{T}} \left(\int_0^L \int_0^{2\pi} \int_0^{r_{b_0}} r\mathrm{d}r\mathrm{d}\varphi\mathrm{d}x - \int_{x_0}^L \int_0^{2\pi} \int_0^{r_b} r\mathrm{d}r\mathrm{d}\varphi\mathrm{d}x \right) \tag{9.82}$$

对零攻角轴对称烧蚀的特殊情况，有

$$m = m_0 - \rho_{\mathrm{T}} \left(\int_0^L \pi r_{b_0}^2 \mathrm{d}x - \int_{x_0}^L \pi r_b^2 \mathrm{d}x \right) \tag{9.83}$$

设飞行器初始外形的重心坐标为 $(x_{G_0}, y_{G_0}, z_{G_0})$，任意时刻 t 飞行器的重心位置是 (x_G, y_G, z_G)，则

$$x_G = \frac{1}{m} \left[m_0 x_{G_0} - \rho_{\mathrm{T}} \left(\iiint_{\Omega_0} x\mathrm{d}\forall - \iiint_{\Omega} x\mathrm{d}\forall \right) \right] = \frac{1}{m} \left(m_0 x_{G_0} - \rho_{\mathrm{T}} \iiint_{\Omega_0 - \Omega} x\mathrm{d}\forall \right) \tag{9.84a}$$

$$y_G = \frac{1}{m} \left[m_0 y_{G_0} - \rho_{\mathrm{T}} \left(\iiint_{\Omega_0} y\mathrm{d}\forall - \iiint_{\Omega} y\mathrm{d}\forall \right) \right] = \frac{1}{m} \left(m_0 y_{G_0} - \rho_{\mathrm{T}} \iiint_{\Omega_0 - \Omega} y\mathrm{d}\forall \right) \tag{9.84b}$$

$$z_G = \frac{1}{m} \left[m_0 z_{G_0} - \rho_{\mathrm{T}} \left(\iiint_{\Omega_0} z\mathrm{d}\forall - \iiint_{\Omega} z\mathrm{d}\forall \right) \right] = \frac{1}{m} \left(m_0 z_{G_0} - \rho_{\mathrm{T}} \iiint_{\Omega_0 - \Omega} z\mathrm{d}\forall \right) \tag{9.84c}$$

在柱坐标系下，上式可写成

$$x_G = \frac{1}{m} \left[m_0 x_{G_0} - \rho_{\mathrm{T}} \left(\int_0^L \int_0^{2\pi} \int_0^{r_{b_0}} xr\mathrm{d}r\mathrm{d}\varphi\mathrm{d}x - \int_{x_0}^L \int_0^{2\pi} \int_0^{r_b} xr\mathrm{d}r\mathrm{d}\varphi\mathrm{d}x \right) \right] \tag{9.85a}$$

$$y_G = \frac{1}{m} \left[m_0 y_{G_0} - \rho_{\mathrm{T}} \left(\int_0^L \int_0^{2\pi} \int_0^{r_{b_0}} yr\mathrm{d}r\mathrm{d}\varphi\mathrm{d}x - \int_{x_0}^L \int_0^{2\pi} \int_0^{r_b} yr\mathrm{d}r\mathrm{d}\varphi\mathrm{d}x \right) \right] \tag{9.85b}$$

$$z_G = \frac{1}{m} \left[m_0 z_{G_0} - \rho_{\mathrm{T}} \left(\int_0^L \int_0^{2\pi} \int_0^{r_{b_0}} zr\mathrm{d}r\mathrm{d}\varphi\mathrm{d}x - \int_{x_0}^L \int_0^{2\pi} \int_0^{r_b} zr\mathrm{d}r\mathrm{d}\varphi\mathrm{d}x \right) \right] \tag{9.85c}$$

对零攻角轴对称烧蚀的特殊情况，有

$$x_G = \frac{1}{m} \left[m_0 x_{G_0} - \rho_{\mathrm{T}} \left(\int_0^L \pi r_{b_0}^2 x\mathrm{d}x - \int_{x_0}^L \pi r_b^2 x\mathrm{d}x \right) \right] \tag{9.86a}$$

$$y_G = \frac{1}{m}\left[m_0 y_{G_0} - \rho_{\mathrm{T}}\left(\int_0^L \pi r_{b_0}^2 y \mathrm{d}x - \int_{x_0}^L \pi r_b^2 y \mathrm{d}x\right)\right] \tag{9.86b}$$

$$z_G = \frac{1}{m}\left[m_0 z_{G_0} - \rho_{\mathrm{T}}\left(\int_0^L \pi r_{b_0}^2 z \mathrm{d}x - \int_{x_0}^L \pi r_b^2 z \mathrm{d}x\right)\right] \tag{9.86c}$$

飞行器对质心 (x_G, y_G, z_G) 的瞬时转动惯量、惯量积的计算公式可表示为

$$I_x = I_{x_0} + m_0(y_G - y_{G_0})^2 + m_0(z_G - z_{G_0})^2 - \rho_{\mathrm{T}} \iiint_{\Omega_0 - \Omega} \left[(y - y_G)^2 + (z - z_G)^2\right] \mathrm{d}\forall \tag{9.87}$$

$$I_y = I_{y_0} + m_0(x_G - x_{G_0})^2 + m_0(z_G - z_{G_0})^2 - \rho_{\mathrm{T}} \iiint_{\Omega_0 - \Omega} \left[(x - x_G)^2 + (z - z_G)^2\right] \mathrm{d}\forall \tag{9.88}$$

$$I_z = I_{z_0} + m_0(x_G - x_{G_0})^2 + m_0(y_G - y_{G_0})^2 - \rho_{\mathrm{T}} \iiint_{\Omega_0 - \Omega} \left[(x - x_G)^2 + (y - y_G)^2\right] \mathrm{d}\forall \tag{9.89}$$

$$I_{xy} = I_{xy_0} + m_0(x_G - x_{G_0})(y_G - y_{G_0}) - \rho_{\mathrm{T}} \iiint_{\Omega_0 - \Omega} (x - x_G)(y - y_G) \mathrm{d}\forall \tag{9.90}$$

$$I_{yz} = I_{yz_0} + m_0(y_G - y_{G_0})(z_G - z_{G_0}) - \rho_{\mathrm{T}} \iiint_{\Omega_0 - \Omega} (y - y_G)(z - z_G) \mathrm{d}\forall \tag{9.91}$$

$$I_{xz} = I_{xz_0} + m_0(x_G - x_{G_0})(z_G - z_{G_0}) - \rho_{\mathrm{T}} \iiint_{\Omega_0 - \Omega} (x - x_G)(z - z_G) \mathrm{d}\forall \tag{9.92}$$

这里转动惯量和惯量积的初始值是对初始质心位置而言的。

实际计算时，将飞行器划分为许多小的微元体，用微元体求和代替积分。如图 9.16 所示，在柱坐标系下任取一微元体，其体积可表示为

$$\mathrm{d}\forall_k = \frac{1}{3} H_{n_k}(S_{k-1} + S_k + \sqrt{S_{k-1} \cdot S_k}) \tag{9.93}$$

这里，S_k 代表微元体的切面积，可近似表示为

$$S_k = \frac{1}{2}(r_{i-1,j+\frac{1}{2},k} + r_{i,j+\frac{1}{2},k})\Delta\varphi_{j+\frac{1}{2}}\Delta x_i \tag{9.94}$$

其中

$$r_{i-1,j+\frac{1}{2},k} = \frac{1}{2}(r_{i-1,j-1,n_k} + r_{i-1,j,n_k})\frac{k}{n_k} \tag{9.95}$$

$$r_{i,j+\frac{1}{2},k} = \frac{1}{2}(r_{i,j-1,n_k} + r_{i,j,n_k})\frac{k}{n_k} \tag{9.96}$$

这里，H_{n_k} 代表微元体的高度，可近似表示为

$$H_{n_k}=\frac{1}{4n_k}(r_{i-1,j-1,n_k}+r_{i-1,j,n_k}+r_{i,j-1,nk}+r_{i,j,n_k}) \tag{9.97}$$

微元体 $\mathrm{d}\forall_k$ 的中心可写成

$$r_{k+\frac{1}{2}}=\left(k-\frac{1}{2}\right)H_{n_k} \tag{9.98}$$

或写成

$$y_{i+\frac{1}{2},j+\frac{1}{2},k+\frac{1}{2}}=\left(k-\frac{1}{2}\right)\Delta y_{n_k} \tag{9.99}$$

$$z_{i+\frac{1}{2},j+\frac{1}{2},k+\frac{1}{2}}=\left(k-\frac{1}{2}\right)\Delta z_{n_k} \tag{9.100}$$

$$\Delta y_{n_k}=\frac{1}{4n_k}(y_{i-1,j-1,n_k}+y_{i-1,j,n_k}+y_{i,j-1,n_k}+y_{i,j,n_k}) \tag{9.101}$$

$$\Delta z_{n_k}=\frac{1}{4n_k}(z_{i-1,j-1,n_k}+z_{i-1,j,n_k}+z_{i,j-1,n_k}+z_{i,j,n_k}) \tag{9.102}$$

用式 (9.93) 的 $\mathrm{d}\forall_k$ 代替式 (9.81)~ 式 (9.92) 的 $\mathrm{d}\forall$，并用式 (9.99)、式 (9.100) 代替其中的 y，z 即可得到离散式的转动惯量、惯量积和质心位置。这里八个节点的坐标分别为

$$(x_{i-1},r_{i-1,j,k-1}),\quad (x_{i-1},r_{i-1,j,k}),\quad (x_{i-1},r_{i-1,j-1,k-1}),\quad (x_{i-1},r_{i-1,j-1,k}),$$
$$(x_i,r_{i,j,k-1}),\quad (x_i,r_{i,j,k}),\quad (x_i,r_{i,j-1,k-1}),\quad (x_i,r_{i,j-1,k})$$

其中，i=1, 2, …, n_i；j=1, 2, …, n_j；k=1, 2, …, n_k。

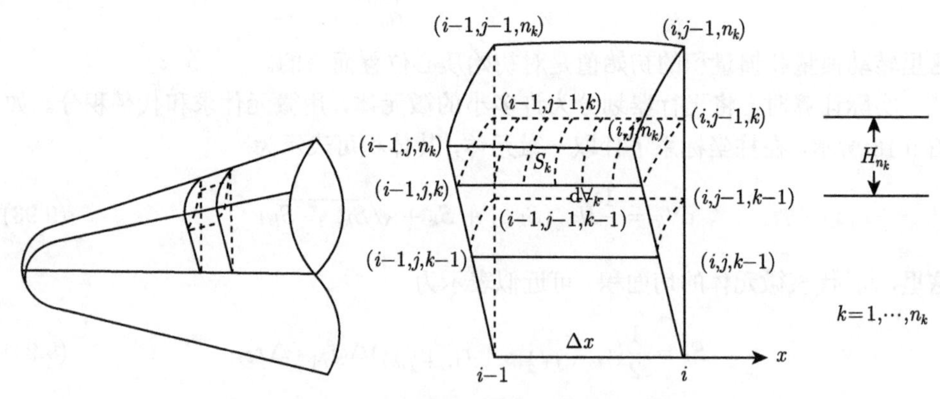

图 9.16 转动惯量和惯量积计算示意图

图 9.17 给出了不同弹道下的某飞行器烧蚀质量损失情况。烧蚀严重弹道落地时总质量损失约为 25.2kg，烧蚀较轻弹道总质量损失约为 7.0kg。

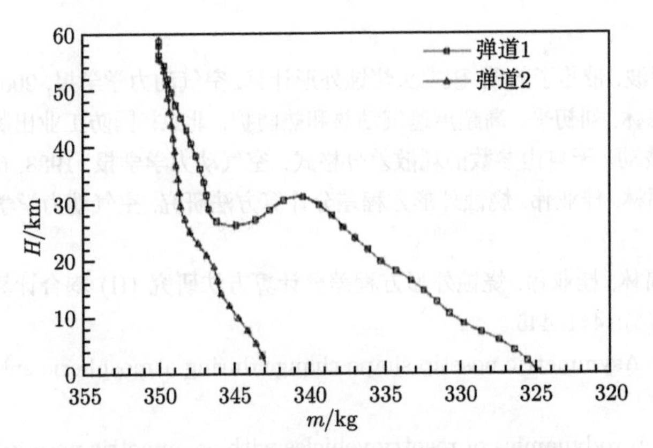

图 9.17 烧蚀作用弹头质量损失-高度变化

图 9.18 给出了烧蚀引起转动惯量变化情况。烧蚀严重弹道最大变化量级为 $-61.5\text{kg}\cdot\text{m}^2$，较轻弹道落地时最大变化量级为 $-15.6\text{kg}\cdot\text{m}^2$。

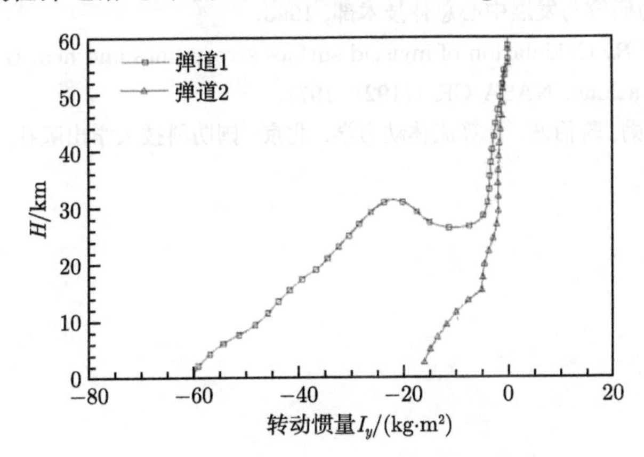

图 9.18 烧蚀弹头转动惯量-高度变化

参 考 文 献

[1] 李素循. 再入端头烧蚀外形概述. 国外尖端技术资料, 1977, (增刊 2): 1–14.

[2] Chin J H. Shape change and conduction nosetips at angle of attack. AIAA Paper 74–516, 1974.

[3] Crowell P G. Finite difference schemes for the solution of the nosetip shape change equation. SAMSO-TR-76-8, 1976.

[4] 黄振中. 烧蚀端头的瞬变外形及内部温度分布. 空气动力学学报, 1981, (1): 53–65.

[5] 黄志澄. 烧蚀外形方程的理论分析. 中国空气动力研究与发展中心, 1982.

[6] 杨茂昭, 何芳赏. 再入弹头烧蚀外形的计算模型和计算方法. 中国空气动力研究与发展中

心, 1987.

[7] 国义军, 石卫波. 带芯子的碳–碳端头烧蚀外形计算. 空气动力学学报, 2001, 19(1): 24–28.

[8] 张志成, 潘梅林, 刘初平. 高超声速气动热和热防护. 北京: 国防工业出版社, 2003.

[9] 张涵信. 无波动、无自由参数的耗散差分格式. 空气动力学学报, 1988, 6(2): 143–165.

[10] 国义军, 童福林, 桂业伟. 烧蚀外形方程差分计算方法研究. 空气动力学学报, 2009, 27(4): 480–484.

[11] 国义军, 童福林, 桂业伟. 烧蚀外形方程差分计算方法研究 (II) 耦合计算. 空气动力学学报, 2010, 28(4): 441–445.

[12] Dirling R B. Asymmetric nosetip shape change during atmospheric entry. AIAA Paper 77–779, 1977.

[13] Swain C E. Aerodynamics of reentry vehicles with asymmetric nosetip shape changes. AIAA Paper 77–782, 1977.

[14] 赵汉元. 飞行器再入动力学和制导. 北京: 国防科技大学出版社, 1997.

[15] 何芳赏, 潘梅林, 国义军. 机动弹头攻角再入烧蚀耦合计算软件系统, 第一卷 (理论手册). 中国空气动力研究与发展中心总体技术部, 1993.

[16] DeJarnette F R. Calculation of inviscid surface streamlines and heat transfer on shuttle type configurations. NASA CR-111921, 1971.

[17] 忻孝康, 刘儒勋, 蒋伯诚. 计算流体动力学. 北京: 国防科技大学出版社, 1989.

第10章 复杂防热结构传热分析

10.1 引　言

在烧蚀计算中，壁温是一个连接外部热环境、表面烧蚀和防热系统内部热响应的重要参数，需要通过它们之间的迭代计算获得。关于防热结构内部热响应问题，我们在第 6 章中已专门针对炭化材料进行了初步介绍，考虑到防热结构和传热形式的多样性，特别是近年来随着复合防热材料技术、防热结构设计技术，以及各向异性传热、混合传热和细观传热分析技术的飞速发展和在工程上大规模应用，作者觉得有必要就相关内容作进一步介绍。

10.2 三维热响应的非结构网格计算方法

近年来，随着计算机技术的发展和计算能力的提高，进行全尺寸飞行器真实热防护结构热响应数值模拟已成为可能。由于真实热防护结构的复杂性以及外形的非规则性，难于生成高质量的结构网格，给适用于结构网格的有限差分方法、有限元法和有限体积方法带来了极大的困难和挑战，而非结构网格具有优越的几何灵活性，适用于模拟真实复杂外形，同时随机的数据结构有利于进行网格自适应，因此三维热响应的非结构网格有限体积计算方法得到了长足发展和广泛应用。

10.2.1 三维各向同性材料热响应有限体积计算方法

1. 控制方程

在直角坐标系下，无热源的三维热传导方程为

$$\rho c_p \frac{\partial T}{\partial t} = \frac{\partial}{\partial x}\left(k\frac{\partial T}{\partial x}\right) + \frac{\partial}{\partial y}\left(k\frac{\partial T}{\partial y}\right) + \frac{\partial}{\partial z}\left(k\frac{\partial T}{\partial z}\right) \tag{10.1}$$

式中，T 为温度；t 为时间；ρ 为密度；c_p 为定压比热；k 为热传导系数。

2. 有限体积计算格式

对式 (10.1) 在控制单元内进行积分可以得到

$$\rho c_p \frac{\mathrm{d}T}{\mathrm{d}t} V_{\mathrm{e}} = \oiint (-\boldsymbol{q}) \cdot \boldsymbol{n} \mathrm{d}\Gamma = \sum_{k=1}^{N} (-q_{nk}) S_k \tag{10.2}$$

式中，

$$q_{nk} = -k\left(n_x\frac{\partial T}{\partial x} + n_y\frac{\partial T}{\partial y} + n_z\frac{\partial T}{\partial z}\right)$$

为流经单元 (控制体) 第 k 个边界面的法向热流密度，流进控制体为正，流出控制体为负，这里，法向向量为外法向向量，即指向单元外面为正；V_{e} 为控制单元体积；N 为控制单元的边界面的个数；S_k 为控制单元第 k 个边界面的面积。

时间方向采用二阶 Runge-Kutta 方法进行离散，可以得到如下形式

$$\begin{cases} RHS_i^n = \displaystyle\sum_{k=1}^{N}(-\boldsymbol{q}_k^n)\cdot\boldsymbol{n}_k\cdot S_k \\ T_i^1 = T_i^n + \dfrac{\Delta t}{\rho c_p V_{\mathrm{e}}}RHS_i^n \\ T_i^{n+1} = \dfrac{1}{2}\left(T_i^n + T_i^1 + \dfrac{\Delta t}{\rho c_p V_{\mathrm{e}}}RHS_i^1\right) \end{cases} \tag{10.3}$$

式中，i 为单元序号；n 表示 n 时刻。

在计算单元边界面上的热流时，需要知道面中心的温度梯度。计算面中心的温度梯度可采用以下两种方法。

一种方法是通过单元中心温度重构单元中心的温度梯度，由边界面的左右单元中心温度梯度进行加权平均得到。以该单元为控制体，应用格林公式重构单元中心温度梯度 (以 T_x 为例)

$$\begin{cases} R - \dfrac{\partial T}{\partial x} = 0 \\ \bar{R}_{\mathrm{e}} = \dfrac{1}{V_{\mathrm{e}}}\displaystyle\oiint T_{\mathrm{e},k}n_x\mathrm{d}s \end{cases} \tag{10.4}$$

其中，单元边界温度为

$$T_{\mathrm{e},k} = \frac{1}{2}(T_{\mathrm{L}} + T_{\mathrm{R}}) \tag{10.5}$$

式中，T_{L} 和 T_{R} 分别为边界面的左右相邻单元中心的温度；V_{e} 为控制单元的体积。

另一种方法是在所计算的单元面相邻的两个单元的中心，分别连接该单元面的顶点所围成的多面体内，应用高斯定理，即对任意函数 $T(x,y,z)$

$$\frac{\partial T}{\partial x} = \frac{1}{V}\oiint Tn_x\mathrm{d}s \tag{10.6}$$

式中，V 为由所计算的单元面相邻的两个单元的中心分别连接该单元面的顶点所围成的多面体的体积；n_x 是 x 方向的外法向。

同理，可以得到 $\partial T/\partial y$, $\partial T/\partial z$，由此计算得到单元面中心点的 $\partial T/\partial x$, $\partial T/\partial y$ 和 $\partial T/\partial z$。

计算单元边界面上的温度梯度用到了单元顶点值，该值由共享该顶点的各单元加权二次插值得到

$$T_j = \frac{\sum\limits_{\text{cells}} w_i \bar{T}_i}{\sum\limits_{\text{cells}} w_i} \tag{10.7}$$

式中，T_j 为单元顶点 j 的温度值；节点 i 的坐标记为 (x_i, y_i)；w_i 是加权因子，有

$$w_i = 1 + \lambda_x (x_i - x_j) + \lambda_y (y_i - y_j) + \lambda_z (z_i - z_j)$$

$$\lambda_x = \frac{I_{xy}R_y + I_{xz}R_z - I_{yy}R_x - I_{zz}R_x}{I_{xx}I_{yy} + I_{xx}I_{zz} + I_{yy}I_{zz} - I_{xy}^2 - I_{xz}^2 - I_{yz}^2}$$

$$\lambda_y = \frac{I_{xy}R_x + I_{yz}R_z - I_{xx}R_y - I_{zz}R_y}{I_{xx}I_{yy} + I_{xx}I_{zz} + I_{yy}I_{zz} - I_{xy}^2 - I_{xz}^2 - I_{yz}^2}$$

$$\lambda_z = \frac{I_{xz}R_x + I_{yz}R_y - I_{xx}R_z - I_{yy}R_z}{I_{xx}I_{yy} + I_{xx}I_{zz} + I_{yy}I_{zz} - I_{xy}^2 - I_{xz}^2 - I_{yz}^2}$$

$$R_x = \sum_{\text{cells}} (x_i - x_j), \quad R_y = \sum_{\text{cells}} (y_i - y_j), \quad R_z = \sum_{\text{cells}} (z_i - z_j)$$

$$I_{xx} = \sum_{\text{cells}} (x_i - x_j)^2, \quad I_{yy} = \sum_{\text{cells}} (y_i - y_j)^2, \quad I_{zz} = \sum_{\text{cells}} (z_i - z_j)^2$$

$$I_{xy} = \sum_{\text{cells}} (x_i - x_j)(y_i - y_j)$$

$$I_{xz} = \sum_{\text{cells}} (x_i - x_j)(z_i - z_j)$$

$$I_{yz} = \sum_{\text{cells}} (z_i - z_j)(y_i - y_j)$$

3. 边界处理

飞行器外表面存在的能量交换主要有：受到的气动加热、辐射加热和表面辐射散热。由能量守恒定律可知，通过边界面传进飞行器内部的热流为

$$q_n = \boldsymbol{q}_k \cdot \boldsymbol{n}_k = q_{\text{c}} \cdot \left(\frac{h_{\text{re}} - h_{\text{w}}}{h_{\text{re}} - h_{\text{cw}}} \right) + q_{\text{rd}} - q_{\text{rw}} \tag{10.8}$$

式中，q_{rd} 为辐射加热；q_{rw} 为表面辐射散热；q_{c} 为冷壁热流；h_{re} 为当地恢复焓；h_{w} 为当地壁面温度下的气体焓值；h_{cw} 为计算冷壁热流所用壁面温度下的气体焓值。对于有辐射和对流加热的边界，取包含该边界的单元作为控制单元，通过迭代求解计算表面温度。

当单元边界面为绝热边界时，该单元边界面的热流为

$$q_n = \boldsymbol{q}_k \cdot \boldsymbol{n}_k = 0 \tag{10.9}$$

当单元边界面为等温边界 (温度为常值 T_{c}) 时，若包含该边界面的单元材料为各向同性材料，则该单元边界的热流为

$$q_n = k\frac{\partial T}{\partial n} = k\frac{2\left(T_{\mathrm{c}} - T_{\mathrm{e}}\right)}{dr_n} \tag{10.10}$$

式中，T_{e} 为单元中心温度，dr_n 为边界面左右单元中心距离在边界面法向的投影。

10.2.2　正交各向异性材料热响应有限体积计算方法

1. 控制方程

现代烧蚀型防热材料大都是由纤维束编制成的二维或三维结构复合材料，热传导具有各向异性特点。在局部坐标系下，正交各向异性材料的热传导控制方程为

$$\rho c_p \frac{\partial T}{\partial t} = \frac{\partial}{\partial X}\left(k_1 \frac{\partial T}{\partial X}\right) + \frac{\partial}{\partial Y}\left(k_2 \frac{\partial T}{\partial Y}\right) + \frac{\partial}{\partial Z}\left(k_3 \frac{\partial T}{\partial Z}\right) \tag{10.11}$$

式中，k_1, k_2 和 k_3 分别为正交各向异性材料三个主轴方向的热传导系数。

2. 计算格式

在局部直角坐标系下，对控制单元进行积分，可以得到正交各向异性材料形式统一的空间离散格式

$$\rho c_p \frac{\mathrm{d}T}{\mathrm{d}t} V_{\mathrm{e}} = \sum_{k=1}^{N} \boldsymbol{q}_k \cdot \boldsymbol{n}_k \cdot S_k \tag{10.12}$$

式中，V_{e} 为单元体积；$\boldsymbol{n}$ 为局部坐标系下单元边界的外法向；N 为单元边界总数；S_k 为单元 k 边界面的面积；q_k 为单元 k 边界面的热流。

用于飞行器防热的正交各向异性材料的几何形状往往是弯曲的和多样的，材料的三个主方向是随空间坐标变化而变化的。因此，对于正交各向异性材料的热传导计算，需要进行局部坐标和整体坐标的坐标变换，使局部坐标系的三个坐标轴与正交各向异性材料的三个导热主方向一致，这样可以使计算方法具有一定的通用性。对于坐标轴的旋转和平移，两个坐标系之间坐标具有如下关系

$$\begin{cases} x = l_1 X + l_2 Y + l_3 Z + x_0 \\ y = m_1 X + m_2 Y + m_3 Z + y_0 \\ z = n_1 X + n_2 Y + n_3 Z + z_0 \end{cases} \tag{10.13}$$

式中，(x,y,z) 为整体坐标；(X,Y,Z) 为局部坐标；(x_0,y_0,z_0) 为局部坐标系原点在整体坐标系中的坐标；l_i, m_i 和 n_i 为整体坐标轴和局部坐标轴的方向余弦。

根据整体坐标和局部坐标的转换关系式，可以得到整体坐标系下的温度导数和局部坐标系下的温度导数的关系

$$\begin{cases} \dfrac{\partial T}{\partial X} = l_1\dfrac{\partial T}{\partial x} + m_1\dfrac{\partial T}{\partial y} + n_1\dfrac{\partial T}{\partial z} \\ \dfrac{\partial T}{\partial Y} = l_2\dfrac{\partial T}{\partial x} + m_2\dfrac{\partial T}{\partial y} + n_2\dfrac{\partial T}{\partial z} \\ \dfrac{\partial T}{\partial Z} = l_3\dfrac{\partial T}{\partial x} + m_3\dfrac{\partial T}{\partial y} + n_3\dfrac{\partial T}{\partial z} \end{cases} \tag{10.14}$$

单元边界面的法向热流为

$$q_n = n_X k_1\frac{\partial T}{\partial X} + n_Y k_2\frac{\partial T}{\partial Y} + n_Z k_3\frac{\partial T}{\partial Z} \tag{10.15}$$

式中，n_X, n_Y 和 n_Z 为局部坐标系下的单元边界面的单位外法向向量的三个分量。它们可以根据整体坐标系下的单元边界面的单位外法向向量，通过坐标变换得到。

将整体坐标系和局部坐标系下的温度导数关系式代入热流表达式中，经整理可得

$$\begin{aligned} \boldsymbol{q}_k\cdot\boldsymbol{n}_k = &(n_X l_1 k_1 + n_Y l_2 k_2 + n_Z l_3 k_3)\frac{\partial T}{\partial x} \\ &+ (n_X m_1 k_1 + n_Y m_2 k_2 + n_Z m_3 k_3)\frac{\partial T}{\partial y} \\ &+ (n_X n_1 k_1 + n_Y n_2 k_2 + n_Z n_3 k_3)\frac{\partial T}{\partial z} \end{aligned} \tag{10.16}$$

时间方向仍然采用二阶 Runge-Kutta 方法进行离散。

3. 边界处理

对于正交各向异性材料的气动加热、辐射和绝热边界，其处理方法与各向同性材料相同边界条件的处理方法一样。对于包含等温边界面的单元材料为正交各向异性材料情况，在边界面内的温度梯度为零，法向温度梯度为 $\dfrac{2(T_c-T_e)}{dr_n}$，通过坐标变换，可以求得整体坐标系下边界面处的温度梯度 T_X, T_Y, T_Z，进而得到等温边界面的热流

$$\begin{aligned} q_n = \boldsymbol{q}_k\cdot\boldsymbol{n}_k = &(n_X l_1 k_1 + n_Y l_2 k_2 + n_Z l_3 k_3)T_x \\ &+ (n_X m_1 k_1 + n_Y m_2 k_2 + n_Z m_3 k_3)T_y \\ &+ (n_X n_1 k_1 + n_Y n_2 k_2 + n_Z n_3 k_3)T_z \end{aligned} \tag{10.17}$$

4. 不同材料界面处理方法

对于由多种材料构成的复杂热结构，不同材料在界面处存在物性参数间断，需要仔细处理。对于各向同性材料间的界面，采用常用的并联公式 (方法 1) 处理；对于各向异性材料间的界面或各向同性材料和各向异性材料间的界面，由于各向异性材料的热流不但与温度的法向梯度有关，还与切向温度梯度有关，常用的并联公式在这种情况下无法直接应用，文献 [1] 根据热传导机制，建立了热流控制方法 (方法 2) 处理该类界面处的物性参数间断问题。

方法 1：根据热流在界面处唯一性和连续性，即：$k_1\left(\dfrac{\partial T}{\partial n}\right)_1=k_2\left(\dfrac{\partial T}{\partial n}\right)_2$，可以得到界面处的等效导热系数 k，进而得到两种材料交界面处的热流

$$k_{\mathrm{e}}=\frac{2k_1k_2}{k_1+k_2} \tag{10.18}$$

$$q_n=k_{\mathrm{e}}\frac{\partial T}{\partial n} \tag{10.19}$$

方法 2：对于各向异性材料间的界面或各向同性材料和各向异性材料间的界面，方法 1 无法直接应用，但根据热流在界面处唯一性和连续性的要求，可以建立如下处理方法：

$$\begin{cases} q_{n\mathrm{L}}=n_Xk_1\left(\dfrac{\partial T}{\partial X}\right)_{n\mathrm{L}}+n_Yk_2\left(\dfrac{\partial T}{\partial Y}\right)_{n\mathrm{L}}+n_Zk_3\left(\dfrac{\partial T}{\partial Z}\right)_{n\mathrm{L}} \\ q_{n\mathrm{R}}=n_Xk_1\left(\dfrac{\partial T}{\partial X}\right)_{n\mathrm{R}}+n_Yk_2\left(\dfrac{\partial T}{\partial Y}\right)_{n\mathrm{R}}+n_Zk_3\left(\dfrac{\partial T}{\partial Z}\right)_{n\mathrm{R}} \end{cases} \tag{10.20}$$

式中，

$$q_n=\begin{cases} \min\left(\left|q_{n\mathrm{L}}\right|,\left|q_{n\mathrm{R}}\right|\right), & q_{n\mathrm{L}}\cdot q_{n\mathrm{R}}>0 \\ 0, & q_{n\mathrm{L}}\cdot q_{n\mathrm{R}}\leqslant 0 \end{cases} \tag{10.21}$$

10.2.3 考核算例

1. 数值解与解析解的比较

为了考核界面处理方法 2 的有效性，采用三维热响应计算程序，数值模拟了两端为给定温度、由两种各向同性材料组成的一维热传导问题，该问题具有解析解。图 10.1 给出了两种方法数值解与解析解的比较。从图中可以看出，两种材料界面处理方法的计算结果一致，稳定解与解析解符合得很好。在两种材料的交界面附近存在一定的奇偶失联，但远离交界面的区域奇偶失联现象消失。由奇偶失联造成的计算误差很小，能满足工程应用的精度要求。通过本算例考核，说明不同材料界面处理方法 (方法 2) 与常用的处理方法 (方法 1) 具有一致的有效性，而且方法 2 可以直接应用于包含各向异性材料复杂热结构的热响应数值模拟中。

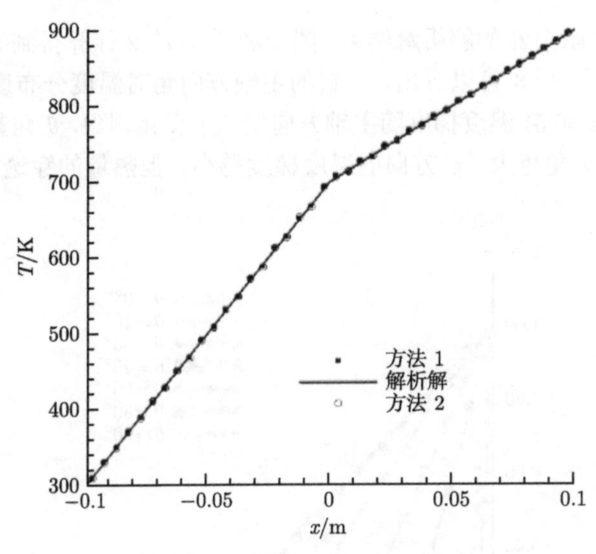

图 10.1 解析解与数值解的比较

2. 给定温度的正交各向异性平板稳态热响应计算

为了考核正交各向异性材料热响应计算方法的准确性，计算了四边给定温度的正交各向异性平板 (边长为 1m 的正方形) 的稳态热响应问题，并与文献 [12] 的解析解进行了比较。计算条件为

$$x=0,\ T=0;\ x=1,\ T=0;\ y=0,\ T=\sin(\pi x);\ y=1,\ T=0$$
$$k_1=93.8,\ k_2=0.938$$

分别计算了材料导热主轴方向角为 0°, 30°, 45°, 60° 和 90° 五种情况的平板稳态热响应，主轴方向角 k_1 为主轴与 x 坐标轴的夹角，当方向角为 0° 时，y 方向导热系数 (k_2) 远小于 x 方向的导热系数 (k_1)。

表 10.1 为采用方法 2 计算结果和文献 [12] 的解析解的比较，两者一致性非常好。

表 10.1 方法 2 计算结果和文献 [12] 的解析解比较 (方向角为 45°)

y		0.0/0.005	0.2	0.5	0.8
$x=0.2$	方法 2	0.5712	0.057	0.0001	0.0000
	解析解	0.585	0.054	0.0000	0.0000
$x=0.5$	方法 2	0.9896	0.569	0.0547	0.0001
	解析解	1.000	0.570	0.0540	0.0000
$x=0.8$	方法 2	0.5856	0.471	0.2232	0.0237
	解析解	0.585	0.472	0.2240	0.0240

图 10.2 为文献 [12] 的解析解结果，图 10.3 为方法 2 计算得到的温度分布，二者结果一致。从图 10.3 可以看出，材料的主轴方向角对温度分布影响很大，表现在沿平板中轴 (x=0.5) 温度梯度随主轴方向角 (θ) 变化剧烈，θ 角越小，y 方向的温度梯度越大；θ 角越大，y 方向的温度梯度越小，但热量的穿透能力与 θ 角成正比。

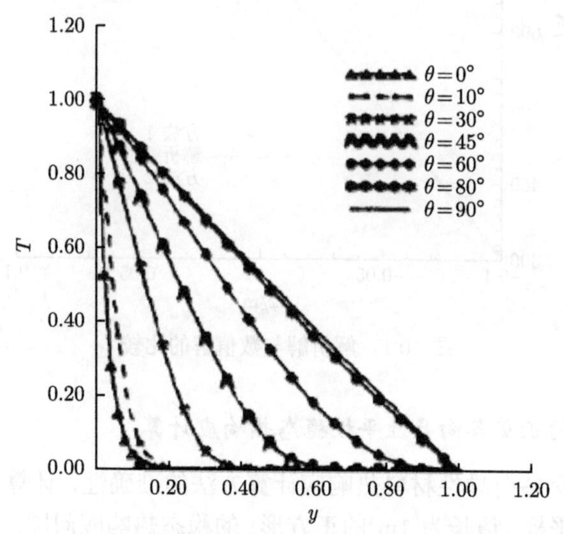

图 10.2 文献 [12] 解析解 (x=0.5 截面)

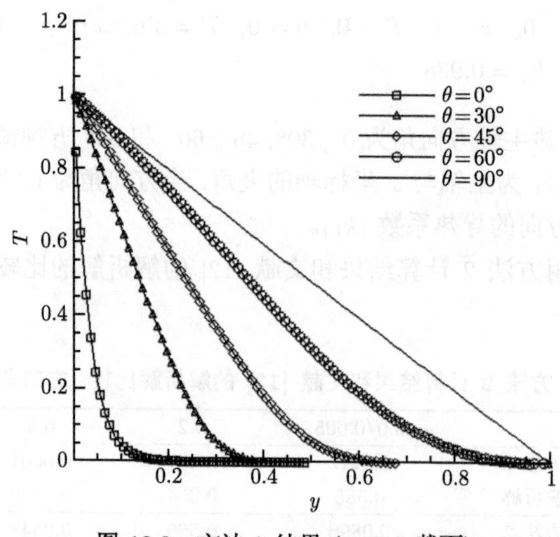

图 10.3 方法 2 结果 (x=0.5 截面)

图 10.4 和图 10.5 为不同截面温度沿 x 轴的分布。从图中可以得出以下几点热

响应特性：① 当材料导热系数左右对称 (θ=0° 或 90°) 时，整体坐标系下温度的交叉导数项的系数为 0，温度分布表现出对称性；② 当 θ 角不为 0 时，整体坐标系下温度的交叉导数项的系数不等于 0，此时的单元边界热流不但与法向梯度有关，还依赖于切向梯度，即使边界条件和几何形状对称，温度分布也不再具有对称性；③ 热量在导热系数大的方向上更容易扩散，导热系数大的主轴方向的温度比导热系数小的方向的温度高。

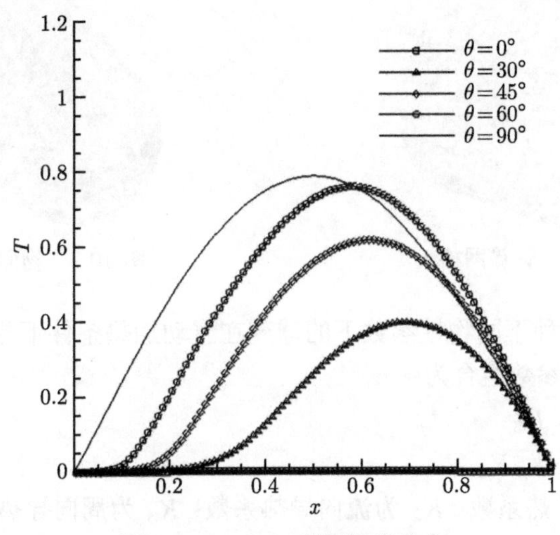

图 10.4　y=0.2 截面温度分布

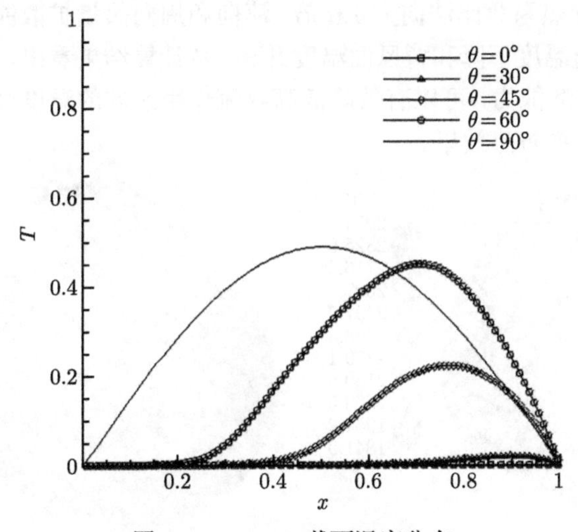

图 10.5　y=0.5 截面温度分布

3. 球壳热响应计算

采用球壳外形近似模拟航天飞行器头部形状，取球壳的外径为 20mm，内径为 10mm，用非结构网格生成的外形见图 10.6。球壳外表面受气动热作用，热流分布如图 10.7 所示，内表面和底面采用绝热边界。

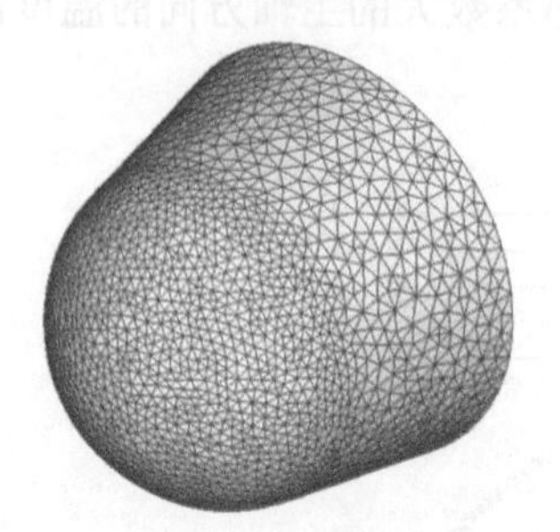

图 10.6　计算网格

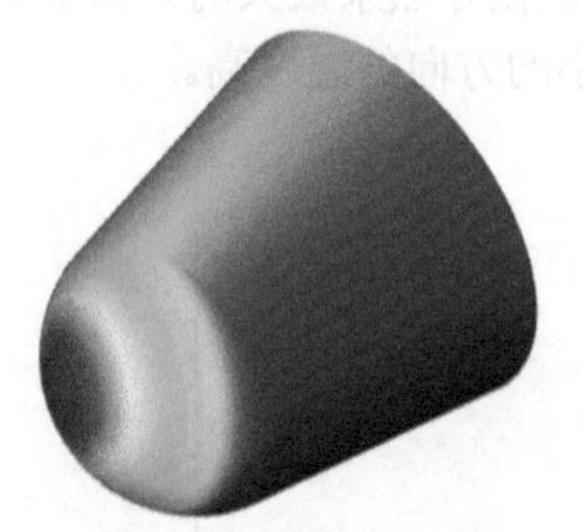

图 10.7　物面热流分布

我们计算了两种不同物性参数下的球壳在气动加热条件下热响应，加热时间为 100s。不同物性参数组合为

(1) $K_1 = K_2 = K_3$

(2) $K_2 = K_3 = 1.6K_1$

这里，K_1 为径向导热系数；K_2 为流向导热系数；K_3 为周向导热系数。

图 10.8 为加热 100s 时球锥表面温度分布云图，图 10.9 为球锥对称面温度分布。从图中可知，驻点峰值温度为 2934.8K (各向同性) 和 2834.2K (各向异性)，各向异性材料层间导热系数比法向大 1.6 倍，流向和周向热量扩散能力强，导致各向异性材料驻点峰值温度下降和背风面温度升高。从计算结果看出，增加层间导热系数，增强层间热扩散能力，可以有效降低高热流作用区域的温度峰值，减小热防护层的温度梯度，改善防热效果。

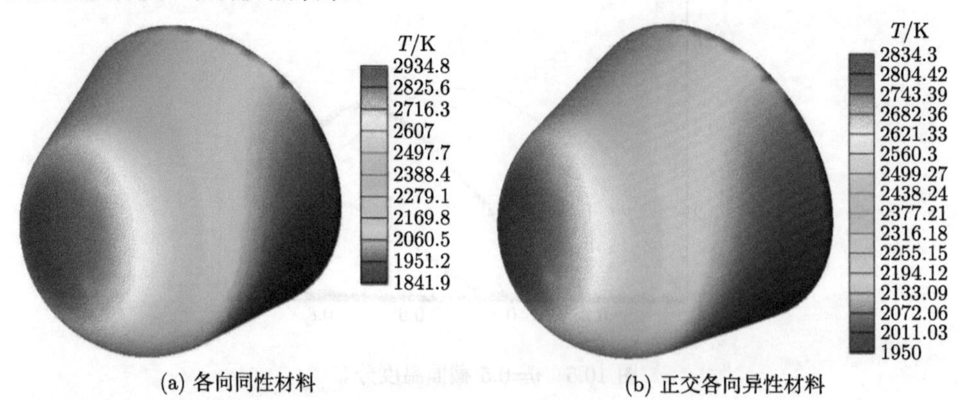

(a) 各向同性材料　　(b) 正交各向异性材料

图 10.8　加热 100s 时球锥表面温度分布云图

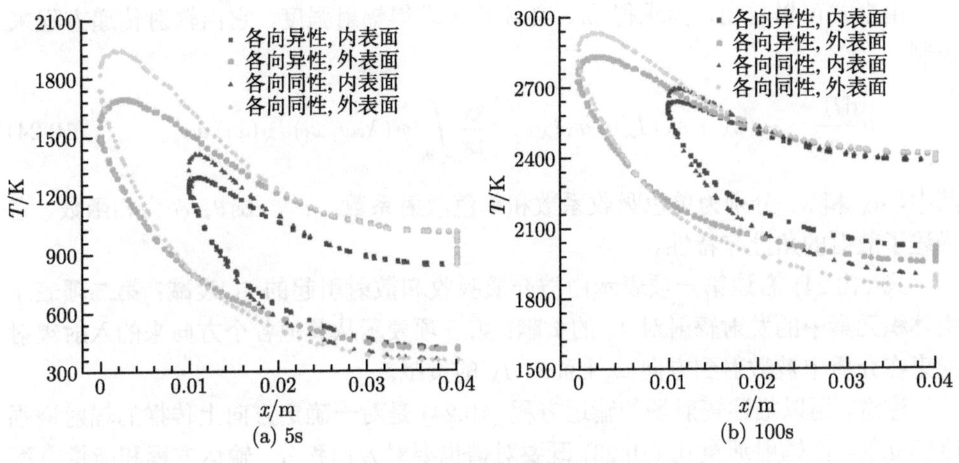

图 10.9 球锥对称面温度分布

10.3 辐射/导热混合传热问题

随着航天飞行器的发展，对防隔热材料和结构的性能要求不断提高，一些高效轻质的新型隔热材料和结构得到了广泛应用。如蜂窝结构、气凝胶和纤维类隔热材料，这些隔热结构和材料的传热已不是单纯的热传导，而是包括了固/气体热传导、空腔或空隙间的自然对流换热，以及固体表面之间的辐射换热的传热。这种复杂的复合传热给热防护数值模拟带来了新的课题 [15–20]，需要弄清楚其传热机制和热响应规律，准确预测等效导热系数，为真实热防护结构的热响应数值模拟和防热设计提供支持。

10.3.1 透明介质一维辐射导热耦合传热

飞行器的天线窗或舷窗采用透波材料制成，如石英玻璃、石英陶瓷等，不但能传导热量，而且能吸收、发射和散射辐射能。因此，对天线窗进行防热设计时，应同时考虑辐射和导热两种传热过程的耦合作用。

这里先考虑一维问题。由于内部存在辐射，能量方程可表示为

$$\rho c_p \frac{\partial T}{\partial t} = \nabla \cdot (k\nabla T - \boldsymbol{q}_{\mathrm{r}}) \tag{10.22}$$

其中，$\boldsymbol{q}_{\mathrm{r}}$ 为辐射通量矢量，与辐射强度 I_λ 有关。辐射强度是单位时间内传递到垂直于辐射束方向上某一单位面积在单位立体角内的能量。根据定义

$$q_{\mathrm{r}} = \int_0^\infty q_{\mathrm{r},\lambda} \mathrm{d}\lambda = \int_0^\infty \left(\int_{\omega=4\pi} I_\lambda \cos\theta \mathrm{d}\omega \right) \mathrm{d}\lambda \tag{10.23}$$

由上式可以看出，为求得 q_{r}，必须首先求得辐射强度，它由辐射传递方程来控制

$$\mu \frac{\mathrm{d}I_\lambda}{\mathrm{d}x} = -\left(a_\lambda + s_\lambda\right) I_\lambda + a_\lambda I_{\lambda,b} + \frac{s_\lambda}{4\pi} \int_{\omega_i} \phi\left(\lambda, \omega, \omega_i\right) I_\lambda\left(\omega_i\right) \mathrm{d}\omega_i \tag{10.24}$$

其中，a_λ 和 s_λ 分别为单色吸收系数和单色散射系数；$\mu = \cos\theta$；ϕ 为相函数，它描述了散射的角分布特性。

式 (10.24) 右边第一项表示由被介质吸收和散射引起的 I_λ 衰减；第二项表示由体积元素中的发射辐射对 I_λ 的贡献；第三项表示从其他各个方向来的入射辐射线束在介质中被散射到方向 ω 上而对 I_λ 的贡献。

注意，用以描述辐射场的输运方程 (10.24) 是对一确定方向上传播的辐射谱强度建立的，而辐射通量式 (10.23) 既要对谱也要对方向积分。输运方程和能量方程组成的方程组是典型的积分–微分方程组。

求解非线性积分–微分方程组，通过采用对谱分布和角分布近似描述的办法，消除方程组的积分性。假设介质为灰体，散射为各向同性，则吸收系数和散射系数与波长无关，这时

$$I = \int_0^\infty I_\lambda \mathrm{d}\lambda, \quad \frac{n^2\sigma T^4}{\pi} = \int_0^\infty I_{\lambda,b} \mathrm{d}\lambda, \quad \phi\left(\lambda, \omega, \omega_i\right) = 1 \tag{10.25}$$

将其代入式 (10.24) 得

$$\mu \frac{\mathrm{d}I\left(\mu, x\right)}{\mathrm{d}x} = -\left(a + s\right) I\left(\mu, x\right) + \frac{an^2\sigma T^4}{\pi} + \frac{s}{2} \int_{-1}^1 I\left(\mu', x\right) \mathrm{d}\mu' \tag{10.26}$$

其中，辐射强度 I 是位置 x 和方向余弦 μ 的函数；n 为折射系数。

假设表面发射强度为镜面反射，则有辐射边界条件

$$I\left(\mu\right) = R\left(\mu\right) I\left(-\mu\right), \quad x = 0 \tag{10.27a}$$

$$I\left(-\mu\right) = R\left(\mu\right) I\left(\mu\right), \quad x = L \tag{10.27b}$$

其中，$R\left(\mu\right)$ 为反射系数。辐射热流由下式确定

$$q_{\mathrm{r}} = 2\pi \int_{-1}^1 I\left(\mu, x\right) \cdot \mu \cdot \mathrm{d}\mu \tag{10.28}$$

为了消除式 (10.26) 对角分布的依赖性，我们引进如下三个按方向积分的量(称为辐射强度的矩)

$$J = \frac{1}{2} \int_{-1}^1 I\left(\mu, x\right) \mathrm{d}\mu \tag{10.29a}$$

$$H = \frac{1}{2}\int_{-1}^{1} I(\mu, x)\,\mu \mathrm{d}\mu \tag{10.29b}$$

$$K = \frac{1}{2}\int_{-1}^{1} I(\mu, x)\,\mu^2 \mathrm{d}\mu \tag{10.29c}$$

并且利用 Eddington 近似 $K = \dfrac{1}{3}J$，通过矩方程积分，最终得如下一维非定常导热–辐射耦合方程组

$$k\frac{\partial^2 T}{\partial x^2} - \rho c_p \frac{\partial T}{\partial t} = -4\pi a \cdot J + 4an^2\sigma T^4 \tag{10.30a}$$

$$\frac{\mathrm{d}^2 J}{\mathrm{d}x^2} = 3a(a+s)\left(J - \frac{n^2\sigma T^4}{\pi}\right) \tag{10.30b}$$

采用数值方法求解方程 (10.30)，对一维定常传热问题进行了计算，结果如图 10.10 所示，考虑材料内部辐射时外表面附近温度梯度明显高于不考虑辐射的情况，前者壁温明显高于后者，并且在表面附近薄层内快速下降并很快低于后者，说明辐射作用有利于阻止向材料内部的传热。

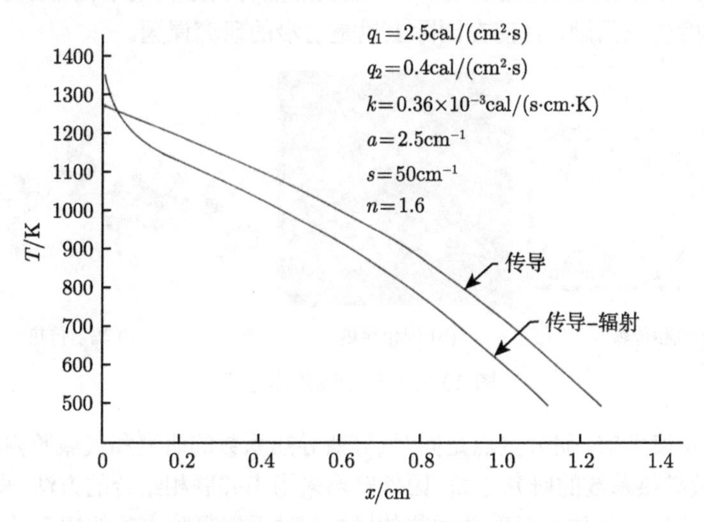

图 10.10 陶瓷防热层内部稳态温度分布 (取自文献 [13])

10.3.2 气凝胶和纤维类隔热材料的隔热性能计算

隔热材料在航空航天、能源、化工和冶金等众多工业领域已被广泛应用。超级隔热气凝胶材料是近年来发展起来的一种非常好的隔热材料，如图 10.11 所示，它是由 2~5 nm 的球形聚合粒子结合成小单元，最终形成树突状的三维立体结构，结构中包含大量尺寸约几十纳米的孔洞。为了进一步提高气凝胶的强度和隔热性能，有的采用微米纤维进行增强，有的还添加了遮光剂。

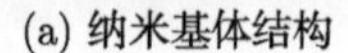

(a) 纳米基体结构

(b) 微米级纤维增强结构

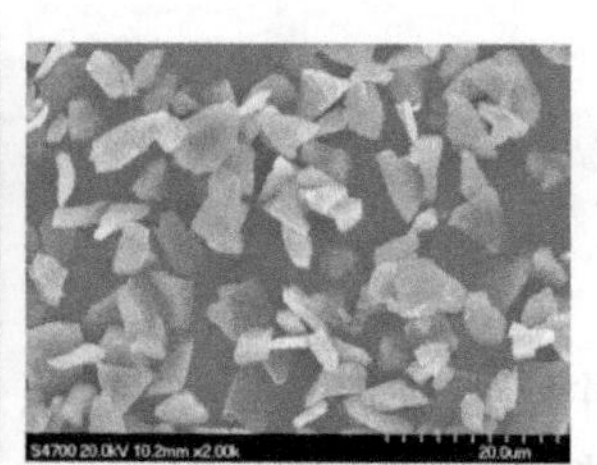

(c) 微米遮光颗粒结构

图 10.11　气凝胶细观结构

气凝胶的传热方式由固/气体热传导、气体在孔洞裂缝空间的自然对流换热，以及反射屏之间有纤维参与的辐射换热组成 (图 10.12)。由于受到尺度效应 (包括气体稀薄效应、近场辐射效应、声子散射效应等)、界面效应 (包括吸附气体分子、“拟晶格” 振动等)、耦合效应 (包括声子–光子、声子–吸附分子等) 等因素的影响，一种多尺度、多模式耦合传热问题，加上纳米隔热材料微观结构的随机分布且难以控制，增加了宏观隔热性能预测的复杂性。超级隔热材料结构纳米化带来了非常复杂的微纳米尺度传热问题，目前在国际上也是前沿的研究课题。

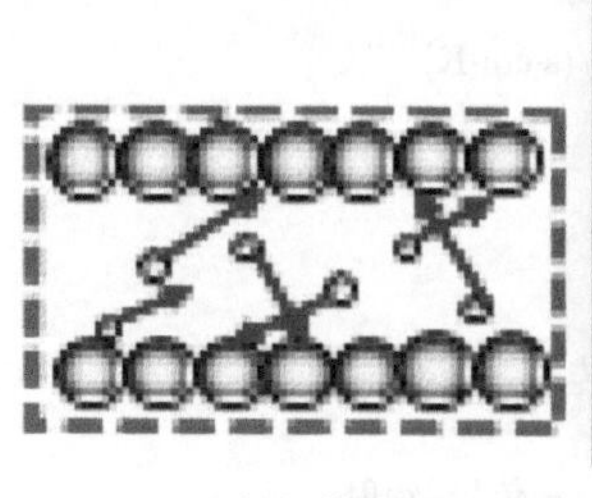

(a) 气相传热

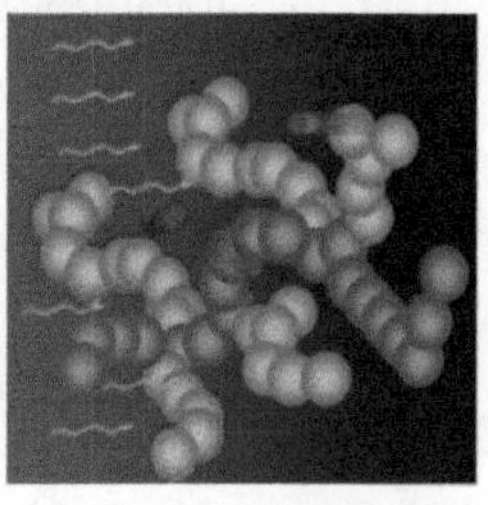

(b) 固相导热

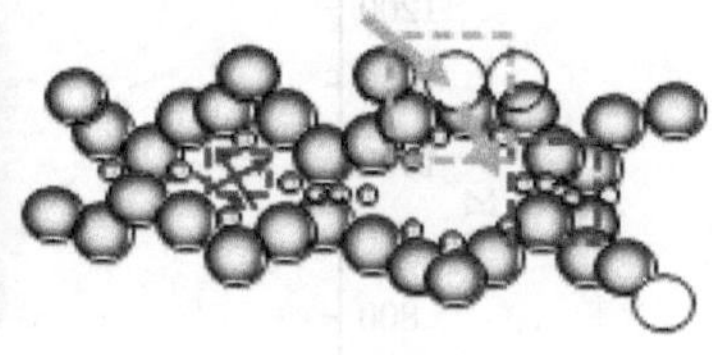

(c) 辐射传热

图 10.12　气凝胶传热方式

从宏观角度考虑，研究重点是固/气等效导热系数的研究和气凝胶内辐射传热。在固/气等效导热系数的研究方面，国外普遍采用串并联相结合的方法，即分别考虑固体热传导和气体热传导对整体传热的影响。对于气凝胶内部的辐射传热，Walter 等 [2] 利用类辐射交换系数的概念采用 Zonal-GEF 方法计算分析了非散射材料组成的纤维多孔材料的传热特性。Daryabeigi 等 [3] 应用适合于任何光厚度的二热流近似分析方法计算得到了多层镍泡沫气凝胶的等效导热系数随上下表面温度差、泡沫内压力、泡沫层数的变化规律。文献 [4] 分析了再入气动加热条件下，多层隔热毡的防热性能。从微观角度考虑，何雅玲等 [9,10] 发展了气凝胶超级隔热材料的随机等效结构重构算法–介观格子 Boltzmann–宏观有限容积法–离散坐标法–气凝胶材料非稳态传热–相变反应耦合传热的多尺度多模式耦合传热的数值计算模型，建立了气凝胶材料多尺度多模式耦合传热的等效热导率与材料多尺度结构的构效关系。对气凝胶中添加的遮光剂、增强纤维等微米典型结构，以 Mie 辐射散射理论为基础，结合 Rossland 扩散近似模型，考虑了辐射传热对热量传递的增强作用；同时结合经典的两相系统等效热导率计算公式，获得复合材料的辐射导热耦合热导率计算模型。模型与多个文献中气凝胶材料热导率实验数值进行比较，获得了满意的结果。本书主要介绍宏观传热计算方法。

1. 宏观传热计算模型

气凝胶和纤维类隔热材料都属于多孔介质，这类材料内部存在多种形式的传热：纤维或气凝胶固壁的固体导热、气体导热、空隙里的气体自然对流换热，以及多孔介质参与的辐射换热。在忽略气体的自然对流换热的条件下，隔热材料内有介质参与的辐射换热和热传导的复合传热温度场控制方程为

$$\rho c_p \frac{\partial T}{\partial t} = \frac{\partial}{\partial x}\left(k\frac{\partial T}{\partial x}\right) - \frac{\partial q_{\mathrm{r}}}{\partial x} \tag{10.31}$$

初始及边界条件为

$$\begin{cases} T(x,0) = T_0 \\ k\left.\dfrac{\partial T}{\partial x}\right|_{x=0} = q \\ k\left.\dfrac{\partial T}{\partial x}\right|_{x=L} = 0 \quad \text{或} \quad T(L,t) = T_1 \end{cases}$$

根据能量守恒定律，一维热传导和辐射复合传热的积分形式为

$$\rho c \Delta x \frac{\mathrm{d}T}{\mathrm{d}t} = q_{\mathrm{in}} - q_{\mathrm{out}} \tag{10.32}$$

式中，q_{in} 是进入控制单元的热流；q_{out} 是流出控制单元的热流，它包含热传导 q_{c} 和辐射热流 q_{r}，即

$$q = q_{\mathrm{c}} + q_{\mathrm{r}} \tag{10.33}$$

式中，$q_{\mathrm{c}} = -k\left(\dfrac{\partial T}{\partial x}\right)$，$q_{\mathrm{r}} = -\dfrac{1}{3\beta}\left(\dfrac{\partial G}{\partial x}\right)$。这里，$k$ 为等效导热系数，是固体和气体热传导系数的加权平均；β 是消光系数；G 为隔热材料 (纤维席或气凝胶) 内部的辐射，由以下辐射方程 [5] 确定

$$G - \frac{1}{3\beta^2(1-\omega)} \cdot \frac{\partial^2 G}{\partial x^2} = 4\sigma T^4 \tag{10.34}$$

在隔热层两端满足如下边界条件

$$G - \frac{2}{3\beta^2 \dfrac{\varepsilon_1}{2-\varepsilon_1}} \cdot \frac{\partial G}{\partial x} = 4\sigma T_{\mathrm{Hot}}^4$$

$$G+\frac{2}{3\beta^2\dfrac{\varepsilon_2}{2-\varepsilon_2}}\cdot\frac{\partial G}{\partial x}=4\sigma T_{\mathrm{Cold}}^4$$

式中，ε_1 为热端边界结构或反射屏的发射率；ε_2 为冷端边界结构或反射屏的发射率。

隔热材料的等效导热系数由固体材料和气体导热系数加权平均得到

$$k=A\cdot k_{\mathrm{parallel}}+(1-A)\cdot k_{\mathrm{series}} \tag{10.35}$$

式中

$$\begin{aligned}
k_{\mathrm{parallel}}&=f\cdot k_{\mathrm{gas}}+(1-f)\cdot k_{\mathrm{solid}}\\
k_{\mathrm{series}}&=\frac{k_{\mathrm{gas}}\cdot k_{\mathrm{solid}}}{f\cdot k_{\mathrm{solid}}+(1-f)\cdot k_{\mathrm{gas}}}\\
k_{\mathrm{gas}}&=\frac{k_{\mathrm{gas}}^*}{\phi+4\cdot\psi\cdot\dfrac{2-\alpha}{\alpha}\cdot\gamma/(\gamma+1)/Pr\cdot Kn}\\
k_{\mathrm{solid}}&=F\cdot k_{\mathrm{bulk}}
\end{aligned}$$

其中，F 是热传导效率的因子，对于气凝胶，F 是考虑固壁弯曲的影响，对于纤维隔热材料，F 是考虑纤维间接触传热效率；k_{parallel} 是气凝胶基体材料和气体并联模式下的导热系数；k_{series} 是气凝胶基体材料和气体串联模式下的导热系数；A 是串联和并联模式的权重系数；f 是孔隙率；k_{gas}^* 为大气压下气体导热系数；α 为适应系数；Pr 为普朗特数；Kn 为克努森数；参数 ϕ 和 ψ 的数值根据克努森数而定。

2. 隔热材料热传导和辐射复合传热方程的离散方法

对方程 (10.31) 在控制单元内进行积分可以得到

$$\rho c_p\frac{\mathrm{d}T}{\mathrm{d}t}V=\oiint(-\boldsymbol{q})\cdot\boldsymbol{n}\mathrm{d}\varGamma=\sum_{k=1}^{N}(-\boldsymbol{q}_k)\cdot\boldsymbol{n}_k\cdot S_k \tag{10.36}$$

式中，k 为单元序号；$\boldsymbol{n}$ 表示单元外法向量；N 表示单元边界面的个数；V 表示单元的体积；S_k 表示单元边界面的面积，$\boldsymbol{n}_k$ 表示单元边界面的外法向单位向量；对于一维问题，V 为空间步长 h，$S_k=1$。将式 (10.33) 代入式 (10.36) 中，可得

$$\rho c_p h\frac{\mathrm{d}T}{\mathrm{d}t}=k_{i+\frac{1}{2}}\frac{T_{i+1}-T_i}{h}-k_{i-\frac{1}{2}}\frac{T_i-T_{i-1}}{h}+\frac{1}{3\beta_{i+\frac{1}{2}}}\frac{\mathrm{G}_{i+1}-G_i}{h}-\frac{1}{3\beta_{i-\frac{1}{2}}}\frac{G_i-G_{i-1}}{h} \tag{10.37}$$

时间方向采用二阶 Runge-Kutta 方法进行离散可以得到如下形式

$$RHS_i^n=\frac{\Delta t}{\rho c_p V}\left(k_{i+\frac{1}{2}}\frac{T_{i+1}-T_i}{h}-k_{i-\frac{1}{2}}\frac{T_i-T_{i-1}}{h}\right.$$

$$+\frac{1}{3\beta_{i+\frac{1}{2}}}\frac{G_{i+1}-G_i}{h}-\frac{1}{3\beta_{i-\frac{1}{2}}}\frac{G_i-G_{i-1}}{h}\Bigg) \tag{10.38}$$

式中，$T_i^1=T_i^n+RHS_i^n$ ；$T_i^{n+1}=0.5\cdot(T_i^n+T_i^1+RHS_i^1)$。

3. 等效热传导系数确定方法

在上表面给定热流和下表面给定温度情况下，辐射和热传导耦合传热的等效热传导系数可由下式确定

$$k_{\mathrm{e}}=\frac{qL}{T_{\mathrm{h}}-T_{\mathrm{c}}} \tag{10.39}$$

这里，L 为隔热层厚度；T_{h} 为热端温度；T_{c} 为冷端温度。

4. 气凝胶传热特性计算分析

下面针对文献 [4] 中的气凝胶 (镍泡沫) 隔热材料进行计算分析。材料密度为 290kg/m^3，热传导系数 k_{c} 取常值，先不考虑隔热材料导热系数随温度和气体压力的变化。

算例为三层结构，中间为 10mm 的隔热材料，两端为 0.25mm 的 PM1000 材料，上表面为常热流 (10kW/m^2) 加热，下表面为 300K 的等温壁，隔热材料的热传导系数为常值 (0.1 ~ 0.7 W/(m·K))，比消光系数 $e=10.23-0.00177T$，散射辐射率为 0.8，计及固体的热传导和辐射的耦合影响。

图 10.13 给出了有/无辐射稳态温度分布计算结果的比较。从图中可以看出，考虑辐射作用情况下，温度沿厚度方向不再是线性分布，高温区温度梯度变小很多，

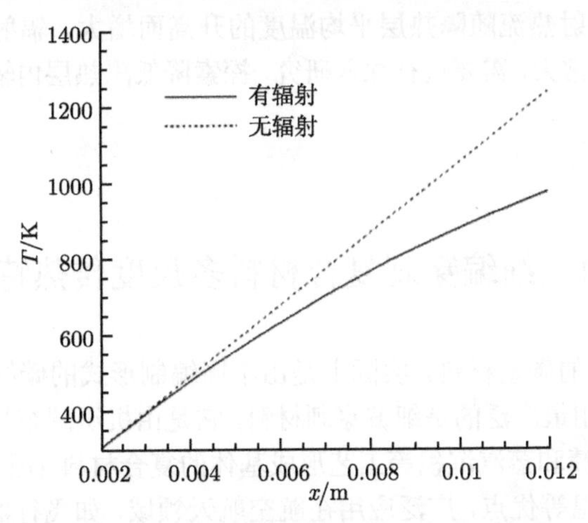

图 10.13 有/无辐射稳态温度分布计算结果的比较

靠近冷端温度梯度变化不大，隔热层热端温度比无辐射情况下低 279K，这是由于热辐射提高了高温区向低温区能量传输能力，相当于增加了隔热材料的热传导系数，而且高温区辐射热流比低温区辐射热流大。该计算条件下的等效导热系数为 0.146W/(m·K)，其中热辐射贡献为 0.039W/(m·K)。

图 10.14 为稳态下通过固体热传导和辐射造成的热流分布比较。在冷端附近辐射热流很小，热传导占主导作用；越靠近热端，随着温度的升高，热辐射作用越明显，在热端附近，辐射和热传导的作用相当。

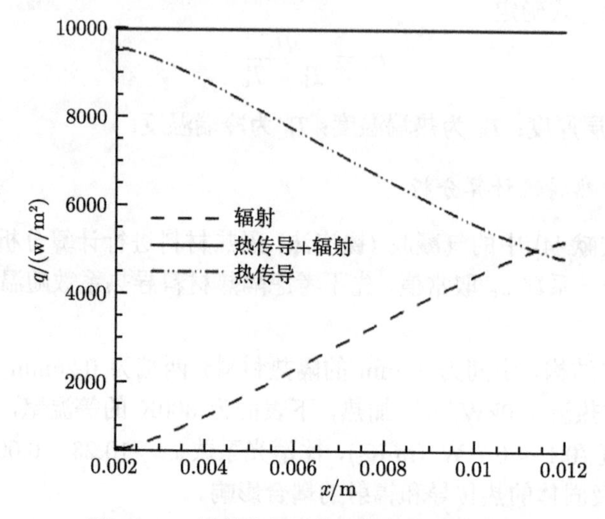

图 10.14　固体热传导热流和辐射热流分布

以上结果表明，辐射热流与隔热层的温差有关，温差越大，辐射热流越大，相同温差情况下，辐射热流随隔热层平均温度的升高而增大。辐射热流对热防护结构内壁温升贡献非常大，需要进行深入研究，探索降低隔热层内辐射热流的方法和策略。

10.4　细编穿刺复合材料多尺度传热特性

飞行器防热用的碳基材料，实际上是由不同编制形式的碳纤维和基体构成的复合材料，其中应用最广泛的是细编穿刺材料，它是由机织碳布与正交纤维束构成骨架，然后通过浸渍和蒸汽沉积等工艺形成基体的复合材料 (图 10.15)，具有比重小、强度高、耐高温等优点，广泛应用在航空航天领域，如飞行器的端头帽、舵前缘、喷管喉道等，具有重要的研究与应用价值。

图 10.15 细编穿刺复合材料示意图

在早期的飞行器防热设计中，对于碳基复合材料，并没有考虑其细观结构，而是采用平均热物性参数进行计算分析。由于影响复合材料性能的因素很多，譬如材料组分、预制体结构、界面，以及缺陷等，相同组分的材料可以制备出无穷多性能各异的复合材料。因此，非常有必要进行材料微观结构的传热特性分析，建立材料微观结构与宏观热物性参数的关系，这无论对防热设计还是对指导材料研制都具有重要意义。

本节针对细编穿刺复合材料的纤维束和编织结构特征，采用通用单胞思想 [11]，建立介观/细观模型，并进行一系列的多尺度传热仿真分析，通过胞体模板扩展，将介观/细观结构研究规律应用于宏观材料热物性预测，并进行多层胞体传热特性分析。

10.4.1 介观/细观结构模型

从结构上看，碳布叠层穿刺复合材料主要包含两种结构形式：细观尺度的编织结构和介观尺度的纤维束结构。下面根据有关文献和电镜扫描结果，对上述两种结构特征进行分析。

图 10.16 显示了 T300 的结构特征 [7]。可以看出，纤维束是由大量纤维丝 (一般为几千丝)“堆积” 而成，在纤维束内部，纤维丝截面形状近似为圆形。

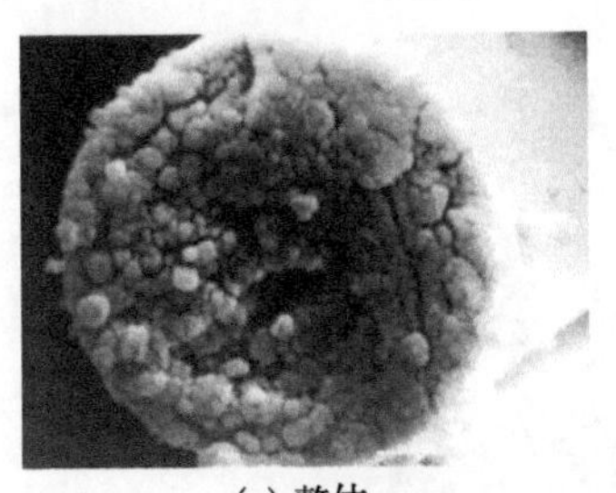

(a) 整体

(b) 局部放大

图 10.16 纤维束内部结构特征

图 10.17 是编织结构切面电镜扫描结果。圆形截面为穿刺的纤维束，扁平状的交叉层叠编织体为碳布，层间存在间隙。这些结构特征与材料的制备工艺有关，在碳纤维 Z 向穿刺的过程中，平面碳布受到层间挤压变形，穿刺纤维束由于周向压紧力的存在，可以较好地保持圆形。

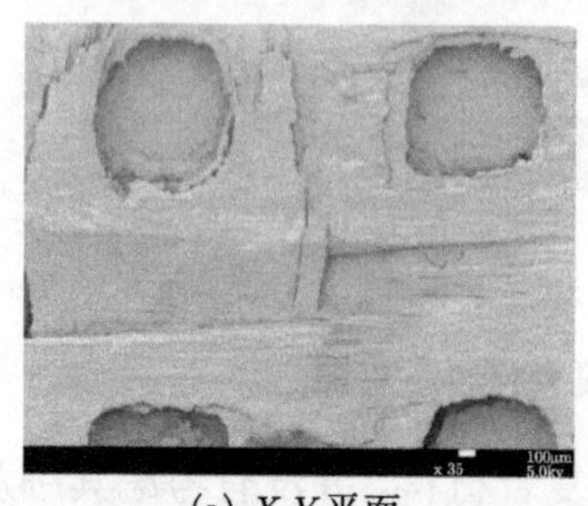

(a) X-Y 平面

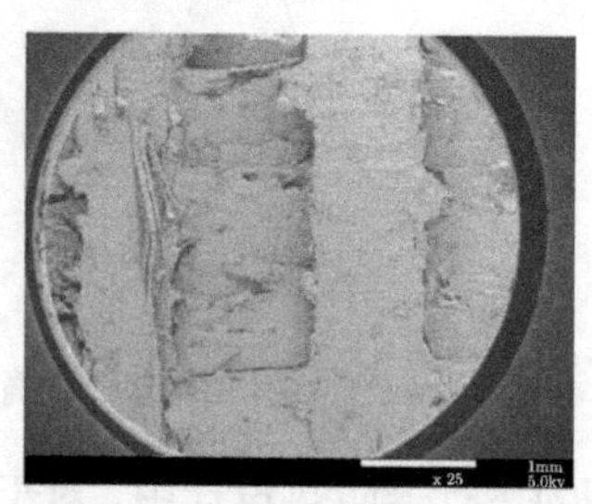

(b) Z 平面

图 10.17　编织结构特征

基于电镜扫描结果，采用通用单胞思想，我们构建了 0°/90°/90° 和 0°/45°/90° 编织结构的单胞模型，如图 10.18 和图 10.19 所示。为了将细观传热特性应用于宏观热物性的预测，我们还构造了胞体扩展模型，见图 10.20。

图 10.18　0°/90°/90° 编织结构单胞模型 (纤维组成：3K:3K:3K)

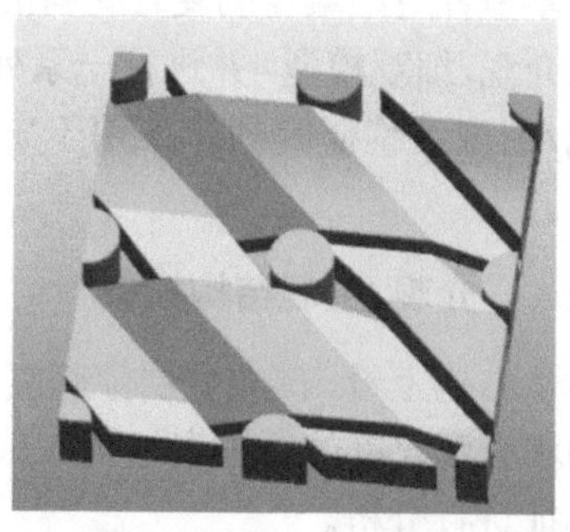

图 10.19　0°/45°/90° 编织结构单胞模型 (纤维组成：3K:3K:3K)

图 10.20　编织结构八层四胞模型 (纤维组成：3K:3K:3K)

10.4.2 编织结构传热特性计算分析

这里主要针对正交编织穿刺 (0°/90°/90°) 和斜编穿刺 (0°/45°/90°) 两种编织结构进行传热特性计算分析 [11]。

1. 计算对象及相关假设

T300 纤维束以 K (1K = 1000 根) 为单位，1K 纤维束的当量直径在 100μm 量级，编织体经过穿刺纤维的挤压后，截面形状将发生变化，可能出现扭曲，甚至出现断裂等缺陷。为了便于分析和计算，这里暂不考虑裂纹、气孔等随机因素的影响，并做如下假设：

a. 纤维束以整体形式出现，忽略纤维丝间的缝隙；

b. 单胞模型由穿刺纤维束、编织纤维束和基体组成，暂时不考虑界面层；

c. 采用类椭圆形截面描述编织纤维束，长短轴之比为 6:1。为分析编织纤维束截面对材料传热特性的影响，引入长短边为 6:1 的长方形截面作对比分析；

d. 在编织层间引入层间距，用基体材料填充。

2. 纤维束导热系数

工程上对于纤维束纵向传热的导热系数，目前大多采用混合率定理来估算 [11]

$$k_{\mathrm{L}} = k_{fl} f_f + k_m f_m \tag{10.40}$$

对于横向传热的导热系数，问题比较复杂，根据热阻串并联的概念，可以确定其上下限的计算公式为

$$\begin{cases} k_{\mathrm{T,lower}} = 1/(f_f/k_{f2} + f_m/k_m) \\ k_{\mathrm{T,upper}} = f_f k_{f2} + f_m k_m \end{cases} \tag{10.41}$$

Hashin 给出了一个能较好估算纤维束横向导热系数的公式

$$k_{\mathrm{T},h} = k_m + \frac{f_f}{1/(k_{f2} - k_m) + f_m/2k_m} \tag{10.42}$$

3. 正交穿刺编织结构传热特性分析

1) 不同碳布层间距对传热特性的影响

根据细观结构扫描结果分析，二维编织碳布层间存在间隙。为分析不同碳布层间距对传热特性的影响，这里针对正交编织穿刺 (0°/90°/90°) 结构，进行了四种编织层间距 (依次为 20μm，40μm，60μm 和 80μm) 单胞模型传热特性分析。其中，编织纤维束截面形状采用类椭圆形，纤维组成比例为 3K:3K:3K。

碳布层间距的增大，预制体结构不变，单胞模型的长度和宽度不变，但 Z 向穿刺高度增加。随着碳布层间距的增加，编织纤维束体积不变，但体积分数相对减小；基体材料体积和体积分数均增加；尽管穿刺纤维束体积增加，体积分数却几乎不变。随着碳布层间距的增大，等效密度近似线性增大，等效比热近似线性减小。

图 10.21 显示了考虑纤维束导热系数各向异性后，编织向 (X 向) 和穿刺向 (Z 向) 等效导热系数随碳布层间距改变而变化的情况。可以看出，相较各向同性而言，考虑导热系数各向异性后，Z 向和 X 向的等效导热系数均降低；当碳布层间距增加时，Z 向等效导热系数由减小转为略微增加，X 向由减小转为几乎不变 [11]。图 10.22 为考虑纤维束导热系数各向异性时预制体的温度云图。

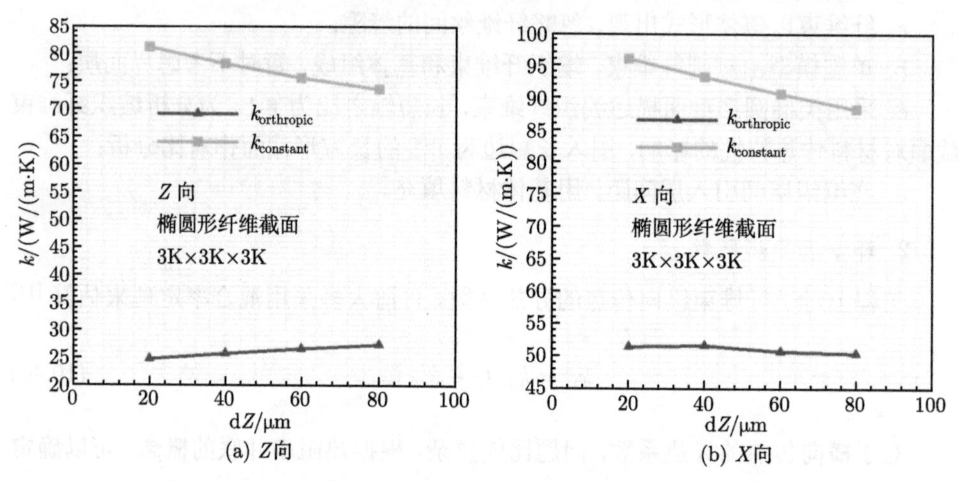

图 10.21　不同编织层间距单胞模型的等效导热系数变化关系

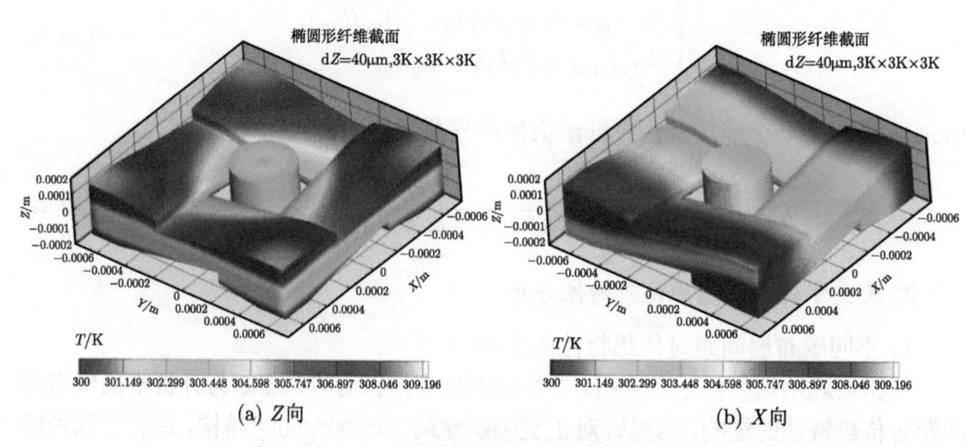

图 10.22　正交穿刺编织结构预制体温度云图

2) 穿刺纤维束大小对传热特性的影响

计算了四种尺寸的穿刺纤维束：3K, 6K, 9K 和 12K，碳布层间距 40μm，编织纤维束截面为类椭圆形。

图 10.23 给出了编织向 (X 向) 和穿刺向 (Z 向) 等效导热系数随穿刺纤维束 K 数改变而变化的情况，图中同时给出了各向同性和各向异性导热系数计算结果的对比，发现它们的变化趋势有较大差别，随着穿刺纤维束 K 数的增加，等效导热系数呈现“非线性变化”。相对于各向同性情况，考虑导热系数各向异性时，随着穿刺纤维束 K 数的增加，Z 向等效导热系数增加，X 向由略微增长转为略微减小。

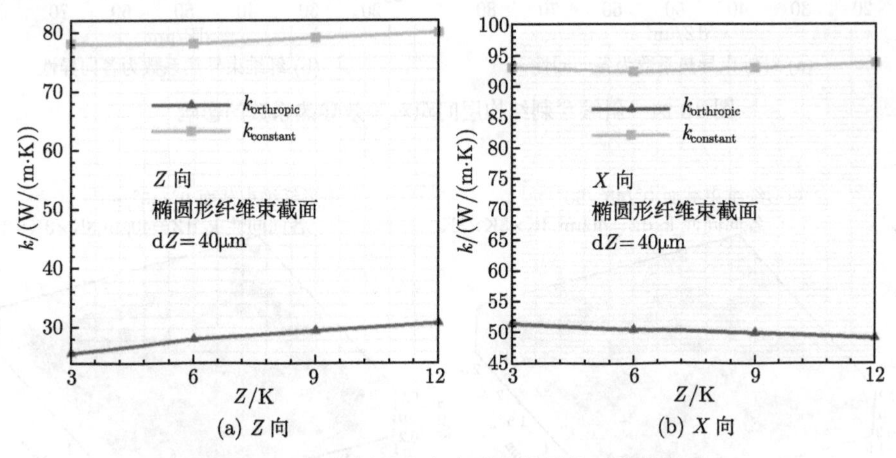

(a) Z 向 (b) X 向

图 10.23 穿刺纤维束大小对等效导热系数的影响

4. 斜编穿刺编织结构传热特性分析

这里主要针对 45° 斜编织穿刺结构，进行四种编织层间距 (依次为 20μm，40μm，60μm 和 80μm) 单胞模型传热特性分析。其中，编织纤维束截面形状采用矩形，纤维组成比例为 3K:3K:3K。

图 10.24 分别给出了斜编穿刺结构单胞等效导热系数随层间距的变化关系。可以发现，当纤维导热系数为各向同性时，随着碳布层间距的增加，X, Y, Z 方向的等效导热系数均呈线性减小，其中，X 和 Y 向的导热系数几乎相等；考虑纤维束导热系数各向异性后，Y 向导热系数与 X 向导热系数不再相等，随着碳布层间距的增加，X 向导热系数略微减小，Y 向近乎不变，Z 向近似线性增加。相较正交编织穿刺结构，可以发现，编织结构由正交编织变换为非 90° 的斜编后，若纤维束导热系数各向同性，单胞各向等效导热系数几乎不变；若纤维束各向异性，层间距的变化对 X 向和 Z 方影响较大 [11]。图 10.25 显示了斜编穿刺结构预制体的温度云图。

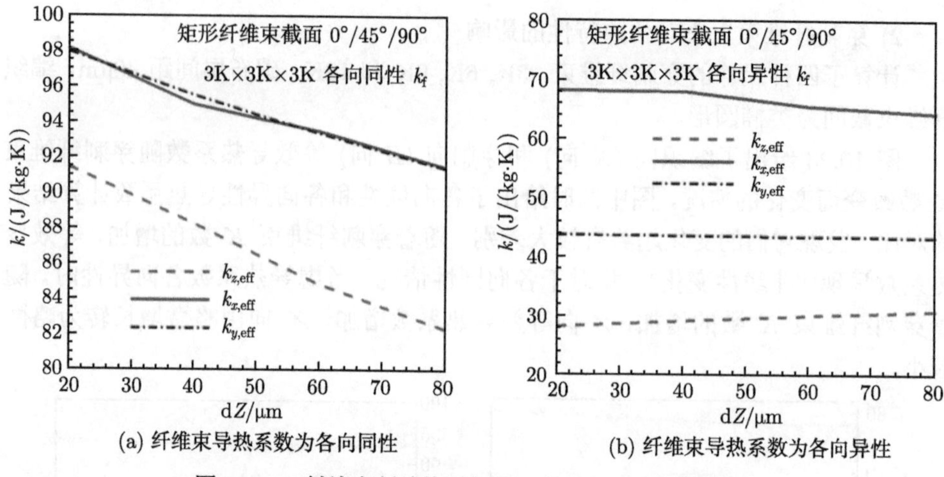

(a) 纤维束导热系数为各向同性　　(b) 纤维束导热系数为各向异性

图 10.24　斜编穿刺结构层间距对等效导热系数的影响

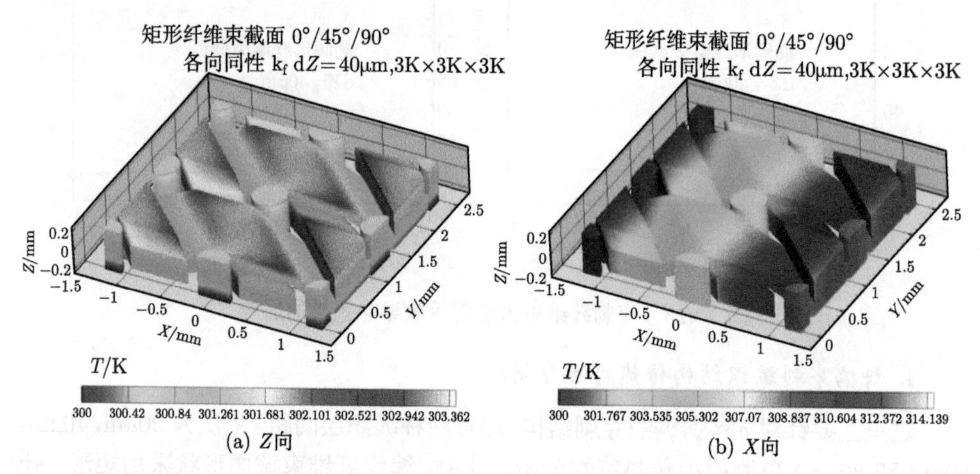

(a) Z向　　(b) X向

图 10.25　斜编穿刺结构预制体温度云图

5. 多胞结构传热特性分析

1) 单胞和单层四胞模型传热特性对比分析

为了将细观结构研究规律应用于预报宏观材料的热物性参数，下面针对正交编织穿刺结构，将单胞模板扩展为单层四胞，在层间距保持不变 (40μm) 的情况下，对比两者的热物性差异。

从表 10.2 可以看出，单胞扩展为四胞后，Z 向导热系数不变，X 向导热系数增大。这是因为单胞扩展为四胞后，Z 向高度不变，传热距离不变；X 向传热距离加倍，在单胞的等效导热系数未能代表多胞时，X 向导热系数发生变化。

表 10.2 类椭圆形和矩形编织纤维束截面单胞和单层四胞组分热物性参数对比

	Z 向导热系数/(W/(m·K))	X 向导热系数/(W/(m·K))
单胞 (类椭圆形)	78.2670	93.2229
四胞 (类椭圆形)	78.2659	93.8148
单胞 (矩形)	89.9836	101.4172
四胞 (矩形)	89.9797	102.0051

2) 单层四胞和多层四胞模型传热特性对比分析

下面研究二维编织碳布层数对胞体传热特性的影响。碳布层间距为 40μm，编织纤维束截面形状为类椭圆形，考虑了四种碳布层数，依次为 1 层、2 层、4 层和 8 层，四种纤维组成比：3K:3K:3K, 3K:3K:6K, 3K:3K:9K，以及 3K:3K:12K。

图 10.26 和图 10.27 分别给出了正交穿刺结构和斜编穿刺结构 Z 向等效导热系数随碳布层数增加的变化规律。可以看出，随着碳布层数的增加，Z 向等效导热系数增大，但增加速率逐渐变缓。当穿刺纤维束横截面积增大时，这一增长趋势增大，这主要是因为穿刺纤维束的导热系数大，其横截面积增大，改善了传热方向横截面上的导热性能，有利于 Z 向传热。在纤维组成比为 3K:3K:3K 的四胞模型中，当碳布层数为 8 层时，Z 向导热系数增长变缓，逐渐趋为一恒定值。图 10.28 显示了正交穿刺结构和斜编穿刺结构的多层多胞模型的表面和预制体的温度云图。

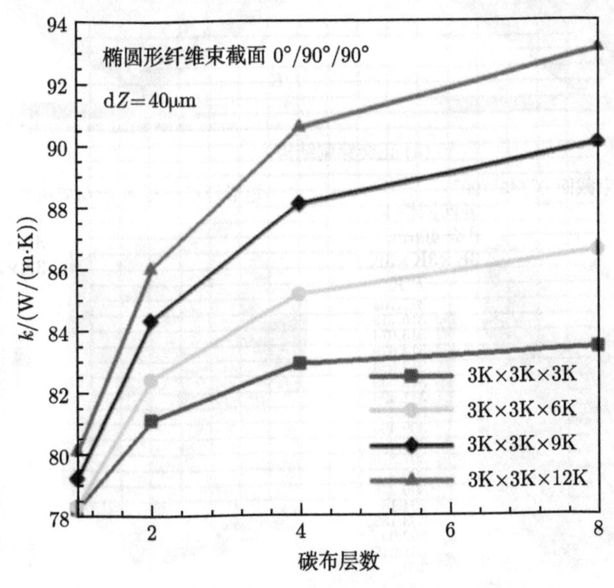

图 10.26 正交穿刺结构四胞多层模型导热系数对比

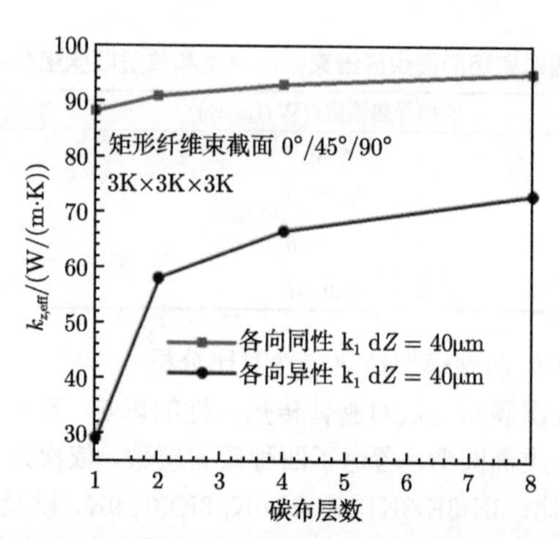

图 10.27　斜编穿刺结构四胞多层模型导热系数对比

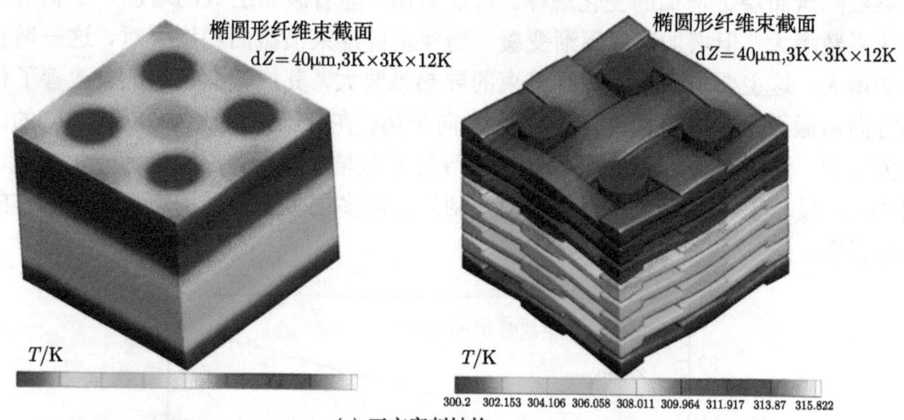

(a) 正交穿刺结构

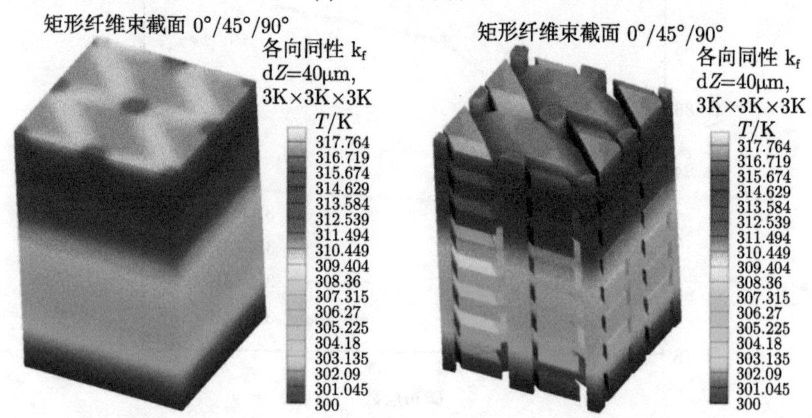

(b) 斜编穿刺结构

图 10.28　四胞多层模型 Z 向传热温度云图

参 考 文 献

[1] 贺立新, 桂业伟, 王安龄, 张来平. 正交各向异性材料热响应特性计算分析. 中国工程热物理学会 2006 年学术会议, 传热传质学, 2006: 924–929.

[2] Walter W Y, George C. Radiative heat transfer analysis of fibrous insulation materials using the Zonal–GEF method. Journal of Thermophysics and Heat Transfer, 2007, 21(1): 105–113.

[3] Daryabeigi K. Thermal analysis and design of multilayer insulation for re-entry aerodynamic heating. AIAA Paper 2001–2834, 2001.

[4] Sullins A D, Daryabeigi K. Effective thermal conductivity of high porosity open cell nickel foam. AIAA Paper 2001–2819, 2001.

[5] Gebhart B. Heat Transfer. New York: McGraw–Hill, 1971.

[6] Sparrow E M , Cess R D. RadiationHeat Transfer. Belmont, CA: Brooks/Cole Publishing, 1970.

[7] 李东风, 王浩静, 贺福, 等. T300 和 T700 碳纤维的结构与性能. 新型碳材料, 2007, 22(1): 59–64.

[8] 孔宪仁, 黄玉东, 范洪涛, 等. 细编穿刺 C/C 复合材料不同层次界面剪切强度的测试分析. 复合材料学报, 2001, 18(2): 57–60.

[9] 何超, 何雅玲, 谢涛, 等. 基于格子 Boltzmann 方法的纤维增强气凝胶复合材料等效热导率求解. 工程热物理学报, 2013, 34(4): 742–745.

[10] 谢涛, 何雅玲, 吴明, 等. 气凝胶纳米多孔隔热材料传热计算模型的研究. 工程热物理学报, 2014, 35(2): 299–304.

[11] 石友安, 贺立新, 邱波, 曾磊, 耿湘人, 魏东. 碳布叠层穿刺复合材料多尺度传热特性研究. 航空学报, 2016, 37(25): 1207–1217.

[12] 张承宗. 四边给定温度的各向异性矩形板稳态热传导解析研究. 强度与环境, 1982, (2): 57–61.

[13] Reichman J. Radiation heat transfer in ceramic reentry heat shields. AD-736931, 1972.

[14] Loomis M P, Prabhu D K, Gorbunov S, et al. Results and analysis of large scale article testing in the Ames 60 MW interaction heating arc jet facility. AIAA Paper 2010–445, 2010.

[15] Ma Q, Yang Z H, Cui J Z, Huang Z Q, Li Z H, Nie Y F. Multiscale computation for dynamic thermo-mechanical problem of composite materials with quasi-periodic structures. Applied Mathematics and Mechanics, 2017, (38): 1–21.

[16] Li Z H, Ma Q, Cui J Z. Second-order two-scale finite element algorithm for dynamic thermo-mechanical coupling problem in symmetric structure. Journal of Computational Physics, 2016, (314): 712–748.

[17] Ma Q, Li Z H, Yang Z H, Cui J Z. Asymptotic computation for transient conduction performance of periodic porous materials in curvilinear coordinates by the second-order two-scale method. Mathematical Methods in the Applied Sciences, 2017, (40): 5109–5130.

[18] Li Z H, Ma Q, Cui J Z. Finite element algorithm for dynamic thermoelasticity coupling problems and application to transient response of structure with strong aerothermodynamic environment. Communications in Computational Physics, 2016, 20(3): 773–810.

[19] Ma Q, Cui J Z, Li Z H. The second-order two-scale method of the elastic problem for axisymmetric and spherical symmetric structure with small periodic configurations. International Journal of Solids and Structures, 2016, (78–79): 77–100.

[20] Ma Q, Cui J Z, Li Z H, Wang Z Q. Second-order asymptotic algorithm for heat conduction problems of periodic composite materials in curvilinear coordinates. Journal of Computational and Applied Mathematics, 2016, (306): 87–115.

第11章　多场耦合烧蚀计算方法

11.1　引　　言

采用烧蚀防热的飞行器再入大气层的过程中，由于烧蚀，会产生一系列相互作用。烧蚀在起到热防护作用的同时，对飞行器的气动特性和飞行过程会带来很大影响，例如，烧蚀会引起飞行器外形和表面状况发生变化，使绕飞行器的流场特性，包括激波形状、表面压力分布、气动阻力和压心等发生变化；烧蚀过程中产生烧蚀产物引射到边界层内，在减小表面摩擦的同时，导致边界层厚度增加，慢旋弹头由于烧蚀滞后产生的非对称吹气会引起有效外形的不对称，并有可能导致边界层出现非对称转捩，严重影响弹头受力情况；飞行器表面将由于烧蚀和粒子云侵蚀显著改变其粗糙特性，形成菱形花纹、鱼鳞坑、沟槽、凹陷坑等各种烧蚀图像，这些表面粗糙度的随机分布强烈影响边界层转捩，控制着端头烧蚀外形的响应特征，并使气动加热大幅上升。从总体上讲，烧蚀通过以上多种因素影响飞行器的压心，从而影响其静稳定裕度，严重时可能使飞行器在再入过程中出现不稳定飞行而导致解体破坏。烧蚀引起的气动力、热和弹道变化又反过来影响飞行器热环境和烧蚀以及材料内部温度分布，这种相互作用贯穿飞行器整个再入过程。

对于以上相互作用，通常需要进行全耦合计算，也称为再入飞行数字仿真。耦合计算方法分为常规耦合计算和小不对称随机烧蚀耦合计算两种，前者主要将常规气动力、气动热、烧蚀、防热结构传热、烧蚀外形变化等计算模型沿飞行弹道进行反复耦合迭代，后者主要用于分析各种小不对称量的随机分布对烧蚀外形的影响。在前面有关章节中，我们已经介绍了气动热、烧蚀和传热等大部分内容，为了便于读者理解和应用，本章将简要介绍一下六自由度弹道和气动力特性的计算方法。

11.2　烧蚀耦合计算方法的发展历程

从引言部分的介绍可以看出，高超声速飞行器再入飞行过程中，气动力、气动热、烧蚀和飞行弹道是相互影响、紧密耦合的。进行气动和防热设计时，必须把飞行力学、空气动力学、气动热力学、烧蚀热化学、侵蚀动力学、传热传质学、弹头总体等专业的设计计算方法有机地耦合起来，沿再入飞行轨道逐时刻点进行飞行器性能参数的计算，包括的数学模型有：激波形状、表面压力分布、摩擦阻力、底部压力、黏性干扰等气动力数学模型；三自由度质点、六自由度刚体运动飞行力学数学模型；边界层厚度、边界层转捩、边界层传热、熵层效应、粗糙度模型、粗糙度热增量等气动热数学模型；热化学烧蚀、机械剥蚀、粒子云侵蚀、防热层温度分布等气动防热数学模型；外形变化、弹头质量特性等弹头总体数学模型；以及大气参数、防热材料性能参数等的数学模型。把这些数学模型有机地组织起来，构成飞行器再入飞行过程的数字仿真软件，在计算机上进行数字仿真。通过飞行器再入飞行过程的数字仿真可以得到以下信息：飞行器再入飞行轨道、姿态、再入散布；静态气动特性和部分动态气动特性；边界层状态、热流分布、总加热量；烧蚀情况，烧蚀量、弹头外形变化、防热层的温度分布；力学环境，轴向过载，横向过载，表面局部载荷、底部载荷，等等。

由于耦合计算的重要性，人们很早就开始进行这方面工作的探索性研究。国外早在 20 世纪 60 年代就开始了这方面的研究工作。Thyson 等 [1] 通过理论计算预测的零攻角烧蚀外形，与地面试验结果吻合得非常好 (图 11.1)，并认识到粗糙度对耦合计算的重要性。Baker[2] 开展了有迎角情况下樟脑材质的球锥试样烧蚀外形耦合计算，通过热环境、压力分布、激波形状、边界层转捩、粗糙度热增量等与烧蚀和材料热响应的耦合迭代 (图 11.2)，获得的烧蚀外形与试验结果吻合得非常好 (图 11.3)。Chin[3] 进一步发展了适用于三维烧蚀热响应的球面运动坐标系耦合计算方法 (图 11.4)，获得了石墨端头三维烧蚀外形 (图 11.5)。Dirling[4] 根据 NRV 飞行试验端头回收体实物 (图 11.6)，分析了再入过程中非对称外形的影响因素，引入

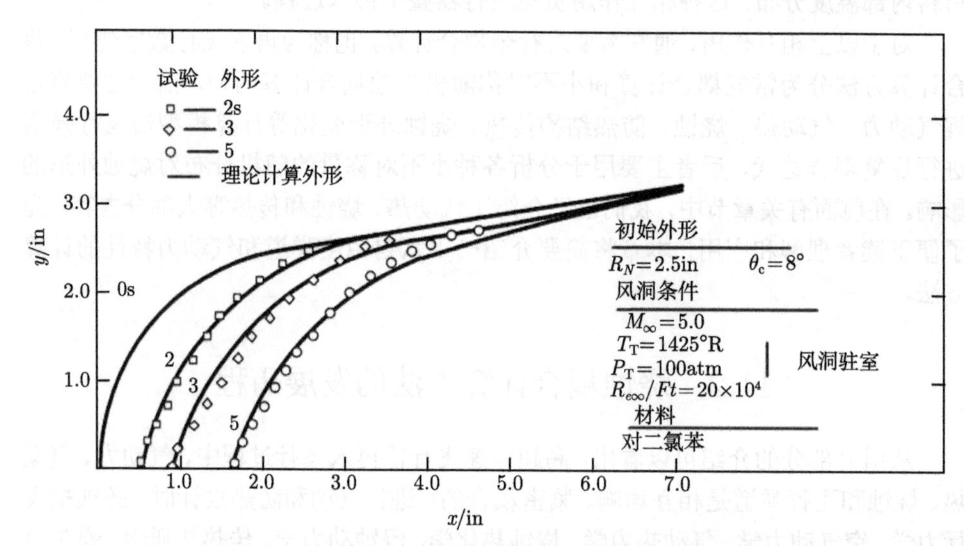

图 11.1　烧蚀外形计算与试验结果比较 (取自文献 [1])

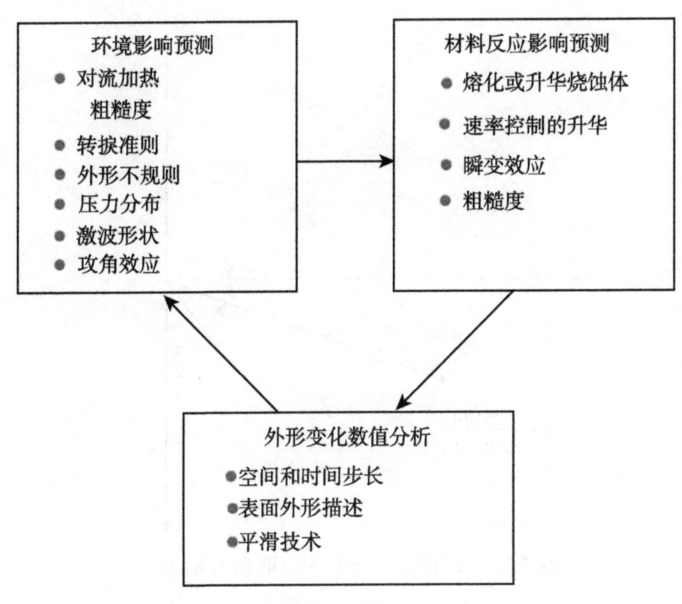

图 11.2 烧蚀外形耦合计算流程

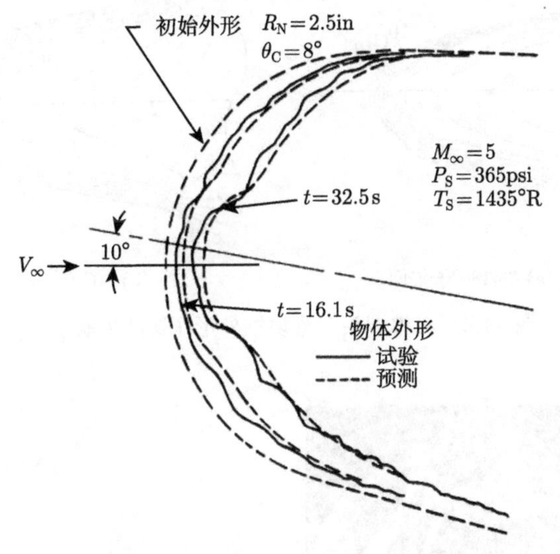

图 11.3 烧蚀外形比较 (取自文献 [2])

了材料表面粗糙度的随机分布，导致周向不一致的边界层转捩，给出了端头小不对称诱导的法向力和非零配平迎角，建立了端头外形适合配平迎角历程的蒙特卡罗 (Monte-Carlo) 法分析方法。Hall 和 Nowlan[5] 对控制方程采取有限差分–积分法和统计散布分析的近似技术，分析了小不对称端头的气动特性。

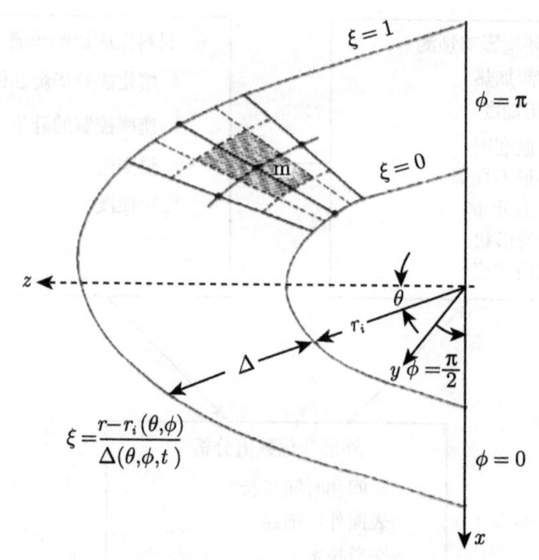

图 11.4　球面运动坐标系 (取自文献 [3])

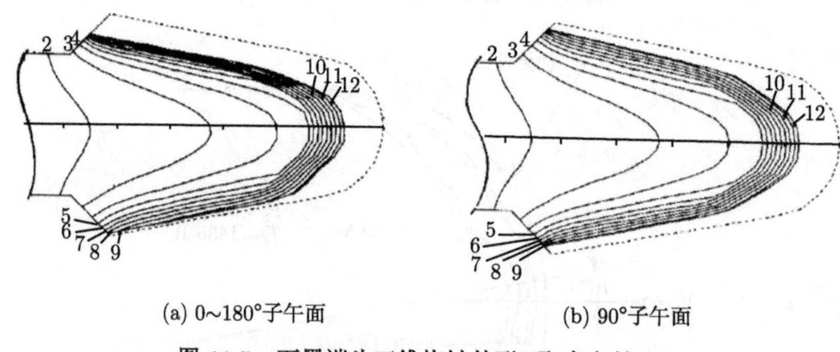

(a) 0~180°子午面　　(b) 90°子午面

图 11.5　石墨端头三维烧蚀外形 (取自文献 [3])

图 11.6　整体石墨 NRV 再入飞行返回端头烧蚀外形 (取自文献 [4])

国内在 20 世纪 70 年代中期就开始了这方面的研究工作。气动中心的张涵信和何芳赏等 [6] 为解决当时型号研制中遇到的难题，在国内率先开展耦合计算方法研究，在表面压力计算、激波形状计算、烧蚀外形计算、硅基材料烧蚀计算等方面做了大量开拓性研究，奠定了耦合计算的基础。紧接着，北京空气动力研究所的曾广存 [7] 也于 70 年代末开始研究耦合计算，初步建立了零攻角轴对称情况下烧蚀外形耦合计算方法。此后人们围绕这方面课题开展了大量研究工作，各种形式的气动力计算方法、气动热计算方法、多种材料的烧蚀计算方法、材料内部热响应计算方法如雨后春笋般发展起来。20 世纪 80 年代，何芳赏等 [8] 对耦合计算方法进一步做了大量补充完善工作，吸收了许多当时最新研究成果，使软件系统能够进行多种材料的烧蚀计算，包括内部热响应计算；加入了粒子云侵蚀计算模块；引入概率修匀样条技术描述烧蚀外形，增强了处理复杂烧蚀外形的能力；对压力分布结合数值解和试验进行拟合关联，提高了计算精度；增加了前后置处理模块，初步形成实用化软件包。90 年代初，何芳赏、国义军等 [9] 开始研究有攻角情况下烧蚀耦合计算，初步建立了瞬时烧蚀外形的描述方法。通过平移坐标系，解决了头部因非对称烧蚀使顶点偏离体轴而导致背风区坐标出现多值致使计算难以进行下去的难题，并建立了新旧坐标系之间的变换关系和三维插值方法；通过将处于同一平面上的两个子午面外形对接在一起，组成一个等价子午面，两个子午面同时进行计算的办法，克服了以往求解非对称烧蚀外形方程时遇到的因边界点处于体轴附近，使边界条件难以准确确定的困难；采用跟踪表面无黏流线法计算气动加热，并将其纳入耦合计算体系。袁湘江等 [10] 建立了小不对称烧蚀外形的典型化处理方法。近年来，国义军等 [11,12] 进一步发展了三维气动防热耦合计算方法，不仅能够考虑有攻角烧蚀，而且可以考虑偏航和滚转问题，建立了内部有热解的炭化材料和内部考虑辐射–导热联合作用的三维复杂结构温度场计算方法，增加了控制舵和天线窗等局部干扰区的热环境和烧蚀计算方法，进一步拓展了软件的适用范围，实现了真正意义上的飞行仿真。

11.3 六自由度弹道计算方法简介

11.3.1 坐标系的定义及变换关系

以带舵的轴对称常规弹道式再入飞行器为例，研究飞行器的运动特性，需要定义若干个坐标系，以确定飞行器空间位置和相互关系 [23−25]，包括地面坐标系、地心坐标系、弹体坐标系和速度坐标系。根据地面坐标系可以确定飞行器的位置，根据地心坐标系可以确定经纬度，根据速度坐标系可以分析空气动力，根据弹体坐标系可以研究弹体绕质心的转动。

(1) 地面坐标系 $AXYZ$：坐标原点为弹体再入点的星下点，AX 轴过再入点之星下点，相切地表并指向目标 (即射向)。AY 轴与地平面垂直，向上为正。AZ 轴取右手系。

(2) 弹体坐标系 $OX_1Y_1Z_1$：坐标原点为弹体质心，OX_1 轴与弹体纵轴重合，指向弹体底部为正。OY_1 轴位于纵向对称面内，向外为正 (无滚转时向上为正)。OZ_1 轴取右手系。

(3) 弹道坐标系 $OX_2Y_2Z_2$：坐标原点为弹体质心，OX_2 轴与弹体质心速度矢量 $\boldsymbol{V}$ 相同。OY_2 轴位于包含速度矢量 $\boldsymbol{V}$ 的铅垂平面内，向上为正。OZ_2 轴取右手系。

(4) 速度坐标系 $OX_3Y_3Z_3$：坐标原点为弹体质心，OX_3 轴与弹体质心速度矢量 $\boldsymbol{V}$ 相同。OY_3 轴在飞行器纵向对称平面内，向外为正。OZ_3 轴取右手系。

(5) 地心坐标系 $AX_xY_xZ_x$：坐标原点在地心上，AX_x 指向格林尼治子午线，AZ_x 指向北极，右手坐标系。

将各个坐标系进行相互投影，即可获得坐标系间的空间位置及姿态关系。

1. 弹体坐标系与地面坐标系

弹体坐标系与地面坐标系间的关系可以用以下三个非常重要的角度确定：

(1) 俯仰角 ϑ：弹道纵轴 OX_1 与水平面的夹角，逆时针为正；

(2) 偏航角 ψ：弹道纵轴 OX_1 在水平面 XAZ 上的投影与 AX 轴的夹角，由 AX 轴逆时针转至投影为正；

(3) 倾斜角 γ：即滚转角，飞行器的 OY_1 轴与包含弹体纵轴 OX_1 轴的铅垂平面间的夹角，沿 OX_1 轴看，OY_1 轴在铅垂面右侧为正。

通过坐标旋转，可以获得弹体坐标系与地面坐标系间的变换矩阵

$$\begin{bmatrix} X_1 \\ Y_1 \\ Z_1 \end{bmatrix} = A \begin{bmatrix} X \\ Y \\ Z \end{bmatrix}$$

$$= \begin{bmatrix} \cos\vartheta\cos\psi & \sin\vartheta & -\sin\psi\cos\vartheta \\ \sin\psi\sin\gamma - \sin\vartheta\cos\psi\cos\gamma & \cos\vartheta\cos\gamma & \sin\vartheta\sin\psi\cos\gamma + \cos\psi\sin\gamma \\ \sin\psi\cos\gamma + \sin\vartheta\cos\psi\sin\gamma & -\cos\vartheta\sin\gamma & \cos\psi\cos\gamma - \sin\vartheta\sin\psi\sin\gamma \end{bmatrix} \begin{bmatrix} X \\ Y \\ Z \end{bmatrix} \tag{11.1}$$

2. 弹道坐标系与地面坐标系

弹道坐标系与地面坐标系间的关系可以用以下两个非常重要的角度确定：

(1) 弹道倾角 θ：飞行器速度矢量 $\boldsymbol{V}(OX_2$ 轴) 与地平面 XAZ 间的夹角，由 AX 轴逆时针转至 OX_2 轴的投影为正；

(2) 弹道偏角 ψ_V：飞行器速度矢量 $\boldsymbol{V}(OX_2$ 轴) 在地平面 XAZ 上的投影与 AX 轴的夹角，迎 AX 轴从顶向下看，AX 轴逆时针转至投影为正。

通过坐标旋转，可以获得弹道坐标系与地面坐标系间的变换矩阵

$$\begin{bmatrix} X_2 \\ Y_2 \\ Z_2 \end{bmatrix} = B \begin{bmatrix} X \\ Y \\ Z \end{bmatrix} = \begin{bmatrix} \cos\theta\cos\psi_V & \sin\theta & -\sin\psi_V\cos\theta \\ -\cos\psi_V\sin\theta & \cos\theta & \sin\theta\sin\psi_V \\ \sin\psi_V & 0 & \cos\psi_V \end{bmatrix} \begin{bmatrix} X \\ Y \\ Z \end{bmatrix} \tag{11.2}$$

3. 速度坐标系与弹体坐标系

速度坐标系与弹体坐标系间的相互关系可以用攻角 α 和侧滑角 β 确定，其变换关系为

$$\begin{bmatrix} X_1 \\ Y_1 \\ Z_1 \end{bmatrix} = C \begin{bmatrix} X_3 \\ Y_3 \\ Z_3 \end{bmatrix} = \begin{bmatrix} \cos\alpha\cos\beta & \sin\alpha & -\sin\beta\cos\alpha \\ -\sin\alpha\cos\beta & \cos\alpha & \sin\alpha\sin\beta \\ \sin\beta & 0 & \cos\beta \end{bmatrix} \begin{bmatrix} X_3 \\ Y_3 \\ Z_3 \end{bmatrix} \tag{11.3}$$

4. 弹道坐标系与速度坐标系

因弹道坐标系 OX_2 轴与速度坐标系 OX_3 轴重合，定义一个当地弹道倾角 γ_V，即飞行器纵向对称面 X_2OY_2 内的 OY_2 轴与包含速度矢量 $\boldsymbol{V}$ 的铅垂平面间的夹角，迎 OX_3 轴看，由铅垂平面逆时针转到 OY_2 轴为正。变换方程可写为

$$\begin{bmatrix} X_3 \\ Y_3 \\ Z_3 \end{bmatrix} = D \begin{bmatrix} X_2 \\ Y_2 \\ Z_2 \end{bmatrix} = \begin{bmatrix} 1 & 0 & 0 \\ 0 & \cos\gamma_V & \sin\gamma_V \\ 0 & -\sin\gamma_V & \cos\gamma_V \end{bmatrix} \begin{bmatrix} X_2 \\ Y_2 \\ Z_2 \end{bmatrix} \tag{11.4}$$

11.3.2 质心动力学和运动学方程

根据牛顿定理，将飞行器所受外力向地面坐标系下投影，可以获得飞行器地面坐标系下的质心运动学方程和动力学方程。

动力学方程

$$m\frac{\mathrm{d}\boldsymbol{V}}{\mathrm{d}T} = \boldsymbol{F} + \boldsymbol{G} + \boldsymbol{P} \tag{11.5}$$

运动学方程

$$\frac{\mathrm{d}}{\mathrm{d}T}\begin{bmatrix} X \\ Y \\ Z \end{bmatrix} = \begin{bmatrix} V_X \\ V_Y \\ V_Z \end{bmatrix} = V\cdot\begin{bmatrix} \cos\theta\cos\sigma \\ \sin\theta \\ -\cos\theta\sin\sigma \end{bmatrix} \tag{11.6}$$

其中，$\boldsymbol{F},\boldsymbol{G}$ 及 $\boldsymbol{P}$ 分别为作用在飞行器质心上的气动力、重力及发动机等推力；m 为飞行器的质量；$\boldsymbol{V}=[V_x,V_y,V_z]^{\mathrm{T}}$ 为飞行器的速度。

气动力等作用在飞行器上的外力可以利用弹体坐标系和地面坐标系间的相互关系分解到地面坐标系中。

在弹体坐标系下，设绕质心的力矩为 $\boldsymbol{M}=[M_{X_1},M_{Y_1},M_{Z_1}]^{\mathrm{T}}$，则绕质心的动力学方程为

$$\boldsymbol{J}\frac{\mathrm{d}\boldsymbol{\omega}}{\mathrm{d}T}+\hat{\omega}\times(\boldsymbol{J}\cdot\boldsymbol{\omega})=\boldsymbol{M} \tag{11.7}$$

其中，$\boldsymbol{\omega}=[\omega_{X_1},\omega_{Y_1},\omega_{Z_1}]^{\mathrm{T}}$ 为弹体坐标系中绕质心的转动角速度，即

$$\hat{\omega}=\begin{bmatrix}0 & -\omega_{Z_1} & \omega_{Y_1}\\ \omega_{Z_1} & 0 & -\omega_{X_1}\\ -\omega_{Y_1} & \omega_{X_1} & 0\end{bmatrix} \tag{11.8}$$

而 J_{X_1},J_{Y_1},J_{Z_1} 为弹体坐标系中绕三个坐标轴的转动惯量，$J_{X_1Y_1},J_{X_1Z_1}$ 及 $J_{Y_1Z_1}$ 为惯性积，且

$$\boldsymbol{J}=\begin{bmatrix}J_{X_1} & -J_{X_1Y_1} & -J_{X_1Z_1}\\ -J_{Y_1X_1} & J_{Y_1} & -J_{Y_1Z_1}\\ -J_{Z_1X_1} & -J_{Z_1Y_1} & J_{Z_1}\end{bmatrix} \tag{11.9}$$

绕质心的运动学方程为弹体姿态角，即俯仰角 φ、偏航角 ψ 和倾斜角 γ 对时间的导数，弹体相对地面坐标系的角速度关系有

$$\frac{\mathrm{d}}{\mathrm{d}T}\begin{bmatrix}\varphi\\ \phi\\ \gamma\end{bmatrix}=\begin{bmatrix}0 & \sin\gamma & \cos\gamma\\ 0 & \cos\gamma/\cos\varphi & -\sin\gamma/\cos\varphi\\ 1 & -\tan\varphi\cos\gamma & \tan\varphi\sin\gamma\end{bmatrix}\cdot\begin{bmatrix}\omega_{X_1}\\ \omega_{Y_1}\\ \omega_{Z_1}\end{bmatrix} \tag{11.10}$$

11.3.3　地球自转及扁率的影响

当考虑地球的自转及地球扁率时，动力学方程必须补充惯性牵连力和哥氏惯性力，即质心运动的动力学方程应改写为

$$m\frac{\mathrm{d}\boldsymbol{V}}{\mathrm{d}T}=\boldsymbol{F}+\boldsymbol{G}+\boldsymbol{P}-m\boldsymbol{\omega}_{\mathrm{e}}-m\boldsymbol{\omega}_{\mathrm{k}} \tag{11.11}$$

对于惯性牵连力，有

$$-m\boldsymbol{\omega}_{\mathrm{e}}=-m\cdot\begin{bmatrix}\omega_{\mathrm{e}x}\\ \omega_{\mathrm{e}y}\\ \omega_{\mathrm{e}z}\end{bmatrix}=m\cdot\begin{bmatrix}a_{11} & a_{12} & a_{13}\\ a_{21} & a_{22} & a_{23}\\ a_{31} & a_{32} & a_{33}\end{bmatrix}\cdot\begin{bmatrix}X\\ R_{\mathrm{e}}+Y\\ Z\end{bmatrix} \tag{11.12}$$

其中

$$
\begin{aligned}
a_{11} &= \Omega_{\mathrm{e}}^2(1-\cos^2\varphi_{\mathrm{e}}\cos^2\mu_{\mathrm{e}}) \\
a_{12} &= a_{21} = -\Omega_{\mathrm{e}}^2\sin\varphi_{\mathrm{e}}\cos\varphi_{\mathrm{e}}\cos\mu_{\mathrm{e}} \\
a_{13} &= a_{31} = \Omega_{\mathrm{e}}^2\cos^2\varphi_{\mathrm{e}}\sin\mu_{\mathrm{e}}\cos\mu_{\mathrm{e}} \\
a_{22} &= \Omega_{\mathrm{e}}^2\cos^2\varphi_{\mathrm{e}} \\
a_{23} &= a_{32} = \Omega_{\mathrm{e}}^2\sin\varphi_{\mathrm{e}}\cos\varphi_{\mathrm{e}}\sin\mu_{\mathrm{e}} \\
a_{33} &= \Omega_{\mathrm{e}}^2(1-\cos^2\varphi_{\mathrm{e}}\sin\mu_{\mathrm{e}})
\end{aligned}
\tag{11.13}
$$

这里，Ω_{e} 为地球旋转角速度；φ_{e} 为飞行器对应的地球纬度；μ_{e} 为发射方位角；R_{e} 为飞行器对应星下点的地球半径。

对于哥氏惯性力，有

$$
-m\boldsymbol{\omega}_{\mathrm{k}} = -m\cdot\begin{bmatrix}\omega_{\mathrm{k}x}\\ \omega_{\mathrm{k}y}\\ \omega_{\mathrm{k}z}\end{bmatrix} = m\cdot\begin{bmatrix} b_{11} & b_{12} & b_{13}\\ b_{21} & b_{22} & b_{23}\\ b_{31} & b_{32} & b_{33}\end{bmatrix}\cdot\begin{bmatrix}V_X\\ V_Y\\ V_Z\end{bmatrix}
\tag{11.14}
$$

其中，

$$
\begin{aligned}
b_{11} &= b_{22} = b_{33} = 0 \\
b_{12} &= -b_{21} = -2\Omega_{\mathrm{e}}\cos\varphi_{\mathrm{e}}\sin\mu_{\mathrm{e}} \\
b_{13} &= -b_{31} = -2\Omega_{\mathrm{e}}\sin\mu_{\mathrm{e}} \\
b_{23} &= -b_{32} = 2\Omega_{\mathrm{e}}\cos\varphi_{\mathrm{e}}\cos\mu_{\mathrm{e}}
\end{aligned}
\tag{11.15}
$$

考虑到地球的扁率及飞行器飞行高度变化，飞行器的重量在不同地理位置和高度也各不相同，即

$$
\boldsymbol{G} = m\cdot\boldsymbol{g} = m\cdot\begin{bmatrix} g_x\\ g_y\\ g_z\end{bmatrix} = m\cdot\begin{bmatrix}\dfrac{g_r}{r}(X+R_{ox})\\ \dfrac{g_r}{r}(Y+R_{oy})\\ \dfrac{g_r}{r}(Z+R_{oz})\end{bmatrix}
\tag{11.16}
$$

其中，飞行器的地心向径为

$$
r = \left[(X+R_{ox})^2+(Y+R_{oy})^2+(Z+R_{oz})^2\right]^{0.5}
\tag{11.17}
$$

其中，R_{ox}, R_{oy}, R_{oz} 为坐标原点地心向径的分量。

11.3.4 补充关系式及弹道方程的求解

根据弹道坐标系与地面坐标系间的变换关系以及速度坐标系与弹体坐标系间的变换关系，我们可以获得以下的补充关系式：

$$
\left\{\begin{aligned}
&\sin\gamma_V=(\cos\alpha\cos\beta\sin\varphi-\sin\alpha\sin\beta\cos\varphi\cos\gamma\\
&\qquad\quad+\cos\beta\cos\varphi\sin\gamma)/\cos\theta\\
&\cos\gamma_V=(\sin\alpha\sin\varphi+\cos\alpha\cos\varphi\cos\gamma)/\cos\theta\\
&\sin\theta=\cos\alpha\cos\beta\sin\varphi-\sin\alpha\cos\beta\cos\varphi\cos\gamma-\sin\beta\cos\varphi\sin\gamma\\
&\tan\theta=V_Y/\sqrt{V_X^2+V_Z^2}\\
&\tan\sigma=-V_Z/V_X\\
&\sin\beta=\cos\theta[\cos\gamma\sin(\phi-\sigma)+\sin\varphi\sin\gamma\cos(\phi-\sigma)]\\
&\qquad-\sin\theta\cos\varphi\sin\gamma\\
&\sin\alpha=\{\cos\theta[\sin\varphi\cos\gamma\cos(\phi-\sigma)-\sin\gamma\sin(\phi-\sigma)]\\
&\qquad-\cos\varphi\cos\gamma\sin\theta\}/\cos\beta
\end{aligned}\right.
\tag{11.18}
$$

联立方程组并结合上述补充关系式，我们可以获得为飞行器六自由度弹道的控制方程组，未知量分别为：飞行器三个方向的速度 V_X, V_Y, V_Z，绕三个弹体坐标轴的角速度 $\omega_{X_1}, \omega_{Y_1}, \omega_{Z_1}$，地面坐标系下三个方向坐标 X, Y, Z，弹体坐标系与地面坐标系间的三个姿态角 φ, ϕ, γ，弹道倾角 θ 和弹道偏角 σ，弹道滚转角 $\gamma_V(\sin\gamma_V, \cos\gamma_V)$ 以及攻角 α 和侧滑角 β，共 17 个。

一阶常微分方程组的初值问题可以利用四阶龙格–库塔法求解。

11.4　气动力工程预测方法

目前，国外已发表的超声速、高超声速工程计算方法有数种，如牛顿法、修正牛顿方法、切锥法、OSU 经验公式、激波膨胀方法、DAHLEM-BUCK 经验公式、爆炸波方法、修正切锥方法、细长体理论等。本书根据常规弹道式再入飞行器的气动布局特点，采用基于推广内伏牛顿流理论的部件叠加法 [25]。部件叠加法认为，作用在飞行器上的气动载荷是由构成飞行器的若干主要部件的气动载荷及其相互间的干扰载荷所构成。将飞行器按部件分解成头部、弹身、稳定翼/控制舵等不同的部分，根据不同部位各自的几何外形特征和流场特性采用不同的压力系数公式，并引入各部件间的干扰因子，通过计算以及数值模拟和风洞试验数据的修正后形成气动力工程预测方法。

11.4.1　部件叠加法

对于带稳定翼/控制舵机动飞行器，其气动力系数可以利用部件叠加法表示为

$$
C_{\mathrm{TOTAL}}=C_{\mathrm{B}}+C_{\mathrm{B(W)}}+C_{\mathrm{W(B)}}
\tag{11.19}
$$

其中，C 表示任意气动力系数，下标 TOTAL 表示全弹；B 表示单独的体；B(W) 表示有舵存在时的体的增量；W(B) 表示有体存在时的舵的气动力系数。假如 C 代表法向力系数，则 $C_{\mathrm{TOTAL}}, C_{\mathrm{B(W)}}$ 及 $C_{\mathrm{W(B)}}$ 分别表示全弹的法向力系数、由舵面存在引起的弹体的法向力增量，以及由弹体的存在而引起的舵面法向力。对于力矩和轴向力等气动力系数也可以采用上述公式表示。

单独舵面上的气动力系数 (如法向力、压心等) 随攻角 α 变化的斜率 $\partial C_{\mathrm{W}}/\partial\alpha$ 可以利用三角翼理论、细长体理论或经验公式给出。

单独体上的气动力系数，我们采用了推广牛顿理论来得到。

在计算飞行器整体气动力时，必须考虑舵面与弹体间的气动干扰，首先引入干扰因子和舵面等效攻角的定义：

当 $\alpha\neq 0,\delta=0$ 时，即无舵面偏转时的体对舵面的干扰因子 K_{W} 和舵面对体的干扰因子 K_{B}

$$K_{\mathrm{W}}=C_{\mathrm{W(B)}}/C_{\mathrm{W}},\ K_{\mathrm{B}}=C_{\mathrm{B(W)}}/C_{\mathrm{W}} \tag{11.20}$$

从而有舵面无偏转时的气动力增量

$$C_{\mathrm{W(B)}}+C_{\mathrm{B(W)}}=(K_{\mathrm{B}}+K_{\mathrm{W}})\cdot C_{\mathrm{W}}=(K_{\mathrm{B}}+K_{\mathrm{W}})\cdot\frac{\partial C_{\mathrm{W}}}{\partial\alpha}\cdot\alpha \tag{11.21}$$

当 $\alpha=0,\ \delta\neq 0$ 时，再引入舵面偏转时的体对舵面的干扰因子 k_{w} 和舵面对体的干扰因子 k_{b}

$$k_{\mathrm{w}}=C_{\mathrm{W(B)}}/C_{\mathrm{W}},\ k_{\mathrm{b}}=C_{\mathrm{B(W)}}/C_{\mathrm{W}} \tag{11.22}$$

从而有零攻角舵面偏转时的气动力增量

$$C_{\mathrm{W(B)}}+C_{\mathrm{B(W)}}=(k_{\mathrm{b}}+k_{\mathrm{w}})\cdot C_{\mathrm{W}}=(k_{\mathrm{b}}+k_{\mathrm{w}})\cdot\frac{\partial C_{\mathrm{W}}}{\partial\alpha}\cdot\delta \tag{11.23}$$

利用部件叠加法，通过以上分析，可以获得带控制舵钝双锥机动飞行器的在有攻角有舵偏时的气动力系数，写成如下形式

$$C_{\mathrm{TOTAL}}=C_{\mathrm{B}}+[(K_{\mathrm{B}}+K_{\mathrm{W}})\cdot\alpha+(k_{\mathrm{b}}+k_{\mathrm{w}})\cdot\delta]\cdot\frac{\partial C_{\mathrm{W}}}{\partial\alpha} \tag{11.24}$$

容易看出，由于有舵–体、体–舵间的气动干扰，作用在舵面上的气动力可以表示为

$$C_{\mathrm{W(B)}}=(K_{\mathrm{W}}\cdot\alpha+k_{\mathrm{w}}\cdot\delta)\cdot\frac{\partial C_{\mathrm{W}}}{\partial\alpha} \tag{11.25}$$

定义舵面等效攻角为 α_{eq}

$$\alpha_{\mathrm{eq}}=k_{\mathrm{w}}\cdot\delta+K_{\mathrm{W}}\cdot\alpha \tag{11.26}$$

则当有弹体存在时的舵面气动力为

$$C_{\mathrm{W(B)}} = \frac{\partial C_{\mathrm{W}}}{\partial \alpha} \cdot \alpha_{\mathrm{eq}} \tag{11.27}$$

而由于舵面的存在而引起的弹体的气动力增量为

$$\Delta C_{\mathrm{B(W)}} = (K_{\mathrm{B}} \cdot \alpha + k_{\mathrm{b}} \cdot \delta) \cdot \frac{\partial C_{\mathrm{W}}}{\partial \alpha} \tag{11.28}$$

这样，当已知单独弹体的气动力 C_{B}，以及在攻角 α 和舵面偏转角 δ 下的干扰因子 $K_{\mathrm{B}}, K_{\mathrm{W}}, k_{\mathrm{b}}$ 及 k_{w} 后，即可以获得此时的全弹气动力系数。

11.4.2　推广内伏牛顿流理论

在单独体上，我们采用推广内伏牛顿流理论。该理论采用无黏连续流假设，适用于飞行器的中低空超声速及高超声速气动特性计算。

计算中，首先将弹体划分为若干个微小的面元，并计算出面元的中心点坐标、单位内法向方向及面积；其次，将弹体分为球头区、前体区和后体区等计算区域，并在不同的计算区域中采用不同的压力系数计算方法；最后，将各面元的气动力进行积分，即可获得飞行器的气动力系数。

高超声速面元法认为，微面元上所受的气动力只与该面元的坐标法向方向、微元面积及来流参数有关，而与其他面元无关。所以只要知道面元中心点处的压力系数及面元的几何参数，就可求出该面元所受的气动力。因此，面元法的核心部分就是压力系数的计算。

在体轴坐标系下来流速度可表示为

$$\boldsymbol{V}_{\infty} = V_x \mathbf{i} + V_y \mathbf{j} + V_z \mathbf{k} \tag{11.29}$$

无量纲物面法向速度投影可通过向量的点积求出：

$$\begin{aligned}(V_{\perp}/V_{\infty}) &= (\boldsymbol{V}_{\infty} \cdot \boldsymbol{N}) \\ &= n_x \cos\alpha \cos\beta + n_y \sin\beta + n_z \cos\beta \sin\alpha \end{aligned} \tag{11.30}$$

对于球头区的每一个面元，其压力系数及导数为

$$C_p = C_{p\max}(V_{\perp}/V_{\infty})^2 \tag{11.31}$$

在锥体部采用推广内伏牛顿流理论：

$$C_p = C_{p0} + C_{p\max} \cdot f^*(\chi^*, M_{\infty})(V_{\perp}/V_{\infty})^2 \tag{11.32}$$

其中，$C_{p\max}$ 为驻点压力值，取

$$C_{p\max} = \frac{2.0}{\gamma \cdot M_{\infty}^2} \cdot \left[\left(1.2 \cdot M_{\infty}^2\right)^{3.5} \cdot \left(\frac{\gamma + 1}{2\gamma \cdot M_{\infty}^2 - 0.4} \right)^{2.5} - 1 \right] \tag{11.33}$$

其中，C_{p0} 为爆炸波理论值；γ 为比热比；$f^*(\chi^*, M_\infty)$ 为动压比函数，具体计算方法见文献。

根据面元上的几何参数及压力系数和静、动导数，可以用积分的方法计算微面元上的气动力、力矩，及其静、动导数。

11.4.3 气动力在弹道方程中的引入

在弹道方程组的求解过程中，必须提供飞行器在不同高度、不同速度及不同攻角、侧滑角下的气动力。在体坐标系下，气动力模型可表达为

$$M_x = Qsd\left(c_{l0} + c_{mx} + c_{lp}\frac{pd}{V_\infty}\right) \tag{11.34}$$

$$M_y = Qsd\left(c_{n0} + c_{my} + c_{n_{r+\dot\beta}}\frac{rd}{V_\infty}\right) \tag{11.35}$$

$$M_z = Qsd\left(c_{m0} + c_{mz} + c_{m_{q+\dot\alpha}}\frac{qd}{V_\infty}\right) \tag{11.36}$$

$$F_x = Qs\left[c_x + c_f(0)\right] \tag{11.37}$$

$$F_y = Qsc_y \tag{11.38}$$

$$F_z = Qsc_z \tag{11.39}$$

$$Q = 0.5\rho_\infty V_\infty^2 \tag{11.40}$$

式中，Q, s, d, V_∞ 分别为当地高度的动压、参考面积、参考长度 (此处取飞行器底部直径) 及飞行器速度；p, r, q 分别为飞行器的俯仰角速度、偏航角速度及滚转角速度；c_{l0}, c_{m0}, c_{n0} 分别为滚转、俯仰和偏航方向的小不对称力矩；$c_{lp}, c_{m_{q+\dot\alpha}}, c_{n_{r+\dot\beta}}$ 分别为滚转、俯仰和偏航方向的阻尼导数；$c_f(0)$ 为零攻角表面摩阻系数；而 c_x, c_y, c_z 以及 c_{mx}, c_{my}, c_{mz} 分别为气动力和力矩系数。

11.5 常规烧蚀耦合计算

11.5.1 烧蚀耦合计算过程

烧蚀耦合过程仿真计算是以六自由度弹道计算为主线展开的。由于烧蚀，整个弹体是一个变质量系统，气动力、气动热、质量和惯量特性等都与烧蚀有关。实际计算时，沿弹道分成若干小的时间间隔，在每一个小的时间步长内，将弹道计算与烧蚀气动特性计算解耦。首先根据上一时刻烧蚀计算确定的外形，计算气动力、质量和惯量特性，代入弹道方程计算弹道参数；然后根据新的弹道参数，计算气动加热和烧蚀情况，确定新的烧蚀外形和气动力特性，为下一时刻的计算做准备。只要时间步长划分得足够小，就能够满足仿真计算精度要求。飞行器再入飞行过程中，

通常要对飞行过程实施控制。控制的方法多种多样，主要采用控制舵和喷流等方式，具体控制方法研究已超出了本书的研究范围，但可以根据控制规律 (如舵偏角沿弹道的变化规律)，沿弹道进行计算。

11.5.2 烧蚀外形计算结果

常规烧蚀外形的计算分为非耦合计算和耦合计算两种。所谓非耦合计算，是指沿弹道始终根据初始外形计算表面压力分布和冷壁热流，进而计算烧蚀热传导和外形变化，而不考虑烧蚀引起的外形变化对气动力和气动热反作用。这对于烧蚀量不大的飞行器是一个很好的近似，如战术导弹、载人飞船返回舱等。所谓耦合计算，是指沿弹道每一时刻，先根据上一时刻获得的烧蚀外形，计算表面压力分布和冷壁热流，然后计算烧蚀和内部热传导，并求出新的烧蚀外形，作为下一时刻气动力、气动热和飞行弹道计算的依据。这样一来，烧蚀通过外形变化、质量引射、壁温等对气动力、气动热和弹道产生影响，而弹道和热环境的变化反过来又进一步影响烧蚀和外形变化，它们之间紧密耦合，相互作用。实际上所有采用烧蚀防热的飞行器都应该考虑它们之间的相互作用，特别是对于烧蚀量很大的战略弹头，考虑与不考虑耦合作用会对最终结果产生很大的影响。

我们就某一典型球锥端头沿特定再入轨道的烧蚀外形进行了计算。图 11.7 给出了采用气动力、气动热和烧蚀非耦合计算和耦合计算获得的烧蚀外形情况的比较。从图中可以看出，在非耦合情况下获得的烧蚀外形是典型的凹陷外形，转捩点附近烧蚀量较大，端头明显下凹，而肩部附近则向外凸起。产生这种外形主要是由

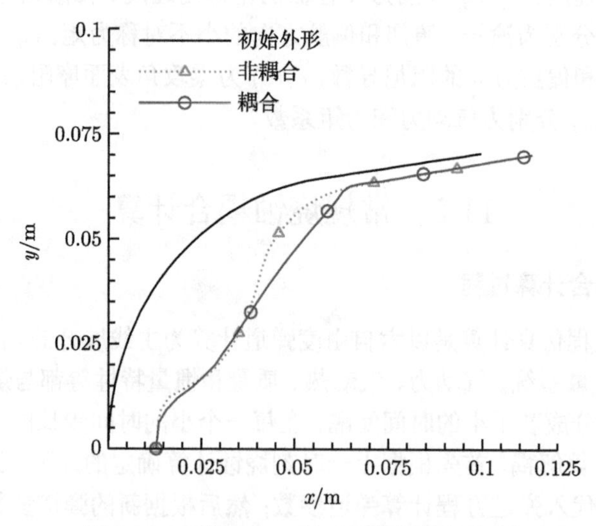

图 11.7 采用 NND 格式计算的烧蚀外形

于在计算表面压力和热流时，假定外形不变引起的。因为对于不变的外形，沿表面的参数分布大致是不变的，特别是转捩位置和气流膨胀位置基本是固定的，因此基本固定的转捩点后热流最高，该处烧蚀量最大，所以导致外形凹陷。在耦合情况下，流场参数是根据烧蚀外形来计算的。开始的时候，转捩点位于音速点附近，由于转捩后热流迅速升高，该处烧蚀量比其他地方的大，逐渐将外形削平，迫使转捩点向头部顶点附近移动，导致外形越来越尖，呈现出双锥外形。所以，耦合情况下转捩点不断向头部移动是一个显著特点，它是出现双锥外形的主要原因。

11.5.3 落点精度计算结果

为考察各种因素对落点精度的影响，需要进行全耦合仿真计算。以某一典型球锥端头为例，计算结果见图 11.8。这里，天气剖面指数 WSI_p 分别选取 0(洁净空气，不考虑侵蚀)，1.7 和 3.9，见表 11.1。

表 11.1 天气剖面参数

序号	天气指数 WSI_p	高层/m HP00	粒子种类 KIND	粒子浓度/(kg/m^3) ROF00	粒子质量/kg OMP0	粒子直径/m DP00
1	1.7	10248~8540	冰晶	0.308×10^{-4}	0.13×10^{-8}	0.135×10^{-3}
		8540~6588	无	0	0	0
		6588~5124	雪片	0.308×10^{-4}	0.13×10^{-7}	0.289×10^{-3}
		5124~2440	雪片	0.923×10^{-4}	0.164×10^{-6}	0.679×10^{-3}
		2440~732	雪片	0.2×10^{-3}	0.281×10^{-6}	0.813×10^{-3}
		732~0	雨	0.108×10^{-3}	0.235×10^{-6}	0.766×10^{-3}
2	3.9	9028~4636	冰晶	0.692×10^{-4}	0.42×10^{-8}	0.201×10^{-3}
		4636~3416	雪片	0.154×10^{-3}	0.59×10^{-7}	0.482×10^{-3}
		3416~0	雪片	0.231×10^{-3}	0.328×10^{-6}	0.855×10^{-3}

图 11.8 中 NTR 765692 是文献 [26] 使用的转捩准则，这里简称为 “765692” 转捩准则。转捩位置用下式确定

$$Re_{\mathrm{tr}} = 2.932\times10^4 G_*^{0.737}$$

其中

$$G_* = \begin{cases} G, & \bar{\dot{m}}_{\mathrm{w}} < 10^{-3} \\ \dfrac{10^{-3}}{\bar{\dot{m}}_{\mathrm{w}}} G, & \bar{\dot{m}}_{\mathrm{w}} \geqslant 10^{-3} \end{cases}$$

$$G = \left(\frac{T_{\mathrm{w}}}{T_{\mathrm{e}}}\right)^{2/3}\left[\frac{1}{2}\left(\frac{T_{\mathrm{w}}}{T_{\mathrm{e}}}+1\right)+0.037M_{\mathrm{e}}^2\right]^{4/3} Re_{\delta^{**}}$$

$$\bar{\dot{m}}_{\mathrm{w}} = \frac{\displaystyle\int_0^{S_{\mathrm{tr}}} \dot{m}_{\mathrm{w}}\mathrm{d}A}{\rho_\infty v_\infty A}$$

这里，$\mathrm{d}A$ 为表面微元面积；A 为物体在转捩位置的横截面积。

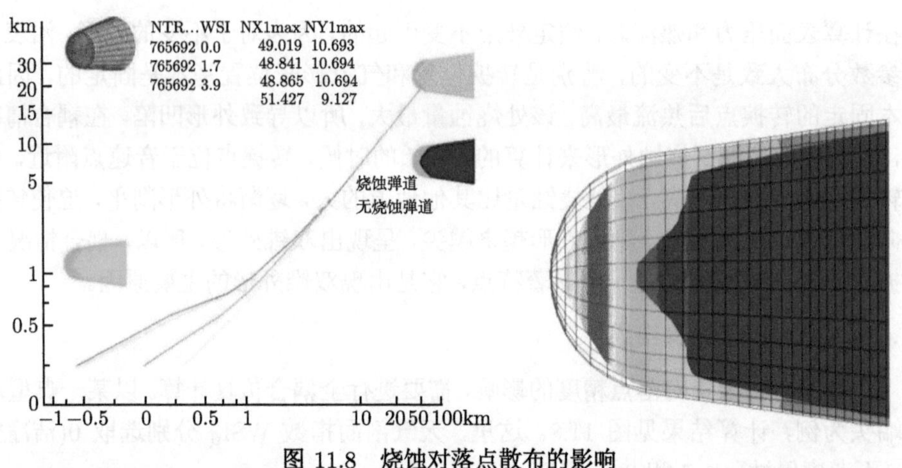

图 11.8 烧蚀对落点散布的影响

计算结果表明，烧蚀/侵蚀引起的外形变化 (侵蚀造成端头有较为明显的后退) 和再入体质量减小，会使再入体落点产生一定偏差。

文献 [27] 也研究了弹头零迎角再入飞行过程中烧/侵蚀耦合效应对导弹落点的影响。计算的主要几何特征及再入条件如下：球头半径为 100mm，钝度比为 0.231，70km 高度再入时速度为 4789.5m/s，当地弹道倾角为 −35°。计算结果见表 11.2 (以 PANT 准则为例)。

表 11.2 烧/侵蚀耦合作用引起的驻点后退量和落点偏差 (取自文献 [27])

算例		再入射程/m	驻点后退量/mm	射程偏差/m
无烧/侵蚀弹道		96416.68	0.00	0.00
烧/侵蚀弹道	WSI=0	96358.13	12.95	−58.55
	WSI=3.9	96357.97	16.00	−58.71
	WSI=8.2	96355.32	19.59	−63.36
	WSI=9.4	96355.52	20.13	−61.16

11.6 小不对称随机烧蚀外形耦合计算

研究表明，影响端头烧蚀外形变化的主要因素是：边界层转捩位置、材料表面粗糙度、质量引射、边界层干扰及壁温比等，其中表面粗糙度的影响是非常重要的。从端头地面实验烧蚀模型可看到，端头的表面是很粗糙的，不仅有流向的纵向沟漕，而且还可观察到菱形花纹和鱼鳞坑 (图 11.9)。这些表面粗糙元引起的扰动不仅影响边界层转捩，而且对热环境有很大影响，严重时可高于光滑壁热流密度值数倍。层流粗糙壁热增量机制主要是加热表面积效应，而湍流是激波效应、分离旋涡效应和加热表面积效应三种效应的综合 [15]。

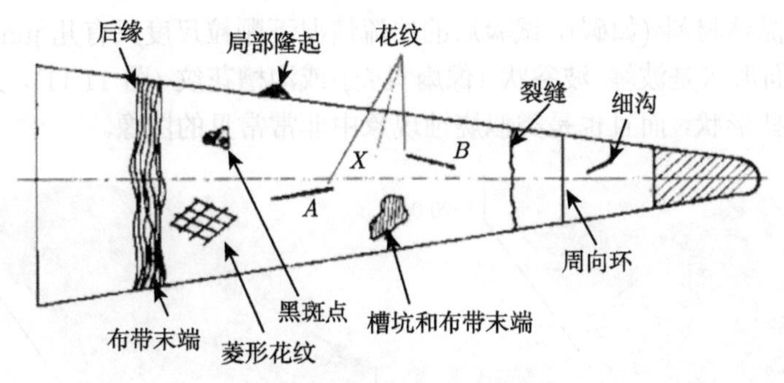

图 11.9 弹头表面烧蚀图像

通常情况下，表面粗糙度分布是随机的，另外还有一些小不对称因素也是随机分布的，因此，烧蚀外形也具有随机特性。为了满足高性能弹头小不对称气动力、再入弹道、落点散布统计分析研究之需要，需要研究小不对称随机烧蚀外形。文献 [4, 12] 给出了统计评估端头随机烧蚀 Monte-Carlo 方法，其主要思想是将弹头表面的层流粗糙度高度和湍流等效砂粒粗糙度作为随机变量，以此确定端头周向非均匀边界层转捩位置和层流烧蚀速率与湍流烧蚀速度之比的相关联系，由于转捩后端头不同子午面烧蚀的非同步性，从而形成小不对称的随机烧蚀外形。

11.6.1 粗糙度概念

1. 粗糙度形成原因

烧蚀表面粗糙度在很大程度上控制着边界层转捩的发生和表面热流的增高 (见 3.4.2 小节)，因而对于给定的表面烧蚀材料，弄清楚粗糙度的形成机制，确定粗糙度的大小，成为研究飞行器再入烧蚀外形问题必不可少的前提和基础。

对于复合材料，粗糙度的形成显然与不同组分间的密度不同和热响应不同有关。纤维的几何形状是尖形的 (图 11.10)，尺度大小与描述材料结构的尺度一致。

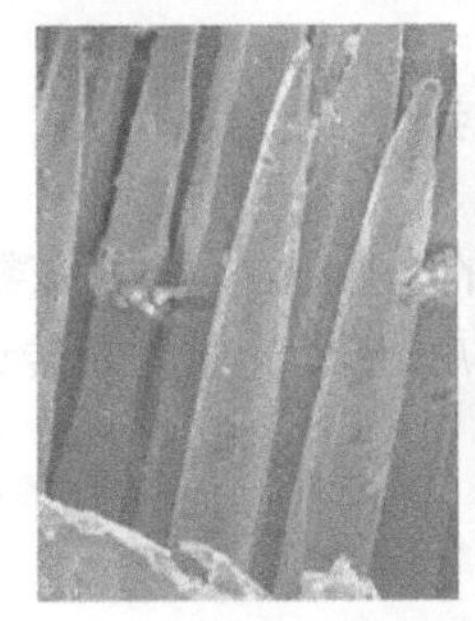

图 11.10 微观和宏观尺度下复合材料的烧蚀纤维 (取自文献 [13])

对于多晶体材料 (如碳)，试验后的层流情况下颗粒尺度只有几 μm，而在湍流情况下，表面形状是波峰–波谷状 (像扇贝壳) 或沟槽花纹 (图 11.11)。人们发现陨石上就有这些形状，而且也是类似烧蚀现象中非常常见的图像。

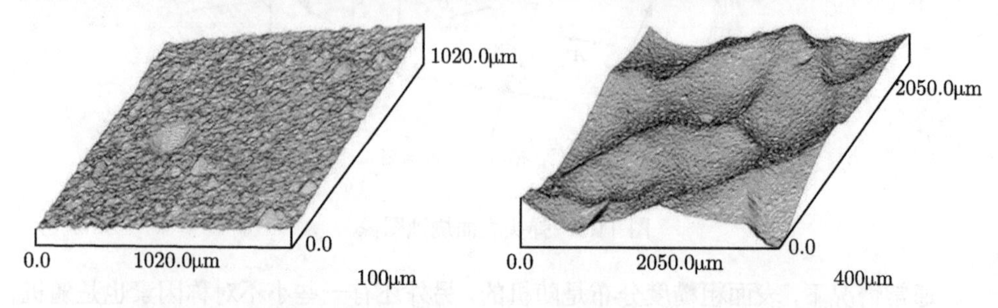

图 11.11　多晶体石墨、层流和湍流 (取自文献 [14])，注意不同的尺度

2. 粗糙度的描述

国内外不少研究机构利用地面实验设备或飞行试验等手段对烧蚀表面粗糙高度进行了测量 [15]，结果显示: 对于碳基端头材料，粗糙高度的分布特征是一个具有平均值为 $\bar{k}_{\mathrm{w}}$，标准偏差为 σ_k 的高斯分布，这里 $\bar{k}_{\mathrm{w}}$ 的定义为

$$\bar{k}_{\mathrm{w}}=\frac{1}{n}\sum_{i=1}^{n}|k_i| \tag{11.41}$$

其中，k_i 为第 i 峰的峰高。标准偏差 σ_k 的定义为

$$\sigma_k=\sqrt{\frac{1}{n}\sum_{i=1}^{n}|k_i^2|} \tag{11.42}$$

把所测各粗糙高度 k 和所求标准偏差 σ 代入高斯分布公式，就可得到粗糙高度分布的概率曲线

$$P(k)=\frac{1}{\sqrt{2\pi\sigma}}\mathrm{e}^{-\frac{k^2}{2\sigma^2}} \tag{11.43}$$

它的意义是: 粗糙表面峰高大于某高度 k 的峰的个数 $n(k)$ 在总峰数 N 中所占的百分比 $(n(k)/N)$。这里 k 是平面内的平均高度 $\bar{k}_{\mathrm{w}}$ 借助光学测量传递函数 $\bar{P}$ 转换成物理上的峰谷高度

$$k=\bar{k}_{\mathrm{w}}/\bar{P} \tag{11.44}$$

$\bar{P}$ 的大小和粗糙元形状有关。对于石墨，粗糙元为半球形，$\bar{P}=\pi/4$；对于三向碳/碳，粗糙元为圆锥形，$\bar{P}=1/2$。

3. 粗糙度的模型

根据粗糙度的作用，工程上使用如下三种粗糙度模型。

1) 层流微观粗糙度 k_u

层流微观粗糙度高度 k_u，以三向编织 C/C 材料为例，是指在烧蚀过程中，层流烧蚀表面上正交的纤维突出在表面上形成的与纤维尺度同量级的粗糙元高度 [16]，它与材料性能、加工制作工艺等有关，事先很难精确地定量给出它的数值。

利用电弧射流对石墨材料和三向编织 C/C 材料进行的再入端头烧蚀外形和烧蚀表面微观粗糙度测量表明，细颗粒石墨的烧蚀表面微观粗糙度稍低于三向编织 C/C 材料的粗糙度，它们的统计平均值分别为 12.4μm 和 14.6μm，视石墨颗粒度和碳纤维尺度而异，其值一般为 10~30 μm。层流微观粗糙度是控制端头边界层转捩的主要参数。

2) 有效粗糙度 k_y

有效粗糙度是烧蚀表面上波峰至波谷的高度。对于层流烧蚀表面，它接近于平均粗糙度 (或层流微观粗糙度 k_u)，是计算层流粗糙度热增量的主要参数。而对于湍流烧蚀，有效粗糙高度远大于层流微观粗糙度，约为层流微观粗糙高度的 4~5 倍，它是计算湍流粗糙度热增量的主要参数。根据表面流理论 [17]，对于碳基材料，有效粗糙度为 k_y，可以表示为

$$k_y = 21.4\left(\frac{1}{P_{\mathrm{e}}}\right)^{0.77} \quad (\mathrm{m}) \tag{11.45}$$

其中，P_{e} 为边界层外缘压力 (Pa)。

3) 等价沙粒粗糙度 K_d[17]

它是根据碳–碳端头材料在 50MW 电弧加热器 (80atm) 和高压电弧加热器 (124~168 atm) 的烧蚀传热试验结果，用粗糙度热增量因子 k_t 来反算的粗糙度高度，不仅反映了粗糙元高度效应，而且也反映了粗糙元尺度和分布密度效应。

图 11.12~ 图 11.14 为 ATJ-S 石墨端头飞行试验后回收端头的实测结果，它分别提供了烧蚀端头上扇形花纹的深度、宽度和长度的定量数据 [13]。

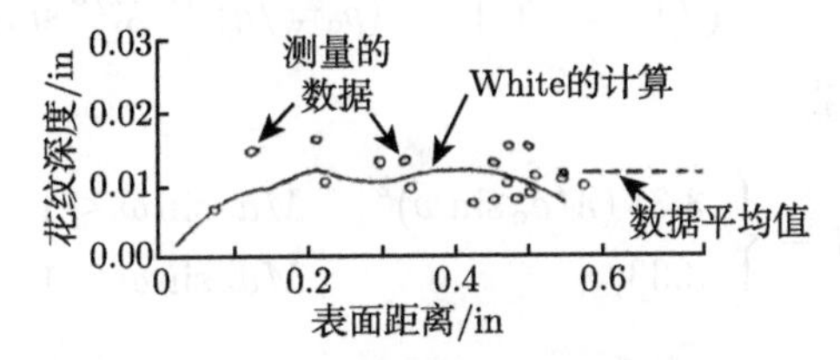

图 11.12　扇形花纹深度随离开驻点距离的变化 (取自文献 [29])

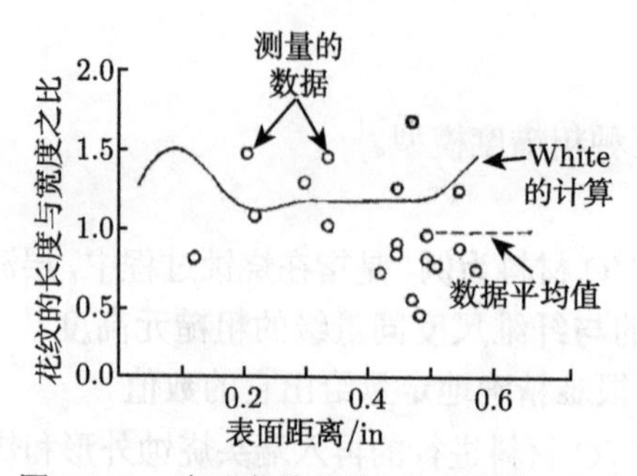

图 11.13 扇形花纹长度/宽度变化 (取自文献 [29])

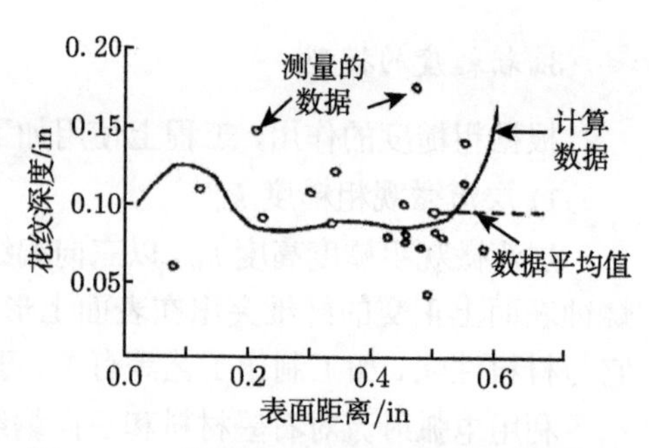

图 11.14 扇形花纹长度随离开驻点距离的变化 (取自文献 [29])

根据文献 [18]，等价砂粒粗糙度 K_d 可用下式计算

$$K_d=\begin{cases}0.0164\Delta\lambda^{3.78}, & \lambda<4.93\\ 139\Delta/\lambda^{1.9}, & \lambda\geqslant 4.93\end{cases} \tag{11.46}$$

$$\lambda=\frac{\lambda_{\rm L}}{\Delta}\left(\frac{\lambda_{\rm L}}{w}\right)^{-0.5} \tag{11.47}$$

其中，$\lambda_{\rm L}$ 为烧蚀花纹波长；w 为波的宽度；Δ 为花纹的深度，也称有效粗糙高度，指从波峰到波谷的深度。根据表面流理论，波长与当地压力有关 [17]

$$\lambda_{\rm L}=A/p_{\rm e}^{0.77} \tag{11.48}$$

A 为反映材料特性的量。对回收碳石英端头的分析表明，A=335.116；对碳基材料，A=48.33。花纹长宽比与当地马赫数有关

$$\frac{\lambda_{\rm L}}{w}=\begin{cases}1+0.4Ma_{\rm e}^2 & Ma_{\rm e}\leqslant 1\\ 1.4+0.65\left(Ma_{\rm e}-1\right), & Ma_{\rm e}>1\end{cases} \tag{11.49}$$

烧蚀花纹的深度 Δ 是一个很重要的参量，它与烧蚀的累计时间、当地压力 $p_{\rm e}$、当地马赫数 $Ma_{\rm e}$、温度 $T_{\rm w}$ 和热流 $q_{\rm w}$ 等因素有关，可通过下式计算给出

$$\Delta=1.15\times10^{-4}\exp\left\{\int_0^t E_1 f\frac{p_{\rm e}}{g}\left[1-\frac{E_2\left(T_{\rm w}/1000\right)^{0.73}}{\left(p_{\rm e}\tau_{\rm w}/g\right)^{1/3}\lambda_{\rm L}^{2/3}\sin\omega}\right]{\rm d}t\right\} \tag{11.50}$$

式中，f 为压力脉冲量

$$f=\begin{cases}3.33\left(Ma_{\rm e}\sin\omega\right)^2, & Ma_{\rm e}\sin\omega\leqslant 1\\ 3.33, & Ma_{\rm e}\sin\omega>1\end{cases} \tag{11.51}$$

当地剪切力

$$\tau_{\rm w}=Pr^{2/3}\frac{q_{\rm w}u_{\rm e}}{gh_{\rm s}} \tag{11.52}$$

花纹波角

$$\omega=\beta_{\rm M}+\begin{cases}0.417\,(\delta/\lambda_{\rm L})^{0.8}, & \delta/\lambda_{\rm L}\leqslant 0.6\\ 0.305\,(\delta/\lambda_{\rm L})^{0.19}, & \delta/\lambda_{\rm L}>0.6\end{cases}\tag{11.53}$$

$$\beta_{\rm M}=\begin{cases}\arcsin\left(1/Ma_{\rm e}\right), & Ma_{\rm e}>1\\ \pi/2, & Ma_{\rm e}\leqslant 1\end{cases}\tag{11.54}$$

E_1, E_2 为与材料相关的常数。对碳石英材料，E_1=2.12×10^{-6}，E_2=2.13；对碳基材料，E_1=0.575×10^{-6}，E_2=3.32。

4. 粗糙壁热增量

粗糙壁热增量，指的是烧蚀表面粗糙度对热流的影响，可用粗糙壁热流放大因子 $K_{\rm r}$ 对光滑壁热流进行修正，从而得到粗糙壁热流

$$q_{\rm w粗}=K_{\rm r}q_{\rm w光}\tag{11.55}$$

层流粗糙壁热流放大因子关联式有 PANT 关联式 (图 11.15)[19]、Dirling 关联式 [18]、Phinney 关联式 [28] 等。美国 PANT 计划中采用的层流热流放大因子为

$$K_{\rm rl}=\begin{cases}1, & n_{\rm l}\leqslant 40\\ 1.307\ln n_{\rm l}+20.17n_{\rm l}^{-0.606}-5.9784, & n_{\rm l}>40\end{cases}\tag{11.56}$$

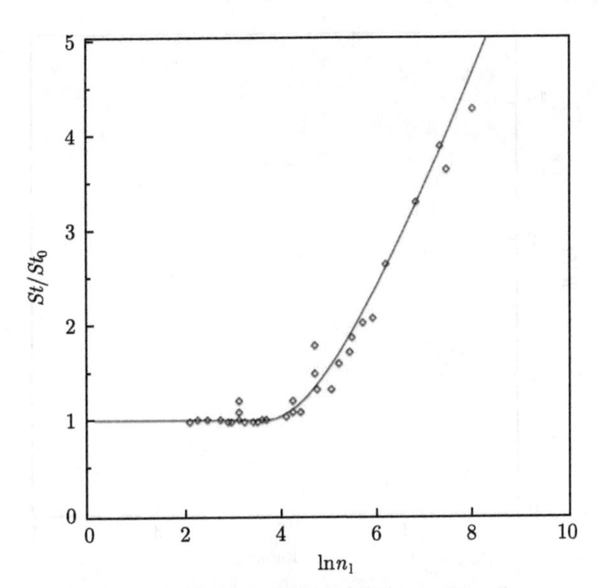

图 11.15 层流粗糙壁热增量 (取自文献 [19])

$$n_{\rm l}=\left(\frac{\rho_\infty u_\infty R_{\rm N}}{\mu_2}\right)^{0.2}\left(\frac{k_u}{\theta_{\rm l}}\right) \tag{11.57}$$

$$\theta_{\rm l}=\frac{0.664}{r\rho_{\rm e}u_{\rm e}}\left[\int_0^s \rho^*\mu^* u_{\rm e}\left(\frac{h_{\rm r}-h_{\rm w}}{h_{\rm s}-h_{\rm w}}\right)^2 r^2{\rm d}s\right]^{0.5}\cdot(1+0.476B_{\rm w}) \tag{11.58}$$

这里，$B_{\rm w}=\dot{m}_{\rm w}/\alpha$ 为无因次吹气因子，$\alpha=q_{\rm w}/(h_{\rm r}-h_{\rm w})$ 为热交换系数；k_u 为层流粗糙度高度。

湍流热流放大因子有 PANT 关联式 [19](图 11.16)、修正 PANT 关联式 [15] 等。PANT 关联式为

$$K_{\rm rt}=\begin{cases}1, & n_{\rm t}\leqslant 10\\ 1+\dfrac{2}{3}\left(\log_{10}n_{\rm t}-1\right), & n_{\rm t}>10\end{cases} \tag{11.59}$$

$$n_{\rm t}=\begin{cases}\left(\dfrac{\rho_{\rm e}u_{\rm e}k_y}{\mu_{\rm e}}\right)\left(\dfrac{T_{\rm e}}{T_{\rm w}}\right)^{1.3}\sqrt{St_0}, & \text{理想气体}\\ \left(\dfrac{\rho_{\rm e}u_{\rm e}k_y}{\mu_{\rm e}}\right)\left(\dfrac{\rho_{\rm w}}{\rho_{\rm e}}\right)^{0.5}\left(\dfrac{\mu_{\rm e}}{\mu_{\rm w}}\right)\sqrt{St_0}, & \text{真实气体}\end{cases} \tag{11.60}$$

这里，St_0 为光壁斯坦顿数；k_y 为有效粗糙度高度。

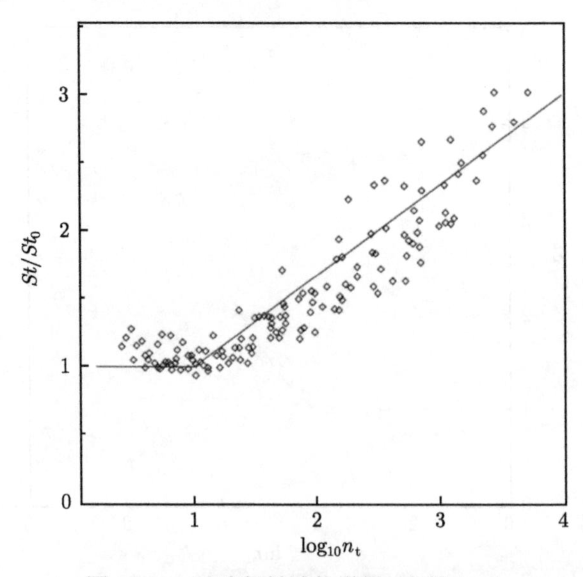

图 11.16　湍流粗糙壁热增量 (文献 [19])

在 PANT 计划中，还有一个修正的 PANT 关联公式 [15]，它以 K_d/δ^* 作为相关参数，把试验数据压缩到一条曲线上，有

$$K_{\rm rt}=\begin{cases}1, & K_d/\delta^*\leqslant 0.1\\ 1.3+0.3\log_{10}\left(K_d/\delta^*\right), & 0.1<K_d/\delta^*\leqslant 1\\ 1.3+0.5\left[\log_{10}\left(K_d/\delta^*\right)\right]^2, & 1<K_d/\delta^*\end{cases}\tag{11.61}$$

而原始的 PANT 关联公式是以等效粗糙元高度 $n_{\rm t}$ 作为相关参数，所得到的 $K_{\rm rt}$ 散布较大。显然，最终经过修正的 PANT 关联要好一些。

5. 粗糙度随机分布模拟

由于加工制造的原因，沿周向不同子午面的粗糙度分布是不均匀的，因此，即使在零迎角情况下，各子午面的转捩位置也会不同，由此造成的热流的差异会导致烧蚀速率的不同，形成不再对称的烧蚀外形。通常情况下，表面粗糙度分布是随机的，另外还有一些小不对称因素也是随机分布的，因此，烧蚀外形也具有随机特性，其外形为小不对称外形。

为了模拟不同母线上 (ϕ=0, $\cdots$, π) 转捩开始的非对称的随机的分布，需要给出弹体表面粗糙度高度的随机分布，同时沿不同母线有不同的值，形成沿周向的非对称性。采用 Monte-Carlo 统计方法，通过伪随机数的选取，确定层流粗糙度高度的随机概率模型为

$$k_j=k_L+\sigma_K\cdot X_j\tag{11.62}$$

其中，k_L 为从试件测量出的名义微观粗糙度高度；σ_K 为粗糙度测量值的名义标准偏差；X_j 为伪随机数列，它可为标准的伪随机数列。我们由程序产生伪随机数，周期足够长，以保障其随机性。然后在任意的一组随机抽样值中，选出其最大值 $K_{\pi1}$，最小值 $K_{\pi2}$，作为对应母线 $\varphi=\phi^*$ 和母线 $\varphi=\pi+\phi^*$ 的粗糙度值，通过这两个参数值，决定出中间母线上的 K_π 值为

$$K_\pi(\phi)=\frac{K_{\pi1}+K_{\pi2}}{2}+\frac{K_{\pi1}-K_{\pi2}}{2}\cos(\phi-\phi^*)\tag{11.63}$$

其中，ϕ^* 为最大粗糙度值所在的子午角。

11.6.2 小不对称随机烧蚀外形计算结果

1. 姿态角对端头烧蚀外形的影响

这里我们选用 NRV[20] 的设计外形进行计算分析，端头半径为 31.75mm，底部半径为 151.56mm，总长为 1170mm，半锥角 6°。

图 11.17 给出了不同姿态角对烧蚀外形影响的计算结果，虽然端点顶点的后退量均约为 7.4mm，但随着迎角的增大，不对称性增强。

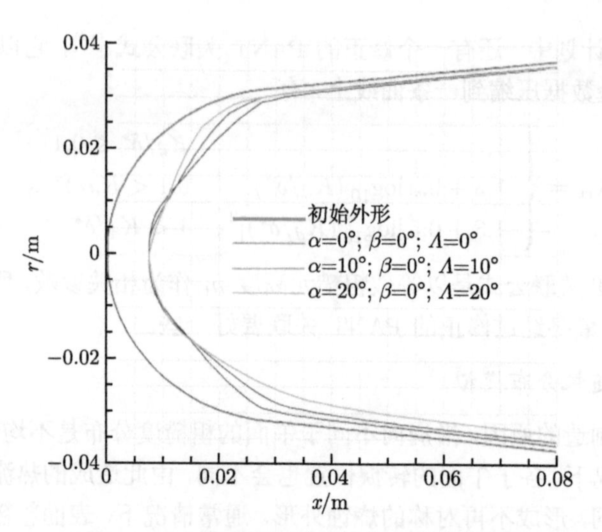

图 11.17　端头烧蚀外形随攻角变化情况

2. 粗糙度对端头烧蚀外形的影响

为了考察粗糙度对烧蚀外形的影响，我们计算了以零攻角再入的飞行器在湍流粗糙度固定为 75μm 情况下，层流粗糙度分别为 20μm 和 50μm 时的烧蚀外形沿弹道变化情况。

图 11.18 给出了再入过程中两个高度 H=25km 和 H=4km 时烧蚀外形的对比

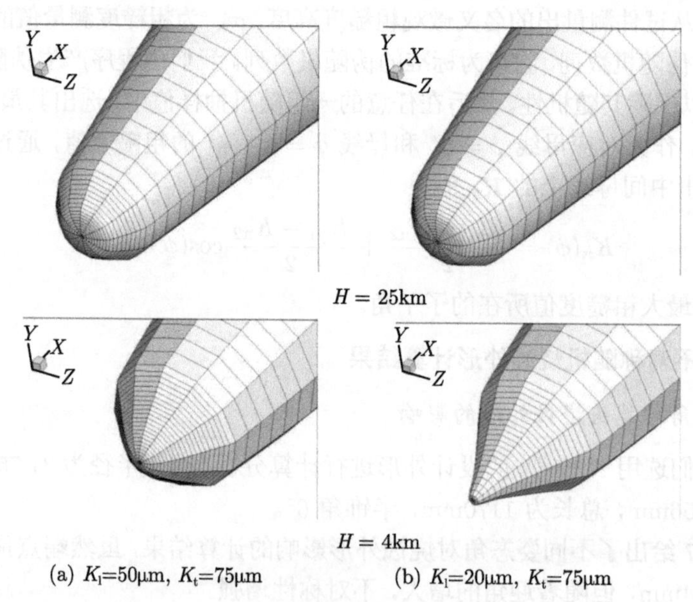

(a) K_l=50μm, K_t=75μm　　(b) K_l=20μm, K_t=75μm

图 11.18　不同粗糙度条件下的烧蚀外形比较

情况，可以看出，开始烧蚀之前 (H=25km)，两种情况下外形基本相同，而当飞行到 H=4km 时，外形差别就比较大了。层流粗糙度较大时，烧蚀外形是稳定的双锥形状，层流粗糙度较小时，烧蚀外形类似于凹陷形状，头部形状较尖，驻点后退量较小。

图 11.19 给出了不同层流粗糙度条件下驻点后退量随高度变化曲线，从图中可以看出，层流粗糙度对烧蚀量影响很大，最大差别达到 67mm 左右。

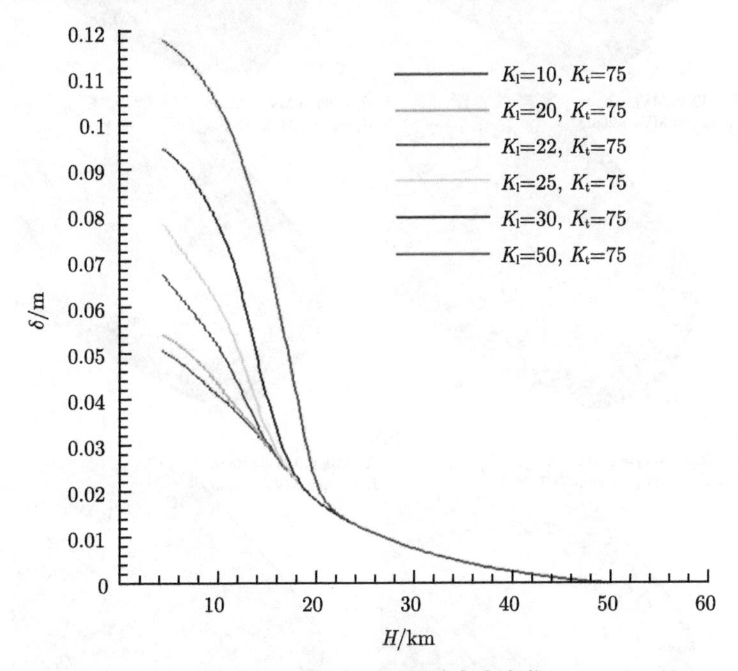

图 11.19 驻点后退量随高度变化

3. 随机粗糙度与小不对称端头外形

下面进一步考察粗糙度随机分布对烧蚀外形的影响。令 R_{L} 为层流粗糙度因子，R_{T} 为湍流粗糙度因子，$\mathrm{MV_L}$ 为层流粗糙度因子分布均方差，$\mathrm{MV_T}$ 为湍流粗糙度因子分布均方差。图 11.20 给出了几种不同粗糙度随机分布组合条件下烧蚀外形计算结果，可以看出，粗糙度随机分布，导致烧蚀外形的不对称。随着粗糙度减小，烧蚀外形的不对称性程度减轻。层流粗糙度因子的变化影响大于湍流粗糙度因子的影响。

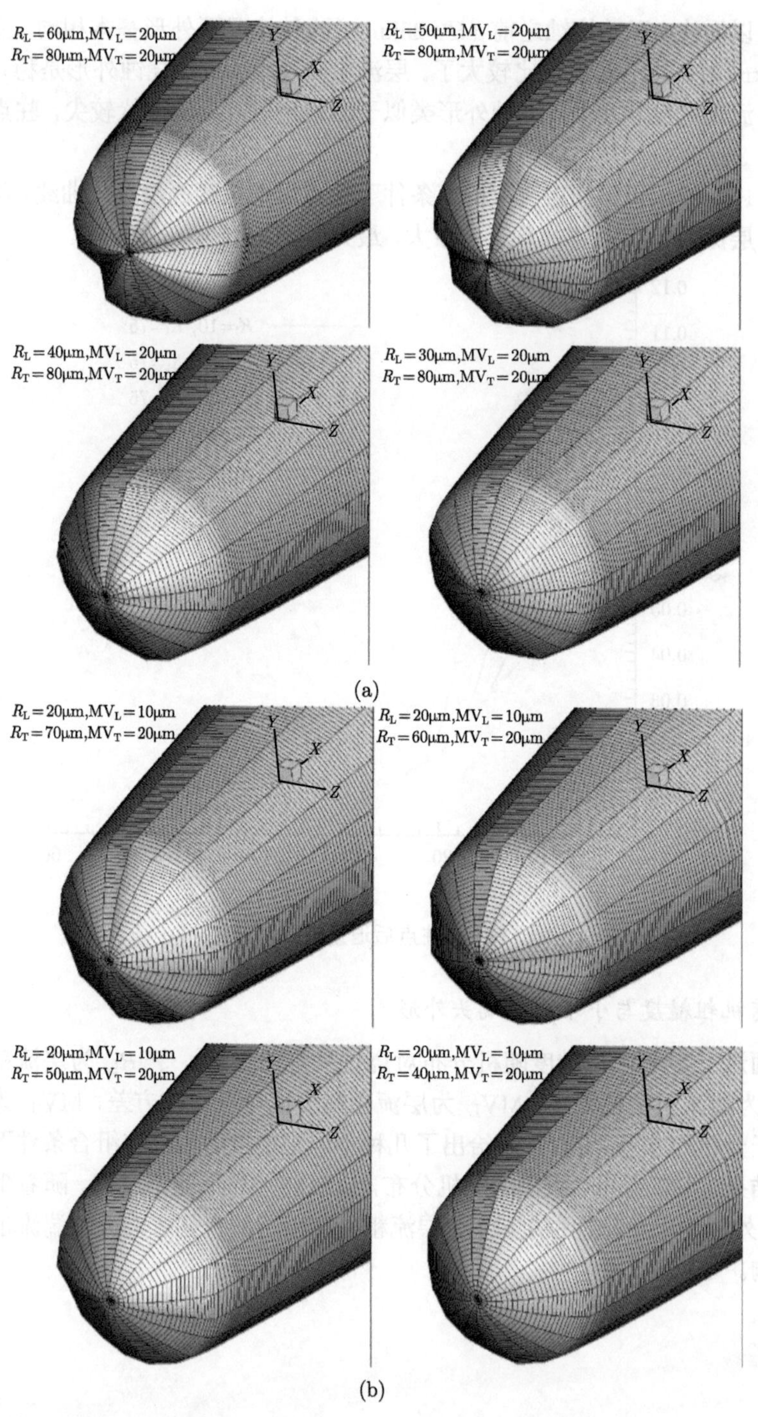

图 11.20　层流 (a)、湍流 (b) 粗糙度条件下的随机烧蚀外形

4. 耦合–解耦计算结果比较

假设姿态角为零，粗糙度均方差设置为 0，烧蚀外形具有对称性。解耦计算采用的是原始外形的热环境数据，耦合计算则采用烧蚀外形的热环境数据。图 11.21 给出了沿同一条弹道耦合计算与非耦合计算结果的比较。从图中可以看出，耦合计算结果显示为双锥外形，而解耦计算结果显示为凹陷外形，与之前的结论 [11,21,22] 是一致的。

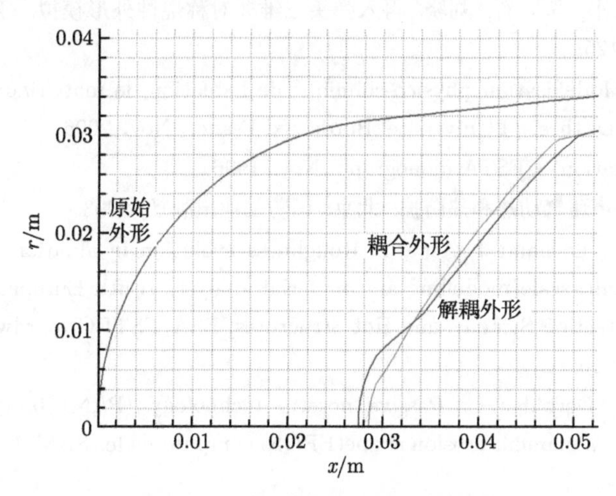

图 11.21　耦合–解耦计算烧蚀外形

参 考 文 献

[1] Thyson N, Neuringer J, Pallone A. Nose tipe change predictions during atmospheric re-entry. AIAA 5th thermophysics conference, AIAA Paper 70–827, 1970.

[2] Baker R L. Low temperature ablator nosetip shape change at angle of attack. AIAA 10TH Aerospace sciences meeting, 1972, AIAA Paper 72–90, 1972.

[3] Chin J H. Shape change and conduction for nosetips at angle of attack. 7th Fluid and Plasma Dynamics Conference, 1974, AIAA Paper 74–516, 1974.

[4] Dirling R B. Performance technology program(PTP-SII) Vol. VI. A statistical model of nosetip shape change for reentry vehicles. 1980, BMO-TR-80-53.

[5] Hall D W. Nowlan D T. Aerodynamics of ballistic re-entry vehicles with asymmetric nosetips. Spacecraft, 1978, 15(1): 55–61.

[6] 张涵信, 何芳赏. 再入弹头烧蚀及气动特性的耦合计算. 北京: 中国空气动力研究与发展中心超高速气动力研究所, 1977.

[7] 曾广存. 弹头再入耦合计算总结. 北京: 北京空气动力研究所, 1979.

[8] 何芳赏, 杨茂昭, 孙洪森. 再入弹头烧蚀–侵蚀计算软件系统. 北京: 中国空气动力研究与

发展中心总体技术部, 1990.

[9] 何芳赏, 潘梅林, 国义军. 机动弹头攻角再入烧蚀耦合计算软件系统, 第一卷 (理论手册). 北京: 中国空气动力研究与发展中心总体技术部, 1993.

[10] 袁湘江, 杨茂昭, 潘梅林. 小不对称烧蚀外形的典型化处理方法. 空气动力学学报, 1997, 15(3): 386–392.

[11] 国义军, 石卫波. 带芯子的碳–碳端头烧蚀外形计算. 空气动力学学报, 2001, 19(1): 24–29.

[12] 周述光, 国义军, 贺立新, 刘骁. 再入弹头三维非对称烧蚀外形模拟. 航空学报, 2017, 38(12): 114–125.

[13] Lachaud J. Mode'lisation physico-chimique de l'ablation de mate'riaux composites en carbone. Ph.D. thesis, l'Universite' Bordeaux, France, Nov. 2006.

[14] Duffa G. Ablation. CESTA monograph, Nov. 1996.

[15] 张志成. 高超声速气动热和热防护. 北京: 国防工业出版社, 2003.

[16] Vignoles G L, Lachaud J, Aspa Y. Roughness evolution in ablation of carbon-based materials: multi-scale modelling and material analysis. Fifth European Workshop on Thermal Protection Systems and Hot Structures, ESA/ESTECNoordwijk,The Netherlands, May 2006.

[17] Rafinejad D, Derbidge C. Passive nosetip technology (PANT)program, Vol.XVII, computer user's manual: erosion shape(EROS) computercode. SAMSO-TR-74-86(ADA 026613), 1974.

[18] Diring R B Jr. A Method for computing roughwall heat transfer rates on reentry nosetip. AIAA Paper 73–763, 1973.

[19] Wool M R. Final summary report passive nonstop technology (PANT) program. ADA019186(SAMSO-TR-75-250), 1975.

[20] Otey G R, English E A. High-β re-entry vehicle recover. Spacecraft, 1977, 14(5): 290–293.

[21] 国义军, 童福林, 桂业伟. 烧蚀外形方程差分计算方法研究. 空气动力学学报, 2009, 27(4): 480–484.

[22] 国义军, 童福林, 桂业伟, 烧蚀外形方程差分计算方法研究 (II) 耦合计算. 空气动力学学报, 2010, 28(4): 441–445.

[23] 赵汉元. 飞行器再入动力学和制导. 长沙: 国防科技大学出版社, 1997.

[24] 王希季. 航天器进入与返回技术. 北京: 中国宇航出版社, 1991.

[25] 张鲁民. 弹头工程气动力与六自由度弹道耦合计算. 北京: 中国空气动力研究与发展中心总体技术部, 1987.

[26] Tetervin N. An empirical equation for prediction of transition location on cones in super-or-hypersonic flight. NOLTR 73–127(ADA765692), 1973.

[27] 张毅, 苗育红, 周江华. 烧/侵蚀耦合效应及其对再入体落点的影响. 飞行力学, 1997, 15(2): 91–96.

[28] Phinney R E. Mechanism for heat transfer to a rough blunt body. Letter in Heat and Mass Transfer Journal, 1(2): 181–186.

[29] Hochrein G J, Wright G F. Analysis of the TATER nosetip boundary layer transition and ablation experiment. AIAA Paper 76–167, 1976.

第12章 烧蚀的风洞试验和飞行试验简介

12.1 引 言

数值计算、地面风洞试验和模型飞行试验是空气动力学研究的三大手段，这是我国著名科学家钱学森在国际上率先提出的。尽管高超声速技术已经发展了 60 多年，三大研究手段都得到了长足的进步，但是由于高超声速领域中存在的一些基本认识上的不足，要求我们必须开展地面试验，特别是对于气动热和热防护问题，由于其所包含物理现象的复杂性以及建模的不适当，目前数值计算还无法像气动力那样做到精确预测，试验仍然起着不可替代的作用。

高超声速飞行器在稠密大气层中上升、巡航或从大气层外再入过程中，会遇到严酷的气动加热环境，飞行器表面材料在高温下会发生烧蚀，烧蚀和向结构内部的传热，对飞行器的安全构成严重威胁，对结构设计提出了防热要求，需要通过地面试验或模型飞行试验，进行防热结构的可靠性考核。

在地面风洞中开展的飞行器热防护试验，又称防热试验，是指在已知热环境参数情况下开展的热防护系统验证和考核试验，分为防热材料性能试验和防热结构试验两大类，通常利用等离子体设备、燃气加热设备和辐射加热设备开展试验，要求设备能够复现飞行器各部位在飞行过程中所对应的气流焓值、冷壁热流和试验时间 (图 12.1)，试件的大小依据设备喷管的具体尺寸确定。

辐射加热器可以模拟再入的变热流、加热时间、总加热量等，试验件可做得很大；但不能产生高超声速流动环境，难以模拟气体总温和气流的当地马赫数，因此没有高温气流中的烧蚀效应，也没有突起物局部干扰效应。

燃气流风洞可产生很好的高超声速和气动加热环境，可以模拟所需参数；但工质为燃气，与实际的空气差别较大，而且运行时间太短，无法模拟长的再入段加热时间。

高频等离子体设备采用感应加热方式，能提供高焓、纯净的气流组分，是开展材料防热特性研究的理想设备；缺点是气流压力较低，不能开展较大试件的模拟试验。

电弧加热设备是目前唯一能够近似复现飞行气动热环境、有效考核与评价热防护性能的工程评估试验设备，具有模拟飞行马赫数 8~20 的飞行器长时间所经历的气动热环境的能力，能够模拟实际飞行中的多种参数：热流密度、气体总温、马赫数、剪力、压力、流动状态等，气体的成分也比较真实，可以获得较为真实的试验结果。利用电弧加热地面模拟试验设备，可以验证或考核高超声速飞行器材料防热特性或部件的热结构性能和生存能力。这类地面模拟试验通常需要将试验气体(一般采用空气) 加热到 3000~10000 K；超高温气体持续供气时间可以达到几分钟到几十分钟。电弧加热器可以提供一种非常高效的加热源满足这些地面模拟试验要求。因此，下面将主要介绍电弧加热设备的试验技术和测量方法。

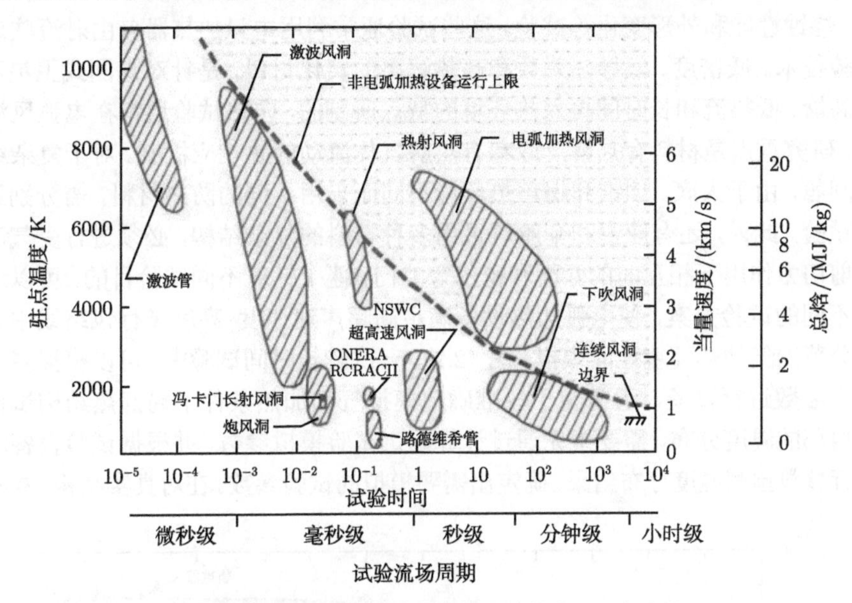

图 12.1　高超声速地面试验设备模拟试验能力 (取自文献 [1, 2])

按照不同的运行模式，电弧加热试验设备分为电弧自由射流模式和低压抽吸试验模式两种类型，也就是通常所说的电弧加热器和电弧风洞。电弧加热器由等离子发生器 (加热器) 将气体加热，通过喷嘴喷出形成自由射流，模型置于射流中进行加热；电弧风洞是将加热器的喷嘴换成大喷管，以利于形成均匀流场，模型置于喷管后封闭的试验段中进行加热，试验段之后连接扩压器、冷却器、真空或引射系统。这两种设备的测试系统和附属系统，如水、电、气等通常可以共用。

选择哪种电弧加热设备开展热防护试验，是根据飞行器气动热环境参数的模拟试验要求来确定的，选择的主要依据是试件尺寸和电弧加热器喷管出口的模拟条件。自由射流试验对于许多需要模拟非常高的冲刷力和表面压力环境的极端再入气动热试验来说，是一种理想的地面试验模式。这种模拟具有高的喷管总压 (加热器弧室压力) 和相对低的喷管出口马赫数，从而尽可能增大压力恢复。大气压下自由射流能在模型表面产生高压力，从而获得非常高的模型表面输入热流。低压抽吸试验模式非常适合模拟飞行高度大于 20km 的高超声速飞行器气动加热。为了模拟较低的动压飞行环境，在电弧加热器后增加了气体抽吸排放装置，来维持试验段和喷管之间所需的压差。低压抽吸模式可以通过加热器、喷管、扩压器等的自由组合来实现较为宽广的参数模拟范围。

电弧加热设备已经广泛应用在军事和商业航天领域，包括导弹、再入飞行器、高速运载工具、军事/民用航天运载工具、超燃冲压发动机以及军用高超声速运输系统等地面试验研究中。在研制弹头端头防热材料的过程中，需要进行防热材料的筛选、烧蚀性能和外形变化等试验。这些试验通常利用电弧加热器自由射流驻点烧蚀试验技术。低密度、低导热系数和高热解率的炭化材料，是针对返回式卫星和返回舱高焓、低热流和长时间再入热环境的特点研制的，防热试验通常在电弧风洞中进行，研究重点是材料有热解反应和有热解气体流动的热响应机制。对于复杂结构的返回舱，由于大底、倒锥和拐角热环境不同而采用不同的防热材料，需分别进行防热试验。此外，还有舷窗和伞舱等采用多种材料的复杂结构，必须进行受气动加热和剪切力作用下相互间的匹配和密封等专门试验。针对不同试验目的，可以通过设计不同的试验方案，使电弧加热设备满足高超声速速度-高度飞行包络线中很大一部分范围气动热环境地面模拟 (图 12.2)。一次较长时间试验中，可以模拟多个飞行状态参数进行试验。通常为了较准确地模拟气动加热条件下局部热结构试件表面和内部的温度分布，需要事先通过计算确定试验模拟参数，并根据试验设备能力和飞行参数预测温度分布结果，确定出需要模拟的试验参数。在对真实结构、真实尺

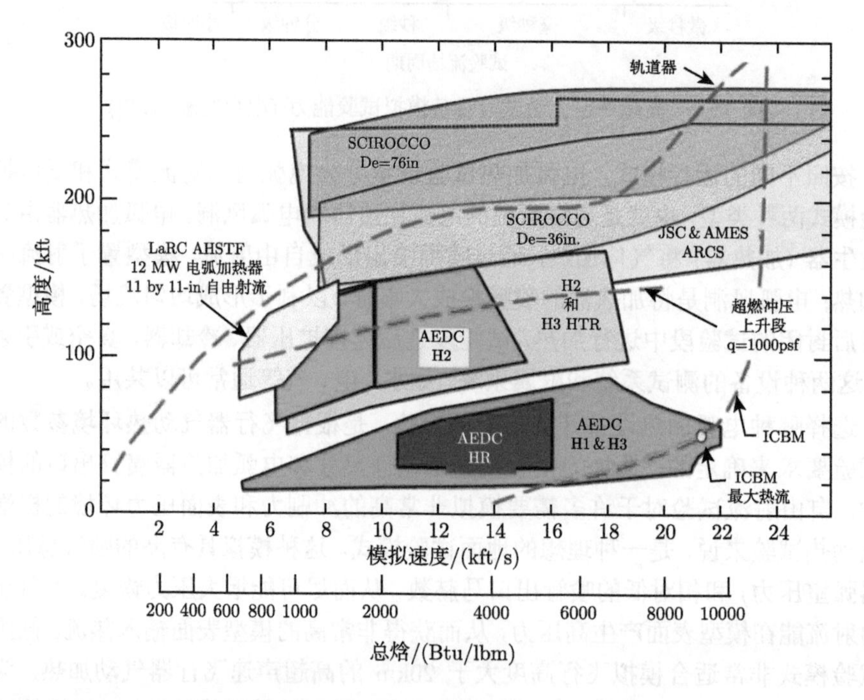

图 12.2　国外电弧加热设备的高度/速度模拟能力 (取自文献 [3, 8])

寸的防热部件进行气动加热考核方面，目前国内外的电弧加热风洞设备能力还无法完全做到全模型气动加热模拟。国内外研究者一方面在提升现有电弧风洞能力上下功夫，另一方面又配套发展相关的气动加热地面模拟试验技术，以实现在有限电弧加热器功率和喷管尺寸的条件下，模拟大尺度、复杂结构的气动加热环境，如亚/超声速导管、亚声速包罩、冷气包罩等试验技术。

本章前面几节主要从电弧加热设备的构成以及试验模拟能力、主要的测试手段以及典型的试验技术等方面，对烧蚀风洞作一简要介绍，最后一节简要介绍模型飞行试验技术。

12.2 电弧加热烧蚀试验设备概况

12.2.1 电弧加热设备的发展及应用情况

电弧加热设备的发展同高超声速气动热防护问题研究是密不可分的。在 20 世纪 50 年代末期，随着高超声速导弹、返回式卫星以及再入航天器的出现，电弧加热器逐渐开始应用于航天器地面模拟试验中。早期的电弧加热器设备，主要用于军方试验远程弹道再入飞行器中的热防护材料，以及民用航天局开发不同类型载人再入飞行器研究开发中。后来逐渐推广到诸如拦截导弹、先进战术导弹等高超声速导弹试验方面，并逐渐成为电弧加热器设备一个主要的试验应用领域。

大型管式电弧加热器的研制始于 20 世纪 60 年代初，由美国空军在 Wright Field 开始进行研制，并于 1972 年研制成功 50MW 管式电弧加热器。随后，从 20 世纪 70 年代初开始，由美国国防部 (DoD) 主持，在空军阿诺德工程发展中心 (AEDC)，针对弹道再入飞行器试验模拟所需要的高气压电弧加热设备进行了大规模研制。于 20 世纪 80 年代，完成了再入头锥试验 (RENT) 设备、H2-50MW 管式电弧加热器研制，并且在 1980 年和 1997 年还研制出 H1 和 H3 高气压片式电弧加热器 (图 12.3)，这是世界上最早的高气压片式电弧加热器。这些设备为后来美国国防部许多高超声速武器系统研制提供了重要的试验研究平台。

AEDC 的电弧加热设备大都是高气压的，主要用于军方的弹道再入高超声速武器系统防热试验。为了满足载人航天的需求，美国国家航空航天局 (NASA) 也同步在三个研究中心研制用于低动压情况下高焓试验模拟的电弧加热设备。载人航天飞行器和返回式卫星主要是大钝头体和升力体外形，再入地球或其他星球大气环境的飞行过程中，主要加热区都属于低动压飞行状态。NASA 的电弧加热设备也有管式和片式两种类型，以阿姆斯研究中心 (ARC) 为例，就包括气动加热设备 (AHF)、耦合作用加热设备 (IHF)、平板试验设备 (PTF) 和湍流管设备 (TFD) 等，功率范围为 20~60 MW，持续试验时间可以达到 30min，能够模拟 5~25 km/s 飞行速度下的飞行器表面气态化学组分和 25~60 km 飞行高度的等离子体流场。从 1960 年开始，NASA 所研制的电弧加热器为包括“水星”号飞船、“阿波罗”号飞船到航天飞机的载人宇宙飞行计划中防热材料的研制做出了历史贡献。另外，也为星际探索计划提供了地面试验支持，其中包括“伽利略”号和火星飞行任务中探测器热防护试验，探测器动能系统再入生存试验和用于极端情况星球大气层再入任务的外表面热防护材料考核和筛选试验。NASA 目前运行的几座片式和管式电弧加热器设备分布在三个试验中心。除了为国防部和商业高超声速应用提供服务以外，这些加热设备继续为防热材料及热结构研究提供试验支持。

图 12.3　H3 大功率片式电弧加热器 (取自文献 [3])

由于电弧加热器在高超声速气动热试验方面具有很好的评估作用和试验能力，其他工业强国纷纷开始建设此类设备。例如，到 20 世纪 70 年代中期，德国 (DLR)、俄罗斯 (TsNIMASH) 以及法国 (Aerospatiale) 等都拥有了自己的电弧设备，并发挥了很重要的作用。在意大利由 SCIROCCO 设计的一种低气压片式电弧加热器风洞，是目前世界上尺寸和功率最大的电弧风洞。美国 AEDC 的电弧加热器内部弧室直径达到了 3.0ft，工作压力可以达到 150atm，最大设计压力为 200atm，运行功率也达到 70MW。

国内电弧加热试验设备的发展相对较晚，起步于 20 世纪 80 年代初，进步很快，主要研究单位有中国航天科技集团公司第十一研究院、中国空气动力研究与发展中心等。目前已经建成了 12MW、20MW 和 50MW 量级的电弧加热器和电弧风洞，基本能满足高超声速飞行器气动热防护方面的研制需求。

12.2.2 电弧加热原理和设备类型

典型的电弧加热器所产生的高电压直流电弧，通过辐射、热传导和对流换热方式对进入水冷加热器内部的约束气流进行热能传输，从而形成高温热气流。通过电弧加热的气体流过喷管，扩展进入试验段或模型定位系统。尽管在不同电弧加热器上存在几何结构差异，但是主要的目的都是提高加热器整个内部腔体结构的可靠性和气体换热效率，同时设法使弧根落在正负电极上，并能维持稳定的电弧燃烧。电弧加热器类型，通常根据稳定弧室内电弧的方法来进行划分，主要有旋气稳定电弧加热器、磁旋式稳弧电弧加热器和片式电弧加热器三种类型。

1) 旋气稳定电弧加热器

在最简单的电弧结构设计中，为了实现旋转气流稳定电弧 (如 Huels 电弧加热器，通常译作 “管式电弧加热器”)，在弧室内侧采用强旋转气流，从而确保了电弧的稳定性 (图 12.4)。工作气体通过切向进气方式进入紧邻电极的弧室，产生一种强旋转气柱并向喷管方向迅速扩展。同时可以采用磁旋线圈方式增加在阴极和阳极弧根处的电弧旋转，从而确保在电极弧根区域的高热流区域沿径向较均匀分散分布。

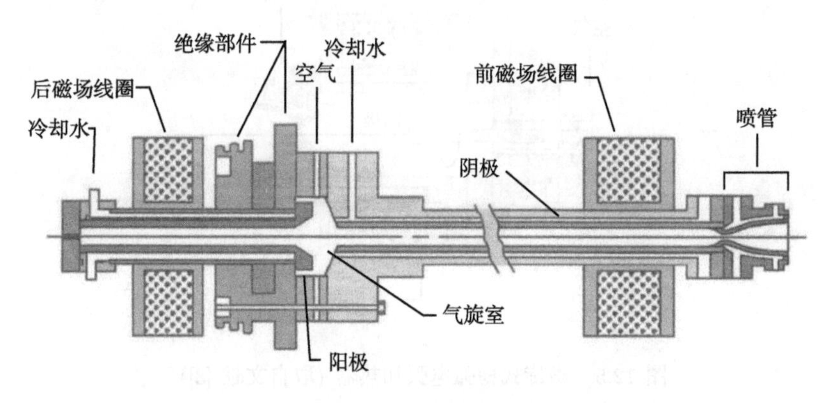

图 12.4 旋气稳定电弧加热器 (取自文献 [3])

旋气稳弧管式电弧加热器，采用单一阴电极结构形式构成加热器气室，具有明显的试验操作及装配简单的优点。这种管式电弧加热器研制费用相对便宜，容易维护，也容易操作。另外，在运行时，由于在阴极上的电弧弧根分布在较大面积的表面上，降低了电极烧蚀，从而延长了运行时间，其连续工作时间可以达到几十分钟甚至几小时。

但是，这种电弧加热器采用单一阴极结构，同时也带来了流场品质和加热效率的降低：一是旋气稳弧管式电弧加热器属于自由弧长电弧等离子体，由于不能产生固定长度的弧柱，流场在焓值上存在较大的时间波动性，影响了试验状态的可重复性；二是受电极间电压和气体的导电性影响的自由伸缩的电弧弧长，限制了施加到管式电弧加热器上的工作电压增加；三是对于给定的总电弧功率，加热器需要更高的电流水平。高电流会带来更严重的电极烧蚀现象，加大了电极烧蚀产物对电弧流场的污染。因此，相比片式电弧加热器而言，管式电弧加热器在流场焓值上具有更大的波动性，电极烧蚀产生的流场污染以及低的气体电弧加热效率是其主要缺点。尽管存在这些缺点，管式电弧加热器因具有良好的可操作性和长时间运行特点，使得该类型加热器能够继续应用于许多高超声速气动热地面模拟试验中。

2) 磁旋式稳弧电弧加热器

第二类电弧加热器，采用了中心阳极向作为阴极的加热器侧壁放电。在如图 12.5 所示的结构中，通过安置在加热器气室外部周围的磁旋线圈，使得弧根在弧室壁上旋转来实现放电电弧稳定。通常从阳极后部喷入的工作气体，并不具有稳定电弧的作用。这是由于电弧主轴是径向分布，并随时间旋转，且旋转方向与进气方向垂直。

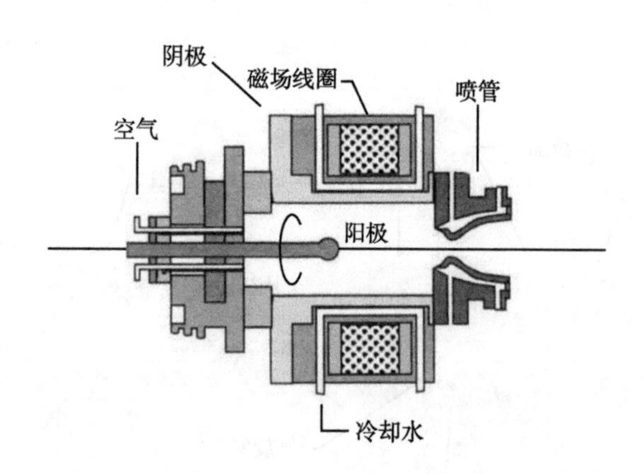

图 12.5　磁旋式稳弧电弧加热器 (取自文献 [3])

3) 片式电弧加热器

现代高性能片式电弧加热器，综合了旋气稳弧和磁旋稳弧模式，并采用了片段式组装结构，能够产生一种相对干净的高温试验气流。由于这种设计模式优化了片式电弧加热器的性能，产生明显的实际应用优势，片式电弧加热器作为产生高焓气体试验流场的加热设备，已得到了广泛应用，近年来已经成为高超声速气动热试验中的主力试验设备。

片式电弧加热器由组合式分段气室或约束段和两端电极构成 (图 12.6)。这种结构保证了高电压电弧放电。空气沿约束段切向进气在轴中心区域产生稳定的旋转气柱。片式气室结构允许工作气体沿气室轴向任意位置进气。主要有以下优点：①高效电弧加热工作气体；②在高压条件下电弧稳定；③对于给定功率，可以保持高电压低电流运行，降低电极烧蚀；④对于给定的加热器结构，电弧加热流场总焓具有很高的可重复性。片式电弧加热器的缺点包括：研制费用高，结构相对比较复杂，运行和维护成本比较高。但是，只有片式电弧加热器，才能够同时满足许多稠密大气层内气动热地面试验对总压、焓值和运行时间模拟的要求。

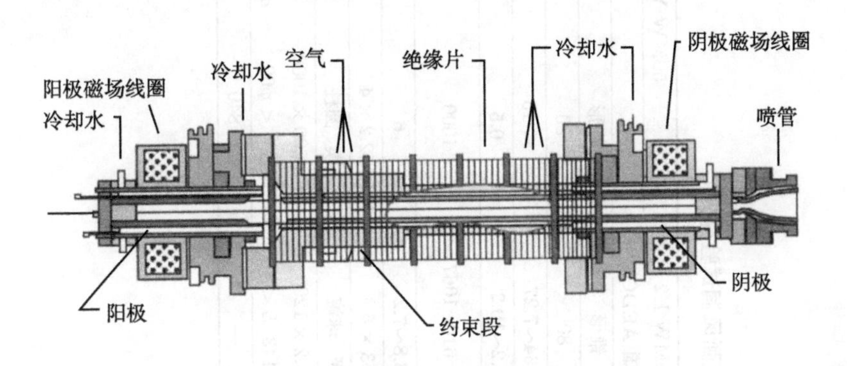

图 12.6 片式电弧加热器 (取自文献 [3])

12.2.3 国内外主要电弧加热设备及其试验能力

目前拥有电弧加热试验设备的国家有美国 (AEDC，NASA)、俄罗斯 (TsNIMASH)、德国 (DLR)、法国 (Aerospatiale)、意大利 (CIRA)，以及中国 (CARDC，CAAA) 等。其中美国拥有的设备数量最多，模拟能力最强，其次是俄罗斯、意大利和中国。

这里我们只介绍电弧功率超过 50MW 量级的电弧加热设备。目前，世界上功率达到 50MW 的电弧风洞共有五座，分别是意大利国家宇航中心 (CIRA) 的 70MW 等离子体电弧风洞，美国 NASA 阿姆斯研究中心 (ARC) 的 60MW 干扰加热试验设备 (IHF) 和阿诺德工程发展中心 (AEDC) 的 50MW H2 电弧风洞，俄罗斯中央通用机械研究院 (TsNI MASH) 的 50MW Y-15 电弧风洞，以及中国空气动力研究与发展中心的 50MW 电弧风洞。表 12.1 给出了国外 50MW 以上电弧风洞的试验能力。

表 12.1　国外 50MW 以上电弧风洞试验能力

设备	70MW PWT (意大利)	60MW IHF (美国 NASA Ames)		50MW H2 (美国 AEDC)	50MW Y-15(俄罗斯)	
					Ⅰ	Ⅱ
喷管构形	锥形	半椭圆	锥形	锥形	锥形	锥形
电源功率/MW	100	75	75	80	80	80
总焓/(MJ/kg)	2.5~45	7~47	7~47	5.34~7.27	< 15	2.1~6.3
弧室压力/MPa	0.1~1.7	0.1~0.9	0.1~0.9	7.2~10.2	0.5	1.0~6.0
喷管出口直径/mm	900, 1150, 1350, 1950	203×813	152, 330, 533, 762, 1041	229，610，1067	1000	85，300，500
马赫数	5.1~6.3	5.5	<7.5	3.8~7.2	6	1~8
试验段尺寸/m	$\phi5 \times 9.6$	2.4×2.4×2.4	2.4×2.4×2.4	$\phi3 \times 6.4$	$\phi2.2 \times 4$	0.8×0.8×0.8
试件类型	球锥、平板	楔	楔、驻点	楔、球锥	楔、圆柱	楔、圆柱
试件尺寸/mm	$\phi800, 600 \times 600$	610×610	$< \phi457$	76.2×120 $d_{底} < 143, L < 490$	楔：600×1000 圆柱：$< \phi60$	$d_{底} < 75, L < 70$ $d_{底} < 160, L < 350$(包罩)
表面热流/(kW/m^2)	<1600	0.006~0.6	0.6~7.5	—	84~840	12.5

1) 美国阿诺德工程发展中心 (AEDC) 电弧加热设备

美国阿诺德工程发展中心电弧加热试验设备，包括两个高压片式电弧加热器 (HEAT-H1 和 H3) 和两个管式电弧加热器 (H2 和 HR)。上述两种类型的加热器都采用高压、直流电弧放电加热空气，其总温可以达到 7500K。通过把电弧放电限制在一个能够承受超过 100atm 的水冷气室内来获得高压试验气流。同时具有高焓和高压特点的试验气流，可以实现模拟高动压下超过马赫数 20 的速度飞行环境下的气动加热热流，也可以模拟低海拔下存在湍流边界层的高超声速飞行。

HEAT-H1 试验装置是一个性能先进的电弧加热设备，为高超声速导弹、航天运载系统和再入飞行器的热防护材料、端头、电磁窗口以及结构试验评估提供高压、高焓试验环境 [4]。HEAT-H1 是由 200 个电绝缘压缩片组装而成的片式电弧加热器，一般运行参数为电弧电压 20000V、电流 1200A、弧室压力高达 120atm。在这种运行参数下，可以实现模拟高压条件下的驻点焓值试验流场。流场中心处的焓值，可以通过标定后的热流探针测量驻点热流和测量皮托压力间接计算获得。在加热器总压范围 (20~135 atm) 内，焓值变化范围为 2~17 MJ/kg。另外，可以安装一个冷气混合室，降低流场总焓，提高流场雷诺数以及改善喷管出口的横截面流场焓值的均匀性。在 H1 加热器试验段内，安装有多模型支架的自动控制模型旋转及定位系统。可以采用不同结构形式的瞬态标定探针，确定试验喷口内侧的热流和压力。送进系统轴向驱动功能，为模型定位提供了附加的机动性，从而实现用喇叭形喷管进行端头飞行轨迹气动热包罩试验。

HEAT-H2 是一座利用电弧加热模式的气动热模拟试验风洞，能够实现在高马赫数和动压条件下的高焓试验流场，从而可以模拟海拔 20~50 km 范围内的超高声速飞行气动加热环境 [5]。H2 使用了 N-4 管式电弧加热器，产生高温高压气体，通过超高声速喷管进入真空试验段。该系统由电弧加热器、不同类型的喷管/喉道组合、真空试验段和气体排放系装置构成，在马赫数为 5~9 范围可以产生高焓气流。选择不同的进气方向和进气分布来调节流场横截面的焓值分布。

HEAT-H3(图 12.3) 是世界上最大的高压、高功率片式加热设备，能够模拟速度为 1.5~6.1 km/s 的气动加热环境，主要用于高超声速导弹材料和结构试验，提供总压 10~160 atm 的试验条件。电弧功率最大能够达到 70MW，试验时间 25min，驻点压力 8.9MPa。

为了弥补中等压力模拟方面的不足，阿诺德工程发展中心创新性地将 H2 和 H3 结合起来，用 H2 试验舱/真空系统来提供合适的高度模拟，用片式加热器提供合适的焓值，显著扩大了模拟范围，大幅提高了中等压力环境、高焓、高剪切力的模拟能力 (图 12.7)。

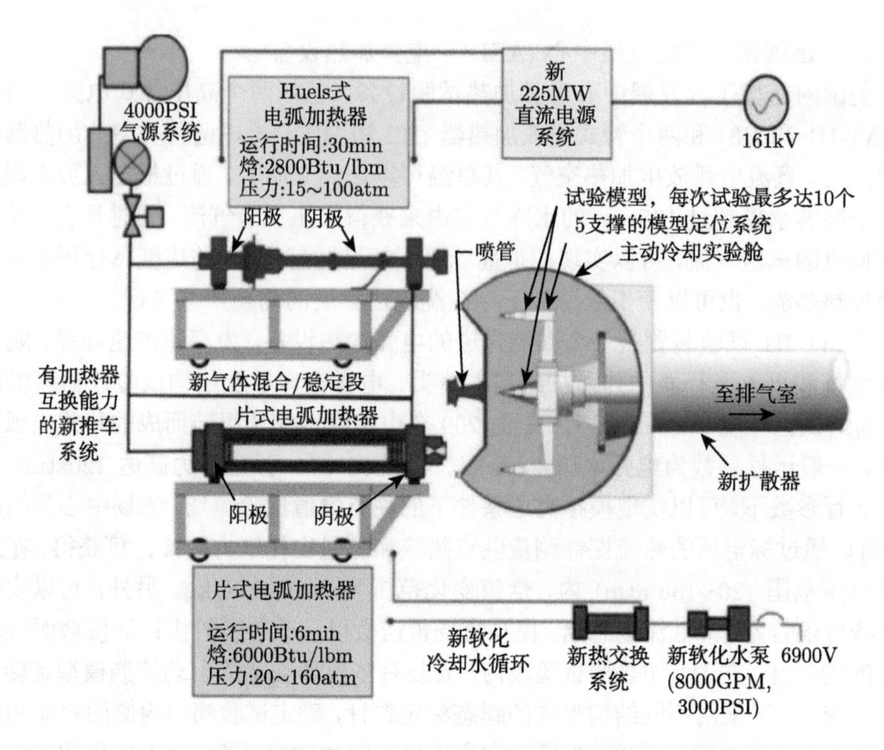

图 12.7 AEDC H2 和 H3 加热器结合方案 (取自文献 [55])

2) 美国 NASA 阿姆斯研究中心 (ARC) 电弧加热器

位于加利福利亚的 NASA 阿姆斯研究中心的空间技术部，建设有电弧加热器试验设备群，为 NASA 和 DoD 飞行器大气再入和高速飞行现象研究提供地面模拟试验。该试验设备群主要用于热防护系统开发、验证，并能提供高焓推力系统试验。阿姆斯电弧加热器群 [6] 包括: 气动加热设备 (AHF)、耦合作用加热设备 (IHF)、平板试验设备 (PTF) 和湍流管设备 (TFD)。从 1960 年开始，该试验设备群为所有 NASA 航天飞行工程和许多 DoD 项目提供了相关地面试验支持。在这几十年里，电弧加热试验设备和热防护材料相互促进，在相关技术上都获得了发展，从而确保许多空间发射任务取得了成功。

阿姆斯研究中心电弧加热器设备包括管式和片式类型。这些电弧加热器输入功率范围为 20~60 MW(图 12.8)，持续时间可以达到 30min。这些设备能够模拟 5~25 km/s 飞行速度下的飞行器表面气态化学组分和 25~60 km 飞行高度的等离子体流场。真空系统包括 5 级真空泵站。锥型和半椭圆超音速喷管可以满足不同几何形状的试验模型需要。

试验模型尺寸范围: 从驻点模型最大尺寸 60cm 到 80cm×80cm 平板模型。基于 500000L 去离子水容器，以工作压力为 50bar、30000L/min 的流速的冷却水，来实现对试验设备和试验模型的冷却。由两个采用晶闸管交流整流的直流电源对电弧加热器进行供电。一个直流电源连续工作功率为 75MW，另一个直流电源连续工作功率为 25MW。通常选择空气作为试验气体，或选用其他惰性非燃烧和无危害的气体介质作为试验气体。

图 12.8 NASA 阿姆斯研究中心 60MW 电弧加热设备 (取自文献 [6, 54])

3) 俄罗斯中央通用机械研究院 (TSNIMASH) 的 50MW 电弧风洞

俄罗斯中央通用机械研究院从 20 世纪 50 年代中期开始，先后研制了多座电弧加热设备，代表性的有 Y-15 电弧加热风洞。它是一座 50MW 电弧风洞，采用四组电源供电的四电极电弧加热器，使用了强磁场的磁扩散技术，磁控线圈有 240 匝，电流 3000A，这样弧根不再是一点，而形成了一大片，从而大大减轻了电极的局部热载荷，电弧电压提高到 2.5kV，电弧功率大大提高，电极寿命增长到 3 小时以上。排气系统采用 4 台抽气压缩机组，每台功率 30MW，抽气量达到 20kg/s，真空度达到千帕量级。系统的主要组成部分，如加热器、喷管、试验段、扩压段、冷却中和器等都采用了中/高压水冷却系统。

为了完成各种试验，配有先进的自动数据采集、记录和处理系统，系统有 192 个通道，用以分析静态和动态过程，确定加热器来流参数，用图表或计算机储存方式提供试验结果，利用模拟计算机组完成压力变化程序的自动控制，误差约 5%。设备还配有物理及光谱测量系统。

4) 意大利国家宇航中心 (CIRA)70MW 电弧风洞

欧洲航天局 (ESA) 在 20 世纪 80 年代中期制定了 Hermes 航天飞机计划，为此专门计划建造一座大型高焓等离子体电弧风洞，以实现飞行器全尺寸热防护部件的地面试验与考核。该设备最终落户在意大利国家宇航中心，被命名为 SCIROCCO。该设备从 1988 年开始论证，经过多轮的资金削减和反复的技术磋商，于 2001 年 9

月官方正式宣布建成 [7](图 12.9)。

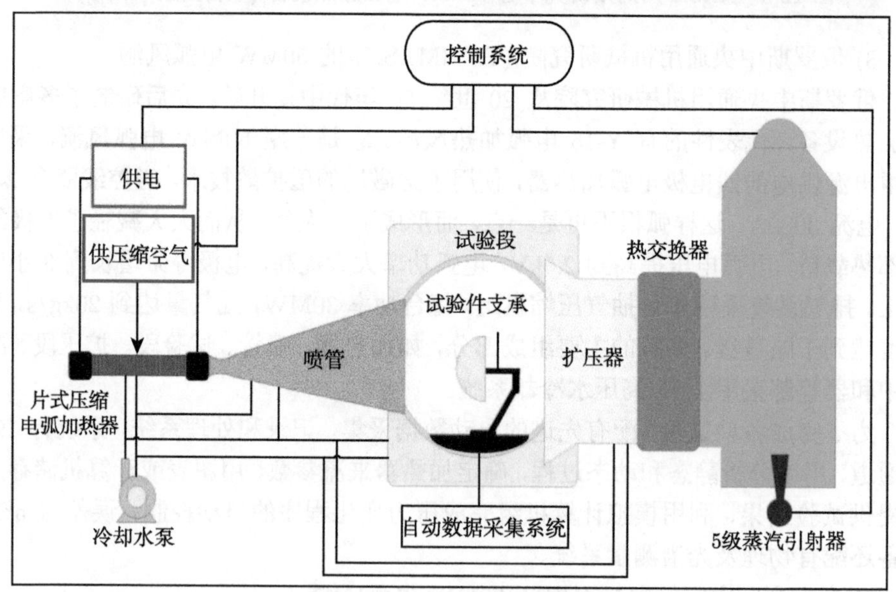

图 12.9 意大利国家宇航中心 70MW 电弧风洞 (取自文献 [7])

由于该风洞具有最高的电弧功率、最大的喷管出口尺寸 (2m) 及长时间运行能力 (30min)，可以说是当时世界上独一无二的低压电弧加热设备。SCIROCCO 等离子体电弧风洞本体系统，主要由电弧加热器、锥形喷管、试验段、模型支撑系统、扩压器、换热器、控制与数据采集系统，以及安全装置组成，附属系统主要由电源、真空及蒸汽系统、冷却水系统、压缩空气及氩气气源、电力系统、氮氧化合物脱除系统、测量仪器、起重设备及土建设施组成。

5) 中国空气动力研究与发展中心 (CARDC)

中国空气动力研究与发展中心经过 40 多年发展，建成了电弧加热器、电弧风洞、等离子体风洞等风洞设备，建立了大、中、小配套，从热防护材料到热结构考核试验，从基础研究到工程应用、风洞试验与数值模拟相结合的热防护试验研究体系。目前拥有 20MW 电弧风洞 1 座，50MW 量级大功率电弧风洞 2 座。主要研究方向包括：材料烧蚀性能对比；部件热结构试验；材料烧蚀/侵蚀耦合试验；电弧加热器及电弧风洞设计；防热试验装置；等离子体参数诊断；等离子体光辐射特性研究；等离子体对材料影响研究；等离子体对电磁波及激光传输影响研究；压力、热流、焓值、总温测量；表面温度、辐射测量；热应变、热位移测量等。

12.3 电弧加热设备试验测量方法和仪器

在电弧加热器试验中，其主要测量参数为气流焓值、压力、热流密度、温度等。下面介绍的是试验中经常使用的测试方法。

12.3.1 气流总焓测量

1) 能量平衡法

测量电弧加热器的电弧电压 V 和电流 I，电弧加热器壳体、电极、喷管冷却水所带走的热量的总和 Q，再测出气体的质量流量 G 就可以得出气流总焓 H_0

$$H_0 = (VI - Q)/G \tag{12.1}$$

$$Q = G_1 c_p \Delta T_1 + G_2 c_p \Delta T_2 + G_3 c_p \Delta T_3 \tag{12.2}$$

式中，G_1，G_2，G_3，ΔT_1，ΔT_2，ΔT_3 分别为电弧加热器壳体、电极、喷管冷却水的流量和温升；c_p 为冷却水的比热。试验中采用流量计或孔板测量气体流量，采用流量计测量水的流量，用热敏电阻或热电偶测量冷却水的温升。此法测得的总焓是气流的平均总焓，测量的时间较长，约需 10s，因而不能测出电弧加热器运行时的焓波动。

2) 平衡声速流法

在超声速电弧加热器中，高温气流在加热器喷管喉道处达到声速。利用这一条件，从高温气流等熵一维平衡流动的一组方程出发，在已知喉道面积、测得气体流

量和弧室总压的条件下，可以利用高温气体热力学函数表，由等熵关系计算。近似关系为

$$H_0 = 1.679 \times 10^6 \left(p_0 \cdot A_{*\text{eff}}/G\right)^{2.519} \tag{12.3}$$

式中，H_0 为气流总焓 (J/g)；p_0 为弧室压力 (MPa)；$A_{*\text{eff}}$ 为喷管喉道有效面积 (mm^2)。

喷管喉道有效面积可用冷气标定

$$A_{*\text{eff}} = 2.522 G_0 T_0^{1/2}/p_0 \tag{12.4}$$

式中，G_0 为冷气流流量 (kg/s)；T_0 为冷气流总温 (K)；p_0 为冷气流总压 (×0.1MPa)。

这里冷气流流量 G_0 用孔板流量计，配以差压传感器和压力传感器，或用安装在主气路上的节流装置测得。总压通过安装在后电极底部的测压孔测得。

平衡声速流法测得的是平均总焓，但平衡时间较短，一般 3s 内即可测出数据，可在一定程度上反映出焓的慢速波动。

3) 探针法

上述两种方法都不能测出喷管出口截面上焓的分布和中心线处的焓值，对于焓的波动也无足够的响应，利用瞬态焓探针可以克服上述不足。瞬态焓探针原理见图 12.10，它采用材料为铂或镍且长径比足够大的薄壁内取样管，进行气体采样，保证抽取的气体冷至易测的温度，使用取样管的瞬时温升，来测量被抽取的气体能量损失。取样管外部是一个非水冷却的不锈钢壳体，中间造成一个绝热的空气隙，使气流与采样管之间隔热，防止采样管与外部的热交换。取样管出口接了一套快速响应的流量测量系统，包括声速孔板和压力传感器等。当高温气流进入后，采样管的温度将稳定地增加，于是能量的吸收速率便能从管子的电阻变化速率导出。驻点焓的公式可简化为

$$H_{\text{s}} = \left[(c_v \rho V)_{\text{管}} / \dot{m} \alpha R_0 L\right] \frac{\text{d}E}{\text{d}t} + c_p T_{\text{e}} \tag{12.5}$$

式中，c_v 为采样管材料比热 (J/(g·K))；ρ 为采样管材料密度 (g/m^3)；V 是采样管体积 (m^3)；αR_0 为电阻率曲线的斜率；$\dot{m}$ 为进入采样管的气体质量流量 (g/s)；L 是采样管长度 (m)；E 是采样管的电压降 (V)；t 为时间 (s)；c_p 为采样管出口的气体比定压热容 (J/(g·K))；T_{e} 为采样管出口的气体温度 (K)。

为了测量电阻率的变化，通常对采样管施加一恒定电流。为避免对管子产生电加热，电流应控制在较小值。这样，测出管子两端的电压降，即可反映出电阻的变化。探针的顶部一般采用扁平的椭圆形，以减少驻点传热率。

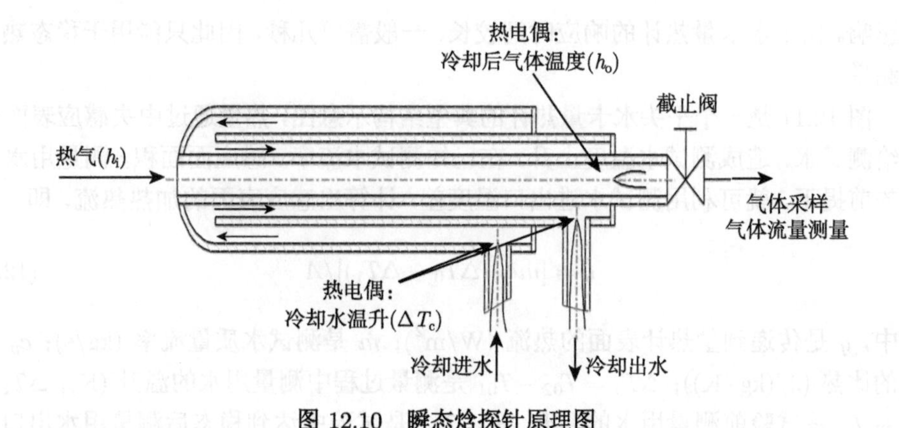

图 12.10 瞬态焓探针原理图

通过测量采样管后具有声速节流孔前的小空腔内压力、节流孔直径，通过计算获得采样管中气体质量流率，压力传感器要求有足够快的响应。

由于瞬态焓探针是非水冷型，不能在高温气流中长期工作，必须有一台快速扫掠结构，使探针以 0.2~1 m/s 的速度通过高温气流，才不至于被烧坏。

12.3.2 压力测量

驻点压力是烧蚀试验中的一个重要参数，可采用水冷皮托压力探针或瞬态皮托压力探针测量驻点压力。在水冷皮托压力探针的测量管后面，接上压力传感器，即可获得驻点压力数据。它的缺点是响应时间较长，约 1~2 s，热流大于 4200J/(cm^2·s) 时容易烧毁。瞬态皮托压力探针与瞬态焓探针的原理类似，它是非水冷型的，利用扫掠结构快速掠过高温气流获得数据。测压小孔一般为 0.5~1 mm，探针头部外形可按需要制作，应尽量缩短测压孔到压力传感器之间的距离，可获得快速反应。

对于校测模型上的表面压力的测量方法与驻点压力测量方法类似，通常在水冷或非水冷模型上布置测压孔，压力传感器的选用根据试验要求确定。

12.3.3 热流密度测量

这里主要介绍气动热与热防护试验中常用的三种热流测量仪器：水卡量热计、薄壁量热计和塞式量热计。三种量热计都基于能量平衡的原理，高温气体传递给量热计的热量，转化为水内能的增加，造成了水卡量热计中水温的上升；而传递给薄壁量热计和塞式量热计的热量，引起薄壁/塞块的内能上升，体现为金属片 (块) 的温度上升。为了实现热流的测量，需要测量热量传递所引起的温度随时间的变化。

1. 水卡量热计

水卡量热计的工作原理基于一个基本假设：气动加热的热量全部传递给水卡中的水 (开口体系的流动)，而没有其他影响，即忽略金属壁的内部热阻和内能变化的影响。由于水卡量热计的响应时间较长，一般需要几秒，因此只能用于稳态热流的测量。

图 12.11 是一个平头水卡量热计的典型结构示意图，热量通过中央感应表面传递给测试水，造成测试水温度上升。在已知测试水流率、感应面面积、测量用水物性的前提下，就可利用测试水进出口温度差，计算出感应表面的加热热流，即

$$q = [\dot{m}c_p\,(\Delta T_0 - \Delta T_1)]/A \tag{12.6}$$

其中，q 是传递到量热计表面的热流 ($\mathrm{W/m^2}$)；$\dot{m}$ 是测试水质量流率 (kg/s)；c_p 是水的比热 ($\mathrm{J/(kg\cdot K)}$)；$\Delta T_0 = T_{02} - T_{01}$ 是测量过程中测量用水的温升 (K)；$\Delta T_1 = T_2 - T_1$ 是试验前测量用水的温升 (K)；T_{02} 是试验中达到稳态后测量用水出口温度 (K)；T_{01} 是试验中达到稳态后测量用水进口温度 (K)；T_2 是试验前测量用水出口温度 (K)；T_1 是试验前测量用水进口温度 (K)；A 是量热计换热面积 ($\mathrm{m^2}$)。

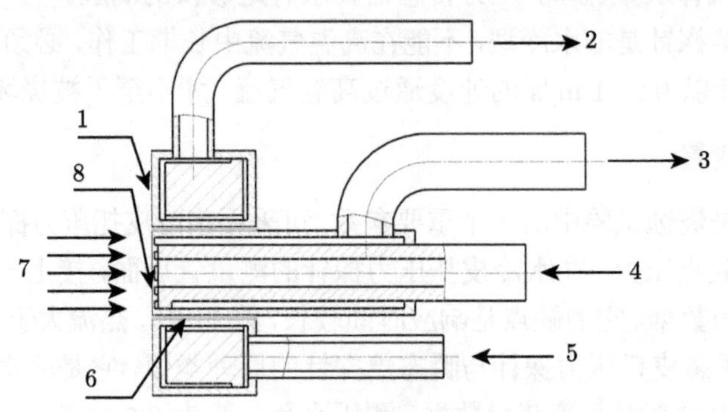

图 12.11　水卡量热计结构示意图 (取自文献 [10])

1-防护罩；2-防护罩冷却出水；3-测试水出水；4-测试水进水；5-防护罩冷却进水；6-隔热材料；7-高温气流；8-感应表面

由于采用了水冷，水卡量热计可以承受长时间的高热流加热，在电弧加热器、电弧风洞等热防护试验设备中得到广泛应用。水卡量热计不但可以用于流场校测、标准模型驻点热流测量，也可以用于模型非驻点区的表面热流测量。

2. *薄壁量热计*

薄壁量热计，顾名思义，是用薄的金属材料作感应面，使后壁绝热，根据金属材料的温度变化率获得传入感应面的热流。由于薄壁响应快，因此是一种瞬态热流测量方法。

图 12.12 是一个典型的薄壁量热计结构。可以将薄壁近似为无限大平板，在薄壁背面连接所需数量的热电偶，测量薄壁表面的热流分布。

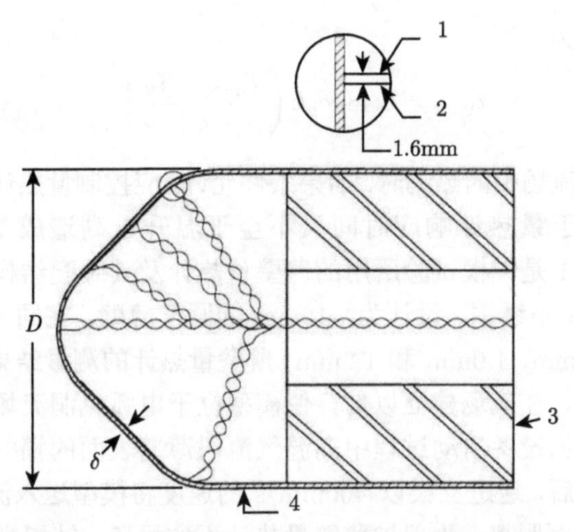

图 12.12 薄壁量热计结构示意图 (取自文献 [10])

1-热电偶正极；2-热电偶负极；3-隔热材料；4-薄壁量热计

薄壁量热计的响应时间，从一维导热微分方程中可以解出 [24]，有

$$\frac{k \cdot t_{\mathrm{r}}}{\rho \cdot c_p \cdot \delta^2} = Fo = 0.5 \tag{12.7}$$

其中，t_{r} 是量热计响应时间 (s)；k 是导热系数 (W/(m · K))；δ 是量热计厚度 (m)；ρ 是薄壁材料密度 (kg/m^3)；c_p 是比热 (J/(kg · K))；Fo 为傅里叶数。例如，薄壁量热计感应片选用不锈钢 (SUS304，18Cr8Ni)、壁厚为 0.76mm 时，响应时间约为 72ms。

薄壁的最大温度 $T_{\max}$ 受到材料性能及辐射损失的限制，所以 $T_{\max}$ 不可太大。通过设定感应面最大允许温度，可以确定薄壁量热计的最长工作时间和最大厚度，即

$$t_{\max} = \frac{\rho c_p \delta^2}{k}\left[\frac{k(T_{\max} - T_0)}{q\delta} - \frac{1}{3}\right] \tag{12.8}$$

$$\delta_{\max} = \frac{6k(T_{\max} - T_0)}{5q} \tag{12.9}$$

其中，$t_{\max}$ 是最长工作时间 (s)；T_0 是初始温度 (K)；$T_{\max}$ 是最大允许温度 (K)；ρ 是薄壁材料密度 (kg/m^3)；c_p 是比热 (J/(kg · K))；q 是入射热流 (W/m^2)；δ 是薄壁厚度 (m)。

有效测量时间最长时对应的壁厚称为量热计的最佳厚度。将式 (12.7) 和式 (12.8) 联立求函数最大值，可以得到薄壁量热计最佳厚度

$$\delta_{\mathrm{opt}} = \frac{3}{5}\frac{k(T_{\max} - T_0)}{q} \tag{12.10}$$

这时最长工作时间为

$$t_{\max} = 0.48\rho c_p k \left(\frac{T_{\max} - T_0}{q}\right)^2 \tag{12.11}$$

测量电弧加热流场中的热流时，如果条件允许，应控制量热计在流场中的停留时间， 使之既大于量热计响应时间又不至于温升过高造成量热计的损坏。图 12.13 和图 12.14 是钝楔试验所用的薄壁量热计及其装配结构。薄壁量热计材料选用 1Cr18Ni9Ti 不锈钢，设计为 ϕ16mm 的圆形薄壁，在同一试验状态下，比较了不同厚度 (0.8mm，1.0mm 和 1.2mm) 薄壁量热计的测量结果。钝楔模型安装在快速送进支架上，在流场建立以前，使模型位于电弧风洞流场外，并对钝楔表面进行遮挡，以避免设备启动过程中高温气流对薄壁表面的辐射加热。电弧加热器启动达到稳态以后，送进支架以 400mm/s 的速度将模型送入流场中心，同时遮挡物自动从模型表面脱离。为保护薄壁量热计不致损坏，钝楔模型只在流场中停留 0.5~1 s。

图 12.13　薄壁量热计及钝楔模型照片

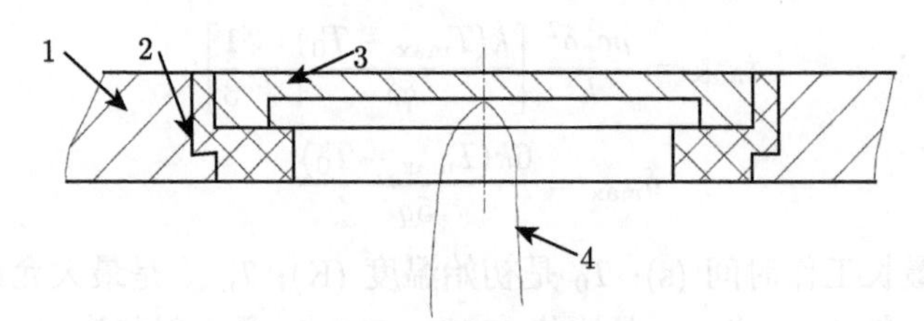

图 12.14　薄壁量热计装配结构

1-模型本体; 2-隔热套; 3-薄壁; 4-热电偶

图 12.15 是薄壁量热计背温随时间的典型变化曲线。利用背温变化曲线中的线性段，通过线性拟合可以得到量热计背温随时间的变化率，利用式 (12.6) 获得热电偶接点对应表面位置的热流。在薄壁温升的开始阶段，约有 0.5s 的时间，温升率与

所选取线性段温升率不一致，这是由送进支架送进过程中高温流场对薄壁的预热造成的。

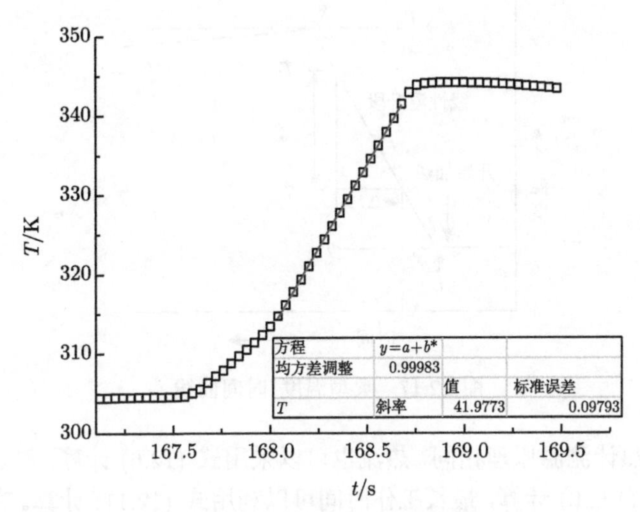

图 12.15 薄壁量热计温升曲线

3. 塞式量热计

塞式量热计 (slug calorimeter) 也称作热容式量热计，其结构比较简单，经常用于电弧加热设备试验的热流测量。图 12.16 是一个典型的塞式量热计结构，一般设计成柱体，环形隔热套和空气隙用于减少塞块与模型之间的热交换，使塞块侧表面近似为绝热壁面。典型的塞式量热计温升曲线见图 12.17。利用背温变化曲线中的线性段，通过线性拟合可以得到量热塞背温随时间的变化率，然后转换成热流数据。

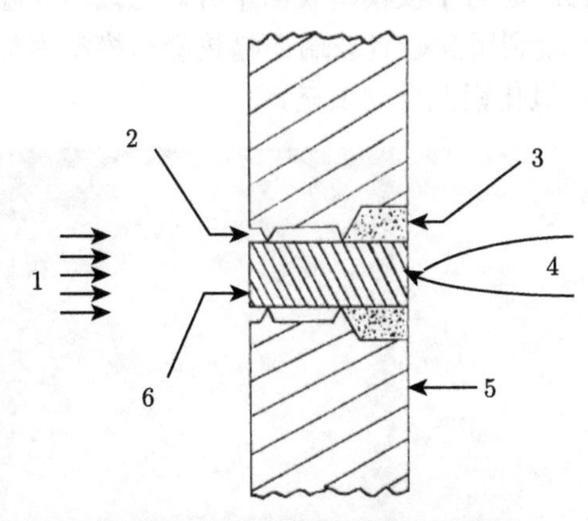

图 12.16 塞式量热计结构示意图

1-热源；2-空气隙；3-隔热材料；4-热电偶；5-模型本体；6-塞块

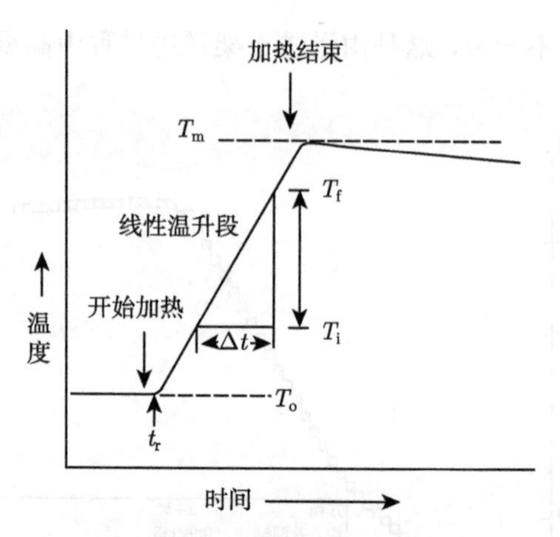

图 12.17　典型温度–时间曲线

与薄壁量热计测温原理相同，热流也可以采用式 (12.6) 计算，量热计的最佳柱塞长度可由式 (12.10) 计算，最长工作时间可以利用式 (12.11) 计算。在用塞式量热计测量热流时，背面温升率的精确测量十分重要，所用热电偶必须灵敏、可靠，而且经过标定。

塞式量热计常用于电弧加热设备的防热材料筛选和热结构考核试验中的热流测量。因为不需要水冷，塞式量热计制作简单、便宜，并且容易安装。跟薄壁量热计相比，塞式量热计承受高压的能力要强得多，一般不需要考虑表面变形的影响。塞式量热计的主要缺点是使用寿命比较短，并且试验后需要较长的冷却时间。

图 12.18 是典型的塞式量热计及湍流平板试验模型照片。量热塞材料选用无氧铜 (TU1)，直径取 ϕ5mm，高度取 7.3mm。塞式量热计安装在紫铜平板模型表面，利用调节垫片使塞块感应面与平板模型表面平齐。为减小高温气流对隔热材料烧蚀的影响，在塞块下半段利用高硅氧玻璃钢隔热套与模型本体隔开，上半段间隙 <0.5mm，利用水玻璃、氧化铝混合物填充。

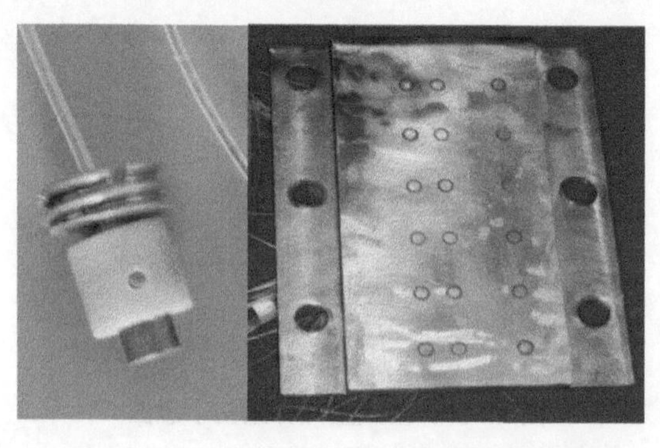

图 12.18　塞式量热计及湍流平板试验模型照片

在湍流边界层平板试验过程中，模型是固定不动的，所以在电弧加热器启动前，利用水冷挡板遮挡平板模型，避免高温气流对塞式量热计的预先加热。在电弧加热器状态稳定后，利用快速送进装置将水冷挡板迅速移开，测量平板表面热流。塞式量热计暴露在高温气流中的时间是 1~2 s。

12.3.4 温度测量

在气动热试验中，温度测量是一种常用的技术手段。如在电弧加热器上，对电弧射流温度的测量是校核气流焓值的一种重要方法，对试验模型表面和内壁温度的高精度测量是评估热防护材料性能的最重要的参数；对低焓值气流，也需要采用总温探针方法校核气流焓值，对高焓气流，常采用谱线强度法进行测量。

1. 气流温度测量

电弧射流的温度高达 5000~10000 K，一般采用非接触式测量。因为电弧加热器的电极用铜制作，气流光谱中含有强的铜谱线，因此气流温度常用铜谱线比强度方法测量。

在热平衡条件和假设无自吸收作用下，若气体中所含的元素处在不同电子能态 E 中的原子集合符合麦克斯韦分布定律，则激发能为 E 的谱线比强度 I 可表示为

$$I = \frac{1}{4\pi}Ah\upsilon\frac{g}{Z}N_0\mathrm{e}^{\frac{-E}{kT}} \tag{12.12}$$

式中，A 为跃迁概率；h 是普朗克常量；Z 为原子状态和；N_0 是粒子数密度；g 为统计权重；υ 为谱线的频率 (Hz)；T 为温度 (K)；k 为玻尔兹曼常数 ($= 8.616 \times 10^{-5}\mathrm{eV/K}$)。

同一元素的具有不同激发能 E_1 和 E_2 谱线的强度比为

$$\frac{I_1}{I_2} = \frac{A_1g_1\upsilon_1}{A_2g_2\upsilon_2}\mathrm{e}^{\frac{-(E_1-E_2)}{kT}} \tag{12.13a}$$

或写成

$$T = \frac{5040\,(E_1 - E_2)}{\lg\dfrac{A_1g_1}{A_2g_2} - \lg\dfrac{\lambda_1}{\lambda_2} - \lg\dfrac{I_1}{I_2}} \tag{12.13b}$$

式中，λ_1，λ_2 为波长。

元素谱线的统计权重及跃迁概率由试验确定，也可以从有关的资料中查找。

用光谱分光计测量得到铜谱线，如波长为$\lambda_1 = 5105\text{Å}$和 $\lambda_2 = 5153\text{Å}$的强度比$\dfrac{I_1}{I_2}$，查到铜谱线对应的激发能E_1和 E_2、统计权重、跃迁概率，就可以计算气流温度。

2. 模型表面温度测量

1) 热电偶法

热电偶是目前温度测量中应用最广泛的传感元件之一，具有结构简单、测量范围宽、准确度高、热惯性小、输出信号为电信号、便于远传以及信号转换等优点。微型热电偶可用于高频动态温度的测量。在电弧加热试验中，热电偶常用来测量模型内壁或者底部的温度随加热时间的变化。

表 12.2 给出了常见标准热电偶材料及其测温特性。热电偶的输出热电势与温度之间的关系常以数据表格的形式给出，称为分度表。现在常用的热电偶已经形成国家标准，其材料和分度要求可以查阅相关标准。

表 12.2 常见标准热电偶材料及其测温特性

名称	分度号	热电偶材料		冷端 0℃，热端	使用温度上限(直径 0.5mm)	
		正极	负极	100℃时热电势/mV	长期/℃	短期/℃
铂铑 13–铂	R	Pt87%, Rh13%	Pt100%	0.647	1400	1600
铂铑 10–铂	S	Pt90%, Rh10%	Pt100%	0.646	1400	1600
铂铑 30–铂铑6	B	Pt70%, Rh30%	Pt94%, Rh6%	0.033	1600	1700
镍铬–镍硅	K	Cr10%, Ni90%	Si3.0%, Ni97%	4.096	800	900
镍铬–铜镍(康铜)	E	Cr10%, Ni90%	Cu55%, Ni45%	6.319	350	450
铁–铜镍(康铜)	J	Fe100%	Cu55%, Ni45%	5.269	300	400
铜–铜镍(康铜)	T	Cu100%	Cu55%, Ni45%	4.279	200	250

热电偶测温基于热电效应原理。当两种不同材料的导体或半导体两端接合成一个闭合回路时，如果两接点温度不同，则在回路中就有电流产生，即回路中存在电动势，这种现象叫做热电效应。热电效应由塞贝克 (Seebeck) 在 1821 年发现，所以又称为塞贝克效应。塞贝克效应所产生的电动势称为热电势，由两部分组成：接触电势和温差电势。

根据物理学有关理论，接触电势可用下式表示

$$E_{\mathrm{AB}}=\frac{\sigma T}{e}\ln\frac{n_{\mathrm{A}T}}{n_{\mathrm{B}T}} \tag{12.14}$$

其中，e 为单位电荷；$\sigma=5.66961\times10^{-8}\mathrm{W}/(\mathrm{m}^2\cdot\mathrm{K}^4)$ 为斯特藩–玻尔兹曼常数；$n_{\mathrm{A}T}$，$n_{\mathrm{B}T}$ 为导体 A、B 在温度 T 时的电子密度。

温差电势与两端的温差有关，可用下式表示

$$E_{\mathrm{A}(T,T_0)}=\frac{\sigma}{e}\int_{T_0}^{T}\frac{1}{n_{\mathrm{A}}}\mathrm{d}(n_{\mathrm{A}}t) \tag{12.15}$$

其中，n_{A} 是材料 A 的电子密度，为温度的函数；T，T_0 分别是材料 A 两端的温度 (K)。

对于由材料 A、B 组成的闭合回路，如图 12.19 所示，接点两端温度分别为 T, T_0，如果 $T > T_0$，根据式 (12.14)和式(12.15)，存在两个接触电势 $E_{\mathrm{AB}(T)}$、$E_{\mathrm{AB}(T_0)}$，两个温差电势 $E_{\mathrm{A}(T,T_0)}$、$E_{\mathrm{B}(T,T_0)}$，则回路总电势可以用下式表示

$$\begin{aligned} E_{\mathrm{AB}(T,T_0)} &= E_{\mathrm{AB}(T)} + E_{\mathrm{B}(T,T_0)} - E_{\mathrm{AB}(T_0)} - E_{\mathrm{A}(T,T_0)} \\ &= \frac{\sigma}{e}\int_{T_0}^{T} \ln\frac{n_{\mathrm{A}}}{n_{\mathrm{B}}}\mathrm{d}t \end{aligned} \tag{12.16}$$

对于特定材料来说，n_{A}，n_{B} 是温度的单值函数，上式积分可以表达为

$$E_{\mathrm{AB}(T,T_0)} = f(T) - f(T_0) \tag{12.17}$$

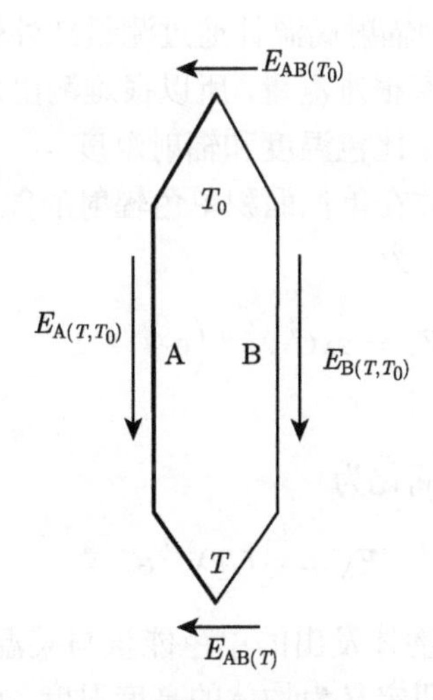

图 12.19 热电偶回路电势分布

热电偶材料确定后，热电势的大小只与热电偶两端温度有关。如果使 $f(T_0)$ 为常数 (比如使热电偶一端处于恒温环境中)，那么回路热电势 $E_{\mathrm{AB}(T,T_0)}$ 就只与温度 T 有关，而且是 T 的单值函数，这就是热电偶测温的原理。在热电偶测温时，可以根据分度表得到温度值。

最简单的热电偶测温线路如图 12.20 所示，由热电偶、补偿导线和直流电压测量仪表组成，在参考端温度 T_0 已知时，可以测量温度场中接点所处位置的温度 T_1。

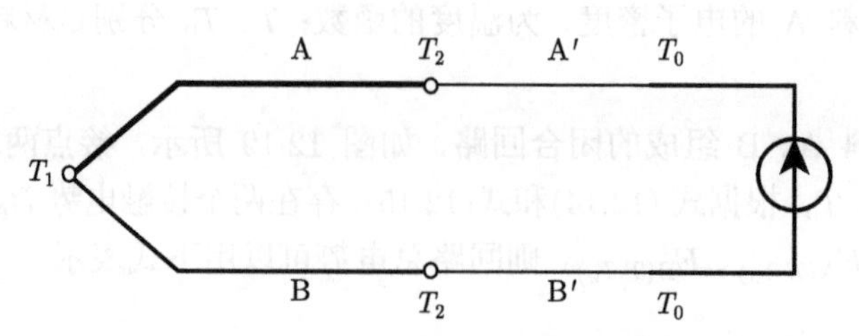

图 12.20 热电偶补偿导线接线图

2) 非接触法

非接触测温方法是电弧加热试验中模型表面温度测量的重要手段。单波长–多波段光学高温计作为传统测试手段已经在这方面得到了应用。但是，对于电弧加热器材料试验，温升过程中的发射率变化以及缺乏空间分辨率限制了标准现成仪器的有效使用。

烧蚀材料模型表面温度一般在 1000~3700 K，基本上处于光谱红外和可见光区域，因此一般可以采用各种辐射高温计通过测量红外辐射确定表面温度。因为材料在烧蚀状态下的表面发射率很难测量，所以很难测出表面真实温度，因此一般采用光学方法测量其亮度温度、比色温度和辐射温度。

由普朗克公式可知，黑体在单位面积单色辐射的能量，对于一般物体，引入单色发射率，则单色辐射能 E_λ 为

$$E_\lambda = \varepsilon_\lambda C_1 \lambda^{-5} \left(\mathrm{e}^{\frac{C_2}{\lambda T}} - 1\right)^{-1} \tag{12.18}$$

式中，ε_λ 为单色辐射系数。

$C_2/\lambda T \gg 1$ 时，上式可简化为

$$E_\lambda = \varepsilon_\lambda C_1 \lambda^{-5} \mathrm{e}^{-\frac{C_2}{\lambda T}} \tag{12.19}$$

亮度温度的定义是，某物体发出的单色能量与某温度下的黑体 ($\varepsilon_\lambda = 1$) 单色能量相等时，此黑体的温度即定义为物体的亮度温度。由于 $\varepsilon_\lambda < 1$，故亮度温度恒小于物体的真实温度。而烧蚀状态下表面单色发射率很难测定，实用中常常采用比色温度。比色温度即测出两种波长 λ_1, λ_2 下物体的单色能量，取其比值导出比色温度为

$$T_{\mathrm{c}} = \frac{C_2\left(\dfrac{1}{\lambda_2} - \dfrac{1}{\lambda_1}\right)}{\ln\dfrac{E_{\lambda_1}}{E_{\lambda_2}} + 5\ln\dfrac{\lambda_1}{\lambda_2} - \ln\dfrac{\varepsilon_{\lambda_1}}{\varepsilon_{\lambda_2}}} \tag{12.20}$$

比色温度与真实温度的关系为

$$\frac{1}{T} - \frac{1}{T_{\mathrm{C}}} = \frac{\ln\varepsilon_{\lambda_{2T}} - \ln\varepsilon_{\lambda_{1T}}}{C_2\left(\lambda_1 - \lambda_2\right)}\lambda_1\lambda_2 \tag{12.21}$$

可见当 $\varepsilon_{\lambda_1}=\varepsilon_{\lambda_2}$ 时，$T_{\mathrm{C}}=T$，对于灰体 (即单色发射率不随波长而变)，比色温度等于真实温度。比色温度可大于或小于真实温度，对一般 ε_λ 变化较平缓的物体，它比亮度温度更接近真实温度。

烧蚀试验时，经常要测量物体表面辐射热流，它可以鉴别烧蚀材料经受气动加热时表面的再辐射能力，还可以从辐射热流换算成辐射温度计算材料的全辐射系数。

根据斯特藩–玻尔兹曼定律，辐射体单位面积通过半球面向外发射的能量为

$$W_T=\varepsilon_T\sigma T^4 \tag{12.22}$$

式中，ε_T 为材料的全波段发射率；σ 为斯特藩–玻尔兹曼常数；T 为物体表面温度 (K)。

当一个物体在温度 T 时发出的能量和某一温度 T_{r} 下黑体发射的能量相等时，定义此黑体的温度 T_{r} 即为物体的辐射温度，即

$$\sigma T_{\mathrm{r}}^4=\varepsilon_T\sigma T^4 \tag{12.23}$$

亦即

$$\varepsilon_T=(T_{\mathrm{r}}/T)^4 \tag{12.24}$$

因此，只要测出物体的表面真实温度和辐射温度后就可以计算得到全发射率 ε_T。测量物体的表面温度时，不管用哪一种光学测温仪器，事先都要对仪器进行标定，即得到温度与仪器输出信号之间的关系，一般采用黑体炉进行标定。

目前先进的非接触测量，是将光学热测量装置和数据分析工具相结合，基于 CCD 相机研制出的多波长成像高温计 (AMIP)，能够同时记录可见近红外波段试验模型表面的多个独立的滤波后的图像，经发射率校正的表面温度和发射率分布可以从这些图像数据中获得。

更为先进的是激光诱导荧光 (LIF) 非接触测量技术，能够进行流场速度、温度和绝对氮浓度测量，测试结果信息可用于估计以动能、化学能及热能模式储存在气流中气体组分中的相应总焓部分计算 [16]。这种技术已经在很大程度上加深了对自由射流气体混合物热动力学状态的了解。

12.3.5 有效烧蚀热测量

在防热材料筛选与性能试验中，有效烧蚀热 h_{eff}^* 是衡量材料烧蚀性能的重要参数，它代表单位面积上单位质量的烧蚀材料阻挡或吸收的热量，其定义为

$$h_{\mathrm{eff}}^*=\frac{q}{\dot{m}} \tag{12.25}$$

式中，q 为物体没有烧蚀时的热流密度；$\dot{m}$ 为单位面积上总烧蚀质量率，$\dot{m}=\rho v_{\mathrm{w}}$，这里，$\rho$ 为材料密度，v_{w} 为材料烧蚀线速度。

因为试验过程是基本稳态的，所以模型质量烧蚀率等于平均质量烧蚀率，即

$$\dot{m}=\frac{m_1-m_2}{\Delta t} \quad (\mathrm{g/s}) \tag{12.26}$$

式中，m_1 为试验前模型质量 (g)；m_2 为试验后模型质量 (g)；Δt 为试验时间 (s)。

同样，模型底部直径线烧蚀率为

$$v_{\mathrm{w}}=\frac{\varphi_1-\varphi_2}{\Delta t} \quad (\mathrm{mm/s}) \tag{12.27}$$

式中，φ_1 为试验前模型底部直径 (mm)；φ_2 为试验后模型底部直径 (mm)。

为了获得试验模型烧蚀过程中外形的实时的变化数据，也可以采用非接触成像的方法进行材料外形变化量的连续测量。

12.3.6 模型表面粗糙度测量

在电弧加热器上进行转捩试验时，由于采用升压技术，模型开始烧蚀时处于层流烧蚀状态，表面形成一种微观分布粗糙度。在向高压区推进过程中，在射流的一定位置开始转捩，继续向高压区前推进，转捩位置向端头前移动。转捩点后由于湍流烧蚀和剪切力作用形成花纹、沟槽等宏观粗糙度。粗糙元的间距是散布的，形状也是不相同的。一般以 $\bar{K}$ 表示粗糙元平均峰谷高度，在转捩准则中常用平均峰谷高度 $\bar{K}$ 与边界层动量厚度 θ 或头锥球半径 r 之比，即 $\bar{K}/\theta$ 或 $\bar{K}/r$ 来表示。

粗糙元高度采用显微照相方法，将烧后的模型按气流流动方向剖开逐渐打磨抛光以暴露烧蚀时形成的表面细节。用金相显微镜或电子显微镜拍摄断面内前缘因烧蚀形成的粗糙元，放大倍数视粗糙元情况而变，通常取 250~516 倍。然后将摄得的底片在阿贝比长仪上读数，测出大量的粗糙元高度数据 h。一般每个模型样品需拍摄 20 张照片，每个照片需读出 10~20 个粗糙元高度 h 数据。按下式计算平均值 $\bar{h}$ 和标准偏差 σ_h

$$\bar{h}=\sum_{t=1}^{n} h_i \tag{12.28}$$

$$\sigma_h=\left[\frac{1}{n}\sum_{i=1}^{n}\left(h_i-\bar{h}\right)^2\right]^{1/2} \tag{12.29}$$

借助光学传递函数$\bar{P}$ 转换成物理上的峰谷高度 $\bar{K}$。对于石墨粗糙元为半球形，取 $\bar{P}=\dfrac{\pi}{4}$。对于三向碳–碳的 Z 向纤维粗糙元为圆锥形，取 $\bar{P}=\dfrac{1}{2}$。

通过烧蚀试验的模型将在常规风洞进行精确的气动力测量，因此，一般还需测量模型烧蚀的表面粗糙度。模型烧蚀表面的粗糙度测量与常规测量方法一致，这里不再赘述。

12.4 电弧加热烧蚀试验技术

12.4.1 电弧自由射流烧蚀试验技术

在研制弹头端头防热材料的过程中，需要进行防热材料的筛选、烧蚀性能和外形变化等试验，这些试验通常利用电弧加热器自由射流驻点烧蚀试验技术。自由射流试验能在模型表面产生非常高的压力和表面热流，适于模拟具有非常高的冲刷力和表面压力的极端再入气动热环境。其主要模拟参数为：气流驻点焓 h_s、驻点压力 p_s、驻点热流密度 q_s 等，其热环境参数可由 $h_s p_s^{1/2}$ 表征。

1. 自由射流烧蚀试验原理

自由射流烧蚀试验装置原理如图 12.21 所示，主要由电弧加热器、喷管、模型及支架等组成，不需要真空试验段和真空抽吸系统。喷管可采用亚声速和超声速两种。超声速喷管通常采用锥形喷管，名义马赫数 $Ma < 3$。模型按试验要求设计，模型尺寸由喷管出口直径确定。进行材料筛选和性能试验时，采用亚声速喷管，模型直径 D 与喷管出口直径 D_e 之比为 1.5:1，采用超声速喷管为 1.1:1。

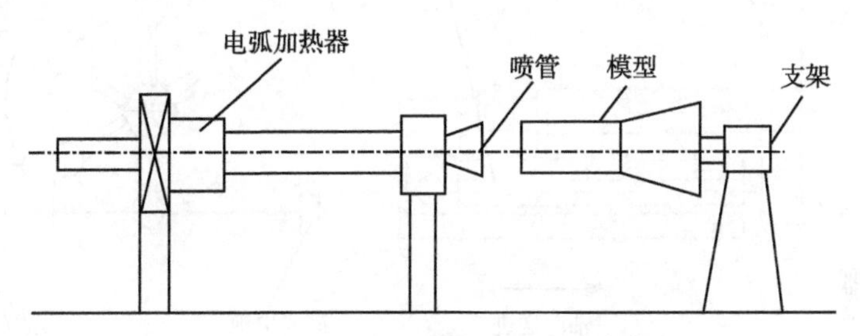

图 12.21 自由射流烧蚀试验装置原理图

电弧加热器自由射流的气流参数可以通过一维等熵平衡流进行计算。

质量守恒方程：
$$\rho u A = \rho_* u_* A_* = G \tag{12.30}$$

能量守恒方程：
$$h + \frac{1}{2}u^2 = h_0 \tag{12.31}$$

等熵条件：
$$S = S(h, p) = S(h_0, p_0) \tag{12.32}$$

状态方程：
$$p = p(h, p) \tag{12.33}$$

正激波前后关系式为

质量守恒：
$$\rho_1 u_1 = \rho_2 u_2 \tag{12.34}$$

动量守恒：
$$p_1 + \rho_1 u_1^2 = p_2 + \rho_2 u_2^2 \tag{12.35}$$

能量守恒:
$$h_1 + \frac{1}{2}u_1^2 = h_2 + \frac{1}{2}u_2^2 = h_0 \tag{12.36}$$

式中，A 为喷管截面；h 为焓值；G 为气体质量流量；p 为压力；S 为熵；u 为速度；ρ 为气体密度。下标 “0” 代表滞止条件，“$*$” 代表声速点，“1” 代表激波前参数，“2” 代表激波后参数。状态关系式可从高温气体热力学图表或关联公式中得到。

模型支架配有自动送进装置，可采用横纵向模型自动送进装置和旋转式模型自动送进装置。为消除由于采用锥形喷管沿轴向产生的压力梯度而造成试验参数的变化，纵向送进采用激光定位的自动补偿装置。旋转模型自动送进装置有一个回转头 (图 12.22)，上面有五个悬臂，模型都装在悬臂上。试验时悬臂依次旋转一定角度，将模型送入流场中，这样一次试验可以同时最多烧蚀五个模型。模型的定位同横纵向自动送进装置相同。由于自动送进装置可随模型的前表面的烧蚀量不断向前送进，因而平均送进速度等于烧蚀速度，从而增加了一种有效的烧蚀速度测量手段。

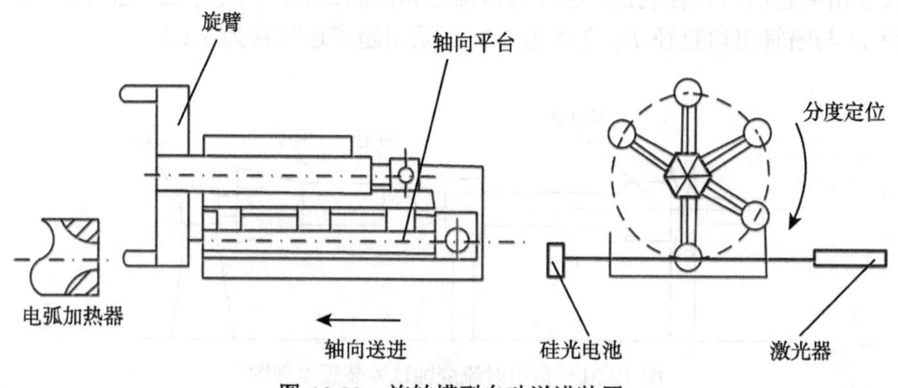

图 12.22　旋转模型自动送进装置

2. 防热材料筛选和端头防热材料性能试验

试验主要模拟参数为驻点焓、驻点压力、驻点热流密度。试验要求电弧射流具有各种状态，比如低压高焓、高压低焓和中压中焓等，得到较高热流密度或高剪切力时材料的烧蚀性能。模型一般采用平头圆柱形。试验前先测出气流总焓、弧室压力，用快速压力探针测出模型安装处的驻点压力和射流的压力剖面，利用瞬态焓探针测出此处的焓剖面，利用热流密度探针测出驻点热流密度。试验中利用比色高温计或多光谱高温计测量模型表面温度，使用宽波段高温计测量辐射热流密度。烧蚀速度有两种测量方法：一是测量烧蚀前和烧蚀后的模型长度之差，再除以烧蚀时间得出平均烧蚀线速度；二是利用高速摄影机拍摄模型烧蚀过程，得出烧蚀后退量随时间变化曲线，从而得出稳态烧蚀线速度，并了解非稳态烧蚀过程。材料烧蚀量还可以由称重法得到。

利用电弧加热器自由射流驻点试验技术研究防热材料烧蚀性能，给导弹弹头防热设计提供了极有用的数据。通过试验可以了解材料的烧蚀性能和模型烧后的表面状态，得出烧蚀性能与各试验参数之间的关系。作为一个例子，表 12.3 给出 1#三向碳/碳材料和 2#三向碳/碳材料的烧蚀性能与各试验参数之间的关系。

表 12.3　驻点烧蚀试验的状态和结果

参数 \ 状态	弧室压力	驻点压力	驻点总焓	1#碳/碳			2#碳/碳		
	P_0/MPa	P_s/MPa	h_s/(J/kg)	烧蚀速度 u_a/(mm/s)	比色温度 T_c/K	辐射温度 T_r/K	烧蚀速度 u_a/(mm/s)	比色温度 T_c/K	辐射温度 T_r/K
1	3.20	2.053	3607	0.34			0.31		
2	3.190	1.970	5977	0.52	3286				
3	4.290	2.880	4610	0.57		3065	0.67	3606	3277
4	6.130	4.66	4289	1.40	3607	3110	1.24		
5	9.240	6.08	4193	1.98	3866	3105	1.78	3775	2894

实践证明，电弧加热设备在研制用于再入和其他超音速飞行环境的端头防热材料方面发挥了重要作用。运行在高压情况的电弧加热器，能够模拟总热载荷积累过程中的弹道再入端头上的驻点热流和压力 (图 12.23)。另外，通过改变加热器运行参数 (初始流场焓值和加热器弧室压力) 以及选择合适的喷管形状，可以在加热器上实现层流和湍流加热模拟试验。稳态烧蚀试验可以在不同的气动热试验环境中测试和评估端头驻点烧蚀率、热结构生存能力和尖端外形稳定性。对于弹道再入飞行器端头材料试验 (其飞行参数位于速度/压力–海拔模拟包络线最右下部分)，仅需要通过增加喷管总压并同时带来了端头驻点压力增加的方式获得最大驻点热流。这需要采用亚扩散自由射流试验模式，同时需要超过 100atm 的加热器工作气压；另外，试验模型外形尺寸要大于喷管直径。对于这些试验，在选择喷管的时候既要考虑获得最大驻点压力 (需要小的喷管)，也要考虑获得所需要的流场尺寸 (即比较大的出口直径)，以使端头完全位于音速区域。在这些试验状态下，当鼻端因烧蚀退缩时，为了使端头前段始终位于从喷管唇口处喷射出的扩散波内，需要采用横向激光定位控制，实现模型位置自动补偿送进。最新型高压片式电弧加热器可以提供接近 100atm 的模型驻点压力。在如此高的驻点压力下，可以满足模拟再入飞行器最大驻点热流要求 ($>15000\mathrm{W/cm^2}$，典型半径为 0.75cm 鼻端直径试验模型)。对于一些弹道再入模拟，自由射流马赫数和流场焓值都低于名义飞行参数，但由于高的驻点压力，进入试验模型中的热流能正确模拟飞行环境中的热流参数。通过比

较驻点 (再入端头) 和高超声速边界层加热地面试验数据和飞行试验结果，验证了这类地面加热模拟试验用于评估极端再入环境下材料性能的有效性和可行性。

图 12.23　电弧加热器上进行的导弹端头试验 (取自文献 [3])

3. 湍流和边界层转捩试验

弹头随着飞行高度的下降，会在端头上发生边界层转捩。在转捩和湍流区热流密度显著增大，烧蚀量大大增加，形成一个凹陷区，端头上的防热层很可能在这个凹陷区被烧穿。碳基材料端头由于烧蚀，其表面会变得很粗糙，使热流增加的同时，还会导致转捩和湍流加热提前发生，进一步加剧了端头材料烧蚀。

一般来说，影响转捩的主要因素很多，如自由流马赫数、自由流雷诺数、表面粗糙度、壁温比、头部的钝度、压力梯度、攻角等。在电弧加热器上进行转捩研究的优点，是可以使用真实材料制成的模型，在有烧蚀的条件下进行试验，以判别产生转捩时的驻点压力，然后研究转捩压力和气流状态、模型表面粗糙度、模型头部钝度、壁温比的关系。将电弧加热器射流的流场参数和实测的粗糙度代入 PANT 转捩准则进行计算，从而验证试验的可靠性。另外，在同样条件下试验各种不同材料的模型并测出其转捩压力，还可以比较材料的性能好坏。

试验采用压力递升技术。电弧加热器锥形扩张喷管所产生的发散气流，其驻点压力随离喷管轴向距离的增加而不断下降。若将试验模型从下游某一位置开始向上游送进，则可获得递升的驻点压力和气流雷诺数。在模型送进过程中，用高速摄影机扫摄模型头部烧蚀外形，当出现转捩时，转捩区的表面亮度增高并随后出现烧蚀凹坑，判读底片可得出转捩时模型离喷管的轴向距离和转捩区在端头上的位置，再测出不同的轴向距离上驻点压力的变化曲线，即可得到模型转捩时的驻点压力和转捩位置。

试验模型可采用球锥形，半锥角 10°，其余尺寸依据电弧加热器功率的大小来确定。模型材料可用弹头真实材料。模型安装在自动送进机构的模型支架上(图 12.24)，待加热器正常运行后，横向送入到高温射流中，随后以 2~8.6 mm/s 的速度向上游做纵向送进，送进速度按模型的烧蚀速度来调节，以免模型在发生转捩前烧蚀过多而改变了头部半径。

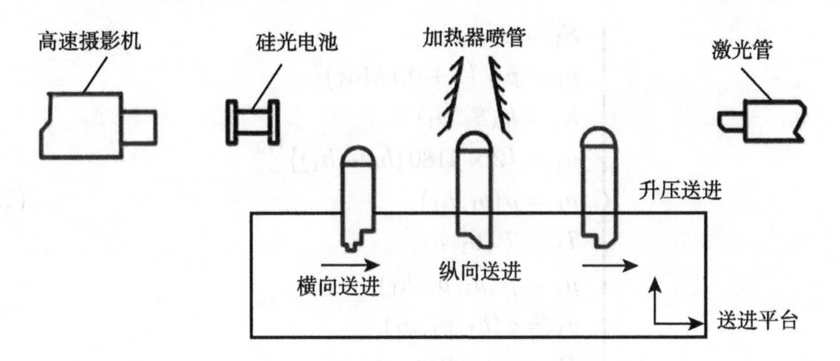

图 12.24 试验装置示意图

轴向压力分布用快速压力探针测量，射流焓剖面用瞬态焓探针测量，用摄影机在侧面拍摄模型头部的外形变化和转捩区的亮度变化，拍摄速度为 200 帧/s，用 6328Å干涉滤光片和一块红色的长通滤光片合理地选用曝光参数，以得到清晰的模型照片。

为了预计模型的转捩状况，更有效地进行模拟试验和分析，下面给出工程计算方法。

1) 射流流场计算

对于球锥模型，试验是在电弧加热器超声速射流的盘状–雷曼波之前进行的，这一段射流核心区可视为等熵流动，射流总焓保持不变。根据测得的驻点压力，有

$$\frac{p_{\mathrm{s}}}{p_0}=\frac{\left(\dfrac{1+\gamma}{2}Ma_1^2\right)^{\gamma/(\gamma-1)}}{\left(1+\dfrac{\gamma-1}{2}Ma_1^2\right)^{\gamma/(\gamma-1)}\left[\dfrac{2\gamma Ma_1^2-(\gamma-1)}{\gamma+1}\right]^{1/(\gamma-1)}} \tag{12.37}$$

式中，p 为压力；Ma 为马赫数；γ 为空气比热比，取 1.2；下标 “1” 代表正激波前参数，“2” 代表正激波后参数，“s” 代表驻点参数，“0” 代表滞止参数。

气流马赫数由下式迭代得到：

$$Ma_1 = \left\{ \frac{4.244 Ma_1^2}{\left[0.2 \left(\frac{p_s}{p_0} \right)^{1/6} \left(2.4 Ma_1^2 - 0.2 \right)^{5/6} \right]} - 10 \right\}^{1/2} \tag{12.38}$$

求出来流马赫数后，应用热力学参数关系，可得一系列射流参数

$$\left\{ \begin{array}{l} S_1 = S\left(p_0, h_0\right) \\ p_1 = p_0 / \left(1 + 0.1 Ma_1^2\right)^6 \\ h_1 = h\left(S_1, p_1\right) \\ u_1 = \left\{2 \times 4180\left(h_0 - h_1\right)\right\}^{1/2} \\ \rho_1 = \rho\left(p_1, h_1\right) \\ T_1 = T\left(S_1, h_1\right) \\ \mu_1 = \mu\left(p_1, \rho_1, h_1\right) \\ a_1 = a\left(h_1, p_1, \rho_1\right) \\ Re_{\mathrm{L}} = 0.002 \rho_1 u_1 r / \mu_1 \end{array} \right. \tag{12.39}$$

式中，h 为气流焓；S 为熵；T 为温度；a 为声速；ρ 为气体密度；p 为静压；μ 为气体动力黏性系数；u 为速度 (m/s)；Re_{L} 为雷诺数；r 为球头半径。

2) 模型表面流动计算

当来流马赫数不高，计算又局限于头部驻点附近区域时，这部分流动可视为正激波后的气流做等熵流动。正激波后熵为

$$S_2 = S\left(p_s, h_0\right) \tag{12.40}$$

按修正牛顿理论计算模型表面压力为

$$p_e = \left(p_s - p_1\right) \cos^2 \alpha + p_1 \tag{12.41}$$

式中，下标 e 代表边界层外缘参数；$\alpha = s/r$ 为模型表面上的点到驻点的角度，s 为距模型顶段表面的距离。然后按等熵流计算边界层外缘参数

$$\left\{ \begin{array}{l} h_e = h\left(S_2, p_e\right) \\ u_e = \left\{2 \times 4180\left(h_0 - h_e\right)\right\}^{1/2} \\ \rho_e = \rho\left(p_e, h_e\right) \\ a_e = a\left(p_e, \rho_e, h_e\right) \\ \mu_e = \mu\left(p_e, \rho_e, h_e\right) \\ Ma_e = u_e / a_e \\ T_e = T\left(h_e, S_2\right) \end{array} \right. \tag{12.42}$$

为了计算动量厚度雷诺数，先求参考焓

$$h_{\mathrm{r}} = 0.28h_{\mathrm{e}} + 0.22h_0 + 0.5h_{\mathrm{w}} \tag{12.43}$$

式中，$h_{\mathrm{w}} = h(S_2, T_{\mathrm{w}})$ 为壁面焓。烧蚀材料表面温度 T_{w} 由实测提供。对于碳基材料，因有良好导热性能以及模型尺寸很小，可把端头上计算区域的壁温视为常数。

动量厚度雷诺数由下式计算

$$Re_\theta = 0.38336\left(\frac{\rho_{\mathrm{e}}u_{\mathrm{e}}r\alpha}{\mu_{\mathrm{e}}}\times 10^{-3}\right)^{1/2}\left(\frac{h_{\mathrm{e}}}{h_{\mathrm{r}}}\right)^{0.19} \tag{12.44}$$

则动量厚度为

$$\theta = (Re_\theta\mu_{\mathrm{e}}/\rho_{\mathrm{e}}u_{\mathrm{e}})\times 10^3 \tag{12.45}$$

用 PANT-Bisop 转捩准则计算转捩位置 [11]。

端头前区

$$\frac{\bar{K}}{D} = 152\left\{\left[\left(\frac{T_{\mathrm{w}}}{T_{\mathrm{e}}}\right)^{1.23}\bigg/\left(\frac{S}{r}\right)_t\right](Ma_\infty/Re_D^{0.6})\right\}^{1.96} \tag{12.46}$$

端头后区

$$Re_{\theta\mathrm{t}} = 5.6\left(\bar{K}/D\right)^{-1/3}\left[1+4.5\left(\frac{T_{\mathrm{w}}}{T_{\mathrm{e}}}\right)Ma_{\mathrm{e}}^2\right]^{1/2} \tag{12.47}$$

式中，K 为物理上的粗糙元峰谷高度 (mm)；D 为模型底部直径 (mm)；T_{w} 为壁面温度 (K)；Ma_∞ 为来流马赫数；Re_D 为以直径为特征的雷诺数；$Re_{\theta\mathrm{t}}$ 为转捩时动量厚度雷诺数；下标 t 代表转捩点参数。

从上式可看出，对于一定的来流参数和粗糙度，都是气动热力学的函数

$$(S/r)_{\mathrm{t}} = \frac{Ma_\infty (T_{\mathrm{w}}/T_{\mathrm{e}})^{1.23}}{(Re_D)^{0.6}\left[\bar{K}/(304r)\right]^{1/1.96}} = F\left(\frac{S}{r}\right) \tag{12.48}$$

$$Re_\theta = 0.38336\left(\frac{\rho_{\mathrm{e}}u_{\mathrm{e}}\alpha r}{\mu_{\mathrm{e}}}\times 10^{-3}\right)\left(\frac{h_{\mathrm{e}}}{h_{\mathrm{r}}}\right)^{0.19} = f_1\left(\frac{S}{r}\right) \tag{12.49}$$

$$Re_{\theta\mathrm{t}} = 5.6\left(\bar{K}/D\right)^{-1/3}\left[1+4.5\left(\frac{T_{\mathrm{w}}}{T_{\mathrm{e}}}\right)Ma_{\mathrm{e}}^2\right]^{1/2} = f_2\left(\frac{S}{r}\right) \tag{12.50}$$

求转捩的方法是：在前区，求 $\left(\dfrac{S}{r}\right)_{\mathrm{t}} = F\left(\dfrac{S}{r}\right)$ 与 $\left(\dfrac{S}{r}\right)_{\mathrm{t}} = \left(\dfrac{S}{r}\right)$ 的交点；在后区，求 $Re_\theta = f_1\left(\dfrac{S}{r}\right)$ 与 $Re_{\theta\mathrm{t}} = f_2\left(\dfrac{S}{r}\right)$ 前交点。

Bisop 提供的两个相关转捩准则分别适用于端头前区和后区，与来流马赫数有关。在电弧射流马赫数较低情况下 ($Ma < 5$)，两者的界限大约距驻点 16°。准则预报精度为 0.05 倍端头半径。表 12.4 为电弧加热器转捩试验结果与计算值的比较。

表 12.4 转捩试验结果与计算值的比较

	壁温	计算值			试验值		
	T_{w} /K	转捩压力 /MPa	粗糙度 /μm	转捩位置 /rad	转捩压力 /MPa	粗糙度 /μm	转捩位置 /rad
高纯石墨	3409	2.75	12.2	30.97	2.78	12.44	28.6
	3526	2.99	13.8	31.15	2.796	12.44	30.5
	3643	3.15	12.0	31.02	3.221	12.44	30.6
2#碳/碳	3409	2.09	15.9	30.65	2.35	19.32	30.2
	3526	2.25	14.7	30.83	2.683	19.32	31.3
	3643	2.37	15.6	30.77	2.719	19.32	33.2
	3643	1.94	16.2	30.12	2.176	19.32	
			15.6			19.32	
1#碳/碳	3409	1.76	27.3	30.33	1.68	25.48	33.4
TS-9 石墨	3643	1.436	29.4	30.02	1.476	30.60	

12.4.2 电弧加热器湍流平板烧蚀试验技术

任何超高速飞行器表面都不可避免地存在一些突起物或缝隙，如窗口台阶、振子天线杆、电缆罩、控制翼、传感器等。其周围由于气流可能产生的分离和随后发生的再附，产生激波–边界层干扰，引起局部区域过热、烧蚀加剧，乃至使防热层烧穿、弹头受到破坏。因此，局部区域的烧蚀防热研究是非常重要的课题，在地面试验中多采用超声速湍流平板烧蚀试验技术进行研究。

电弧湍流平板烧蚀试验技术的基本原理见图 12.25。由电弧加热器产生的高温气流，经过二维超声速矩形型面喷管喷出。在喷管出口处，与气流有一定攻角地放置平板模型，两者在模型前缘密接齐平无缝隙。模型上的边界层是喷管型面壁上边界层的自然延伸，在平板模型上得到充分发展的湍流边界层流动。平板前缘斜激波造成的逆压梯度，提高了模型上参数模拟的范围。

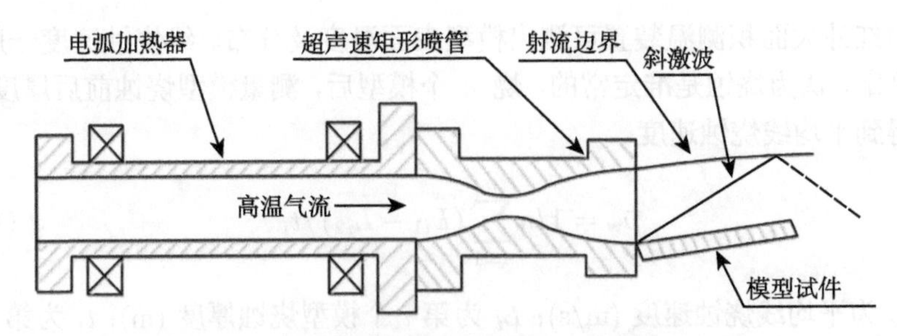

图 12.25 电弧湍流平板试验原理 (取自文献 [12])

对于高超声速光滑平板材料的烧蚀过程，可用总焓和总压或静压和下述热流公式描述：

$$q_{\mathrm{cw}}=0.0296\rho^{*}gu_{\mathrm{e}}\left(Pr^{*}\right)^{2/3}\left(Re^{*}\right)^{1/5}\left(h_{\mathrm{r}}-h_{\mathrm{cw}}\right) \tag{12.51}$$

$$\tau=\left(Pr^{*}\right)^{2/3}q_{\mathrm{cw}}u_{\mathrm{e}}/\left[\left(h_{\mathrm{r}}-h_{\mathrm{cw}}\right)g\right] \tag{12.52}$$

$$u_{\mathrm{e}}=\left[8378\left(h_{0}-h_{\mathrm{e}}\right)\right]^{1/2} \tag{12.53}$$

式中，q_{cw} 为冷壁热流密度 (kW/m^2)；τ 为剪切力 (N/m^2)；ρ^* 为按参考焓计算的气体密度 (kg/m^3)；g 为重力加速度 (9.8m/s^2)；u_{e} 为边界层外缘速度 (m/s)；Pr^* 为按参考焓计算的普朗特数；Re^* 为按参考焓计算的以喷管出口等效直径为特征长度雷诺数；h_{r} 为恢复焓；h_{cw} 为模型冷壁壁面焓 (kJ/kg)；h_{e} 为边界层外缘气流焓 (kJ/kg)。参考焓

$$h^{*}=0.22h_{0}+0.5h_{\mathrm{cw}}+0.28h_{\mathrm{e}} \tag{12.54}$$

当再入飞行器头部尺寸和形状一定时，总压 p_0、总焓 h_0 和气流速度 u_{e} 只取决于再入速度和再入高度，因此在地面试验中模拟 p_0，h_0 和 u_{e} 三个参数就基本实现了烧蚀环境模拟。当平板上的边界层结构与圆锥体的边界层结构基本一致时，由平板模型得到的数据，可得到圆锥体上的相应参数

$$\begin{cases} St_{\text{圆锥}}=\sqrt{3}St_{\text{平板}} \\ C_{f\text{圆锥}}=\sqrt{3}C_{f\text{平板}} \end{cases} \tag{12.55}$$

式中，St 为斯坦顿数；C_f 为当地摩擦系数。

自由射流周围为大气环境下，为了得到理想的均匀流场，要保证喷管出口静压 p_{ex} 等于或大于环境压力 p_{∞}。试验中测量参数为驻点压力、总焓、空气流量及模型上压力分布、热流分布、表面温度、辐射温度、材料背面温度、烧蚀厚度和质量损失。试验前用平板模型测量压力分布、热流分布。在烧蚀模型时，用比色温度计测量比色温度，而且认为比色温度近似表面真实温度 $T_{\mathrm{c}}\approx T_{\mathrm{w}}$。利用辐射高温计测量模型表面的辐射温度 T_{c}，由斯特藩–玻尔兹曼定律可确定模型表面辐射系数

$$\varepsilon=\left(T_{\mathrm{r}}/T_{\mathrm{w}}\right)^{4} \tag{12.56}$$

利用红外大面积测温装置可测出模型表面温度及分布。线烧蚀速度一般采用时均法测定，认为烧蚀是准定常的，烧 n 个模型后，测量模型烧蚀前后厚度变化，由下式得到平均线烧蚀速度

$$\overline{v}_{\mathrm{w}} = 1/n \sum_{i=1}^{n} \left(L_{i1} - L_{i2}\right)/t_i \tag{12.57a}$$

其中，$\overline{v}_{\mathrm{w}}$ 为平均线烧蚀速度 (m/s)；L_i 为第 i 个模型烧蚀厚度 (m)；t_i 为第 i 个模型烧蚀时间 (s)；下标 1，2 分别代表试验前和试验后的参数。

对一些局部烧蚀区，如台阶、圆柱等周围，由于烧蚀是个非定常过程，线烧蚀速度按瞬时法测定，即找出烧蚀量 $\Delta\delta$ 与烧蚀时间 t 的关系曲线，求出曲线在不同时刻的斜率，得到瞬时 t 的瞬时线速度 v_{wt}

$$v_{\mathrm{wt}} = \mathrm{d}\left(\Delta\delta\right)_t/\mathrm{d}t \tag{12.57b}$$

在电弧加热器参数及喷管马赫数一定的情况下，为了提高模型表面参数，如压力、热流密度，可增大模型与气流的迎角 α，一般情况下 α 为 $10^\circ \sim 30^\circ$。

利用湍流平板烧蚀试验可以承担弹头大面积防热材料烧蚀试验研究 (图 12.26)，天线窗周围局部烧蚀试验研究，振子天线周围局部烧蚀试验研究，控制翼局部烧蚀试验研究，槽、孔和缝隙等局部烧蚀试验研究等。

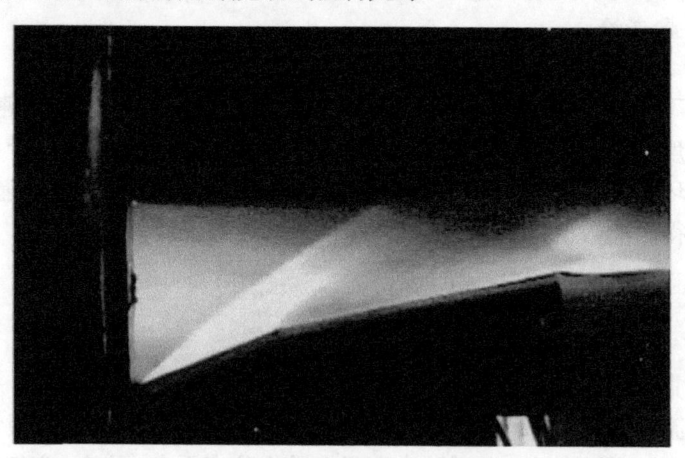

图 12.26 电弧湍流平板试验照片 (取自文献 [12])

12.4.3 亚声速包罩烧蚀试验技术

亚声速包罩烧蚀/测力试验技术，是将锥形模型放在锥形喷管之中，模型锥面与喷管锥面之间留一定间隙 (图 12.27)。电弧加热器产生的高温气流在间隙通道内流动，流动马赫数控制在 0.9 左右。间隙通道内流动模拟了弹头锥身边界层内湍流

流动，模型表面产生烧蚀，同时进行模型气动力测量。采用此方法可以检验防热材料的性能和成型工艺，分析研究烧蚀对弹头气动力的影响。

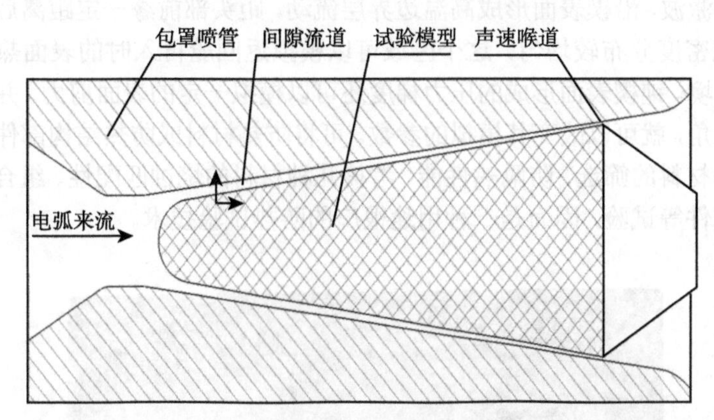

图 12.27　亚声速包罩试验装置原理图 (图片来自 CARDC)

主要模拟参数：模型表面热流、模型表面压力和气流焓值。考虑到模型烧蚀量与时间有关，因而要保证一定的烧蚀时间，一般为 10~15 s。

试验设备由电弧加热器、亚声速包罩喷管和模型烧蚀自动补偿送进装置组成。包罩喷管的内型面为与模型锥角相匹配的锥形，其锥角应略小于模型锥角，具体根据下面两点确定：一是间隙为 3~5 mm；二是控制间隙通道内马赫数为 0.9 左右。声速点定在模型底端面。包罩喷管为水冷夹层结构，内层为紫铜。一般在喷管壁面设计一排测压孔，根据试验要求，还应设计测温窗来测量模型表面温度。

试验过程中，由于模型的烧损，包罩喷管与模型之间的间隙随试验时间增加，导致加热器运行参数变化，致使模型的烧蚀为非定常。自动补偿送进装置的主要目的就是，实时送进模型，使喷管与模型间隙通道的截面积不变，保持加热器参数稳定。采用油压系统的自动补偿送进装置的工作原理如下：首先根据试验状态确定电弧加热器弧室压力，由弧室压力确定自动送进补偿装置的油缸压力；油缸活塞推动与试验模型相连的支杆，在模型设定的气流轴向力与油缸活塞的支撑力之间建立平衡。试验过程中，用电弧加热器弧室压力作为反馈信号，如果模型烧蚀致使间隙通道面积增大，则弧室压力降低，油缸活塞的支撑力大于设定的模型所承受的气动轴向力，活塞解锁向前推进，使间隙通道截面积缩小，让弧室压力恢复到设定压力，这是一个实时的动态过程，因而基本保证电弧加热器参数的稳定。如果加热器停止运行，弧室压力大幅度降低，自动送进装置的保护装置会启动，锁住活塞杆，防止模型撞击喷管。

利用亚声速包罩试验技术，一般可以开展材料烧蚀特性研究、材料烧蚀机理研究、烧蚀过程的传热与传质研究、粗糙度对模型表面热流密度影响研究等。

12.4.4　钝楔试验技术

钝楔试验技术的基本原理是将钝楔置于高温超声速流场中 (图 12.28)，其头部产生一道斜激波，沿楔表面形成高温边界层流动，距头部前缘一定距离后的表面其压力和热流密度分布较均匀，这个区域可以模拟返回舱再入时的表面热流密度和表面压力环境。钝楔表面形成的压力梯度还可以模拟一定的表面剪力，并且只需改变钝楔的攻角，就可以改变其模拟的参数。可将防热材料或防热结构部件置于该区域进行防热材料的筛选、防隔热性能、考核几种材料的烧蚀匹配性、组合接缝及局部热结构部件等试验，因而是一种用途很广的防热试验技术。

图 12.28　典型的电弧风洞钝楔试验照片 (图片来自 CARDC)

钝楔表面的参数可采用下述公式计算。

(1) 零攻角 ($\alpha = 0°$)。

表面压力

$$p_{\mathrm{w}}/p_{\infty} = \left(\frac{1}{18}\right)^{1/3} A^{1/3} r K_{\varepsilon}^{2/3} \tag{12.58}$$

表面热交换系数 (斯坦顿数)

$$St = 0.0119 A^{1/6} r^{1/2} K_{\varepsilon}^{1/3} X_{\varepsilon} / \left[\varepsilon \left(0.664 + 1.73 h_{\mathrm{w}}/h_0\right) Ma^3\right] \tag{12.59}$$

(2) 非零攻角 ($\alpha \neq 0°$)。

表面压力

$$p_{\mathrm{w}}/p_{\infty} = \left(1 + \frac{0.382}{\xi}\right) \left(ArMa^2\alpha^2\right) \tag{12.60}$$

表面热交换系数 (斯坦顿数)

$$St = \frac{0.332\,(1+0.382/\xi)}{\xi^{1/4}\,(1.145+\xi)^{1/2}}\left(\frac{x_d}{Ma^2}\right)\left(\frac{\alpha^5}{\varepsilon k}\right)^{1/2} r^{1/2} A \tag{12.61}$$

其中

$$A = (\gamma+1)/2$$

$$\varepsilon = (\gamma-1)/(\gamma+1)$$

$$K_\varepsilon = Ma_\infty^3 \varepsilon k\,(d/x)$$

$$X_\varepsilon = \varepsilon\,[0.664 + 1.73\,(h_\mathrm{w}/h_0)]\,Ma_\infty^3\,(c/Re_{\infty x})^{1/2}$$

$$\xi = a^2\left(A\frac{x}{kd\varepsilon}\right)^{2/3}$$

因此

$$q_\mathrm{w} = St\rho u\,(h_0 - h_\mathrm{w}) \tag{12.62}$$

式中，c 为温度或黏性系数比例常数；$\mu/\mu_\infty = T/T_\infty$ ；St 为表面热交换系数；d 为钝头前缘厚度 (m)；h 为焓 (J/kg)；k 为钝头前缘阻力系数，$k = D_N/\rho_\infty U_\infty^2 d$；$Ma$ 为自由流马赫数；p 为压力 (MPa)；q 为热流密度 (W/m^2)；Re 为单位雷诺数 (l/m)；T 为温度 (K)； x 为坐标； α 为攻角 (rad)；ρ 为气体密度 (kg/m^3)；r 为端头头部半径；μ 为黏性系数 (Pa·s)；下标 0、∞、w 分别代表气流滞止参数、自由流参数和壁面参数。

钝楔装置设计为两部分，前面为端头部，可采用耐高温材料 (如石墨) 制造，不采用水冷。另一部分为安装试验模型的身部，在顶部设计安装模型的空腔，身部采用水冷结构用于防止四周及底部热流密度传给试验模型，这样设计可以使钝楔表面的附面层受水冷影响小，对模拟高温附面层有利。

以炭化材料防隔热性能试验为例，试验件有单种材料试件和多种组合试件，一般为圆形和方形，其大小应考虑试件在试验过程为准一维传热，即侧向传热尽量小。

试验过程中，用非接触方法测量模型表面温度，模型背面及不同材料搭接缝隙内的温度用热电偶测量。

高焓、低热流和长时间再入热环境要求防热材料具有良好的防隔热性能，也就是试验材料具备高的表面温度和低的背面温度。飞行器返回时升力再入和历经的气动力环境要求防热材料具有良好的抗剪力烧蚀性能，也就是试验材料烧蚀后其表面应光滑平整，不能出现剥蚀和裂纹。因此，根据试验测得的温度结果和试验后模型表面状况分析就可以选定防热材料。

12.4.5 台阶和缝隙大平板试验技术

由于电弧加热器具有相对较长的运行时间的特点，因此能够在许多试验中得到应用，其中包括采用楔形支架的热防护材料平板试验。这类防热试验模型包括传统的隔热/防热平板或防热瓦片以及一些复杂模型结构，例如天线罩、主动冷却红外窗，以及窗与隔热接触界面缝隙、密封处、重叠错位处、底板和其他不连续的部位。这些试验的关键模拟参数主要包括自由流参数，例如马赫数、总焓、雷诺数和气流速度；模拟的局部环境，例如模型表面压力、热流和剪切力；模拟的集总参数，例如总热流和模型烧蚀时间。

为了节省气流能量，常采用半椭圆喷管提供的流场开展大尺度的平板试验研究，如图 12.29 所示。半椭圆喷管的特点是其横截面为半椭圆形，喷管的底面为平面，其他结构设计类似电弧风洞的锥形喷管，一般采用夹层水冷结构。另一个装置就是安装模型的支架。为了防止试验中模型受到侧向加热，支架一般设计为四周水冷结构，而且装入试验模型后，与高温气流接触的表面要求有较好的密封，防止热气流进入支架内，影响试验结果的准确性。另外，考虑到半椭圆喷管出口形状，电弧风洞的扩压器应有相应的扩大，保证风洞能正常起动和运行。

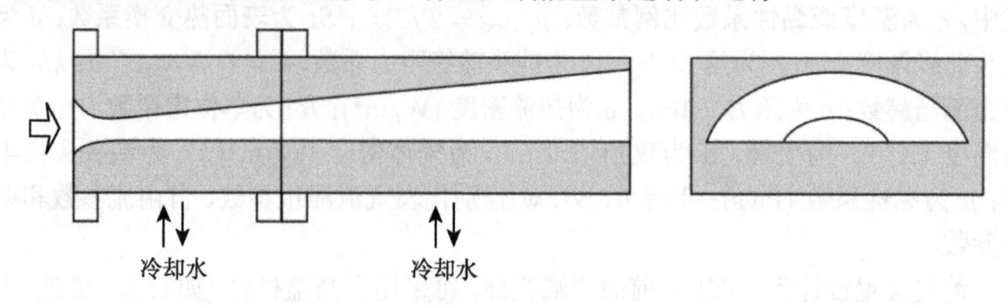

图 12.29 半椭圆喷管示意图 (取自文献 [6])

试验时，将模型平面与半椭圆喷管的底平面齐平，不允许出现逆向台阶，端面必须靠紧，两者之间为无缝隙的光滑过渡。喷管底平面的边界层流动在模型表面继续发展，利用边界层加热来模拟所需的热流密度、压力、流态等参数。显然，半椭圆喷管与钝楔试验装置相比，能量利用率高，可以为小风洞试验大模型创造条件。试验中，也可以通过改变支架的攻角来改变模型表面的模拟参数。但是由于半椭圆喷管呈扁平型，模型攻角不能太大，模型表面凸出也不能太高，一般应控制在边界层内 (图 12.30)。

局部防热结构试验的参数测量包括表面热流密度、表面压力、表面温度、部件内的温度分布、部件的热密封性能等。部件内的温度分布一般先确定关键测点，然后在各测点布置热电偶，从而通过试验得到整个部件内的温度分布情况。部件的热密封性通过在试验中测量各密封腔内的压力变化来确定。

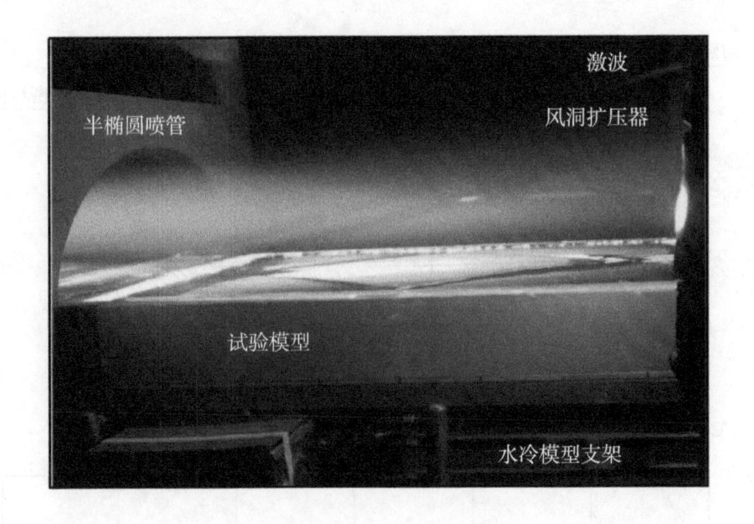

图 12.30 电弧风洞半椭圆喷管大平板试验技术 (取自文献 [3])

飞行器上舷窗、光学瞄准镜等防热结构部件的防隔热、热密封性能是非常关键的，一般需在地面进行 1:1 真实部件试验，而且进行有外流的气动模拟和加热试验是最接近实际再入热环境的。因此，飞行器局部防热结构试验的显著特点是模型尺寸大，结构复杂、需要大尺寸的设备和试验装置。试验的模拟参数为：表面热流密度、气流焓值、总加热量及表面压力。试验可采用大尺寸钝楔装置和半椭圆喷管等。图 12.31 给出了“神舟”号飞船光学瞄准镜的地面试验前后及飞行后照片及地面试验温度测量结果。

采用大型平板试验技术可进行全尺寸防热瓦试验，NASA 阿姆斯研究中心和约翰逊航天飞行中心，采用该技术对防热瓦缝隙及其填充物的防热性能进行了评估试验，开展了包括在飞行温度条件测量漏气率在内的参数测量，并对其密封性能进行了评估。试验模型安装在自由射流环境中的矩形喷管出口处，可以通过转动试验模型与喷口结合处来改变模型试验攻角。

(a) 地面试验前　　(b) 地面试验后　　(c) 飞行后

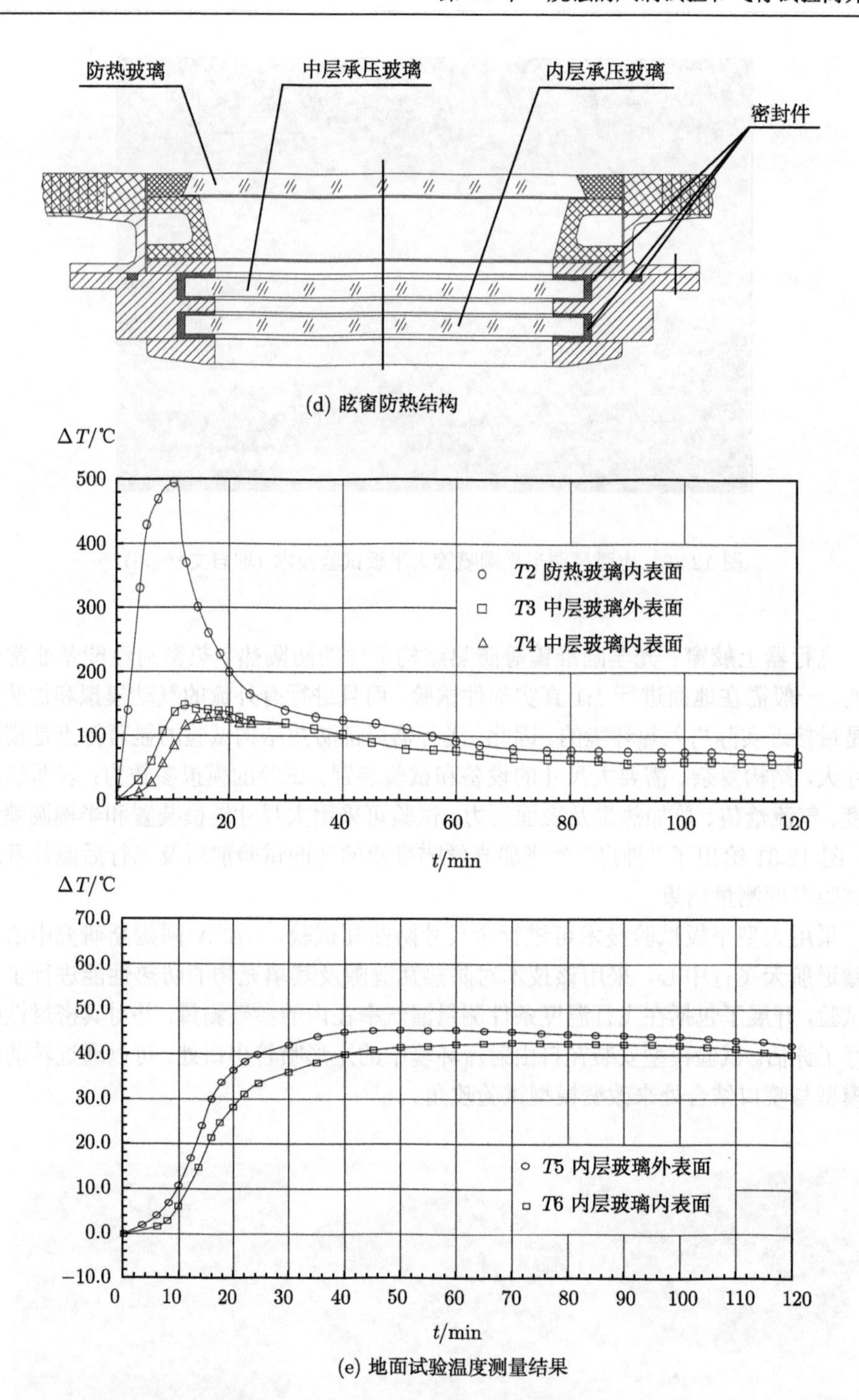

(d) 眩窗防热结构

(e) 地面试验温度测量结果

图 12.31　“神舟”号飞船光学瞄准镜试验结果

12.4.6 微波热透射试验技术

飞行器以高超声速在大气层中飞行时，由于黏性和激波的作用，飞行器周围的空气产生离解和电离，在飞行器的头身部形成包含等离子体鞘套的高温激波层，在飞行器尾部形成等离子体尾迹。其中等离子体鞘套会严重影响飞行器和地面之间的通信联系，引起通信中断问题。

在再入轨迹关键点上，再入天线窗因所受气动加热而面临电磁衰减。天线窗的电磁波透射吸能衰减，不仅仅是来自等离子体鞘衰减，而且也由于波导管因烧蚀产生外形尺寸变化而使得天线增益降低，并且由于在波导管材料中出现温升和热能梯度，而引起介质衰耗因数和介电常数随时间发生变化。这些问题都可以通过微波热投射试验进行研究。

在楔形模型上安装主动填充不同材料波导管的射频天线窗口，用于传输 X 和 L 波段电磁波信号，提供试验时电弧熄灭前后的热传输数据。采用红外辐射温度计测试窗表面温度，用激光退缩监控器进行实时窗口表面退缩成像。结合相关热数据，以及所测射频信号透射率和反射率，进行性能参数分析，可以为真实再入加热环境中的天线综合性能提供有用评估。

在电弧风洞内开展微波热投射试验需要解决以下问题：①电弧风洞流场中所含铜离子对透波测试的干扰问题；②微波在电弧风洞试验段内的反射问题；③试验件振动引起信号波动问题；④长时间加热的热防护问题。图 12.32 给出了在电弧加热设备中开展微波热投射试验的测试原理。

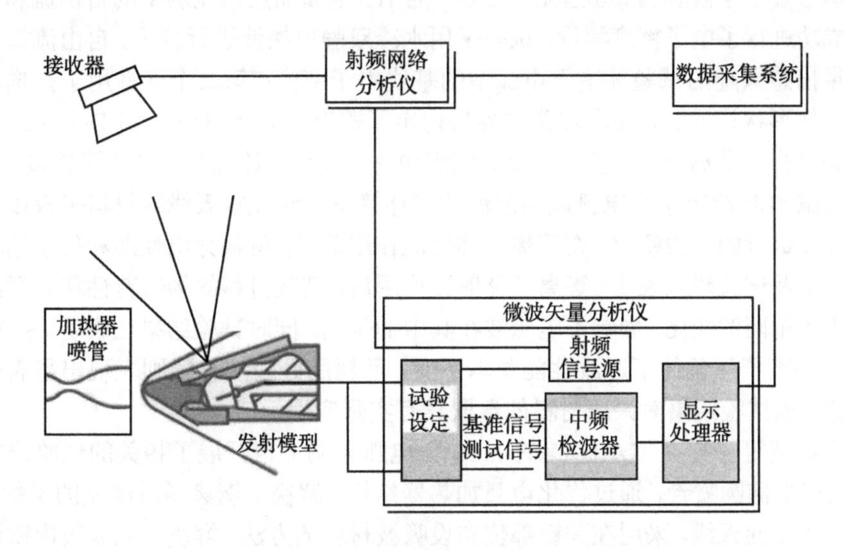

图 12.32 微波热投射试验技术原理 (取自文献 [3])

当微波通过再入体等离子体介质时，会由于等离子体折射发生相位移，同时由于等离子体内部粒子碰撞吸能而出现衰减。除了天线性能受到影响外，再入体遥感电磁波信号会受到端头外围的等离子体鞘强烈影响。因此，对于高超声速飞行器的不同端头和尾部结构边界层等离子体特性，例如电子密度测量，是大家非常感兴趣的问题 (图 12.33)。

图 12.33　电弧加热设备中的鼻端等离子体电子密度测量探针 (取自文献 [3])

麻省理工学院林肯试验室在 AEDC 的 H1 电弧加热器流场中的自由流和边界层中成功进行了电子密度测量；试验采用水冷双静电探针进行测量；自由流探针能够测量出感兴趣的试验环境下电弧中的基线电子密度；第二个探针用于扫描不同端头几何形状边界层，获取端头边界层内电子密度。结合 Baum 和 Denison[15] 理论结果进行了数据分析，基于所收集的静电探针电流，计算得到了电子密度。

文献 [13] 给出了在电弧风洞射流动态环境下，对 376 天线罩材料平板模型的透波性能进行的试验研究。在等离子体射流作用前后，材料介电性能和化学结构变化的测量及试验研究表明，等离子体射流作用后，某些材料的物理特性和化学结构表现出了不同的变化，影响了电磁波在其中的传输。同时试验结果还表明，SiO_2 类材料在等离子体条件下透波性能基本不变，而树脂硅胶类材料则表现出显著的吸波现象。该试验结果对天线材料的选取具有实际应用价值。

张松贺等 [14] 在 CARDC 的 20MW 电弧风洞上也开展了相关的试验研究工作。选用半椭圆喷管，通过优化电弧加热器结构，解决了铜离子对测试的干扰；设计了专用定向天线，采用在关键部位布设吸波材料的方法，解决了试验段内微波反射问题；将收发天线均置于试验段内部，以保证天线同频振动，解决了风洞启动时天线抖动导致的信号波动；设计水冷箱体，解决了天线窗口长时间气动加热下天线的热防护问题。经试验验证，研究方法是有效可行的。目前该技术已成功用于电弧风洞上开展的数项试验。

12.4.7 电弧加热试验的数值仿真技术

电弧建模/仿真方面的研究主要集中在喷管设计、流场建模和性能提升、流场和电场模型、近电极模型、试验关联和相似准则、流场污染、流场化学和试验模拟 [17−19] 的研究等方面。

对于电弧加热器喷管，通常采用无黏特征线空间推进方法 (MOC) 来设计喷管型面。依据热和量热完全气体 (TCP) 假设，通过特意寻找一种"有效"TCP 气体模型，其中包括选择比热比常数，产生平衡态出口马赫数，来减小这种假设所带来的误差 [19]。

在流场建模研究方面，主要考虑用于再入飞行器材料试验的高性能电弧加热器，需要在高气压、高流量及高电流试验条件下运行。电弧加热器结为细长高压腔体结构，内部放电电弧长度可以达到几米。这些长的电弧由于引入旋转气体而得到稳定控制。在电弧加热器运行过程中，采用电弧光学成像技术可以直观获得电弧波动情况信息。由于这样或那样的原因，对电弧加热器内部流场的详细建模变得很困难。

在流场和电场模型研究方面，从电能向热能转移主要发生在电弧加热器约束段区间。为了预测电弧加热器性能，很有必要对约束段内的流场和电场进行建模。针对这个问题，经过一些年发展，开发了一些计算程序。例如，NASA/AMSE(文献 [17, 18]) 开发的 ARCFLOW 计算机程序。后来经过 Aerotherm 公司改进，ARCFLOW 程序可以应用于高压情况的计算。1978 年，McDonnell-Douglas 公司在此基础上增加了针对旋转流场计算能力 [18]。虽然该计算程序也存在一些局限性，但可以比较好地预测出所有运行参数。这些程序都是简化抛物型处理后的 N-S 程序，认为流场是稳定轴对称的，高温气体存在局部热动力学平衡态。边界层流型假设为准圆柱型，认为管内径向速度比轴向或圆周速度要小很多，径向梯度比轴向梯度更大，气流存在弱旋转。电磁场效应在电弧加热器中很重要，因此需要采用相对直接的方式进行电磁场建模。认为电场是一维分布，仅沿约束段轴线方向发生变化，并且忽略感应磁场，因此，洛伦兹力及其磁场对电流的影响都可以忽略。辐射模型是一个一维解析灰色气体发射–吸收模型 (即不考虑沿约束段轴向的梯度)。

最近，对 SWIRLARC 软件进行了一些改进 [17,19]，其中涉及向隐式求解算法的转变，其目的是提高计算稳定性和缩短运行时间；另外，还引入了一种简单的非平衡模型，使其利用更少的初始能量开始计算。

为了提高流场细节的更详细描述，需要获得更多对电弧稳定等现象的了解。新一代电弧加热器程序 [20] 采用了局部隐式时变三维 N-S 流场算子，并同时包括三维电磁效应和辐射传递方程。在这个程序中使用了一个多维辐射模型。基于 MHD 假设条件下，完成了电磁表达式，并包括求解一个三维磁场方程。尽管这个程序可以获得解，但仍然还处于研发中，没有正式成为商用软件。

在文献 [21–23] 中，对电弧加热流场中的电极污染和流场品质参数进行了分析。对于在空气中进行飞行模拟，由于电弧非均匀加热气体产生了非平衡态，因此比较关注非空气化学成分对其的影响。电弧加热器的运行的气压大小同样对化学平衡态具有重要影响。这是由于在 100atm 情况下，即使是小型混合室也会为达到化学平衡态提供足够的时间余量；但在 1atm 下，可能不会存在这种情况。当这些气流通过一个收缩–扩展喷管时，会出现流场化学冻结情况。

12.5 模型飞行试验技术简介

在空气动力学研究中，数值计算、风洞试验和模型飞行试验 (模型自由飞) 三大手段各有优缺点。由于高超声速气动问题的复杂性和特殊性，目前，数值模拟和地面风洞试验手段还都存在较大的研究能力不足问题。

数值计算，存在物理模型对真实物理现象的逼近程度和离散化数值计算方法本身带来的误差问题，对有些重要现象还没有建立准确的数学物理模型，如转捩和湍流、分离/再附和旋涡运动、高温非平衡热化学反应、跨流域多尺度、编织体材料细观烧蚀和传热等。

风洞试验，存在设备能力不足、只能模拟部分参数、模型需要缩比、有洞壁和支架干扰等问题。

比较而言，模型飞行试验，由于在真实大气环境中飞行，具有来流条件真实，模型尺度大，无其他干扰，容易复现跨流域、高温化学反应、边界层转捩、长时间防隔热过程等优点，可以有效地弥补数值计算和地面风洞试验手段的不足，是进行气动力、气动热、结构防热、飞行力学或其他科学问题研究的一种理想研究手段；缺点是系统复杂、费用高、危险性大、准备周期长，需要多单位、多学科密切协作和强有力的指挥才能完成。

自 20 世纪 50 年代以来，美国、苏联、日本、法国等国家，在高超声速飞行器的研制方面开展了大量的模型飞行试验 [1]，例如，洛克希德公司的 X-7、北美 X-15/HRE 联合飞行试验、俄罗斯高超声速飞行实验室 (HFL)、NASA 的 SR-71 外部点火试验和航天飞机轨道器、以及德国 HYTEX 飞行样机等，积累了大量基础数据，有力地促进了其航天技术的发展。近年来，临近空间飞行器、轨道转移飞行器、高超声速巡航、多任务军事平台等新概念高超声速飞行器层出不穷，一个全新的高超声速飞行器时代已经到来。由于飞行器的外形越来越复杂，很多重要问题，如边界层转捩、局部复杂干扰引起的热流增大、化学非平衡效应、稀薄气体效应、材料烧蚀、防热结构热响应、舱内热控等成为制约飞行器发展的瓶颈。高超声速系统的研究将需要高精度的设计数据，系统级性能并不能通过地面试验设备完全验证。因此，需要进行广泛的模型飞行试验，以获取高精度、高准确性、系统化的数据。以美国为代表的航天大国纷纷开展飞行演示验证 (表 12.5)[25−28]，国内一些单位也在积极开展以解决不同问题为目的的飞行试验 [29]。

表 12.5 当前国内外典型模型飞行试验计划

计划名称	国家	主要研究方向	弹道及试验窗口参数
HyShot	美国、法国、英国、日、澳大利亚等	超燃冲压发动机验证、气动数据天地相关性、高超声速气动、超声速燃烧等	两级，弹道式，在再入段试验，35km 高度、$Ma = 7.6$
HyCAUSE	美国、澳大利亚	超燃发动机验证、天地数据一致性验证等	两级，弹道式，在再入段试验，$Ma = 10$
FASTT	美国、澳大利亚	双燃烧室超燃冲压发动机飞行试验研究	弹道式
HyBoLT	美国	边界层转捩及理论预测方法验证	试验窗口选在火箭主动段的上升弹道，Ma=5～8, 70～100 km 高度
SHEFEX	德国	再入气动热研究，热防护材料和结构验证，新概念、新布局飞行器验证机气动特性研究	两级探空火箭，$Ma = 7$，试验高度 90～20 km，采用无控的抛物线弹道
HIFiRE	美国、澳大利亚	高超声速边界层转捩、激波与边界层相互作用、气动热力学、非平衡和稀薄气体、气动加热、等离子体动力学、升力体/乘波体气动布局验证、机动飞行、制导/导航/控制等关键技术验证	两级，弹道式，在再入段试验，$Ma = 6$，高度 20km 左右
EXPERT	欧盟	针对新一代航天飞机，研究高超声速气动热关键问题 (转捩、激波干扰、催化氧化等)	两级，弹道式，在再入段试验
Pre-X	法国	针对新一代航天飞机，研究高超声速气动力/热问题	两级，弹道式，在再入段试验
Hyper_C	(中国空气动力研究与发展中心)	高超声速边界层转捩、激波与边界层相互作用、气动热力学、非平衡和稀薄气体、气动加热、防热材料与结构传热等机理研究	两级，弹道式，$Ma = 5$～20
星空	(中国航天空气动力研究院)	疏导式防热系统验证、布局验证	两级，弹道式

12.5.1　HIFiRE 模型飞行试验计划

1. HIFiRE 飞行试验概况

高超声速国际飞行研究试验 (Hypersonic International Flight Research Experimentation，HIFiRE) 计划 [30]，是由美国空军研究试验室 (AFRL) 和澳大利亚国防科学技术部 (DSTO) 联合管理，NASA、德国航空航天中心 (DLR)、英国 BAE 系统公司等参加，并由美国波音公司和澳大利亚昆士兰大学 (UQ) 为主要承担单位的一项国际高超声速飞行研究试验计划。该计划以 HyShot 项目为基础，研究高超声速边界层转捩、激波与边界层相互作用、气动热力学、非平衡和稀薄气体、气动加热、等离子体动力学、耐高温材料和结构、热管理策略、乘波体飞行器的机动飞行、制导/导航/控制等基础科学问题和关键技术。HIFiRE 计划的目标是提供一个低成本的高超声速飞行试验平台，对高超声速飞行的现象进行研究，以增加对高超声速飞行的基础问题和物理现象的理解，发展下一代航天飞行器关键技术，为快速响应进入太空飞行器、快速打击武器建立一个强大的飞行试验数据库，提高理论模型精度。美国空军科学家认为，通过飞行试验可以获得数值模拟、风洞试验无法获得的研究结果，为美国未来 20 年发展先进航天飞行器提供技术支持。

HIFiRE 计划于 2006 年 11 月正式启动，持续 8 年，计划在 2007~2011 年间开展 10 次试飞研究。HIFiRE 项目进行的上述历次试验，均取得了较大程度的成功，获得了真实高超声速环境下的很多宝贵数据，在气动、热防护等关键技术领域取得了显著的技术成果，这些数据和基础技术成果对解决试验的天地一致性问题和后续的高超声速技术攻关有着非常重要的作用，有助于完善航空航天飞行器的数据库设计，同时加快提升全球快速打击和快速响应空间进入能力所需的关键技术成熟度。表 12.6为 HIFiRE 计划飞行试验进展情况。

2. HIFiRE 气动热测量技术

HIFiRE 测量气动热的主要仪器是同轴热电偶，铜–铜镍合金热电偶安装在外壳的铝制部分，镍铬–铜镍合金热电偶安装在不锈钢部分。这些热电偶都有两个接头，一个位于锥体的外表面，热电偶与飞行器表面融为一体，另一个位于内表面，采用了一维反推热传导方法，前面和背面的温度测量值被用作反推分析中的边界条件。最终的热传导率利用测点移动平均的方法进行修正。在发射之前，前面和后面热电偶被零位偏移到同样的温度，以创造零热流起始条件。热分析时，忽略不计载荷内产生的热。通过对热传导测量值与预测的全层流和全湍流热传导率进行比较，给出何时发生转捩。图 12.34 为 HIFiRE-5 爬升和下降过程中主轴上热传导测量值与理论预测比较 [31]，其中测量传感器放置在飞行器前缘 (主轴)$\phi = 90°$ 的方向上，分别位于飞行器 0.35 m 和 0.85m 的位置。

表 12.6 HIFiRE 计划飞行试验进展情况

编号	试验规划				试验进展	
	研究领域	试验方案	牵头单位	试验单位	试验内容	试验时间
HIFiRE-0	测试	系统/传感器测试	DSTO	DSTO	软件测试（DSTO)	2009 年 3 月(成功)
HIFiRE-1	气动	简单圆锥体	USAF	DSTO	高超声速圆锥(USAF)，边界层转捩及激波相互干扰	2010 年 3 月(成功)
HIFiRE-2	推进	碳氢燃料方转圆超燃冲压发动机	NASA 和 USAF	NASA	超燃冲压发动机燃烧室试验(USAF)，验证双模到超燃模态的转换、$Ma = 8$ 条件下的发动机性能试验、等动压轨迹上的加速能力等	2012年4月(成功)
HIFiRE-3	推进	轴对称超燃冲压发动机	DSTO	DSTO	轴对称超燃冲压发动机试验 (DSTO)	2012 年 9月(成功)
HIFiRE-3b	推进	轴对称超燃冲压发动机自由飞	UQ	DSTO		
HIFiRE-4	控制	两个滑翔体、不同控制方案	波音和 DSTO	波音和 DSTO	高超声速滑翔试验(DSTO-UQ-波音公司)，获得先进乘波高超声速气动构型的气动特性、飞行稳定性、控制能力等飞行试验数据	2016 年3月
HIFiRE-5	气动	扁平椭圆锥体	USAF	DSTO	高超声速椭圆锥试验(USAF)，对三维外形 (椭圆锥) 的高超声速边界层转捩现象进行试验测量	2012 年 4 月(助推 2 级火箭失效)
HIFiRE-5b					HIFiRE-5 重复试验(USAF)	2015年10月
HIFiRE-6	推进与控制	碳氢燃料方转圆超燃冲压发动机	USAF	USAF	自适应控制试验（USAF)	2016 年
HIFiRE-7	推进	方转圆超燃冲压发动机自由飞	UQ	DSTO	三维超燃冲压，发动机自由飞试验（DSTO-UQ-波音公司)，对发动机流道产生的推力进行直接测量	2015年 4 月(再入到 64 km 时遥测信号消失)
HIFiRE-8	推进与控制	30s+ 可控巡航飞行	DSTO	DSTO	三维超燃冲压发动机动力持续飞行试验(DSTO-UQ-波音公司)	2017 年

注: DSTO-澳大利亚国防科学技术部; UQ-澳大利亚昆士兰大学; BLT-边界层转捩; SBLI-激波边界层干扰; SJ-超燃冲压发动机; HCSJ-碳氢燃料超燃发动机; IMU-惯性测量装置; TDLAS-可调二极管激光吸波光谱; IAG&C-一体化制导与控制

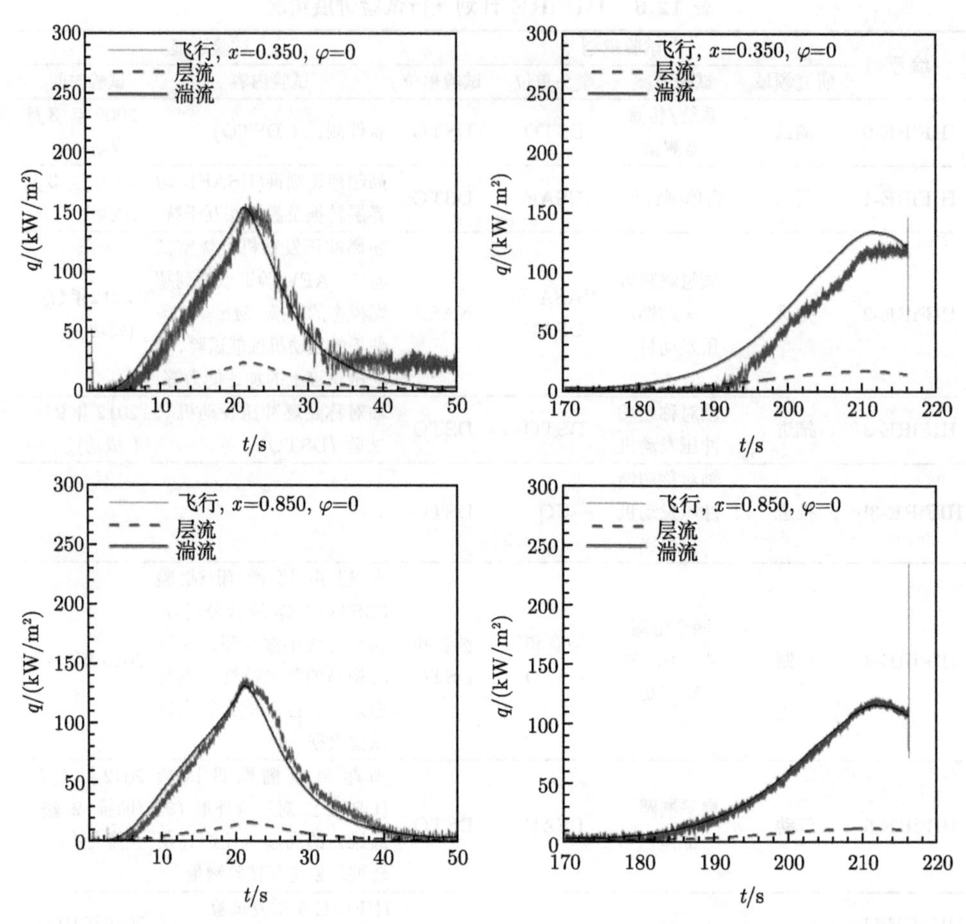

图 12.34　爬升 (左) 和下降 (右) 过程中在次轴上游 (上) 和下游 (下) 的热传导

12.5.2　HTV2 飞行试验结果分析

HTV2(图 12.35) 是美国空军和国防部预先研究计划局 (DARPA) 联合开展的 Falcon 计划 [25,32] 的一部分，由洛克希德・马丁公司制造，主要用于验证高超声速滑翔机动飞行器的气动布局、气动热防护设计、材料、控制等关键技术，目标是确保美国在近远期具备全球快速精确打击能力。2010 年 4 月 22 日进行了首次飞行试验，中途失控坠毁。2011 年 8 月 11 日，美国 DARPA 进行了 HTV2 第二次飞行试验，中途出现异常，提前终止飞行。调查飞行异常原因的美国独立工程审查委员会 (ERB) 经过为期 7 个月的大量分析和额外地面测试，公布的第二次飞行失利的调查报告认为：作为实现在不到 1 小时内抵达全球任何地方实现快速打击的能力的技术演示验证和数据采集平台，HTV2 第二次试验飞行证实了飞行器的气动设计是有效的。此次飞行成功验证了以高达 $Ma20$ 的速度实现接近 3min 的稳定气动控制飞行。期间飞行器经历了超出设计能够承受的 100 倍的最初激波扰动，而飞行器能够恢复并继续可控飞行。在试验飞行 9min 时，飞行器异常地经历了一系列强烈震动，自主飞行安全系统试图利用飞行器气动系统实现可控的降落并溅落于海洋。ERB 总结到："HTV2 第二次飞行提前终止飞行最可能的原因是没有预料到气动壳体退化，产生了多个增加严重性的意外，最终激活了飞行安全系统"。调查报告中提到，基于先进模型、高温材料地面试验，以及对其他已熟知的飞行机制的热效应的认识，预计飞行器蒙皮在达到应力容忍限度时会产生一定的梯度性剥落。然而，飞行器蒙皮从气动结构上剥落的部分远远大于预期的程度。当飞行器以每小时 13000 英里 (mile，1 mile=1.609344 km) 速度飞行时，因此而产生的缝隙将在飞行器周围产生强烈的脉冲击波，因而导致飞行器突然滚转。根据首次飞行试验获得并集成进第二次飞行的认识，飞行器的气动稳定性使其能够在几次激波导致的滚转后成功纠正。尽管如此，连续扰动的严重程度最终超出了飞行器自我恢复的能力。HTV2 第二次飞行试验中采集的数据揭示了对热防护材料特性的新认识，以及在大气层内 $Ma = 20$ 速度飞行的不确定性。第二次飞行的数据显示，从已知的飞行机制的推断和仅依靠先进的热建模和地面测试是无法成功预测 $Ma20$ 大气飞行下严酷现实的。

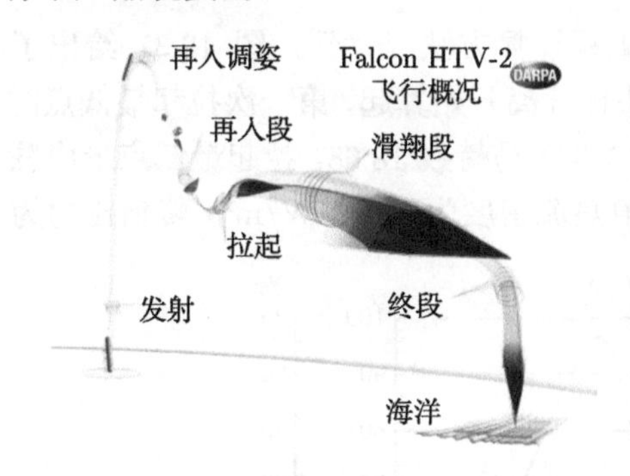

图 12.35 HTV2 飞行示意图

从以上公开的美国调查结论可以看出，第二次飞行失利的原因可能是气动热和防热方面出现了问题，最终导致飞行器出现强烈震动从而无法控制，但并没有给出具体细节的描述。

本书作者根据 HTV2 外形、弹道和防热结构，就 HTV2 热环境、烧蚀、温度场和热应力进行了计算分析，初步推测出导致飞行失败的原因 [33]。

1. HTV2 热环境计算

HTV2 热环境主要特点有：

(1) 驻点属于三维驻点，端头纵向和横向曲率半径不同，俯仰平面 $R=17.6\text{mm}$，水平面 $R=24.3\text{mm}$；

(2) 翼前缘后掠角很大 (73°)，前缘驻点线可能发生边界层转捩，驻点线上的湍流热流显著高于层流热流；

(3) 头激波和前缘激波交汇对前缘和迎风面会形成一定的干扰，会引起水平翼前缘热流局部增加 20%~30%，在迎风面会形成“条状” 干扰热流 (图 12.36)。除此之外，激波干扰还会引起翼前缘边界层提前转捩，从而使干扰点后的整个翼前缘处于湍流状态，导致热环境大幅升高。

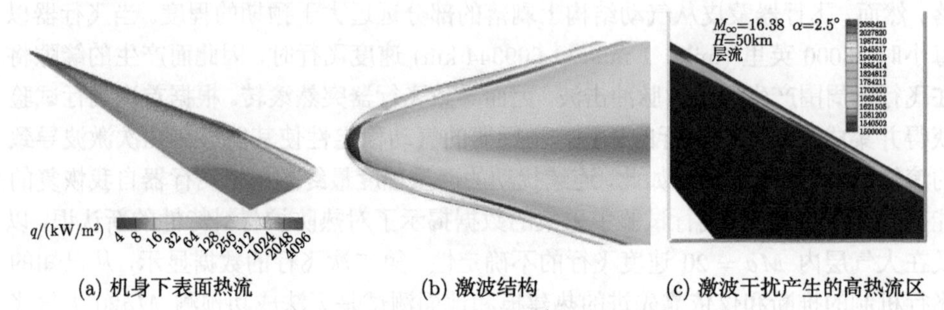

(a) 机身下表面热流　　(b) 激波结构　　(c) 激波干扰产生的高热流区

图 12.36　激波交汇干扰热流计算结果

我们用热数值计算结果 [34−36] 校核工程计算方法 [37−39]，图 12.37 给出了 HTV2 弹道特性和驻点热流计算结果，从头体分离开始算起，第一次拉起最低点时刻为 105.67s，飞行高度为 35.109km，攻角 7.8°，马赫数 18.68。拉起最低点形成驻点热流和压力的峰值，工程计算给出的峰值热流密度为 24.2MW/m^2，峰值压力为 269kPa。

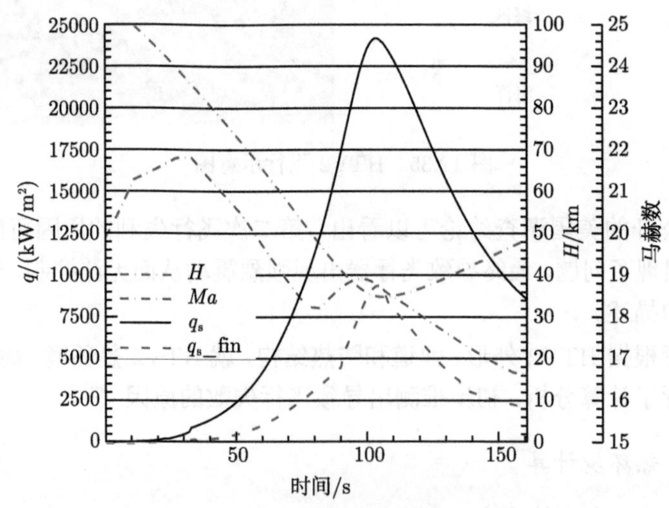

图 12.37　驻点热流沿弹道变化情况

图 12.38 给出了典型时刻计算得到的不同展向截面热流分布，这里考虑了翼前缘转捩和湍流热流，并考虑了头激波与翼激波交汇干扰引起的热增量。结果表明，机身头部驻点热流为 24MW/m^2 左右，机翼前缘驻点线在头激波与翼激波交汇前为层流状态，最大热流为 6MW/m^2 左右，交汇点最大热流为 11.2MW/m^2 左右，交汇点后整个翼前缘都处于湍流状态，最大热流为 9.4MW/m^2 左右。为了考察边界层转捩的发展情况，图 12.39 给出了对称面不同时刻热流分布，大概从 45km 起开始从尾部出现边界层转捩，到最低拉起点 35.1km 时，身部边界层转捩起始点已经移到 x =0.683m 处，考虑到激波交汇干扰会对边界层转捩产生影响，对于翼前缘，可以认为边界层转捩提前到 z =200mm 处。

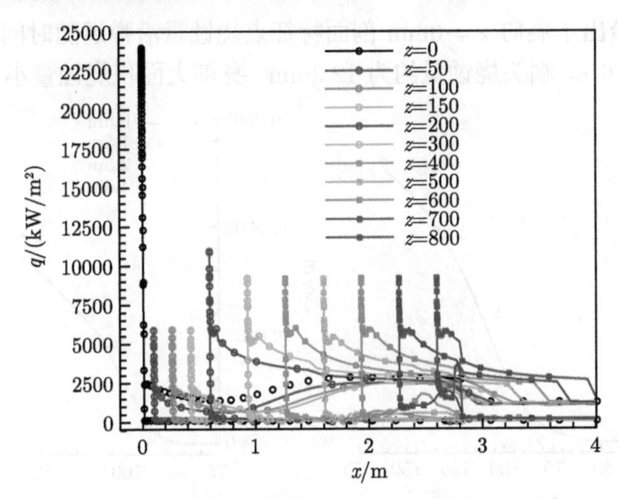

图 12.38 工程计算得到的不同展向截面热流分布

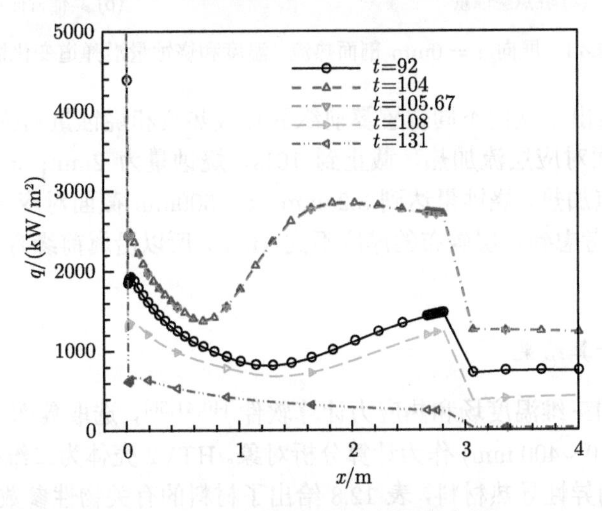

图 12.39 对称面不同时刻热流分布

2. 典型部位的烧蚀情况

我们选择了弹体上一些特征点进行了烧蚀防热计算，表 12.7 给出了 HTV2 防热材料和结构。

表 12.7 HTV2 防热材料和结构

部位	材料	尺寸
端头	细密化三向正交编织纯碳/碳	球头半径 R17.6~R24.3，长 460mm
翼前缘	二维纯碳/碳	前缘半径 R13.2，宽 60mm
大面积	二维纯碳/碳	厚 20~30mm

图 12.40 给出了展向 $z = 0\text{mm}$ 剖面特征点烧蚀量沿弹道随时间变化情况计算结果，截止到 161s，端头烧蚀量约为 12.3mm，身部大面积烧蚀量小于 0.25mm。

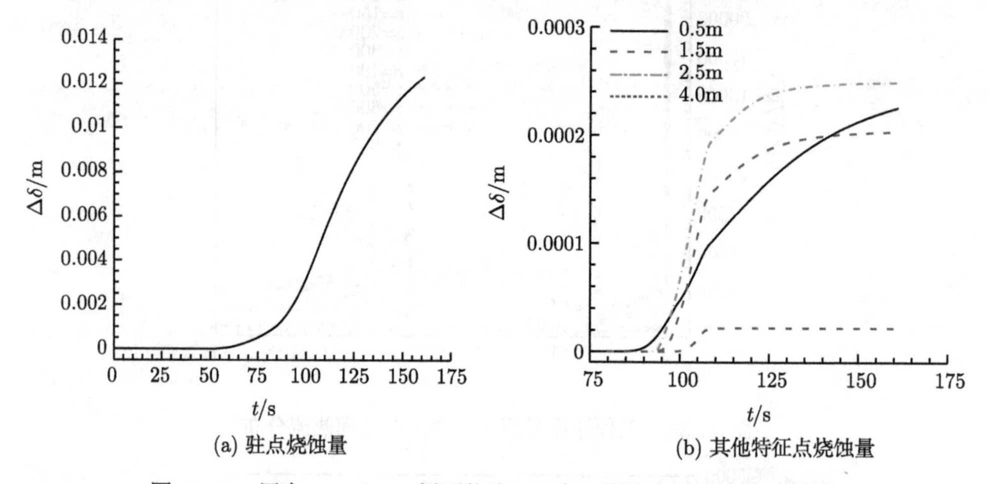

(a) 驻点烧蚀量　　(b) 其他特征点烧蚀量

图 12.40 展向 $z = 0\text{mm}$ 剖面热流、温度和烧蚀量沿弹道变化情况

图 12.41 给出了展向不同位置翼前缘驻点线热流和烧蚀量沿弹道变化情况。z =100mm 截面对应层流加热，截止到 161s，烧蚀量为 2mm；z =200mm 截面对应激波交汇点加热，烧蚀量达到 3.28mm；z =500mm 截面对应湍流加热，烧蚀量为 2.57mm。考虑到每层碳布的厚度不到 1mm，所以沿翼前缘有 2~3 层碳布被烧破。

3. 热应力计算结果

基于自研的三维温度场和热应力计算软件 [40,41,56]，选取翼面 (迎风 + 背风) 一个条带 ($z = 50\sim400$ mm) 作为计算分析对象。HTV2 壳体为二维碳布包裹结构，材料本身属各向异性导热材料，表 12.8 给出了材料的有关物性参数。

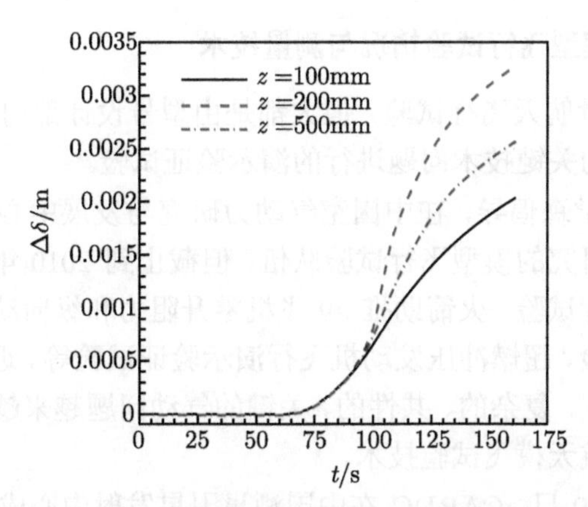

图 12.41 展向不同位置翼前缘驻点线热流和烧蚀量沿弹道变化情况

考虑到不同边界条件对结果的影响，这里分别使用 x 和 y 方向约束和全部无约束两种边界条件。计算结果表明，105s 时 Von Mises 等效应力最大值在 52~538 MPa，都超过了层与层之间材料的连接强度 (见表 12.8)，说明翼前缘附近碳布层与层之间黏接都已失效。

表 12.8 二维纯碳/碳热物理及力学性能参数

性能	单位	方向	数据
密度	g/cm^3	/	1.6~1.65
比热	kJ/kg	/	1.77
拉伸强度	MPa	xy	300~340
		z	4~6
拉伸模量	GPa	xy	100~120
		z	3~4
压缩模量	GPa	xy	100~120
		z	—
层间强度	MPa	/	9~15
热导率	W/(m·K)	xy	40~45
		z	4~5
线胀系数	℃$^{-1}$	xy	(1~2)×10^{-6}
		z	(5~6)×10^{-6}

因此我们认为 HTV2 第二次飞行试验失利的原因主要是：烧蚀叠加应力破坏。HTV2 是由多层二维碳布包裹而成的，每层碳布厚度不足 1mm，碳布的层与层之间采用黏接方式。计算表明，翼前缘烧蚀量达到 2~3.3 mm，导致 2~3 层碳布被烧破，从而在翼前缘沿展向驻点线出现较长的破损缝，而法向向外的拉应力导致碳布层与层之间的黏接失去作用，在气动力作用下，可能从烧破的地方开始将碳布掀起，严重影响气动性能，并最终导致飞行器无法控制。

12.5.3　中国航天模型飞行试验情况与测量技术

我国开展了大量航天飞行试验，但大都是由型号设计部门自己组织的专门针对型号研制中遇到的关键技术问题进行的演示验证试验。

1978 年，由钱学森倡导，在中国空气动力研究与发展中心 (CARDC) 组建了专门进行气动问题研究的模型飞行试验队伍，但截止到 2010 年，只开展了屈指可数的几次研究性飞行试验：火箭助推 J9 飞机零升阻力和纵向动导数试验、战略弹头抗粒子云侵蚀试验、超燃冲压发动机飞行演示验证试验等。近年来，随着高超声速飞行器的飞速发展，复杂的、共性的、关键的气动问题越来越突出，急需发展专门针对气动问题的航天模飞试验技术。

2015 年 12 月 30 日，CARDC 在中国酒泉卫星发射中心成功进行了首次航天模型空气动力学飞行试验 (MF-1)，目的是获取真实飞行环境下模型表面压力分布和表面温度随时间变化，并根据测量结果辨识出表面热流，研究边界层转捩和激波边界层干扰等物理现象，为高超声速飞行器关键空气动力学问题的研究与解决提供技术支撑 [29]。

2018 年 1 月 30 日，CARDC 在中国酒泉卫星发射中心又成功进行了一次 Ma 15 左右航天模型空气动力学飞行试验，这次试验的目的是检验飞行器布局、材料烧蚀和结构热防护。

后面还将陆续开展一系列专门针对气动问题的航天模型飞行试验。

1. MF-1 飞行试验情况

1) 试验模型及温度测量方法

MF-1 试验模型为轴对称的球锥–柱–裙构型，见图 12.42，由单级固体火箭发动机助推发射 (图 12.43)，模型壳体材料为不锈钢，头部半径为 $R = 5$ mm，半锥角为 7°，球锥长 1.1856 m，裙部锥角为 33°，模型总长 2.463 m。

MF-1 试验飞行器点火、离架、飞行正常，并成功回收试验飞行器残骸。图 12.44 为最终辨识的本次飞行弹道，最大飞行高度为 63.35 km，最高飞行马赫数为 5.32，迎角围绕 0° ~ ±6° 范围小幅震荡。

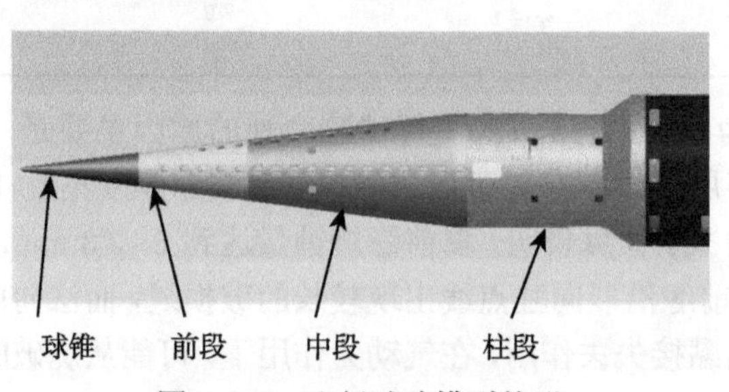

图 12.42　飞行试验模型外形

图 12.43 MF-1 预发射状态

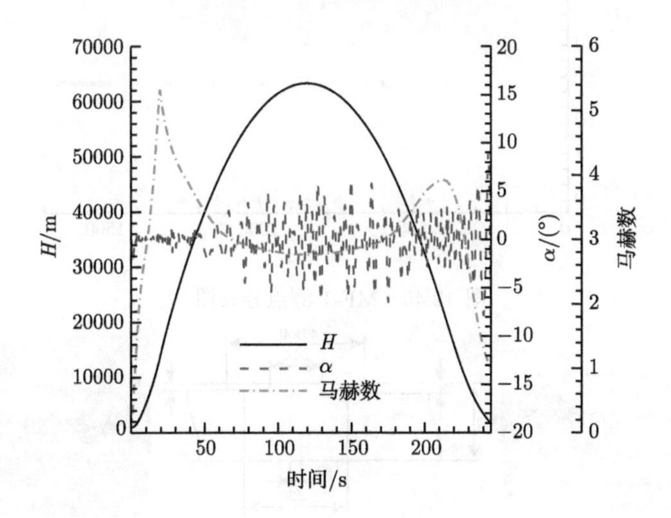

图 12.44 MF-1 飞行弹道

MF-1 模型表面测点总体布置方案如图 12.42 和图 12.45 所示。在模型周向 Φ=0°，60°，120° 和 180° 这四个子午面共布置了 58 个温度测点，主要集中在锥段以得到转捩试验数据。起点位于体轴 x 方向距顶点 400 mm 处，点与点之间沿 x 方向最小距离为 50 mm。为了提高热流辨识的灵敏度，测点位置采用薄壁结构，以减小前后壁面温差。壁面测温单元结构装配如图 12.46 所示，薄壁边缘部分厚度为 2 mm，四周与壳体采用激光焊接，下表面中部为凸起的圆台，将热电偶焊接在圆台内壁上，薄壁下表面外围区域与金属壳体搭接，中部空腔填充隔热材料。在测点分布区域，根据质心和结构设计需要，不同部位不锈钢壁面厚度有所不同，在锥段，前部厚度为 22 mm，后部厚度为 12 mm，Φ300mm 直段的不锈钢壁厚为 4.5 mm。温度测量数据由遥外测系统实时采集传感器信息，经调制、下传，由地面设备接收、解调、处理，系统本身考虑了温度补偿。地面遥测设备接收处理了起飞前 60s 到目标落地前全部遥测数据。

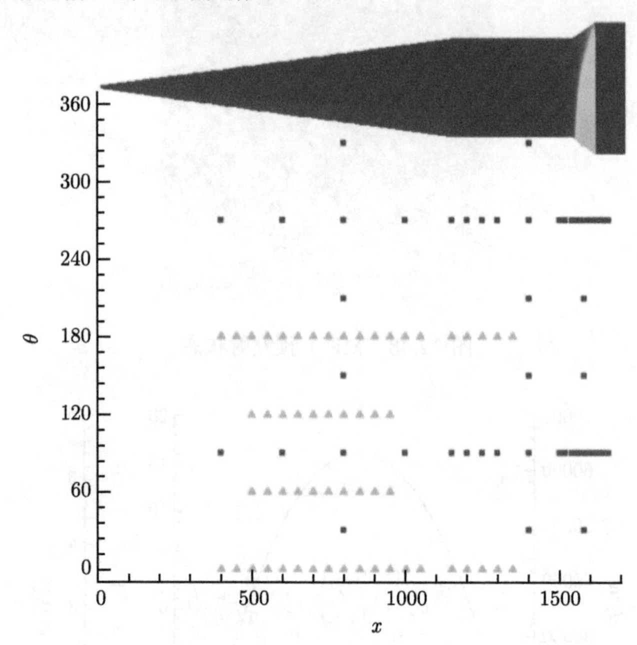

图 12.45　MF-1 测点分布图

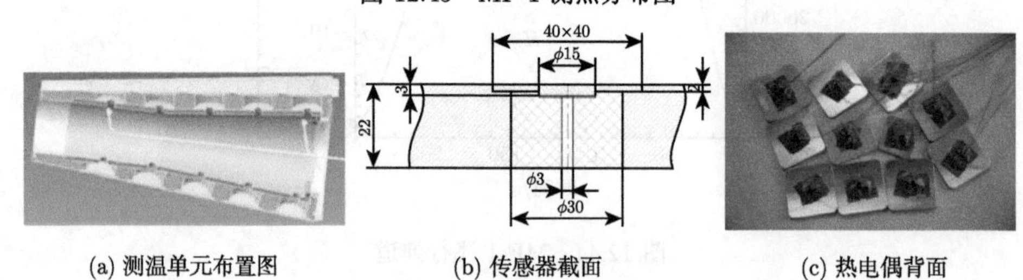

(a) 测温单元布置图　　(b) 传感器截面　　(c) 热电偶背面

图 12.46　测温单元结构

2) 测温结果及热流辨识问题

根据温度测量结果，采用热流辨识技术获得表面热流 [42,43,57]。图 12.47 给出了采用一、二、三维模型辨识所得几个测点的热流随时间变化历程，发现不同辨识方法给出的结果有很大差异。一维模型结果在有些地方显然不符合物理实际，二维模型结果有所改善，但对长时间受热情况，需要全面分析测温传感器单元与周围飞行器壳体间的传热，必须进行三维辨识。三维问题的辨识方法是采用有限元方法求解三维温度场，得出各测点的温度变化历程。利用这些温度计算结果，采用共轭梯度法对表面热流进行辨识。图 12.48 给出了不同部位测温单元结构有限元模型。

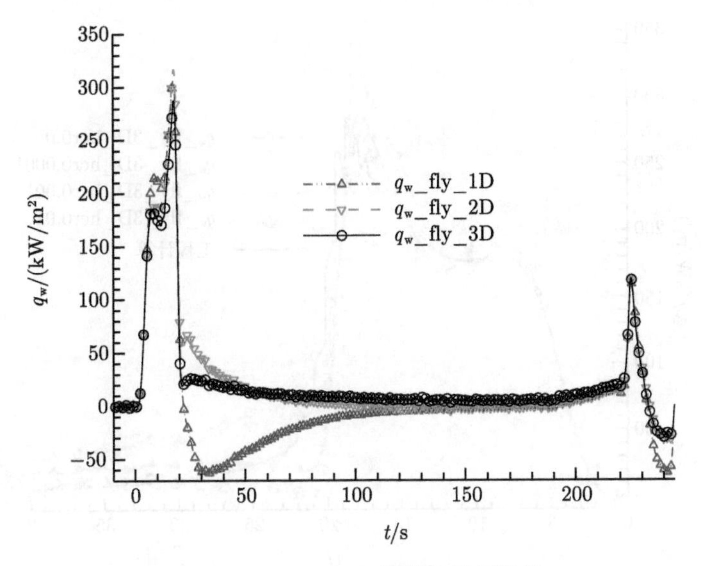

图 12.47 一、二、三维辨识结果比较

由于测温结构单元与其周围飞行器壳体材料之间存在长时间热交换，两者之间的连接问题就显得特别重要。MF-1 薄壁测温结构四周截面与飞行器壳体之间采用焊接面连接，传热问题相对简单。但测温结构的内表面与壳体之间采用无焊接接触面，接触面为内圆外方的环形面 (图 12.48)，可能存在接触热阻。在对飞行试验测温数据进行处理时，由于不能确定三维模型中接触热阻的大小，给热流辨识带来很大不确定性。图 12.49 给出了假设接触热阻分别为 $0\mathrm{m^2{\cdot}K/W}$，$0.0001\mathrm{m^2{\cdot}K/W}$，$0.001\mathrm{m^2{\cdot}K/W}$，$0.01\ \mathrm{m^2{\cdot}K/W}$ 时，采用三维模型辨识所得几个测点的热流随时间变化历程，发现接触热阻对辨识结果有很大影响。为了消除接触热阻对热流辨识结果的不确定性，在测温结构的内表面与壳体之间采用胶粘或焊接方式连接，或完全悬空，彻底消除接触热阻影响，这一点对于将来准确获取热流数据具有重要意义。

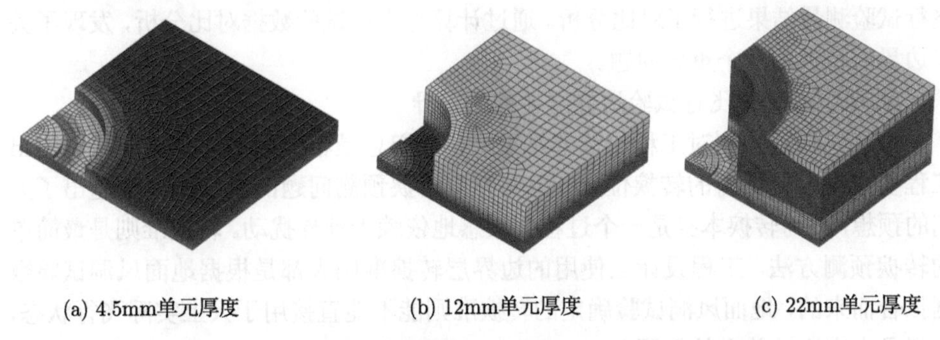

(a) 4.5mm单元厚度 (b) 12mm单元厚度 (c) 22mm单元厚度

图 12.48 不同部位测温单元结构有限元模型 (1/4 模型)

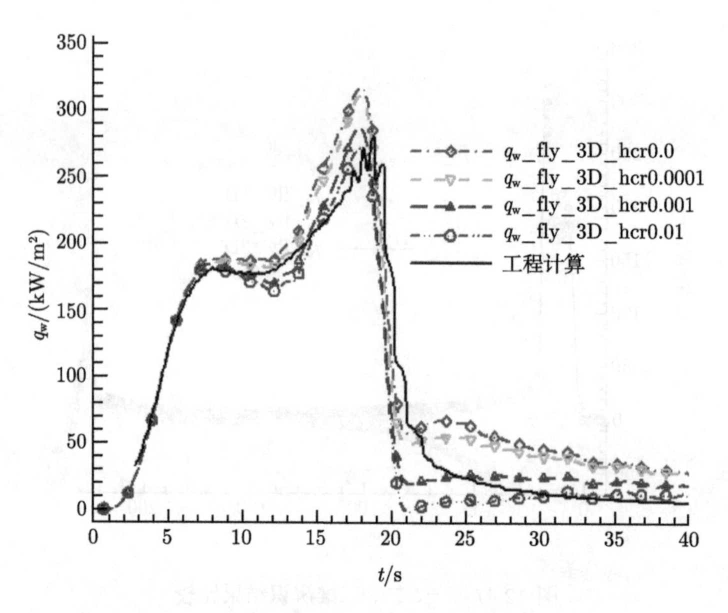

图 12.49 不同接触热阻得到的热流辨识结果比较

3) 边界层转捩及相关问题

边界层转捩对飞行器的摩阻、热流分布及飞行性能有很大的影响，转捩位置的确定是飞行器设计的重要问题之一。然而，由于转捩过程相当复杂 [44]，包含着各种不稳定波的线性、非线性演化，中间形成各种失稳结构和流向涡，最终破碎形成湍流等一系列复杂的流动现象，使得目前对转捩机理的认识还不完善。因此，采用试验方法，特别是飞行试验，仍然是当前判断转捩位置最可靠的手段。本次飞行试验，试图通过测量表面温度，进而辨识获得热流分布，并根据热流的突然变化情况来确定转捩位置。

飞行试验数据分析时，采用 CARDC 自主研发的气动热快速分析软件 FAST-HEAT(AEROHEATS[37,51] 的升级版) 对模型沿弹道飞行热环境进行了计算，并与飞行试验测量结果进行了对比分析。通过计算与飞行试验数据对比分析，发现了关于边界层转捩的两个重要问题。

A. 风洞试验与飞行试验边界层转捩的差异

边界层转捩预测对工程设计非常重要，人们总是希望用最简单的方法预测出工程要求精度范围内的转捩位置，但实际上转捩预测问题的复杂性大大超出了人们的预想，因为转捩本身是一个过程并敏感地依赖于外界扰动。转捩准则是最简单的转捩预测方法，工程设计上使用的边界层转捩准则大都是根据地面风洞试验数据拟合而来的，地面风洞试验确定的转捩准则能不能直接用于天上实际飞行状态，一直是大家比较关心的问题。

对于光滑壁面，研究表明 [45]，影响边界层转捩的主要因素是局部雷诺数和当地边界层外缘马赫数，以下是工程上常用的两个光面转捩准则。

① “70-826” 转捩准则。这是文献 [48] AIAA Paper 70-826 建议的转捩准则，不妨称其为 “70-826” 转捩准则。开始转捩条件为

$$\frac{\rho_e u_e s}{\mu_e} = 10^{[5.37+(0.2325-0.004015Ma_e)Ma_e]} \tag{12.63}$$

式中，Ma_e 为当地边界层外缘马赫数；s 为从驻点量起的物面弧长；ρ_e，u_e，μ_e 分别为边界层外缘密度、速度和黏性系数。

② 动量厚度雷诺数转捩准则。Thyson 等 [46] 首次采用动量厚度雷诺数判别转捩，与俄罗斯在“联盟”号飞船返回舱热环境预估 [47] 时采用的转捩准则 (以下称“俄罗斯准则”) 具有同一形式，即

$$\frac{\rho_e u_e \theta}{\mu_e} = A e^{0.197Ma_e} \tag{12.64}$$

式中，θ 为边界层动量厚度；系数 A 与来流条件和表面状况有关，范围在 150~500，对于光滑的不透气壁，文献 [48] 取 A =200，文献 [47] 取 $A = 300$。

众所周知，虽然 70-826 转捩准则是根据碳酚醛烧蚀体飞行试验数据拟合而来的，但后来成为一个被公认比较准确地适用于地面风洞试验光面模型 (铜或钢模型) 的转捩准则。图 12.50 给出了文献 [49] 针对球锥模型的马赫数 5 条件下地面风洞试验结果，采用 70-826 准则预测的转捩位置与试验结果吻合得很好。如果采用俄罗斯准则进行计算，发现当 $A = 300$ 和 350 时，计算的转捩位置要比试验结果靠后很多，如果取 $A = 175$，转捩位置才能与 70-826 准则重合。

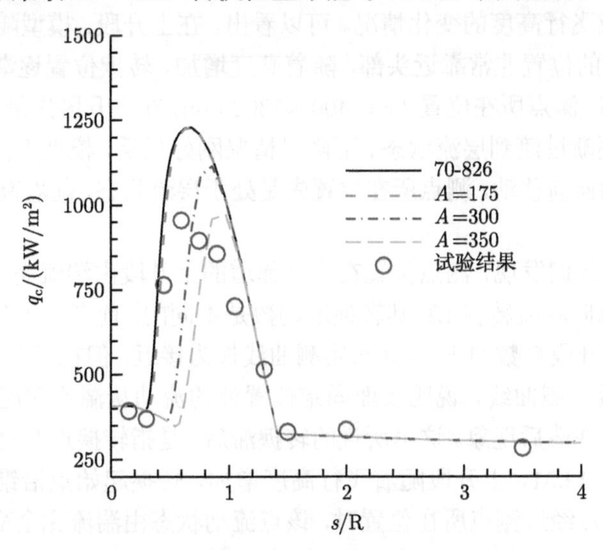

图 12.50 表面热流分布计算与试验对比

本书将 70-826 准则应用到飞行试验模型，发现其预测的转捩位置比天上实际情况提前很多，见图 12.51。而俄罗斯准则当 $A=300$ 和 350 时则能较好地与天上情况吻合。这可能是由于地面风洞试验中通常存在各种噪声和其他扰动，会导致转捩提前，而天上没有这样的扰动。文献 [50] 在研究 X-33 边界层转捩时，也发现存在这样的问题。因此，根据地面风洞试验结果拟合的转捩准则不一定能适用于天上实际飞行情况，进行地面风洞试验时，应尽量减少噪声和各种扰动。

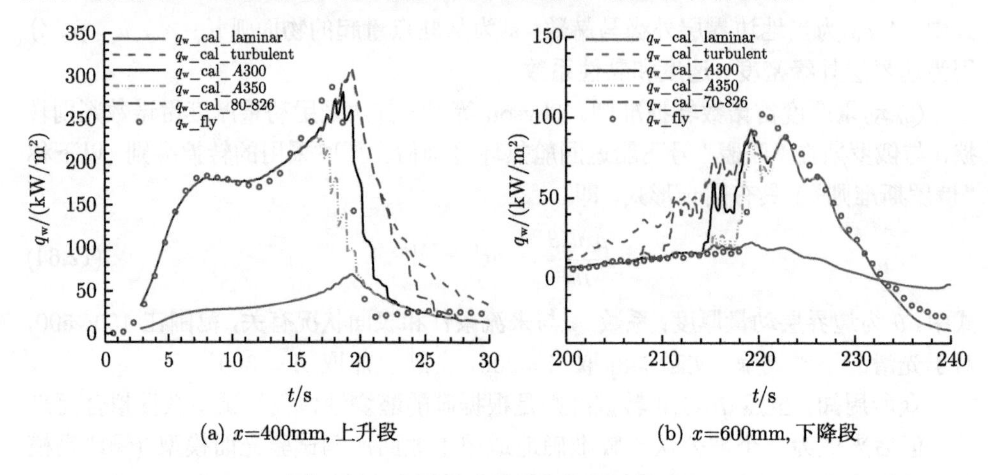

图 12.51　测点热流计算与实测结果对比

B. 边界层转捩的滞后现象

采用以上转捩准则计算了测点位置热流随时间变化情况。图 12.52 给出了转捩位置随着时间或飞行高度的变化情况。可以看出，在上升段，模型随着火箭从地面升起，开始转捩的位置非常靠近头部，随着高度增加，转捩位置逐渐向后移动，直至离开锥体尾部。测点所在位置 ($x=400\sim1300$ mm) 在上升段先是处于湍流状态，随着高度增加逐渐过渡到层流状态。下降段情况刚好相反，模型下降过程中，转捩位置从尾部开始向前移动，测点所在位置先是处于层流状态，随着高度下降逐渐过渡到湍流状态。

从图 12.52 我们发现，测点位置在飞行弹道的上升段由湍流完全变为层流 TL 和下降段由层流向湍流转捩 LT 其转捩准则数是不同的，前者小于后者。比如采用俄罗斯准则，上升段系数 A 取 300 与实测曲线最为接近，但在下降段 A 取 350 或更大一些更靠近实测曲线，说明表面固定位置处的流动从湍流向层流过渡和从层流向湍流过渡存在滞后现象。这里所说的转捩滞后，是指转捩点在物体表面上移动的滞后。根据图 12.51，上升段随着飞行高度增加，转捩起始点沿锥体表面向后移动，当转捩起始点经过测点所在位置时，该点流动状态由湍流完全变成层流，这时转捩可以在比下降段较低的准则数下转捩。与此相反，下降段从层流向湍流转捩的滞后，表示需在较高的雷诺数下转捩。也可以形象地说，所谓转捩滞后，是指转捩点在物面上逆着流动方向移动时，层流想要多保持一会儿，迟迟不愿转成湍流；相反，当转捩点顺着流动方向移动时，湍流迟迟不愿退去，要多滞留一会儿。地面风洞试验一般只会出现 LT，很少出现 TL 情况，因此地面风洞试验无法发现这一滞后现象。这一结论尚待后续飞行试验进一步验证。

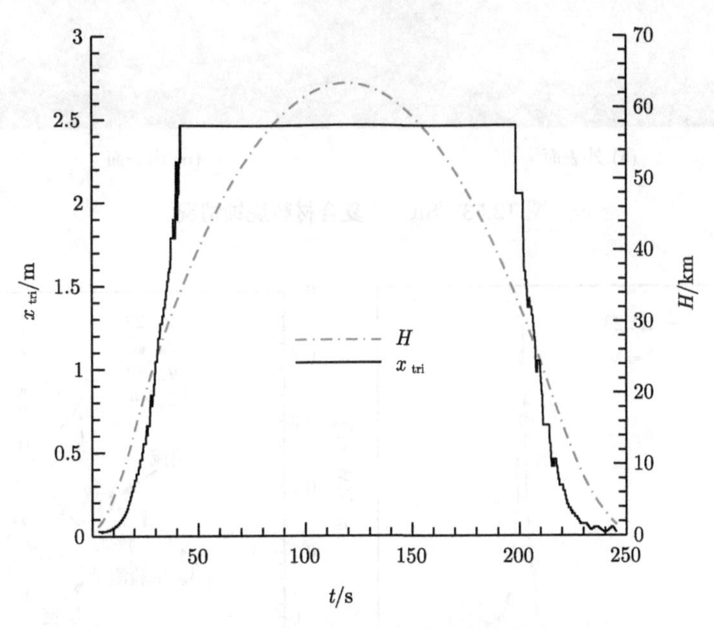

图 12.52 转捩起始点沿弹道变化情况

2. 第二次飞行试验情况

试验模型类似于航天飞机头部，由端头帽、前后舱、尾翼等组成，大面积壳体采用 C/SiC 防热层。

飞行参数测量主要采用传感器，包括温度、压力、热流传感器和壁温传感器。

图 12.53 为身部回收碎片，原材料外表面颜色与内表面相同，外表面因为烧蚀出现一薄层白色物质，应该是 SiC/C 复合材料氧化形成的 SiO_2 氧化膜。计算表明，整个飞行过程都处于惰性烧蚀阶段，不会出现活性快速烧蚀情况。氧化膜会覆盖在传感器表面上，对测量结果产生一定影响。

图 12.54 给出了飞行器下表面有关测点热流沿弹道随时间变化情况，图中同时给出了工程计算结果，可以看出，绝大部分都吻合得较好。从右边的放大图可以看出转捩发生的时间和对热环境的影响。

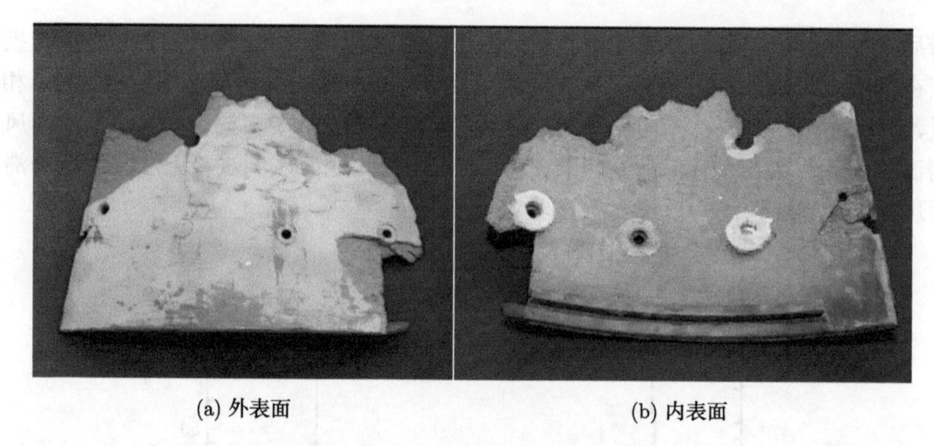

(a) 外表面　　(b) 内表面

图 12.53　SiC/C 复合材料烧蚀情况

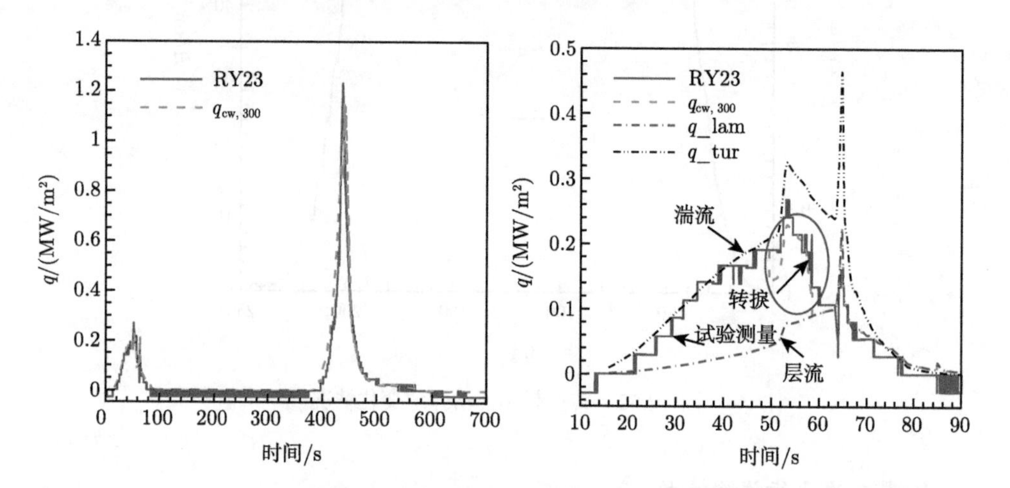

图 12.54　下表面中心线冷壁热流计算与实测结果比较 (热流传感器 RY23，x=240mm)

图 12.55 给出了上升段和下降段最大热流时刻表面热流分布情况，图中同时给出了计算和实测结果的比较。为了便于说明问题，图中还给出了按全层流和全湍流假设计算的结果。从图中可以看出：在两个峰值热流时刻，所有测点计算与测量结果都吻合得较好；对于边界层转捩，我们采用三个转捩准则进行判断：一是俄罗斯准则，二是 72-90 准则，三是 70-826 准则。结果表明，上升段的转捩位置与 72-90 准则结果大致相当，而俄罗斯准则当 $A = 100$ 时结果则超前很多；下降段用俄罗斯准则判断，当 $A = 100$ 时，热流计算与实测结果吻合得较好，而 72-90 准则预测的滞后不少。综合上升段和下降段结果，说明转捩存在滞后现象，与我们在分析 MF-1 数据时得出的结论完全一致；这一次的转捩位置比 MF-1 提前很多。MF-1 转捩准则数中的系数 A 为 300~350(不锈钢模型，相当于 70-826 光滑壁转捩准则)，

这一次的 A 小于 100(SiC 烧蚀，比 72-90 硅基材料烧蚀转捩准则还超前)，说明这一次模型表面比 MF-1 粗糙，也可能是钨渗铜头帽与前舱之间的缝隙 (x =100mm) 干扰对转捩有影响。

图 12.56 给出了典型时刻下表面中心线壁温沿表面分布情况，图中同时给出了计算和实测结果的比较，两者吻合得较好。

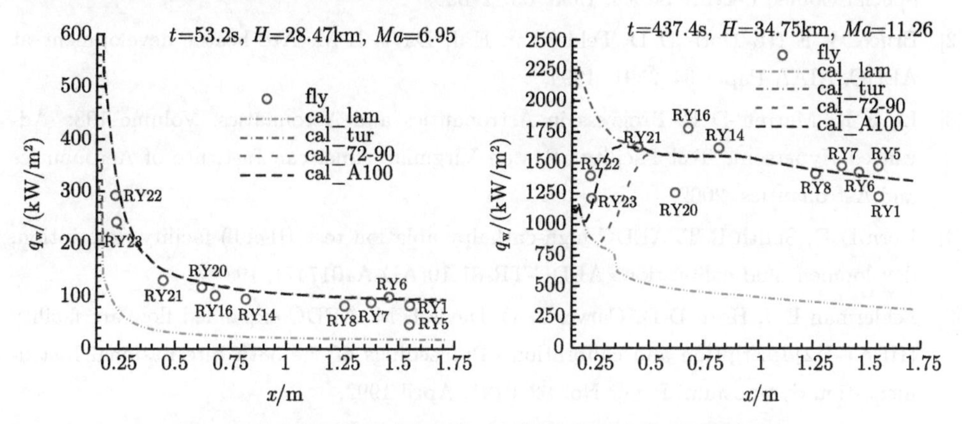

图 12.55 典型时刻下表面中心线热流计算与实测结果比较

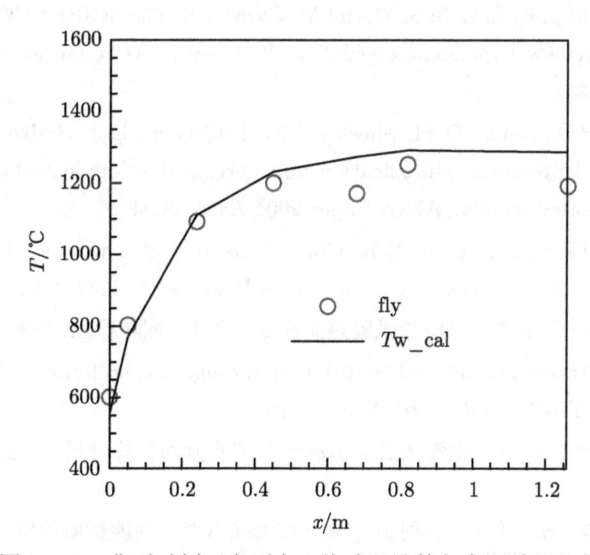

图 12.56 典型时刻下表面中心线壁温计算与实测结果比较

参考文献

[1] Boudreau A H, Smith V K III, et al. Methodology of hypersonic testing. VKI/AEDC Special Course Lecture Series, 1993, 03: 1–339.

[2] Bruce W E III, Horn D D, Felderman E J, Davis L M. Arc heater development at AEDC. AIAA Paper 94–2591, 1994.

[3] Lu F K, Marren D E. Progress in Astronautics and Aeronautics, Volume 198: Advanced Hypersonic Test Facility. Reston Virginia: American Institute of Aeronautics and Astronautics, 2002.

[4] Horn D D, Smith R T. AEDC high-enthalpy ablation test(HEAT) facility description, development and calibration. AEDC-TR-81_10(AD-A101747), 1981.

[5] Felderman E J, Horn D D, Carver D B, Davis L M. AEDC expanded flow arc facility (HEAT-H2)description and calibration. Proceedings of the 38th International Instrumentation Symposium, Paper No. 92–0191, April 1992.

[6] Balter-Peterson A, Nichols F, Mifsud B. Arc jet testing in NASA Ames Research Center thermophysics facilities. AIAA Paper 92–5041, 1992.

[7] Russo G, De Fillippis, Borrelli S, Marini M, Caristia S. The SCIROCCO 70-MW plasma wind tunnel: A new hypersonic capability. Progress in Astronautics and Aeronautics, 2002, 98: 315–351.

[8] Montgomery P A, Smith D M, Sheeley J M, Felderman E J, Budke C T. The quest for higher total pressures: Justification and current development efforts for a higher pressure arc-heated facility. AIAA Paper 2004–6815, 2004.

[9] Stewart D A, Gökçen T, Chen Y K. Characterization of hypersonic flows in the AHF and IHF NASA Ames arc-jet facilities. AIAA Paper 2009–4237, 2009.

[10] 刘初平, 杨庆涛. 气动热与热防护试验热流测量. 北京: 国防工业出版社, 2012.

[11] Bishop W M. Transition induced by distributed roughness on blunt bodies in supersonic flow. SAMSO-TR-76–146(ADA032009), 1976.

[12] 罗跃, 周玮, 杨鸿, 陈卫. 电弧加热器湍流平板试验流场计算分析. 实验流体力学, 2017, 31(2): 86–92.

[13] 张传宝, 曹金祥, 等. 等离子体射流环境下对天线罩透波性能影响的研究. 中国科学技术大学学报, 2002, 32(1): 85–90.

[14] 张松贺, 杨远剑, 王茂刚, 马平. 电弧风洞热 / 透波联合试验技术研究及应用. 空气动力学学报, 2017, 35(1): 141–145.

[15] Baum E, Denison M R. Thick sheath boundary layer model for conical e1ectrostatic probes in a continuum flow. TRW Report 06488-6456-R0000, Sept. 1970.

[16] Fletcher D G, Bamford D J. Arcjet flow characterization using laser-induced fluorescence of atomic species. AIAA Paper 98–2458, 1998.

[17] Nicolet W E, Shepard C E, Clark K J, Balakrishnan A, Kesselring J P, Suchsland K E, Reese J J. Analytical and design study for a high-pressure, high-enthalpy constricted arc heater. AEDC-TR-75-47, l975.

[18] Shaeffer S F. SWIRLARC: a model for swirling, turbulent, radiative arc heater flowfields. AIAA Paper 78–68,1978.

[19] MacDermott W N, Felderman E J, Sydor M, Gulhan A. Dimensional analysis of arc heater data. AIAA Paper 95–2108, 1995.

[20] Li D, Zeng X Q, Merkle C L, Felderman E J, Sheeley J M. Coupled fluid-dynamic electromagnetic modeling of arc heaters. AIAA Paper 2006–3768, 2006.

[21] Hsu K C, Pfender E. Analysis of the cathode region of a free-burning high intensity argon arc. Journal of Applied Physics, 1983, 54: 3818–3824.

[22] Felderman E J, MacDermott W N, FiSher C J. Near-electrode model for 100-atmosphere arc discharges. Journal of Propulsion and Power, 1996, 12(6): 1084–1092.

[23] MacDermott W N, Horn D D, Fisher C J. Flow contamination and flow quality in arc heaters used for hypersonic testing. AIAA Paper 92–4028, 1992.

[24] 杨庆涛, 白菡尘, 刘济春, 王辉. 薄壁量热计后壁面导热损失的影响与误差修正. 传感器与微系统, 2015, 34(12): 47–50.

[25] 李建林. 临近空间高超声速飞行器发展研究. 北京: 中国宇航出版社, 2012.

[26] Wright R L, Zoby E V. Flight boundary layer transition measurements on a slender cone at Mach 20: AIAA Paper 1977–0719,1977.

[27] Iliff K W, Shafer M F. A comparison of hypersonic vehicle flight and prediction results. NASA TM-104313, 1995.

[28] Kuntz D W, Potter D L. Boundary layer transition and hypersonic flight testing. AIAA Paper, 2007-0308, 2007.

[29] 国义军, 周宇, 肖涵山, 周述光, 邱波, 曾磊, 刘骁. 飞行试验热流辨识问题和边界层转捩滞后现象. 航空学报, 2017, 38(10): 121255.

[30] 周建兴, 佘文学. HIFiRE 项目进展概述及其飞行试验特点分析. 战术导弹技术, 2015, (6): 11–20.

[31] Kimmel R, Adamczak D, Juliano T. HIFiRE-5 flight test preliminary results. AIAA Paper 2013–0377, 2013.

[32] Walker S H, Sherk J. The DARPA/AF falcon program: The hypersonic technology vehicle #2 (HTV-2) flight demonstration phase. AIAA Paper 2008–2539, 2008.

[33] 国义军, 曾磊, 张昊元, 代光月, 王安龄, 邱波, 周述光, 刘骁. HTV2 第二次飞行试验气动热环境及失效模式分析. 空气动力学学报, 2017, 35(4): 496–503.

[34] 张昊元, 宗文刚, 桂业伟. 高超声速飞行器前缘缝隙流动的数值模拟研究. 宇航学报, 2014, 35(8): 893–900.

[35] 黎作武. 近似黎曼解对高超声速气动热计算的影响研究. 力学学报, 2008, 40(1): 19–25.

[36] 董维中, 丁明松, 高铁锁, 等. 热化学非平衡模型和表面温度对气动热计算影响分析. 空气动力学学报, 2013, 31(6): 692–698.

[37] 中国空气动力研究与发展中心高超声速飞行器热环境及烧蚀/侵蚀综合分析软件系统 [简称 AEROHEATS]V1.0 版. 中华人民共和国计算机软件著作权登记证书 (登记号: 2013-SR132872, 证书号: 0638634 号), 2013.

[38] 王安龄, 桂业伟, 唐伟, 等. 可重复使用飞行器热走廊物理建模研究. 工程热物理学报, 2006, 27(5): 856–858.

[39] DeJarnette F R. Calculation of inviscid surface streamlines and heat transfer on shuttle type configurations. NASA CR-111921, 1971.

[40] 黄谦, 桂业伟, 耿湘人. 层状平板内热应力的计算研究. 工程热物理学报, 2005, 26(3):492–494.

[41] 耿湘人, 桂业伟, 贺立新, 张来平. 红外窗口不同冷却方式下的结构传热和热应力特性计算研究. 空气动力学报, 2008, 26(3): 329–333.

[42] 钱炜祺, 蔡金狮. 再入航天飞机表面热流密度辨识. 宇航学报, 2000, 21(4): 1–6.

[43] 钱炜祺, 周宇, 何开锋, 等. 表面热流辨识技术在边界层转捩位置测量中的应用初步研究. 试验流体力学, 2012, 26(1): 74–78.

[44] 罗纪生. 高超声速边界层转捩及预示. 航空学报, 2015, 36(1): 357–372.

[45] 张志成, 潘梅林, 刘初平. 高超声速气动热和热防护. 北京: 国防工业出版社, 2003.

[46] Thyson N, Neuringer J, Pallone A, et al. Nose tip shape change predictions during atmospheric reentry. AIAA Paper, 1970–0827, 1970.

[47] 赵梦熊. "联盟" 号返回舱空气动力专集. 北京: 航天工业总公司第七一 O 所, 1995.

[48] Timmer H G, Arne C L, Jr Stokes T R, et al. Aerothermodynamic characteristics of slender ablating re-entry vehicles. AIAA Paper 70–0826, 1970.

[49] Widhopf G F. Laminar, transition, and turbulent heat transfer measurements on a yawed blunt conical nosetip. AD748292, 1972.

[50] Thompson R A, Hamillton H H, Berry S A, et al. Hypersonic boundary layer transition for X-33 phase II vehicle. AIAA Paper 98–0867, 1998.

[51] 国义军, 桂业伟, 童福林, 等. 再入飞行器非平衡气动加热工程计算方法研究. 空气动力学学报, 2015, 33(5): 581–587.

[52] 国义军, 石卫波. 电弧加热器试验条件下端头烧蚀外形计算. 空气动力学学报, 2002, 20(1): 115–119.

[53] 刘初平, 杜百合. 飞船返回舱光学瞄准镜再入加热模拟试验研究. 中国宇航学会首届学术年会论文集, 2006, (12): 218–220.

[54] Loomis M P, Prabhu D K, Gorbunov S, et al. Results and analysis of large scale article testing in the Ames 60 MW interaction heating arc jet facility. AIAA Paper 2010–445, 2010.

[55] 钟萍, 王颖. 国外高超声速试验设备发展现状综述. 中国空气动力研究与发展中心科技信息中心, CARDC-STIC-2010-009, 2010.

[56] Liu L, Gui Y W, Geng X R, et al. Study on the similarity criteria of aircraft structure temperature/stress/dynamic response. Journal of Thermal Science and Technology, 2012, (7): 262–271.

[57] Shi Y A, Zeng L, Qian W Q, Gui Y W. A data processing method in the experiment of heat flux testing using inverse methods. Aerospace Science and Technology, 2013, (29): 74–80.

第13章 总结与展望

本书以作者及所在研究团队多年来在高超声速飞行器热环境和烧蚀防热领域所取得的系列研究成果为基础，立足于我国在研制高超声速飞行器过程中解决烧蚀防热问题时，对物理现象、烧蚀机理进行分析和提供实用的工程计算方法及试验技术，较为全面地论述了高超声速飞行器烧蚀防热所涉及的相关理论及技术问题，包括气动加热和边界层理论、不同类型材料的烧蚀机理、粒子云侵蚀原理、防热结构热响应，以及热环境/烧蚀/传热耦合问题等领域的技术进步和成果应用。

进入 21 世纪以来，围绕高超声速飞行、快速进出空间、重复使用、全球到达等更快、更远、更经济等目标，以美国和俄罗斯为代表，包括法国、日本、印度、澳大利亚及中国等在内的国家都在大力发展高超声速飞行器技术，不断启动不同层次的高超声速技术研究项目，推出了各类新型空天飞行器概念并付诸实践 [1]。例如，2010 年以来，美国在高超声速领域就进行了四项重要飞行试验，分别为：美国空军和国防部预先研究计划局 (DARPA) 联合开展的 FALCON(猎鹰) 计划下的 HTV-2[2−4] (图 13.1)；美国陆军先进高超声速武器 (Advanced Hypersonic Weapon，AHW[5]，图 13.2)；美国空军 HyTech 计划和美国海军及波音公司的 HyFly 高超声速巡航导弹计划下，以吸气式超燃发动机为动力的高超声速飞行器 X-51A[6,7](图 13.3)；以及由美国空军领导，波音公司研制的 X-37B[8,9](图 13.4) 等。

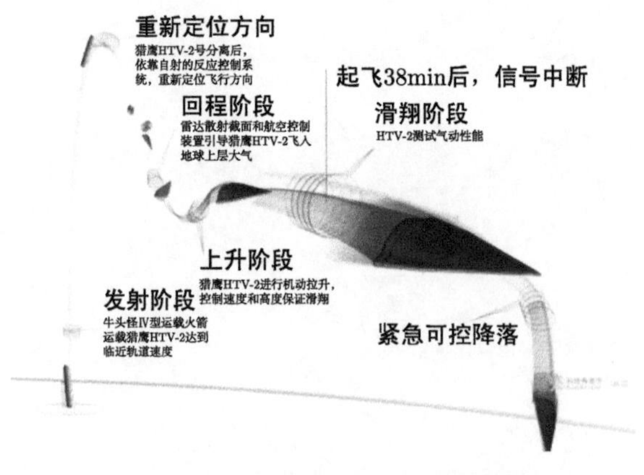

图 13.1 HTV-2 气动布局及系统图

图 13.2　AHW 气动布局及系统图

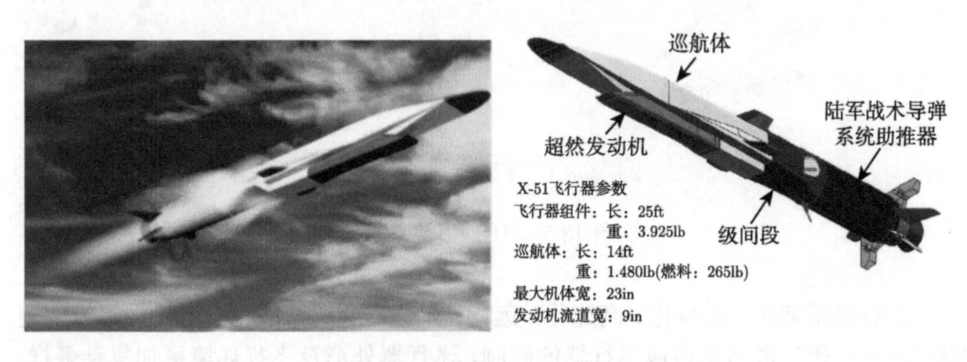

图 13.3　美国 X-51A 构型

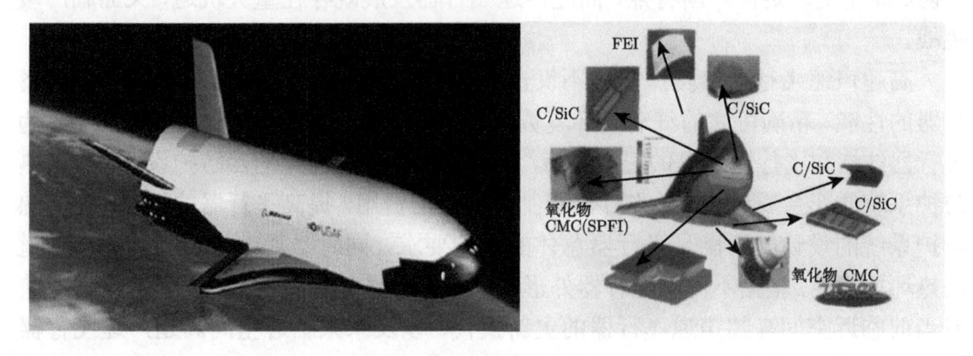

图 13.4　美国 X-37B 构型

2011 年 11 月，AHW 的首次试飞取得成功，验证了 4000km 的高超声速助推滑翔技术以及远程飞行能力，2014 年 8 月的第二次飞行试验在助推段出现异常导致试验失败。气动效率更高的 HTV-2 于 2011 年 8 月 11 日和 2012 年 4 月 20

日经历两次飞行试验失败后，DARPA 于 2012 年 7 月发布最新的 “一体化高超声速”(Integrated Hypersonics，IH) 计划公告草案，利用 “猎鹰” 计划高升阻比气动布局研究成果，发展和试验下一代高超声速空气动力学构型 (图 13.5)，并计划结合多次助推的周期弹跳滑翔飞行模式以实现快速全球打击的最终目标。这些项目的重点是采用多种途径突破小型化、强突防、高精度、快速全球打击及高气动效率和控制效率。X-37B 于 2010 年 4 月 22 日首飞，在轨 224 天；2011 年 3 月 5 日第二次发射，在轨 469 天；2012 年 12 月 11 日第三次升空，2014 年 10 月 14 返回，是近年来最成功的高超声速飞行器。

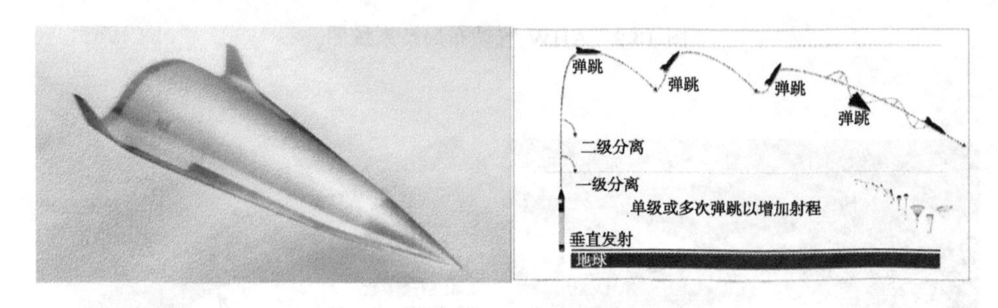

图 13.5　IH 外形及弹道

随着以精确化、隐身化、高速化、远程化、太空化、智能化、无人化等为主要特点的新一代先进高超声速飞行器的研制，飞行器外形及飞行环境更加复杂多样，多学科融合的趋势更加明显，呈现出跨流域、跨尺度、跨层次、跨学科、非线性、非平衡、非完全确定性等新特点，高超声速飞行器发展既存在重大机遇，又面临严峻挑战。

高超声速飞行器热防护问题不仅直接关系到整个飞行器的成败，而且决定飞行器的性能。精确可靠的气动热环境数据，不仅可以为防热系统设计提供依据，为飞行器结构和飞行性能提供安全保障，还可以通过高效优化的热防护设计，降低热防护系统的冗余质量，降低飞行器研制和发射的费用，提高飞行器的机动性能。热防护系统的设计既要满足飞行器总体的性能要求，同时要紧密结合飞行器沿弹道的热环境特性，根据不同的飞行器外形及飞行弹道选择最合适的防热设计方案。随着当前临近空间高超声速飞行器的更新换代，以及未来临近空间高超声速飞行器的推陈出新，飞行器防护问题将面临更多的新问题，需要采用更多的新概念、新方法、新手段予以解决。在烧蚀热防护方面，未来重点研究方向如下所述。

(1) 气动热环境准确预测技术。临近空间飞行器气动外形将越来越复杂，飞行速度也会越来越快，激波/激波干扰、激波/边界层干扰、分离与再附、化学非平衡效应、稀薄气体效应等复杂干扰现象将更为明显，局部热环境非常严酷，而且普遍要求微烧蚀或非烧蚀，对热环境预测精度提出了更为苛刻的要求，而现有各种预测手段的误差都在 20%左右，气动热环境精确预测问题已成为制约飞行器气动外形、影响飞行器总体性能，甚至决定飞行器方案能否实现的先决条件之一，是制约飞行器精细化研制水平的主要技术瓶颈。当前，迫切需要针对飞行器的外形和飞行特点，研究建立准确可靠的复杂流动干扰区气动热环境预测技术，研究掌握复杂流动干扰区热流分布规律，为热环境和热防护设计提供可靠的技术手段。而针对高温气体非平衡效应问题，也还需要进一步开展飞行器表面的物理化学计算模型和内部热响应耦合计算、高温气体非平衡与烧蚀和结构热响应的非定常计算等研究。

(2) 新型复合材料烧蚀防热机理研究。近年来，以 SiC/C 为基体的低/非烧蚀复合材料和气凝胶隔热材料逐渐取代传统烧蚀防隔热材料，弄清材料的烧蚀和防热机理，进而指导材料研制，不断改进和提高材料性能，是大家普遍关心的问题。SiC 抗烧蚀是由于在一定条件下会形成 SiO_2 抗氧化膜，但氧化膜的存在是有条件的，研究发现，所谓“低烧蚀”和“非烧蚀”都是相对的，超过一定的条件，“低烧蚀”材料可以表现出“高烧蚀”；而“非烧蚀”材料也可表现为“低烧蚀”，甚至“高烧蚀”。为了扩大材料使用范围，人们发现可以通过添加其他组分来改善烧蚀性能，譬如添加 ZrB_2，在低温区间形成 B_2O_3 氧化膜，在中等温度范围内形成 SiO_2 氧化膜，在高温段形成 ZiO_2 氧化膜，从而确保从低温到高温都不发生严重烧蚀。但如何控制不同组分之间的比例还需要进行认真研究，例如，有的配方为 40%碳纤维 +42%SiC+18%ZrB_2，有的为 50%碳纤维 +40%ZrC+10%SiC。到底哪个配方更好，还难以说清楚。因此，弄清这类材料的烧蚀机理、主控因素、转化条件，就显得特别重要。

(3) 宏观、介观和微观传热研究 (图 13.6)。新型防热材料的结构传热研究包括宏观、介观和微观三个层次。从宏观角度考虑，包含了低/非烧蚀、材料热解、相变、热传导、热辐射、低速对流换热等多种传热方式，带有移动边界和内部热解炭化材料的三维传热、传质温度场计算仍然是当前研究的热点，包括有限元方法和有限体积法、动网格技术、复杂结构传热、三维烧蚀外形等。介观层面涉及与材料制备相关的晶体和纤维级的传热，包括纤维的烧蚀、吸附–解附动力学、单胞与多胞传热、毛细现象、晶体结构的形成和各向异性传热等。微观层面主要指纳米微尺度传热，包括分子动力学、晶格振动、声子–光子耦合、分子吸附与聚集形成微热桥等。如何建立微观与宏观参数之间的关系，并以此为基础探索通过改善材料的微观结构和工艺，提高或降低等效传热系数，目前仍然是比较困难的。因此发展包含多种导热方式在内的结构温度场预测方法，构建纳米级微尺度传热模型，建立宏观参数与微观结构模型之间的关系，并开展材料热物性参数的不确定性影响分析，是当前研究的热点问题。

(4) 多场耦合烧蚀问题 (图 13.7)。随着新一代临近空间高超声速飞行器长航时、长航程及复杂外形等的发展趋势，以及高精度、低冗余的设计需求，对飞行器的热安全提出了更为苛刻的要求。在这种背景下，飞行器热安全研究的精细化成

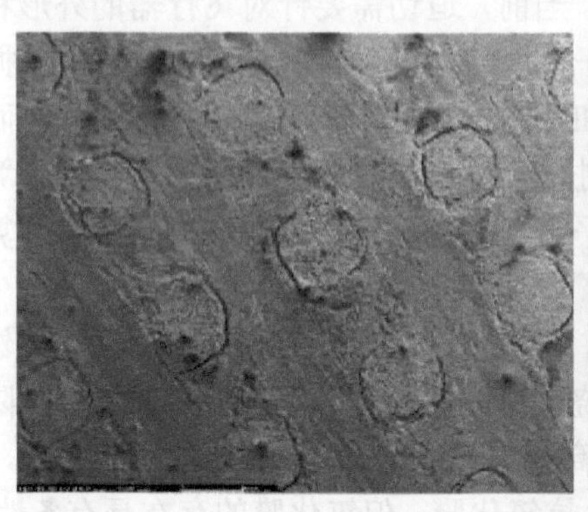

纤维束细观烧蚀

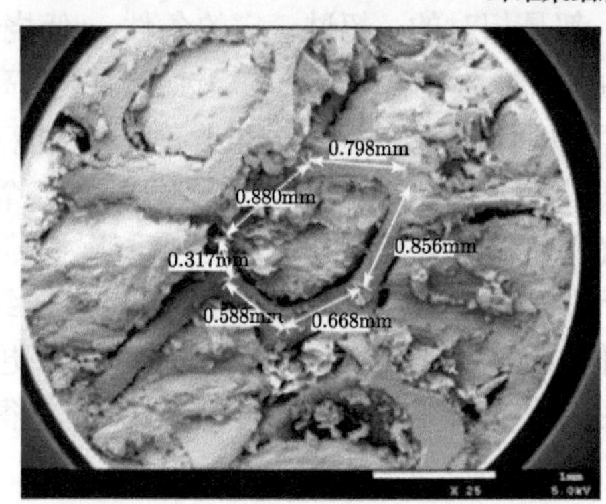

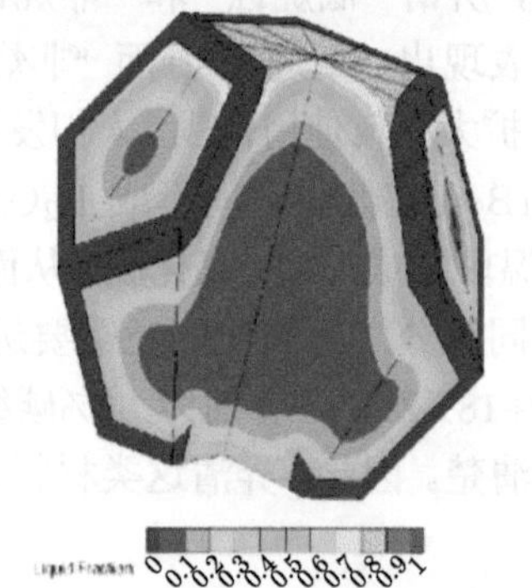

单胞传热

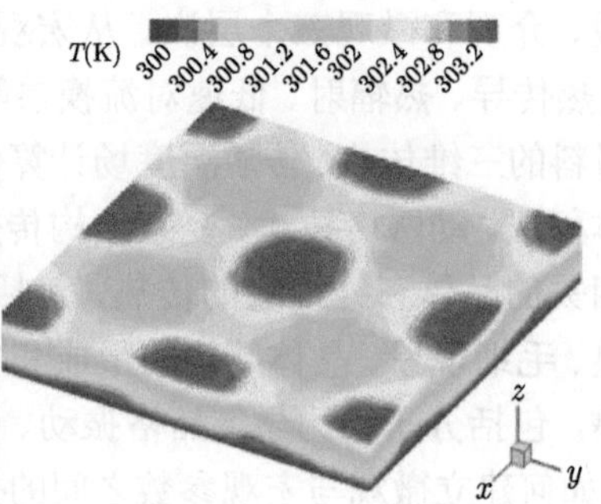

(a) 介观层面

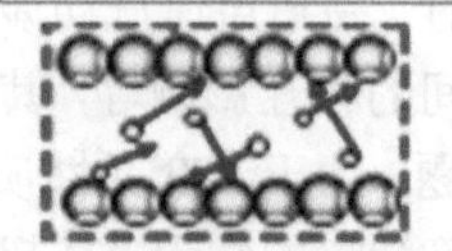
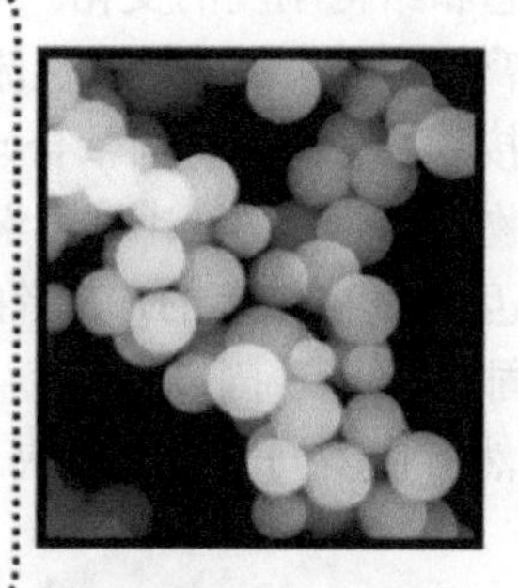
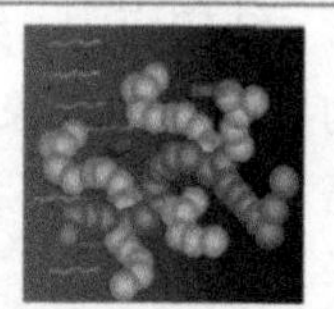
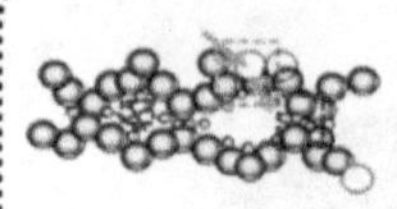
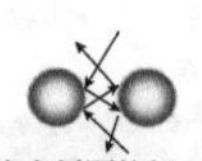
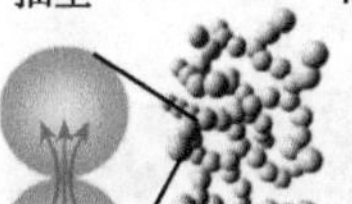
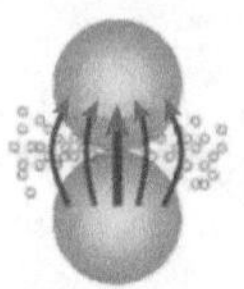
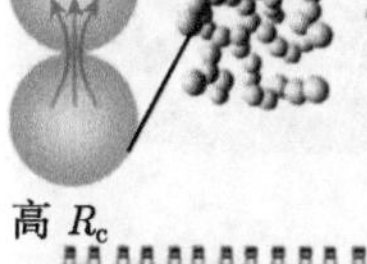

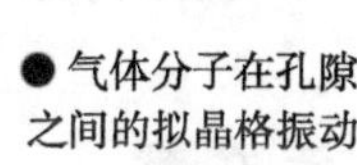
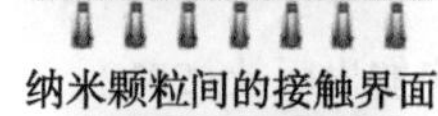
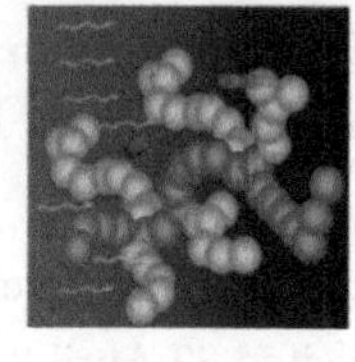

(b) 微观层面

图 13.6 多尺度传热

为一种紧迫需求。研究对象已经不再是单纯独立的气动力、气动热、结构热响应问题，气动力/热/结构/舱内的一体化耦合研究已经成为新的发展方向，飞行器精细化设计水平很大程度上取决于对高速飞行时的流-热-固耦合问题的理解。实际上，飞行器在高速飞行时产生的气动热会造成结构温度场的改变，进而引起材料属性、几何变形、结构应力、结构模态和结构刚度的变化。同时，高超声速流动涉及诸多低速流动里没有的现象，如电离、化学反应流、黏性流间的相互影响等，其对耦合求解思路、方法、策略都有直接影响。流–热–固耦合问题，由于其交叉性质，涉及流体力学、固体力学、工程热物理、动力学、计算力学等学科的知识。高超声速飞行器流、热、固三物理场是相互关联与依存的，三者的精确耦合也是相当复杂的，典型的多场耦合问题包括热–固耦合、流–固耦合、流–热–固耦合等。目前这方面的研究都取得了很大进展，但仍然有许多问题亟待解决 [10]。

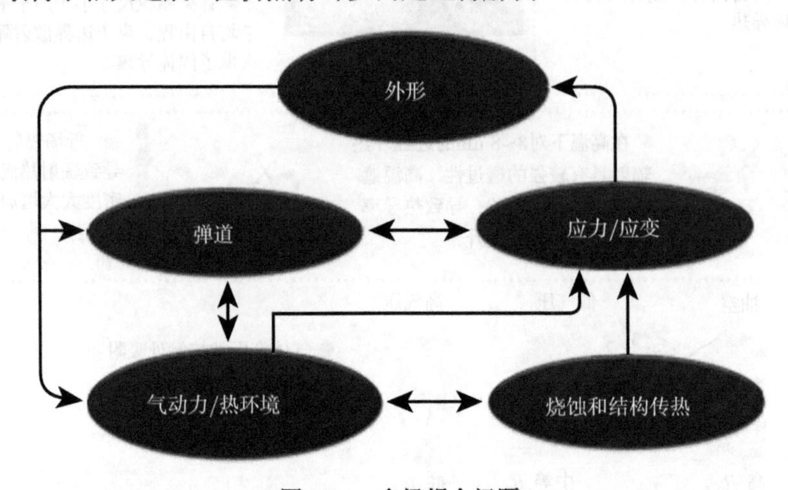

图 13.7　多场耦合问题

参 考 文 献

[1] 李建林. 临近空间高超声速飞行器发展研究. 北京：中国宇航出版社, 2012.

[2] Walker S H, Sherk J, Shell D, Schena R. The DARPA/AF falcon program: The hypersonic technology vehicle #2 (HTV-2) flight demonstration phase. AIAA Paper 2008–2539, 2008.

[3] Keith C. DARPA HTV-2 second test flight report released. http://spaceref. com/aeronautics/dapa-htv-2-second-test-flight-report-released.html[cited 22 April 2012].

[4] 国义军, 曾磊, 张昊元, 代光月, 王安龄, 邱波, 周述光, 刘骁. HTV2 第二次飞行试验的热环境及失效模式分析. 空气动力学学报, 2017, 35(4): 496–503.

[5] Clark H. Labs technology launched in first test flight of Army's conventional Advanced Hypersonic Weapon. Sandia Lab News, N20120011877, May18, 2012.

[6] Hank J M, Murphy J S, Mutzman R C. The X-51A scramjet engine flight demonstration program. AIAA Paper 2008–2540, 2008.

[7] 王振国, 罗世彬, 吴建军. 可重复使用运载器研究进展. 长沙: 国防科技大学出版社, 2004.
[8] Manley D J, Cervisi R T, Staszak P R. How X-37 technology demonstration supports reusable launch vehicles. Space and Communications Group, Boeing Company, 2000.
[9] Rodriguez H, Popp C, Rehagen R J. X-37 storable propulsion system design and operations. AIAA Paper 2005–3958, 2005.
[10] Slotnick J, Khodadoust A, Alonso J, et al. CFD vision 2030 study: A path to revolutionary computational aerosciences. NASA CR-2014-218178, 2014.

附录　烧蚀计算分析软件简介

1　引　　言

“高超声速飞行器热环境及烧蚀/侵蚀综合分析软件系统 (简称 AEROHEAT，后来进一步发展为 FASTHEAT[1])” 和 “高超声速热环境/热响应耦合计算软件 (简称 CAPTER[2])”，是由中国空气动力研究与发展中心计算空气动力研究所开发完成的成套商用软件，具有完全自主知识产权 (软件著作权登记号为 2013SR132872，2016SR327080)，前者侧重于烧蚀分析，后者侧重于多场耦合计算。

中国空气动力研究与发展中心 (以下简称“中心”) 是我国从事飞行器空气动力学研究的核心单位，具备数值计算、地面风洞试验和模型飞行试验的全套研究手段，有着丰富的技术储备。目前理论分析和计算能力以及设备试验能力均处于国内领先地位，产品通过 ISO9001 质量管理体系认证。中心计算所作为国内专门从事计算空气动力学研究的专业研究所，拥有以两院院士、国内外知名科学家为带头人，高素质、高学历科技人才为主体的国内实力最强的 CFD 研究和应用队伍，开发了一系列具有自主知识产权的气动力、气动热、气动物理和飞行性能计算软件。

2　软件功能和性能指标

2.1　软件功能

这里重点介绍 FASTHEAT 软件。FASTHEAT 软件主要用于分析计算高超声速飞行器在真实飞行状态下和地面试验条件下的气动加热、烧蚀、侵蚀、结构热传导特性，为飞行器防热系统设计提供依据。主要功能包括:

(1) 轴对称外形全身热环境计算；

(2) 非圆截面外形全身热环境计算；

(3) 舵翼面部件热环境计算；

(4) 舵–体、突起物、凹坑、缝隙、喷流、激波–激波干扰的局部干扰区热环境计算；

(5) 碳基材料、硅基材料、热解炭化材料、陶瓷基复合材料的烧蚀热响应计算；

(6) 粒子云侵蚀计算；
(7) 烧蚀外形计算；
(8) 多维、多层、多段防热材料的大面积和局部热传导和温度场计算。

2.2 软件性能指标

1. 适用范围

外形范围：各种头部、机身、后掠钝楔、舵翼面、突起物、凹坑、缝隙、喷流；

材料范围：碳基、硅基、热解炭化、高温陶瓷、非烧蚀材料、隔热材料、各种金属材料；

弹道条件范围：实际飞行中的各种弹道条件和地面试验条件。

H=0~120 km；$1< Ma <36$；$-40° \leqslant\alpha\leqslant +40°$；$-30° \leqslant\delta\leqslant +30°$。

2. 求解问题的类型

边界层特性、表面压力、热流分布、烧蚀/侵蚀特性、结构温度随时间变化情况；

超音速、高超音速流动；

连续流、稀薄过渡流、自由分子流；

层流、边界层转捩、湍流；

完全气体、平衡气体、热化学非平衡气体；

一维、二维、三维热传导。

3. 计算精度

热环境计算模块精度：大面积误差 ≤15%；局部干扰区误差 ≤30%；

烧蚀计算模块精度：误差 ≤20%；

热传导计算模块精度：误差 ≤10%。

2.3 软件运行环境

1. 硬件设备

FASTHEAT 软件可在微机上运行，为了保证系统运行的稳定性和高可用性，客户机要求 CPU 主频 2.8G 以上，内存 4G 以上，硬盘 80G 以上。

2. 支持软件

(1)Windows 操作系统 (Windows 7，向下兼容 Windows XP)；
(2) 运行环境为 Visual Fortran，程序语言为 Fortran 77；
(3) 绘图软件可采用 Tecplot 360 或更高版本。

3　系统框架结构

3.1　软件总体设计思路和系统结构

软件系统在结构上实行分层管理。如图 1 所示，系统分为三个层次。第一层为用户层，这是与用户发生关系的层次，主要包括一些前置和后置处理功能模块，如向用户显示各种提示信息、可供选择的菜单，以及用户有关操作的结果等。第二层为功能组织层，介于基础层与用户层之间，主要包括一些管理、调度模块，根据用户对所要计算的问题、计算方法等的具体需要，对基础层中各个库内的模块进行调度和组织，以按照用户的要求完成整个功能操作。第三层为基础层，该层中包括了整个软件系统的全部基本功能模块，是整个软件系统的内核，该层中的模块不直接面向用户，主要是以库的形式将有关模块按功能集成在一起，如数据库、气动计算程序库、知识库、图形软件库等。

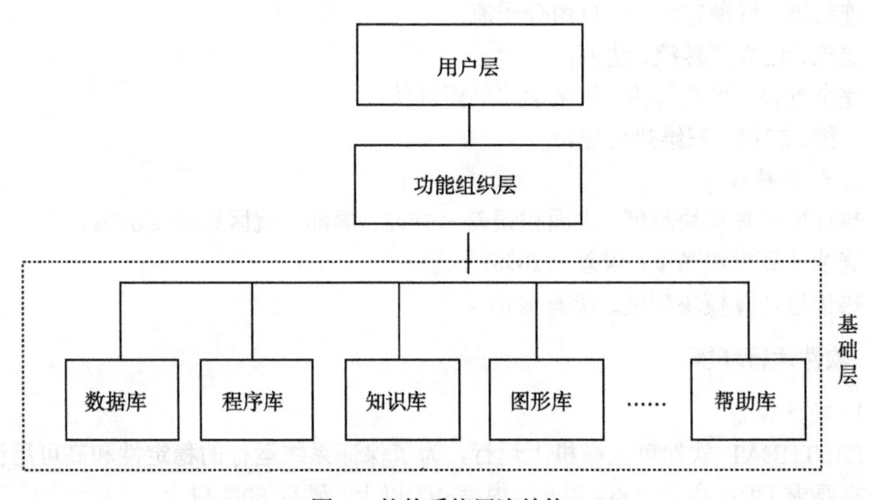

图 1　软件系统层次结构

系统的数据流程如图 2 所示，气动计算和各模块的数据交换全部在工作目录中进行。当用户启动系统，提出计算需求以后，系统从计算程序库中提取有关模块进行组装，并从数据库采集计算所需的数据，进行有关功能的计算，然后将计算结果送入数据库进行保存，以备显示输出。这样，在进行计算时，一切数据交换都自动通过工作目录进行，避免了用户直接与程序和数据打交道，有利于系统维护。

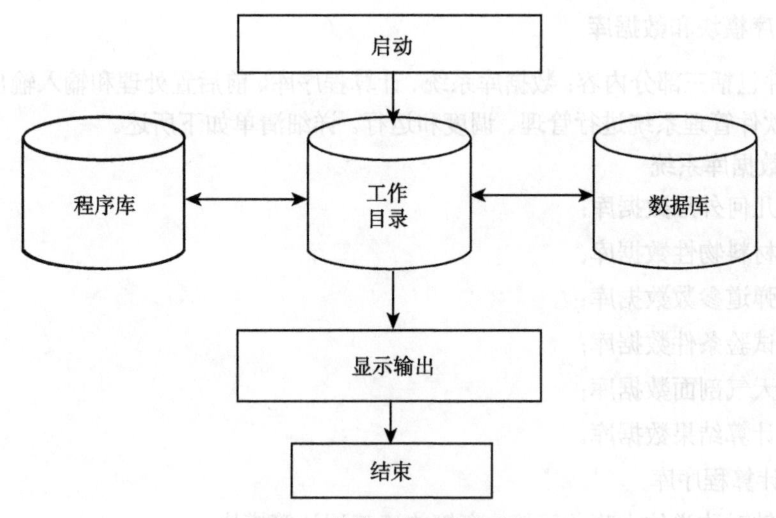

图 2 软件系统数据流程

3.2 软件运行框图

图 3 为软件运行框图。

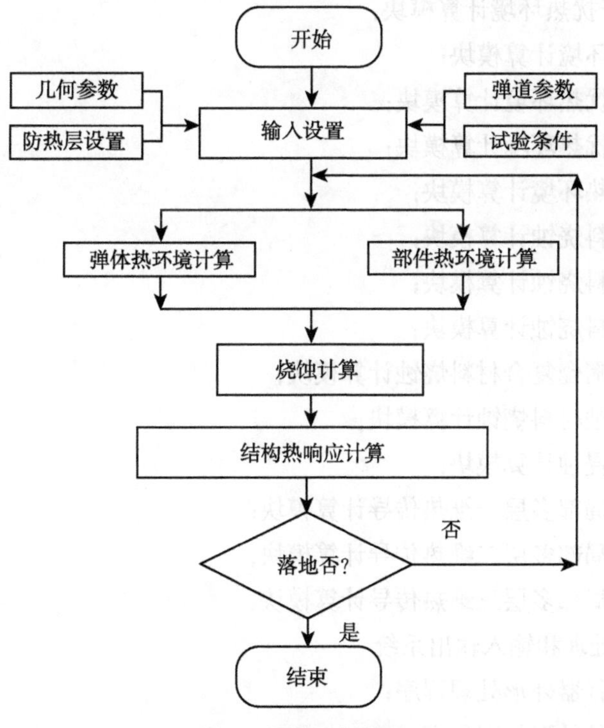

图 3 软件运行框图

3.3　程序模块和数据库

软件包括三部分内容：数据库系统、计算程序库、前后置处理和输入输出系统，统一由软件管理系统进行管理、调度和运行。详细清单如下所述。

1) 数据库系统

- 几何外形数据库；
- 材料物性数据库；
- 弹道参数数据库；
- 试验条件数据库；
- 天气剖面数据库；
- 计算结果数据库。

2) 计算程序库

- 轴对称弹体大攻角等熵、变熵热流工程计算模块；
- 非圆截面弹体大攻角等熵、变熵热流工程计算模块；
- 舵翼面热环境计算模块；
- 突起物热环境计算模块；
- 舵–体干扰热环境计算模块；
- 缝隙热环境计算模块；
- 凹坑干扰热环境计算模块；
- 喷流干扰热环境计算模块；
- 进气道热环境计算模块；
- 碳基材料烧蚀计算模块；
- 硅基材料烧蚀计算模块；
- 热解材料烧蚀计算模块；
- 超高温陶瓷复合材料烧蚀计算模块；
- 低温烧蚀材料烧蚀计算模块；
- 粒子云侵蚀计算模块；
- 机身和局部多层一维热传导计算模块；
- 机身和局部多层二维热传导计算模块；
- 机身和局部多层三维热传导计算模块。

3) 前后置处理和输入输出系统

- 各种飞行器外形处理程序；
- 各种部件外形处理程序；

■ 防热层参数设置程序；

■ 计算结果图形显示输出系统。

4) 软件管理系统和操作界面

5) 配套文档资料：理论手册、软件设计手册、用户使用手册

3.4 软件管理系统和可视化操作界面

软件管理系统是整个软件系统各项功能的组织、调度部分，对整个软件系统的正常运行起着重要作用。

1) 功能调度

由于该软件系统规模较大，各种功能、模块的使用、调度关系十分复杂，因此需要通过管理系统中的功能调度为使用人员提供一个方便的使用环境，具备友好的用户界面、明确的提示信息、可供选择的菜单等。这样，用户只要按照有关提示信息，进行简单的操作，即可方便地使用整个软件系统。在管理系统内部，则根据用户输入的操作内容，自动进行组织、调度有关功能模块运行，完成用户提出的任务。

2) 打包封装

由于软件系统规模较大、结构复杂、程序量多，因此系统的备份或安装工作量很大，操作过程中稍有不慎，就会引起故障而无法使用。为方便用户使用，将整套软件进行了打包封装，存放在压缩文件 FASTHEAT.rar 中。

3) 安全保密

该系统设有进入密码，无密钥无法进入软件系统。

4 软件运行

4.1 安装及卸载

软件产品为压缩包 FASTHEAT.rar，它是对 FASTHEAT 目录下所有的程序模块可执行程序、过程文件和数据文件进行打包压缩形成的，可解压缩到任意指定目录下。系统不需进行安装，用户只需在解压目录下 (可发送到桌面上) 点击执行文件 FASTHEAT.exe，即可启动系统，弹出操作界面。

系统不需要执行卸载命令，可通过 Windows 删除命令删除软件系统。

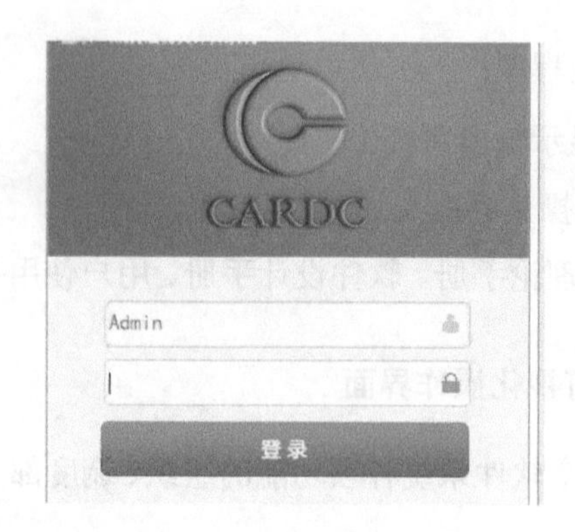

4.2　界面操作

系统启动后弹出如下操作主界面：

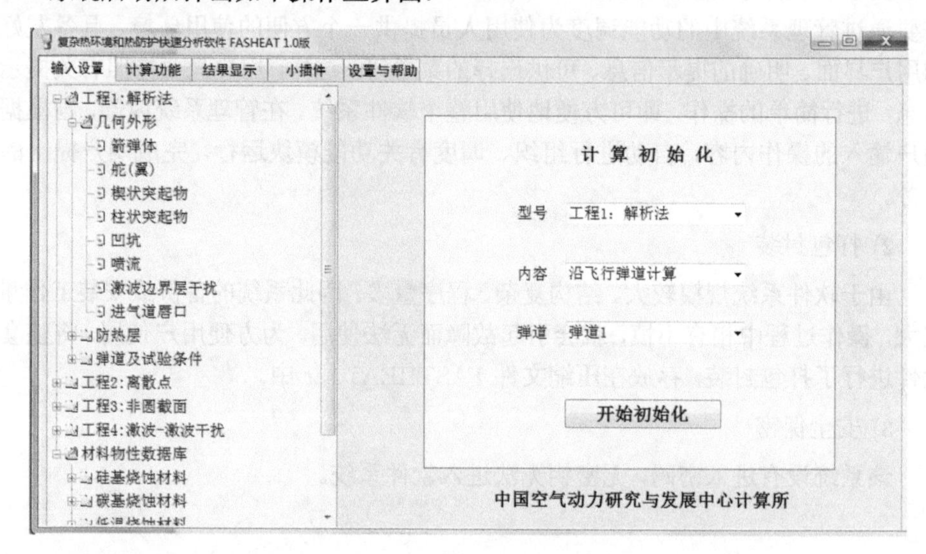

操作分为四个部分：输入设置、计算功能、结果显示、系统帮助。

界面操作的步骤为：数据准备 → 输入设置 → 数据初始化 → 执行计算功能 → 计算结果显示 (包括数据显示和图形显示)。

1　输入设置

开始计算之前，用户首先要准备好输入数据，包括几何外形参数 (弹体、舵、机身、机翼和垂尾)、防热材料物性参数、防热层结构参数、弹道参数、天气剖面等初始参数。

点击主界面上的输入设置按钮，进入输入设置界面。系统包括材料物性数据库设置和飞行器型号工程设置，对于轴对称外形：

(1) 解析法；

(2) 离散点。

对于非圆截面外形包括：

(1) 机身；

(2) 机翼。

两大类飞行器的输入设置大致相同，包括几何外形设置、防热层设置 (热传导计算控制参数、材料分段分层、防热材料选择、输出点设置)、飞行弹道设置及天气剖面设置。设置完成后需进行计算初始化，才能将新内容从数据库调出用于计算。

1) 材料物性数据库设置

材料物性库包括 6 大类材料：硅基烧蚀材料、碳基烧蚀材料、低温烧蚀材料、新型防热烧蚀材料、隔热材料、金属材料，共 120 种材料。

点击 "硅基烧蚀材料"，下拉框显示 20 种材料。选择其中任何一种材料，双击后弹出该材料物性参数设置界面。参数设置分为四个部分：原材料、热解区、炭化层、液体层。需对每部分分别进行设置。原材料区菜单如下：

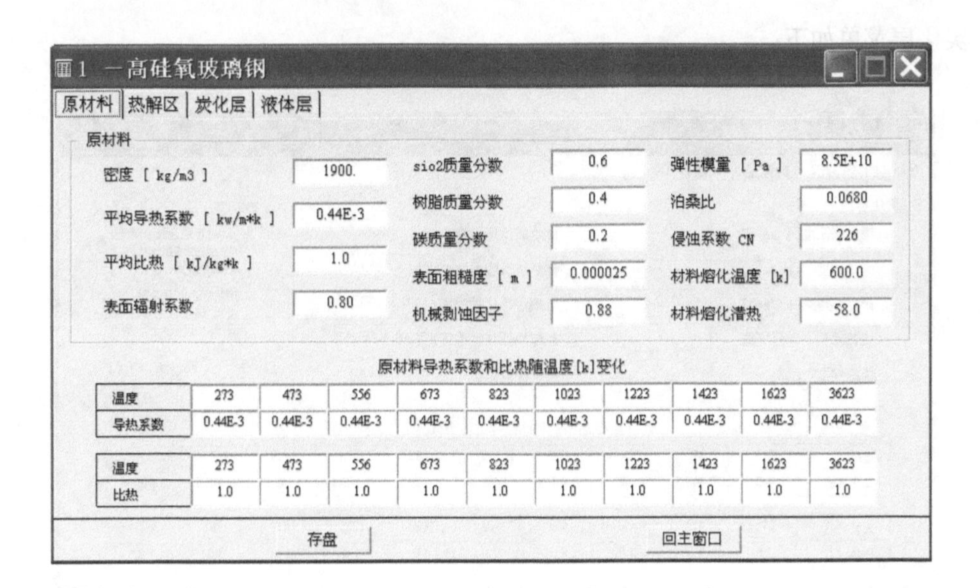

热解区菜单如下：

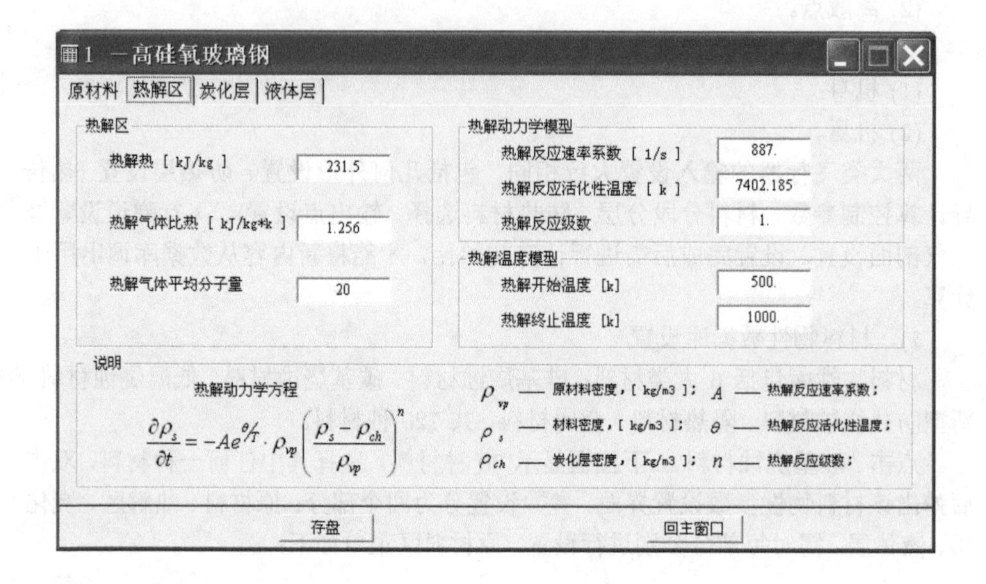

炭化层菜单如下：

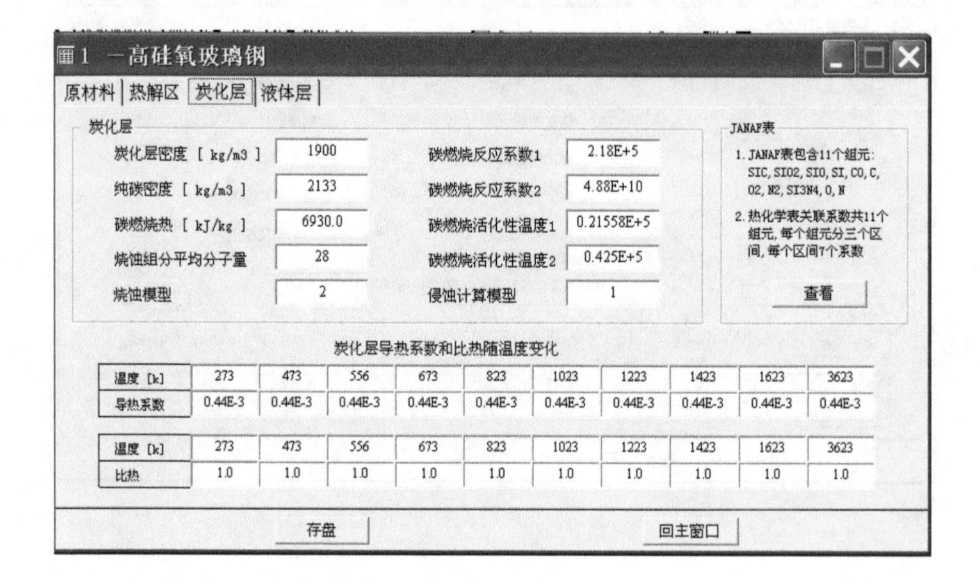

液体层菜单如下：

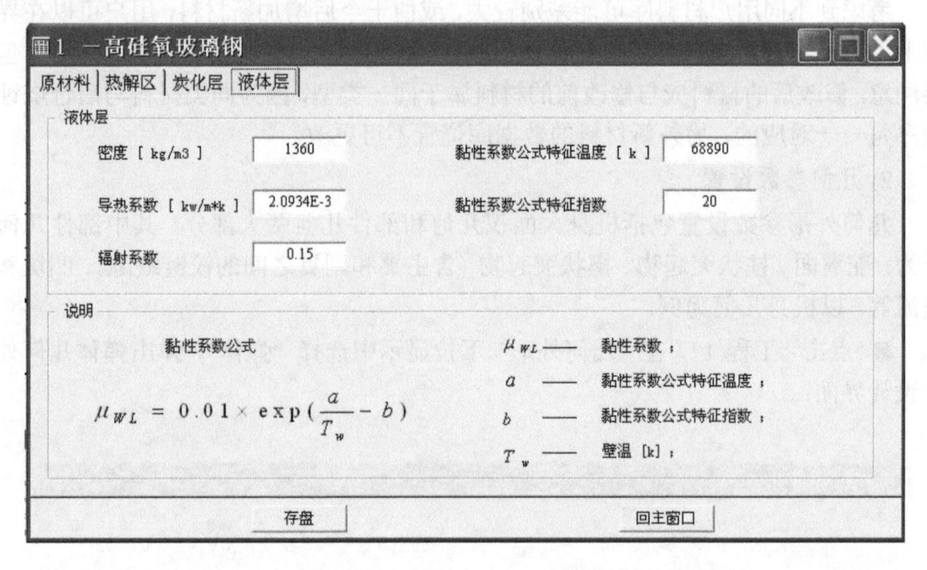

用户可以在界面上对数据进行修改，修改后的数据必须点击存盘按钮才能保存到数据库中。修改完成后，点击回主窗口按钮，回到上一级菜单。

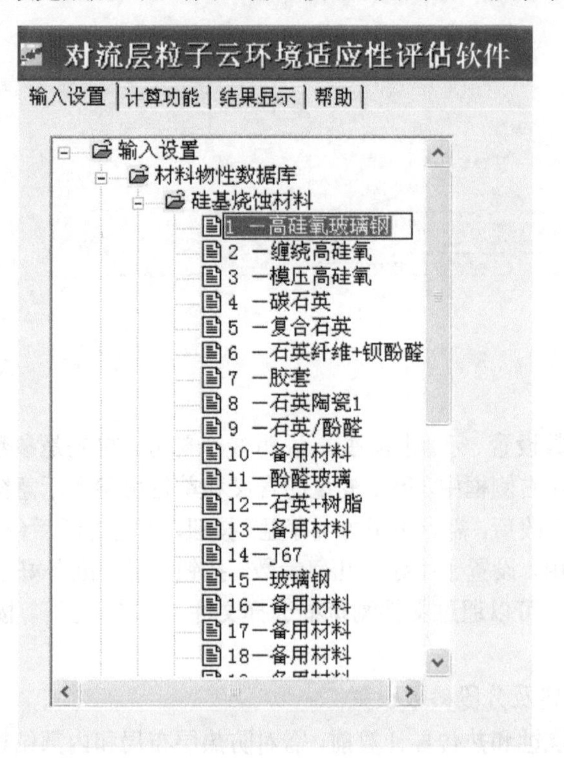

考虑到不同用户材料库可能差别较大，或便于今后增加新材料，用户可以在界面上用鼠标右键对材料名称进行修改。如将“备用材料”改为实际材料名称等。但要注意，修改后的材料应与修改前的材料属于同一类型，因为同类材料与后台烧蚀程序是一一对应的，另外新材料的数据库位置不可更改。

2) 几何参数设置

几何外形参数设置包括机身大面积几何和部件几何两大部分，其中部件几何分为：舵翼面、柱状突起物、楔状突起物 (含主翼和副翼之间的铰链缝隙)、凹坑和喷流等。以机身几何为例。

■ 点击“工程 1”，在“几何外形”下拉显示中选择“弹体”，弹出弹体几何外形设计界面：

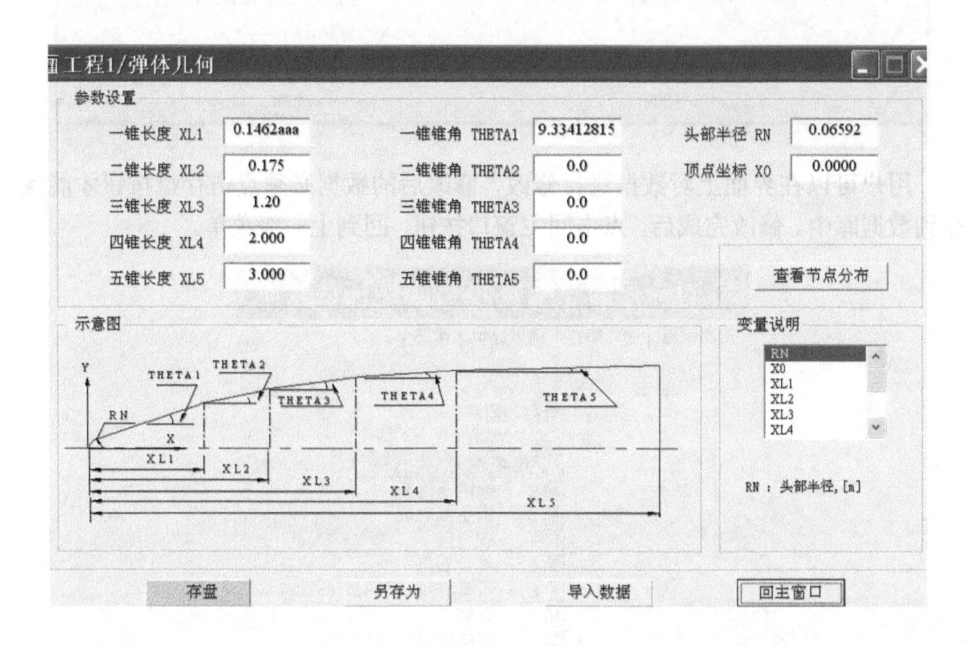

界面分为参数设置、示意图、变量说明 3 个部分。首先是参数设置，每个变量对应的数据显示在右侧框中，每个变量的含义和单位可参考示意图及变量说明。对变量完成输入或修改后，需点击下方“存盘”按钮，才能更新后台数据库中的数据。为了方便用户使用，设置了“导入几何参数”按钮，用户准备好数据文件后，点击“载入几何”按钮，可以通过文件浏览框选择文件，点击“打开”按钮即可覆盖原来所有参数。

3) 防热层材料及分段参数设置

进行防热层烧蚀和热传导计算前，需对防热层布局和内部结构进行设置。在工程 1 下拉“防热层”显示框中，点击部件名称进行设置。以机身防热层为例。

点击工程 1“防热层”下拉“弹体”选项，弹出“工程 1/ 弹体防热层”界面

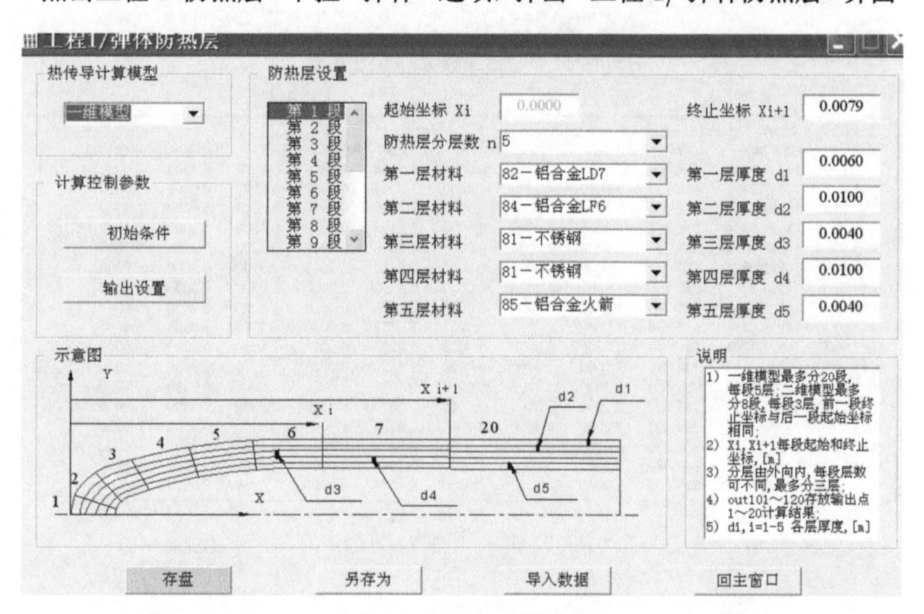

界面分为选择热传导计算模型、计算控制参数设置、防热层材料分段分层设置、示意图和变量说明 5 个部分。首先选择单点热传导计算模型、一维热传导计算模型和二维热传导计算模型，对应的材料分段布局显示在下面框中。对一维和二维模型，选择其中某一段，该段对应的防热层结构在右边显示，包括该段起始和终止坐标、该段材料分几层、每一层材料类型 (点击右边箭头下拉选择) 和厚度。依次点击其他各段，完成每段设置。变量的含义和单位可参考示意图及变量说明。完成设置后，必须点击下方“存盘”按钮，修改后的数据才能保存到数据库中。对弹体一维模型，最多可分 20 段，每段最多可分 5 层。对弹体二维模型，最多可分 8 段，每段最多可分 3 层。为了方便用户使用，可以将界面上的数据另存到专用数据库中，以备今后使用。也可从备用数据库中导入新型号数据，用户准备好数据文件后，点击“载入新型号数据”按钮，可以通过文件浏览框选择文件，点击“打开”按钮即可覆盖原来所有参数。

4) 弹道参数设置

弹道参数设置包括两部分：一是飞行弹道；二是天气剖面。

A. 飞行弹道设置

点击“弹道”选项，弹出界面：

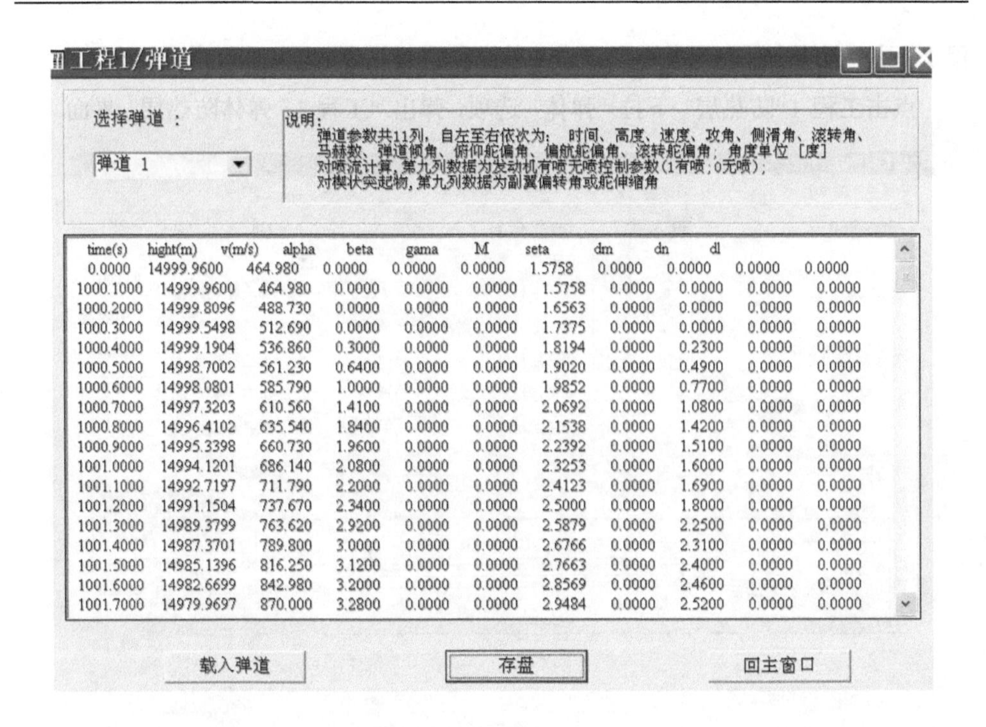

time(s)	hight(m)	v(m/s)	alpha	beta	gama	M	seta	dm	dn	dl	
0.0000	14999.9600	464.980	0.0000	0.0000	0.0000	1.5758	0.0000	0.0000	0.0000	0.0000	
1000.1000	14999.9600	464.980	0.0000	0.0000	0.0000	1.5758	0.0000	0.0000	0.0000	0.0000	
1000.2000	14999.8096	488.730	0.0000	0.0000	0.0000	1.6563	0.0000	0.0000	0.0000	0.0000	
1000.3000	14999.5498	512.690	0.0000	0.0000	0.0000	1.7375	0.0000	0.0000	0.0000	0.0000	
1000.4000	14999.1904	536.860	0.3000	0.0000	0.0000	1.8194	0.0000	0.2300	0.0000	0.0000	
1000.5000	14998.7002	561.230	0.6400	0.0000	0.0000	1.9020	0.0000	0.4900	0.0000	0.0000	
1000.6000	14998.0801	585.790	1.0000	0.0000	0.0000	1.9852	0.0000	0.7700	0.0000	0.0000	
1000.7000	14997.3203	610.560	1.4100	0.0000	0.0000	2.0692	0.0000	1.0800	0.0000	0.0000	
1000.8000	14996.4102	635.540	1.8400	0.0000	0.0000	2.1538	0.0000	1.4200	0.0000	0.0000	
1000.9000	14995.3398	660.730	1.9600	0.0000	0.0000	2.2392	0.0000	1.5100	0.0000	0.0000	
1001.0000	14994.1201	686.140	2.0800	0.0000	0.0000	2.3253	0.0000	1.6000	0.0000	0.0000	
1001.1000	14992.7197	711.790	2.2000	0.0000	0.0000	2.4123	0.0000	1.6900	0.0000	0.0000	
1001.2000	14991.1504	737.670	2.3400	0.0000	0.0000	2.5000	0.0000	1.8000	0.0000	0.0000	
1001.3000	14989.3799	763.620	2.9200	0.0000	0.0000	2.5879	0.0000	2.2500	0.0000	0.0000	
1001.4000	14987.3701	789.800	3.0000	0.0000	0.0000	2.6766	0.0000	2.3100	0.0000	0.0000	
1001.5000	14985.1396	816.250	3.1200	0.0000	0.0000	2.7663	0.0000	2.4000	0.0000	0.0000	
1001.6000	14982.6699	842.980	3.2000	0.0000	0.0000	2.8569	0.0000	2.4600	0.0000	0.0000	
1001.7000	14979.9697	870.000	3.2800	0.0000	0.0000	2.9484	0.0000	2.5200	0.0000	0.0000	

选择弹道参数选项左边数据框中出现供选择的弹道标号，点击数据框右侧箭头，有三条弹道可供选择。每条弹道参数列在下面文本框中，可以修改，修改完成后点击下方“存盘”按钮，数据被保存。为了方便用户使用，设置了“载入弹道”按钮，用户准备好数据文件后，点击“载入弹道”按钮，可以通过文件浏览框选择文件，点击“打开”按钮即可覆盖原来弹道。也可以通过复制和粘贴功能引入弹道参数。需要特别说明的是，用户只能按给定的排列顺序输入弹道参数，如果有些角度参数没有，可用“0”代替。

B. 天气剖面参数设置

点击“天气剖面”选项，弹出界面：

选择天气剖面选项右边数据框中出现供选择的剖面标号，点击数据框右侧箭头，有三个剖面可供选择。每个剖面列在下面文本框中，可以修改，修改完成后点击下方“存盘”按钮，数据被保存。为了方便用户使用，设置了“载入天气”剖面按钮，用户准备好数据文件后，点击“载入天气剖面”按钮，可以通过文件浏览框选择文件，点击“打开”按钮即可覆盖原来天气剖面。也可以通过复制和粘贴功能引入剖面参数。需要特别说明的是，用户只能按给定的排列顺序输入天气剖面参数。

以上完成了工程 1 的输入设置。工程 2～ 工程 6 的输入设置方法与工程 1 大致相同。

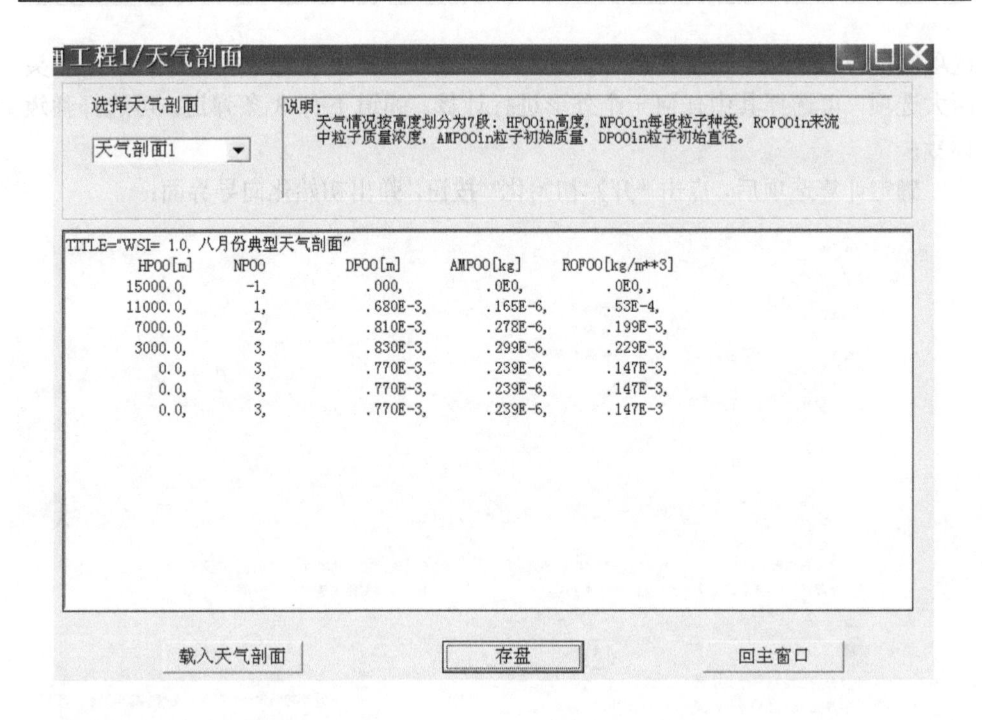

2. 系统初始化

计算开始前，必须执行数据初始化命令，才能将数据库中的数据输送到程序输入文件中。

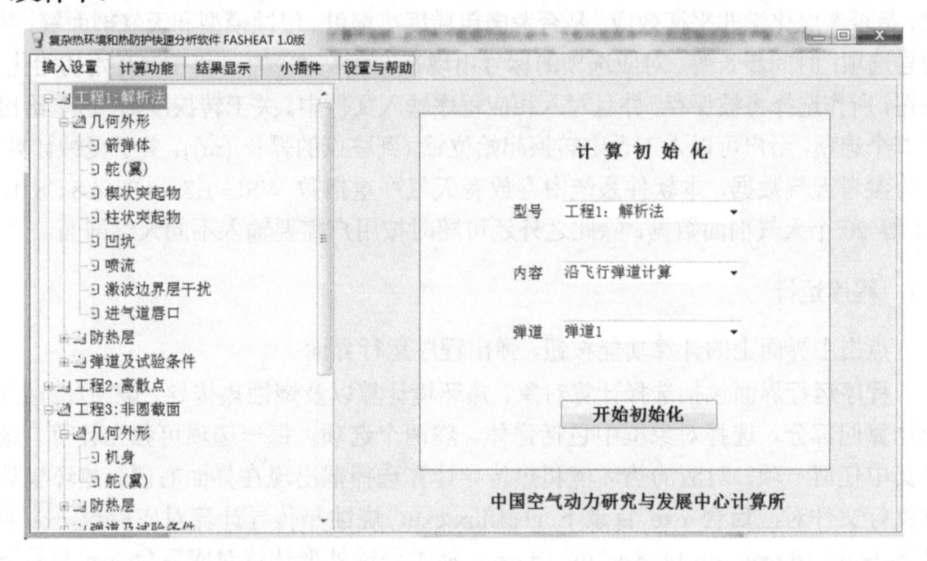

在计算信息初始化框中，可以选择型号、内容、弹道 (或试验条件)。点击每一

选项右侧下拉箭头，选择需要计算的对象。型号下拉框包含常规弹头和滑翔弹头两大选项，可选择其中任何一个外形进行计算。弹道下有 3 条弹道，可选择弹道标号：

确定计算选项后，点击“开始初始化”按钮，弹出初始化向导界面：

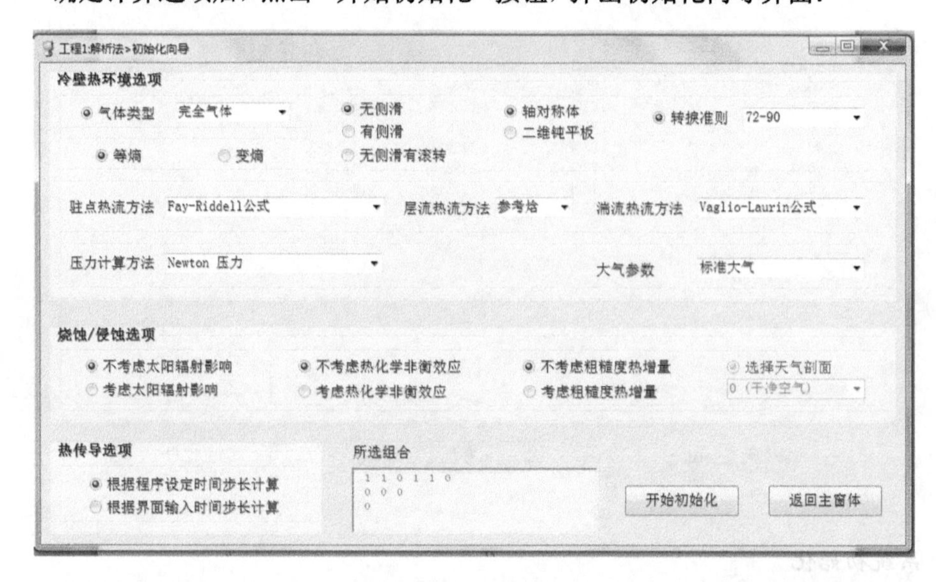

用户需通过该界面进一步选择冷壁热环境计算选项：完全气体或真实气体、等熵或变熵、无侧滑或有侧滑以及转捩准则；热壁/烧蚀/侵蚀选项：是否考虑太阳辐射、是否考虑化学非平衡效应、是否考虑粗糙度热增量、侵蚀模型和天气剖面等；热传导选项：时间步长等。对应选项的标号出现在左侧文本框中。点击“开始初始化”按钮，所作选择将被保存，并且写入相应程序输入文件中。关于转捩准则，这里给出了 5 个选项，用户可以人工设定转捩起始位置 (到驻点的弧长 (m))。关于侵蚀计算，作为参考天气数据，本软件系统中存放有天气严重指数 WSI=1.7、3.9、4.8、8.0、9.4 等 20 个天气剖面数据，除此之外还可随时按用户需要输入不同天气剖面。

4.3　程序运行

点击主界面上的计算功能按钮，弹出程序运行界面：

程序运行界面包括选择计算对象、热环境计算以及烧蚀热传导、烧蚀/侵蚀外形计算四部分。选择对象框中包括弹体、舵两个选项，每一选项可独立计算。选择其中任何一项，对应的热环境和热传导计算选择框出现在界面右侧。热环境计算执行文件对应后台 exe 目录下 heatflux.exe，烧蚀热传导计算对应后台 exe 目录下 body_1d.exe，fin_tz.exe，fin_1d.exe，烧蚀侵蚀外形计算对应后台 exe 目录下 shape.exe。

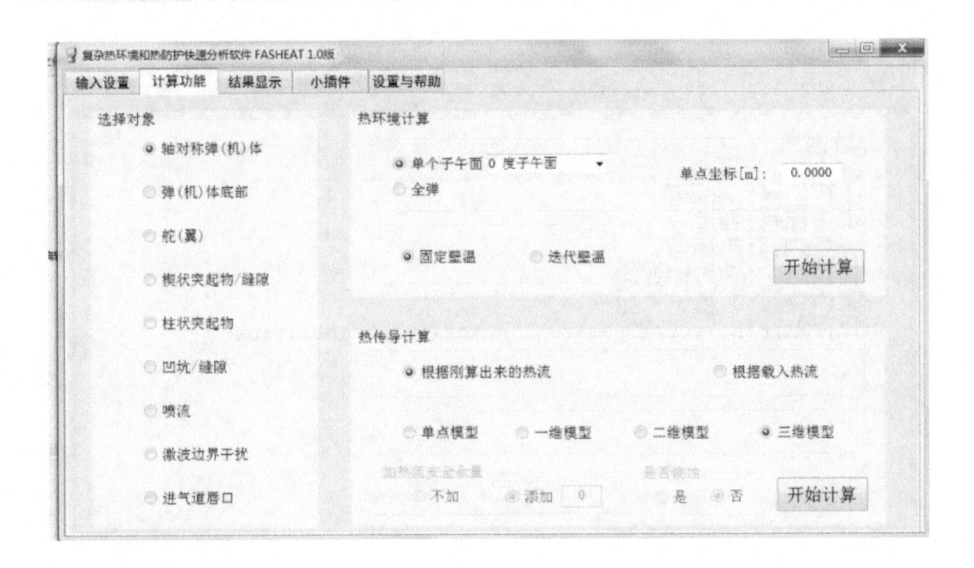

1. 热环境计算

弹体热环境计算可选择单独计算其中一条母线。若选择计算母线，需点击右侧下拉箭头选择母线所在子午面的子午角，程序中设置了七个子午面，即 0°，30°，45°，60°，90°，135°，180°。

完成选择后，点击“开始计算”按钮，启动后台计算程序，弹出屏幕滚动显示框：

```
E:\童福林\rocket_heat\exe\heatflux.exe
t=   140.000  MACH=    8.415  H= 60907.801  alpha=    0.00
t=   145.000  MACH=    9.007  H= 65171.801  alpha=    0.00
t=   150.000  MACH=    9.350  H= 69300.797  alpha=    0.00
t=   155.000  MACH=    9.687  H= 73301.203  alpha=    0.00
t=   160.000  MACH=    9.996  H= 77179.203  alpha=    0.00
t=   165.000  MACH=   10.319  H= 80941.203  alpha=    0.00
t=   170.000  MACH=   10.657  H= 84592.797  alpha=    0.00
t=   175.000  MACH=   10.889  H= 88136.500  alpha=    0.00
t=   180.000  MACH=   11.009  H= 91574.203  alpha=    0.00
t=   185.000  MACH=   11.091  H= 94908.102  alpha=    0.00
t=   190.000  MACH=   11.180  H= 98140.297  alpha=    0.00
t=   195.000  MACH=   11.144  H=101273.000  alpha=    0.00
t=   200.000  MACH=   10.952  H=104308.797  alpha=    0.00
t=   205.000  MACH=   10.979  H=107249.898  alpha=    0.00
t=   210.000  MACH=   10.666  H=110099.000  alpha=    0.00
t=   215.000  MACH=   10.301  H=112858.602  alpha=    0.00
t=   220.000  MACH=    9.741  H=115531.602  alpha=    0.00
t=   225.000  MACH=    9.449  H=118120.703  alpha=    0.00
t=   230.000  MACH=    9.228  H=120629.000  alpha=    0.00
t=   235.000  MACH=    9.062  H=123059.500  alpha=    0.00
t=   240.000  MACH=    8.939  H=125415.602  alpha=    0.00
t=   245.000  MACH=    8.851  H=127700.500  alpha=    0.00
t=   250.000  MACH=    8.792  H=129918.000  alpha=    0.00
t=   255.000  MACH=    8.756  H=132071.500  alpha=    0.00
```

程序运行完成后，弹出计算完成信息框，显示本次计算的型号、弹道、部件名称、位置、计算内容等。计算结果被保存在默认目录 output\heatflux 中。

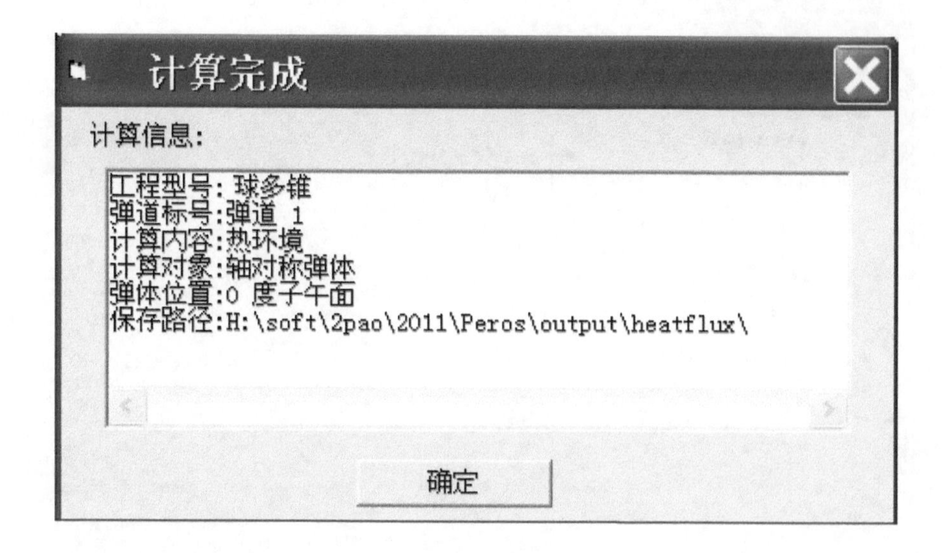

2. 烧蚀热传导计算

弹体烧蚀热传导计算采用一维计算模型。为了将热流计算和热传导计算分别模块化，用户可选择输入热环境，一种情况是根据刚计算出的热流计算热传导，另一种是选择载入的热环境进行计算 (通过防热层设置界面载入热环境)。

烧蚀热传导计算包括弹体一维热传导、舵翼面干扰区及特征点热传导、舵翼面横截面一维热传导，用户根据需要在界面上选择。完成选择后，点击 “开始计算” 按钮，弹出程序运行界面，同时启动后台计算程序，弹出屏幕滚动显示框。

计算完成后弹出结果显示界面，显示当前计算信息和结果。同时将结果保存到相应数据库中，以备查询。

3. 烧蚀/侵蚀外形计算

烧蚀/侵蚀外形计算包括单个子午面烧蚀外形计算和全弹烧蚀外形计算两部分，由后台组织运算。

4.4　输出显示

点击主界面上的 “结果显示” 按钮，弹出界面:

该界面主要包括选择对象、热环境以及烧蚀热传导部分。用户需首先选择显示对象，每个对象对应的热环境和热传导结果选项出现在界面右半面。选择相应选项，从数据库中提取有关结果进行显示。结果显示包括显示数据文件和图形。选择要显示的内容后点击 “打开” 按钮，即可显示计算结果。对数据文件，用户可另存为其他目录下。

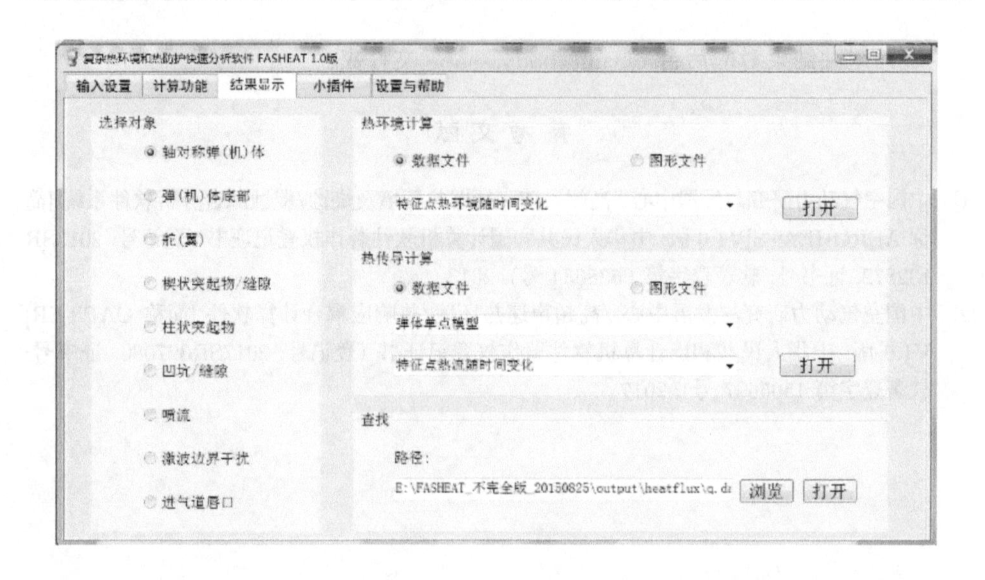

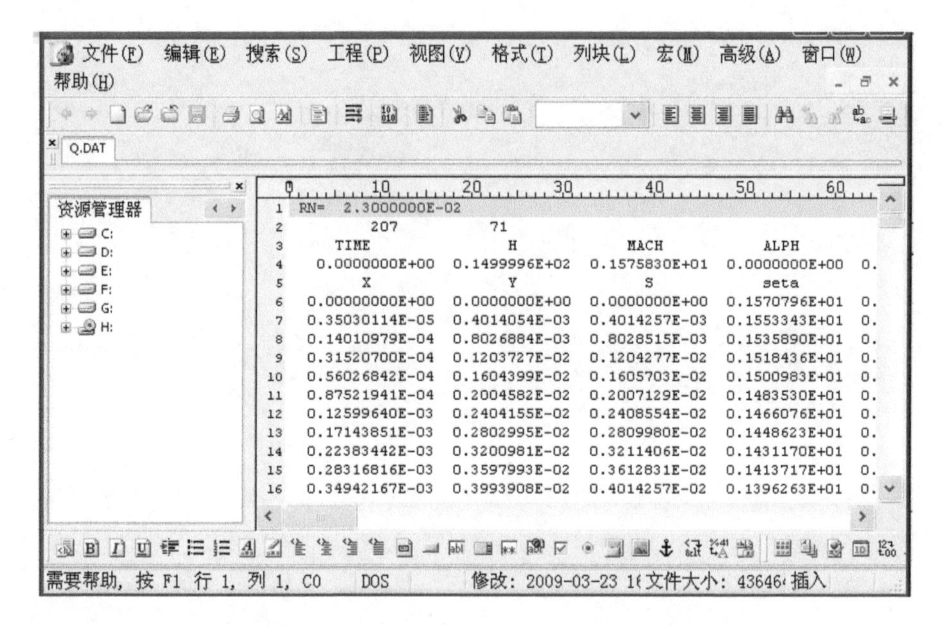

该界面列出了感兴趣的计算结果绘图显示选项，选择相应选项，后台调用 Tecplot 图形软件进行计算结果绘图显示。

为了方便用户，设置了查找功能，用户通过“浏览”按钮可以查找其他计算结果文件。

弹体、舵面热环境结果分别对应后台 output\heatflux 文件夹。

烧蚀热传导结果分别对应后台 output\body_1d，fin_tz，fin_1d 文件夹。

烧蚀侵蚀结果对应后台 output\body_shape 文件夹。

参 考 文 献

[1] 中国空气动力研究与发展中心. 高超声速飞行器热环境及烧蚀/侵蚀综合分析软件系统 [简称 AEROHEATS]V1.0 版: 中华人民共和国计算机软件著作权登记证书 (登记号: 2013SR 132872, 证书号: 软著登字第 0638634 号), 2013.

[2] 中国空气动力研究与发展中心. 高超声速热环境/热响应耦合计算软件 [简称 CAPTER] V1.0 版: 中华人民共和国计算机软件著作权登记证书 (登记号: 2017SR327080, 证书号: 软著登字第 1505697 号), 2017.